DIE
MASSANALYSE

VON

DR. J. M. KOLTHOFF
O. PROFESSOR FÜR ANALYTISCHE CHEMIE A. D. UNIVERSITÄT
VON MINNESOTA IN MINNEAPOLIS · U.S.A.

UNTER MITWIRKUNG VON
DR.-ING. H. MENZEL
PRIVATDOZENT · DRESDEN

ZWEITER TEIL
DIE PRAXIS DER MASSANALYSE

MIT 18 ABBILDUNGEN

SPRINGER-VERLAG
BERLIN HEIDELBERG GMBH 1928

ISBN 978-3-662-24050-2   ISBN 978-3-662-26162-0 (eBook)
DOI 10.1007/978-3-662-26162-0

Vorwort.

Bei Abfassung der „Theoretischen Grundlagen der Maßanalyse" (Teil I dieses Buches) hegte ich zunächst noch nicht
die Absicht, einen Praktischen Teil folgen zu lassen, in der Meinung, daß das vorzügliche Werk von Prof. Dr. H. BECKURTS
(unter Mitwirkung von Dr. O. LÜNING): Die Methoden der Maßanalyse — und zugleich die völlig umgearbeitete Neuauflage von
Dr. F. MOHRS: Lehrbuch der chemisch-analytischen Titriermethoden — den derzeitigen Ansprüchen vollauf genügen.

Aus vielfachen Gründen habe ich mich dennoch entschlossen,
im Anschluß an die „Theoretischen Grundlagen" die vorliegende
„Praxis der Maßanalyse" zu schreiben. Das Buch von BECKURTS
stammt aus dem Jahre 1913; seither haben aber die praktischen
Titriermethoden einen ungeahnten Ausbau und eine unüberseh-
bare Entwicklung erfahren, so daß wohl bei vielen Chemikern
ein starkes Bedürfnis vorliegen dürfte nach einem wirklich zeit-
gemäßen, kritisch zusammenfassenden Werk über die Maßanalyse, diesen interessantesten und vielseitigsten Zweig der
analytischen Chemie überhaupt.

Das Buch, welches ich nunmehr der Öffentlichkeit über-
gebe, beabsichtigt keinesfalls, alle nur irgendwo beschriebenen
Titriermethoden zu umfassen. Vielmehr beschränken wir uns
auf diejenigen, die wirklich eine praktische Bedeutung haben
und sich als einwandfrei und zuverlässig erweisen. In den weitaus meisten Fällen hielt ich es für geboten, die Methoden mit
eigner Hand kritisch nachzuprüfen und meine Beurteilung mit-
zuteilen. Dadurch erhält das Buch eine stark persönliche Färbung; der großen Verantwortung, die ich dadurch auf mich
genommen habe, bin ich mir durchaus bewußt. Aber gerade das
eigne Urteil kann vielleicht manchem Leser hier und da von Wert
und Interesse sein. Viele unserer Methoden sind ja heute noch
recht unvollkommen. Sofern mir aber bei meinen Untersuchungen Irrtümer unterlaufen sind, indem ich etwa die eine Methode
in ihrem Wert überschätze, eine andere über Gebühr verurteile,

so will ich mich gern durch neue Tatsachen eines besseren belehren lassen; und ich werde jeder aufbauenden Kritik seitens der Fachgenossen zugänglich und dankbar sein.

Besonderen Nachdruck habe ich auf die zahlenmäßige Genauigkeit der einzelnen Titrierverfahren gelegt. Daraus ergab sich zunächst einmal die Notwendigkeit, allgemeine Betrachtungen über die Genauigkeit unserer gebräuchlichen Maßgeräte und -apparate und weiterhin über die Genauigkeitsgrenzen bei der Einstellung von Maßflüssigkeiten überhaupt den speziellen Titriermethoden vorauszuschicken (Kap. 1). Nach dem Vorgang von S. P. L. Soerensen ist hierbei besonders die Unterscheidung zwischen den fundamentalen Urtitersubstanzen und den praktisch brauchbaren Titersubstanzen betont worden (Kap. 2).

Im speziellen Teil des Buches wird der Reindarstellung und der Reinheitsprüfung der Titersubstanzen besondere Beachtung geschenkt. Die Genauigkeit aller maßanalytischen Methoden hängt ja doch in erster Linie von der Genauigkeit in der Einstellung der Maßflüssigkeiten — diese wiederum von der Reinheit der Urtitersubstanzen ab. Diese wichtigen Momente wurden bisher noch gar nicht genügend gewürdigt und in den Handbüchern der Maßanalyse meist nur flüchtig berührt. In vielen Fällen liegen auch noch keine erschöpfenden Prüfungsvorschriften für die Ursubstanzen vor; hier gerade ist noch viel systematische Arbeit zu leisten, möglichst unter Angabe der Empfindlichkeitsgrenzen der benutzten Nachweisreaktionen.

Auf die vielen speziellen, in der angewandten Chemie gebräuchlichen Titriermethoden (ich denke an Nahrungsmitteluntersuchung, technische Materialprüfung und Betriebskontrolle, physiologische Bestimmungen und viele andere) sind wir zumeist nicht ausführlich eingegangen, sondern haben auf die reichhaltige Spezialliteratur verwiesen. Immerhin wurde vielfach hervorgehoben, welche praktisch in Frage kommenden Begleitstoffe irgendwelchem Titrierverfahren hinderlich sind oder nicht. Bei Auswahl einer maßanalytischen Methode zu besonderem Zweck können diese unsere Anmerkungen bisweilen schon von Nutzen sein.

Irgendwelche Titrationen, die sich erkanntermaßen nicht bewährt haben, blieben im allgemeinen unberücksichtigt; eine sehr lehrreiche kritische Besprechung derselben bringt das genannte Werk von BECKURTS.

Die vielgebräuchliche Einteilung und Anordnung der einzelnen Methoden nach den zugrunde liegenden chemischen Reaktionen, der wir bereits im theoretischen Teil (Band I) gefolgt sind, haben wir auch hier beibehalten. Wir beginnen im Anschluß an die allgemein gehaltenen Eingangskapitel (1—2) mit der Neutralisationsanalyse (Alkalimetrie und Acidimetrie, Kap. 3—7), behandeln dann die Fällungs- und Komplexbildungsreaktionen (Kap. 8—9) und hierauf die Oxydations- und Reduktionsmethoden (Kap. 10—17). Bei solchen Verfahren, die auf verschiedenen Einzelreaktionen beruhen (etwa Fällungsanalysen in Verbindung mit Oxydations- oder Neutralisationsvorgängen) ist die von uns getroffene Einordnung etwas willkürlich; gewöhnlich hat dann die mit der endgültigen Messung verknüpfte Reaktion den Ausschlag gegeben — nur guter Übersichtlichkeit halber wurde hier und da von diesem Ordnungsprinzip abgewichen. Das ausführliche Sachregister wird in Zweifelsfällen das Aufsuchen der Methoden erleichtern.

Beim Schreiben meines Buches hat mir das erwähnte Werk von BECKURTS unschätzbare Dienste geleistet. Dort ist die geschichtliche Entwicklung der Methoden so klar und vollständig dargestellt worden, daß ich auf eingehende historische Bemerkungen verzichten und mich zumeist mit einem kurzen Überblick begnügen konnte.

Überhaupt soll und kann meine „Maßanalyse" keineswegs das bedeutsame Buch von BECKURTS ersetzen, sondern möchte nur neben diesem, gleichsam als Erweiterung und Ergänzung bei den Fachgenossen freundliche Aufnahme finden.

Meinem Freunde, Privatdozent Dr.-Ing. HEINRICH MENZEL-Dresden, fühle ich mich zu großem Danke für all die Mühen verbunden, die er, wie schon bei Abfassung des ersten Bandes, so auch hier wieder mit der kritischen und ergänzenden sachlichen Durchsicht und mit der sprachlichen Überarbeitung meines Manuskriptes übernommen hat.

Herrn cand. chem. WOUTER BOSCH-Utrecht danke ich bestens für die gewissenhafte Anfertigung der Register.

Minneapolis, im Januar 1928.

J. M. KOLTHOFF.

Inhaltsverzeichnis.

Allgemeiner Teil.

Erstes Kapitel.

Die Maßgeräte für die Maßanalyse. Ihre Eichung und Prüfung.

Zweites Kapitel.

Die praktischen Grundlagen der Maßanalyse.

Spezieller Teil.

I. Die Neutralisationsanalyse.

Drittes Kapitel.

Die Alkalimetrie und Acidimetrie.

Viertes Kapitel.

Die Neutralisationsreaktionen.

III. Oxydations- und Reduktionsreaktionen.

Zehntes Kapitel.

Allgemeines über Indikatoren bei Oxydations- und Reduktionsvorgängen. Kaliumpermanganat als Maßflüssigkeit (Oxydimetrie), ihre Eigenschaften und Einstellung.

Elftes Kapitel.

Die Permanganometrie (Oxydimetrie).

Zwölftes Kapitel.

Jodometrie. Die Eigenschaften der Maßflüssigkeiten, ihre Einstellung.

Dreizehntes Kapitel.

Die praktischen Methoden der Jodometrie.

Vierzehntes Kapitel.

Titrationen mit Kaliumjodat.

Fünfzehntes Kapitel.

Titrationen mit Kaliumbromat.

Sechzehntes Kapitel.
Titrationen mit Kaliumdichromat.

Siebzehntes Kapitel.
Andere Maßflüssigkeiten. Titanometrie.

Anhang.

Allgemeiner Teil.

Erstes Kapitel.

Die Maßgeräte für die Maßanalyse. Ihre Eichung und Prüfung.

§ 1. Allgemeines über die gebräuchlichsten Maßgeräte. Eine große Zahl verschiedenartiger Maßgeräte ist im Laufe der Zeit zum maßanalytischen Gebrauch vorgeschlagen worden. Wir wollen hier nur diejenigen in ihren Grundzügen erläutern, die sich im Gebrauch besonders bewährt haben[1].

Im Hinblick darauf, daß fast alle Flüssigkeiten eine Glaswand benetzen (ausgenommen Quecksilber), unterscheidet man Maßgeräte „auf Einguß" und solche „auf Ausguß". Bei einem auf Einguß geeichten Kolben stellt der zur Marke angefüllte Innenraum gerade das gewünschte Volumen Flüssigkeit dar. Die Wandbenetzung und der Flüssigkeitsnachlauf, welche bei auf Ausguß geeichten Maßgeräten zu berücksichtigen sind, spielen bei solchen auf „Einguß" keine Rolle. Ein auf Ausguß geeichtes Gefäß gibt bei der Entleerung die angegebene Flüssigkeitsmenge ab. Bis zum Teilstrich angefüllt, enthält es also außer diesem „Sollvolumen" noch so viel mehr, als der Wandbenetzung und dem Nachfluß entspricht. Die beiden letzten Faktoren hängen von der Art der Flüssigkeit ab, worauf wir unten eingehender zurückkommen werden.

Die Art der Eichung — ob auf Einguß (E) oder auf Aufguß (A) — ist an den Maßgeräten gewöhnlich bezeichnet. Solche, die

---

[1] Betreffs historischer Einzelheiten vgl. das Standardwerk von H. BECKURTS: Die Methoden der Maßanalyse. S. 11. Braunschweig: Verlag von F. Vieweg & Sohn 1913.

sowohl auf Einguß wie auf Ausguß geeicht sind, empfehlen sich nicht zum Gebrauch, da leicht Irrtümer unterlaufen können.

Die zu maßanalytischen Arbeiten dienenden Maßgeräte werden fast ausschließlich aus Glas, sonst höchstens aus Quarz hergestellt. Um zweckmäßig zu sein, müssen sie hinsichtlich ihrer Form gewissen Grundbedingungen genügen, welche von der Kaiserlichen Deutschen Normal-Eichungskommission[1] (K. N. E.K. festgelegt worden sind.

Wir geben hier nur die für die maßanalytische Praxis wichtigsten Richtsätze wieder[2]:

1. Die Geräte sollen gegen chemische und andere (thermische) Einwirkungen hinreichend widerstandsfähig sein und aus möglichst nachwirkungsfreiem Glase (oder Quarz) bestehen.

2. Der Querschnitt der Geräte soll in der Regel kreisförmig und darf ausnahmsweise flach (oval) sein. Der Übergang engerer Teile in weitere hat regelmäßig und allmählich zu erfolgen.

3. Hähne, Stopfen und Thermometer, sofern diese zugleich als Stopfen dienen, müssen flüssigkeitsdicht eingeschliffen sein.

4. Auslauf- und Überlaufspitzen müssen gerade, ihre Mündung soll glatt und darf etwas ausgezogen sein; bei den Büretten nach GAY-LUSSAC muß sie nach unten schräg abgeschliffen sein.

5. Die Marken sollen scharf, ohne Zacken, ununterbrochen und gleichmäßig verlaufen und von dem Beginn einer Aus-bauchung oder Verengung mindestens 5 mm entfernt liegen. Sie dürfen eingefärbt oder mit Email versehen sein und müssen in Ebenen liegen, die zur Achse des Geräts einen rechten Winkel bilden. Die Marken müssen bei Geräten mit kreisförmigem Querschnitte mindestens die Hälfte des Rohres umfassen. Kürzere Marken sind nur zulässig, wenn besondere unveränderliche Vorrichtungen eine eindeutige Ablesung sichern, oder wenn der Querschnitt abgeflacht (oval) ist. Bei Geräten mit flachem (ovalem) Querschnitt müssen die längsten Striche sich nahezu über die vordere Fläche, die kürzesten mindestens über die Hälfte der stark gekrümmten Fläche erstrecken.

---

[1] Nach dem Vorgang von BECKURTS kürzen wir den Namen der Kommission mit K. N. E. K. ab.

[2] Vorschriften 1 Februar 1908, und Anhang I; Anweisung zur Eichung chemischer und physikalischer Meßgeräte (Ausführ.-Best. zur Bekanntmachung vom 3. August 1909; Reichsgesetzblatt 1909; Beil. zu Nr. 52.

Die Bezifferung der Marken muß deutlich sein, ihre Ausführung darf nicht zu Irrtümern Anlaß geben.

6. Eine Einteilung soll gleichmäßig und ohne ersichtlichen Fehler ausgeführt sein. Der Abstand zweier aufeinanderfolgender Marken soll in der Regel mindestens 1 mm betragen.

§ 2. Reinheit und Reinigung des Glases. Nach Ansicht verschiedener Autoren bedarf der Begriff „reine Gefäßwände" einer genaueren Definition, was W. SCHLOESSER[1] jedoch nicht für erforderlich hält. Sobald die Flüssigkeit abläuft, ohne Schlieren an den Wandungen zu hinterlassen, sieht er diese als rein und die Art der Reinigung als belanglos für den Raumgehalt der Geräte an. Verunreinigungen durch Fett machen sich dadurch kenntlich, daß kurze Zeit nach dem Abfließen sich an den Wänden hier und da etwas Flüssigkeit in feinen Streifen oder unregelmäßig gestalteten Flecken ansammelt, die gleichmäßige zusammenhängende Benetzung also gestört ist. Bei Geräten auf Ausguß bewirkt ein feiner Fettüberzug, der sich nach längerem Gebrauch öfters einstellt, eine geringere Benetzung der Wandung, also eine Vergrößerung des abgegebenen Flüssigkeitsvolumens.

Zur Reinigung selbst werden die bekannten Mittel Alkohol, Äther, konzentrierte Säuren, alkoholische Lauge, Seifenwasser usw. benutzt. Besonders empfehlenswert ist eine zehnprozentige Kaliumbichromatlösung in starker Schwefelsäure, mit der man den Inhalt des Gerätes über Nacht in Berührung läßt, ganz besonders wegen ihrer raschen Wirkung eine einprozentige Fluorwasserstofflösung in Wasser, mit der man die Gefäße etwa 10 Minuten behandelt.

F. W. HORST[2] empfiehlt zur Reinigung eine schwach mit Schwefelsäure angesäuerte Natriumpermanganatlösung. Ein halbstündiges Stehen genügt nach ihm schon zur vollständigen Entfettung.

Sehr bewährt hat sich im Dresdner Anorganisch-chemischen Laboratorium der Brauch, die zu reinigenden Gefäße mit stärkerer neutraler Permanganatlösung längere Zeit stehen zu lassen; an den Wänden und besonders an den fettigen Stellen derselben scheidet sich Braunstein ab. Spült man hernach die entleerten Gefäße mit Salzsäure durch oder läßt sie gar länger mit dieser

---

[1] SCHLOESSER, W.: Z. angew. Chem. Bd. 16, S. 953, 977, 1004. 1903.
[2] HORST: Chem.-Zg. Bd. 45, S. 604. 1921.

in Berührung, so besorgt das naszierende Chlor eine ganz ausgezeichnete intensive Reinigung der Gefäßwände.

Wo durch chemische Mittel ein gleichmäßiger Ablauf nicht erzielt werden kann, nimmt man mit gutem Erfolge die mechanische Reinigung zu Hilfe. Büretten werden mittels starker, an Stielen befestigter Bürsten mit Seifenwasser ausgeputzt; Kolben mit Fließpapierstücken und Sand bei wenig Wasser oder ebenfalls Seifenlösung; Voll- und Meßpipetten mit starkem, heißem Seifenwasser geschüttelt. Als besonders hartnäckig erweist sich ein feiner Fettüberzug, der gelegentlich aus dem Wasser, etwa wenn das Kondensat von Heizkesseldampf als destilliertes Wasser benutzt wird, wie es in vielen Laboratorien üblich ist, zum Teil auch von der Hahnfettung stammt[1].

Eine zu energische Reinigung unter Zuhilfenahme mechanischer Mittel ist nicht unbedenklich, da die inneren Wandungen der Geräte leicht feine Risse bekommen, woraufhin die Fläche erst recht zur Verschmutzung neigt.

Über die Ursachen des Fettigwerdens vergleiche man F. W. HORST[2] und auch R. BERG[3].

Es gibt auch Glasarten, die nach SCHLOESSER unter der Einwirkung des Wassers leicht verwittern und daher „von selbst" etwas verschmutzen. Darum ist es erwünscht, Maßgeräte von möglichst hochwertigem widerstandsfähigem Glas zu benutzen.

Dann, wenn alle vorerwähnten Reinigungsverfahren nicht zum Ziele führen, sondern hartnäckig Stellen schlechten Ablaufs zurückbleiben — oder wenn die Rücksicht auf Spuren katalytisch wirksamer Verunreinigungen (z. B. bei Arbeiten mit Peroxydlösungen) eine besonders weitgehende Säuberung erfordert — ist ein Ausdämpfen der Maßgeräte (Kolben, Pipetten) für einige Minuten geboten. Selbstverständlich leidet beim häufigen Ausdämpfen das Gefäßmaterial ein wenig, neigt eher zur Entglasung und ist zu glasbläserischer Arbeit nicht mehr geeignet, auch muß vor der Ingebrauchnahme hinsichtlich des Volumens der thermische Ausgleich und die thermische Nachwirkung abgewartet werden; jedenfalls sind das aber kleine Nachteile gegenüber der ganz vorzüglichen Reinigung in den Fällen, wo sie erforderlich ist.

---

[1] SCHLOESSER: l. c.

[2] HORST: Chem.-Zg. Bd. 45, S. 604. 1921.

[3] BERG, R.: Chem.-Zg. Bd. 45, S. 749. 1921.

§ 3. Beschreibung der Maßgeräte. Maßkolben sind enghalsige, weitbauchige, oft mit Schliffstopfen versehene Kolben mit einer (oder mehreren) Strichmarken um den Hals. Sie dienen zur Herstellung eines bestimmten Volumens Flüssigkeit. Nach den Vorschriften der K. N. E. K. dürfen die Kolben beliebige Rauminhalte bis einschließlich 5 l aufwärts haben. Gewöhnlich werden sie in Größen von 50—100—200—250—500—1000 und 2000 ccm hergerichtet. Für besondere Zwecke hat man auch Kölbchen von 25, 20, 10 und sogar 5 ccm in den verschiedensten Formen (vgl. Abb. 1 und Abb. 2).

Im hiesigen Laboratorium verwenden wir auf Veranlassung von Prof. SCHOORL Kolben nach Art von Abb. 2, welche einen relativ kurzen Hals haben und stärker ausgebaucht sind. Der Abstand von der oberen Öffnung bis zum Boden ist im Verhältnis kleiner als sonst, so daß man mit den gewöhnlichen Pipetten selbst die letzten Reste der Flüssigkeit bequem auspipettieren kann.

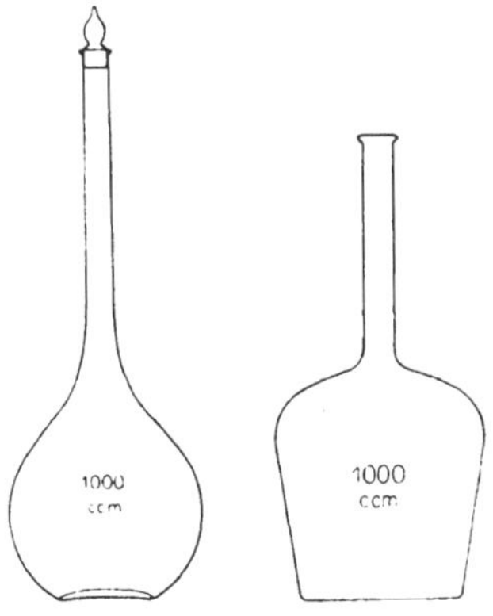

Die Abgrenzung des Rauminhaltes bezeichnet eine um den ganzen Hals gezogene Marke, welche einen parallaktischen Fehler bei der Ablesung leicht vermeiden läßt.

Abb. 1. Abb. 2.

Man verwendet auch wohl Kolben, die für verschiedene Volumina, z. B. bei 100 ccm und 110 ccm, je eine Marke und einen entsprechend bemessenen Hals haben. Sie sind besonders bequem, wenn man eine bestimmte Menge Flüssigkeit, z. B. 100 ccm, mit geringen Mengen Reagenzien behandeln und dann zu einem bestimmten Volumen anfüllen will, ohne zu stark zu verdünnen.

Im allgemeinen werden Maßkolben nur auf Einguß verwendet.

Die oberste Strichmarke muß nach der K. N. E. K. vom oberen Ende des Gerätes, — die unterste vom Beginn der Ausbauchung — mindestens 20 mm entfernt sein.

Folgende Normalien sind für die Innenweite des Halses in Höhe des Eichstriches von der K. N. E. K., vom Bureau of

Standards (U. S. A.)[1] und in England vom National Physical Laboratory[2] aufgestellt worden:

Inhalt in ccm	50	100	250	500	1000	2000	5000
Halsweite in mm							
nach K. N. E. K.	10	12	15	15	18	20	
„ B. of Standards	10	12	15	18	20	25	
„ Nat. phys. Lab.	10	12	14	16	18	25	40

Bei Verwendung der Maßkolben zur Herstellung von Lösungen bekannten Gehaltes löst man die abgewogene Menge Substanz im Kolben in Wasser auf, wartet eventuell, bis sich die Temperatur ausgeglichen hat, und läßt dann Wasser unter Umschwenken, um die Lösung durchzumischen, bis auf einige Kubikzentimeter unterhalb der Marke einlaufen. Hiernach wischt man den Hals oberhalb der Marke mit einem gerollten Streifen Filtrierpapier trocken und füllt nun mit Wasser aus einer Spritzflasche oder Kapillarpipette an, wobei man Sorge trägt, daß der Hals nicht wieder benetzt wird. Nach dem Anfüllen und Verschließen wird tüchtig geschüttelt, bis der Inhalt ganz durchmischt ist.

Maßzylinder: Die Maßzylinder sind unten geschlossene, ziemlich weite zylindrische Röhren, welche zur Erhöhung der Standhaftigkeit meist mit einem dicken angeschmolzenen Glasfuß versehen sind. Sie werden gewöhnlich auch auf Einguß verwendet, doch sind sie viel ungenauer als die Maßkolben und daher für feine analytische Bestimmungen nicht zu empfehlen. Wegen Einzelheiten verweisen wir daher auf die Mitteilungen der K. N. E. K.

Pipetten: Die Pipetten sind zumeist auf Ausguß eingerichtet, unter ihnen unterscheidet man Voll- und Maßpipetten.

Die Vollpipetten haben nur eine einzige Marke zur Abmessung eines bestimmten Volumens Flüssigkeit. Sie werden in verschiedenen Formen geblasen. Am gebräuchlichsten sind die in der Mitte bauchig oder zylindrisch erweiterten Glasröhren, welche unten in eine Spitze ausgezogen sind und am oberen engen Hals eine Strichmarke tragen. Nach der K. N. E. K. darf die Weite der engen Rohrteile nicht mehr als 6 mm betragen, der Mindestabstand der oberen Marke von der Erwei-

---

[1] Circular Nr. 9 Bureau of Standards Washington W. C.

[2] The National Physical Laboratory. Teddington Middlesex. November 1919.

terung muß 10 mm und der zum oberen Ende des Ansaugrohres 110 mm sein.

Der letztere Abstand wird absichtlich so groß gewählt, weil man die Flüssigkeit beim Füllen der Pipette über die Marke im Ansaugrohr ansaugen muß; dann schließt man die obere Öffnung schnell, gewöhnlich mit dem Zeigefinger, trocknet die Spitze außen mit einem Tuch oder mit Filtrierpapier ab und läßt durch vorsichtiges Lüften den Flüssigkeitsmeniskus bis zur Marke sinken. Zum besseren Verschluß muß die abschließende Fingerspitze etwas feucht sein, doch nicht zu naß, weil sich dann beim Lüften ein hinderliches Flüssigkeitshäutchen bildet.

Beim Anfüllen soll man nicht heftig saugen, weil sich sonst Bläschen an der Oberfläche bilden können, welche eine genaue Ablesung unmöglich machen. Man muß dann warten, bis sie zergangen sind, was unter Umständen lange dauern kann. Auch kann beim kräftigen Saugen leicht Speichel in die Pipette fließen, wodurch sie verunreinigt wird. Beim Abmessen von stark ätzenden oder giftigen Substanzen kann man verschiedene Sicherheitsmaßnahmen beachten[1] oder überhaupt mit Hilfe einer Saugpumpe auffüllen. Bei sehr flüchtigen Flüssigkeiten empfiehlt es sich, die Pipetten durch Druck, z. B. durch Abhebern oder mittels eines Handgebläses, zu füllen.

Pipetten können verschiedenartig entleert werden:

a) allein durch freien Ablauf: man läßt die Pipette in senkrechter Haltung auslaufen, ohne die Wände des aufnehmenden Gefäßes zu berühren;

b) durch freien Ablauf (wie bei a) und Abstreichen des letzten Tropfens aus der Spitze an einer Glaswand nach beendetem Ausfluß;

c) durch freien Ausfluß und Ausblasen des letzten Tropfens;

d) durch Ablauf unter dauerndem Anlegen der Pipettenspitze an die Gefäßwand.

Je nach der Art der Entleerung wechselt die Menge der aus einer Pipette geflossenen Flüssigkeit ein wenig. Man muß die Pipetten daher immer in der gleichen Weise verwenden, die bei der Eichung eingehalten wurde. Wenn in trockene Gefäße pipettiert wird, gibt die folgende Entleerungsart nach JULIUS WAGNER[2] die

---

[1] Vgl. H. BECKURTS S. 16.

[2] WAGNER, J.: Maßanalytische Studien. Habilitationsschrift S. 17. Leipzig 1898.

genauesten Ergebnisse: Man läßt die Flüssigkeit frei ablaufen und berührt dann mit der Pipettenspitze die Oberfläche der Flüssigkeit.

Praktisch hat sich allgemein Methode d gut bewährt. Man füllt die Pipette mit Flüssigkeit, trocknet die Auslaufspitze mit einem Tuch oder Filterpapier ab und läßt die Flüssigkeit dann vorsichtig bis zur Marke auslaufen, wobei man die Spitze dauernd an der Wand des Gefäßes hält, aus der man die Lösung entnommen hat. Dann läßt man in derselben Weise die Flüssigkeit aus der senkrecht gehaltenen Pipette in ein anderes Gefäß ablaufen. Hat der zusammenhängende Ausfluß aufgehört, so streicht man die Spitze an dem Glase ab, und zwar, wenn keine Wartezeit vermerkt ist, nach 15 Minuten, sonst nach der auf ihr angegebenen Wartezeit[1]. Nur bei Anwendung der Stas-Pipetten ist die Methode des freien Ablaufs (a) zu empfehlen.

Die Arbeitsweise c (Ausblasen des letzten Tropfens) ist am ungenauesten und verdient deshalb keine Verwendung.

Bei der Entleerung der Pipetten läuft nach Beendigung des freien Auslaufs noch eine mehr oder minder große Menge nach, die um so geringer ist, je länger das Auslaufen selbst gedauert hat. Je nachdem man diesen Nachlauf mitrechnet oder nicht, ändert sich natürlich der Inhalt der Pipetten. Der Nachlauf kann bei genügend großer Auslaufszeit sehr klein gehalten werden. So fand J. WAGNER (l. c. S. 22) bei einer Pipette von 50 ccm einen Nachlauffehler nach Abwarten einer Minute von $0{,}134^0/_{00}$; die Auslaufzeit betrug in diesem Falle jedoch 87 Sekunden, war also für die Laboratoriumspraxis reichlich lang.

Nach den Vorschriften der K. N. E. K. soll die Öffnung so bemessen sein, daß die Entleerung von Vollpipetten bei Füllung mit Wasser ohne Wartezeit bis zum Abstreichen bei einem Raumgehalt

	5 10 20	(25)	50	100 ccm
in Sekunden dauert:	15—20	20—30	32—40	45—60

Unter diesen Verhältnissen fällt ein Nachfluß praktisch weg, sobald man nach dem Ablauf mit dem Abstreichen des letzten Tropfens 15 Sekunden wartet.

---

[1] Vgl. W. SCHLOESSER: Zeitschr. f. angew. Chem. Bd. 16, S. 953, 997, 1004. 1904.

Aus J. WAGNERS Untersuchungen[1] geht wohl hervor, daß der „Benetzungsfehler" bei den gewöhnlichen maßanalytischenFlüssigkeiten praktisch derselbe ist wie bei Wasser. Sogar eine normale Natriumcarbonatlösung weicht hiervon nicht ab. Arbeitet man jedoch statt mit verdünnt-wässerigen Lösungen mit konzentrierter Schwefelsäure, alkoholischen Lösungen oder ganz allgemein mit Flüssigkeiten, die eine wesentlich andere Oberflächenspannung und Viscosität als Wasser haben, so hat man in diesem besonderen Falle den Nachfluß- und Benetzungsfehler experimentell zu bestimmen[2].

Von beiden Fehlern kann man sich unabhängig machen, indem man „auf Einguß" geeichte Pipetten benutzt und sie nach dem Ausfluß quantitativ mit Wasser nachspült. Selbstverständlich kann man diese Pipetten für den sonstigen allgemeinen praktischen Gebrauch nicht empfehlen.

Man kann auch hier wieder zwei Marken anbringen, die eine auf Ausguß und die andere auf Einguß, jedoch gibt eine solche doppelte Bezeichnung leicht zu Verwirrung Anlaß.

Die Staspipetten[3] enden unten in einem gerade ausgezogenen flach abgeschliffenen Capillarröhrchen. Die Flüssigkeit läuft schnell in einem Strahl aus und bricht dann plötzlich ab. Den nachfließenden Tropfen wartet man hier nicht ab.

Beim Arbeiten mit ein und der gleichen Art Flüssigkeit sind die ausfließenden Raummengen äußerst gleichmäßig. C. HOITSEMA[4] hat an Stasschen Pipetten in dieser Richtung eine besondere Untersuchung angestellt und fand, daß dieses gebräuchliche Verfahren des freien Ablaufens — wenn sorgfältig gehandhabt — eine Unsicherheit von $\pm$ 5 mg bei einer 100-ccm-Pipette in sich schließt, also von nur 1 : 20000 oder 0,005%. Dieser Betrag kann sogar noch auf 2—3 mg reduziert werden, wenn man einige Vorsichtsmaßregeln beobachtet.

Kleinere Staspipetten sind für die analytische Praxis nicht zu empfehlen, weil der Nachflußfehler für verschiedenartige Flüssigkeiten sehr verschieden sein kann.

---

[1] WAGNER, J.: l. c. S. 13.

[2] Vgl. auch W. SCHLOESSER und C. GRIMM: Chemiker-Zeit. Bd. 30, S. 1070. 1906.

[3] Vgl. STAS: Œuvres complètes Bd. 1, S. 830.

[4] HOITSEMA, C.: Zeitschr. f. angew. Chem. Bd. 17, S. 648. 1904.

Im Laufe der Zeit haben sich auch eine große Menge automatischer Vollpipetten herausgebildet, welche bei Serienarbeiten gute Dienste leisten können, und über die bei H. BECKURTS[1] Näheres nachzulesen ist.

Die Meßpipetten sind zylindrische Glasröhren, die eine von oben nach unten bezifferte Einteilung tragen, die sich je nach der Größe der Pipette richtet; unten sind sie wie die Vollpipetten in eine Spitze ausgezogen, während die größeren (5 ccm oder mehr) auch oben noch verjüngt sind. Sie dienen zur Abmessung beliebiger Flüssigkeitsmengen.

Die K. N. E. K. gibt wieder Vorschriften über Einteilung und Bezifferung. Für genaue maßanalytische Arbeiten werden die Maßpipetten kaum verwendet, und wir verweisen daher betreffs Einzelheiten auf die Mitteilungen der Kommission.

Büretten: Die Büretten sind zylindrische, mit einer von oben nach unten bezifferten Teilung versehene Glasröhren, die unten entweder durch einen Glashahn oder einen Gummischlauch mit Quetschhahn (oder Glasolive) verschlossen werden. Im allgemeinen fassen sie 50 ccm; legt man bei der Einstellung von Lösungen Wert auf einen größeren Verbrauch an Maßflüssigkeit, so kann man Büretten von 60 ccm Inhalt wählen. Für Mikrozwecke gibt es kleinere Büretten von 5, 2 und 1 ccm mit einer Untereinteilung in 0,01 ccm[2]. Ebenso wie die Pipetten werden die Büretten auf „Ausguß“ verwendet; auch hier ist also wieder der „Nachfluß“- und „Benetzungsfehler“ zu berücksichtigen.

Ganz umgehen lassen sich diese Fehler durch Verwendung von Wägebüretten[3]. Für sehr genaue Bestimmungen sind derartige Büretten besonders zu empfehlen, weil bei ihnen keine Ablesefehler (Ausbildung des Meniscus; vgl. S. 16) unterlaufen und auch der Temperatureinfluß auf das Volumen (vgl. S. 28)

---

[1] BECKURTS, H.: S. 17—19.

[2] Hahnlose Mikrobüretten zur Mikromaßanalyse: E. SCHILOW: Zeitschr. f. angew. Chem. Bd. 39, S. 232, 502. 1926; Zeitschr. f. analyt. Chem. Bd. 70, S. 23, 35. 1927.

[3] Vgl. u. a. S. P. L. SÖRENSEN: Zeitschr. f. analyt. Chem. Bd. 42, S. 335. 1903; JNCZE: Zeitschr. f. analyt. Chem. Bd. 54, S. 406. 1915; RIPPER: Chemiker-Zeit. Bd. 16, S. 793. 1892; E. LANGE und E. SCHWARZ: Zeitschr. f. Elektrochem. Bd. 32, S. 243. 1920.

keinerlei Beachtung erfordert. In Abb. 3, 4 und 5 geben wir
einige Formen von Wägebüretten wieder. Die Standardmaß-
flüssigkeiten werden statt auf ihren Raumgehalt ihrem Gewicht
nach eingestellt. Bei ihrer Zubereitung wird das Formelgewicht
(oder ein Teil desselben) mit Wasser zu bestimmtem Gewicht
der Lösung aufgefüllt (etwa 1000 g). Man weiß dann direkt
wieviel Milliäquivalente des Reagens in einem Gramm Lösung
enthalten sind. Vor der Titration füllt man die Wägebürette an
und wägt sie, dann wird bis zum Endpunkt titriert und zurück-
gewogen. Die Gewichtsdifferenz gibt die verbrauchte Menge

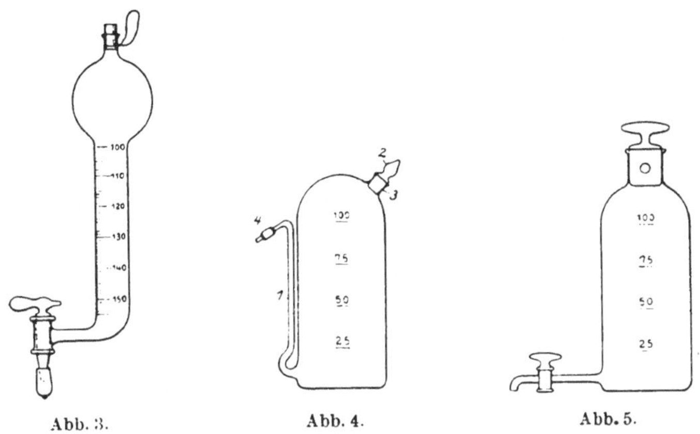

<table>
<tr><td>Abb. 3.</td><td>Abb. 4.</td><td>Abb. 5.</td></tr>
</table>

Titerlösung an. Nach JNCZE kann man mit so einer Bürette Bestimmungen bis auf 4 Dezimalen genau ausführen. Dies trifft
zwar hinsichtlich des „Wägefehlers" zu, denn die Wägungen
lassen sich natürlich auf der analytischen Wage bis auf die vierte
Stelle vornehmen. Jedoch haben derartige genaue Wägungen
praktisch gar keinen Wert gegenüber der viel größeren Unsicherheit in der Endpunktsbestimmung zufolge des Tropfenfehlers.
Am Endpunkt der Titration wird man den Umschlag höchstens
auf „einen Tropfen" genau wahrnehmen können, so daß gewöhnlich ein gewisser Überschuß an Maßflüssigkeit angewandt wird,
der natürlich unverhältnismäßig viel mehr als $^1/_{10}$ mg ausmacht.
Man kann wohl an Hand des „Titrierfehlers" experimentell die
Korrektur für den zugegebenen Überschuß feststellen, aber die
Wahrnehmung der Farbnuancen durch das menschliche Auge
ist doch einer ziemlich großen Unsicherheit ausgesetzt. Daher

ist es ganz allgemein zwecklos, die Wägungen genauer als auf 10 mg auszuführen. Werden mehr als 10 g Titerlösung verbraucht, so bleibt der Wägefehler immer noch unter 0,1%. Arbeitet man aber mit kleineren Mengen, etwa bei Mikrotitrationen, so wird man natürlich auch die Genauigkeit der Wägung entsprechend steigern; und in erhöhtem Maße hat dies bei besonderen Präzisionsuntersuchungen zu geschehen.

Für genaue analytische Arbeiten empfiehlt sich der kombinierte Gebrauch der Wägebürette und der gewöhnlichen Maßbürette. Aus der ersteren gibt man so viel der Maßflüssigkeit hinzu, daß der Äquivalenzpunkt nahezu erreicht ist, und beendigt dann die Titration mit einer zweckmäßig verdünnten Lösung aus einer gewöhnlichen Bürette.

Kehren wir jetzt wieder zu unseren gewöhnlichen Büretten zurück!

Auslaufzeit: Ebenso wie bei den Pipetten gibt es auch hier wieder zwei Methoden, um gleichmäßige Ablesungen zu erzielen. Einmal kann man nach beendetem Ausfluß warten, bis der Nachlauf aufgehört hat, oder man regelt die Auslaufzeit so, daß überhaupt kein merklicher Nachlauf auftritt. Sowohl der benetzende Flüssigkeitsanteil wie der Nachlauf werden mit zunehmender Ablaufzeit geringer, und bei hinreichend langer Wartezeit nähern sie sich einer Grenze. Hierbei sei bemerkt, daß die Geschwindigkeit des Ablaufs je nach der Standhöhe der Lösung in der Bürette wechselt, da erstere natürlich auch vom hydrostatischen Drucke bedingt wird[1].

Der Benetzungsrückstand ist eine Funktion des Bürettendurchmessers: je kleiner der letztere, um so größer ist im Verhältnis zur abgeflossenen die adhärierende Flüssigkeitsmenge.

J. WAGNER[2] empfiehlt den Gebrauch geeichter Ausflußspitzen, welche die Auslaufzeit so groß werden lassen, daß der Nachlauf praktisch gleich Null wird. Bei seinen Versuchen brauchte eine Bürette von 40 ccm hierfür 50 Sekunden.

Nach SCHLOESSER[1] sind dazu hingegen 10 Minuten erforderlich, praktisch genügt jedoch wohl eine Wartezeit von 2 Minuten.

Nach SCHLOESSER zeigen die gewöhnlichen Maßlösungen denselben Nachfluß wie Wasser.

---

[1] Vgl. besonders W. SCHLOESSER: Chemiker-Zeit. Bd. 28, S. 6. 1904
[2] WAGNER, J.: Maßanalytische Studien S. 33.

Auf Grund der Vorschriften der K. N. E. K. läßt man — etwa bei der Nacheichung — die Flüssigkeit bei vollständig geöffnetem Hahne frei bis etwa 5 mm oberhalb einer zweiten Marke ausfließen. Nach Verlauf von 30 Sekunden, bzw. der auf der Bürette vermerkten Wartezeit, die aber nicht weniger als 1 Minute betragen darf, läßt man die Flüssigkeit genau bis zur Marke ab und streicht die Ablaufspitze am Glase ab.

Bei Büretten (und Meßpipetten) ohne vermerkte Wartezeit soll die Auslauföffnung eine solche Weite haben, daß die Auslaufzeit für Wasser bei einer Länge der Einteilung in mm:

bis	200	350	500	700	1000 mm
Sekunden beträgt:	25—35	35—45 45—55	55—70	70—90	

Praktisch hat sich eine Auslaufzeit von 1 Minute für je 10 ccm Flüssigkeit bewährt. Nach SCHOORL wird eine Wartezeit dann überflüssig.

Glashahn- und Quetschhahnbüretten: Beide Arten von Büretten werden vielfach verwendet. Die Glashahnbüretten sind wohl für alle Flüssigkeiten brauchbar, selbst wenn der Hahn mit Vaseline oder dem viel gebrauchten, konsistenteren „Hahnfett‘ (Lanolin-Wachsgemisch) eingefettet wird. Nach Untersuchungen von G. LUNGE[1] darf selbst die Einwirkung von 0,1-n-Jod oder Permanganat auf die Hahnfettung vernachlässigt werden.

Die Glashahnbüretten erfordern eine stete Aufmerksamkeit, weil sie öfters zu undichtem Verschluß neigen. Sitzt das Küken zu lose, so hält der Hahn nicht mehr dicht; sitzt es zu fest, so läßt er sich nur schwer drehen und verkittet sich, besonders bei Laugen, leicht so innig mit dem Hahnfutter, daß er nur mit Mühe wieder zu lösen ist. Daher verwendet man bei häufigem Titrieren mit Laugen gern Büretten mit Metallhähnen, etwa aus Nickel. Hier besteht dann keine Gefahr mehr, daß Glasteile auf Glas festbacken. Sitzt der Hahn einmal fest, so ist er gewöhnlich schon mit einigen Tropfen Wasser zu lösen. Bei den Glashahnbüretten ist dies viel schwieriger: manchmal hilft vorsichtiges Klopfen an der richtigen Seite; oftmals zerbricht aber das Glas, und ein neuer Hahn muß angeschmolzen werden.

Die Quetschhahnbüretten laufen unten in einen birnenförmigen Ansatz aus, der durch einen kurzen Kautschukschlauch

---

[1] LUNGE, G.: Zeitschr. f. angew. Chem. Bd. 17, S. 197. 1904.

mit einem in eine Spitze ausgezogenen Glasröhrchen verbunden wird. Zur Titration warmer Flüssigkeiten (vgl. Titration in der Siedehitze gegen Rosolsäure!) empfiehlt sich die Benutzung eines zweimal rechtwinklig gebogenen Ansatzrohres, um nicht den ganzen Büretteninhalt einer Erwärmung auszusetzen und die Ablesung dadurch falsch werden zu lassen.

Der Gummischlauch wird meist durch einen federnden Quetschhahn geschlossen. Für besondere Zwecke wählt man einen Schraubenquetschhahn, durch den man die Ausflußgeschwindigkeit bequem variieren kann. Gern benutzt wird auch der einfache und praktische Verschluß nach BUNSEN durch ein passendes, abgeschmolzenes Glasstäbchen (Glasolive) im Gummischlauch; näheres darüber ist bei BECKURTS l. c. S. 24 nachzulesen.

Nach W. SCHLOESSER[1] haben Quetschhahnbüretten den Nachteil, daß der Schlauch infolge des verschiedenen hydrostatischen Druckes zu Beginn und am Ende der Entleerung in verschiedenem Maße ausgeweitet wird. Die Größe dieses Fehlers ist gering; sie hängt von der Länge und Elastizität des Schlauches ab. Um gleichmäßige Messungen zu erzielen, hat man einen möglichst starkwandigen, aber nicht zu langen elastischen Schlauch zu wählen und den Quetschhahn möglichst dicht an der Bürette und stets an der gleichen Stelle anzubringen. G. LUNGE[2] stellte fest, daß eine 0,1-n- und auch 0,01-n-Jodlösungen schon stark auf Kautschuk einwirken und dabei merklich ihren Titer verringern, hingegen ist die Benutzung von Quetschhahnbüretten für 0,1-n-Permanganatlösung unbedenklich.

Die Büretten werden stets in senkrechter Stellung eingespannt. Praktische Einzelheiten, auch näheres über die Apparate zum Füllen der Büretten bringt BECKURTS in seinem hier viel zitierten Buche S. 27—38.

Um ein Verdunsten der Flüssigkeiten zu verhüten, verschließt man die gewöhnlichen Büretten mit einem darüber gestülpten Präparaten- oder Reagensglas. Für alkalische Maßflüssigkeiten, besonders für Lauge, genügt dieser Verschluß nicht. Vielmehr muß der Zutritt von Kohlensäure durch ein aufgesetztes Natronkalkrohr verhindert werden. Weil aber die Lauge beim

---

[1] SCHLOESSER, W.: Chemiker-Zeit. Bd. 28, S. 6. 1904.
[2] LUNGE, G.: Zeitschr. f. angew. Chem. Bd. 17, S. 197. 1904.

Füllen der Bürette auch schon schnell Kohlensäure aus der Luft aufnehmen würde, ist es empfehlenswert, die Bürette derart mit der Vorratflasche zu verbinden, daß ihre Auffüllung unter vollständigem Ausschluß der Luftkohlensäure geschieht. Vgl. hierzu Abb. 6 und 7.

Eine solche Vorrichtung ist auch beim Gebrauche stark reduzierender Flüssigkeiten, wie Titanosalzen, Stannochlorid, Vanado-

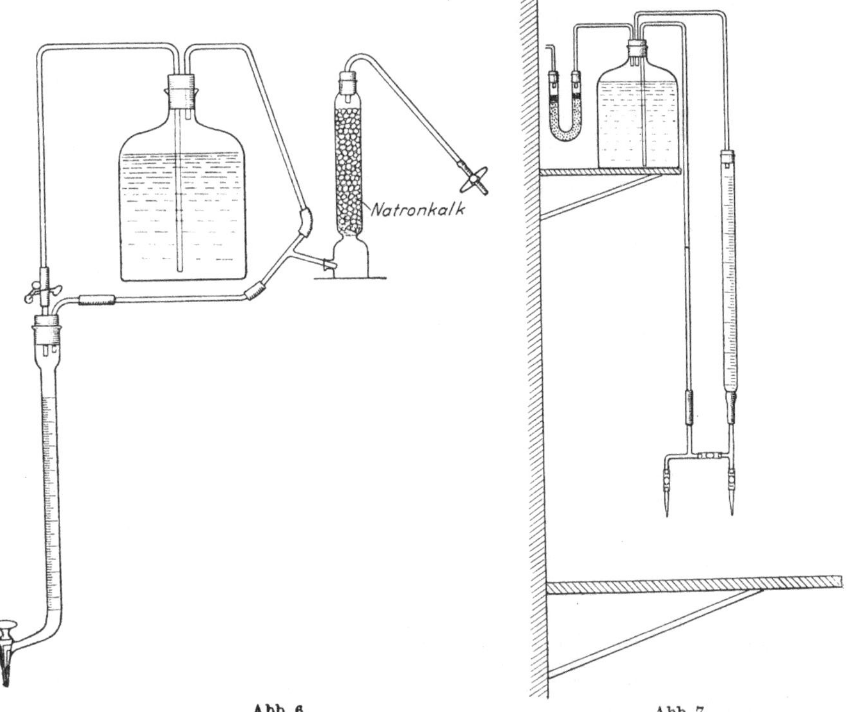

Abb. 6.   Abb. 7.

lösungen usw., sehr geeignet. An Stelle des Natronkalkrohres schließt man hier einen Kippschen Apparat an und drückt ein indifferentes Gas, wie Wasserstoff oder Kohlensäure, auf die Flüssigkeit.

Das Ablesen der Büretten und der anderen Maßgeräte.

Beim Ablesen an den Maßgeräten ist der Flüssigkeitsspiegel mit der in gleicher Höhe befindlichen Marke oder dem entsprechenden Teilstrich in Verbindung zu bringen. Nun stellt aber der Flüssigkeitsspiegel in den relativ engen Röhren oder Hälsen keine Ebene, sondern immer eine etwas gekrümmte Fläche dar. Als Ablesestelle wählt man gewöhnlich die tiefste Stelle des Meniscus. Nur bei undurchsichtigen Flüssigkeiten, wie 0,1-n-Permanganatlösung und dgl., muß man die Ablesung wohl auf den oberen Rand der Flüssigkeitsoberfläche beziehen. Das genaue Erkennen der unteren Grenze des Flüssigkeitsspiegels wird durch Reflexerscheinungen erschwert. Ferner begeht man beim Ablesen leicht einen parallaktischen Fehler, sobald sich das Auge nicht in genau gleicher Höhe mit dem Meniscus befindet. Während bei den Kolben und Pipetten die Marken stets rings um den Hals oder das Glasrohr laufen und auf diese Weise eine sichere Ablesung gestatten, pflegt man gerade bei den wichtigsten maßanalytischen Geräten — den Büretten — die Graduierung nur auf einen Teil des Rohrumfangs zu beschränken. Immerhin hilft hier schon die von der K. N. E. K. vorgeschriebene Art der Teilung, nach der die Teilstriche mindestens die Hälfte des Rohrumfanges einzunehmen haben. Bringt man beim Ablesen das auf der Hinterwand des Rohres erscheinende Stück der Marke mit dem vorderen zur Deckung, so umgeht man jeden parallaktischen Fehler. Dies wird bei den in Deutschland viel benutzten „reichsgeeichten" Büretten um so mehr noch dadurch erleichtert, als die Zehntelkubikzentimeterstriche zur Hälfte, die Teilstriche bei den halben Kubikzentimetern zu drei Viertel und diejenigen aller ganzen Kubikzentimeter im ganzen Umfang die Bürette umlaufen.

Zur bequemeren Ablesung werden außer der selten benutzten Lupe folgende Hilfsmittel vorgeschlagen: · Man liest entweder gegen einen hellen Hintergrund ab, den man nötigenfalls durch ein hinter die Bürette gehaltenes Stück weißes Papier anbringt, oder gegen eine Mattglasscheibe (70×40 cm), die in Rahmen gefaßt und mit Fuß versehen hinter der Bürette aufgestellt wird.

Von vielen Seiten wird die Bergmann-Göckelsche Blende empfohlen, eine Holzklammer, deren oberer Rand matt geschwärzt ist und an die man nach GÖCKEL[1] noch ein Stück weißen Papiers befestigen kann. Da sich bei dem üblichen Durchmesser der

---

[1] GÖCKEL: Chemiker-Zeit. Bd. 27, S. 1036. 1903.

Kolbenhälse und Büretten hierzu ohne weiteres die gewöhnlichen hölzernen Reagensglashalter eignen, sind solche Göckelsche Blenden ohne besondere Umstände und Kosten zu beschaffen. Abb. 8 zeigt die Ablesung ohne Klammer, Abb. 9 mit Klammer und weißem Papier.

Die einfachste — und vielleicht beste — Ablesevorrichtung ist aber ein Stück Kartonpapier oder Pappe, welches ein weißes und ein geradlinig gegen dieses abgegrenztes schwarzes Feld trägt (eine schwarze Fläche wird auf den weißen Untergrund aufgeklebt). Diese kleine Karte hält man hinter die Bürette, mit der schwarzen Fläche nach unten, so zwar, daß die wagerechte Grenzlinie sich in Höhe des Meniscus oder 2—3 mm darunter befindet; dabei werden die störenden Reflexe sämtlich abgeblendet, und eine parallaktisch richtige Ablesung wird gesichert (vgl. Abb. 10).

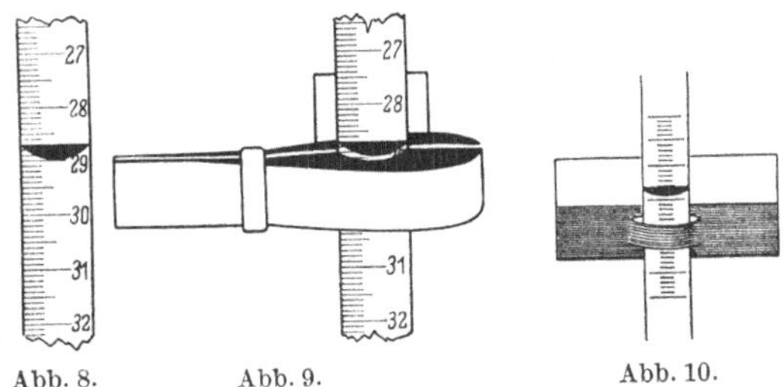

Abb. 8.   Abb. 9.   Abb. 10.

Bei entsprechender Größe des Kartonstückes lassen sich in dieses oben oder unten zwei horizontale Schnitte anbringen, durch die man es dann über die Bürette schieben und von dieser selbst halten lassen kann.

Es sei nachdrücklich darauf hingewiesen, daß alle zueinandergehörigen Ablesungen nach der gleichen Weise vorgenommen werden müssen, da ein und derselbe Bürettenstand, je nach der Art des Ablesens, etwas verschiedene Zahlenwerte wahrnehmen läßt.

Nur bei der Gleichheit solcher Wahrnehmungsfehler werden diese bei der Differenzbildung zweier Ablesungen aufgehoben.

SCHELLBACH glaubt ein genaues und bequemes Ablesen durch einen schmalen dunkeln Streifen auf Milchglashintergrund an der Rückwand der Maßgeräte zu erreichen. Hier wird nicht der unterste Rand des Meniscus aufgesucht, sondern die Trennungsstelle der von der oberen und unteren Fläche des Meniscus entworfenen Spiegelbilder. Bei richtiger Stellung des Auges erscheint dadurch der Streifen zu einem scharfen Punkte eingeschnürt. Dies gewährt wohl eine größere Sicherheit im Erkennen der Flüssigkeitsoberfläche, schützt jedoch nicht vollständig gegen den parallaktischen Fehler.

Die K. N. E. K. läßt den Schellbach-Streifen zwar zu, empfiehlt ihn aber nicht, bei der Ablesung zu benutzen.

Von den früher viel beliebten Schwimmern zur genauen Bürettenablesung soll man auf Grund der Untersuchungen Kreitlings[1] und Schloessers[2] am besten ganz absehen.

§ 4. Die Grundsätze für die Eichung und Nacheichung der Maßgeräte. Als gesetzlich festgelegte metrische Maßeinheit gilt das „wahre Liter", d. h. der Raum, den 1 kg Wasser größter Dichte ($+ 4^0$ C) im luftleeren Raum einnimmt.

Zwischen den beiden Raumgrößen Kubikdezimeter und Liter bzw. Kubikzentimeter und Milliliter besteht ein gewisser Unterschied. Das Kubikdezimeter ist aus der Längeneinheit abgeleitet, das Liter hingegen aus der Masseneinheit. Das letztere bezieht sich auf die Masse des Urkilogramms aus Platin, das in Paris aufbewahrt wird. Die im internationalen Maß- und Gewichtsbureau in Paris angestellten Untersuchungen haben ergeben, daß das Liter tatsächlich etwa 28 cmm größer ist als das Kubikdezimeter. Diese Differenz von 5 : 100000 darf immerhin für unsere Zwecke ganz vernachlässigt werden.

Prinzipiell ist es aber richtiger, als Einheit ml (Milliliter) statt ccm (Kubikzentimeter) zu wählen, wie es in Amerika auch üblich ist, sich auf dem Kontinent aber noch nicht eingebürgert hat.

Im Gegensatz zum wahren Liter stellt das „Mohrsche Liter" den Raum dar, den 1 kg Wasser von bestimmter, im übrigen aber beliebig festgesetzter Temperatur, in der Luft mit Messinggewichten abgewogen, in einem Gefäß von gleicher Temperatur einnimmt. Gewöhnlich bezieht man das Mohrsche Liter auf Wasser von $17,5^0$; es ist dann um 2,3 ccm größer als das wahre Liter. Das Mohrsche Liter wechselt mit der Luftdichte, daher kann der Inhalt von zwei „Mohrschen Liter"-Kolben merklich differieren, wenn der eine von beiden an einem Ort mit wesentlich anderem Barometerstand ausgeeicht wurde als der andere.

---

[1] Kreitling: Zeitschr. f. angew. Chem. Bd. 15, S. 2. 1902.
[2] Schloesser, W.: Zeitschr. f. angew. Chem. Bd. 16, S. 953, 997, 1004. 1903.

Gegenwärtig hat nur das „wahre Liter" als Raumeinheit Bedeutung; wir wollen daher seine Vorteile gegenüber dem MOHRschen Liter[1] gar nicht erst näher erörtern.

Wenn im folgenden vom Liter die Rede ist, so wird damit stillschweigend immer das „wahre Liter" gemeint. Ein 1-Liter-Kolben faßt also, bis zur Marke angefüllt, dasselbe Volumen, das 1 kg Wasser von 4^0 C, im luftleeren Raum gewogen, einnimmt. Zur Eichung eines Kolbens wird man ihn praktischerweise nicht bei 4^0 C im luftleeren Raum mit 1 kg Wasser einwägen. Die K. N. E. K. verlangt auch nicht, daß die Maßgeräte bei $+ 4^0$ C den angegebenen Rauminhalt einnehmen. Nach den Vorschriften vom 8. August 1904 „hat der Raumgehalt der Maßgeräte einem Sollwert zu entsprechen, wenn die Maßgeräte selbst eine Temperatur von 15^0 oder 20^0 C haben". Heute wird wohl international 20^0 C als Normaltemperatur angenommen, auf diese wollen wir die folgenden Ableitungen darum auch beziehen. Um nun einen Literkolben zu eichen, müßte man also im luftleeren Raume 1 kg Wasser von 4^0 C in einen Kolben wägen, der selbst eine Temperatur von 20^0 C hat. Auch dies ist praktisch nicht möglich. Hingegen läßt sich unter Berücksichtigung des spezifischen Gewichts des Wassers, der Luft und der Messinggewichte sowie der kubischen Ausdehnung des Glases rechnerisch ermitteln, wieviel Gramm Wasser von t^0 man bei derselben Temperatur t^0 einzuwägen hat, damit der Inhalt eben 1 l (oder einen entsprechenden Teil desselben) ausmacht.

Ist das spezifische Gewicht des Wassers bei t^0 C gleich s, so so wiegt 1 l im luftleeren Raum $s \times 1000$ g.

Weil die Dichte des Wassers mit über 4^0 C steigender Temperatur abnimmt, wird s kleiner als 1. Wir müßten daher im luftleeren Raum nicht 1000 g, sondern $1000 \cdot s$ g einwägen.

Diese Differenz $(1000 - 1000\,s)$ g nennen wir a.

Nun führen wir die Wägungen nicht im luftleeren Raum, sondern an der Luft aus. 1 l Wasser verliert beim Wägen an der Luft durch den Auftrieb an seinem eignen Gewicht das Gewicht des verdrängten Luftraumes, vermindert um den Luftauftrieb der Messinggewichte.

---

[1] Vgl. besonders W. SCHLOESSER: Zeitschr. f. angew. Chem. Bd. 16, S. 975—977. 1903.

Das Gewicht λ von 1 l Luft bei t^0 und einem Barometerstand von 760 mm ist

$$\lambda_t = \frac{1{,}293052}{1 + \dfrac{1}{273}\, t} = \frac{1{,}293052}{1 + 0{,}00367\, t}\ \text{g.}$$

Nehmen wir das spezifische Gewicht der Messinggewichte gleich 8,4, und wägen wir in den Kolben $\{1000 - (a + b + c)\}$* g Wasser ein, so beträgt die Korrektur b für den Luftauftrieb in Gramm:

$$b = \left\{1000 - \frac{1000 - (a + b + c)}{8{,}4}\right\} \lambda_t\,.$$

Man hätte also zur Berücksichtigung von Wasserdichte und Luftauftrieb $1000 - (a + b)$ g Wasser einzuwägen, um in dem Kolben den Raum von 1 l bei der Temperatur t^0 abzugrenzen, wobei der Kolben natürlich selbst die Temperatur t^0 haben muß. Nun soll aber der Kolben nicht bei t^0 1 l fassen, sondern bei der Normaltemperatur von 20^0. Enthält z. B. der Kolben bei 15^0 genau 1 l Wasser, und wärmen wir nur seine Glasteile — theoretisch vorgestellt! — auf 20^0 an, ohne daß der Wasserinhalt seine 15^0-Temperatur ändert, dann müßte der Kolben, bis zu seiner bei 15^0 richtigen Marke angefüllt, nunmehr bei 20^0 zufolge seiner Ausdehnung mehr als 1 l fassen.

Wir haben daher bei 15^0 soviel weniger einzuwägen, als der Ausdehnung des Glases zwischen 15^0 und 20^0 entspricht. Umgekehrt muß man bei einer Eichtemperatur t' über 20^0 soviel mehr einwägen, als die Ausdehnung des Glases von 20^0 auf t' ausmacht.

Nun ist der mittlere kubische Ausdehnungskoeffizient des Glases (pro Grad) 0,000025. Wenn man daher bei einer Temperatur t^0 eicht, so beträgt die Korrektur c für die Ausdehnung des Glases beim Abwägen von 1 l:

$$c = 1000\,(20^0 - t^0)\,0{,}000025\ \text{g,}$$

d. i. pro Grad 25 mg.

Diese Korrektur für die Ausdehnung des Glases wollen wir c nennen.

Wir finden dann, daß man in einen Literkolben bei einer Temperatur von t^0:

$$1000 - (a + b + c)\ \text{g}$$

---

* Siehe weiter unten.

Wasser einwägen muß, damit sein Rauminhalt bei 20^0 C 1 l darstellt.

Dazu sei bemerkt, daß c positiv ist, sobald t kleiner als 20^0 ist, während es bei höheren Temperaturen negativ wird.

Die folgende Tabelle vereinigt alle genannten Werte für Temperaturen zwischen 9^0 und 30^0. Die erste Spalte gibt die Versuchstemperatur t^0 an, die zweite das spezifische Gewicht s des Wassers nach M. THIESSEN, SCHUL und DIESSELHORST[1]. Die dritte Reihe verzeichnet den Korrekturwert a in Milligramm.

$$a = (1000 - 1000\,s) \cdot 1000.$$

Die vierte Reihe liefert die Korrektur b in Milligramm für den Luftauftrieb. Hierbei ist zu erwähnen, daß die Werte für einen Barometerstand von 760 mm und einen mittleren Sättigungsgrad an Wasserdampf von 50 % gelten.

Bei einem Barometerstand B muß b noch auf folgende Weise korrigiert werden:

$$b' = \frac{B}{760}\,b\,.$$

Innerhalb 10^0 und 30^0 kann für 10 mm Barometerunterschied mit einer Änderung von b um 14 mg gerechnet werden, und zwar wird b größer, sobald der Barometerstand über 760 mm steigt. Allgemein gilt also:

$$b' = b + (B - 760)\,1,4 \text{ mg}.$$

Für unsere Zwecke ist der Feuchtigkeitsgehalt der Luft ganz zu vernachlässigen.

Weichen die Temperaturen von Wasser (t^0) und der Luft (t_1) voneinander ab, so wird für je 1^0, den t_1 kleiner ist als t, b um 4 mg größer, und umgekehrt; also

$$\Sigma\,b = b + (B - 760)\,1,4 + (t_1 - t)\,4.$$

Die fünfte Reihe bringt die Korrektur für die Glasausdehnung von t^0 auf 20^0.

Die letzte Spalte enthält die totale Korrektur $(a + b + c)$ in g. Bei einer Temperatur von t^0 müssen daher

$$1000 - (a + b + c)\,\text{g}$$

---

[1] THIESSEN, M.: c. s. Wiss. Abhandl. d. Physik.-Techn. Reichsanstalt Bd. 4, S. 32. 1904.

Wasser eingewogen werden, um den Kolben bei der Normaltemperatur von 20° C auf 1 l anzufüllen.

Tabelle.

Angaben für das Eichgewicht G_t von 1 l Wasser von t^0 für
eine Normaltemperatur von 20° C.

$$G_t = 1000 - \frac{(a + b + c)}{1000}.$$

Tempe-ratur	s	a in mg	b in mg ($B = 760$)	c in mg	$a + b + c$ in g
9	0,99981	190	1098	275	1,563
10	0,99973	270	1094	250	1,614
11	0,99963	370	1090	225	1,685
12	0,99952	480	1086	200	1,766
13	0,99940	600	1082	175	1,857
14	0,99927	730	1078	150	1,958
15	0,99913	870	1074	125	2,069
16	0,99897	1030	1070	100	2,200
17	0,99880	1200	1066	75	2,341
18	0,99862	1380	1062	50	2,492
19	0,99843	1570	1058	25	2,653
20	0,99823	1770	1054	0	2,824
21	0,99802	1980	1050	— 25	3,005
22	0,99780	2200	1046	— 50	3,196
23	0,99756	2440	1042	— 75	3,407
24	0,99732	2680	1038	— 100	3,618
25	0,99707	2930	1034	— 125	3,839
26	0,99681	3190	1030	— 180	4,070
27	0,99654	3460	1026	— 175	4,311
28	0,99626	3740	1022	— 200	4,562
29	0,99597	4030	1018	— 225	4,823
30	0,99567	4330	1014	— 250	5,094

Beispiele: Die Eichtemperatur ist 15°; der Barometerstand
760 mm. Dann müssen wir für die Normaltemperatur von 20° C
einwägen:

$$(1000 - 2,07) = 997,93 \text{ g Wasser.}$$

Falls die Wassertemperatur 15°, die der Luft aber 14° beträgt, und
B gleich 770 mm ist, so wird

$$\Sigma b = 1074 + 14 + 4 = 1092.$$

Unter diesen Verhältnissen müssen wir daher

$$(1000 - 2,09) = 997,91 \text{ g Wasser einwägen.}$$

Vernachlässigen wir den Einfluß des abweichenden Barometerstands
und der Lufttemperatur, so machen wir einen Fehler von 2 auf 100000
(0,002%), der natürlich gar keine Rolle spielt.

Wenn man nicht 20^0 als Normaltemperatur wählt, sondern eine beliebige andere von t^0, so ist $(a + b + c)$ für jeden Grad, den t^0 kleiner ist als 20^0, um 25 mg zu vermindern, den es größer ist, entsprechend zu erhöhen.

Für eine Normaltemperatur z. B. von 15^0 C sind von allen Werten von $(a + b + c)$ in der Tabelle 125 mg abzuziehen.

§ 5. Die praktische Ausführung der Eichung und der Prüfung von Maßgeräten. Maßgeräte sind heutzutage in sehr guter Beschaffenheit im Handel zu beziehen, und was die Richtigkeit der Eichung anbetrifft, so sind die von der K. N. E. K. geprüften sogenannten „reichsgeeichten" Maßgeräte innerhalb der noch anzuführenden Fehlergrenzen genau. Dennoch empfiehlt es sich für den Chemiker, seine Maßgeräte selbst auszueichen oder bereits geeichte auf ihre Richtigkeit nachzuprüfen.

Die Empfindlichkeit der bei der Eichung und Prüfung der Maßgeräte von der K. N. E. K. benutzten Wagen beträgt für einen Skalenteil bei Belastungen von ca. 100 g 1,3 mg; von 100 bis 500 g ca. 3 mg; darüber hinaus 6—7 mg[1].

Allgemeine Regeln: Geräte und Hilfsgefäße müssen, ehe sie auf die Wage kommen, völlig trocken sein und sich ebenso wie das zur Eichung benutzte Wasser längere Zeit im Prüfungsraum befunden haben, damit Wasser und Glasgefäße möglichst vollkommen die Temperatur der Luft annehmen. Die Geräte sollen rein (fettfrei) sein (vgl. S. 3), ihre Berührung mit voller Hand ist denkbar einzuschränken. Die Temperatur des Wassers und der Luft wird durch genaue Thermometer festgestellt. Der Flüssigkeitsstand wird in Höhe vom tiefsten Punkt des Meniscus in einer senkrecht zur Achse des Gerätes gelegten Ebene an den Wandungen desselben abgelesen. Beim Auffüllen bis zur Marke und bei der Ablesung hält man zur Vermeidung parallaktischer Fehler den Kopf so, daß der auf der Rückwand sichtbare Teil der Marke sich mit dem auf der Vorderfläche befindlichen deckt (vgl. auch S. 15).

Besondere Bestimmungen: a) Maßkolben. Man setzt das trockene Gerät mit seinem Nominalgewichte, d. h. soviel Gramm, als es Kubikzentimeter fassen soll, auf die rechte Wagschale und tariert aus. Dann entfernt man das Nominalgewicht

---

[1] Einzelheiten sind den wichtigen Mitteilungen von W. Schloesser: Zeitschr. f. angew. Chem. Bd. 16, S. 953, 977, 1004. 1903 entnommen.

von der Wage und setzt an dessen Stelle $(a + b + c)$ g (vgl. Tabelle S. 22). Durch Eingießen von Wasser in den Kolben stellt man das Gleichgewicht wieder her. Dabei trägt man Sorge, daß am Halse des Kolbens oberhalb des Wasserspiegels keine Tropfen hängen bleiben, und entfernt sie gegebenenfalls vorsichtig durch Betupfen mit einem zusammengerollten Streifen Filtrierpapier. Die letzte genaue Einstellung geschieht durch Zufügen oder Herausnehmen einiger Tropfen Wasser mittels eines Capillarröhrchens. Sobald nun die Wage genau einspielt, stellt man den Kolben auf eine wagerechte Fläche und klebt einen Papierstreifen mit geradem Rande mehrfach rings um den Hals des Kolbens, so, daß eine durch die so entstandene Kreislinie gelegte Ebene den Meniscus in seinem tiefsten Punkte berührt[1]. Zur Vermeidung des parallaktischen Fehlers benutzt man hierbei mit Vorteil einen kleinen Spiegel. An der Stelle des somit festgelegten Randes bringt man durch Einschneiden, besser aber durch Einätzung die Marke an. Näheres über eine bequeme Ausführung des Einätzens ist in TREADWELLS genanntem Buche nachzulesen.

Bei der Nachprüfung eines bereits geeichten Kolbens verfährt man nach ähnlichem Prinzip. Nach dem Austarieren nimmt man das Nominalgewicht weg, füllt das Gefäß bis zur Marke mit destilliertem Wasser und setzt es wieder auf die rechte Schale, auf die man außerdem schon $(a + b + c)$ g aufgelegt hat. Sofern kein Gleichgewicht besteht, bestimmt man die hierzu nötige Gewichtszugabe oder -fortnahme und findet in dieser Weise sofort die anzubringende Korrektur.

Fehlergrenzen: Nach der K. N. E. K. dürfen die Abweichungen vom Sollvolumen bei Maßkolben auf Einguß höchstens betragen bei einem

Inhalt bis	50	100	250	500	1000	2 000 ccm
Fehlergrenze	0,02	0,05	0,08	0,14	0,18	0,35 ccm
(Fehlergrenze in Prozenten	0,04	0,05	0,032	0,028	0,018	0,018)

Nach dem Zirkular Nr. 9 vom Bureau of Standards in Amerika gilt:

beim Inhalt bis	50	100	250	500	1000	2000 ccm
die Fehlergrenze	0,05	0,08	0,11	0,15	0,30	0,50 ccm
(Fehlergrenze in Prozenten	0,1	0,08	0,044	0,03	0,03	0,025)

---

[1] Vgl. TREADWELL: Kurzgefaßtes Lehrbuch der analytischen Chemie. Bd. 2.

Besonders bei den kleineren Kolben ist die Differenz zwischen den Angaben der K. N. E. K. und dem B. of St. ziemlich groß. Dies hängt wahrscheinlich mit dem ziemlich großen Einfluß eines kleinen Ablesefehlers zusammen. Bei der maximalen Halsweite von 10 mm für einen Meßkolben von 50 ccm entspricht der maximale Fehler 0,25 mm Höhenunterschied des Flüssigkeitsniveaus nach K. N. E. K. und 0,62 mm nach B. of St.

Es empfiehlt sich, die größere Genauigkeit nach der K. N. E. K. einzuhalten; eine Fehlergrenze von $1^0/_{00}$ bei 50 ccm oder von $0,8^0/_{00}$ bei 100 ccm erscheint doch zu reichlich bemessen.

b) Vollpipetten: Man klebt längs des Ansaugrohres der Pipette einen schmalen Streifen Millimeterpapier auf und ermittelt zunächst roh die Lage der anzubringenden Marke, indem man aus einem ausgeeichten Maßzylinder das gewünschte Volumen ansaugt und den Stand des Meniscus auf dem Papier festlegt, worauf man dann das Wasser in ein tariertes Glas ablaufen läßt.

Soll die Pipette v ccm fassen, so muß das Gewicht der ausfließenden Wassermenge bei t^0

$$v - \frac{a + b + c}{1000} v \text{ g.}$$

$a + b + c$ ist hier in g ausgedrückt.

Die erste Einstellung stimmt natürlich nur angenähert. Kennt man nun den lichten Durchmesser des Ansaugrohres (der mittels eines Metallkeiles zu bestimmen ist), so kann man aus der Differenz des Gewichtes des ausgeflossenen Wassers vom oben angegebenen richtigen Wert leicht in Millimetern den Abstand der gewünschten richtigen Marke von der bisherigen vorläufigen berechnen. Auf Veranlassung von Prof. SCHOORL wurde im hiesigen Laboratorium eine Tabelle ausgearbeitet, aus der für verschiedene Pipettenrohrdurchmesser die Höhen in Millimeter zu entnehmen sind, die 1 ccm Inhalt entsprechen.

Tabelle.

Lichte Weite des Pipettenrohres in mm	mm Länge, die 1 ccm Inhalt entsprechen
2	332
2,5	204
3	141
3,5	104
4	79
4,5	62
5	51
5,5	42
6	35

(Fortsetzung der Tabelle von S. 25.)

Lichte Weite des Pipettenrohres in mm	mm Länge, die 1 ccm Inhalt entsprechen
6,5	30
7	26
7,5	22,5
8	19,8
9	15,8
10	12,7

In dieser Weise kann man also ziemlich genau die Eichmarke festlegen. Man wiederholt nun die Bestimmung, füllt die Pipette bis etwa 1 cm über die Marke, verschließt mit dem Finger und trocknet die Auslaufspitze ab. Durch Lüften des Fingers wird das Wasser bei senkrechter Haltung der Pipette, die Spitze an eine Gefäßwand anlegend, bis zur Marke abgelassen.

Darauf entleert man die Pipette in gleicher Art in das tarierte Glas. Hat der zusammenhängende Ausfluß aufgehört, so streicht man die Spitze am Glase ab, und zwar nach 15 Sekunden, sofern nicht auf einer bereits geeichten Pipette, die nachgeprüft werden soll, eine andere Wartezeit vermerkt ist.

Diese Handhabung wird so oft wiederholt, bis die richtige Stelle des Eichstrichs ermittelt ist, d. h. bis die Differenz zwischen dem ausgeflossenen Wassergewicht und dem für den betreffenden Inhalt berechneten weniger als drei Viertel des von der K. N. E. K. für Vollpipetten zugelassenen Fehlers beträgt. Dann ätzt man endlich die Marke rings um das Rohr ein.

Die nach der K. N. E. K. zulässigen Fehler sowie die vom Bureau of Standards geforderten Genauigkeiten von Pipetten verschiedener Volumina stellt die folgende Tabelle zusammen:

Inhalt in ccm	2	5	10	20	(25)	50	100
Fehlergrenze in ccm K. N. E. K.	0,006	0,01	0,015	0,02	0,022	0,035	0,05
(Fehlergrenze in % K. N. E. K.	0,3	0,2	0,15	0,1	0,09	0,07	0,05)
Fehlergrenze in ccm B. of St.	0,006	0,01	0,02		0,025	0,05	0,08
(Fehlergrenze in % B. of St.	0,3	0,2	0,2		0,1	0,1	0,08)

Aus diesen Fehlergrenzen geht hervor, daß die kleinen Pipetten verhältnismäßig ungenau sind, und daß sich für genauere Zwecke der Gebrauch von 25-ccm-Pipetten oder größeren empfiehlt.

Büretten: Falls auf den Büretten eine Wartezeit nicht besonders angegeben ist, wird zunächst bei voller Öffnung des Hahnes die Auslaufzeit bestimmt. Bei einer Nachprüfung geht man stets von der Nullmarke aus. Die Bürette wird senkrecht eingeklemmt und bis etwa 5 mm über die Nullmarke gefüllt. Hierauf läßt man das Wasser genau bis zur Nullmarke ab und entfernt den etwa außen an der Spitze haftenden Tropfen. Das Rohr muß dann bis zur Mündung der Ablaufspitze vollständig und ohne Luftblasen gefüllt sein. Nunmehr läßt man bei vollständig geöffnetem Hahne frei in ein tariertes Glas ablaufen, bis das Wasser etwa 5 mm über der zu prüfenden Marke steht. Nach Verlauf von 30 Sekunden bzw. der auf der Bürette vermerkten Wartezeit[1] läßt man das Wasser genau bis zur Marke ausfließen und streicht die Spitze an der Glaswand ab.

Bei gewöhnlichen Büretten prüft man die Intervalle 0 bis 5 ccm; 0—10, 0—15 usw. bis 50 ccm und wiederholt die Bestimmung, bis die Wägungen untereinander auf wenigstens 10 mg in Einklang stehen.

Es hat keinen Zweck, zur Prüfung kleinere, aufeinanderfolgende Abschnitte der Bürette zu wählen und durch Summieren den Inhalt größerer Abschnitte sowie der ganzen Bürette zu berechnen. Wie SCHLOESSER (l. c.) schon bemerkte, ist der Beobachtungsfehler für jede einzelne Bestimmung der gleiche, und die Unsicherheit im Endresultat beträgt daher unter Umständen das Sovielfache derjenigen bei direkter Ermittlung des Inhalts, als einzelne Abschnitte geprüft worden sind.

Wenn die Bürette an den verschiedenen Stellen wesentlich mehr als 0,01 ccm vom richtigen Wert abweicht, empfiehlt es sich, eine Korrekturtafel anzulegen. Bürette und zugehörige Korrekturtabelle kennzeichnet man durch eine bestimmte Nummer oder durch ein Zeichen. Die Korrekturkarte teilt man in zwei senkrechte Spalten, in dessen linke man die einzelnen Stellen der Bürette: 5—10—15—20 ccm usw., in dessen rechte man die zugehörigen richtigen Rauminhalte einträgt. Vorteilhaft wird eine solche Korrektionstafel gleich am Stativ der betreffenden Bürette angebracht

Nach der K. N. E. K. und B. of St. dürfen die Abweichungen bei Büretten betragen:

Die Auseichung der Büretten mit der OSTWALDschen Pipette ist nach SCHLOESSER (l. c.) nicht zu empfehlen[2].

---

[1] Es empfiehlt sich, den Nachflußfehler außerdem bei wechselnder Wartezeit festzustellen; kommt es doch vor, daß eine Titration längere Zeit in Anspruch nimmt, so daß der Nachlauf unter diesen Verhältnissen größer sein kann, als bei der Prüfung.

[2] Eine Verbesserung an der OSTWALDschen Pipette hat C. W. FOULK: Industr. a. engin. chem. Bd. 7, S. 689. 1915 angebracht.

Inhalt in ccm bis	2	5	10	50	100
Fehlergrenze in ccm (K. N. E. K.)	0,008		0,02	0,04	0,08
(Fehlergrenze in % (K. N. E. K.)	0,4		0,2	0,08	0,08)
Fehlergrenze in ccm [B. of St.]		0,01	0,02	0,05	0,10
(Fehlergrenze in % [B. of St.]		0,2	0,2	0,1	0,1)

§ 6. Die Gebrauchstemperatur und die Normaltemperatur der Maßgeräte. Wie bereits gesagt, werden heutzutage die Maßgeräte für eine Normaltemperatur von 20^0 geeicht. Gewöhnlich weicht nun die Gebrauchstemperatur von dieser Normaltemperatur etwas ab, und daraus ergeben sich folgende zwei, für die maßanalytische Praxis wichtige Fragen:

1. Welchen Raum nimmt im Maßkolben eine bei t^0 bis zur Marke aufgefüllte Flüssigkeit bei der Normaltemperatur ein?

2. Welchen Raum nimmt eine bei t^0 hergestellte Titerlösung bei dieser Temperatur in einem bei 20^0 geeichten Maßgerät ein?

Die erste Frage ist besonders dann von Bedeutung, wenn man bei der Temperatur t^0 aus einer abgewogenen Menge Ursubstanz eine Lösung von genau bekanntem Gehalt herstellen will.

Wenn man bei t^0, welches kleiner als 20^0 ist, bis zur **Marke** angefüllt hat, dann wird sich beim Anwärmen auf 20^0 die Flüssigkeit auf ein größeres Volumen ausdehnen. Andererseits faßt der Kolben bis zur Marke bei 20^0 ein größeres Volumen als bei t^0, weil sich auch das Glas bei der Temperaturänderung von t^0 auf 20^0 ausdehnt. Da nun Flüssigkeiten einen größeren Ausdehnungskoeffizienten als Glas haben, wird die bei t^0 bis zur Marke aufgefüllte Flüssigkeit bei 20^0 im Kolben einen größeren Raum einnehmen.

Der Fehler ist leicht zu berechnen. Wenn α der Ausdehnungskoeffizient des Glases und ε der der Flüssigkeit ist, so würde das Volumen einer Lösung, die in einem auf 20^0 justierten Kolben bei t^0 aufgefüllt wurde, bei der Normaltemperatur

$$v_{20} = v\left\{1 + (20 - t^0)\,\varepsilon - (20 - t)\,\alpha\right\}$$

betragen.

Setzen wir den Ausdehnungskoeffizienten der Flüssigkeit gleich dem des Wassers, so ist mit Hilfe der Zahlen der Tabelle auf S. 22 der korrigierte Wert bequem zu erfahren.

Bei Ausdehnung der Lösung (1 l) von t^0 bis 20^0 ist die Zunahme des Volumens:

$$a_{20} - a_t.$$

(Wenn t größer ist als 20^0, so wird diese Differenz negativ.) Die Ausdehnung des Glases bewirkt ihrerseits eine Abnahme des Volumens: c_t.

Das für die Verwendung auf die Normaltemperatur korrigierte Volumen ergibt sich dann zu

$$V_{20} = V + \left(\frac{a_{20} - a_t}{1000} - \frac{c_t}{1000} \right) V \,.$$

Daraufhin läßt sich der Titer der Lösung in entsprechender Weise korrigieren.

Auch kann man mehrere Marken am Kolben anbringen, etwa eine für die Gebrauchstemperatur von 15^0 C in dem Sinne, daß der Kolbeninhalt bei 15^0 bis zu dieser Marke, auf 20^0 gebracht, genau 1 l ausmacht.

Beim Eichen hat man hierzu

$$1000 - \left(\frac{a + b + c}{1000} \right) \frac{a_{20} - a_{15} - c_{15}}{1000}$$

einzuwägen.

So läßt sich auch eine Marke für eine Gebrauchstemperatur von 10^0 und 25^0 usw. festlegen.

In obigem Beispiel (Gebrauchstemperatur 15^0) müssen wir dann

$$1000 - \frac{a + b + c}{1000} - 0,775 \text{ g Wasser}$$

einwägen.

Allerdings haben solche besondere Eichmarken für abweichende Gebrauchstemperaturen nur dann Zweck, wenn Büretten und Pipetten streng bei der Normaltemperatur gebraucht werden.

Bei gleicher Gebrauchstemperatur der Pipetten und Büretten einerseits, der Maßkolben beim Ansetzen der Lösungen andererseits, wie sie praktisch bei irgendwelchen Gehaltsbestimmungen meist vorliegt, ist es überflüssig, ja wäre es sogar fehlerhaft, einseitig irgendwelche Korrekturen vorzunehmen. Anders, wenn man eine Lösung von genau bekanntem Gehalte auf Vorrat hält und sie bei verschiedenen Temperaturen verwenden will! Wir mögen eine 0,1-n-Jodatlösung bei 10^0 durch Auffüllen bis zur Normaltemperaturmarke hergestellt haben. Wenn wir diese

Lösung bei 20⁰ gebrauchen, so hat das scheinbare Volumen um
0,125% zugenommen, einer Abnahme des Titers von 0,125%
entsprechend. Bei genauen Analysen ist diese Korrektur zu berücksichtigen.

Für solche Zwecke hat W. SCHLOESSER[1] eine im Gebrauch
sehr praktische Tabelle entworfen. Die wahre Ausdehnung der

**Tafel zur Reduktion des bei der Temperatur t^0 beobachteten
Volumens von Titrierflüssigkeiten auf dasjenige bei der
Normaltemperatur von 20⁰.**

Die angeführten Zahlen geben auf hundertstel Kubikzentimeter genau
den Raum an, um den 1000 ccm der betreffenden Flüssigkeit bei t^0 größer
(+) bzw. kleiner (—) sind als bei der Normaltemperatur. (Vgl. SCHLOESSER
l. c.; SCHOORL: l. c.)

Temperatur 0	Wasser 0,01-n-Maßflüssigkeiten 0,1-n-Salzsäure	0,1-n-Maßflüssigkeiten	0,5-n-Salzsäure	1-n-Salzsäure	0,5-n-Natronlauge	1-n-Natronlauge
5	+ 1,5	+ 1,7	+ 1,9	2,3	2,35	3,6
6	1,5	1,65	1,85	2,2	2,25	3,4
7	1,4	1,6	1,8	2,15	2,2	3,2
8	1,4	1,55	1,75	2,1	2,15	3,0
9	1,4	1,5	1,7	2,0	2,05	2,7
10	1,3	1,45	1,6	1,9	1,95	2,5
11	.1,2	1,35	1,5	1,8	1,8	2,3
12	1,1	1,3	1,4	1,6	1,7	2,0
13	1,0	1,1	1,2	1,4	1,5	1,8
14	0,9	1,0	1,1	1,2	1,3	1,6
15	0,8	0,9	0,9	1,0	1,1	1,3
16	0,6	0,7	0,8	0,8	0,9	1,1
17	0,5	0,6	0,6	0,6	0,7	0,8
18	0,3	0,4	0,4	0,4	0,5	0,6
19	0,2	0,2	0,2	0,2	0,2	0,3
20	0,0	0,0	0,0	0,0	0,0	0,0
21	—0,2	—0,2	—0,2	—0,2	—0,2	—0,3
22	0,4	0,4	0,4	0,5	0,5	0,6
23	0,6	0,6	0,7	0,7	0,8	0,9
24	0,8	0,9	0,9	1,0	1,0	1,2
25	1,0	1,1	1,1	1,2	1,3	1,5
26	1,3	1,4	1,4	1,4	1,5	1,8
27	1,5	1,7	1,7	1,7	1,8	2,1
28	1,8	2,0	2,0	2,0	2,1	2,4
29	2,1	2,3	2,3	2,3	2,4	2,8
30	2,3	2,5	2,5	2,6	2,8	3,2

---

[1] SCHLOESSER, W.: Chemiker-Zeit. B.. 29, S. 510. 1905.

§ 6. Die Gebrauchstemperatur und die Normaltemperatur der Maßgeräte. 31

gebräuchlichsten Titrierflüssigkeiten hat A. Schulze[1] dilatometrisch gemessen[2]. Schloesser benutzte diese Zahlen zur Umrechnung auf eine Normaltemperatur von 20° (auch von 15°) unter Annahme eines Ausdehnungskoeffizienten des Glases von 0,000027.

Aus seiner Tabelle[3] ergibt sich, daß die Differenzen zwischen den Werten für Wasser und $n/_{100}$-Flüssigkeiten und 0,1-n-Salzsäure untereinander so gering sind, daß die Korrektur für all diese Flüssigkeiten praktisch einander gleichgesetzt werden darf.

Auch 0,1-n-Lösungen weichen nur wenig von diesen ab.

Beispiel: Man hat in einem auf 20° justierten Literkolben bei 15° eine 0,1-n-Silbernitratlösung angesetzt; also würde die Lösung bei 20° einen um + 0,9 ccm größeren Raum einnehmen.

---

[1] Schulze, A.: Zeitschr. f. analyt. Chem. Bd. 21, S. 167. 1882.

[2] Eine andere Reihe von Tabellen wird von Y. Osaka: Memoirs of the College of Science, Kyoto, Imperial Univ. Bd. 4, S. 113. 1920 mitgeteilt. Er gründet seine Zahlen auf Studien von K. Inamura (1917) über die Dichte der verschiedenen Maßflüssigkeiten bei Temperaturen zwischen 5° und 30°. Osaka nimmt bei seinen Berechnungen einen Ausdehnungskoeffizienten des Glases von 0,000029 an. Wir verzichten auf eine Wiedergabe der Zahlen, weil sie praktisch keinen Vorzug vor den genannten anderen verdienen.

[3] Vgl. auch N. Schoorl: Chem. Weekbl. Bd. 23, S. 581. 1926.

Abgelesenes Volumen Titerlösung in ccm	Korrektur in ccm bei												
	6°	8°	10°	12°	14°	16°	18°	20°	22°	24°	26°	28°	30°
10	+0,01	+0,01	+0,01	+0,01	+0,01	+0,01	+0,00	0,00	0,00	−0,00	−0,01	−0,02	−0,02
20	+0,03	+0,03	+0,03	+0,02	+0,02	+0,01	+0,01	0,00	−0,01	−0,02	−0,03	−0,03	−0,03
25	+0,04	+0,03	+0,03	+0,03	+0,02	+0,02	+0,01	0,00	−0,01	−0,02	−0,03	−0,04	−0,05
30	+0,04	+0,04	+0,04	+0,03	+0,03	+0,02	+0,01	0,00	−0,01	−0,02	−0,04	−0,05	−0,07
40	+0,06	+0,06	+0,05	+0,04	+0,04	+0,03	+0,01	0,00	−0,02	−0,03	−0,05	−0,07	−0,09
50	+0,07	+0,07	+0,06	+0,06	+0,05	+0,03	+0,02	0,00	−0,02	−0,04	−0,06	−0,09	−0,12

Oder man hat aus einer auf 20^0 geeichten Bürette bei 16^0 34,75 ccm 1-n-Natronlauge verbraucht, dann müßten diese bei der Normaltemperatur einen Verbrauch von

$$34,75 + \frac{34,75 \cdot 1,1}{1000} = 34,75 + 0,04 = 34,79 \text{ ccm}$$

bedeuten.

Wenn man mit 0,1-n- und verdünnteren Flüssigkeiten arbeitet, kann man auch folgende kleine Tabelle mit Vorteil verwenden. Hierbei ist die Korrektion in 0,01 ccm angegeben.

Zweites Kapitel.

Die praktischen Grundlagen der Maßanalyse.

§ 1. Die Herstellung der Maßflüssigkeiten. Titerlösungen von streng definierter Normalität lassen sich am einfachsten dann zubereiten, wenn die in der Maßflüssigkeit gelöste Substanz analysenrein und formelgerecht zur Verfügung steht. Durch Einwägen des Äquivalentgewichtes oder eines aliquoten Teils desselben und Auflösen auf ein bestimmtes Volumen gelangt man zu genau eingestellten Lösungen. Viele Stoffe, wie Silbernitrat, Natriumthiosulfat und andere, lösen sich in Wasser unter erheblichem Wärmeverbrauch, wasserfreie Soda dagegen unter Wärmeentwicklung. In solchen Fällen hat man nach dem Lösen den Temperaturausgleich auf Zimmer- bzw. Normaltemperatur abzuwarten; dann erst darf — am besten unter dauerndem Bewegen der Lösung — mit Wasser bis nahe an die Marke aufgefüllt werden. Die letzten Kubikzentimeter gibt man aus einer Spritzflasche oder Capillarpipette hinzu, bis sich der Meniscus auf den Eichstrich eingestellt hat. Dann wird der Kolben oberhalb der Marke mit Filtrierpapier abgetrocknet, der Kolben verschlossen und endlich kräftig zur Durchmischung des Inhalts geschüttelt.

Diese direkte Zubereitung einer Maßflüssigkeit ist leider nicht immer möglich. Bei Stoffen, welche nicht leicht analysenrein zu erhalten sind — wie bei den meisten Laugen, anorganischen Säuren u. a. — können zunächst nur Lösungen von ungefährem Gehalt angesetzt werden, welche nachher natürlich eingestellt werden müssen. Wenn man in solchen Fällen Lösungen von möglichst genau rundzahliger Normalität, etwa 0,1-n, 0,05-n usw.

braucht, so stellt man am besten etwa 1,2 l etwa vom gewünschten Gehalte, jedenfalls aber etwas konzentrierter, her. Nach Ermittlung ihres Titers läßt sich dann einfach berechnen, welches Quantum Wasser, genau einem Liter dieser stärkeren Lösung zugesetzt, diese auf die geforderte Normalität bringt. Die Kontraktion darf dabei unberücksichtigt bleiben. Jedenfalls empfiehlt es sich aber, nach dem Verdünnen den Gehalt der Lösung nachzukontrollieren.

Andererseits kann man starke Reagenslösungen, wie 22 prozentige Salzsäure oder konzentrierte Natronlauge, von genau festgestellter Konzentration, in Vorrat halten. Dann weiß man auch, welches Gewicht derselben man zu 1 l verdünnen muß, um genau 0,1-n- oder eine andersnormale Maßflüssigkeit zu erhalten. Beim Aufbewahren der Vorratlösungen beachte man immer, daß beim Stehen gewöhnlich Wasser abdunstet und sich in Tropfen oben an den Flaschenwänden kondensiert; man hat also auch hier natürlich „vor dem Gebrauch zu schütteln".

§ 2. Die Einstellung der Maßflüssigkeiten. Gebrauchs- und korrigierter Titer. Weicht die Temperatur bei der Einstellung merklich von der Normaltemperatur ab, so ist es ratsam, von derselben Notiz zu nehmen, um nötigenfalls bei späterer Benutzung der Lösung entsprechende Korrekturen anbringen zu können.

Die Einstellung einer Lösung beansprucht im allgemeinen einen höheren Grad von Genauigkeit als jede sonstige maßanalytische Bestimmung. Ein Fehler in der Einstellung kehrt bei allen mit der betreffenden Maßlösung ausgeführten Analysen wieder und kann sich daher unter Umständen zu den übrigen Fehlern addieren.

Für die gewöhnlichen maßanalytischen Zwecke darf man sich mit einer Genauigkeit von 0,1 % in der Einstellung begnügen. Erfordern spezielle Untersuchungen eine wesentlich höhere Genauigkeit, wie bei der Prüfung von Ursubstanzen auf ihre Brauchbarkeit, so muß die ganze Versuchsmethodik entsprechend verfeinert werden (vgl. z. B. über Wägebüretten S. 11).

Schon die mittlere Genauigkeitsgrenze 0,1 % bei der Einstellung ist gar nicht so einfach einzuhalten.

Hierzu müssen von vornherein folgende Bedingungen erfüllt sein:

1. Eine geeignete Ursubstanz muß zur Verfügung stehen (Näheres darüber vgl. § 4 über Urtitersubstanzen bzw. Titersubstanzen.

2. Die Einwage an Ursubstanz darf nicht zu klein sein. Jede Bestimmung ist mit zwei Wägungen verbunden. Rechnen wir den Wägefehler auf der analytischen Wage im gewöhnlichen Laboratoriumsgebrauch zu 0,1 mg, dann müssen für jede Einstellung mindestens 200 mg Ursubstanz eingewägt werden, damit der Wägefehler 0,1 % nicht übersteigt.

Kaliumjodat als Ursubstanz hat den Nachteil eines sehr kleinen Äquivalentgewichtes (35,66). Will man z. B. damit 0,1-n-Thiosulfat einstellen und von diesem etwa 40 ccm verbrauchen, so beträgt die entsprechende Einwage an Kaliumjodat nur rund 0,14 g.

In solchen Fällen ist es vorteilhafter, mit Lösungen von genau bekanntem Gehalt zu arbeiten. Zur Bereitung eines Liters 0,1-n: Kaliumjodat braucht man 3,566 g. Ein Wägefehler von 0,2 mg entspricht hier einem relativen Fehler von etwa 0,6 auf 10000 (0,006 %), kommt also überhaupt nicht mehr in Betracht. Der zulässige Fehler eines Liter-Maßkolbens ist etwa 0,2 ccm, entsprechend 0,02 %, der einer Pipette von 50 ccm beträgt 0,07 %.

Benutzen wir nun in unserem Falle eine Pipette von 50 ccm (oder 40 ccm), so bleibt der Gesamtfehler unterhalb 0,1 %. Noch genauer ist es, 50 ccm der Vorratlösung in einem Maßkolben abzumessen und denselben quantitativ auszuspülen.

Bei der Einstellung sehr verdünnter Maßflüssigkeiten (0,025-n oder schwächer) ist die Genauigkeit von 0,1 % beim direkten Einwägen der Ursubstanz gar nicht mehr zu erreichen. Hier ist man geradezu auf abgemessene Volumina einer Ursubstanzlösung von genau bekanntem Gehalt angewiesen. Wohl kann man sich durch entsprechende Verdünnung einer stärkeren Maßflüssigkeit verdünntere herstellen, aber auch dann empfiehlt es sich, den Gebrauchstiter (vgl. S. 36) durch eine Einstellung zu bestimmen.

3. Der Verbrauch in Kubikzentimetern bei der Einstellung darf nicht zu klein sein, damit nicht Ablese- und Nachflußfehler der Bürette das Resultat zu sehr beeinträchtigen. Lassen wir bei jeder Ablesung einen Fehler von 0,01 ccm unterlaufen, wozu noch der Nachflußfehler von 0,02 ccm kommt, dann beträgt der mögliche Fehler jeder Bestimmung 0,04 ccm. Bei 40 ccm Verbrauch entspricht dies einer Genauigkeit von 0,1 %. Hinsichtlich des Tropfenfehlers (vgl. Teil I S. 108), wird der Gesamtfehler allerdings noch größer.

4. Die Titration muß direkt auf den Endpunkt zu geführt werden. Eine Rücktitration mit einer anderen eingestellten Maßflüssigkeit erhöht die Fehlermöglichkeiten. So ist es z. B. unter gewöhnlichen Umständen nicht ratsam, bei Einstellung von Salzsäure auf Soda zur Ursubstanzlösung einen geringen Säureüberschuß zu geben, die Kohlensäure auszukochen und den Überschuß an Säure mit eingestellter Lauge auf Phenolphthalein zurückzutitrieren.

5. Die Reaktion bei der Einstellung muß ganz einsinnig verlaufen; störende Nebenreaktionen dürfen nicht auftreten.

6. Die Einstellung einer Lösung auf eine andere eingestellte Flüssigkeit ist nach Möglichkeit zu vermeiden; denn in jeder einzelnen Einstellung sind Fehler enthalten, die sich dann addieren können. Freilich empfiehlt es sich, einzeln eingestellte Lösungen aufeinander zu prüfen, wie 0,1-n-Salzsäure auf 0,1-n-Lauge.

Wie jeder Analyse, so sind auch jeder Titerstellung mehrere parallele Bestimmungen zu Grunde zu legen.

Je mehr Titrationen man ausführt, um so mehr heben sich die Beobachtungsfehler gegenseitig auf; die Ergebnisse gruppieren sich um den wahren Wert nach den Gesetzen der Wahrscheinlichkeit[1]. Wenn wir von dem Titrierfehler absehen, so entspricht der arithmetische Mittelwert am besten dem wahren Wert.

Die Abweichungen der Einzelwerte vom Mittelwert sind die Einzelfehler, gewöhnlich mit f bezeichnet.

Für uns hat weniger der Einzelfehler Interesse, als vielmehr die Genauigkeit, mit der der Mittelwert bestimmt wird. Der mathematische Ausdruck für den „mittleren Fehler des Mittelwertes" ist

$$F_M \quad \sqrt{\frac{\Sigma f^2}{n\,(n-1)}}\,.$$

F_M ist der mittlere Fehler des Mittelwertes M, f ist der Einzelfehler, n ist die Anzahl der Bestimmungen.

Denken wir uns die Einwage der Ursubstanz so bemessen, daß sie 40 ccm 0,1-n-Titerlösung verbraucht.

---

[1] Eine klare Besprechung der Maßfehler und Fehlerkritik bringt A. THIEL: Physikochemisches Praktikum. Berlin: Gebr. Borntraeger 1926. Betr. Fehlerberechnung: vgl. auch ZOTIER: Bull. Sciences Pharmacol. Bd. 25, S. 274, 387. 1918; Chem. Zentralbl. Bd. 90, H. II, S. 636. 1919; F. H. HAHN: Zeitschr. f. angew. Chem. Bd. 36, S. 14. 1923; K. O. SCHMITT: Zeitschr. f. anal. Chem. Bd. 70, S. 230. 1927.

Finden wir nun bei drei Bestimmungen die folgenden Titerzahlen: 39,98; 39,97; 40,04 ccm, so ist der Mittelwert $M = 40,00$ und

$$F_M = \sqrt{\frac{0,02^2 + 0,03^2 + 0,04^2}{3\cdot 2}} = 0,022 \text{ ccm}.$$

Dieser mittlere Fehler entspricht einer Genauigkeit im Resultat von 0,055%.

Wenn wir bei sechs Bestimmungen die folgenden Zahlen finden: 39,98; 39,97; 40,00, 40,02, 40,02, 40,03 ccm, so ist ebenfalls $M = 40,00$; jedoch ist F_M kleiner:

$$F_M = \sqrt{\frac{30\cdot 10^{-4}}{6\cdot 5}} = 0,01;$$

entsprechend einer Genauigkeit im Resultat von 0,025%.

Je kleiner f und je größer n, desto genauer gestaltet sich das Ergebnis.

Nach allgemein angenommenem Grundsatz wird der Titer zahlenmäßig so ausgedrückt, daß die vorletzte Dezimalstelle noch sicher ist, die letzte dagegen die Unsicherheit des Ergebnisses in sich schließt Der Titer einer etwa 0,1-n-Lösung wird daher im allgemeinen höchstens auf 4 Dezimalen angegeben, wobei die letzte Stelle auf ± 1 unsicher ist. Stellt man eine Maßflüssigkeit in der vorbeschriebenen Weise ein, so findet man gewöhnlich nicht den **absoluten Titer** der Lösung, sondern den **Gebrauchstiter**, der nur relativ wenig von dem ersteren abweichen darf. Zwischen beiden Werten liegt noch der **korrigierte Titer**. Wie wir schon im ersten Teil dieses Buches ausführlich besprochen haben, schlägt ein Indikator gewöhnlich nicht genau beim Äquivalenzpunkt um, sondern nur in dessen Nähe, sei es etwas früher oder später. Außerdem wird allermeist mit der zuletzt zugefügten Menge, gewöhnlich einem Tropfen, etwas mehr Titerlösung verbraucht als nötig ist, um den Umschlag zu erzeugen (Tropfenfehler, vgl. Teil I S. 108 und N. Bjerrum[1]).

In vielen Fällen kann man den für das Umschlagen des Indikators notwendigen Überschuß (bzw. Unterschuß) und den Tropfenfehler experimentell bestimmen und daraus den korrigierten Titer herleiten. Praktisch ist das jedoch nicht ohne weiteres zu empfehlen, vor allem dann nicht, wenn die Maßflüssigkeit später in gleicher Weise mit demselben Indicator angewandt wird wie bei der Einstellung. Wenn wir z. B. 0,1-n-Salz-

---

[1] Bjerrum, N.: Die Theorie der alkalimetrischen und acidimetrischen Titrierungen. Sammlung Herz S. 74. Stuttgart 1914.

säure auf Borax mit Dimethylgelb als Indicator einstellen, so beträgt der notwendige Säureüberschuß etwa 0,1 ccm auf 100 ccm Endvolumen. Bei der Titration 0,1-n-Flüssigkeiten macht das einen Fehler von 0,2% aus, und der korrigierte Titer ist um 0,2% größer als der Gebrauchstiter. Verwendet man nun später wieder die Säure mit Dimethylgelb als Indicator, so reicht der Gebrauchstiter vollkommen aus. Wählt man dann jedoch einen Indicator mit einem Umwandlungsintervall zwischen Methylrot und Phenolphthalein, so verdient der korrigierte Titer den Vorzug. Auf alle Fälle soll bei Angabe der Normalität auch die Art der Titerstellung mit bezeichnet werden.

Besonders für sehr verdünnte Maßflüssigkeiten ($c \leqq 0{,}01$-n) sind die vorstehenden Betrachtungen von großer praktischer Wichtigkeit; wir werden darauf im speziellen Teil ausführlich zurückkommen.

§ 3. **Rationelles Äquivalentgewicht.** Die internationalen Atomgewichte und die mindestens ebenso streng diskutierten Atomgewichte der Deutschen Atomgewichtskommission[1] und die aus denselben abgeleiteten Äquivalentgewichte beziehen sich auf Wägungen im luftleeren Raum.

Nach dem Hinweis von N. SCHOORL[2] ist es gar nicht zweckmäßig, die praktische Analytik auf diesen Grundzahlen aufzubauen, da man ja doch immer an der Luft abwägt. Man vernachlässigt dann bei den Wägungen ganz bewußt die Gewichtsverminderung durch den Auftrieb der Luft. Dadurch können unter Umständen Fehler in der Größenordnung von etwa 0,1% entstehen, die sich aber leicht vermeiden lassen. Kennt man das spezifische Gewicht der abzuwägenden Substanz und das der Messinggewichte (= 8,4), so kann der Unterschied zwischen dem rationellen Äquivalentgewicht, das für normale Wägungen im Luftraum gültig ist, und dem „internationalen Äquivalentgewicht" leicht berechnet werden. Hierzu benutzen wir das normale Kubikzentimetergewicht der Luft = 1,293 mg.

Nehmen wir als Beispiel Borax $Na_2B_4O_7 \cdot 10\,H_2O$. Nach der internationalen Tabelle von 1925[3] ist das Äquivalentgewicht

---

[1] Erscheinen jedes Jahr im Januarheft der Berichte d. Dtsch. Chem. Ges.

[2] SCHOORL, N.: Zeitschr. f. anal. Chem. Bd. 57, S. 209. 1918.

[3] Vgl. Journ. Americ. chem. soc. Bd. 47, S. 600. 1925.

190,717. Unter Berücksichtigung des spezifischen Gewichtes des Borax von 1,72 finden wir ein rationelles Äquivalentgewicht von 190,607, also eine Differenz von 0,6°/$_{00}$. Bei genauen Analysen empfiehlt es sich allgemein, von den rationellen Äquivalentgewichten auszugehen.

Die Berechnung dieser letzteren für die verschiedenen Substanzen ist ziemlich umständlich. SCHOORL ging daher einen Schritt weiter und schlug vor, in der Analyse überhaupt nicht die internationalen Atomgewichte zu verwenden, sondern die rationellen, auf Wägungen an der Luft bezogenen.

Bei Durchführung einer großen Anzahl Berechnungen hat SCHOORL festgestellt, daß das spezifische Volumen der Elemente in den verschiedenen Verbindungen ziemlich konstant ist. Aus diesen spezifischen Volumina der Elemente in den Verbindungen hat SCHOORL auf Grund der üblichen Atomgewichte die rationellen Atomgewichte aufgestellt.

Warum diese rationellen Atomgewichte sich noch nicht allgemein in der analytischen Praxis eingebürgert haben, ist mir unverständlich; läßt sich doch hierbei ein Fehler mühelos ausschalten, der bewußt durch Anwendung der internationalen Atomgewichte begangen wird!

Nur in den Sonderfällen, wo es sich um peinlichst genaue Analysen handelt (wie bei der Prüfung von Ursubstanzen) empfiehlt es sich, aus dem spezifischen Gewicht der Substanz und dem internationalen Äquivalentgewicht das Normalgewicht an der Luft zu berechnen; oder prinzipiell noch besser die Wägungen wirklich im Vakuum vorzunehmen. Für die meisten Zwecke aber genügt vollkommen die Liste der rationellen Atomgewichte, die am Ende dieses Buches beigefügt ist.

Im folgenden Text sollen immer mit den Äquivalentgewichten der Urtitersubstanzen die rationellen angegeben werden.

§ 4. Urtitersubstanzen und Titersubstanzen. Im theoretischen Teil Band I (S. 232) haben wir schon einige allgemeine Bemerkungen über die Anwendung einer Urtitersubstanz gebracht. Die Frage nach einheitlichen Titersubstanzen ist praktisch außerordentlich wichtig, weil ja doch die Genauigkeit der maßanalytischen Bestimmungen in erster Linie von der Zuverlässigkeit der beim Einstellen benutzten Titersubstanzen abhängt. Und dabei ist man sich in der Literatur noch gar nicht darüber einig, welche Forderungen überhaupt an eine Urtitersubstanz zu stellen sind.

J. Wagner[1], der sich um die Behandlung titrimetrischer Fragen sehr verdient machte, hat öfters — so auf der Deutschen Naturforscher-Versammlung 1901 und auf dem fünften internationalen Kongreß für angewandte Chemie in Berlin im Jahre 1903 — scharf betont, daß es viel wesentlicher ist, allgemeine Leitsätze für die Prüfung der Titersubstanzen festzulegen, als bestimmte neue zu empfehlen. Wagner regte an, eine anerkannte Vorschrift zur Reindarstellung einer ganzen Reihe von Titersubstanzen für denselben maßanalytischen Zweck auszuarbeiten; O. Kühling[2] schlug hingegen vor, unter den zur Verfügung stehenden geeigneten Stoffen eine möglichst geringe Anzahl auszuwählen und dieselben als „offizielle Titersubstanzen" zu kennzeichnen.

Diesem Standpunkt schließt sich S. P. L. Sörensen[3] an. In einer sehr wichtigen Veröffentlichung hat er die Frage der einheitlichen Titersubstanzen diskutiert; weil seine Bemerkungen von weittragender Bedeutung sind, wollen wir sie hier eingehend besprechen.

E ner jeglichen Titersubstanz haften Fehlerquellen ungleicher Art und ungleichen Umfangs an, die sich immer durch größere oder geringere Abweichungen in den erhaltenen Resultaten zu erkennen geben müssen. Nach Sörensen soll eine ideale Urtitersubstanz leicht darzustellen, ihre Reinheit in jeder Beziehung leicht zu kontrollieren sein, sie muß sich unverändert aufbewahren lassen, einfach zu handhaben sein und möglichst genaue Resultate liefern. In engem Zusammenhang hiermit steht die Art und Weise, nach der die Reinheit der Titersubstanzen und ihre Brauchbarkeit beurteilt werden. Wagner[4] hat sich hierzu folgendermaßen geäußert:

„Handelt es sich darum, ein bestimmtes Präparat auf Reinheit zu prüfen, nachdem die Brauchbarkeit des Stoffes selbst

---

[1] Wagner, J., vgl. u. a. Habilitationsschrift Leipzig 1898. Übrigens zitiert nach Sörensen.

[2] Kühling, O.: 5. Internat. Kongreß für angewandte Chemie zu Berlin 1903, Bericht I S. 325.

[3] Sörensen, S. P. L.: Zeitschr. f. anal. Chem. Bd. 44, S. 141. 1905.

[4] Wagner, J.: Abt. f. angew. Chem. usw. S. 183. 1901; zitiert nach Sörensen, l. c.

festgestellt ist, dann genügt es wohl stets, einen Teil des Präparates in geeigneter Weise umzulösen — also umzukristallisieren oder umzufällen — und das umgelöste und das ursprüngliche Präparat je zu einer Titerstellung zu verwenden. Ergibt sich Identität, so war das Präparat rein (sic! Verf.). Eine derartige Prüfung ist auch bei sogenannten garantiert reinen Stoffen auszuführen, und bei der Auswahl von Titersubstanzen muß man deshalb einigermaßen darauf achten, daß eine derartige Prüfung leicht ausführbar ist. — Will man feststellen, ob sich ein Stoff zur Titerstellung überhaupt eignet, dann genügt diese einfache Prüfung nicht; sie muß aber selbstverständlich vorausgehen. Vielmehr ist dann zunächst ein Vergleich mit einem ähnlich wirkenden Stoff nötig, also müssen z. B. Jodate mit Bromaten verglichen werden, verschiedene Säuren unter sich und so weiter. Aber auch diese Prüfung gibt uns keine Sicherheit, denn wir sehen, daß Chromat einerseits, Jodat und Bromat andererseits verschieden wirksam sind, und der einfache Vergleich zeigt nicht, wo der richtige Wert liegt. Deshalb ist in zweifelhaften Fällen, also für jede maßanalytische Gruppe, mindestens einmal ein weiterer Vergleich nötig, und zwar durch solche Titersubstanzen, die durch zwei verschiedene Methoden nach zwei Richtungen geprüft werden können. Hierfür eignet sich z. B. das Kaliumtetroxalat[1], das alkalimetrisch und oxydimetrisch, Kaliumbijodat, das alkalimetrisch und jodometrisch bestimmbar ist." — Am Schlusse seines Vortrages (1903) hat WAGNER auf dem fünften internationalen Kongreß für angewandte Chemie den folgenden Satz aufgestellt:

„Die Reinheit oder der Wirkungswert eines zur Titerstellung benutzten Stoffes muß durch Vergleich mit zwei anderen derartigen Stoffen festgestellt werden. Es ist nicht nötig, daß dies in derselben Reaktion geschieht. So könnte Kaliumbijodat alkalimetrisch mit Tetroxalat, jodometrisch mit Kaliumbromat verglichen werden."

SÖRENSEN bemerkt dazu sehr mit Recht, daß dies Verfahren niemals Gewißheit darüber bringt, ob eine Titersubstanz das richtige Resultat gibt oder nicht, sondern nur darüber einen Aufschluß, ob sie ein ebenso richtiges — oder ebenso unrichtiges — Resultat gibt als die Titersubstanz, mit der sie ver-

---

[1] Im speziellen Teil werden wir sehen, daß Kaliumtetroxalat eine wenig geeignete Titersubstanz ist.

glichen wird. Wenn die beiden Titersubstanzen in gleichem
Maße verunreinigt sind, so haben sie denselben — aber dennoch
unrichtigen — Wirkungswert.

Andererseits möchte ich bemerken, daß WAGNERS Methode
wohl dann eine richtige Auskunft geben wird, wenn man zum
Vergleich bereits eine garantiert reine (ideale) Urtitersubstanz
heranzieht und die methodischen und spezifischen Fehler nach
Möglichkeit ausschaltet.

Jedenfalls sind solche Urtitersubstanzen in höchstem Maße
erwünscht, die sich leicht auf Reinheit prüfen lassen. Dabei muß
nach SÖRENSEN von einer wirklich geeigneten Urtitersubstanz
gefordert werden, daß durch einfache, qualitative Proben, deren
quantitative Erkennungsgrenze bekannt ist, die Abwesenheit von
Verunreinigungen nachzuweisen ist oder — besser gesagt — nur
deren so geringfügiger Anteil, daß der hierdurch bedingte Fehler
nicht nur überhaupt kleiner, sondern auch von geringerer
Größenordnung ist als der zulässige Titrierfehler (im ganzen
etwa $0{,}3{-}0{,}4^0/_{00}$).

Die qualitativen Proben auf Reinheit haben daher viel größeren
Wert als irgendwelche quantitative Ermittelung des Wirkungs-
wertes der Ursubstanz; denn gewöhnlich sind diese quantitativen
Bestimmungen doch wohl mit einem Analysenfehler von 0,1%
oder mehr behaftet. Bei der quantitativen Beurteilung der qualitativen Reinheitsprüfung ist nachdrücklich zu bedenken, daß
nicht jede Verunreinigung nach Maßgabe ihres Gehaltsanteils den
Wirkungswert der Ursubstanz herabsetzt.

Vielmehr müssen wir unterscheiden zwischen:

1. inaktiven Verunreinigungen, welche zu vollem Betrag den
titrierbaren Gehalt der Ursubstanz vermindern;

2. aktive Verunreinigungen, welche bei der Einstellung auch
Maßflüssigkeit verbrauchen, daher den Wirkungswert viel weniger
beeinflussen als die erstgenannten Verunreinigungen. Sie können
je nach den Umständen den Wirkungswert erhöhen oder verringern. Nehmen wir als Beispiel Natriumchlorid. Wenn darin —
sagen wir — 0,1% Natriumsulfat enthalten sind, so wird der
Wirkungswert auf 99,9% reduziert. Kaliumchlorid hat dagegen
einen geringeren Einfluß. 100 Teile Kaliumchlorid entsprechen
argentometrisch 78,4 Teilen Natriumchlorid. 0,1% Kaliumchlorid in
Natriumchlorid setzen daher den Wirkungswert um 0,022% herab.

Umgekehrt erhöht 0,1% Natriumchlorid in der Ursubstanz Kaliumchlorid den Wirkungswert um 0,028%. Wird eine Ursubstanz auf verschiedene Zweige der Maßanalyse angewandt, so kann sich womöglich ein und dieselbe Verunreinigung bei der einen Reaktion „aktiv" und bei einer anderen Reaktion „inaktiv" verhalten. Setzen wir Natriumoxalat als Beispiel. Darin können praktisch als Verunreinigungen Natriumbioxalat oder Natriumbicarbonat bzw. Natriumcarbonat vorkommen. Dient Natriumoxalat als Ursubstanz zur Einstellung von Säuren, so erweisen sich alle drei genannten Stoffe als aktive Verunreinigungen, und zwar erhöht 0,1% Natriumcarbonat den Wirkungswert um 0,021%; 0,1% Natriumbicarbonat erniedrigt ihn um 0,025%, und 0,1% Natriumbioxalat erniedrigt ihn um 0,067%.

Verwenden wir das Oxalat zur Einstellung von Permanganat, so sind Natriumcarbonat und Natriumbicarbonat als „inaktive" Verunreinigungen anzusehen, und als solche erniedrigen sie den Wirkungswert in dem Umfang, wie sie zugegen sind.

Natriumbioxalat dagegen ist hier eine aktive Verunreinigung, und zwar steigert es den Wirkungswert. Sein Einfluß ist aber nur gering; 0,1% Natriumbioxalat entsprechen 0,016% Zunahme.

Diese Verschiedenartigkeit von aktiven und inaktiven Verunreinigungen ist bei Festlegung der Reinheitsansprüche der Ursubstanzen wohl zu berücksichtigen.

In vielen Fällen läßt sich die qualitative Prüfung sehr einfach vornehmen.

Reines Natriumchlorid etwa wird beim Lösen in kohlensäurefreiem Wasser dessen p_H nicht merkbar ändern, auch nicht nach Aufkochen und Abkühlen unter kohlensäurefreier Atmosphäre. Liegt dann das p_H einer 10%igen Lösung 1 : 10 zwischen 5 und 7, so ist eine Verunreinigung von mehr als 0,004⁰/₀₀ Salzsäure einerseits und eine solche von mehr als 0,005⁰/₀₀ Natriumcarbonat andererseits ausgeschlossen. Diese Grenzen sind wohl sehr eng gezogen, durch entsprechende Verdünnung der Natriumchloridlösung oder durch Titration mit Lauge auf Phenolphthalein oder mit Säure auf Dimethylgelb statt durch p_H-Messung kann man sie nach Wunsch erweitern.

An Salzen starker Basen mit schwachen Säuren oder umgekehrt hat man bei der Prüfung auf saure oder basische Verunreinigungen die Hydrolyse zu berücksichtigen und dement-

sprechend auch die Prüfungsvorschrift abzufassen. Nach Sö-
RENSENS Meinung ist jedes saure oder basische Salz als Urtitersubstanz ungeeignet, weil darin unmöglich irgendwie anders als
durch eine quantitative Bestimmung das richtige Verhältnis
zwischen saurer und basischer Komponente festgestellt werden
kann. In dieser Hinsicht hat die Erfahrung ihm durchaus recht
gegeben. So erkannte z. B. Prof. SCHOORL (Privatmitteilung),
daß saure Salze, die noch einen Überschuß an Säure enthalten,
im allgemeinen durch Umkrystallisation fast nicht zu reinigen
sind. Daher hat z. B. das in Amerika sehr beliebte Kaliumbiphthalat als Urtitersubstanz für die Einstellung von Laugen in
dieser Hinsicht Nachteile. Das gleiche gilt von Kaliumtetroxalat.

Auch aus primärem Natriumphosphat läßt sich eine Verunreinigung durch Phosphorsäure auf dem Wege des Umkristalli-
sierens nicht entfernen; günstiger liegen die Dinge beim Kaliumsalz. Allgemeine Regeln freilich können hier nicht gegeben werden.

Von großer Bedeutung ist die Prüfung der Titersubstanzen
auf einen etwaigen Feuchtigkeitsgehalt[1]. Das von den Krystallen
eingeschlossene Wasser wird durch Trocknen bei 100° noch nicht
ausgetrieben. SÖRENSEN unternahm z. B. folgende Versuche:

5—6 g wasserfreies Natriumchlorid wurden in einem Filterwägegläschen genau abgewogen, in Wasser gelöst und die Lösung
im elektrisch geheizten Trockenkasten zur Trockne eingedampft.

Der Rückstand enthielt dann nach vierstündigem Trocknen

```
                            bei 180—250 ° noch 1,9°/₀₀ Decrepitationswasser
nach weiteren' 12 Stunden bei 180—250 °    ,,   1,4°/₀₀            ..
  ,,        ,,   12    ,,      .. 295—300 °  .,   0,9°/₀₀         .. ..
  ,,        ,,   12    ,,      ,, 295—300 °  ,,   0,7°/₀₀         .. ..
```

Nach 12 Stunden Trocknen bei etwa 380° blieb schließlich das
Gewicht konstant. SCHOORL (Privatmitteilung) fand nach dem
Trocknen eines feuchten Natriumchlorids bei 120° noch 0,37 %, bei
360° noch 0,06 % Wassergehalt. Glücklicherweise lassen sich nach
SÖRENSEN selbst ganz geringe Wassermengen in solchen Stoffen,
welche durch Glühen nicht sowieso unter Wasserbildung zersetzt
werden, so im Natriumchlorid, Natriumoxalat, Natriumcarbonat,
Kaliumbromat usw. ohne Schwierigkeit qualitativ nachweisen.

---

[1] Vgl. auch T. W. RICHARDS: Zeitschr. f. physikal. Chem. Bd. 46, S. 189.
1903.

Wird nämlich eine passende Probe der vorliegenden Substanz in ein zuvor ausgeglühtes und danach in trockener Luft gekühltes langes Reagensrohr gebracht und dann am unteren Teil des Rohres auf Rotglut erwärmt, so geben sich selbst ganz kleine Feuchtigkeitsmengen — weit geringere, als gewöhnlich angenommen wird — als Beschlag im oberen Teil des Rohres zu erkennen. Für jede einzelne Substanz hat man die Empfindlichkeit dieses Nachweises festzustellen. SÖRENSEN fand im Natriumoxalat nach dem Trocknen bei 125⁰ noch einen Wassergehalt von 0,1%, bei der qualitativen Prüfung wurde reichliche Kondensation innen an den oberen Wandpartien des Reagenzglases beobachtet. Nach weiterem Trocknen auf 180—200⁰ waren noch etwa 0,033% Wasser vorhanden und qualitativ durch die Taubildung deutlich nachzuweisen. Nach weiterem mehrstündigem Trocknen bei 200—210⁰ blieben noch rund 0,02% Wasser zurück, die die qualitative Probe durch einen schwachen Beschlag zu erkennen gab. Nach fortgesetztem Erhitzen auf 290⁰ lag der Wassergehalt unterhalb 0,01%, und die Glühprobe verlief negativ. Daraus folgert SÖRENSEN, daß ein Stoff zum Gebrauch als Urtitersubstanz als ungeeignet bezeichnet werden muß,

a) sobald er Kristallwasser enthält, so daß der Wassergehalt nur durch eine gewöhnliche quantitative Wasserbestimmung kontrolliert werden kann;

b) wenn seine chemische Natur eine thermische Zersetzung unter Wasserbildung bedingt (z. B. Säuren, die meisten organischen Substanzen, saure Salze).

Meines Erachtens gehen die Autoren zu weit, die kristallwasserhaltige Substanzen und andere als Ursubstanzen ausschließen, nur weil an diesen nicht qualitativ oder quantitativ Spuren von Adsorptions- oder Okklusionswasser (oder bereits eingetretene geringe Verwitterung) festzustellen sind. So hat SCHOORLS unveröffentlichte Untersuchung über die Darstellung ganz reiner Oxalsäure $C_2O_4H_2 \cdot 2H_2O$ diese als eine recht wertvolle Ursubstanz erkennen lassen. Sie enthält nach der Umkristallisation noch 0,2—0,3% Vakuolenwasser. SCHOORL zerreibt dann die Kristalle auf weniger als 0,1 mm Größe, trocknet über Phosphorpentoxyd und regeneriert die anhydrische Säure über zerfließendem Natriumbromid. Die Oberflächenkondensation beträgt dann etwa 0,01%.

Auch Borax, $Na_2B_4O_7$ mit 10 Molekülen Wasser eignet sich vorzüglich als Ursubstanz.

Allerdings hat man von vornherein eingehend zu untersuchen, unter welchen Verhältnissen derartige Substanzen ganz analysenrein erhalten werden. Erschwerend ist hierbei, daß das von den Kristallen eingeschlossene oder an der Oberfläche adsorbierte Wasser kaum direkt bestimmt werden kann; jedoch lassen sich wohl die Bedingungen ausfindig machen, unter welchen derartige Verunreinigungen nach Möglichkeit ausgeschlossen werden. So kann man durch Zerpulvern der größeren Kristalle das eingeschlossene Wasser (oder die Mutterlauge) freilegen und mithin entfernen. Schließlich wird man noch den Wirkungswert einer so gereinigten Substanz an dem einer Ideal-Urtitersubstanz, welche SÖRENSENS Anforderungen entspricht, vergleichen.

Hierbei müssen natürlich sowohl die methodischen wie die spezifischen Fehler (Titrierfehler) in Summa weniger als etwa $0,3^0/_{00}$ betragen, was unter besonderen Arbeitsbedingungen zu erreichen ist.

Aber wenn schon einmal erkannt wurde, daß eine Substanz nach einer bestimmten Herstellungsweise ganz analysenrein gewonnen wird, so besteht kein Anlaß mehr, sie als geeignete Titersubstanz von der Maßanalyse auszuschließen.

Auf der anderen Seite darf man natürlich nicht so weit gehen, daß man nach wiederholter Umkristallisation und Trocknung nur den Wirkungswert durch Vergleich mit einer anderen willkürlichen Ursubstanz beurteilt, wie WAGNER vorgeschlagen hat. Man hat sich immer auf eine garantiert reine Standardsubstanz zu beziehen und die vergleichenden Bestimmungen mit der größtmöglichen Genauigkeit auszuführen.

Es ist von großem Wert, wenn man eine Ursubstanz nach verschiedenen Reaktionsmöglichkeiten auf ihre Eignung prüfen kann; entgeht man dadurch doch am ehesten irgendwelchen Irrtümern, die störende Nebenreaktionen bei einer einzigen maßanalytischen Reaktionsweise womöglich zur Folge haben. Wird der Vergleich aber nur nach einer Richtung vorgenommen, so ist notwendigerweise eine solche Reaktion zu wählen, die von keinen Seitenreaktionen oder sonstigen Störungen begleitet werden kann. Im allgemeinen sind dazu die Neutralisations- und Komplexbildungsvorgänge geeignet. In Oxydations-Reduktionsbestimmungen spielen induzierte Reaktionen hinein, bei Fällungsanalysen kann die Adsorption (Okklusion u. dgl.) Fehler mit sich bringen. Wenn die zu prüfende Substanz überdies noch unrein ist, so könnte infolge einer Kompensation von Fehlern der Anschein ihrer völligen Reinheit erweckt werden, indem sie unter bestimmten Verhältnissen genau 100% einer Ideal-Urtitersubstanz in ihrer Wirkung entspricht. So lassen sich bei der Prüfung der Oxalsäure mit genau eingestelltem Permanganat je nach den Versuchsbedingungen ganz wechselnde Resultate erhalten. Daher ist hier eine alkalimetrische Titration viel beweiskräftiger für die allgemeine Brauchbarkeit der Substanz als die oxydimetrische[1]. Im speziellen Teil kommen wir verschiedentlich auf diese Fragen zurück (vgl. z. B. S. 279, Verwendung von Elektrolyteisen- und Eisenblumendraht als Ursubstanzen!).

Stehen Ideal-Urtitersubstanzen zur Verfügung, die sich qualitativ auf ihre Reinheit prüfen lassen, so hat dies an jeder neuen Darstellung oder Lieferung zu geschehen.

Die Brauchbarkeitsprobe mittels sehr genau ausgeführter Titrationen erübrigt sich hingegen, wenn sie schon ein für allemal vorgenommen worden ist. Sobald die qualitativen Reinheitsproben keinen absoluten Aufschluß über die Analysenreinheit der Substanz geben, so ist die Brauchbarkeitsprobe nicht zu umgehen, etwa an Materialien, die aus dem Handel bezogen werden. Hat man aber diese letztere Art Titersubstanzen nach bewährten Vorschriften hergestellt, dann kann man sich die Brauchbarkeitsprobe nach jeder Neuherstellung der Substanz ersparen.

Am idealsten erscheint eine solche Urtitersubstanz, die SÖRENSENS Anforderungen genügt und die in den verschiedenen Zweigen der Maßanalyse zur Einstellung der Lösungen brauchbar ist. Bisher hat man vergebens nach derartigen Substanzen gesucht, aber es gibt noch keine „Universalursubstanz". Wohl sind einige Stoffe wie Quecksilberoxyd einer solchen vielseitigen Anwendung fähig, aber das „Universelle" wird hier auf Kosten des „Idealen" erreicht. Im speziellen Teil gehen wir noch näher auf diese Übertreibungen ein.

Das Kaliumjodat ist auch eine sehr geeignete Urtitersubstanz,

---

[1] Zufälligerweise kann man bei Oxalsäure den Wirkungswert auf Permanganat mit der Ideal-Urtitersubstanz „Natriumoxalat" vergleichen, sobald man für gleich gehaltene Arbeitsumstände Sorge trägt.

weil es zur direkten Einstellung von Thiosulfat und Säure benutzt werden kann. Reduziert man die Kaliumjodatlösung mit einer reinen schwefligsauren Lösung und verkocht den Überschuß an SO_2, so kann man mit der erhaltenen Jodidlösung von genau bekanntem Gehalt auch Permanganat einstellen (potentiometrisch, oder nach LANG bei Anwesenheit von Cyanwasserstoff, vgl. S. 278) und auch Silbernitrat (potentiometrisch oder mit dem Adsorptionsindicator nach FAJANS). Das Kaliumjodat kommt einer „Universal-Urtitersubstanz" also bereits sehr nahe.

Auch Natriumoxalat kann in mehrfacher Hinsicht als Ursubstanz dienen (und ist auch insofern dem Natriumcarbonat überlegen): nämlich zur Einstellung von Säuren sowohl wie von Permanganat.

Zum Schluß dieser Ausführungen fassen wir das Wichtigste übersichtlich in einige Regeln zusammen.

Zunächst gilt nach SÖRENSEN:

a) „Die Reinheit einer Urtitersubstanz soll durch qualitative Prüfungen untersucht werden, deren Ausführungsweise und deren Empfindlichkeit für jede einzelne Urtitersubstanz genau zu bestimmen sind. Jede neu dargestellte Portion einer solchen muß selbstverständlich der Reinheitsprüfung unterzogen werden."

b) „Ob eine Substanz, deren Reinheit nach a) festgestellt ist, als Urtitersubstanz in Frage kommt, muß nach verschiedenen Methoden, je nach Art der Substanzen, geprüft werden. Diese Prüfung muß aber einen möglichst hohen Grad von Genauigkeit sichern, braucht aber nur das eine Mal ausgeführt zu werden."

Hierzu fügen wir die folgenden Leitsätze an:

Es gibt eine ganze Reihe praktisch zur Einstellung vorzüglich brauchbarer Titersubstanzen, die jedoch qualitativ nicht mit hinreichender Sicherheit auf ihre Reinheit zu prüfen sind. Man kann für diese ein für allemal eine Vorschrift geben, nach der sie sich vollkommen rein herstellen lassen. Dann erübrigt sich auchbei neuen Ansätzen der Darstellung die jedesmalige Brauchbarkeitsprobe.

Bezieht man diese Titersubstanzen jedoch aus dem Handel, so erfordert die Prüfung auf Eignung einen hohen Genauigkeitsgrad. Die Urtitersubstanzen bzw. Titersubstanzen müssen sich ohne Änderung ihres Zustandes aufbewahren lassen. Möglichst sollen sich auch die Lösungen beim Stehen unzersetzt erhalten.

Die genannten Substanzen dürfen nicht so hygroskopisch sein, daß sie bereits beim Abwägen Wasser anziehen.

In dieser Hinsicht ist z. B. das Natriumcarbonat für sehr genaue Analysen weniger brauchbar, weil es selbst beim Abwägen in Wägegläsern mit Schliffdeckel Spuren Wasser aufnimmt.

Die maßanalytische Reaktion bei der Einstellung muß störende Nebenvorgänge ausschließen. Außerdem muß der Titrierfehler vernachlässigt werden können oder praktisch leicht und genau festzustellen sein (vgl. § 2 über die Einstellung).

Praktisch verdienen Urtitersubstanzen von hohem Äquivalentgewicht den Vorzug, damit besonders bei Einstellung von 0,1-n- oder verdünnteren Lösungen der Wägefehler seine Bedeutung verliert.

§ 5. Die praktische Einteilung der Maßanalyse. Im Anfange des theoretischen Teiles haben wir bereits unter den Ionenreaktionen zwei Gruppen unterschieden:

a) Ionenkombinationsreaktionen,
b) Oxydations- und Reduktionsreaktionen.

Die Gruppe a) ist wieder unterzuteilen in:

1. Alkalimetrie bzw. Acidimetrie und
2. Fällungsanalysen.
3. Komplexbildungen u. a.

1. Alkalimetrie und Acidimetrie. In erster Linie gehören hierher die wahren Neutralisationsreaktionen, bei denen es sich um die Bestimmung einer Säure oder Base in der Weise handelt, daß diese durch Lauge bzw. Säure in das neutrale Salz übergeführt werden. Sie bestehen alle im Grunde genommen in der Vereinigung von Wasserstoff- und Hydroxylion zu Wasser.

Auch die Verdrängungstitrationen, bei denen das Anion einer schwachen Säure in einem Salze durch eine starke Säure, bzw. das Kation einer schwachen Base durch eine starke Base verdrängt wird, gehören dieser Gruppe an.

Beispiele: Titration von gebundenem Alkali in Soda, Bicarbonat, Borax u. dgl. mit Salzsäure und von gebundener Säure in Aluminium-, Zink-, Alkaloidsalzen u. dgl. mit Lauge. Ebenso sind die hydrolytischen Fällungs- oder Komplexbildungsreaktionen, bei welchen sich die Wasserstoffionenkonzentration beim ersten geringen Überschuß an Titerlösung plötzlich stark ändert, zu den Neutralisationsbestimmungen im weiteren Sinne zu rechnen. Ganz allgemein zählt man zur Alkalimetrie und Acidimetrie diejenigen Titrationen, deren Endpunkt sich durch eine Änderung der Wasserstoffionenkonzentration zu erkennen gibt.

2. Fällungsreaktionen: Hier wird das zu bestimmende Ion durch ein entgegengesetzt geladenes der Maßflüssigkeit ausgefällt.

Alle bekannten Ionen sind in dieser Weise titrimetrisch zu bestimmen, wenn sie nur unter geeigneten Bedingungen eine schwer lösliche Verbindung eingehen und sich der Endpunkt durch irgendeinen Indicator anzeigen läßt. Praktisch trifft man noch spezielle Unterscheidungen kleinerer Gruppen, z. B. Argentometrie u. a.; zu dieser gehören etwa alle Fällungsanalysen, bei denen Silbernitrat als Maßflüssigkeit dient.

In diesem Sinne, d. h. nach den gemeinsam benutzten Titerlösungen, werden wir auch im folgenden speziellen Teil dieses Buches die einzelnen Zweige der Maßanalyse übersichtlich gruppieren.

3. Komplexbildung und Bildung wenig dissoziierter Verbindungen: Das zu bestimmende Ion wird durch ein Ion der Maßflüssigkeit in ein komplexes Ion übergeführt (vgl. Teil I S. 36).

Zu dieser Gruppe wollen wir auch diejenigen Reaktionen rechnen, welche auf die Bildung wenig dissoziierter Verbindungen hinauslaufen, wie die Bestimmung von Chlorid mit Mercurinitrat.

Eigentlich gehören hierher auch alle Neutralisationen. Praktisch ist es jedoch von Vorteil, diese letzteren gesondert zu behandeln, weil sie alle auf Reaktionen zwischen Wasserstoff- und Hydroxylionen beruhen.

b) Oxydations- bzw. Reduktionsreaktionen: Gebräuchlicherweise werden alle Permanganatreaktionen unter den Begriff Oxydimetrie gefaßt. Streng genommen gehören hierunter auch die Jodometrie und Bromometrie, die aber nach der Art der besonderen Maßflüssigkeit ihren Sondernamen erhalten haben.

Die Nomenklatur ist nicht sehr streng systematisch; am klarsten wäre wohl eine konsequente Gruppierung und Bezeichnung auf Grund der verschiedenen einzelnen Titerlösungen. Wir wollen aber dort unbesorgt auf die strengeren und einheitlichen Benennungen verzichten, wo sich andere schon lange in der Literatur eingebürgert haben.

Eine ganz scharfe systematische Abgrenzung läßt sich in manchen Fällen gar nicht durchführen.

Bei der Bestimmung von Blei als Bleichromat kann der Überschuß des Fällungsmittels oder der Niederschlag jodometrisch titriert werden.

Wir haben hier also eine Fällungsreaktion vor uns, bei der der Äquivalenzpunkt nicht leicht durch einen Indcator wahrzunehmen ist. Wir müssen auf anderem Wege feststellen, wieviel Maßlösung vom Blei verbraucht worden ist, etwa nach jodometrischer Methode. Weil die eigentliche Titration also jodometrisch ausgeführt wird, soll eine solche Bestimmung auch im Rahmen der Jodometrie behandelt werden. Zur Beurteilung des Titrierfehlers sind nebenher natürlich auch die Grundlagen der Fällungsreaktionen zu berücksichtigen. Allgemein sollen aber solche komplizierten Methoden innerhalb der Gruppen der Maßanalyse besprochen werden, in die die betreffende eigentliche Titration fällt.

Dies gilt besonders auch für die Methoden der organischen Chemie. Im theoretischen Teil haben wir schon hervorgehoben, daß diesen gewöhnlich Molekularreaktionen zugrunde liegen. Aber die eigentliche maßanalytische Handhabung, zumeist die Rücktitrationen eines angewandten Überschusses an Titerlösung, ist wieder einer der erwähnten Gruppen der Titriermethoden anzureihen.

§ 6. Allgemeine Bemerkungen über die Ausführung maßanalytischer Bestimmungen. Zur Erkennung des Farbumschlags eines Indicators braucht man unbedingt eine richtige Beleuchtung und einen zweckmäßigen Hintergrund. Direktes Sonnenlicht ist gewöhnlich ungeeignet, diffuses helles Tageslicht hingegen meist zweckmäßig. Bei künstlicher Beleuchtung verlieren die Farbumschläge gewöhnlich an Deutlichkeit, verschieben sich unter Umständen auch um einige Tropfen vom Verbrauch; mit weißem künstlichem Licht, wie Auerlicht, Acetylenlicht oder Licht von elektrischen Metallfadenlampen erhält man aber wohl dieselbe Genauigkeit wie unter gutem Tageslicht.

Die Beurteilung eines Farbumschlages erleichtert gewöhnlich ein weißer Untergrund (Milchglasplatte, Tische aus Porzellanplatten, Bogen weißes Papier). Auch wird oft das Titrieren in weißen Porzellanschalen vorgeschlagen; jedoch verrichtet wohl eine weiße Unterlage den gleichen Zweck. Der Endpunkt läßt sich am Farbton sowohl bei durchfallendem wie auffallendem Lichte feststellen. Ist der Farbumschlag an sich nicht sehr scharf, so hält man am besten eine geeignete Vergleichslösung in einem möglichst ähnlichen Kolben bereit, wie er für die Titration selbst benutzt wird. Das Volumen der Vergleichslösung ist das gleiche wie das der Titrierflüssigkeit beim Farbumschlag, außerdem muß sie dieselbe Menge Indicator enthalten. Für Fällungsanalysen wählt man als Vergleichsobjekt vorteilhaft eine bereits fertig titrierte Probe, der man wieder einen geringen Überschuß des zu bestimmenden Ions zugefügt hat; so bei der Mohrtitration von Chlorid eine solche mit ein wenig überschüssigem Chlorid. Im Zweifelsfall, ob schon eine geringe Farbänderung eingetreten ist, liest man zuerst den Stand der Bürette ab und gibt dann noch einen Tropfen oder einen Bruchteil Maßflüssigkeit hinzu.

Wo der Endpunkt durch das Auftreten einer weißen Trübung oder Opalescenz gekennzeichnet ist, wie bei der Cyanidtitration in alkalischem Medium mit Silbernitrat, verwendet man am besten eine schwarze Unterlage (schwarzes Papier).

Im allgemeinen empfiehlt sich ein dauerndes Schwenken des Titrierkolbens während der Titration. Besonders bei Fällungsanalysen können sonst durch örtlichen Überschuß an Titerlösung merkliche Störungen eintreten.

Auch sind Vorrichtungen und Maßnahmen zum Vermeiden des Übertitrierens vorgeschlagen worden[1].

Gewöhnlich benutzt man in der Maßanalyse Erlenmeyer-Glaskolben oder besser Titrierbecher mit einem noch weiteren Hals. Besonders in der Acidimetrie und Alkalimetrie ist eine gute chemisch widerstandsfähige Glasqualität von Wichtigkeit; etwa Jenaer oder anderes nicht angreifbares Glas. Die gewöhn-

---

[1] Vgl. SCHULZ: Chemiker-Zeit. Bd. 33, S. 1187. 1909; ORTHNER: Chemiker-Zeit. Bd. 44, S. 282. 1920; HACKL: Zeitschr. f. anorg. allgem. Chem. Bd. 58, S. 194. 1919.

lichen Glassorten geben beim Kochen an Wasser, Säure und besonders an alkalische Flüssigkeiten Alkali ab, zudem noch etwas Silicat. Vom Material der Titriergefäße ist zu verlangen, daß 100—200 ccm Wasser, eine halbe Stunde darin gekocht, nach dem Abkühlen (Natronkalkrohraufsatz) nicht alkalisch auf Phenolphthalein reagieren. Jenaer Geräteglas entspricht dieser Anforderung. Außerdem empfiehlt es sich, auch Laugenvorratlösungen in Flaschen von gutem Glase aufzubewahren, weil letztere sonst unter Auslösen von Silicat und Aluminat angegriffen werden. Unter Umständen kann sich die Lösung auch durch Bildung von Calciumsilicat trüben. Schlechtes Glas läßt sich durch Paraffinieren oberflächlich unangreifbar machen.

Bei oxydimetrischen Bestimmungen muß man oftmals die Lösung zur Vervollständigung der Reaktion mit einem Überschuß an Reagens einige Zeit stehen lassen, ehe man zurücktitriert. Ist das Reagens flüchtig (Jod, Brom), so hat man dabei unbedingt Erlenmeyer-Kolben mit eingeschliffenem Stöpsel oder Glasstöpselflaschen zu verwenden.

Spezieller Teil.

I. Die Neutralisationsanalyse.

Drittes Kapitel.

Die Alkalimetrie und Acidimetrie.

§ 1. Die Indicatoren. Eine große Zahl Indicatoren sind für die
Alkalimetrie und Acidimetrie vorgeschlagen worden. Im ersten
Teil des Buches wurde die Theorie der sogenannten Farbindi-
catoren, welche bekanntlich im ionogenen Zustande eine andere
Farbe (und auch Konstitution) haben als in der undissoziierten
Form, schon eingehend besprochen.

Auch gefärbte Salze oder komplexe Verbindungen, deren Farbe
von der Reaktion der Flüssigkeit abhängt, werden in der Literatur
als Indicatoren empfohlen. Beispielsweise sei hier eine ammoniakalische Kupferlösung genannt, die von Säuren getrübt und entfärbt wird[1], weiterhin Ferrirhodanid, das in saurer Lösung blut-
rot, in alkalischer Lösung farblos (unter Abscheidung von Ferri-
hydroxyd) ist, Ferrisalicylat, Ferrimeconat. Für die strenge
maßanalytische Praxis haben derartige Indicatoren kaum Vorteile; die organischen Farbindicatoren bieten eine so große Auswahl von Verbindungen, welche in sehr geringer Konzentration
ihre Farbe scharf mit der Wasserstoffionenkonzentration ändern,
daß die Benutzung der anderen Indicatoren kaum praktisches
Interesse hat.

Das gleiche gilt auch von den Fällungsindicatoren in der
Neutralisationsanalyse, wo der Endpunkt an der Ausfällung einer
schwerlöslichen Base (oder Säure) wahrzunehmen ist. Der Gebrauch dieser Art von Indicatoren, wie Zinksalze (Ausfällung

---

[1] Vgl. KIEFFER: Liebigs Ann. d. Chem. Bd. 93, S. 386. 1855; E. FA-
LIÈRES: Zeitschr. f. anal. Chem. Bd. 40, S. 129. 1901.

von Zinkhydroxyd), Silbersalze, Aluminiumsalze, Alkaloidsalze, ist schon sehr alt und ist von K. JELLINEK und P. KREBS[1] erneut beschrieben worden. Weil sie in der gewöhnlichen Maßanalyse fast keinen Eingang gefunden haben, wollen wir auf ihre Besprechung verzichten. Anders steht es mit den sogenannten Trübungsindicatoren, welche von K. NAEGELI[2] eingeführt worden sind.

Sobald die p_H-Kurve beim Äquivalenzpunkt nicht steil verläuft, so muß man bis zu einem bestimmten Titrierexponenten titrieren; der Endpunkt kann um so schärfer festgestellt werden, je kleiner das Umwandlungsintervall des Farbindicators ist. Ideale Indicatoren, welche bei einem bestimmten p_H plötzlich ihre Farbe von der rein sauren in die rein alkalische ändern, gibt es nicht, und kann es auch nicht geben. Nun hat sich aber gezeigt, daß viele kolloide Säuren und Basen — gewöhnlich als Semikolloide oder Halbkolloide bezeichnete reversible Kolloide, zu denen besonders die Salze hochmolekularer organischer Säuren und Basen zu zählen sind — bei der Titration mit Wasserstoff- oder Hydroxylionen durch einen scharfen Flockungspunkt ausgezeichnet sind. Diese Ausfällung wird in erster Linie nicht vom Gesetze der Massenwirkung beherrscht; die soeben genannten Substanzen haben kein größeres Fällungsintervall in einem bestimmten p_H-Gebiet, sondern flocken bei einem bestimmten p_H oder besser gesagt in einem sehr kleinen p_H-Bereich aus.

Wenn wir uns eine Salzlösung einer hochmolekularen praktisch unlöslichen Säure herstellen, so werden bei Säurezusatz die negativ geladenen hochmolekularen Anionen von den Wasserstoffionen entladen, und die unlösliche Säure wird plötzlich ausgeflockt. Das Umgekehrte gilt für das Verhalten einer Salzlösung einer hochmolekularen Base gegenüber Hydroxylionen. Natürlich haben alle Faktoren, die die Ausflockung von Kolloiden beeinflussen, wie Anwesenheit von Salzen, Nicht-Elektrolyte (etwa Alkohol), Schutzkolloide, Schnelligkeit des Reagenszusatzes, Temperatur auch einen Einfluß auf die Lage des Umschlagspunktes der Trübungsindicatoren.

Die Anwendung dieser Trübungsindicatoren in der Maß-

---

[1] JELLINEK, K. und P. KREBS: Zeitschr. f. anorg. allgem. Chem. Bd. 130, S. 263. 1923.

[2] NAEGELI, K.: Kolloidchem. Beih. Bd. 21, S. 306. 1926.

analyse ist noch so vereinzelt, daß eine vollständige Behandlung ihrer Theorie hier noch nicht am Platze wäre. Wir verweisen in dieser Hinsicht nach der eingehenden und vorzüglichen Mitteilung von NAEGELI.

NAEGELI hat besonders nach solchen Trübungsindicatoren gesucht, welche in extrem alkalischer Lösung umschlagen. Sie können dann zur Titration sehr schwacher Säuren verwendet werden (Borsäure, Phenol), welche mit gewöhnlichen Farbindicatoren nicht scharf mehr zu bestimmen sind. Jedoch hätte die gewöhnliche maßanalytische Praxis auch Interesse an Trübungsindicatoren, die in einem p_H-Gebiet zwischen etwa 10 und 4 ausflocken. Sicherlich lassen sich für diesen Zweck wohl geeignete Substanzen, wie Salze schwer löslicher Ampholyte (z. B. Casein), noch auffinden.

Falls solche genau bei einem bestimmten p_H koagulieren, könnten sie in allen den Fällen brauchbar sein, wo man bisher mit Farbindicatoren unter Benutzung einer Vergleichslösung bis zu einem bestimmten Titrierexponenten titriert.

NAEGELI hat hier also ein umfang- und aussichtsreiches Arbeitsfeld eröffnet.

In seiner Mitteilung beschreibt er im einzelnen zwei derartige Indicatoren, nämlich

Isonitrosoacetyl-p-aminoazobenzol (Indicator a),

$$\langle \rangle N=N-\langle \rangle NHCOCH=NOH$$

und

Isonitrosoacetyl-p-Toluazo-p-Toluidin (Indicator b),

$$H_3C\langle \rangle-N=N-\langle \rangle \overset{CH_3}{\underset{NHCOCH=NOH}{}}$$

Er verwendet 1proz. alkoholische Lösungen der Indicatornatriumsalze (welche allerdings nicht lange haltbar sind, was praktisch unangenehm ist) und fügt 1 ccm Indicator zu 40 ccm der zu untersuchenden Lösung.

Der Indicator a hat ein Ausflockungsgebiet zwischen p_H 10,85 bis 11,0 (etwas abhängig von der Art der Flüssigkeit); Indicator b zwischen p_H 11,30—11,74. Für eine und dieselbe Flüssigkeit ist aber das Umschlagsgebiet nie größer als 0,1 im p_H, beispielsweise für Indicator a in:

Borax-Natronlauge   . . . .   10,95—11,01
Phosphat-Natronlauge . . .   10,80—10,90
Glykokoll-Natronlauge . . .   10,91—10,98

Mit Indicator a lassen sich z. B. 0,1-n-Lösungen von Borsäure, arseniger Säure gut titrieren. Man muß dabei so verfahren, daß man zu der zu untersuchenden Säurelösung einen Überschuß an Lauge gibt, darauf den Indicator und mit eingestellter Säure zurücktitriert. Glykokoll läßt sich gut mit Indicator b bestimmen. Weil die Fällungslage der Trübungsindicatoren von so vielen Faktoren beeinflußt wird und man sie in viel größeren Konzentrationen anwenden muß als die Farbindicatoren, werden sie die letzteren nie allgemein ersetzen können. In speziellen Fällen mögen jedoch die Trübungsindicatoren gute Dienste leisten.

In stark gefärbten Flüssigkeiten kann man den Umschlag der Indicatoren nicht mehr wahrnehmen. In diesem Falle scheinen „Fluorescenzindicatoren" noch Dienste leisten zu können. Wenn man eine saure Lösung von etwa 10 Tropfen 0,2% Umbelliferon (in Wasser) auf etwa 20 ccm Flüssigkeit im Lichte einer Hanau-„Analysen-Quarzlampe" betrachtet, so hat sie nach R. Robl[1] nur einen schwachblauen Schein. Neutralisiert man die Säure mit Lauge, so erkennt man am einfallenden Tropfen Lauge eine intensive himmelblaue Fluorescenzzone, welche beim Umschütteln so lange verschwindet, bis der Endpunkt erreicht ist. Intervall $p_H = 6{,}5$ bis 7,6.

Nach R. Robl ist der Indicator geeignet für die Titration starker und mäßig starker Säuren mit starken Basen. Auch in gefärbten Flüssigkeiten kann er verwendet werden; deshalb wird das Umbelliferon bei der Titration von Himbeersaft, Rotwein u. dgl. empfohlen.

§ 2. Die Vorratlösungen der Indicatoren. Im ersten Teil dieses Buches haben wir schon die allgemeinen Eigenschaften der Farbindicatoren behandelt, hier wollen wir nur mehr Einzelheiten von praktischer Wichtigkeit mitteilen. Dabei soll ihr Verhalten in organisch-chemischer Beziehung unberücksichtigt bleiben, dies ist ja in unserem Zusammenhange nebensächlich; darüber geben spezielle Bücher über Indicatoren genügend Auskunft[2]. Wir er-

---

[1] Robl, R.: Ber. Bd. 59, B. 1725. 1926; Desha, L. J.: Journ. of the Americ. chem. soc. Bd. 42, S. 1350. 1920; Bd. 48, S. 1493. 1926.

[2] Glaser, F.: Indicatoren der Acidimetrie und Alkalimetrie 1901; Kolthoff, J. M.: Der Gebrauch von Farbenindicatoren 3. Aufl. 1926; Clark, W. M.: The Determination of hydrogen Ions 1923; Prideaux, E. B. R.: The theory and Use of Indicators 1920.

wähnen hier auch nur Indicatoren, die sich im praktischen Gebrauch als geeignet erwiesen haben; viele der früher benutzten, wie Gallein, Cochenille, die keinerlei Vorteil oder, wie Hämatoxylin, sogar Nachteile haben, lassen wir absichtlich unbesprochen. Im allgemeinen kann man wohl mit einer geringen Anzahl Indicatoren, und zwar den folgenden, auskommen (die Umwandlungsintervalle sind auf Einheiten im p_H abgerundet angegeben),

p_H-Gebiet	Indicator
2—3	Tropäolin 00 oder Thymolblau
3—4	Dimethylgelb (Methylorange)
4—6	Methylrot
6—7	Bromthymolblau
7—8	Phenolrot oder Neutralrot
8—9	Phenolphthalein oder Thymolblau
9—10	Thymolphthalein
10—11	Alizaringelb
11—12	Tropäolin 0 oder Nitramin

Dennoch wollen wir noch einige weitere Indicatorlösungen besprechen. Oftmals, etwa beim Titrieren auf bestimmten Titrierexponenten oder von eigengefärbten Lösungen, ist es von Vorteil, über eine größere Auswahl von Indicatoren zu verfügen.

Tropäolin 00 (Diphenylaminoazo - p - benzolsulfosaures Natrium): Umwandlungsintervall 1,3—3,2 von Rot nach Gelb. Vorratlösung 0,1% in Wasser.

Auf 10 ccm der zu titrierenden Lösung 1—2 Tropfen.

Thymolblau (Thymolsulfophthalein): Umwandlungsintervall 1,2—2,8 von Rot nach Gelb. Vorratlösung: 0,1% : 100 mg gelöst in 20 ccm warmem Alkohol und darauf mit Wasser auf 100 ccm verdünnt; oder 100 mg Indicator werden in einem Mörser mit 4,3 ccm $^1/_{20}$-n-Natronlauge angerieben; wenn alles gelöst ist, wird mit Wasser auf 100 ccm verdünnt.

Auf 10 ccm 1—3 Tropfen.

Dimethylgelb (Dimethylaminoazobenzol): Umwandlungsintervall 2,9—4,0 von Rot nach Gelb. Vorratlösung: 0,1proz. Lösung in 90proz. Alkohol.

Auf 10 ccm 1 Tropfen.

Der Farbumschlag von Gelb nach Orange ist schärfer zu beurteilen als an Methylorange, wo er von Orange nach Rosa läuft.

Bei Titrationen ziehen wir daher gewöhnlich Dimethylgelb dem Methylorange vor.

Methylorange (Dimethylaminoazobenzolsulfosaures Natrium): Umwandlungsintervall 3,0—4,4 von Rot nach Orangegelb. Vorratlösung: 0,1% in Wasser oder besser noch verdünnter.

Auf 20 ccm 1 Tropfen Indicator.

Wenn bei der Titration eine in Wasser unlösliche Substanz entsteht, die das Dimethylgelb der wässerigen Lösung entziehen kann, wählt man zweckmäßig Methylorange. Dies kommt u. a. bei der Titration von Seifen mit Säure vor. Die gebildeten Fettsäuren schütteln das in Wasser schwerlösliche Dimethylgelb aus, und man nimmt an diesem Indicator keinerlei Umschlag mehr wahr, weil er ja aus der wässerigen Phase verschwunden ist.

Dasselbe gilt auch für Titrationen bei Anwesenheit organischer, mit Wasser nicht mischbarer Lösungs- und Ausschüttelungsmittel, z. B. bei der Titration flüchtiger Alkaloide, welche zuvor aus alkalischen Medien durch solche Flüssigkeiten ausgeschüttelt werden. Eine ätherische Lösung der Granatalkaloide (Pelletierin u. dgl.) z. B. titriert man daher am besten auf Methylorange oder Jodeosin als Indicator.

$$\text{Jodeosin}\quad C_6H_4\!\!\begin{array}{c}\diagup C\diagup C_6HJ_2OH \\[-2pt] \diagdown \ \ \diagdown C_6HJ_2OH \\[-2pt] \diagdown C\diagdown O\end{array}$$

Jodeosin ist ein Tetrajodfluorescein. Nach GLASER enthält das käufliche Jodeosin geringe Verunreinigungen, welche der alkalischen Lösung einen blauvioletten Ton verleihen; man reinigt es durch Umkrystallisieren des Natriumsalzes aus Alkohol und Zerlegen des Salzes durch Salzsäure.

Reines Jodeosin ist ein ziegelrotes Pulver, fast unlöslich in Äther, Benzol und Chloroform, leichter löslich in Alkohol und wasserhaltigem Äther. Mit Säuren wird es orangefarben, von Alkalien kirschrot gefärbt. Zu Titrationen gewöhnlicher Art, wo der Indicator der zu titrierenden Lösung zugesetzt wird, eignet sich Jodeosin nicht, weil auf diese Weise der Umschlag sehr undeutlich ist.

F. MYLIUS und F. FOERSTER[1], die Jodeosin zuerst als Indicator empfohlen haben, schlagen folgenden Weg ein, auf dem die Farbänderung sehr scharf zu erkennen ist: Überschichtet man eine in einer Flasche befindliche angesäuerte wässerige Flüssigkeit etwa 1 cm hoch mit $0,002^0/_{00}$iger ätherischer Jodeosinlösung und schüttelt durch, so scheidet sich die ätherische Schicht zunächst fast farblos über der ungefärbten wässerigen Flüssigkeit ab. Läßt man nun sehr verdünnte Lauge zufließen, so geht das Jodeosin mit rosaroter Farbe in den wässerigen Teil über. Arbeitet man ohne Äther,

---

[1] MYLIUS, F., und F. FOERSTER: Zeitschr. f. anal. Chem. Bd. 31, S. 240. 1892.

so liegt das Umwandlungsintervall des Indicators meiner Erfahrung nach zwischen p_H etwa 2 nach 3 (orange und rot). Verfährt man nach Mylius und Foerster, so erhält man scharfe Farbänderungen in der wässerigen Phase von schwach Orangerosa nach Tiefrot zwischen p_H 4,5 und 6,5. Die Lage des Intervalls hängt natürlich auch ein wenig von der Menge des Indicators und Äthers ab.

Jodeosin ist besonders zur Titration von Alkaloiden und zu Alkalitätsbestimmungen in Gläsern empfohlen worden. Als Vorratlösung verwende ich eine 0,2 proz. Lösung in Alkohol und füge zur Titration säurefreien Äther hinzu.

Bromphenolblau (Tetrabromphenolsulfophthalein): Umwandlungsintervall: 3,0—4,6 von Gelb nach Violettblau. Vorratlösung: 0,1 %: a) in 20proz. Alkohol (vgl. Thymolblau); b): in äquivalenter Menge Natronlauge; auf 100 mg Indicator sind 3,0 ccm $^1/_{20}$-n-Natronlauge zu nehmen (vgl. Thymolblau).

Auf 10 ccm 1—3 Tropfen.

Kongorot (Benzidin-disazo-m-amidobenzolsulfosäure-1 naphthylamin-4-sulfosaures Natrium): Umwandlungsintervall:3,0 bis 5,2 von Blaurot nach Rot. Vorratlösung: 0,1 % in Wasser.

Auf 10 ccm 1—2 Tropfen.

Bei Anwesenheit von viel Alkohol, Aceton u. dgl. unbrauchbar.

Methylrot (Dimethylaminoazobenzol-o-carbonsäure): Umwandlungsintervall: 4,4—6,2 von Rot nach Gelb. Vorratlösung: 0,2 % in 60proz. Alkohol.

100 mg Methylrot werden in 60 ccm Alkohol gelöst und mit Wasser bis 100 ccm angefüllt.

Auf 10 ccm 1—2 Tropfen.

Bromkresolgrün (Tetrabrom-m-kresolsulfophthalein): Umwandlungsintervall: 4,0—5,6 von Gelb nach Blau. Vorratlösung: 0,1 %: a) in 20proz. Alkohol (vgl. Thymolblau); b) in äquivalenter Menge Natronlauge (vgl. Thymolblau).

Auf 10 ccm 1—3 Tropfen.

p-Nitrophenol: Umwandlungsintervall etwa 5—7 von Farblos nach Gelb. Vorratlösung: 0,2 % in Wasser.

Auf 10 ccm 1—5 Tropfen.

Chlorphenolrot (Dichlorphenolsulfophthalein): Umwandlungsintervall: 5,0—6,6 von Gelb nach Rot. Vorratlösung: 0,1 %: a) in 20proz. Alkohol (vgl. Thymolblau); b) in äquivalenter Menge Natronlauge, auf 100 mg Indicator 4,8 ccm $^1/_{20}$-n-Natronlauge.

Auf 10 ccm 1—3 Tropfen.

Bromkresolpurpur (Dibrom-o-kresolsulfophthalein): Umwandlungsintervall: 5,2—6,8 von Gelb nach Purpur. Vorratlösung: 0,1%: a) in 20% Alkohol (vgl. Thymolblau); b) in äquivalenter Menge Natronlauge.

Auf 10 ccm Lösung 1—3 Tropfen.

Alizarinsulfosaures Natrium (α-β-Dioxyanthrachinonsulfosaures Natrium): Umwandlungsintervall: 5,5—6,8 von Gelb nach Lila. Vorratlösung: 0,1% in Wasser.

Auf 10 ccm Lösung 1—3 Tropfen.

Lackmoid: $C_{12}H_9O_3N$. Umwandlungsintervall: 4,4—6,4 von Rot nach Blau. Vorratlösung: 0,2% in Alkohol.

Auf 10 ccm Lösung 1—4 Tropfen.

Bromthymolblau (Dibromthymolsulfophthalein). Umwandlungsintervall: 6,0—7,6 von Gelb nach Blau. Vorratlösung: 0,1%: a) in 20proz. Alkohol (vgl. Thymolblau); b) in äquivalenter Menge Natronlauge; auf 100 mg 3,2 ccm $^1/_{20}$-n.

Auf 10 ccm 1—3 Tropfen.

Azolithmin:

Umwandlungsintervall: 5,0—8,0 von Rot nach Blau. Vorratlösung: 1%: 1 g Azolithmin wird in 100 ccm schwach alkalischem Wasser gelöst, dann wird vorsichtig mit Säure bis zum violetten Farbton neutralisiert.

Auf 10 ccm 1—5 Tropfen.

Phenolrot (Phenolsulfophthalein): Umwandlungsintervall: 6,8—8,0 von Gelb nach Rot. Vorratlösung: 0,1%: a) in 20% Alkohol (vgl. Thymolblau); b) in äquivalenter Menge Natronlauge; auf 100 mg 5,7 ccm $^1/_{20}$-n.

Auf 10 ccm 1—3 Tropfen.

Neutralrot (As. Dimethyldiaminophenazinchlorid): Umwandlungsintervall: 6,8—8,0 von Rot nach Gelborange. Vorratlösung: 0,1%. 100 mg Neutralrot werden in 60 ccm Alkohol gelöst, dann wird mit Wasser auf 100 ccm angefüllt.

Auf 10 ccm 1—2 Tropfen.

Rosolsäure (hauptsächlich Corallinphthalein $O = C_6H_4 = C\begin{smallmatrix}C_6H_4OH\\C_6H_3CH_3OH\end{smallmatrix}$: Umwandlungsintervall: 6,9—8,0 von Rot nach Gelb. Vorratlösung: 0,5%: Man löst 0,5 g Rosolsäure in 50 ccm Alkohol und füllt mit Wasser auf 100 ccm an.

Auf 10 ccm 1—3 Tropfen.

Besonders für die Titration alkoholischer Lösungen geeignet.

Kresolrot (Ortho-Kresolsulfophthalein): Umwandlungsintervall: 7,2—8,8 von Gelb nach Rot. Vorratlösung: 0,1%: a) in 20% Alkohol (vgl. Thymolblau); b) in äquivalenter Menge Natronlauge; auf 100 mg Indicator 5,3 ccm $^1/_{20}$-n-Natronlauge).

Auf 10 ccm Lösung 1—3 Tropfen.

α-Naphtholphthalein:

Umwandlungsintervall: 7,3—8,7 von Schwachgelbrosa nach Grün. Vorratlösung: 0,1%: 100 mg Indicator werden in 50 ccm Alkohol gelöst und mit Wasser bis 100 ccm angefüllt.

Auf 10 ccm Lösung 1—3 Tropfen.

Curcumin (Sulfanilsäureazodiphenylaminsulfosäure): Umwandlungsintervall: 7,4—8,6 von Gelb nach Rotbraun. Vorratlösung: 0,1% in Alkohol.

Auf 10 ccm Lösung 1—4 Tropfen.

Dieser Indicator ist für Titrationen weniger geeignet.

Phenolphthalein:

Umwandlungsintervall: 8,2—10,0 von Farblos nach Rot. Vorratlösungen: a) 1%: 1 g Indicator wird in 60 ccm Alkohol gelöst und mit Wasser auf 100 ccm angefüllt. b) 0,1%: durch Verdünnen aus a mit 50proz. Alkohol. Wenn man nicht bis zu einem bestimmten Titrierexponenten titriert, sind beide Lösungen, sonst jedoch Lösung b zu verwenden.

Auf 10 ccm Flüssigkeit 1 Tropfen von Lösung a, oder 1—4 Tropfen von b.

Thymolblau (Thymolsulfophthalein) vgl. S. 5.: Umwandlungsintervall: 8,0—9,6 von Gelb nach Blau. Vorratlösung: 0,1%.

Auf 10 ccm Lösung 1—4 Tropfen.

α-Naphtholbenzein:

Umwandlungsintervall: 9,0—11,0 von Farblos nach Blau. Vorratlösung: 0,1% in 70proz. Alkohol.

Auf 10 ccm Lösung 1—4 Tropfen.

Thymolphthalein:

Umwandlungsintervall: 9,3—10,5 von Farblos nach Blau. Vorratlösung: 0,1% in Alkohol.

Auf 10 ccm 1—2 Tropfen.

Alizaringelb (p-Nitranilinazosalicylsaures Natrium): Umwandlungsintervall: 10,1—12,1 von Gelb nach Lila. Vorratlösung: 0,1% in Wasser.

Auf 10 ccm Lösung 1—3 Tropfen.

Tropäolin 0 (Natriumsalz von Sulfanilsäureazoresorcin): Umwandlungsintervall: 11,0—13,0 von Gelb nach Orangebraun. Vorratlösung: 0,1% in Wasser.

Auf 10 ccm Lösung 1—3 Tropfen.

Nitramin (Pikrylmethylnitramin): Umwandlungsintervall: 10,8—13,0 von Farblos nach Rotbraun. Vorratlösung: 0,1%: 100 mg werden in 60 ccm Alkohol gelöst und mit Wasser auf 100 ccm angefüllt.

Die Lösung ist im Dunkeln aufzubewahren; sie zersetzt sich in wenigen Monaten und muß dann frisch bereitet werden. Auch durch Kochen mit überschüssiger Lauge wird sie schnell zersetzt.

Auf 10 ccm Flüssigkeit 1—5 Tropfen.

Gemischte Indicatoren: Um den Farbumschlag schärfer wahrzunehmen, wählt man bisweilen Indicatorgemische; etwa solche, deren Komponenten beide bei ungefähr dem gleichen erwünschten p_H ihre Indicatorwirkung ausüben und dort mehr oder weniger Farbkontraste bilden. Besonders bei der Titration auf einen bestimmten Titrierexponenten können solche Mischindicatoren sehr vorteilhaft sein.

So empfiehlt A. COHEN[1] eine Mischung von gleichen Teilen Bromkresolpurpur und Bromthymolblau. Dieser Indicator ist bei $p_H = 6,0$ grüngelb, bei $p_H = 6,8$ rein blau, der Umschlag ist scharf.

Weiter benutzt er Gemische von Bromkresolpurpur und Bromphenolblau und von Bromphenolblau mit Kresolrot. G. SIMPSON[1] empfiehlt ein solches von 6 Teilen Thymolblau und 1 Teil Kresolrot (vgl. S. 136). Auch kann man einen Indicator mit einem indifferenten Farbstoff versetzen, um die Umschlagsfarbe deutlicher hervorzuheben. So ist der Umschlag von Methylorange bei Lampenlicht schwer erkennbar, er wird aber durch Zusatz von Indigocarmin wesentlich verbessert. Solche Maßnahmen hat schon LUTHER[2]

---

[1] COHEN, A.: Journ. of the Americ. chem. soc. Bd. 44, S. 185. 1922. Vgl. auch LIZIUS: Analyst. Bd. 46, S. 355. 1921; F. H. CARR: Analyst. Bd. 47, S. 196. 1922; G. CHABOT: Chem. Zentralbl. Bd. 96, S. 1375. 1922; G. SIMPSON: Industr. engineer. chem. Bd. 16, S. 709. 1924.

[2] LUTHER: Chemiker-Zeit. Bd. 31, S. 1172. 1907; vgl. auch KIRSCHNIK: Chemiker-Zeit. Bd. 31, S. 960. 1907 und besonders M. SCHOLTZ: Zeitschr. f. Elektrochem. Bd. 10, S. 549. 1904.

vorgeschlagen; MOERK[1] hat sie systematisch auf die günstigsten Mischverhältnisse hin untersucht und u. a. die folgende Lösung von 1 g Methylorange und 2,5 g Indigocarmin in 1 l Wasser ausprobiert. Auch bei künstlichem Licht ist mit diesem Indicator der Umschlag ausgezeichnet sichtbar. In alkalischer Lösung ist seine Farbe gelbgrün, bei $p_H = 4$ hat er etwa eine graue Nuance und ändert sich dann mit sinkendem p_H nach Violett.

Man bewahrt ihn am besten in braunen Flaschen auf; nach meiner Erfahrung ist er für viele Titrationen sehr geeignet. K. C. D. HICKMANN und R. P. LINSTEAD[2] verwenden eine Mischung von 1 Teil Methylorange mit 1,4 Teilen Xylen-Cyanol F. T. in 500 ccm 50proz. Alkohol. In alkalischer Lösung ist dieser Mischindicator grün, in saurer Lösung magentarot; bei einem p_H von 4—3,8 hat er eine neutrale graue Farbe.

Ebenso kann man den Phenolphthaleinumschlag dort, wo er langsam und scharf eintritt, durch Zugabe eines Farbstoffes verbessern, welcher dem Rot komplementär ist. So eignet sich eine Lösung von 1% Phenolphthalein und 0,2% Methylgrün gut zur Aciditätsbestimmung von Milch. Auf 10 ccm Lösung rechnet man 1—2 Tropfen Indicator. Die Vorratlösung muß in dunklen Flaschen aufbewahrt werden, weil Methylgrün vom Lichte zersetzt wird.

In saurer Lösung ist die Farbe grün, vor dem „Umschlagpunkte" ändert sie sich nach Grau, um dann bei stärker alkalischer Reaktion violett zu werden. Und genauer: Bei $p_H = 8,0$ ist der Indicator noch rein grün, bei $p_H = 8,4$ grau, bei $p_H = 8,8$ fahlblau und plötzlich bei $p_H = 9,0$ schön violett.

Da die Mischindicatoren vorteilhafterweise bei einem bestimmten p_H plötzlich ihre Farbe ändern, sind sie besonders dort willkommen, wo die p_H-Kurve beim Äquivalenzpunkt sehr flach verläuft. Wählt man daher einen Mischindicator, der eben bei dem p_H umschlägt, welches im Äquivalenzpunkt vorliegt, so ist die Titration auch ohne Vergleichslösung durchzuführen. Angesichts · der großen praktischen Bedeutung geeigneter Mischindicatoren habe ich eine größere Anzahl Kombinationen untersucht und gebe in folgender Tabelle eine Zusammenstellung der

---

[1] MOERK, F. X.: Americ. Journ. of pharmacy Bd. 93, S. 675. 1921.

[2] HICKMANN und LINSTEAD: Journ. chem. soc. (London). Bd. 121, S. 2502. 1922.

Umwandlungspunkte geeigneter Mischindicatoren.

Zusammensetzung der Indicatorlösung	p_T	Saure Farbe	Alkalische Farbe	Bemerkung
1 Teil Dimethylgelb 0,1% in Alkohol 1 „ Methylenblau 0,1% in Alkohol in dunkler Flasche aufbewahren	3,25	blauviolett	grün	Beim $p_H = 3,4$ noch grün, bei 3,2 blauviolett; ausgezeichneter Indicator
1 Teil Methylorange 0,1% in Wasser 1 „ Indigocarmin 0,25% in Wasser in dunkler Flasche aufbewahren	4,1	violett	grün	Guter Indicator, besonders bei künstlicher Beleuchtung
1 Teil Hexamethoxytriphenylcarbinol 0,1% in Alkohol 1 „ Methylgrün 0,1%	4,0	violett	grün	Bei $p_H = 4,0$ ist die Farbe blauviolett
1 Teil Methylorange 0,1% in Wasser 1 „ Anilinblau 0,1% in Wasser	4,3	violett	grün	
3 Teile Bromkresolblau 0,1% in Alkohol 1 Teil Methylrot 0,2% in Alkohol	5,1	weinrot	grün	Sehr scharfe Farbänderung; ausgezeichneter Indicator
1 Teil Methylrot 0,2% in Alkohol 1 „ Methylenblau 0,1% in Alkohol in dunkler Flasche aufbewahren	5,4	rotviolett	grün	Beim p_H 5,4 ist die Farbe schmutzig blau, bei 5,6 schmutzig grün, bei 5,2 rotviolett
1 Teil Bromkresolgrün-Na 0,1% in Wasser 1 „ Alizarinsulfosaures Na 0,1% in Wasser	5,6	violett	gelbgrün	Bei $p_H = 5,6$ rotbraun; sehr guter Indicator
1 Teil Chlorphenolrot-Na 0,1% in Wasser 1 „ Anilinblau 0,1% in Wasser	5,8	grün	violett	Bei $p_H = 5,8$ schwach violett
1 Teil Bromkresolgrün-Na 0,1% in Wasser 1 „ Chlorphenolrot-Na 0,1% in Wasser	6,1	gelbgrün	blauviolett	Bei $p_H = 5,4$ blaugrün, bei 5,8 blau, bei 6,0 blau mit Stich ins Violett, bei 6,2 blauviolett
1 Teil Bromkresolpurpur-Na 0,1% in Wasser 1 „ Bromthymolblau-Na 0,1% in Wasser	6,7	gelb	violettblau	Bei $p_H = 6,2$ gelbviolett, bei 6,6 violett, bei 6,8 blauviolett
2 Teile Bromthymolblau-Na 0,1% in Wasser 1 Teil Azolithmin 0,1% in Wasser	6,9	violett	blau	
1 Teil Neutralrot 0,1% in Alkohol 1 „ Methylenblau 0,1% in Alkohol in dunkler Flasche aufbewahren	7,0	violettblau	grün	Bei $p_H = 7,0$ violetblau; ausgezeichneter Indicator

Mischung	p_H			Bemerkung
1 Teil Neutralrot 0,1% in Alkohol 1 „ Bromthymolblau 0,1% in Alkohol	7,2	rosa	grün	Beim $p_H = 7,4$ schmutzig grün, 7,2 schwach rosa; 7,0 deutlich rosa
2 Teile Cyanin, 0,1% in 50 proz. Alkohol 1 Teil Phenolrot 0,1% in 50 proz. Alkohol	7,3	gelb	violett	Beim $p_H = 7,2$ orange, bei 7,4 schön violett; Farbe schwächt beim Stehen ab
1 Teil Bromthymolblau-Na 0,1% in Wasser 1 „ Phenolrot-Na 0,1% in Wasser	7,5	gelb	violett	Bei $p_H = 7,2$ schmutzig grün, bei 7,4 schwach violett, bei 7,6 stark violett; ausgezeichneter Indicator
1 Teil Kresolrot-Na 0,1% in Wasser 3 Teile Thymolblau-Na 0,1% in Wasser	8,3	gelb	violett	Bei $p_H = 8,2$ rosa, bei 8,4 deutlich violett; ausgezeichneter Indicator
2 Teile α-Naphtholphthalein 0,1% in Alkohol 1 Teil Kresolrot 0,1% in Alkohol	8,3	schwachrosa	violett	Bei $p_H = 8,2$ schwach violett, bei 8,4 stark violett
1 Teil α-Naphtholphthalein 0,1% in Alkohol 3 Teile Phenolphthalein 0,1% in Alkohol	8,9	schwachrosa	violett	Bei $p_H = 8,6$ schwach grün, bei 9,0 deutlich violett
1 Teil Phenolphthalein 0,1% in Alkohol 2 Teile Methylgrün 0,1% in Alkohol	8,9	grün	violett	Bei $p_H = 8,8$ fahlblau, bei p_H 9,0 violett
1 Teil Thymolblau 0,1% in 50 proz. Alkohol 3 Tle. Phenolphthalein 0,1% in 50proz. Alkohol	9,0	gelb	violett	Farbe von Gelb über Grün nach Violett; ausgezeichneter Indicator
2 Tle. Phenolphthalein 0,1% in 50proz. Alkohol 1 Teil α-Naphtholphthalein 0,1% in 50 proz. Alkohol	9,6	schwachrosa	violett	Farbe über Grün nach Violett; ausgezeichneter Indicator
1 Teil Phenolphthalein 0,1% in Alkohol 1 „ Thymolphthalein 0,1% in Alkohol	9,9	farblos	violett	Bei $p_H = 9,6$ rosa, bei 10,0 violett; scharf zu sehen
1 Teil Phenolphthalein 0,1% in Alkohol 2 Teile Nilblau 0,2% in Alkohol	10,0	blau	rot	Bei $p_H = 10,0$ violett; ausgezeichneter Indicator
2 Teile Thymolphthalein 0,1% in Alkohol 1 Teil Alizaringelb 0,1% in Alkohol	10,2	gelb	violett	Scharf zu sehen
2 Teile Nilblau 0,2% in Wasser 1 Teil Alizaringelb 0,1% in Alkohol	10,8	grün	rotbraun	

gut bewährten Gemische. Unter p_T wird das p_H angegeben, wo der Mischindicator scharf seine Farbe wechselt.

Als Beispiel für die Anwendung der Mischindicatoren seien genannt: die schwache Base Pyridin, die in 0,1-n-Lösung sehr genau auf Dimethylgelb-Methylenblau ($p_T = 3,7$) zu titrieren — Phosphorsäure, die scharf als zweibasische Säure auf α-Naphtholphthalein-Phenolphthalein ($p_T = 9,7$) zu bestimmen — Essigsäure, die ohne Vergleichslösung mit Ammoniak auf Neutralrot-Methylenblau ($p_T = 7,0$) zu neutralisieren ist.

§ 3. Titrierexponent, Wasserfarbe, notwendiger Überschuß an Reagens. Einen bestimmten Wasserstoffexponenten, auf den man bei einer Titration zukommen will, nennt man nach Bjerrums[1] Vorschlag den Titrierexponenten p_T (vgl. Teil I S. 95). Für zweifarbige Indicatoren hat Noyes[2] abgeschätzt, daß 5—20% bzw. 80—90% Umsetzung erforderlich sind, um einen deutlichen Unterschied von der rein sauren bzw. alkalischen Farbe zu beobachten. Er fand, daß von Methylorange 5—20% der gelben Form in die rote verwandelt sein müssen, um einen deutlichen Unterschied gegen die rein alkalische Farbe zu zeigen. Dagegen mußten 20—30% von der roten in die alkalische Form übergegangen sein, um einen Farbunterschied gegen die rein saure Lösung erkennen zu lassen. Die Farbstärke der sauren Form ist nämlich viel größer als die der basischen, so daß die erste viel empfindlicher gegenüber der letzteren nachzuweisen ist als umgekehrt. So fand ich auch bei Dimethylgelb, daß man deutlich 10% der sauren Form neben der alkalischen erkennen kann. Titriert man bis zu dieser Farbe, so trifft man ein p_T von 4,0.

Bei einfarbigen Indicatoren hängt der Titrierexponent sehr stark von der Konzentration ab, wie sich auch leicht begreifen läßt. Für eine Indicatorsäure HJ gilt die Beziehung:

$$\frac{[\text{J}']}{[\text{HJ}]} = \frac{K_{HJ}}{[\text{H}^{\cdot}]} \, .$$

Weil HJ farblos, bedingt $[\text{J}']$ die Farbe der Lösung. Denken wir uns nun $[\text{H}^{\cdot}]$ durch eine Pufferlösung festgelegt. Wenn zuerst nur so wenig Indicator hinzugesetzt wird, daß die Lösung eben schwach gefärbt wird, und wir die Farbe mit der einer

---

[1] Bjerrum, N.: Die Theorie der alkalimetrischen und acidimetrischen Titrierungen 1914; Zeitschr. f. analyt. Chem. Bd. 56, S. 13, 81. 1917.

[2] Noyes, A. A.: Journ. of the Americ. chem. soc. Bd. 32, S. 825. 1910.

selben Flüssigkeit vergleichen, welche zehnmal mehr Indicator enthält, so wird die letztere auch zehnmal stärker gefärbt sein, weil (J') im gleichen Maße gewachsen ist. Daraus erklärt sich, daß man mit Phenolphthalein als Indicator auf ein p_H von 8,2 titrieren kann, sobald man sehr viel davon anwendet, dagegen auf $p_T = 9,2$, wenn man sehr wenig nimmt. Bei p-Nitrophenol kann man durch zweckmäßige Wahl der Konzentration p_T zwischen 4 und 5,6 variieren. Bei Thymolphthalein ist man auf ein p_T von etwa 10 angewiesen, weil dieser Indicator so schwer löslich ist. Sobald einmal die Sättigungskonzentration erreicht wird, so hat eine größere Menge Indicator keinen Einfluß mehr auf die Farbtiefe.

Die Genauigkeit, mit der man einen bestimmten Titrierexponenten treffen kann, ist ziemlich groß, aber von der Art des Indicators abhängig. Am besten sind Indicatoren mit einem recht kleinen Umschlagsgebiet zu verwenden, so daß sich Farbänderungen bei relativ kleinen Differenzen im p_H scharf beobachten lassen. Im allgemeinen darf mit einer Genauigkeit von etwa 0,2 im p_T gerechnet werden und unter geeigneten Verhältnissen (Vergleichslösung) sogar von 0,1 im p_T.

Wird ein besonders genauer Titrierexponent angestrebt, so hat man eine Vergleichslösung von streng definiertem p_H (gleich dem des zu titrierenden Systems im Äquivalenzpunkt!) mit gleichem Indicatorzusatz auf gleiches Volumen zu benutzen. Man titriert dann bis zur Gleichheit der Farbtöne. Will man z. B. in einer sauren Ammoniumacetatlösung die freie Säure bestimmen, so wählt man Phenolrot oder Neutralrot als Indicator und als Vergleichslösung eine Puffermischung mit einem p_H von 7,1. Dieses p_H entspricht gerade dem einer reinen Ammoniumacetatlösung (vgl. übrigens auch § 2: Gemischte Indicatoren).

Selbstverständlich braucht man nicht immer ein bestimmtes p_H einzuhalten. Zumeist ist der Sprung im p_H beim Endpunkt so groß, daß das Umwandlungsintervall des geeigneten Indicators bei Zugabe einer sehr geringen Menge Maßflüssigkeit bereits durchlaufen wird. Der Farbumschlag ist dann sehr scharf, und man hat keine Vergleichslösung nötig; so etwa an vielen Indicatoren bei der Bestimmung von starken Säuren mit starken Basen. Es ist dann auch gewöhnlich gleichgültig, ob der Indicator in schwach alkalischer (p_H etwa 9) oder schwach saurer Lösung (p_H etwa 5)

5*

umschlägt. Wählt man hingegen einen Indicator mit dem Umschlagsbereich außerhalb dieser Grenzen, so ist zu bedenken, daß reines Wasser und ebenso eine Neutralsalzlösung immer schon eine merkbare Menge Lauge oder Säure zur Farbänderung des Indicators erfordern. Nehmen wir als Beispiel Dimethylgelb (oder Methylorange), das zu alkalimetrischen Bestimmungen so viel gebraucht wird, weil man dabei von einem geringen Carbonatgehalt der Lauge unabhängig ist. Der Indicator beginnt bei p_H etwa 4 umzuschlagen. Dieses entspricht einer Wasserstoffionenkonzentration von 10^{-4}-n- oder 0,1 ccm 0,1-n-Säure auf 100 ccm. Titrieren wir nun eine 0,1-n-Lösung einer starken Base mit 0,1-n-Säure, so wird ein Überschuß von 0,2% Säure verbraucht, um eine Farbänderung des Indicators überhaupt wahrzunehmen. Das ungeübte Auge beurteilt am besten diese erste Änderung im Farbton durch Vergleich mit einer Lösung des Indicators in reinem Wasser (Wasserfarbe). Wo nötig, kann man dann für den unvermeidlichen Überschuß eine Korrektur anbringen. Eine solche bezieht sich natürlich nur auf die Fälle, wo man theoretisch nicht bis zum besprochenen p_T zu titrieren hat.

Um umgekehrt eine Lösung einer starken Säure mit einer starken Base auf Dimethylgelb zu neutralisieren, titriert man bis auf die Wasserfarbe. Dann ist die Korrektur natürlich kleiner und praktisch gewöhnlich zu vernachlässigen.

In der folgenden Tabelle verzeichnen wir die geeigneten Titrierexponenten der verschiedenen Indicatoren, gültig bei Zimmertemperatur. Für das Arbeiten bei erhöhten Temperaturen ist darauf Rücksicht zu nehmen, daß Indicatoren von saurem Charakter ihre Empfindlichkeit für Wasserstoffionen wenig ändern, die Indicatorbasen dagegen viel unempfindlicher werden (vgl. Teil I S. 96). Daher ist z. B. Dimethylgelb für Titrationen von oder mit 0,1-n-Lösungen bei höheren Temperaturen ungeeignet.

Außerdem gibt die Tabelle an, wieviel Kubikzentimeter 0,1-n-Salzsäure bzw. 0,1-n-Natronlauge auf 100 ccm dem erwähnten p_T entsprechen. Dieser Überschuß kann als Korrektur in Rechnung gesetzt werden, natürlich nur dann, wenn sich eine solche durch Benutzung einer Vergleichslösung nicht erübrigt.

Beispiel. Bei der Titration von 0,1-n-Natronlauge mit 0,1-n-Salzsäure auf Dimethylgelb bis $p_T = 4,0$ ist der notwendige Überschuß 0,1 ccm 0,1-n-Säure auf 100 ccm, einem Titrierfehler von 0,2% entsprechend. Nimmt man dagegen eine 0,1-n-Papaverinchloridlösung, so ist alle Säure neutralisiert, sobald p_T von 3,9—4,0 erreicht ist. In diesem Falle darf keine Korrektur für den notwendigen Überschuß angewendet werden.

Endlich wird in der Tabelle die Wasserfarbe bzw. die rein

Titrierexponent und notwendiger Überschuß an Säure oder Lauge für die gebräuchlichsten Indicatoren.

Indicator	p_T	Farbe beim angegebenen p_T	Vergleichungsfarbe	Überschuß Säure auf 100 ccm dem p_T entsprechend in ccm 0,1-n
Thymolblau . . .	2,6	rosagelb	gelb	2,5
Tropäolin 00 . . .	2,8	orangegelb	gelb	1,6
Dimethylgelb . . .	3,9	orangegelb	gelb	0,12
Methylorange . . .	4,0	orange	orangegelb	0,10
Bromphenolblau .	4,0	purpurgrün	purpur	0,10
Methylrot	4,8 sauer	rot	dunkelrot (saure Farbe)	0,016
	5,8 alkal.	orange	gelb	0,0016
Bromkresolgrün . .	4,4 sauer	grüngelb	gelb (saure Farbe)	0,04
	5,4 alkal.	blaugelb	blau (alkal. Farbe)	0,004
Bromkresolpurpur .	6	purpurgrün	purpur (alkal. Farbe)	—
Chlorphenolrot . .	6	rosa	rot (alkal. Farbe)	—
Bromthymolblau .	6,4	gelbgrün	gelb (saure Farbe)	—
	7,4	blaugrün	blau (alkal. Farbe)	—
Phenolrot	7,0	orange	gelb (saure Farbe)	—
	7,8	rosarot	rot (alkal. Farbe)	—
Neutralrot	7,0	rosarot	rot (saure Farbe)	—
	7,8	orange	orangegelb (alk. Farbe)	—
Kresolrot	7,4	orange	gelb (saure Farbe)	—
	8,4	rot	dunkelrot (alk. Farbe)	—
				Überschuß Lauge auf 100 ccm dem p_T entsprechend in ccm 0,1-n
Thymolblau . . .	8,4	gelbgrün	gelb	—
	9,4	grünblau	blau	0,016
Phenolphthalein 0,1 proz. Lösung	8,4	schwach rosa	farblos	—
1 proz. Lösung .	9,4	rosa	farblos	0,016
Thymolphthalein .	10,0	schwach blau	farblos	0,06
α-Naphtholbenzein	10,0	grün	farblos	0,06
Alizaringelb . . .	11,0	lila	gelb	0,6
Nitramin	11,5	orangebraun	farblos	2,0

saure oder rein alkalische Farbe des Indicators mitgeteilt. Mit
einem Indicator wie Methylrot läßt sich z. B. auf die erste Abweichung von der rein alkalischen Farbe ($p_T \sim 5{,}8$) oder auf die
von der rein sauren Färbung ($p_T \sim 4{,}8$) titrieren.

Bemerkt sei, daß der angegebene Laugenüberschuß sich auf
kohlensäurefreies Wasser bezieht; in Berührung mit der Luftkohlensäure beträgt er bei Phenolphthalein oder Thymolphthalein
und neutralen Lösungen etwa die doppelte Menge.

§ 4. Die Maßflüssigkeiten der Alkalimetrie und Acidimetrie.
Für technische Analysen und für viele Laboratoriumzwecke
arbeitet man oft mit Normallösungen von Säuren und Basen.
Dann sind die Farbumschläge der gebräuchlichen Indicatoren
meist sehr scharf, und Korrekturen für den notwendigen Überschuß an Titerlösung fallen ganz fort. Verschiedene Bestimmungen
sind auch nur genau mit Normallösungen vorzunehmen (etwa die
Bestimmung sehr schwacher Säuren und Basen; vgl. S. 116 und
S. 129), während man mit 0,1-n-Lösungen keine guten Resultate
mehr erzielt. Weiterhin werden für Titrationen mit Normallösungen größere Einwagen gebraucht, wodurch etwaige Wägefehler stark zurücktreten.

Für Laboratoriumszwecke bedeutet solch größerer Substanz-
verbrauch oftmals einen Nachteil, so daß man lieber verdünntere
Maßflüssigkeiten wählt. Als solche haben sich 0,1-n-Lösungen
bewährt. Wenn überhaupt nur sehr wenig von der wirksamen
Substanz zur Verfügung steht, wie bei der Alkaloidbestimmung
in Drogen, verwendet man noch verdünntere Säuren oder Basen
($^1/_{40}$ oder $^1/_{100}$-n) oder zweckmäßig Mikrobüretten mit 0,1-n-Maß-
lösung. Lunge-Berl[1] verwerfen 0,1-normale Titerlösungen mit
Hinblick auf die Empfindlichkeit der Indicatoren, sie betrachten
0,2-normale Lösungen als untere Grenze der Konzentration.
Diese Vorsicht ist jedoch zu weit getrieben; haben wir doch erkannt, daß an 0,1-n-Lösungen der Titrierfehler sehr klein gehalten
oder gar als Korrektur angebracht werden kann.

Der Gebrauch stärkerer Maßflüssigkeiten hat wiederum den
Nachteil, daß der Nachlauffehler merkbar von dem des Wassers
verschieden ist (vgl. S. 12), wodurch die etwas größere Genauig-

---

[1] Lunge-Berl: Chemisch-Technische Untersuchungsmethodik. 7. Aufl.
Bd. 1, S. 138. Berlin: Verlag Julius Springer 1921.

keit auf der einen Seite wieder beeinträchtigt wird. Für Laboratoriumsarbeiten können wir die Benutzung von 0,1-normalen Flüssigkeiten ganz allgemein empfehlen. Man stellt sich die verdünnteren Maßflüssigkeiten durch entsprechende Verdünnung von Normallösungen her, hat aber dann die verdünnten Lösungen jedesmal auf ihren Gehalt zu prüfen.

Aus reinen Lösungen von Handelssäuren und starken Lösungen von Basen kann man leicht auf Grund der spezifischen Gewichte Maßflüssigkeiten von bekanntem Gehalt bereiten. Diese Methode wird schon von MARSHALL[1] empfohlen, während KÜSTER und SIEDLER und KÜSTER und MÜNCH[2] hierfür bequeme Tabellen beigeliefert haben. Dem gleichen Zwecke dienen solche von WORDON und MOTION[3].

Die folgende Tabelle ist den Logarithmischen Rechentafeln von F. W. KÜSTER (und A. THIEL)[4] entnommen. Die Volumengewichte gelten für 15° C, bezogen auf Wasser von 4° C (l. c.). In den anderen Spalten ist die Normalität der Lösungen von den angeführten Volumgewichten verzeichnet. Kennt man das spezifische Gewicht, so kann man durch Interpolation leicht die Normalität der Säure berechnen. Allerdings hat man auch wieder nach der Verdünnung die Lösung genau einzustellen. Aus den zitierten Veröffentlichungen geht hervor, daß die Zuverlässigkeit der Zahlen sicher nicht größer als 0,2% ist und oft nicht weiter als 1% geht.

Vorratlösungen von Salzsäure: Für alkalimetrische Titrationen verrichten Salzsäurelösungen als Maßflüssigkeit vollkommen ihren Zweck. In vielen Laboratorien zieht man eingestellte Schwefelsäurevorratslösung vor, besonders zum Titrieren warmer Flüssigkeiten oder, wenn die zu untersuchende Substanz einige Zeit mit Säure gekocht werden muß. In diesen Fällen kann man aber ebensogut verdünnte Salzsäure verwenden. So verträgt z. B. eine 0,1-n-Salzsäure ohne weiteres eine Stunde

---

[1] MARSHALL: Journ. Soc. Chem. Ind. Bd. 19, S. 4. 1900; Bd. 21, S. 1511, 1902.

[2] KÜSTER, F. W. und SIEDLER, KÜSTER und MÜNCH: Chemiker-Zeit. Bd. 26, S. 1055. 1902; Ber. Bd. 38, S. 150. 1905.

[3] WORDON und MOTION, Journ. Soc. Chem. Ind. Bd. 24, S. 178. 1905.

[4] KÜSTER, F. W.: Logarithmische Rechentafeln, bearb. von A. THIEL.

Volumengewicht und Normalität von Lösungen (nach KÜSTER).
Normalität der Lösungen.

$d\ ^{15}/_4$	HCl	H_2SO_4	KOH	NaOH	$d\ ^{15}/_4$	Normal-NH_3
1,010	0,593	0,324	0,213	0,239	0,995	0,666
1,020	1,155	0,634	0,413	0,464	0,990	1,224
1,030	1,737	0,951	0,616	0,700	0,985	1,934
1,040	2,328	1,264	0,822	0,939	0,980	2,637
1,050	2,929	1,578	1,032	1,182	0,975	3,343
1,060	3,544	1,896	1,246	1,431	0,970	4,043
1,070	4,158	2,223	1,462	1,684	0,965	4,740
1,080	4,784	2,555	1,682	1,942	0,960	5,453
1,090	5,414	2,887	1,903	2,205	0,955	6,208
1,100	6,037	3,219	2,128	2,472	0,950	6,966
1,110	6,673	3,556	2,356	2,744	0,945	7,722
1,120	7,317	3,885	2,586	3,021	0,940	8,480
1,130	7,981	4,219	2,819	3,302	0,935	9,251
1,140	8,648	4,559	3,046	3,588	0,930	10,03
1,150	9,327	4,903	3,292	3,878	0,925	10,81
1,160	10,03	5,249	3,532	4,173	0,920	11,59
1,170	10,74	5,60	3,778	4,472	0,915	12,39
1,180	11,45	5,958	4,023	4,776	0,910	13,19
1,190	12,15	6,319	4,272	5,084	0,905	13,99
1,200	12,87	6,685	4,523	5,397	0,900	14,80
1,210		7,052	4,776	5,714	0,895	15,61
1,220		7,424	5,030	6,039	0,890	16,42
1,230		7,803	5,288	6,365	0,885	17,30
1,240		8,162	5,550	6,693	0,880	18,26
1,250		8,521	5,811	7,032		
1,260		8,882	6,075	7,375		
1,270		9,248	6,341	7,722		
1,280		9,623	6,609	8,078		
1,290		10,00	6,882	8,432		
1,300		10,39	7,153	8,795		
1,301		10,76	7,423	9,166		
1,302		11,17	7,704	9,542		
1,303		11,57	7,981	9,921		
1,304		11,95	8,264	10,309		
1,305		12,34	8,547	10,704		

Kochen, ohne daß sich eine Spur Säure verflüchtigt, wenn man nur
die verdampfende Wassermenge ständig nachfüllt. Sogar 0,5-n-
Salzsäure kann man wohl 10 Minuten ohne jeden Verlust an HCl
sieden lassen.

Die Herstellung von Salzsäurelösungen genau bekannten Ge-
halts ist auf verschiedene Weise möglich.

Viele Autoren[1] bereiten definierte Salzsäurelösungen durch Einleiten von trocknem Chlorwasserstoff in reines Wasser bis zur bestimmten Gewichtszunahme. RASCHIG[1] schlägt hierzu folgende Arbeitsweise vor: In einen Maßkolben von 100 ccm füllt man etwa 90 ccm Wasser, führt ein rechtwinklig gebogenes, bis auf den Boden reichendes Capillarrohr ein und wägt diese Apparatur genau auf der analytischen Wage. Dann setzt man den Kolben auf die eine Schale einer guten, auf ein Zentigramm empfindlichen Tarierwage, verbindet das capillare Rohr mittels eines 30 cm langen, sehr feinen Gummischlauches mit der Waschflasche eines Kippschen Chlorwasserstoffentwicklers, der mit nußgroßen Stücken Salmiak und mit konzentrierter Schwefelsäure beschickt wird, und tariert genau aus. Der Schlauch muß natürlich oben frei hängen. Nunmehr leitet man so lange Chlorwasserstoff ein, bis die Gewichtszunahme 3,7 g beträgt. Man entfernt den Schlauch, läßt abkühlen und wägt erneut auf der analytischen Wage. Aus dem gefundenen Gewicht errechnet man die Konzentration der Säure oder das Volumen, auf welches die Lösung zu verdünnen ist, um n- oder 0,1-n-Säure zu liefern.

HULETT und BONNER[2] haben ein „konstant siedendes" Gemisch von Salzsäure und Wasser zur Herstellung der Maßflüssigkeit empfohlen. Die Konzentration dieses konstant siedenden Gemisches ist vom Drucke abhängig, unter dem destilliert wird. FOULK und HOLLINGSWORTH[3] haben hierüber äußerst genaue Untersuchungen unter Berücksichtigung des Luftauftriebes angestellt. Der Salzsäuregehalt wurde nach den Methoden, wie sie bei Atomgewichtsbestimmungen gepflegt werden, bestimmt.

Zur Darstellung des konstant siedenden Gemisches geht man nach FOULK und HOLLINGSWORTH von einer Salzsäurelösung vom spezifischen Gewicht 1,18 aus und destilliert mit einer Geschwindigkeit von 3—4 ccm pro Minute. (Die Geschwindigkeit

---

[1] MOODY: Journ. chem. soc. (London). Bd. 73, S. 658. 1898; ROTH: Zeitschr. f. angew. Chem. Bd. 17, S. 716. 1904; SÖRENSEN, S. P. L. und ANDERSEN: Zeitschr. f. analyt. Chem. Bd. 44, S. 179. 1905; ACREE und BRUNEL: Americ. chem. journ. Bd. 36, S. 117. 1906; RASCHIG, J.: Zeitschr. f. angew. Chem. Bd. 17, S. 578. 1904; REBENSDORFF, Chemiker-Zeit. Bd. 32, S. 99. 1908.

[2] HULETT und BONNER: Journ. Americ. chem. soc. Bd. 31, S. 390. 1909.

[3] FOULK, C. W. und M. HOLLINGSWORTH: Journ. Americ. chem. soc. Bd. 45, S. 1223. 1923.

der Destillation hat geringen Einfluß auf die Zusammensetzung des Destillates. Bei sehr langsamer Destillation wächst ein wenig der Säuregehalt des Destillates.)

Nachdem ungefähr drei Viertel der Ausgangsmenge übergegangen sind, wird das „konstant siedende Gemisch" aufgefangen. Die Destillation darf höchstens bis auf einen Rest von 50—60 ccm im Kolben ausgedehnt werden. Man beginnt daher am besten mit 1 l Lösung oder noch mehr. Der Barometerstand ist auf 1 mm genau abzulesen. An Hand der folgenden Tabelle wird das „Äquivalentgewicht" des Destillates gefunden.

Geht man von Salzsäure aus mit einem spezifischen Gewicht von 1,103, so kann man drei Viertel des Destillates benutzen.

Zusammensetzung des konstant-siedenden Salzsäuregemisches nach FOULK und HOLLINGSWORTH.

Druck in mm Hg bei der Destillation	Gehalt an HCl in % (bezogen auf luftleeren Raum)	Rationelles Äquivalentgewicht des Destillates. (Das angegebene Gewicht enthält 1 Mol. HCl bei Wägung an der Luft)
780	20,173	180,621
770	20,197	180,407
760	20,221	180,193
750	20,245	179,979
740	20,269	179,766
730	20,293	179,551

Auf diese Weise gelingt es leicht, eine definierte Maßflüssigkeit mit einer Genauigkeit von 0,05% zu gewinnen. Hat man das konstant siedende Gemisch bei 760 mm Druck überdestilliert, so verdünnt man also 18,019 g auf 1 l und erhält dadurch genau 0,1 normale Salzsäure. Das Destillat ist in gut schließenden Flaschen aufzubewahren.

W. D. BONNER[1] und B. F. BRANTING haben die Zusammensetzung des konstant siedenden Salzsäure-Wassergemisches bei atmosphärischen Drucken zwischen 620 und 660 mm Hg bestimmt; sie wechselt dann zwischen 20,560% (Luftgewicht 177,194) und 20,438% (Luftgewicht 178,244).

---

[1] BONNER, W. D. und B. F. BRANTING: Journ. Americ. chem. Bd. 48, S. 3093. 1926. Vgl. auch J. A. SHAW: The stability of Constant Boiling Hydrochloric Acid. Industrial and Engineering Chemistry Bd. 18, S. 1065. 1926.

Vorratlauge: Im allgemeinen arbeitet man mit eingestellter Natronlauge, aber gelegentlich wird auch Kalilauge oder Barytlösung benutzt. Soll die Lösung vollkommen carbonatfrei sein, so wählt man Bariumhydroxyd, das mit Bariumchlorid oder -nitrat versetzt ist. (Die neutralen Bariumsalze haben den Zweck, die Löslichkeit des Bariumcarbonats zu vermindern.) Für den allgemeinen Gebrauch sind die Barytlösungen freilich weniger zu empfehlen; sie müssen sehr sorgfältig aufbewahrt werden, weil sonst durch Carbonatbildung ihr Titer zurückgeht. Das gleiche gilt für Natronlauge oder Kalilauge, welche leicht Kohlensäure aus der Luft anziehen, besonders dann, wenn die alkalische Lösung eine andere Temperatur hat als die umgebende Luft. Beim Abkühlen stark alkalischer Flüssigkeiten wird ganz begierig Kohlensäure aufgenommen[1].

Überhaupt müssen die Gebrauchsbüretten für alkalische Lösungen gleich an die Vorratsflaschen angeschlossen sein, damit die nachgefüllte Lösung gegen die Luftkohlensäure durch Natronkalkaufsatz geschützt bleibt. Vgl. die praktischen Hinweise im ersten Kapitel, S. 208[2].

Weil sich praktisch carbonatfreie Natronlauge- oder Kalilaugelösungen verhältnismäßig leicht herstellen lassen, kann man im allgemeinen auf Barytlösungen ganz verzichten. Das käufliche Ätznatron „mit Alkohol gereinigt" enthält nur wenig Carbonat. Durch schnelles Abwägen (eventuell Abspülen der äußeren Krusten) kann man daraus Lösungen herstellen, welche etwa 1—2% Carbonat (gegenüber dem Laugenanteil) enthalten. Für genaue Analysen ist dieser Carbonatgehalt noch zu groß, und man zieht eine der folgenden Methoden vor:

1. Man geht von der sogenannten Öllauge von SÖRENSEN[3]

---

[1] Vergl. hierzu die Nachträge am Schluß des Buches.

[2] Stark alkalische Lösungen darf man nicht in Flaschen mit eingeschliffenem Glasstöpsel aufbewahren, da ein solcher bekanntlich bald im Hals festbäckt, wogegen aber Einfetten mit Vaseline oder Paraffin hilft.

Korkstopfen sind unbrauchbar, weil sie bald mürbe werden und Bruchstücke dann in die Lauge fallen.

Metallene Stopfen aus Phosphorbronze oder Reinnickel oder versilberte Stopfen aus Phosphorbronze, wie sie von MICHEL, Chemiker-Zeit. Bd. 37, S. 634. 1913, vorgeschlagen wurden, haben sich sehr gut bewährt.

[3] SÖRENSEN, S. P. J.: Biochem. Zeitschr. Bd. 21, S. 186, 1919. Eine ähnliche Vorschrift gibt COWLES: Journ. of the Americ. Chem. Soc. Bd. 30, S. 1192. 1908. Ich weiß nicht, ob SÖRENSENS Vorschrift noch älter ist.

aus. In einer mit Gummipfropfen verschließbaren Flasche (oder Standzylinder) löst man reines Natriumhydroxyd in der gleichen Gewichtsmenge Wasser (oder 4 Teile NaOH in 5 Teilen Wasser) unter lebhaftem Schütteln bis zur völligen Lösung. Das in dieser konzentrierten Lauge unlösliche Natriumcarbonat braucht lange Zeit, um sich zu Boden zu setzen. F. PREGL[1] empfiehlt, die heiß gewordene Flasche in einen großen Topf mit heißem Wasser zu stellen, sie dort einige Stunden nahe dem Siedepunkt des Wassers zu halten, sodann langsam, etwa über Nacht, darin erkalten zu lassen. Nach dem Abkühlen und Absitzen bestimmt man ein für allemal die Stärke dieser carbonatfreien Öllauge. In der Regel wird man etwa 80—85 g auf 1 l verdünnen müssen, um eine Normallauge zu erhalten. Von Nachteil ist, daß auch nach PREGLS Arbeitsweise die vollkommene Klärung der Lauge lange auf sich warten läßt. Ich habe wenigstens mit PREGLS Modifikation keine besseren Erfahrungen als nach SÖRENSENS Vorschrift gemacht.

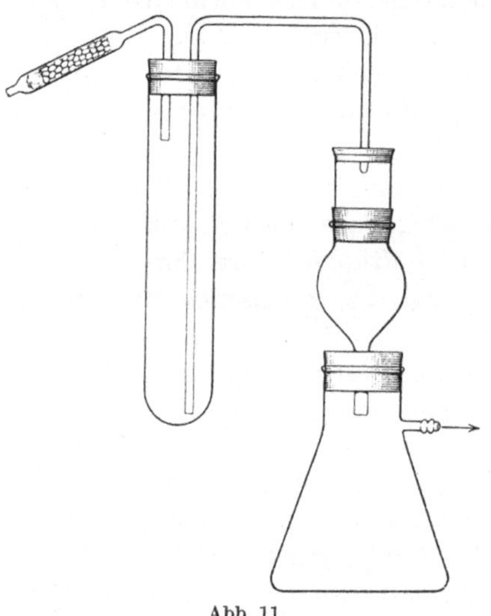

Abb. 11.

Sehr schnell erhält man eine klare Lösung, indem man die nach SÖRENSENS Vorschrift hergestellte Flüssigkeit unter Kohlensäureausschluß über einem Jenaer Glasfiltertiegel abfiltriert. Vgl. Abb. 11.

Auf carbonatfreie Kalilauge kann diese Methode nicht angewandt werden, weil Kaliumcarbonat darin noch wesentlich löslich ist.

Man bedient sich dann der folgenden einfachen Vorschrift[2], die auch wiederum zur Bereitung carbonatfreier Natronlauge sehr zu empfehlen ist:

2. Kalkmethode nach KOLTHOFF[2]: Man setzt aus gewöhn-

---

[1] PREGL, F.: Zeitschr. f. analyt. Chem. Bd. 67, S. 23. 1925/26.
[2] KOLTHOFF, J. M.: Zeitschr. f. analyt. Chem. Bd. 61, S. 48. 1922.

lichem Handelsnatron oder -kali eine etwa 1,1 normale Lösung
an. Zu 1 l fügt man 50—80 ccm Kalkmilch hinzu und schüttelt
eine Stunde lang energisch um. Sodann läßt man absitzen und
hebert die klare Flüssigkeit nach einigen Tagen ab. Durch auf-
gesetzte Natronkalkrohre schützt man die Lauge gegen Luftkohlensäure. Nachdem man die Stärke der Lösung bestimmt
hat, kann man durch zweckmäßige Verdünnung mit Wasser eine
0,1-n-Lösung herstellen. Letztere enthält höchstens 1—2 mg
Calcium im Liter.

Erläuterung: Calciumhydroxyd ist zwar beträchtlich in
Wasser löslich (etwa 0,0234 molar bei 18°), jedoch wird die Löslichkeit durch Gegenwart der hohen OH'-Konzentration der
starken Lauge ganz wesentlich herabgesetzt. Wenn eine Lösung
mit den beiden Bodenkörpern Calciumhydroxyd und Calciumcarbonat im Gleichgewicht ist, so gilt:

$$[\text{Ca}^{\cdot\cdot}] = \frac{L_{\text{Ca(OH)}_2}}{[\text{OH}']^2} = \frac{L_{\text{CaCO}_3}}{[\text{CO}_3'']}$$

oder

$$[\text{CO}_3''] = \frac{L_{\text{CaCO}_3}}{L_{\text{Ca(OH)}_2}} [\text{OH}']^2 = 3 \cdot 10^{-4} [\text{OH}']^2.$$

Arbeiten wir nun in einer Lösung von einer Hydroxylionenkonzentration gleich 1,0-m so ist unter den beschriebenen Verhältnissen (CO_3'') gleich $3 \cdot 10^{-4}$-molar, d. h. die Lösung enthält
18 mg Carbonation im Liter, was wohl praktisch vernachlässigt
werden darf.

Qualitativ läßt sich eine Lauge leicht auf die Anwesenheit
von Carbonat prüfen. Man füllt ein Reagensglas zu einem
Fünftel mit 0,5-n-Bariumnitrat (oder -chlorid), gibt dazu bis oben
die Lauge, verschließt schnell und schüttelt. Nach 10 Minuten
Stehen darf keine Trübung durch Bariumcarbonat auftreten.
Durch Titration mit Salzsäure auf Dimethylgelb und Phenol-
phthalein läßt sich der Carbonatgehalt leicht bestimmen (vgl.
S. 114 und S. 134).

Das Verdünnungswasser: Die meisten Bücher schreiben
zur Herstellung von 0,1-n-Lauge ausgekochtes, destilliertes Wasser
vor. Prinzipiell ist dies auch richtig; doch ist der Kohlensäuregehalt des destillierten Wassers, das in Gleichgewicht mit der
Luftkohlensäure steht, so gering, daß er für diesen
Zweck außer acht bleiben darf. Nach eigenen Bestim-

mungen[1] ist er nur $1,5 \cdot 10^{-5}$ molar. Wenn wir mit diesem Wasser aus 0,1-n-Natron eine 0,01-n-Lösung bereiten, werden nur 0,3% in Carbonat übergeführt. Immerhin enthält das gewöhnliche destillierte Wasser gewöhnlich einen großen Überschuß Kohlensäure (oft wohl $2,5 \cdot 10^{-4}$ molar), welcher durch Lüften nur sehr langsam verschwindet. Läßt man das Wasser gegen Staub geschützt länger als eine Woche offen an der Luft stehen, so ist praktisch wohl das Gleichgewicht mit der Luft erreicht. Schneller kommt man zum Ziel, indem man 10 Stunden lang durch Säure und Wasser gewaschene Luft durchsaugt. Jedenfalls sollen 500 ccm Wasser, mit 5 Tropfen 1 proz. Phenolphthalein versetzt, nicht mehr als 0,1 ccm 0,1-n-Lauge zur Rotfärbung verbrauchen. Das p_H des Wassers (auf Methylrotnatrium bestimmt; vgl. KOLTHOFF l. c.) muß größer als 5,7 sein.

3. Verschiedene Autoren[2] lösen Natrium- bzw. Kaliumhydroxyd zuerst in Alkohol, in dem die entsprechenden Carbonate unlöslich sind, und verdünnen die klare Lösung mit Wasser. Diese Methode hat keine Vorteile gegenüber den unter 1 und 2 besprochenen.

4. Für physiko-chemische Zwecke (u. a. Leitfähigkeitsbestimmungen) muß man carbonatfreie Laugen haben, welche keine Verunreinigungen wie Chlorid und Sulfat enthalten. Die meisten Handelslaugen sind nicht ganz rein, und daher geht man hier besser vom metallischen Natrium oder Kalium aus.

Geeignete Vorschriften haben F. W. KÜSTER[3] und auch BOUSFIELD und LOWRY[3] gegeben. (Vorsicht, Explosionen!) Auch kann man elektrolytisch auf Grund der Quecksilber-Alkalichlorid-elektrolyse konzentrierte, reine carbonatfreie Lauge herstellen (vgl. JORRISSEN und IZU[4]). Am bequemsten bleibt es aber, die bekannten purissimum-KOH- oder -NaOH-Präparate (letzteres aus Na-Metall — „e natrio" — hergestellt) zu benutzen, die

---

[1] KOLTHOFF, J. M.: Biochem. Zeitschr. Bd. 176, S. 101. 1926.

[2] Vgl. u. a. CL. WINKLER: Prakt. Übungen der Maßanalyse.

[3] KÜSTER, F. W.: Zeitschr. f. anorg. Chem. Bd. 13, S. 134. 1897; Bd. 41, S. 474. 1904; HARPF und FLEISSNER: Zeitschr. f. Chem. App.-Kunde Bd. 1, S. 534. 1906; KÜSTER: Bd. 1, S. 535. 1906; BOUSFIELD und LOWRY: Phil. Transact. Bd. 204, S. 253. 1905.

[4] JORRISSEN und IZU: Zeitschr. f. angew. Chem. Bd. 23, S. 726. 1910; vgl. auch W. M. CLARK: The determination of hydrogen ions. Baltimore 1923.

garantiert chlorid- und sulfatfrei sind und nach erwähnter Weise noch von Carbonat befreit werden können.

Kohlensäurefreie alkoholische Natron- oder Kalilösungen, wie sie z. B. bei der Bestimmung von Verseifungszahlen verwendet werden, sind leicht zu gewinnen, da sich die Alkalicarbonate in Alkohol nicht lösen. Ein Übelstand ist aber, daß derartige alkoholische Laugen sich beim Aufbewahren gelb bis dunkelbraun färben und außerdem im Titer zurückgehen; zu gleicher Zeit bilden sich Salze organischer Säuren. M. KITT[1] hat nachgewiesen, daß die Ursache der Gelbfärbung der im Alkohol vorhandene Aldehyd ist, und daher muß möglichst der Alkohol gereinigt werden.

Nach Vorschrift des Amerikanischen Arzneibuches habe ich alkoholische Laugelösungen hergestellt, welche sich mehr als 7 Jahre vollkommen farblos gehalten haben. Man löst 2 g Silbernitrat in 5 ccm destillierten Wassers, fügt diese Lösung zu 1200 ccm Alkohol in einer Glasstopfenflasche und mischt sorgsam durch. Darauf löst man 5 g Kaliumhydroxyd in 25 ccm warmen Alkohol, kühlt ab und gießt die Lösung zur alkoholischen Silbernitratlösung. Man läßt das Silberoxyd sich absetzen, filtriert und destilliert. Zur Bereitung halbnormaler Kalilauge löst man etwa 35 g Kaliumhydroxyd in 20 ccm destilliertem Wasser und füllt mit dem gereinigten Alkohol das Volumen auf 1000 ccm auf. Die Lösung bleibt einen Tag verschlossen stehen, dann dekantiert man sie sehr schnell in eine mit Gummistopfen zu verschließende braune Flasche ab.

§ 5. Die Einstellung der Säuren mit verschiedenen Ursubstanzen. Natriumoxalat: $Na_2C_2O_4$. Äquivalentgewicht 66,98. Das Natriumoxalat wird besonders von S. P. L. SÖRENSEN[2] als ideale Ursubstanz empfohlen; sowohl zur Acidimetrie wie für die Einstellung von Permanganat. Das Salz läßt sich leicht krystallwasserfrei erhalten; es ist nicht hygroskopisch.

Man löst nach SÖRENSEN das Handelsprodukt in der nötigen Menge Wasser (bei 15° ist die Löslichkeit etwa 1 : 32), macht die Lösung schwach alkalisch und läßt sie bis zur vollständigen

---

[1] KITT, M.: Pharmazeut. Zeitg. Bd. 51, S. 391.

[2] SÖRENSEN, S. P. L.: Zeitschr. f. analyt. Chem. Bd. 36, S. 639. 1897; Bd. 42, S. 333, 512. 1903; SÖRENSEN und A. C. ANDERSEN: Zeitschr. f. analyt. Chem. Bd. 44, S. 156. 1905; Bd. 45, S. 217. 1906.

Klärung stehen. Dabei werden Verunreinigungen (besonders Calciumoxalat) niedergeschlagen. Man filtriert ab und dampft das Filtrat bis auf $^1/_{10}$ seines Volumens ein, wobei sich das Natriumoxalat krystallinisch ausscheidet; Verunreinigungen wie Kaliumoxalat bleiben in Lösung. Das Natriumoxalat wird abgesaugt, pulverisiert und mehrmals mit Wasser ausgewaschen. Die beschriebene Manipulation wird wiederholt, bis die Mutterlauge klar und frei von Schwefelsäure ist und auf Phenolphthalein praktisch neutral reagiert.

Beim Erhitzen zur Überführung in Natriumcarbonat zerspringen die Kristalle leicht, und daher benutzt man besser eine voluminösere Form, welche man durch Ausfällen einer warmen, gesättigten Lösung (etwa 1 : 16) mit Alkohol erhält. Das Salz wird filtriert und bei 240⁰ getrocknet. Von KAHLBAUM, MERCK, POULENC FRÈRES (Paris) werden Präparate nach SÖRENSENS Angaben hergestellt und in den Handel gebracht. Nach SCHOORL ist die Fällung mit Alkohol überflüssig, wenn man das Salz nur bei 240⁰ trocknet, bevor es in Carbonat umgesetzt wird.

Prüfung auf Reinheit und Wassergehalt: Das Natriumoxalat schließt gewöhnlich Wasser ein, das selbst nach dem Erhitzen auf 125—150⁰ nicht völlig zu entfernen ist. Nach SÖRENSENS Versuchen wird es aber ganz wasserfrei nach mehrstündigem Erhitzen auf 240—250⁰, wobei noch keine selbst spurenweise Zersetzung des Salzes eintritt. Wird das Produkt dann an der Luft aufbewahrt, so ist die Oberflächenkondensation sehr gering und zu vernachlässigen ($< 1 : 10000$). Diese Spur Wasser läßt sich übrigens durch Trocknen bei 100⁰ entfernen. An der Luft zieht es nach SCHOORL aber sehr rasch wieder 0,01 % Wasser an.

Probe auf hygroskopische Feuchtigkeit nach SÖRENSEN[1]: 10 g Natriumoxalat, in einem Filterwägegläschen gewogen, dürfen durch Trocknen im Dampftrockenschrank in 24 Stunden nicht mehr als 1 mg (1 : 10000) verlieren.

Probe auf Decrepitationswasser: 5 g werden in ein schmales, reines, ausgeglühtes und wieder abgekühltes Reagensglas gebracht und danach in einem gewöhnlichen Dampftrockenschrank bei 90—100⁰ ein paar Stunden stehengelassen, wonach das warme Glas mit einem Korkstopfen, in dem sich ein kleines

---

[1] SÖRENSEN: Zeitschr. f. analyt. Chem. Bd. 42, S. 513. 1903.

Chlorcalciumrohr befindet, geschlossen und vollständig gekühlt wird. Nach anschließendem vorsichtigem Erwärmen über direkter Flamme darf sich im oberen Teil des Reagensglases keine Spur von Feuchtigkeit niederschlagen (1 : 10000).

Probe auf anorganische Verunreinigungen: 10 g Salz werden in einem Platintiegel auf einem Asbestringe über einer Flamme zersetzt, das gebildete Carbonat in 50 ccm 4-n-chlorfreier Salzsäure gelöst und die Lösung von der Kohle abfiltriert. In der einen Hälfte des Filtrats darf durch Silbernitrat keine Trübung (richtiger: keine stärkere Trübung als eine Lösung mit 10 mg Chlor im Liter) und in der anderen Hälfte mit Bariumnitrat keine Schwefelsäure nachgewiesen werden. In einer anderen vollkommen weißgeglühten Probe von 10 g wird nach Überführung des Carbonats in Chlorid auf unlösliche Substanzen Eisen (mit Rhodanid oder Sulfid) und Kalium (Natriumkobaltnitrat) geprüft.

Prüfung auf Kalium: 0,5 g Natriumoxalat werden durch schwaches Glühen in Carbonat übergeführt, in 5 ccm Wasser gelöst und filtriert. Das Filtrat wird mit 5 ccm 4-n-Essigsäure und 1 ccm De Konincks Reagens (vgl. S. 88) und 10 ccm 96proz. Alkohol versetzt. Nach 5 Minuten soll keine Trübung von Kaliumnatriumkobaltnitrit wahrzunehmen sein (0,4 $K_2C_2O_4$ auf 1000 $Na_2C_2O_4$).

Kaliumoxalat ist eine aktive Verunreinigung; 0,1% $K_2C_2O_4$ im Natriumoxalat erniedrigt den Wirkungswert um 0,02%.

Probe auf organische Verunreinigungen: In einem reinen, gut ausgeglühten Reagensglas wird 1 g Natriumoxalat mit 10 ccm reiner, staubfreier, konzentrierter Schwefelsäure erst schwach, solange noch Gasentwicklung stattfindet, dann stärker bis zum beginnenden Kochen der Schwefelsäure erwärmt. Nach dem Abkühlen wird die Farbe der Schwefelsäure mit der Farbe anderer 10 ccm Schwefelsäure, die auf dieselbe Weise, nur ohne Natriumoxalat behandelt worden sind, verglichen. Das Natriumoxalat darf auf diese Weise der Schwefelsäure nur einen äußerst schwachen bräunlichen Farbton geben.

Prüfung auf alkalische oder saure Verunreinigungen (Natriumcarbonat bzw. Natriumbicarbonat und Natriumbioxalat):

Eine reine Natriumoxalatlösung reagiert durch Hydrolyse schwach alkalisch. Nehmen wir die 2. Dissoziationskonstante K_2 der Oxalsäure zu

$4,5 \cdot 10^{-5}$, dann ist in einer 0,1-molaren Oxalatlösung unter Berücksichtigung eines Aktivitätskoeffizienten von 0,7 theoretisch:

$$[H\cdot]\ \text{bei}\ 18^0 = 2,0 \cdot 10^{-9} \qquad p_H = 8,7$$
$$25^0 = 2,7 \cdot 10^{-9} \qquad p_H = 8,57.$$

Will man das p_H einer reinen Natriumoxalatlösung bestimmen, so darf die Lösung keine Spur Kohlensäure enthalten oder aus der Luft aufnehmen können.

Sörensen gibt eine langwierige Probe für die Untersuchung auf Natriumcarbonat bzw. Natriumbioxalat an. W. Blum[1] weist darauf hin, daß Sörensens Vorschrift unzulänglich ist, weil er die eventuelle Anwesenheit von Natriumbicarbonat nicht berücksichtigt. Nach Blums Versuchen wird vorhandenes Natriumbicarbonat im Natriumoxalat beim Erhitzen auf 240° unvollständig zersetzt. Blum schreibt daher einen anderen Weg vor, wobei die Lösung in Quarz- oder Durexglas zu kochen ist. Jenaer Glas eignet sich hierzu nicht, weil das Oxalat darin beim Kochen zersetzt, die Flüssigkeit gleichzeitig stark alkalisch wird.

Ich kann diese Feststellungen nicht bestätigen. Nach meiner Erfahrung darf man eine konzentrierte reine Natriumoxalatlösung wohl zwei Minuten in Jenaer Glas kochen, ohne daß eine Zersetzung durch eine Änderung der Reaktion wahrnehmbar wird.

Blums besondere Vorschrift ist die folgende: 200 ccm Wasser mit 0,2 ccm 1proz. Phenolphthalein werden in Quarz- oder Durexglas auf 150 ccm in einem Strom reiner, kohlensäurefreier Luft eingedampft, dann fügt man 4 g Natriumoxalat hinzu. Das Kochen wird noch 10 Minuten fortgesetzt, wonach man unter fortwährendem Durchleiten des kohlensäurefreien Luftstromes bis zu Zimmertemperatur abkühlt. Jeder Kubikzentimeter 0,01-n-Säure oder -Lauge, der zur Titration auf ein p_T von 8,6 erforderlich ist, weist auf 0,04 % Natriumbicarbonat bzw. 0,03 % Natriumbioxalat hin.

Viel einfacher gestaltet sich die Prüfung nach meiner Erfahrung in folgender Weise: 60 ccm Wasser mit 2 Tropfen 1proz. Phenolphthalein werden 2 Minuten in einem Jenaerglaskolben ausgekocht, dann fügt man 2 g Natriumoxalat hinzu, kocht noch eine Minute weiter, setzt dann ein Natronkalkrohr auf den Kolben und kühlt bis zur Zimmertemperatur ab. Wenn nun die Lösung gefärbt ist, titriert man mit 0,01-n-Salzsäure auf farblos; ist sie sauer, so titriert man mit 0,01-n-Lauge auf Rosa.

Die Lösung darf nicht mehr als 0,5 ccm 0,01-n-Säure auf Farblos verbrauchen bzw. nicht mehr als 0,4 ccm 0,01-n-Lauge aufnehmen (1 : 4000 Bioxalat).

---

[1] Blum, W.: Journ. Americ. chem. soc. Bd. 34, 123. 1912.

Ganz reines Natriumoxalat liefert in der beschriebenen Weise eine Lösung, die eben schwach alkalisch auf Phenolphthalein reagiert und 0,3 ccm 0,01-n-Säure zur Entfärbung erfordert. Ein Präparat von KAHLBAUM (nach SÖRENSEN), das wahrscheinlich nicht auf 240⁰ erhitzt worden war, nahm 0,15 ccm 0,01-n-Salzsäure auf und enthielt daher weniger als 1:10 000 Bioxalat.

Wenn das Natriumoxalat mit Bicarbonat verunreinigt ist, so wird das letztere unter der erwähnten Arbeitsweise nicht vollständig zersetzt. Zur Bestimmung des Bicarbonatgehaltes kocht man die Lösung, wenn sie mehr als 0,5 ccm 0,01-n-Säure zur Entfärbung verbrauchte, wieder 1 Minute und titriert nach dem Abkühlen (Natronkalkrohr) weiter.

Man wiederholt dies Verfahren so oft, bis die rote Farbe schließlich nach dem Aufkochen und Abkühlen nicht mehr wiederkehrt. (1 ccm 0,01-n-Säure entspricht dann 0,84 mg Natriumbicarbonat.) Auf diese Weise stellte ich fest, daß ein Präparat vom „Bureau of Standards" (standard sample) 0,13 % Natriumbicarbonat enthielt; es war daher als Ursubstanz besonders für die Einstellung von Permanganat zu verwerfen. Praktisch genügt es wohl immer, die Kochprobe nur einmal auszuführen. Wenn mehr als 0,5 ccm 0,01-n-Säure gebunden werden, ist das Präparat unbrauchbar. Gute Zubereitungen enthalten nie Bicarbonat, sondern höchstens eine ganz geringfügige Spur Bioxalat.

Zu beachten bleibt, daß Natriumbicarbonat bzw. Carbonat und Natriumbioxalat zu den aktiven Verunreinigungen gehören.

Die Anwesenheit von 1 Promille Na_2CO_3 erhöht den Wirkungswert nur um 0,02 %; 1 Promille $NaHCO_3$ erniedrigt ihn um 0,025 %, und 1 Promille Natriumbioxalat vermindert ihn um 0,067 %.

Überführung des Natriumoxalats in Natriumcarbonat: Nach SÖRENSEN erhitzt man die genau abgewogene Menge Substanz im Platintiegel mit aufgelegtem Deckel vorsichtig $^1/_4$ bis $^1/_2$ Stunde über einer kleinen Leuchtgasflamme oder einer Spirituslampe. Nach G. LUNGE[1] kann man ruhig Leuchtgas verwenden, wenn man nur den Tiegel in eine schräg gestellte Asbestplatte setzt, damit die SO_2 haltigen Verbrennungsgase nicht mit dem Tiegelinhalt in Berührung kommen. Man erhitzt zuerst im bedeckten Zustande eine Viertelstunde über einer sehr kleinen Flamme und dann stärker bei halb aufgesetztem Deckel, um die Kohle zu verbrennen, bis zum beginnenden Schmelzen des Natriumcarbonats. Dabei wird ein Teil des Natriumcarbonats zersetzt (Natriumoxydbildung), was aber für die acidimetrische Titration keinerlei Schaden bedeutet. Nur darf man nicht zu hoch erhitzen, andernfalls Natriumoxyd sich verflüchtigen könnte.

---

[1] LUNGE, G.: Zeitschr. f. angew. Chem. Bd. 17, S. 230. 1904; Bd. 18, S. 1520. 1905.

Ausführung der Titerstellung nach SÖRENSEN: Man
mißt etwas mehr Säure, als der abgewogenen Oxalatmenge entspricht, aus der Bürette in ein hohes Becherglas ab. Nach dem
Abkühlen wird der Platintiegel mit wenig Wasser beschickt und
mit Inhalt aufrecht stehend und ebenso der Deckel in die Säure
im Becherglas eingebracht. Nachdem der Tiegelinhalt vollständig
durchfeuchtet worden ist, so daß ein Wegstäuben durch plötz-
liche Entwicklung von Kohlensäure nicht zu befürchten ist,
wird das Becherglas mit einem passenden Uhrglas bedeckt und danach so bewegt, daß die Säure in den Platintiegel eindringen
kann. Sobald alles Natriumcarbonat gelöst und der größte Teil
der entwickelten Kohlensäure durch Erwärmen auf dem Wasserbade ausgetrieben worden ist, wird die ganze Flüssigkeitsmenge
in einen Erlenmeyer-Kolben gegossen und Tiegel, Deckel, Becherglas und Uhrglas gut mit Wasser nachgespült. Nach Zusatz
einiger Tropfen Phenolphthalein, vollständigem Wegkochen der
Kohlensäure und nachfolgender Kühlung in kaltem Wasser wird
der Säureüberschuß durch eingestellte Natriumhydroxydlösung
zurücktitriert. Ein Vorteil dieses Verfahrens ist der, daß der
Titrierfehler praktisch verschwindet. Andererseits ist die Rücktitration mit Natronlauge (4 Ablesungen!) von Nachteil; außerdem ist die Methode umständlich.

In einigen polemischen Veröffentlichungen hat G. LUNGE[1] (l.c.)
sehr warm eine direkte Titration des Carbonats mit Säure auf Methylorange als Indicator empfohlen. Hier hat man dem Titrierfehler
Rechnung zu tragen (vgl. S. 151). Hinzu kommt noch die Schwierigkeit, daß eine reine, gesättigte Kohlensäurelösung, welche über
dies noch Natriumchlorid enthält, wie sie beim Äquivalenzpunkt
vorliegt, die Farbe des Methylorange schon merkbar nach der
sauren Seite hin verändert. Titriert man daher bis zur erst wahrnehmbaren Abweichung von der Wasserfärbung des Indicators,
so wird zu wenig Säure verwandt. Schon F. W. KÜSTER[2] hat
dies beobachtet und deshalb vorgeschlagen, bis zur „Normalfarbe"
zu titrieren, d. h. so lange Säure hinzuzusetzen, bis die Farbe
mit der einer Lösung übereinstimmt, die gleichviel Indicator und
Natriumchlorid enthält wie die zu titrierende Flüssigkeit beim

---

[1] Vgl. besonders G. LUNGE: Zeitschr. f. angew. Chem. Bd. 18, S. 1520.
1905.

[2] KÜSTER, F. W.: Zeitschr. f. anorg. allgem. Chem. Bd. 13, S. 137. 1896.

Äquivalenzpunkt und mit Kohlensäure gesättigt ist. Auf diese Weise kann man praktisch wohl richtige Ergebnisse erhalten, streng genau können diese aber nicht sein. Bei der Titration entsteht doch zuerst eine übersättigte Kohlensäurelösung, rührt oder schüttelt man beim Äquivalenzpunkt sehr stark, so wird die Lösung untersättigt; es ist daher schwer, genau die gleichen Verhältnisse wie in der Vergleichslösung einzuhalten.

Ich bevorzuge deshalb folgende Arbeitsweise: Man titriert auf Dimethylgelb (oder Methylorange) so lange, bis die Farbe von der Wasserfarbe abzuweichen beginnt; der Äquivalenzpunkt ist dann noch nicht erreicht. Nun kocht man die Lösung 2 Minuten oder erwärmt sie eine Viertelstunde auf dem Wasserbade, wobei man sie dann und wann schüttelt. Die Lösung enthält dann noch sehr wenig Kohlensäure. Nach dem Abkühlen titriert man, bis sich die Farbe der Lösung eben von der Wasserfarbe unterscheidet.

Aus dem Verbrauch berechnet man den Gebrauchstiter der Säure auf Dimethylgelb. Will man eine Korrektur für den Titrierfehler anbringen, so kann dieser durch einen besonderen Versuch experimentell bestimmt werden. Man fügt zum gleichen Volumen destillierten Wassers, wie es die titrierte Lösung beim Umschlagspunkte einnimmt, dieselbe Menge Indicator und Natriumchlorid (d. h. nur ungefähr) und fügt so viel Säure hinzu, bis ihre Farbe derselben der titrierten Lösung gleich ist. Die Korrektur beträgt bei Zimmertemperatur etwa 0,1 ccm 0,1-n-Säure auf 100 ccm. Auch kann man nach dem Umschlag auf Methylorange alle Kohlensäure auskochen (5 Minuten sieden, oder eine halbe Stunde auf dem kochenden Wasserbad erwärmen) und nach dem Abkühlen gegen Phenolphthalein mit Lauge bis auf Orange titrieren. Die Differenz zwischen Dimethylgelb und Phenolphthaleinverbrauchszahl beträgt nicht mehr als 0,15 ccm 0,1-n-Säure auf 100 ccm Flüssigkeit.

Besonders scharf — und ohne Titrierfehler — ist die Einstellung der Säuren auf Rosolsäure oder Phenolrot in der Hitze, wobei man keinerlei Vergleichslösung benötigt, keine Maßlösung im Überschuß verwendet und daher auch nicht zurückzutitrieren braucht.

Man löst das aus Oxalat erglühte Natriumcarbonat vorsichtig in wenig Wasser in einer Quarz- oder Platinschale oder einem

Jenaerglaskolben, gibt 2 Tropfen Rosolsäure oder Phenolrot hinzu und darauf etwas weniger als die erforderliche Menge Säure. Nunmehr kocht man zum Austreiben der Kohlensäure die Lösung, bis die rote Färbung (Alkalifarbe) wiederkehrt und titriert vorsichtig die siedende Lösung mit kleinen Portionen Säure (Schutz gegen die Flamme durch Einsetzen der Schale in eine Asbestplatte mit rundem Ausschnitt). Das Rot verschwindet jedesmal, um nach wenigen Minuten wieder aufzutreten. Sobald diese Färbung nach Zugabe eines Tropfenbruchteils, den man mit Quarz- oder Platinspatel dem Bürettenausfluß entnimmt, und nach 3 Minuten Kochen nicht wiederkommt, ist die Titration beendet.

Andere Ursubstanzen.

Natriumchlorid. Äquivalentgewicht 58,44: Für die Einstellung von Silbernitrat (vgl. S. 210) ist Natriumchlorid eine sehr geeignete Ursubstanz. Nach N. A. Tananaeff[1] läßt es sich auch zur Einstellung von Säuren benutzen. Man behandelt die abgewogene Menge Natriumchlorid in einem Platintiegel mit einem Überschuß normaler Oxalsäurelösung, dampft bis zur Trockne ein und glüht bis zur vollständigen Zersetzung des Oxalates (vgl. übrigens bei Natriumoxalat). Weil die Salzsäure flüchtiger ist als Oxalsäure, wird jene von dieser vollständig verdrängt. Nach Versuchen von L. N. Murawleff[2] ist die Umsetzung des Natriumchlorids in Oxalat unvollständig, so daß eine Einstellung nach Tananaeff fehlerhaft und damit unbrauchbar wird.

Natriumcarbonat: Äquivalentgewicht 52,98. Herstellung: Das Natriumcarbonat läßt sich mit größter Leichtigkeit rein und wasserfrei darstellen und ist besonders von G. Lunge auch im Hinblick auf seinen niedrigen Preis sehr warm empfohlen worden.

In den Handel wird chemisch reine Soda gebracht, die man natürlich auf Reinheit zu prüfen hat (vgl. unten) und die durch Erhitzen auf 270—300⁰ (vgl. S. 43) vollkommen entwässert werden muß.

Man kann auch von unreiner Soda ausgehen, die gesättigte Lösung filtrieren und mit Kohlensäure sättigen. Das ausgefällte Natriumbicarbonat wird gewaschen und auf Chlor- und Sulfatgehalt geprüft. Reines Natriumbicarbonat (gewöhnlich nur mit

---

[1] Tananaeff, N. A.: Zeitschr. f. anorg. allgem. Chem. Bd. 154, S. 186. 1926.

[2] Murawleff, L. N.: Zeitschr. f. anorg. allgem. Chem. Bd. 165, S. 137. 1927.

wenig Soda verunreinigt) ist leicht im Handel zu beziehen. Über
die Überführung in Natriumcarbonat vgl. weiter unten.

Zur Herstellung eines Reinproduktes werden nach REINITZERS[1]
Angaben 250 ccm Wasser in einem Becherglas aus Jenenser Glas
auf 80⁰ erwärmt und unter Umrühren gepulvertes Bicarbonat
eingetragen, bis von diesem nichts mehr gelöst wird. Beim Lösen
entwickelt sich Kohlensäure. Man filtriert durch ein Faltenfilter,
am besten im Warmwassertrichter, in einen Kolben und kühlt
auf 10—15⁰ ab. Dabei scheidet sich eine reichliche Menge eines
grobkrystallinischen Salzes ab, das ein Gemenge von Bicarbonat
und Trona ist ($Na_2CO_3 \cdot NaHCO_3 \cdot 2H_2O$). Man gießt die Mutterlauge ab, saugt ab und wäscht mit destilliertem Wasser.

Überführen von Natriumbicarbonat in Carbonat
bzw. Entwässern von Soda: Durch Erhitzen auf 270—300⁰
läßt sich Bicarbonat nach LUNGE[2] quantitativ in Carbonat ver-
wandeln; gleichzeitig wird das Präparat wasserfrei. LUNGES eingehende Untersuchungen haben ergeben, daß sich bei der angegebenen Temperatur noch kein Natriumoxyd aus dem Carbonat
bildet, wie vorher oft behauptet wurde[3].

Man bringt etwa 10 g Natriumbicarbonat in einen Porzellan-
oder besser Platintiegel und drückt sie mit einem Löffel gegen
die Wandung des Tiegels in gleichmäßig dicker Schicht fest. Dann
erhitzt man im Sand- oder Luftbade (der Block von STOCK-
STÄHLER ist sehr geeignet) oder im elektrischen Ofen eine halbe
bis eine Stunde auf eine Temperatur zwischen 270—300⁰. Mit
Hilfe eines kurzen Platindrahtes, den man im Tiegel beläßt, rührt
man den Inhalt während des Erhitzens dauernd um (LUNGE).
Besonders wenn man größere Mengen auf einmal herstellen will,
ist solch häufiges intensives Rühren während des Erhitzens unbedingt geboten[4]. Nach dem Erhitzen läßt man im Exsiccator

---

[1] REINITZER: Zeitschr. f. angew. Chem. Bd. 7, 551. 1894.

[2] LUNGE, G.: Zeitschr. f. angew. Chem. Bd. 10, 522. S. 1897; Bd. 17,
S. 231. 1904; Bd. 18, S. 1520. 1905.

[3] HIGGINS: Journ. Soc. Chem. Ind. Bd. 18, S. 958. 1900; SÖRENSEN und
ANDERSEN: Zeitschr. f. analyt. Chem. Bd. 44, S. 156. 1905; SEBELIEN:
Chemiker-Zeit. Bd. 29, S. 638. 1905; NORTH und BLAKEY: Journ. Soc. Chem.
Ind. Bd. 24, S. 396. 1905; K. O. SCHMIDT: Zeitschr. f. analyt. Chem. Bd. 70,
S. 321. 1927.

[4] Vgl. auch KUNZ-KRAUSE und RICHTER: Arch. Pharm. Bd. 255, S. 540.
1926.

erkalten. Größere Mengen der Ursubstanz bewahrt man in einer gut schließenden Glasstopfenbüchse auf. Beim Abwägen der Soda darf diese Büchse immer nur kurz geöffnet werden.

Prüfung auf Reinheit:

1. Auf Chlorid: 0,5 g Natriumcarbonat in 10 ccm 2-n-chlorfreier Salpetersäure gelöst, dürfen mit Silbernitrat keine oder nur eine sehr geringe Opalescenz geben, die nicht stärker ist als bei 5 mg Natriumchlorid in 1 l n-Salpetersäure mit Silbernitrat.

Empfindlichkeit: 1 : 10000 (0,01%) Natriumchlorid im Carbonat.

2. Sulfat: Die Lösung von 0,5 g Natriumcarbonat in 10 ccm 2-n-Essigsäure darf nach Zusatz von Bariumnitrat · auch nach 15 Minuten Stehen keine Trübung oder Abscheidung von Bariumsulfat geben ($1 Na_2SO_4$: 10000 [0,01%]).

3. Kalium: Die Lösung von 0,5 g Natriumcarbonat in 10 ccm 2-n-Essigsäure soll nach Zusatz von 1 ccm Natriumkobaltinitritlösung nach DE KONINCK[1] und 10 ccm Weingeist nach 5 Minuten Stehen keine Trübung zeigen. Empfindlichkeit: 4 Teile K_2CO_3 auf 10000 Teile Na_2CO_3.

Kaliumcarbonat gehört zu den aktiven Verunreinigungen. 0,1% Kaliumcarbonat im Natriumcarbonat erniedrigen den Wirkungswert um 0,023%.

4. Natriumhydroxyd: SÖRENSEN und ANDERSEN[2] geben folgende Vorschrift: In einem konischen Kolben von Jenenser Glas werden 200 ccm mit Phenolphthalein versetzten Wassers unter ständigem Durchleiten von kohlensäurefreier Luft auf ca.. 100 ccm eingedampft. Dem warmen Wasser werden 2 g der vorliegenden Natriumcarbonatprobe und gleich nach Lösen derselben ca. 8 g Bariumchlorid zugesetzt unter weiterem Durchperlen von kohlensäurefreier Luft.

Nach gutem Umschütteln und Abkühlung in Wasser wird die Flüssigkeit, falls sie rot ist, mit 0,1-n-Salzsäure auf Entfärbung titriert.

---

[1] Reagens nach DE KONINCK: a) Man löst 50 g krystallisiertes Kobaltnitrat in 1 l Wasser und säuert mit 40 ccm 4-n-Salpetersäure an. b) Man löst 300 g krystallisiertes Natriumnitrit in 1 l Wasser. Unter Umrühren wird Lösung a zu b gefügt; man läßt 24 Stunden stehen und filtriert vom abgeschiedenen Kaliumnatriumkobaltinitrit ab.

[2] SÖRENSEN, S. P. L. und ANDERSEN: Zeitschr. f. analyt. Chem. Bd. 45, S. 217. 1906.

Viel einfacher gestaltet sich die Probe nach meiner Erfahrung in folgender Weise: In einem Kolben von Jenenser Glas werden 30 ccm Wasser 2 Minuten gekocht; dann fügt man 2 g Natriumcarbonat hinzu und setzt ein Natronkalkrohr auf den Kolben. Sofort nach der Auflösung fügt man zu der warmen Lösung 25 ccm 20proz. Bariumchloridlösung, schüttelt um, kühlt mit Natronkalkrohraufsatz ab und fügt 2 Tropfen 1proz. Phenolphthalein hinzu. Wenn die Lösung gefärbt ist, wird sie mit 0,1-n-Salzsäure auf Farblos titriert. (Man muß die Fällung in der warmen Flüssigkeit vornehmen, weil sonst ein wenig Bariumbicarbonat gefällt wird und auch reines Natriumcarbonat eine auf Phenolphthalein alkalische Flüssigkeit gibt.)

Nach dem Abkühlen darf die eventuell gefärbte Lösung nicht mehr als 0,1 ccm 0,01-n-Säure verbrauchen. In dieser Weise sind mehr als 4 : 10000 (0,04 %) Ätznatron im Carbonat zu erkennen. Natronlauge ist eine aktive Verunreinigung; 0,1 % erhöht den Wirkungswert um 0,032 %.

Bemerkung: Nach K. O. Schmitt[1] ist die Methode der Fällung des Carbonats mit Bariumchlorid zur Erkennung sehr kleiner Mengen von Hydroxyd (von der Größenordnung 0,1 % des Carbonats) nicht geeignet. Meiner Erfahrung nach gibt die oben angeführte Vorschrift jedoch zuverlässige Resultate, obgleich vielleicht beim Fällen des Bariumcarbonats nach M. Le Blanc[2] und Schmitt etwas basisches Salz mitgerissen wird. Auch scheint eine Adsorption des Indicators am Niederschlag stattzufinden.

5. Wasser und Natriumbicarbonat: Ungefähr 10 g werden schnell in einem Platintiegel abgewogen. Dann wird eine Stunde auf 300⁰ erhitzt und wiederum schnell gewogen (Gewichte schon auf der Wage). Der Gewichtsverlust darf nicht mehr als 1 mg betragen.

Man kann auch die qualitative Probe nach Sörensen ausführen, wie sie bei Natriumoxalat beschrieben wurde (vgl. S. 80).

6. Unlösliche Substanzen: Die Lösung von 5 g Soda in 25 ccm Wasser muß ganz klar sein.

Die Einstellung der Säure auf Natriumcarbonat: Die in einem bedeckt gehaltenen Tiegel oder Wägeglas abgewogene Menge Substanz wird in Wasser gelöst und dann mit Säure unter Auskochen der Kohlensäure auf Phenolphthalein oder kalt auf Methylorange titriert (Einzelheiten vgl. beim Natriumoxalat S. 85).

---

[1] Schmitt, K. O.: Zeitschr. f. analyt. Chem. Bd. 70, S. 321. 1927.
[2] Le Blanc, M.: Zeitschr. f. anorg. Chem. Bd. 53, S. 344. 1907.

Um Verspritzen von Flüssigkeit durch die Kohlensäureentwicklung zu vermeiden, fügt man erst in der gewöhnlichen Weise so viel Säure hinzu, bis Phenolphthalein entfärbt ist und dann unter Schräghalten des Kolbens etwas weniger als diese Menge, wobei man nicht umschüttelt und die Säure längs der Wandung fließen läßt, oder man setzt einen Trichter auf den Kolben und spült denselben dann kurz vor dem Endpunkte aus.

Auch für die Sodaeinstellung von Säuren ist die Titration in der Hitze mit Rosolsäure, die oben bei Na-Oxalat (S. 85) beschrieben wurde, sehr genau.

Natriumcarbonat hat die unangenehme Eigenschaft, daß es hygroskopisch ist und schon beim Abwägen Wasser anzieht. Schon J. SEBELIEN[1] wies darauf hin. SÖRENSEN und ANDERSEN konnten dies bestätigen, und auch ich habe dieselbe Erfahrung gemacht[2].

SEBELIEN fand beim Abwägen von 6 g Soda in einem Platintiegel eine Gewichtszunahme von 4 mg, also von 0,07%, obgleich die relative Feuchtigkeit der Luft 24% betrug. Beim Abwägen von 2,65 g Soda in einem Wägegläschen, das während der Wägung geschlossen war, stellte ich eine Gewichtszunahme von 1,1—3 mg fest.

Besonders beim Abwägen kleiner Mengen Soda, etwa bei der Einstellung 0,1 normaler Säure, kann dadurch leicht ein Fehler von 0,1% entstehen.

Kaliumbitartrat als Ursubstanz: Es ist als solche von A. BORNTRAEGER[3] empfohlen worden. Durch Glühen wird es in Kaliumcarbonat übergeführt. Dem Vorteil, daß es auch zur Einstellung von Lauge benutzt werden kann, steht der Nachteil gegenüber, daß es schwer genau auf Reinheit zu prüfen ist.

Natriumbicarbonat. Natriumbicarbonat ist von NORTH und BLAKEY[4] als Ursubstanz vorgeschlagen worden. Nach LUNGES[5] Untersuchungen ist es hierzu nicht geeignet. SCHOORL (Privatmitteilung) hat es aber für brauchbar befunden, da das Salz an der Luft sehr stabil ist.

Kaliumbicarbonat. Äquivalentgewicht 100,07.

Nach den Dampfdruckkurvenmessungen von R. M. CAVEN und M. J. S. SAND[6] hat Kaliumhydrocarbonat einen kleineren Kohlensäuredampfdruck als das entsprechende Natriumsalz. Daher hat das Kaliumbicarbonat Vorteile gegenüber der Natriumverbindung.

---

[1] SEBELIEN, J.: Chem.-Zeitg. Bd. 29, S. 638. 1905.

[2] KOLTHOFF, J. M.: Pharmac. Weekbl. Bd. 63, S. 37. 1926.

[3] BORNTRAEGER, A.: Zeitschr. f. analyt. Chem. Bd. 31, S. 56. 1892.

[4] NORTH und BLAKEY: Journ. Soc. Chem. Ind. Bd. 24, S. 396. 1905.

[5] LUNGE, G.: Zeitschr. f. angew. Chem. Bd. 18, S. 1520. 1905. Insbesondere vgl. S. P. L. SÖRENSEN: Zeitschr. f. analyt. Chem. Bd. 36, S. 640. 1897.

[6] CAVEN und SAND: Journ. chem. soc. Bd. 99, S. 1359. 1911; Bd. 105, S. 2752. 1914.

Nach Mitteilung von O. Lüning[1] hat schon Ure 1839 in seinem „Dictionary of arts" das Kaliumbicarbonat als Urtitersubstanz genannt. Im Jahre 1887 hat C. v. Than[2] dieses Salz eingehend geprüft und als Ursubstanz sehr empfohlen. L. W. Winkler[3] stellte fest, daß Präparate, welche mit Kohlensäure gesättigt und über Schwefelsäure getrocknet waren, durchschnittlich einen um 0,04% zu niedrigen Wirkungswert haben. Jncze[4] erhält das Salz durch Einleiten von Kohlensäure in alkoholische Kalilauge, reinigt es noch weiter durch Fällung der wässerigen Lösung mit Alkohol und findet dann den richtigen Wirkungswert. Nach Jncze hat es große Vorzüge, es enthält kein Kristallwasser, es ist nicht hygroskopisch und kann ohne jede besondere Vorkehrung abgewogen werden, es hat ein hohes Äquivalentgewicht und ist leicht rein im Handel zu beschaffen.

Im Gegensatz hierzu behauptet G. Bruhns[5], daß das Salz Wasser anzieht, wenn die Luft einen Feuchtigkeitsgrad von mehr als 70% hat. Größere Kristalle von chemisch reinem (käuflichem) Kaliumbicarbonat waren nach Bruhns infolge eingeschlossener Mutterlauge zu 0,32% unterwertig. Dem kann man vorbeugen, indem man die Kristalle zerreibt und das Pulver bis zur Gewichtsbeständigkeit an trockner Luft liegen läßt. Dabei verdunstet der Rest der Mutterlauge, und die in dieser verbliebenen kleinen Mengen Kaliumcarbonat werden gleichzeitig durch die Kohlensäure der Luft in Bicarbonat übergeführt. Fein kristallisiertes Kaliumbicarbonat ist für Titerstellungen gewöhnlicher Art ausreichend. Durch die Flammenreaktion ist es nach Bruhns leicht auf die Anwesenheit von Natrium, Lithium und Calcium zu prüfen; Spuren Natrium verursachen eine Mißfärbung oder sogar das Verschwinden der Kaliumflamme, Calcium und Lithium bleiben übrig, wenn alles Kalium verdampft ist, und sind mit dem bloßen Auge oder mit Hilfe des Spektroskopes zu erkennen (Empfindlichkeit?).

K. O. Schmitt[6], der eingehende Untersuchungen über die Anwendung von Soda und Kaliumbicarbonat als Ursubstanzen zur Einstellung von Säuren angestellt hat, empfiehlt eine Umkristallisation reiner Handelspräparate aus Wasser: 200 g Kaliumbicarbonat pro analysi werden mit 250 ccm destilliertem Wasser unter dauerndem Durchleiten von Kohlensäure bei 65 bis höchstens 70° gelöst, die Lösung wird heiß filtriert nochmals erhitzt, bis inzwischen ausgefallene Kristalle wieder vollständig in Lösung gegangen sind und immer unter Durchleiten von Kohlensäure und Rühren mit Eis auf 15° abgekühlt. Das ausgefallene kristalline Salz wird auf einem Büchner-Trichter abgesaugt, zweimal mit destilliertem Wasser gewaschen und an der Luft getrocknet. Gegen Ende des Trocknungsvorganges wird

---

[1] Lüning, O.: Chemiker-Zeit. Bd. 42, S. 5. 1918.

[2] Than, C. v.: Math. und naturwiss. Ber. aus Ungarn Bd. 6, S. 127. 1889.

[3] Winkler, L. W.: Zeitschr. f. angew. Chem. Bd. 28, S. 264. 1915.

[4] Jncze, G.: Zeitschr. f. analyt. Chem. Bd. 54, S. 585. 1915; auch Chemiker-Zeit. Bd. 42, S. 5. 1918.

[5] Bruhns, G.: Chemiker-Zeit. Bd. 41, S. 386. 1917; Bd. 42, S. 5. 1918; Bd. 48, S. 89. 1924.

[6] Schmitt, K. O.: Zeitschr. f. analyt. Chem. Bd. 70, S. 321. 1927.

das Salz zerrieben, weiter bis zur Gewichtskonstanz getrocknet und in gut-
schließenden Flaschen aufbewahrt. Wir haben Präparate nach SCHMITT
hergestellt, haben jedoch das Salz in einem Schwefelsäureexsiccator unter
Kohlensäure getrocknet. Das aus Wasser umkristallisierte Salz ist viel
gröber kristallinisch als das aus Alkohol gefällte nach JNCZE.

SCHMITT hat mit dem Kaliumbicarbonat vorzügliche Resultate erhalten.

Man kann das Kaliumbicarbonat auch in Carbonat überführen und das
letztere genau wägen. BRUHNS setzt das Kaliumbicarbonat durch gelindes
Glühen (10—15 Minuten) über kleiner Flamme im Platintiegel in Kaliumcarbonat um. Während des Erhitzens bedeckt man den Tiegel zeitweise,
kühlt im Exsiccator ab und wägt ihn nach dem Erkalten schnell mit auf-
liegendem Deckel (Kaliumcarbonat ist sehr hygroskopisch). Man wiederholt das Glühen und Wägen bis zu Gewichtskonstanz.

Nach K. O. SCHMITT (l. c.) erleidet Kaliumbicarbonat nach mehrstündigem Erhitzen auf 90—100⁰ keine Gewichtsabnahme, wenn es in fein-
kristallinem Zustande vorliegt. Bei 200—210⁰ wird es jedoch bereits nach
zwei Stunden Erhitzen vollkommen in Kaliumcarbonat umgewandelt.
Eigenartig ist, daß beim weiteren Erhitzen auf höhere Temperaturen oft
wieder eine geringe Gewichtszunahme gefunden wird, was wir auch wahrgenommen haben. Die Gesamtgewichtsabnahme ist nach SCHMITT und
auch unserer Erfahrung nach gegenüber der aus den stöchiometrischen
Beziehungen abgeleiteten stets etwas zu groß.

Aufgeklärt ist diese Unstimmigkeit noch nicht. Wegen der beschriebenen
eigenartigen Erscheinungen und der Hygroskopizität des Kaliumcarbonats
können wir das durch Erhitzen des Bicarbonats erhaltene Kaliumcarbonat
nicht als Ursubstanz empfehlen.

Kalkspat: Verschiedene Autoren[1] wollen Kalkspat als Ursubstanz
benutzen, den sie als chemisch reines Calciumcarbonat ansehen. THIELE
und RICHTER[2] fanden bei diesem Materiale jedoch Abweichungen bis 0,2 %
vom wahren Wert. Außerdem muß man den Kalkspat in einem Säureüberschuß lösen und diesen mit eingestellter Lauge zurücktitrieren, was
im allgemeinen keine empfehlenswerte Einstellungsmethode ist.

Borax $Na_2B_4O_7 \cdot 10H_2O$. Äquivalentgewicht 190,61: Borax
ist schon von verschiedenen Autoren[3] als Ursubstanz empfohlen
worden. Dem möchte ich mich nach meinen Erfahrungen[4]

---

[1] GRANDEAU: Zeitschr. f. analyt. Chem. Bd. 2, S. 426. 1863; PINCUS:
Zeitschr. f. analyt. Chem. Bd. 2, S. 426. 1863; vgl. auch LUNGE-BERL: Chemisch-Technische Untersuchungsmethoden Bd. 1, S. 132, 7. Aufl. 1921.

[2] THIELE und RICHTER: Zeitschr. f. angew. Chem. Bd. 13, S. 486. 1900.

[3] SALZER: Zeitschr. f. analyt. Chem. Bd. 32, S. 449. 1893; RIMBACH, E.:
Ber. Bd. 26, S. 171 1893: RIMBACH und WORMS: Zeitschr. f. analyt. Chem.
Bd. 35, S. 338. 1896; Bd. 36, S. 688. 1897; RICHMOND: Chem. News Bd. 72,
S. 5. 1895; PERMAN und JOHN: Chem. News Bd. 71, S. 296. 1895; BUCHANAN:
Journ. Soc. Chem. Ind. Bd. 23, S. 1093. 1904; RUPP: Chemiker-Zeit. Bd. 31,
S. 97. 1907.

[4] KOLTHOFF, J. M.· Pharmac. Weekbl. Bd. 63, S. 37. 1926.

ganz besonders anschließen. Die Substanz ist leicht rein aus dem Handel zu beziehen oder durch Umkristallisation in Wasser bequem rein herzustellen. Sie läßt sich gut aufbewahren, zieht beim Abwägen kein Wasser an, hat ein hohes Äquivalentgewicht, so daß Wägefehler praktisch außer Betracht fallen. Die Einstellung von Säuren ist sehr einfach vorzunehmen (einfacher als bei Carbonat und doch mindestens so genau). Auch kann Borax sogar zur Laugeneinstellung benutzt werden. Freilich ist die Prüfung auf Reinheit nicht so einfach.

Man kann Borax aus reiner Borsäure (Probe: vollkommen flüchtig mit Methylalkohol und Salzsäure) und äquivalenter Menge reiner Soda bereiten oder auch ein gutes Handelsprodukt benutzen, dasselbe dreimal aus Wasser umkristallisieren und in einem Exsiccator über zerfließendem Natriumbromid bis zur Gewichtskonstanz trocknen (rel. Dampfdruck 60%). Man vermeide, das feuchte Salz an der Luft liegen zu lassen, weil es dann ein wenig Kohlensäure anzieht und daher mit Carbonat bzw. Bicarbonat verunreinigt wird. Diese Verunreinigung ist nur schwer, nämlich gewichtsanalytisch durch direkte Wägung der mit Säure frei gemachten Kohlensäure, festzustellen.

Der gesamte Wassergehalt beträgt 47,21%. Er wird bestimmt, indem man eine abgewogene Menge Borax in einem Platintiegel auf dem Wasserbad trocknet, dann weiter auf etwa 200^0 und schließlich im elekrischen Ofen bei $700—800^0$ erhitzt. Das letzte Molekül Wasser wird sehr schwer ausgetrieben.

Prüfung auf Reinheit nach N. SCHOORL[1].

Unlösliche Verunreinigungen. Die Lösung von 5 g Salz in 45 ccm Wasser soll klar und farblos sein (1 : 10000 oder 0,01%).

Chlorid. Die 10proz. Lösung darf mit Salpetersäure und Silbernitrat keine Opalescenz geben, die stärker als bei 5 mg Chlor im Liter ist (1 : 20000 oder 0,005%).

Sulfat. Die 10proz. Lösung soll mit Essigsäure und Bariumchlorid auch nach einer halben Stunde Stehen keine Fällung zeigen (1 : 10000 oder 0,01%).

Calcium. Die 10proz. warme Lösung soll mit Ammoniumoxalat auch nach dem Abkühlen keine Trübung geben (1 : 10000 oder 0,01%).

---

[1] SCHOORL, N.: De Commentaar op de Nederlandsche Pharmacopee; Vijfde Uitgave. S. 352. 1927.

Magnesium. Die Lösung 1 : 20 darf mit Ammoniak und Phosphat auch nach 24 stündigem Stehen keinen mikrokristallinischen Niederschlag liefern (1 : 50 000 oder 0,002%).

Kalium. 5 ccm der Lösung 1 : 20 mit 0,5 mit 1 ccm Essigsäure (4—6-n), 5 ccm Natriumkobaltinitrit und 5 ccm Weingeist versetzt, dürfen nicht getrübt werden.

Wassergehalt. 10 g Borax dürfen nach dem Trocknen und Schmelzen nicht mehr als 4,722 $\pm$ 0,001 g an Gewicht verlieren (1 : 10 000 oder 0,01%).

Wenn der Borax in der richtigen Weise getrocknet wurde, erübrigt sich diese langwierige Wasserbestimmung (vgl. oben).

Betr. genauer Prüfungen auf Calcium, SiO_2; CO_2, Aluminiumsulfat vgl. die ursprüngliche Mitteilung von SCHOORL.

Einstellung einer Säure auf Borax: Die Einstellung 0,1 normaler Salzsäure auf Borax kann ohne Titrierfehler geschehen, sobald man Methylrot als Indicator verwendet. Hierzu gebraucht man eine Vergleichslösung mit ebensoviel Borsäure, Natriumchlorid und Indicator, als die zu titrierende Lösung beim Äquivalenzpunkt enthält. Wenn man z. B. von so viel Borax ausgeht, als 40 ccm 0,1-n-Salzsäure entsprechen, und das Salz in 40 ccm Wasser löst, wählt man als Vergleichslösung 80 ccm einer Lösung, die 0,1 molar an Borsäure und 0,05 molar an Natriumchlorid ist. Unter diesen Verhältnissen ist der Endpunkt auf Methylrot außerordentlich genau (auf 0,01 ccm) festzustellen. Auch kann man bei der Titration Dimethylgelb oder Methylorange als Indicator benutzen. Während man bei der Sodatitration den Störungen durch die entwickelte Kohlensäure ausgesetzt ist (vgl. S. 84), kann man bei Borax sehr scharf bis zum Endpunkte titrieren. Allerdings begeht man einen kleinen Titrierfehler durch den vom Indicator bedingten Säureüberschuß. Titriert man bis zur ersten Abweichung von der Wasserfarbe, so beträgt der Titrierfehler etwa 0,07 ccm 0,1-n-Säure auf 100 ccm. Falls man aber weiterhin mit dem Gebrauchstiter auf Dimethylgelb arbeitet, braucht keine solche Korrektur berücksichtigt zu werden.

Bei der Einstellung von Säuren, die stärker als 0,2-n sind, benutzt man statt Methylrot besser nur Dimethylgelb oder Methylorange. Man greift auch hier möglichst zu einer Vergleichslösung von Borsäure, Neutralsalz und Indicator, der Zusammensetzung beim Äquivalenzpunkt entsprechend. Eine stärkere Borsäurelösung reagiert nämlich auf Dimethylgelb oder Methylorange nicht mehr rein alkalisch. Der Endpunkt ist dann aber leicht auf 0,01 ccm genau festzustellen.

Bemerkung: Boraxlösungen, welche gegen Kohlensäure der Luft viel weniger empfindlich sind als Natronlauge, lassen sich an deren Stelle nach H. Baggesgaard Rasmussen und C. E. Christensen[1] bei vielen Titrationen (z. B. von Ammoniak und Alkaloiden) verwenden.

Kaliumjodat. Äquivalentgewicht 35,66. Wie wir noch sehen werden, eignet sich Kaliumjodat als Ursubstanz zur Einstellung von Thiosulfat. Nach der Reduktion zu Jodid kann es zur Titerstellung von Permanganat[2] und sogar von Silbernitrat benutzt werden. Es hat den Vorteil, ohne weiteres rein im Handel erhältlich zu sein; das Präparat von Kahlbaum läßt sich ohne jede weitere Reinigung verwenden. Sonst bereitet man sich aus einem Handelsprodukt durch zwei- bis dreimalige Umkristallisation aus Wasser ein ganz reines Produkt und trocknet es bei 150—180⁰. Dann ist es ganz wasserfrei, und es zieht beim Aufbewahren keine Feuchtigkeit an. Das Kaliumjodat ist zur direkten Einstellung von Säure verwendbar, indem man von der bekannten Reaktion Gebrauch macht:

$$JO_3' + 5\,J' + 6\,H' \rightarrow 3\,J_2 + 3\,H_2O.$$

Wenn man zu einer neutralen Jodatlösung einen Überschuß neutrales Alkalijodid und Thiosulfat gibt, so werden bei Zusatz von Salzsäure die Wasserstoffionen so lange fortgenommen, bis alles Jodat nach obenstehender Gleichung in Jod umgesetzt ist. Das freigewordene Jod wird durch den Thiosulfatüberschuß gebunden:

$$2\,S_2O_3'' + J_2 \rightarrow S_4O_6'' + 2\,J'.$$

Die Flüssigkeit bleibt dabei neutral, da ja die Tetrathionsäure eine sehr starke Säure ist, und außerdem farblos, weil die entstandenen Ionen selbst ungefärbt sind. Sobald alles Jodat verbraucht ist, wird die Lösung durch vermehrte Säurezugabe sauer.

---

[1] Baggesgaard Rasmussen. H. und C. S. Christensen: Dansk Tids. Farm. Bd. 1, S. 65. 1926.

[2] Vgl. J. M. Kolthoff: Zeitschr. f. analyt. Chem. Bd. 64, S. 255. 1924: auch R. Lang: Zeitschr. f. anorg. allgem. Chem. Bd. 122, S. 332. 1922; Bd. 142, S. 229. 279. 1925; Bd. 144, S. 75. 1925.

Man kann die Bestimmung also wie eine gewöhnliche acidimetrische Titration mit einem Farbindicator durchführen.

Einstellung einer Säure auf Kaliumjodat[1]: Kaliumjodid und Thiosulfat müssen neutral reagieren und dürfen keine Säure auf Dimethylgelb verbrauchen. 4 g Kaliumjodid in 10 ccm Wasser sollen nach Zusatz von einem Tropfen 0,1-n-Säure an Dimethylgelb eine saure Zwischenfarbe geben. Gute Handelsprodukte entsprechen dieser Anforderung.

Eine Lösung von 10 g Natriumthiosulfat in 100 ccm Wasser soll nach Zugabe von 0,1 ccm 0,1-n-Salzsäure auf Dimethylgelb eine Zwischenfärbung hervorrufen. Ungenügend reine Präparate von KJ oder $Na_2S_2O_3$ sind daher erst durch Umkristallisation zu reinigen.

Bei der Einstellung von 0,1-n-Salzsäure kommen Methylrot oder Dimethylgelb als Indicatoren in Frage. Auf 100 mg Kaliumjodat rechnet man 150 mg Kaliumjodid und 800 mg Natriumthiosulfat., (Ein großer Überschuß an Natriumthiosulfat ist zu vermeiden weil der Umschlag dann unschärfer wird.) Jodid und Thiosulfat brauchen natürlich nicht genau abgewogen zu werden.

Bei Benutzung von Methylrot umgeht man den Titrierfehler, falls bis $p_T = 5$ titriert wird. Von Nachteil ist es dabei, daß der rote Farbton in der Nähe vom Endpunkt zunächst wieder verschwindet, weil die Reaktion mit einer meßbaren Geschwindigkeit verläuft. Man muß dann jedesmal einige Sekunden und im Endpunkt sogar 3 Minuten warten, ob dann der Farbumschlag auch bestehen bleibt.

Wenn man Dimethylgelb oder Methylorange als Indicator wählt, kann mandirekt bis zum Endpunkt titrieren. Jedenfalls läßt man die Säure während der ganzen Titration unter fortwährendem Umschütteln zufließen, damit nicht ein örtlicher Überschuß eine Zersetzung von Thiosulfat bewirkt.

Der notwendige Mehrverbrauch beträgt etwa 0,1 ccm 0,1-n-Säure, wenn man wie gewöhnlich bis zur ersten Abweichung von der Wasserfarbe titriert.

Läßt man nach dem Erreichen des Endpunktes die Lösung länger stehen, so wird die Farbe des Indicators infolge Zersetzung des Natriumthiosulfats undeutlicher.

---

[1] Kolthoff, J. M.: Pharmac. Weekbl. Bd. 63, S. 37. 1926.

Die Einstellung auf Kaliumjodat gibt ebenso genaue Resultate wie die auf Borax, Soda und Natriumoxalat. Als einziger Nachteil darf das geringe Reaktionsgewicht von KJO_3 gelten.

Mercurioxyd. Äquivalentgewicht 108,30: Das Mercurioxyd (gelbes Quecksilberoxyd) ist schon verschiedentlich als Ursubstanz genannt worden[1]. Eine eingehendere Untersuchung hierüber hat G. JNCZE[2] angestellt. Auch wir haben im hiesigen Laboratorium den Stoff in dieser Hinsicht genau geprüft, sind aber zu etwas anderen Ergebnissen als JNCZE gekommen[3].

Vorteilhaft ist am gelben Quecksilberoxyd sein hohesÄquivalentgewicht; es kann unverändert aufbewahrt werden, enthält kein Kristallwasser und ist nicht hygroskopisch; an ihm kann Säure sowohl auf Phenolphthalein wie auf Dimethylgelb eingestellt werden (vgl. S. 99), es läßt sich auch zur Titerstellung von Rhodanidlösungen benutzen.

Zur Darstellung von Quecksilberoxyd gießt man eine Lösung von 100 g reinem Mercurichlorid auf 1 l Wasser unter Umrühren in 650 ccm 1,5-n-Natronlauge; dabei kann kein Oxychlorid ausfallen. Der gelbe Niederschlag wird so lange mit destilliertem Wasser ausgewaschen, bis das Filtrat auf Phenolphthalein nicht mehr alkalisch reagiert.

Bei fortgesetztem Auswaschen läuft das Quecksilberoxyd kolloidal durch das Filter (Peptisation).

Nunmehr wird das Produkt bei gelinder Wärme (höchstens 40°) oder besser in einem Vakuumexsiccator über Schwefelsäure im Dunkeln zur Gewichtskonstanz getrocknet. Das fertige Präparat bewahrt man in schwarzen Gläsern auf.

Die gewöhnlichen Handelsprodukte, wie sie pharmazeutischen Zwecken dienen, sind nicht genügend rein, um als Ursubstanz zu taugen; sie enthalten viel Chlorid. Dagegen hatte eine Lieferung von KAHLBAUM genau denselben Wirkungswert wie zwei von

---

[1] Vgl. u. a. PHILIP: Zeitschr. f. d. ges. Schießwesen Bd. 7, S. 109. 1912; ROSENTHALER und ABELMANN: Pharmac. Journ. and Pharmacist Bd. 37, S. 144. 1913; vgl. auch Zeitschr. f. analyt. Chem. Bd. 53, S. 608. 1914; auch Zeitschr. f. analyt. Chem. Bd. 57, S. 98. 1918. BIILMANN und E. K· THAULOW: Bull. de la Soc. Chim. Bd. 29, S. 587. 1921.

[2] JNCZE, G.: Zeitschr. f. analyt. Chem. Bd. 56, S. 177. 1917; Bd. 57, S. 176; 1918.

[3] KOLTHOFF J. M., und L. H. van BERK: Zeitschr. f. analyt. Chem. Bd. 71, S. 339. 1927.

uns bereitete und gereinigte Präparate. Dieser betrug jedoch acidimetrisch nur 99,9% und auf Rhodanid sogar nur 99,75%; und es ist uns nicht gelungen, bestimmte Verunreinigungen außer einer Spur Wasser nachzuweisen.

Prüfung auf Reinheit.

Jncze gibt keine Vorschriften zur Reinheitsprüfung an; und gerade eine solche darf man beim Quecksilberoxyd nicht versäumen.

Nichtflüchtige Substanzen: 5 g Quecksilberoxyd dürfen nach dem Glühen nicht mehr als 0,5 mg Rückstand hinterlassen, entsprechend 0,01% nichtflüchtigen Verunreinigungen. Unsere Zubereitungen enthielten etwa soviel Rückstand.

Wassergehalt: 5 g Quecksilberoxyd dürfen beim Trocknen in einem Vakuumexsiccator über Schwefelsäure nicht mehr als 0,5 mg im Gewicht verlieren.

Obgleich das Quecksilberoxyd nach Jncze nicht hygroskopisch ist, kann das feine Pulver an seiner Oberfläche merklich Wasser adsorbieren. Unsere lufttrockenen Präparate zeigten einen Wassergehalt von 0,04%.

Chlorid: 1 g Quecksilberoxyd wird mit 10 ccm Wasser, worin 0,5 g chlorfreies Natriumcarbonat gelöst, eine Minute gekocht und dann filtriert.

Das Filtrat, das gewöhnlich noch eine Spur Quecksilberoxyd enthält, wird mit Salpetersäure angesäuert und darf nach Zusatz von 1 ccm 0,1-n-Silbernitrat keine Trübung oder Opalescenz von Silberchlorid geben.

Auf diese Weise ist 1 Teil Cl in 20000 Teilen (0,005%) HgO zu erkennen. (Zur Prüfung auf Chlorid darf freilich das Oxyd nicht direkt in Salpetersäure gelöst und mit Silbernitrat versetzt werden. Der Überschuß an Mercuriionen macht die Silberchloridfällung sehr unempfindlich.)

Unlösliche Substanzen (auch Quecksilber, durch Zersetzung beim Aufbewahren an Licht gebildet).

Die Lösung von 3 g Mercurioxyd in 10 ccm 4-n-Salzsäure soll vollkommen klar sein und keinen Bodenkörper enthalten.

Die Einstellung von Säuren auf Quecksilberoxyd:

Jncze macht aus der Tatsache Gebrauch, daß Mercuriion mit überschüssigen Jodionen das komplexe Mercurijodidion bildet:

$$Hg^{\cdot\cdot} + 4\,J' \rightleftarrows HgJ_4''.$$

Quecksilberoxyd löst sich nun auch in Kaliumjodid auf, wobei eine äquivalente Menge Kaliumhydroxyd freigesetzt wird:

$$HgO + 2\,KJ \rightleftharpoons HgJ_2 + 2\,KOH,$$
$$HgJ_2 + 2\,KJ \rightleftharpoons K_2HgJ_4.$$

Kaliummercurijodid ist gut löslich und farblos. Die Originalvorschrift von JNCZE erfordert beträchtliche Mengen des teuren Kaliumjodids (auf 0,5 g Mercurioxyd etwa 7—8 g Kaliumjodid). Außerdem zieht bei dieser Arbeitsweise das entstehende Kaliumhydroxyd etwas Kohlensäure an, so daß die Einstellung auf Phenolphthalein nicht mehr ganz einwandfrei ist. Wir haben daher seine Vorschrift abgeändert und verwenden Kaliumbromid an Stelle von Kaliumjodid. Das Bromid bildet ebenso wie das Jodid mit Mercuri ein komplexes Ion einer starken Säure:

$$HgO + 2\,KBr \rightleftharpoons HgBr_2 + 2\,KOH,$$
$$HgBr_2 + 2\,KBr \rightleftharpoons K_2HgBr_4.$$

Die Komplexität des Mercuribromidions ist wohl etwas geringer als die des Mercurijodidions, aber dies hat auf das Einstellungsergebnis keinen Einfluß.

Kaliumbromid (und, wenn man nach JNCZE arbeitet, auch Kaliumjodid) hat man wiederum zunächst auf seine Reinheit zu prüfen. Die Lösung von 20 g Salz in 50 ccm Wasser muß mit einem Tropfen 0,1-n-Salzsäure eben die Zwischenfarbe an Dimethylgelb hervorrufen.

Zur Einstellung wird die abgewogene Menge Quecksilberoxyd in einen Kolben aus Jenenser Glas gebracht. Man fügt auf je 1 g Oxyd 20 g Kaliumbromid und 25 ccm Wasser hinzu und erwärmt mit aufgesetztem Natronkalkrohr, bis nach dem Umschütteln alles Oxyd gelöst ist, was schon nach einigen Minuten erfolgt. Man kühlt unter Natronkalkschutz ab, und nach Zusatz einiger Tropfen Phenolphthalein titriert man mit Säure auf Entfärbung. Dann gibt man einige Tropfen Dimethylgelb hinzu und titriert weiter bis zur ersten Abweichung von der Wasserfarbe. Bei sorgfältiger Ausführung beträgt die Differenz zwischen dem Verbrauch auf Phenolphthalein und dem auf Dimethylgelb nicht mehr als 0,2 ccm 0,1-n-Säure bei 100 ccm Flüssigkeit. Da nun die Lauge während der Titration gewöhnlich ein wenig Kohlensäure aufnimmt, empfiehlt es sich, die Einstellung auf die Verbrauchszahl für Dimethylgelb zu beziehen.

7*

Nötigenfalls läßt sich der Titrierfehler durch eine Korrektur ausgleichen.

Wie schon bemerkt, zeigten unsere Zubereitungen (auch die von Kahlbaum) einen Minderverbrauch von 0,1 %.

Diphenylguanidin: Äquivalentgewicht 211,17. Symm. Diphenylguanidin $(C_6H_5NH)_2CNH$ ist eine einsäurige, in Wasser schwer, in Alkohol aber leicht lösliche Base. Die Substanz wird in den letzten Jahren viel als Katalysator beim Vulkanisieren von Kautschuk verwendet und ist daher bequem zu beziehen. Das Handelsprodukt enthält nach CARLTON[1] etwa 97 % Reinsubstanz (0,25 % Asche); es wird zuerst mit kaltem Toluol extrahiert und dann dreimal aus Toluol umkristallisiert (100 g + 800 ccm Toluol). Ausbeute 82 %. Nach CARLTON ist das gereinigte Diphenylguanidin eine sehr geeignete Ursubstanz zum Einstellen von wässerigen (Methylrot als Indicator) oder alkoholischen (Bromphenolblau als Indicator) Salzsäurelösungen.

Zu beachten ist aber, daß nach den Untersuchungen von J. BELL[2] Guanidinlösungen sich nicht lange halten, weil diese Base unter Harnstoffbildung verseift wird.

§ 6. Die Einstellung starker Basen auf verschiedene Ursubstanzen.

Kristallisierte Oxalsäure.　$\begin{array}{c} \text{COOH} \\ | \\ \text{COOH} \end{array} \cdot 2\,H_2O.$ Äquivalentgewicht 62,99. Oxalsäure dient in den verschiedenen Zweigen der Maßanalyse als Ursubstanz, nämlich zur Einstellung von Laugen, Permanganat (S. 272), Thiosulfat (S. 352). Schon FR. MOHR hat 1852 die gut kristallisierende Oxalsäure zu diesem Zweck empfohlen. Hiergegen sind später verschiedene Einwände erhoben worden, besonders deshalb, weil die Säure schwerlich ganz frei von Salzen[3] und mit genau 2 Molekülen Wasser zu erhalten ist.

Daher haben HAMPE[4] und auch LEHFELDT[5] und CL. WINKLER[6] die wasserfreie, bei 100⁰ sublimierte Säure in Vorschlag gebracht. W. D. TREADWELL und H. JOHNER[7] entwässern umkristallisierte reine Oxalsäure zunächst möglichst weitgehend bei 100⁰ und

---

[1] CARLTON: Journ. Americ. chem. soc. Bd. 44, S. 1469. 1922.

[2] CARLTON: Journ. Americ. chem. soc. Bd. 48, S. 1213. 1926.

[3] Vgl. THIELE und DECKERT: Zeitschr. f. angew. Chem. Bd. 14, S. 1233. 1901; u. a. HABEDANCK: Zeitschr. f. analyt. Chem. Bd. 11, S. 282. 1872; LICHTY: Journ. of the Physic. Chem. Bd. 11, S. 227. 1907.

[4] HAMPE: Chemiker-Zeit. Bd. 7, S. 73, 106. 1883; vgl. auch Zeitschr. f. analyt. Chem. Bd. 23, S. 208. 1884.

[5] LEHFELDT: Pharmazeut. Zeit. Bd. 49, S. 146. 1904.

[6] WINKLER, CL.: Übungen in der Maßanalyse 3. Aufl. S. 69.

[7] TREADWELL, W. D.: Helvetica chim. acta Bd. 7, S. 533. 1924.

sublimieren hierauf im Vakuum der Wasserstrahlpumpe bei 140⁰. Das Sublimat wird rasch in ein gut schließendes Wägeglas gebracht, nochmals im Dampftrockenschrank auf 100⁰ erhitzt und hierauf im evakuierten Exsiccator über Calciumchlorid abgekühlt (HAMPE). Jedoch ist die wasserfreie Säure stark hygroskopisch und so schwierig auf die Anwesenheit ihres Hydrates zu prüfen, daß wir unbedingt von der Verwendung der wasserfreien Säure als Ursubstanz abraten müssen.

Die kristallisierte Oxalsäure wird ohne weiteres frei von Mineralbestandteilen im Handel geliefert. Man kann sie sich auch unschwer selbst bereiten, etwa durch Oxydation von Rohrzucker, indem man 500 g Zucker mit 2,5 l 40proz. Salpetersäure in einem Kolben mit Einhangkühler erhitzt, bis die Entwicklung von braunen Dämpfen aufhört. Der Salpetersäureüberschuß wird abdestilliert; die nach dem Abkühlen auskristallisierende Oxalsäure wird gesammelt und so oft aus Wasser umkristallisiert, bis sie keine Nitratreaktion mehr gibt (vgl. Prüfung). Bei der letzten Umkristallisation muß beim Abkühlen ständig gerührt werden, um ein feines Kristallmehl zu erhalten. Die Kristalle trocknet man zunächst zwischen Fließpapier und dann bis zur Gewichtskonstanz über zerfließendem kristallisiertem Chlorcalcium (rel. Dampfdruck 30 %).

CL. WINKLER (l. c.) reinigt die käufliche Oxalsäure dadurch, daß er 500 g in gleicher Menge etwa 14proz. siedender Salzsäure (spez. Gew. 1,07) löst und unter Umrühren abkühlt. Das Kristallmehl wird auf einen mit Glaswolle verstopften Trichter gebracht, man läßt abtropfen und deckt daraufhin mehrmals mit Salzsäure ab. Dann löst man das Gut wieder in reiner, siedender Salzsäure, kühlt abermals unter Umrühren ab, wäscht aus und löst zum drittenmal in einer eben ausreichenden Menge Wassers. Die nach dem Abkühlen auskristallisierte und ausgewaschene Oxalsäure wird noch so oft aus Wasser umkristallisiert, bis das Produkt keine Chlorionen mehr enthält. Dann wird es nach WINKLER getrocknet, eventuell, wenn es auch nicht zu empfehlen ist, in die anhydrische Säure übergeführt. Vielmehr empfiehlt es sich, das feine Kristallmehl bis Gewichtskonstanz neben zerfließendem Chlorcalcium zu trocknen. Die kristallisierte Oxalsäure frei von okkludiertem und adsorbiertem Wasser zu erhalten, bereitet große Schwierigkeiten. Die großen Kristalle, welche im übrigen ganz rein sind, schließen nach A. E. Hill und Th. M. Smith[1] wohl einige Zehntelprozente Wasser ein. Wenn man sie sehr fein zerreibt und in einem Exsiccator über einem Gemisch der kristallisierten und wasserfreien Säure trocknet, so trifft man aber genau die Zusammensetzung $H_2C_2O_4 \cdot 2H_2O$, was allerdings Schoorl bezweifelt. Viel schneller kommt man nach Hill und Smith zum Ziel, indem man über das Kristallpulver einen Luftstrom leitet, der zuvor eine geräumige Waschflasche mit einem Gemische von wasserfreier und hydratischer Oxalsäure[2] passiert hat. W. D. Treadwell[2] empfiehlt die gleiche Methode.

Nach N. Schoorl (Privatmitteilung) pulvert man die umkristallisierte Oxalsäure zu Kristallen von etwa 0,1 mm und trocknet diese über Phosphorpentoxyd, wodurch die Säure zum Teil dehydratisiert wird. Darauf wird sie über zerfließendem Calciumchlorid zum definierten Hydrat regeneriert.

Prüfung der kristallisierten Oxalsäure.

Nichtflüchtige Substanzen: 10 g Oxalsäure im Platintiegel dürfen nach dem Erhitzen keinen Rückstand von mehr als 1 mg hinterlassen ($1 : 10000 = 0,01\%$).

Chlorid: Die Lösung von 0,5 g Oxalsäure in 5 ccm Wasser und 2 ccm 50 proz. Salpetersäure (chlorfrei) darf mit Silbernitrat keine Opalescenz oder Trübung geben. Empfindlichkeit: 0,1 Cl auf 10000 Oxalsäure, d. i. 0,01%.

Ammonium und Nitrat: In ein Kölbchen von 25 ccm Inhalt fügt man zu 0,5 g Oxalsäure 10 ccm 4-n-Natronlauge und verschließt mit einem Korke, durch welchen ein kleines Aufsatzrohr gesteckt ist. In diesem befindet sich ein kleines Stückchen feuchtes rotes Lackmuspapier. Nach 15 Minuten Erwärmen auf dem Wasserbade darf das Papier nicht blau gefärbt sein. 0,1 Teile NH_4 auf 10000 Teile Oxalsäure sind so noch zu erkennen.

---

[1] Hill und Smith: Journ. Americ. chem. soc. Bd. 44, S. 546. 1922.

[2] Der Dampfdruck eines Gemisches wasserfreier und kristallisierter Oxalsäure beträgt nach G. P. Baxter und Lansing: Journ. Americ. chem. soc. Bd. 42, S. 419. 1920 1,15 mm bei 15°, 2,65 mm bei 25°. In guter Übereinstimmung damit finden Baxter und W. C. Cooper: Journ. Americ. chem. soc. Bd. 46, S. 924. 1924 bei 25° einen Wert von 2,69 mm, während nach Richards: Proc. ot the Nat. Acad. of Arts a. Sciences Bd. 33, S. 26. 1897 die gesättigte Lösung bei 22° einen Dampfdruck über 15 mm hat.

[3] Treadwell, W. D.: Helvetica chim. acta Bd. 7, S. 533. 1924.

Wenn das Lackmuspapier seine Farbe nicht geändert hat, gibt man nach dem Erwärmen 100 mg Zink-Eisenpulver hinzu und erwärmt wieder 15 Minuten auf dem Wasserbade. Das Lackmuspapier darf wieder nicht blau gefärbt werden; dann liegen weniger als 0,1 Teil NO_3 auf 10000 Teile Oxalsäure vor.

Man kann natürlich die beiden Reaktionen vereinigen und von Anfang an schon mit Zink-Eisenpulver arbeiten. Ein blinder Versuch an den Reagenzien selbst ist natürlich vorauszuschicken[1].

Wasser (nach SCHOORL): 10 g des Kristallpulvers dürfen nach dem Trocknen im Exsiccator über zerfließendem kristallisiertem Calciumchlorid nicht mehr als 1 mg in Gewicht verlieren.

Unlösliche Bestandteile: Die Lösung von 1 g Säure in 10 ccm Wasser soll klar sein.

Organische Substanzen: Mit 1 g Oxalsäure und 10 g reiner Schwefelsäure in gleicher Ausführung wie beim Natriumoxalat (vgl. S. 81).

Schwefelsäure: 0,25 g Oxalsäure werden in einem Platintiegel mit einem Tropfen 0,1-n-Natronlauge befeuchtet und auf dem Wasserbade getrocknet. Dann erhitzt man am besten in einem Block von STOCK-STÄHLER bei einer Temperatur zwischen 160° und 200° so lange, bis alle Oxalsäure verflüchtigt ist. Der Rückstand wird in wenig Wasser aufgenommen — wo nötig filtriert —, mit einigen Tropfen 4-n-Essigsäure angesäuert und mit Bariumchloridlösung versetzt. Dabei darf keine Trübung entstehen; dann sind nicht mehr als 0,4 Teile SO_4'' auf 10000 Teile Oxalsäure vorhanden.

Bemerkung: Man darf die Oxalsäure nicht bei zu hoher Temperatur verflüchtigen, andernfalls dann fast alles Sulfat verschwindet.

Die Einstellung von Lauge auf Oxalsäure:

a) mit Phenolphthalein als Indicator: Da die zweite Dissoziationskonstante der Oxalsäure relativ klein ist (etwa $5 \cdot 10^{-5}$),

---

[1] Die Nitratreaktion mit Brucin-Schwefelsäure oder Diphenylamin-Schwefelsäure (mit NaCl, TILLMANS) wird von Oxalsäure gestört, und ist hier daher nicht zu empfehlen. Man kann wohl die Diphenylaminringreaktion empfindlich gestalten: Die Lösung von 0,2 g Oxalsäure in 2 ccm Wasser und 1 Tropfen 4-n-Salzsäure darf nach Unterschichten mit einer Lösung von 1% Diphenylamin in Schwefelsäure keinen blauen Ring bilden (0,2 auf 10000).

Unsere Präparate (hergestellt von Prof. SCHOORL) entsprachen den besprochenen Anforderungen.

kann man diese nicht mehr genau auf die alkaliempfindlichen Indicatoren, wie Dimethylgelb oder Methylorange, titrieren, muß vielmehr Phenolphthalein oder Thymolblau verwenden. Weil diese Indicatoren auch empfindlich gegen Kohlensäure sind, muß das Lösungswasser ganz oder nahezu kohlensäurefrei sein, um Störungen vorzubeugen.

Wie schon auf S. 77 bemerkt, führt das gewöhnliche destillierte Wasser gewöhnlich erhebliche Mengen Kohlensäure und ist daher zunächst noch unbrauchbar. Nach reichlichem Lüften sinkt der Kohlensäuregehalt auf etwa $1,5 \cdot 10^{-5}$ molar und darf, wie wir sahen, bei der Titration 0,1 normaler Flüssigkeiten vernachlässigt bleiben.

Wenn bei der Einstellung der Lauge auf Oxalsäure die rosae Farbe des Indicators beim Endpunkt nachläßt, so enthält die erstere Carbonat oder das Lösungswasser zuviel Kohlensäure.

Die Einstellung bereitet im übrigen keine Schwierigkeiten. Man löst die abgewogene Menge Oxalsäure in Wasser und titriert mit Lauge, bis zur Rosafärbung des Phenolphthaleins.

b) Mit Dimethylgelb (Methylorange) als Indicator: In einer größeren Reihe von Arbeiten hat G. BRUHNS[1] darauf hingewiesen, daß die Oxalsäure sich auch in Gegenwart von einem Calciumsalz einer starken Säure wie eine sehr starke Säure verhalten kann:

$$H_2C_2O_4 + CaCl_2 \rightarrow CaC_2O_4 + 2\,HCl.$$

Dabei tritt eine der Oxalsäure äquivalente Menge Salzsäure in Freiheit. Jedoch darf die Calciumchloridlösung nicht sofort zur Oxalsäure zugefügt werden, weil sonst etwas Oxalsäure (oder saures Oxalat) vom Calciumoxalat mitgerissen wird. Man wartet mit der Zugabe, bis die Säure fast völlig neutralisiert ist. Unter diesen Verhältnissen erzielt man einen scharfen Umschlag auf Dimethylgelb, man titriert bis zur Wasserfarbe. Wird die Titration dann auf Phenolphthalein fortgesetzt, so ist die Differenz der Verbrauchszahlen auf beide Indicatoren nicht größer als 0,1 ccm 0,1-n-Lauge bei 100 ccm Flüssigkeit, sofern Lauge und Lösungswasser praktisch kohlensäurefrei waren.

---

[1] BRUHNS, G.: Zeitschr. f. analyt. Chem. Bd. 45, S. 575. 1906; Bd. 55, S. 23, 321. 1915. Chemiker-Zeit. Bd. 41, S. 189. 1917; Zentralbl. f. Zuckerind. 1906, Nr. 2.

Die Calciumchloridlösung ist zunächst auf ihre Neutralität zu prüfen. 25 ccm 20proz. Lösung des kristallisierten Salzes müssen nach Zusatz von einem Tropfen 0,1-n-Säure die Zwischenfarbe von Dimethylgelb und von einem Tropfen 0,1-n-Lauge eine Rosafärbung an Phenolphthalein ergeben.

Vorschrift: Die Oxalsäurelösung wird nahezu neutralisiert, dann fügt man auf je 100 ccm 0,1-n-Säure 10 ccm 20proz. Calciumchloridlösung und Indicator hinzu und titriert weiter bis zur Wasserfarbe des Dimethylgelbs (Gebrauchstiter auf Dimethylgelb). Dann setzt man die Titration auf Phenolphthalein fort (Gebrauchstiter auf Phenolphthalein). Obwohl der Umschlag auf Dimethylgelb scharf ist, bedeutet der erst nachträgliche $CaCl_2$-Zusatz einen gewissen Mangel der Methode.

Nach Versuchen von Bruhns ist die Titration auch in Anwesenheit von Magnesiumsalz genügend scharf mit Dimethylgelb durchzuführen, wennschon hier kein Magnesiumoxalat ausfällt (bzw. erst nach längerem Stehen sich bildet). Zwar ist die Löslichkeit des Magnesiumoxalats gering (etwa 1 : 1500), jedoch verbleibt es geraume Zeit in übersättigter Lösung; nebenher liefert es mit überschüssigen Magnesiumionen komplexe Magnesiumoxalatkationen. Daher empfiehlt sich, einen großen Überschuß Magnesiumchlorid zu wählen. Der Farbumschlag am Dimethylgelb ist zwar nicht so scharf wie bei Salzsäure, dennoch ist er mit genügender Genauigkeit wahrzunehmen, zumal wenn man gegen eine Vergleichslösung bis auf Wasserfarbe titriert.

Prüfung der Magnesiumchloridlösung auf Neutralität: 50 ccm der 20proz. Lösung des kristallisierten Salzes müssen nach Zusatz von einem Tropfen 0,1-n-Salzsäure eine Übergangsfarbe an Dimethylgelb geben und von einem Tropfen 0,1-n-Lauge Phenolphthalein rosa färben.

Vorschrift: Auf je 100 ccm 0,1-n-Oxalsäure fügt man 30 ccm 20proz. Magnesiumchloridlösung ($MgCl_2 \cdot 6H_2O$) und titriert mit Lauge auf die Wasserfarbe des Dimethylgelbs.

Dann kann die Titration auf Phenolphthalein fortgeführt werden, bis eine Abweichung von der Wasserfarbe des Dimethylgelbs zu erkennen ist.

Haltbarkeit von Oxalsäurelösungen (vgl. Teil I, S. 223): Über die Haltbarkeit der Oxalsäurelösungen ist schon viel geschrieben worden. Nach unserer Erfahrung ändert sich der Titer einer 0,1-Normallösung nicht, sobald sie im Dunkeln oder in dunkelbraunen Flaschen aufbewahrt wird; verdünntere Lösungen sind weniger haltbar. Jedenfalls ist die Lösung unbrauchbar, wenn Pilzkulturen darin auftreten.

Kaliumtetroxalat als Ursubstanz. $KHC_2O_4 \cdot H_2C_2O_4 \cdot 2H_2O$: Das kristallisierte Salz ist schon 1856 von KRAUT[1] als Ursubstanz vorgeschlagen und weiter von verschiedenen Autoren[2] empfohlen worden, während andere wieder davon abraten[3]. JULIUS WAGNER[4] und auch KÜHLING[5] gaben detaillierte Vorschriften zur Reindarstellung des Salzes. Die von G. LUNGE[6] durchgeführte Nachprüfung hat jedoch gezeigt, daß weder das nach WAGNER noch das nach KÜHLINGS Vorschrift dargestellte Kaliumtetroxalat eine zuverlässige Ursubstanz ist, weil es nie mit definiertem, konstantem Wassergehalt gewonnen werden kann. Verf. ist noch damit beschäftigt, diese Angelegenheit näher zu untersuchen.

Kaliumbioxalat als Ursubstanz. KHC_2O_4: Das Salz ist von Y. OSAKA und K. ANDO[7] als Ursubstanz genannt worden und hat den Vorteil, wasserfrei zu kristallisieren. Nachteilig ist jedoch, daß es sich nicht bequem umkristallisieren läßt, denn unter 40° scheidet sich aus der gesättigten Lösung ein Salz von einer anderen Zusammensetzung aus (mehr Tetroxalat).

Die Umkristallisation muß aus einer Lösung vorgenommen werden, die etwa 0,073 Mol Oxalsäure und 0,11 Mol Kaliumoxalat in 1 l Wasser enthält. Die Temperatur darf dabei nicht unter 15° sinken, andernfalls ein kristallwasserhaltiges Salz entsteht.

Für die Herstellung des Salzes gibt man äquimolekulare Mengen Oxalsäure ($H_2C_2O_4 \cdot 2H_2O$) und Kaliumoxalat ($K_2C_2O_4 \cdot H_2O$) zusammen und weiterhin auf je 100 g Wasser beim Umkristallisieren 8 g Oxalsäure und 16 g Kaliumoxalat. Man löst das Gemisch in der Wärme auf; zwischen 15° und 60° kristallisiert dann das wasserfreie Kaliumbioxalat aus.

Die Kristalle werden drei- bis viermal mit Wasser von 50° C ausgewaschen. Eine eingehende Prüfung, besonders auf Okklusionswasser, steht noch aus.

Kaliumbijodat. Äquivalentgewicht 389,85. Das Kaliumbijodat birgt als Ursubstanz viele Vorzüge. Weil Jodsäure

---

[1] KRAUT: Ann. d. Chem. Bd. 126, S. 629. 1863.

[2] ULBRICHT und MEISSL: Zeitschr. f. analyt. Chem. Bd. 26, S. 350. 1887; MEINEKE: Chemiker-Zeit. Bd. 19, S. 2. 1895.

[3] WELLS: Zeitschr. f. analyt. Chem. Bd. 32, S. 453. 1893; HOMMANN: Zeitschr. f. analyt. Chem. Bd. 33, S. 456. 1894; DUPRÉ und KUPFFER: Zeitschr. f. angew. Chem. Bd. 15, S. 352. 1902.

[4] WAGNER, J.: 5. Internat. Kongreß f. angew. Chem. Berlin 1903.

[5] KÜHLING: Zeitschr. f. angew. Chem. Bd. 16, S. 1030. 1903; Chemiker-Zeit. Bd. 28, S. 596, 612, 752. 1904.

[6] LUNGE, G.: Zeitschr. f. angew. Chem. Bd. 17, S. 227. 1904.

[7] OSAKA, Y. und K. ANDO: Memoirs of the College of Science, Kyoto Imperial Univ. Bd. 4, S. 371. 1921.

eine starke Säure ist, kann die Einstellung sowohl auf Dimethylgelb wie auf Phenolphthalein vorgenommen werden. Das Salz hat
ein hohes Äquivalentgewicht, ist wasserfrei, nicht hygroskopisch
und ohne weiteres unverändert aufzubewahren. Es kann rein
aus dem Handel bezogen werden (z. B. von Kahlbaum), ist
aber auch einfach rein im Laboratorium.darzustellen (vgl. unten).

Es wurde schon 1877 von von Than[1] zu genanntem Zwecke
empfohlen, durch zweimalige Umkristallisation wird es rein gewonnen; und die Lösung ist unbegrenzt haltbar. Auch C. Meineke[2]
konnte das Salz als Titersubstanz vorschlagen. Dagegen hat
J. Wagner[3] ungünstige Resultate erhalten, er stellte Abweichungen von 0,3% fest; jedoch hat er seine Befunde mit solchen an
Kaliumbichromat als Ursubstanz verglichen (vgl. S. 355).

Nach Lunge[4] liefert das Salz gegen Methylorange zu kleine
Werte, dagegen auf Phenolphthalein richtige Ergebnisse, wenn
man eine besondere Arbeitsmethode verfolgt. In letzter Zeit ist
das Salz wieder aufs neue herangezogen worden, besonders für
jodometrische Einstellungen. P. A. Shaffer und A. F. Hartmann[5] und auch M. Koening[6] geben Methoden zur Reindarstellung an. Nach genauen Untersuchungen von I. M. Kolthoff
und L. H. van Berk[7] ist das saure Salz auch sehr gut zur Einstellung von Laugen geeignet.

Herstellung   des   reinen   Salzes: 1. Nach Koening
(von uns etwas modifiziert): 26 g Kaliumjodat werden in 125 ccm
kochendem Wasser gelöst. Hierzu gibt man eine Lösung von 21 g
Jodsäure in 45 ccm warmem Wasser mit 6 Tropfen konzentrierter
Salzsäure. Beim Abkühlen scheidet sich das Kaliumbijodat aus,
die Kristalle werden abgenutscht, mit kaltem Wasser ausgewaschen und dreimal aus Wasser umkristallisiert, wobei man beim

---

[1] Von Than: Mathemat. u. Naturwiss. Ber. aus Ungarn Bd. 7, S. 295.
1877.

[2] Meineke, C.: Chemiker-Zeit. Bd. 19, S. 2. 1896.

[3] Wagner, J.: Maßanal. Studien S. 60. Leipzig 1898.

[4] Lunge, G.: Zeitschr. f. angew. Chem. Bd. 17, S. 225. 1904.

[5] Shaffer, P. A. und A. F. Hartmann: Journ. f. biol. Chem. Bd. 45,
S. 376. 1920.

[6] Koening, M.: Chimie et Industrie. 1925. Spez.-Nr. 116; vgl. Chem.
Abstr. Bd. 20, S. 398. 1926.

[7] Kolthoff, J. M. und L. H. van Berk: Journ. of the Americ. chem.
soc. 1926.

Abkühlen fortwährend zu rühren hat. Auf 1 Teil Salz nimmt man 3 Teile Wasser.

2. Nach Schaffer und Hartmann:

In einem Erlenmeyerkolben von 2 l Inhalt löst man 110 g Kaliumchlorat in 450 ccm warmem Wasser, das 40 ccm konzentrierte Salzsäure enthält. In einem Abzug werden dann 100 g gepulvertes Jod langsam zugefügt und die Mischung langsam erwärmt, bis eine Reaktion eintritt. Diese verläuft ziemlich heftig; sofern jedoch nicht zu stark erhitzt worden ist, geht nur wenig Jod durch Verflüchtigung verloren. Ist die Reaktion vollzogen, so wird die Lösung einige Minuten gekocht und an der Saugpumpe heiß filtriert. Beim Abkühlen kristallisieren ungefähr 150 g Kaliumbijodat mit einem Reinheitsgrade von etwa 90% aus. Die Kristalle werden abgenutscht und dreimal aus Wasser umkristallisiert (vgl. unter 1) und schließlich bei 120° (aber nicht höher) getrocknet.

Sowohl nach Vorschrift 1 wie 2 erhielten wir ganz reine Präparate mit einem Wirkungswert von 99,97 bis 100,00%. Das Salz kristallisiert unzersetzt aus Wasser um[1].

Einstellung: Die abgewogene Menge Salz wird in Wasser (das in Gleichgewicht mit der Luft!) gelöst und mit Dimethylgelb bis auf die Wasserfarbe titriert. Die Titration kann dann auf Phenolphthalein fortgesetzt werden (vgl. bei Oxalsäure S. 105).

Bernsteinsäure, Bernsteinsäureanhydrid, Malonsäure als Ursubstanzen: Bernsteinsäure wird schon lange als Ursubstanz verwendet die beiden anderen sind von Phelps und Weed[2] vorgeschlagen worden; sie sind jedoch schwer ganz analysenrein zu erhalten. Die Säuren gehen beim Trocknen leicht in die Anhydride über. Sie sind auch schwierig von organischen Verunreinigungen zu befreien.

Benzoesäure. Äquivalentgewicht 122,00: Benzoesäure wird schon von J. Wagner[3] als Ursubstanz genannt und ist von Phelps und Weed[4] und besonders von G. W. Morey[5] empfohlen worden.

---

[1] Vgl. auch P. A. Meerburg: Chem. Weekbl. Bd. 1, S. 474. 1924.

[2] Bernsteinsäure: Petersen: Zeitschr. f. angew. Chem. Bd. 13, S. 688. 1900; Phelp und Mitarbeiter: Zeitschr. f. anorg. allgem. Chem. Bd. 53, S. 361. 1907; Bd. 59, S. 114. (1908; Americ. Journ. of. Science Bd. 26, S. 141. 1908.

[3] Wagner, J.: 5. Intern. Kongreß f. angew. Chem. Bd. 1, S. 323. 1903.

[4] Phelps und Weed: Americ. Journ. of Science Bd. 26, S. 141. 1908.

[5] Morey, G. W.: Journ. of the Americ. chem. soc. Bd. 34, 1027. 1912.

Die Säure wird in den letzten Jahren auch viel als Normalsubstanz benutzt für calorimetrische Messungen (Verbrennungswärme!) und für diese Zwecke vom Handel rein geliefert.

Morey kristallisiert die käuflichen Produkte zweimal aus Alkohol und einmal aus Wasser um, und sublimiert sie dann im Vakuum. Das so erhaltene Präparat ist sehr voluminös, daher wird es am besten in einem Platingefäß bei 140⁰ geschmolzen und die Schmelze zerrieben. Die Oberflächenkondensation von Wasserdampf ist dann gering und zu vernachlässigen. Die Säure selbst ist nicht hygroskopisch.

Einstellung: 1 g Säure löst man in 20 ccm (neutralem) Alkohol und titriert mit Phenolphthalein als Indicator.

Kaliumbiphthalat. Äquivalentgewicht 204,06: Dieses Salz wird in Amerika viel verwendet und ist von F. E. Dodge[1] und weiter von W. S. Hendrixson[2] als Ursubstanz empfohlen worden. Zur Herstellung geht Hendrixson von reiner, sublimierter Phthalsäure aus, versetzt sie mit etwas mehr als der theoretischen Menge wasserfreien Kaliumcarbonats und kristallisiert dreimal aus Wasser um. Löslichkeit bei 25⁰ 10,24%, bei 100⁰ 36,12%. Das gereinigte Salz wird bei 125⁰ getrocknet, nicht höher, weil sonst Phthalsäureanhydrid sublimiert. Das Salz ist nicht hygroskopisch, nach dem Trocknen zieht es nicht mehr als 1:36000 Wasser an. (Bei der Herstellung soll man darauf achten, daß Phthalsäure nicht im Überschuß vorhanden ist; ein solcher ist nämlich beim Umkristallisieren schwer zu entfernen.)

Borax (vgl. S. 92): Zur Einstellung von Laugen ist Borax weniger geeignet als zur Einstellung von Säuren. Man kann die Titration auf Phenolphthalein als Indicator vornehmen, nachdem man durch Zusatz eines polyvalenten Alkohols die Borsäure in eine stärkere komplexe Säure übergeführt hat. Hierzu benutzt man besonders Mannit oder Invertzucker (vgl. die Titration von Borsäure S. 118, wo praktische Einzelheiten aufgeführt werden).

Hydrazinsulfat (vgl. auch S. 350): $N_2H_4 \cdot H_2SO_4$. Äquivalentgewicht 65,018. Dieses Salz ist wasserfrei und durch Umkristallisation aus Wasser und Trocknen bei 150⁰ völlig rein erhalten. Die zweite Dissoziationskonstante des Hydrazins ist

---

[1] Dodge, F. E.: Journ. Industr. Engin. Chem. Bd. 7, S. 29. 1915.

[2] Hendrixson, W. S.: Journ. of the Americ. chem. soc. Bd. 37, S. 2352. 1915; Bd. 42, S. 724. 1920.

sehr klein, etwa 3×10^{-13}*; daher reagiert die Lösung des normalen Salzes stark sauer.

Die Lösung des basischen Salzes reagiert auch noch sauer ($p_H \cong 5$), weil selbst die erste Dissoziationskonstante des Hydrazins einen relativ kleinen Wert hat. (3×10^{-6}); daher erzielt man bei der Einstellung von Lauge auf Methylrot den schärfsten Umschlag. Dimethylgelb ist nach unserer Erfahrung aber auch zu verwenden; Kohlensäure stört dabei nicht. Gegen Phenolphthalein ist die Einstellung jedoch nicht durchzuführen.

Es sind noch manche anderen Ursubstanzen aufgestellt worden, wie Pyridinperchlorat[1], Kaliumbitartrat[2], Kaliumbichromat[3], Pikinsäure[4], welche wir hier jedoch nicht näher besprechen wollen.

Viertes Kapitel.

Die Neutralisationsreaktionen.

§ 1. Die Titration starker Säuren mit starken Basen und umgekehrt. Wir haben schon früher eingehend die Neutralisationskurven (Teil 1, S. 47) die Indicatoren (Teil I, S. 88, und Teil II, S. 56), den Titrierfehler (Teil I, S. 113) behandelt, und können uns hier daher über das vorliegende Thema ganz kurz fassen. Aus der Tabelle auf S. 69 über den „notwendigen Überschuß" der Indicatoren ist zu erkennen, daß man bei der Titration von Normallösungen noch alle Indicatoren verwenden darf, die bei einem p_H zwischen 3 und 11 umschlagen. Bei der Titration 0,1 normaler Lösungen wird für ein gleichweites p_H-Intervall der notwendige Überschuß zu groß, und der Umschlag zu unscharf; wir sind dann

---

* Vgl. J. M. KOLTHOFF: Journ. of the Americ. chem. soc. Bd. 46, S. 2009. 1924; SOMMER und WEISE: Zeitschr. f. anorg. allgem. Chem. Bd. 94, S. 51. 1916.

[1] BORNTRAEGER, A.: Zeitschr. f. analyt. Chem. Bd. 25, S. 333. 1886; Bd. 31, S. 56. 1892; Bd. 33, S. 713. 1894; Chemiker-Zeit. Bd. 5, S. 519. 1881.

[2] RICHTER: Zeitschr. f. analyt. Chem. Bd. 21, S. 205. 1882; Zeitschr. f. anorg. allgem. Chem. Bd. 3, S. 84. 1893; vgl. dagegen G. BRUHNS: Journ. f. prakt. Chem. (2), Bd. 93, S. 95. 1916; FAVREL, G.: Ann. chim. anal. chim. appl. Bd. 9, S. 161. 1927.

[3] SANDER: Zeitschr. f. angew. Chem. Bd. 27, S. 192. 1914; PFEIFFER: Zeitschr. f. angew. Chem. Bd. 27, S. 383. 1914.

[4] ARNDT, F. und P. NACHTWEY: Ber. Bd. 59 B, S. 448. 1926.

auf Indicatoren angewiesen, welche zwischen $p_H = 4$ und 10 ihre Farbänderung zeigen, damit der Titrierfehler nicht 0,2% überschreitet. Für die Titration von 0,01-n-Lösungen ist unsere Wahl noch beschränkter; nämlich auf das p_H-Gebiet zwischen 5 und 9.

Sehr instruktive Laboratoriumsversuche sind die folgenden Titrationen. Man stellt sich aus n-Salzsäure und n-carbonatfreier Lauge mit gutem Wasser 0,1-n und 0,01-n-Lösungen her und titriert 25 ccm der verschiedenen Säurelösungen mit den entsprechenden Natronlaugeverdünnungen unter Anwendung von etwa Dimethylgelb, Methylrot, Phenolrot, Phenolphthalein als Indicatoren. Wenn die vorgenannten Bedingungen erfüllt sind (Normalitäten, Carbonatfreiheit der Lauge), so findet man folgende Resultate:

Indicator	Farbe beim Endpunkte	25 ccm n-Säure verbrauchen n-Lauge	25 ccm 0,1-n-Säure verbrauchen 0,1-n-Lauge	25 ccm 0,01-n-Säure verbrauchen 0,01-n-Lauge
Dimethylgelb	Wasserfarbe	25,00	24,95	24,6
Methylrot	gelb ($p_T = 6{,}0$)	25,00	25,00	25,00
Phenolrot	rosa bis gelb	25,00	25,00	25,00
Phenolphthalein	rosa	25,00	25,02	25,10

Selbst bei ganz kohlensäurefreien Flüssigkeiten beträgt die Differenz in dem Verbrauchen auf Dimethylgelb und Phenolphthalein bei 0,01-n-Flüssigkeiten etwa 2%. Praktisch ist sie gewöhnlich noch etwas größer.

Man führt nun die Titrationen in umgekehrter Richtung, d. h. geht von 25 ccm Natronlauge aus.

Indicator	Farbe beim Endpunkt	25 ccm n-Lauge verbrauchen n-Säure	25 ccm 0,1-n-Lauge verbrauchen 0,1-n-Säure	25 ccm 0,01-n-Lauge verbrauchen 0,01-n-Säure
Phenolphthalein	farblos	25,00	25,00	25,00
Phenolrot	rosa' bis gelb	25,00	25,00	25,00
Methylrot	orange ($p_T = 5$)	25,00	25,00	25,03
Dimethylgelb	erste Abweichung von Wasserfarbe ($p_T = 4$)	25,00	25,05	25,50

Auch diese Zahlen sind ein wenig idealisiert, weil praktisch die Lauge wohl immer etwas Carbonat enthält und bei der Titration eine Spur Kohlensäure anzieht. Doch braucht die Differenz zwischen den Titerzahlen auf Dimethylgelb und Phenolphthalein bei der Titration 0,1 normaler Lösungen nicht größer als 0,4% zu sein. Will man sich bei der Titration von 0,1-n-Säure gegen Lauge von der Störung durch Kohlensäure frei machen, so kocht man die Flüssigkeit nach Eintritt der Wasserfarbe des Dimethylgelbs 5 Minuten lang aus und titriert dann nach dem Abkühlen weiter auf Phenolphthalein, bis die gelbe Farbe wieder von der Wasserfarbe abzuweichen beginnt. Die Differenz zwischen beiden Titerzahlen ist unter diesen Verhältnissen nicht größer als 0,2%.

Aus den erhaltenen Verbrauchszahlen gewinnt man einen deutlichen Eindruck vom Titrierfehler. Die Bestimmungen beziehen sich alle auf Zimmertemperatur.

Bei der Siedetemperatur ändern sich die Verhältnisse folgendermaßen:

1. Die sprunghafte Änderung der Wasserstoffionenkonzentration beim Äquivalenzpunkt wird viel geringer, weil K_w bei 100^0 etwa auf das 100fache des Wertes bei Zimmertemperatur wächst (vgl. Teil I, S. 248).

2. Die Empfindlichkeit der Indicatoren für Wasserstoff- bzw. Hydroxylionen kann sich ändern. Wie wir im ersten Teil gesehen haben (S. 96), werden die Indicatoren von basischem Charakter bei höherer Temperatur unempfindlicher für Wasserstoffionen, hingegen die Indicatoren von saurer Natur unempfindlicher auf Hydroxylionen. Daher geben Dimethylgelb oder Methylorange, welche sich wie schwache Basen verhalten, bei höherer Temperatur an 0,1-n-Lösungen keinen scharfen Umschlag mehr, während die Titration auf Bromphenolblau, eine Indicatorsäure, welche bei Zimmertemperatur dasselbe Umwandlungsintervall hat wie Dimethylgelb und Methylorange, bei höherer Temperatur wohl noch brauchbar ist.

Umgekehrt hat Phenolphthalein mit 0,01-n-Lösungen bei Zimmertemperatur einen scharfen Umschlag von Rosa nach Farblos, bei der Siedetemperatur wird seine Empfindlichkeit für Hydroxylionen viel kleiner, die Farbänderung verliert an Schärfe und tritt nicht mehr genau am Äquivalenzpunkt ein.

An dieser Stelle müssen wir noch eine Bemerkung über das Verhalten der Indicatoren bei der Titration von Flüssigkeiten beifügen, welche geringe Mengen Kohlensäure enthalten, wie es praktisch meist der Fall ist. Dimethylgelb (oder Methylorange) selbst reagiert nicht auf geringe Anteile Kohlensäure. Daher ist sein Umschlag unabhängig von einem schwachen Kohlen-

säuregehalt der Flüssigkeit. Anders Phenolphthalein, dem gegenüber sich die Kohlensäure als eine einbasische Säure titrieren läßt
(vgl. S. 137). Daher geht die zuerst auftretende rosa Farbe des
Indicators immer wieder auf farblos zurück, weil fast alle Kohlensäure in der Form ihres Anhydrids CO_2 gelöst ist und die Reaktion

$$CO_2 + H_2O \rightleftharpoons H_2CO_3 \qquad \text{oder}$$
$$CO_2 + OH' \rightleftharpoons HCO_3'$$

mit meßbarer Geschwindigkeit verläuft. Das Schwinden der
Phenolphthaleinfärbung ist also nicht eine Eigentümlichkeit
dieses Indicators, denn dessen Farbumschlag findet momentan
statt, ist vielmehr dem eigentümlichen Verhalten der Kohlensäure zuzuschreiben. Wenn die Flüssigkeit einmal bleibend rosa
gefärbt ist, kann man sie längere Zeit an der Luft stehen lassen,
ehe sie wieder abblaßt. Die Kohlensäure der Luft diffundiert
nur langsam in die Flüssigkeit ein. An anderen Indicatoren wie Thymolblau, Kresolrot, Phenolrot, Methylrot nimmt man ähnliche Erscheinungen wahr, wie sie für Phenolphthalein beschrieben wurden.

Bei wissenschaftlichen Untersuchungen (etwa bei Adsorptionsversuchen) muß man oft stark verdünnte Säurelösungen
mit Lauge oder umgekehrt titrieren. Um sich von der Kohlen-
säurestörung unabhängig zu machen, empfiehlt es sich, die Titration bei der Siedetemperatur auszuführen, wobei Indicatoren
wie Phenolrot, Kresolrot, Bromthymolblau, Rosolsäure und auch
noch Methylrot zu verwenden sind. Wenn man z. B. 0,005-n-
Salzsäure genau titrieren will, so fügt man Methylrot hinzu,
und titriert in der Kälte mit Natronlauge, bis der Indicator eine
Zwischenfarbe zeigt. Dann wird aufgekocht und die Titration
bei der Siedetemperatur weiter verfolgt, bis die Farbe bleibend
in rein Gelb übergegangen ist. Die Genauigkeit beträgt dann noch
wohl 0,2%. Nimmt man Phenolrot als Indicator, dann wird in der
Siedehitze soviel Lauge hinzugefügt, bis die gelbe Farbe bleibend in
Orange bis Rot umgewandelt ist. Im letzten Falle kann man
0,001-n-Flüssigkeiten leicht auf 0,5% genau titrieren. Bei der
umgekehrten Titration von Lauge mit Säure fügt man bei Verwendung von Methylrot schließlich bei der Siedetemperatur so viel
Säure hinzu, bis die Farbe von rein Gelb abweicht, und nicht mehr
nachläßt, oder mit Phenolrot so viel Säure, bis die Flüssigkeit bleibend gelb gefärbt ist.

Bei diesen Versuchen muß man natürlich Kolben aus Jenaer-
oder von anderem nicht angreifbarem Glase verwenden. Die gewöhnlichen Glassorten geben beim Kochen mit wässerigen Lösungen
merkbare Mengen Alkali ab und verursachen daher grobe Fehler.

Bestimmung von Alkalihydroxyd in Ätzalkalien. Ätznatron
und Ätzkali werden in verschiedenen Reinheitsgraden in den
Handel gebracht. Auch die reinsten Produkte (mit Alkohol gereinigt oder „e metallo") ziehen oberflächlich leicht Wasser und
Kohlensäure an und enthalten daher geringe Mengen Carbonat.
Es ist nun von praktischer Wichtigkeit, das Alkalihydroxyd neben dem Carbonat zu bestimmen.

Wir haben schon wiederholt hervorgehoben, daß Dimethylgelb
unempfindlich gegen Kohlensäure ist. Daher kann man leicht die
Gesamtmenge Alkali, d. h. die Summe von Alkalihydroxyd und Carbonat durch eine Titration mit Säure auf Dimethylgelb bestimmen.

a) Das Alkalihydroxyd allein ermittelt man am besten nach
Cl. WINKLER.

Vorschrift: Die schnell abgewogene Menge Ätznatron oder
Ätzkali wird in einem Meßkolben mit praktisch kohlensäurefreiem Wasser auf ein bestimmtes Volumen gelöst. In einem aliquoten Teil der Lösung fügt man einen Überschuß einer neutralen
10 proz. Bariumchloridlösung hinzu, so daß nach Fällung des
Carbonats die Lösung wenigstens noch 0,1-n an Bariumsalz ist,
und titriert dann unter beständigem Umrühren mit Salzsäure,
bis Phenolphthalein eben entfärbt wird (Alkalihydroxyd).
Ein anderer Teil der Lösung (ohne Ba-Zusatz) wird auf Dimethylgelb titriert (Alkalihydroxyd + Carbonat). Aus der Differenz
beider Verbrauche berechnet man den Carbonatgehalt.

Bemerkungen[1]: 1. Eine Suspension von reinem Bariumcarbonat
reagiert deutlich alkalisch auf Phenolphthalein. In Anwesenheit eines
Überschusses von Bariumionen wird die Löslichkeit des Carbonats so
stark zurückgedrängt, daß sich die Lösung gegen den gleichen Indicator
neutral verhält.

2. Eine Natriumcarbonatlösung gibt bei der Fällung mit überschüssigem
Bariumchlorid in der Kälte nach S. P. L. SÖRENSEN und A. C. ANDERSEN[2]

---

[1] Vergl. Nachträge am Schluß des Buches!

[2] SÖRENSEN, S. P. L. und A. C. ANDERSEN: Zeitschr. f. analyt. Chem.
Bd. 45, S. 220. 1906; Bd. 47, S. 279. 1908; vgl. auch M. LE BLANC und
K. NOVOTNY: Zeitschr. f. anorg. allgem. Chem. Bd. 51, S. 181. 1906; Bd. 53,
S. 344. 1907.

ein auf Phenolphthalein deutlich alkalisch reagierende Flüssigkeit (vgl.
S. 89), weil stets ein wenig saures Salz (Bicarbonat) mitgerissen wird. Bei
der Fällung in der Wärme wird jedoch reines Bariumcarbonat niedergeschlagen. In Anwesenheit von Alkalihydroxyd geht dagegen bei der
Fällung in der Wärme auch basisches Salz in den Niederschlag ein, und
zwar um so mehr, je höher die Alkalihydroxydkonzentration ist. Daher
gibt die WINKLERsche Methode nach SÖRENSEN und ANDERSEN nur dann
gute Resultate, wenn die Fällung in der Wärme und in Lösungen, welche nur
oder fast nur normale Carbonate enthalten, vorgenommen wird. Liegt eine
stärkere hydroxydhaltige Lösung vor, so muß daher vor der Erwärmung
und der anschließenden Fällung mit Bariumchlorid die Ätzalkalität im
wesentlichen durch eine entsprechende, durch vorläufigen Versuch angenähert
bestimmte Menge Salzsäure abgestumpft werden.

Zur Untersuchung von Handelslaugen, welche gewöhnlich doch nur
geringe Mengen Carbonat enthalten, darf man meiner Erfahrung nach,
ohne einen Fehler zu begehen, der WINKLERschen Vorschrift folgen. Auch
wenn viel mehr Carbonat als Hydroxyd vorliegt, kann man wohl mit der
Fällung in der Kälte auskommen. So verbrauchten 5 ccm 0,1-n-carbonatfreie
Natronlauge mit 20 ccm Wasser 4,98 ccm 0,1-n-Salzsäure auf Phenolphthalein, dieselbe Menge Lauge mit 25 ccm 10proz. Bariumchlorid 5,00 ccm
0,1-n-Säure. Eine Mischung von 5 ccm 0,1-n-Lauge mit 10 ccm einer ganz
reinen 5proz. Natriumcarbonatlösung erforderten nach der Fällung in der
Kälte mit 25 ccm 10proz. Bariumchloridlösung 5,0—5,05 ccm 0,1-n-Salzsäure.

b) Wenn nur kleine Mengen Carbonat das Alkalihydroxyd
begleiten, so eignet sich durchaus die einfache WARDERsche
Methode[1].

Vorschrift: Zu einem aliquoten Teil der Lösung gibt man
Phenolphthalein und titriert unter Umschwenken mit Säure
auf Entfärbung (Hydroxyd + Hälfte des Carbonats). Dann
wird die Titration gegen Dimethylgelb fortgesetzt. Sind a ccm
auf Phenolphthalein verbraucht worden und weitere b ccm von
Phenolphthalein nach Dimethylgelb, so entsprechen $(a—2b)$ ccm
Säure dem Alkalihydroxydgehalt.

Bemerkung: Die Titration von Carbonat bis Bicarbonat
mittels Phenolphthalein gibt selbst keinen scharfen Endpunkt
(vgl. S. 135). Wenn jedoch nur wenig Carbonat neben Alkalihydroxyd enthalten ist, so bleibt der Titrierfehler klein und zu
vernachlässigen[2].

§ 2. Die Titration schwacher Säuren mit starken Basen.
Im theoretischen Teil (S. 47) haben wir die Neutralisations-

---

[1] WARDER: Chem. News Bd. 43, 228.
[2] LUNGE, G. und LOHÖFER: Zeitschr. f. angew. Chem. Bd. 10, S. 41. 1897

kurven der schwachen Säuren schon eingehend besprochen, und haben daraus gefolgert, daß man bei ihrer Bestimmung einen säureempfindlichen Indicator (wie Phenolphthalein) zu verwenden hat. Aus der Neutralisationskurve lassen sich auch Schlüsse auf die Schärfe des Indicatorumschlags ziehen. In den häufigsten Fällen ist die Änderung der Wasserstoffionenkonzentration beim Endpunkt so stark, daß man gewöhnlich ohne Vergleichslösung auskommt; man titriert eben bis zur Farbänderung des Indicators. Das gilt jedoch nicht ganz allgemein; der Gang der Wasserstoffionenkonzentration und damit die Schärfe des Umschlags werden von der Dissoziationskonstante der Säure und von ihrer Konzentration bedingt.

Aus der folgenden Tabelle läßt sich sofort ersehen, unter welchen Verhältnissen die Titration einer schwachen Säure von bekannter Dissoziationskonstante mit einer starken Base genaue Resultate liefert. An Hand der Ableitungen, welche im theoretischen Teil mitgeteilt wurden (S. 113) habe ich die p_H am Äquivalenzpunkt bei der Titration von n-Säure mit n-Lauge, 0,1-n-Säure mit 0,1-n-Lauge bzw. 0,01-n-Säure mit 0,01-n-Lauge unter Annahme verschiedener Dissoziationskonstanten der Säure berechnet. Diese p_H entsprechen also den angestrebten Titrierexponenten p_T. Weiter habe ich die p_H bei 0,2% vor und 0,2% hinter dem Äquivalenzpunkte ermittelt, so daß man daraus sofort das Maß des p_H-Sprungs ablesen kann. Die Berechnung bezieht sich auf Bestimmungen bei Zimmertemperatur; für K_w wurde ein Wert von 10^{-14} angenommen (22°).

Gang der Wasserstoffionenkonzentration am Äquivalenzpunkt bei der Titration schwacher Säuren mit starken Basen.

Dissoziationskonstante	Titration von n-Lösungen			Titration von 0,1-n-Lösungen			Titration von 0,01-n-Lösungen		
	p_H 0,2% vor Äqu.-Punkt	p_T (= p_H beim Äqu.-Punkt)	p_H 0,2% hinter Äqu.-Punkt	p_H 0,2% vor Äqu.-Punkt	p_T	p_H 0,2% hinter Äqu.-Punkt	p_H 0,2% vor Äqu.-Punkt	p_T	p_H 0,2% hinter Äqu.-Punkt
10^{-3}	5,5	8,3	11,0	5.6	7,8	10,0	5,70	7,35	9,0
10^{-4}	6,5	8,8	11,0	6,6	8,3	10,0	6,70	7,85	9,0
10^{-5}	7,5	9,3	11,0	7,6	8,8	10,0	7,70	8,35	9,0
10^{-6}	8,5	9,8	11,0	8,6	9,3	10,0	8,57	8,85	9,14
10^{-7}	9,5	10,3	11,0	9,56	9,8	10,13	9,25	9,35	9,46
10^{-8}	10,44	10,8	11,1	10,21	10,3	10,42	9,83	9,85	9,87
10^{-9}	11,16	11,3	11,39	10,78	10,8	10,82	10,35	10,35	10,35
10^{-10}	11,76	11,8	11,85						

Für die Berechnung wurde der Aktivitätskoeffizient des Anions in einer 0,5-n-Salzlösung zu 0,70, der einer 0,05-n-Salzlösung zu 0,85, und der einer 0,005-n-Lösung gleich 1 gesetzt. Bei zweiwertigen Anionen werden diese Zahlen etwas kleiner; dies hat jedoch praktisch fast keinen Einfluß auf das Resultat der Berechnungen.

Diskussion der Tabelle: Die Titration von 0,01-n-Säurelösungen mit 0,01-n-Natronlauge: Mit Phenolphthalein oder Thymolblau als Indicator wird die Bestimmung noch auf 0,2% genau, sobald K_S größer ist als etwa 3×10^{-6}, und sobald wir bis zur Abweichung von der Wasserfarbe titrieren. Auch schwächere Säuren lassen sich wohl noch bestimmen, wenn man eine Vergleichslösung vom selben p_H und der gleichen Menge Indicator hinzuzieht, wie sie die Titrier-Flüssigkeit beim Äquivalenzpunkt hat. Rechnen wir mit einer Genauigkeit der Wahrnehmung des p_T von $\pm 0,1$, so sind 0,01-n-Lösungen von Säuren, deren Dissoziationskonstanten größer als 10^{-7}, noch gut zu bestimmen. Bei kleinerer Dissoziationskonstante liefert die Titration in der genannten Verdünnung keine befriedigenden Resultate mehr.

Die Titration von 0,1-n-Säurelösungen mit 0,1-n-Natronlauge: Mit Thymolphthalein als Indicator (p_T ist etwa 10) lassen sich in 0,1-n-Lösung noch Säuren mit Diss.-Konst. über $5 \cdot 10^{-8}$ genau titrieren. Falls man eine Vergleichslösung vom richtigen Titrierexponenten benutzt, kann die Titration noch auf Säuren mit Dissoziationskonstanten größer als 10^{-8} mit Erfolg angewandt werden, z. B. auf Veronal, deren $K_S = 3 \cdot 10^{-7}$.

Als Vergleichslösung wählt man ein Puffergemisch, dessen p_H dem Titrierexponenten entspricht[1]. Steht das reine Alkalisalz der zu titrierenden Säure zur Verfügung, so ist prinzipiell dessen Lösung als Vergleichung vorzuziehen, natürlich in einer Konzentration, wie sie im Titriersystem beim Äquivalenzpunkt vorliegt.

Die Titration von n-Säurelösungen mit n-Lauge: Säuren mit einer Dissoziationskonstante größer als 10^{-6} sind in n-Lösung noch genau auf Phenolphthalein zu titrieren. Liegt die Konstante K_s zwischen 10^{-6} und etwa 3×10^{-8}, darf Thymolphthalein noch ohne Vergleichslösung benutzt werden. Bei noch

---

[1] Vgl. u. a. J. M. Kolthoff: Der Gebrauch von Farbindikatoren, 3. Aufl. S. 142 ff.

kleineren Konstanten ist der p_H-Sprung in Gegend des Äquivalenzpunktes so flach, daß man auf eine Vergleichslösung angewiesen ist. In dieser Weise werden noch Säuren mit Dissoziationskonstanten bis zu 5×10^{-10} auf 0,5% genau der Titration zugänglich. Dabei dient am besten Nitramin oder Tropäolin 0 als Indicator. Wegen der hohen Alkalität der Flüssigkeit beim Äquivalenzpunkt kann man wohl auch eine sehr verdünnte Natronlauge als Vergleichslösung benutzen $(p_{0H} = 14 - p_T)$; jedoch hat man dabei sehr sorgfältig zu verfahren, da sie leicht Kohlensäure aus der Luft anzieht. Besser eignet sich daher eine Sodalösung. Weil auch der Salzgehalt bei Titration normaler Lösungen im Endpunkt ziemlich beträchtlich ist (0,5-n) empfiehlt sich hier ganz besonders, die Lösung des Natriumsalzes der fraglichen Säure als Vergleichslösung zu nehmen, zumal dann auch der Salzfehler des Indicators kompensiert wird.

Auf diese Weise lassen sich noch die schwachen Säuren wie Borsäure $(K = \text{etwa } 6 \times 10^{-10})$, Cyanwasserstoffsäure $(K = 7 \times 10^{-10})$, Phenol $(K = 2 \times 10^{-10})$ auf 0,5 bis 1% genau bestimmen.

Einzelheiten darüber sind der Originalabhandlung von Kolthoff[1] zu entnehmen.

Auf Grund vorstehender Ausführungen ist mühelos zu beurteilen, unter welchen Verhältnissen man eine Säure von bekannter Dissoziationskonstante noch zu titrieren vermag. Wir wollen nun nicht die Bestimmung jeder einzelnen Säure behandeln, sondern nur einige wichtige Sonderfälle herausgreifen.

Borsäure: Die Borsäure, eine sehr schwache Säure, läßt sich nur in etwa normaler Lösung mit n-Alkali direkt gegen Tropäolin 0 oder Nitramin bestimmen. Vergleichslösung ist 0,05 molares Natriumcarbonat. Genauigkeit 1—2% (vgl. Prideaux[2] und auch Kolthoff[3]. Bei der Berechnung des Titrierexponenten ist zu bedenken, daß Borsäure sich etwas abnormal verhält, ihre „Dissoziationskonstante" wächst infolge Bildung einer stärkeren Polyborsäure stark mit zunehmender Konzentration. So fand ich[3] in 0,1 molarer Lösung $K_S = 4,6 \times 10^{-10}$; in 0,25 molarer

---

[1] Kolthoff, J. M.: Zeitschr. f. anorg. allgem. Chem. Bd. 115, S. 168. 1921; auch Prideaux: Zeitschr. f. anorg. allgem. Chem. Bd. 85, S. 362. 1913.

[2] Prideaux: Zeitschr. f. anorg. allgem. Chem. Bd. 85, S. 362. 1913. — Kolthoff, J. M.: Zeitschr. f. anorg. allgem. Chem. Bd. 115, S. 168. 1921.

[3] Kolthoff, J. M.: Rec. Trav. Chim. Bd. 45, S. 501. 1926.

Lösung $K_S = 26 \times 10^{-10}$, in 0,5 molarer Lösung 119×10^{-10} bei 18^0. KARL NAEGELI[1] hat auf die Borsäuretitration seine Trübungsindicatoren angewandt; er gibt Lauge im Überschuß hinzu, und titriert mit 0,1-n-Säure gegen Indicator a (vgl. S. 55) bis zur eintretenden Trübung zurück. Genauigkeit etwa 2—3%.

Die direkte Titration der Borsäure hat nur eine geringe praktische Bedeutung. Vielmehr wird man immer von der Tatsache Gebrauch machen, daß Borsäure mit polyvalenten Alkoholen stärkere komplexe Säuren zu bilden vermag, die sich scharf auf Phenolphthalein titrieren lassen. Zu diesem Zweck hat schon R. T. THOMSON[2] den Zusatz von neutralem Glycerin empfohlen, später sind auch andere Polyalkohole auf ihre Brauchbarkeit untersucht worden. Mannit erwies sich hierbei geeigneter als Glycerin; man braucht viel geringere Mengen (auf 10 ccm etwa 0,5—0,7 g); er wird vollkommen rein geliefert, und der Umschlag ist schärfer als mit Glycerin, weil die komplexe Boromannitsäure stärker ist und die viscose Glycerinlösung die erste Rötung viel weniger gut erkennen läßt. Untersuchungen von BOESEKEN (1911—1923) zeigten, daß Invertzucker wieder vorteilhafter ist als Mannit. Wennschon Glucose eine geringere Wirkung als der Mannit hat, so ist die Komplexbildung mit Fructose um so stärker.

B. GILMOUR[3] gibt eine gute Vorschrift zur Herstellung des Invertzuckers; wir können seine Methode warm empfehlen: Man löst ungefähr 3 kg Kristallzucker in 1 l destilliertem Wasser und kocht einige Minuten bis zum Klarwerden, am besten in einem großen, verzinnten Gefäße. Hierauf gibt man rasch 25 ccm 3-n-Schwefelsäure hinzu, rührt eine halbe Minute und versetzt dann mit 1½ l Wasser, dem man zuvor 25 ccm 3-n-(carbonatfreie)-Natronlauge beigemischt hat, rührt wieder um, und kühlt ab. Die Lösung soll neutral und farblos sein, ihr Volumen beträgt etwa 4½ l und enthält annähernd 55% Invertzucker.

Vorschrift zur Titration: Auf je 10 ccm 0,1-n-Borsäure fügt man 3—4 ccm Invertzuckerlösung und titriert auf Phenolphthalein bis zu Rosafärbung. Dann fügt man nochmals 5 ccm Invertzuckerlösung hinzu: Wenn die Farbe des Indicators wieder

---

[1] NAEGELI, K: Koll. Beih., Bd. 21, S. 306. 1926
[2] THOMSON, R. T.: Journ. soc. chem. Ind. Bd. 12, S. 432. 1893
[3] GILMOUR, B.: Analyst Bd. 46, S. 3. 1921; Bd. 49, S. 576. 1924

verschwindet, titriert man mit Lauge weiter, bis zum Umschlag und wiederholt dann zur Prüfung den Invertzuckerzusatz.

Bemerkungen: 1. Statt Phenolphthalein empfehlen W. STRECKER und E. KANNAPPEL[1] besonders α-Naphtholphthalein als Indicator. Der Umschlag auf diesen Indicator ist auch sehr deutlich (Titration auf Grün); er hat sonst jedoch keine besonderen Vorteile gegenüber Phenolphthalein.

2. Falls man statt Invertzucker Glycerin verwendet, muß dieses zuvor auf Phenolphthalein neutralisiert werden, weil es gewöhnlich sauer reagiert.

Auf 10 ccm 0,1-n-Borsäure rechnet man ungefähr 10 ccm Glycerin. In letzterer Zeit wird von LE ROY, S. WEATHERBY und H. H. CHESNEY[2] Glucose statt Glycerin oder Mannit empfohlen. Zwar braucht man etwa 10 mal mehr Glucose als Mannit, doch ist die erstere leicht rein und billig aus dem Handel zu beziehen.

3. Über die Theorie der Komplexbildung von Borsäure mit polyvalenten Alkoholen hat schon MAGNANINI[3] wertvolle Untersuchungen veröffentlicht. Später hat J. BOESCKEN mit Mitarbeitern (1911—1924) dieses Gebiet eingehend durchforscht. J. A. M. VAN LIEMPT[4] hat die Neutralisationskurven von Borsäure mit Glycerin bzw. Mannit unter verschiedenen Verhältnissen mit der Wasserstoffelektrode gemessen, und seine Resultate wurden von J. M. KOLTHOFF[5] theoretisch weiter verwertet. Die einzelnen Vorgänge haben sich als ziemlich kompliziert herausgestellt; im übrigen verweisen wir auf die genannte Literatur.

4. Weil die Stabilität der gebildeten komplexen Säuren mit steigender Temperatur stark sinkt, empfiehlt es sich, die Titration bei möglichst niedriger Temperatur auszuführen, um scharfe Umschläge des Indicators zu erhalten.

5. Die Salze organischer Oxysäuren bilden auch mit Bor-

---

[1] STRECKER, W. und E. KANNAPPEL: Zeitschr. f. analyt. Chem. Bd. 61, S. 378. 1922.

[2] LE ROY, S. WEATHERBY und CHESNEY: Ind. Engin. Chem. Bd. 18, S. 820. 1926.

[3] MAGNANINI: Zeitschr. f. physik. Chem. Bd. 6, S. 68. 1890.

[4] VAN LIEMPT, J. A. M.: Rec. Trav. Chim. Bd. 37, S. 388. 1920.

[5] KOLTHOFF, J. M.: Rec. Trav. Chim. Bd. 44, S. 975. 1925.

säure komplexe Verbindungen von neutraler Eigenschaft. So reagiert z. B. Tartrat in folgender Weise:

$$\begin{array}{c} \text{COO}' \\ | \\ \text{CHOH} \\ | \\ \text{CHOH} \\ | \\ \text{COO}' \end{array} + 2\,\text{H}_3\text{BO}_3 \rightleftarrows \begin{array}{c} \text{COO} \\ | \\ \text{CHO} \\ | \\ \text{CHO} \\ | \\ \text{COO} \end{array}\!\!\!\begin{array}{c}\!\!\!>\!\text{BO}' \\ \\ \\ \!\!\!>\!\text{BO}' \end{array} + 4\,\text{H}_2\text{O}.$$

Ganz entsprechend verhalten sich Citrat, Lactat, Salicylat usw. Sind Salze dieser organischen Oxysäuren bei der Borsäurebestimmung anwesend, so ist sehr viel Mannit, Invertzucker oder andere Polyalkohole erforderlich, um sie unschädlich zu machen. Diese Dinge sind eingehend von KOLTHOFF[1] studiert worden.

6. Liegt die Borsäure neben starken Säuren vor, so neutralisiert man die Lösung zuerst auf Dimethylgelb und verfolgt dann die Titration nach Zusatz von Invertzucker auf Phenolphthalein. Da Borsäure eine so schwache Säure ist, reagiert ihre Lösung noch nicht oder nur ganz schwach sauer auf Dimethylgelb oder Methylorange. Betr. der Bestimmung von Borsäure neben schwachen Säuren vgl. S. 148.

7. Phosphorsäure wirkt bei der Borsäurebestimmung störend und wird nach POLENSKE[2] mit Ferrichlorid und Natronlauge entfernt, nach ALLEN und TANKARD[3] und auch nach SHREWSBURY[4] durch Chlorcalcium in alkalischer Lösung. Über die Bestimmung von Borsäure neben Aluminium, Eisen und Chrom vgl. H. FUNK und H. WINTER[5].

In Gegenwart von Ammonsalzen (etwa bei Bestimmungen in Ammonboraten, aus denen die Borsäure zuvor durch Säuretitration gegen Methylorange verdrängt worden ist) kann die durch Mannit oder Invertzucker in Komplexe übergeführte Borsäure nicht ohne weiteres mit Lauge und Phenolphthalein titriert

---

[1] KOLTHOFF, J. M.: Rec. Trav. Chim. Bd. 45, S. 607. 1926.

[2] POLENSKE: Arb. a. d. Reichs-Gesundheitsamte 1900. S. 561.

[3] ALLEN und TANKERD: Analyst Bd. 29, S. 301. 1904.

[4] SHREWSBURY: Analyst Bd. 32, S. 5. 1907.

[5] FUNK, H. und H. WINTER: Zeitschr. f. anorg. allgem. Chem. Bd. 142, S. 257. 1925.

werden (Zuvielverbrauch an Lauge, unscharfer Umschlag infolge freigesetzten Ammoniaks!). Vielmehr muß vor der Mannitzugabe aus der alkalisch gemachten Lösung das Ammoniak vollständig ausgekocht, diese daraufhin genau neutralisiert werden; dann erst darf mit Mannit, Phenolphthalein und Lauge in üblicher Weise weiter verfahren werden. Vgl. darüber H. MENZEL[1].

Die Borsäuretitration in Nahrungsmitteln behandeln die Handbücher dieses Gebietes[2].

Fluorwasserstoffsäure und Kieselfluorwasserstoffsäure nebeneinander. Nach meinen Bestimmungen hat die Fluorwasserstoffsäure eine Dissoziationskonstante von $3,7 \times 10^{-4}$; sie muß also auf Phenolphthalein titriert werden, wobei man auch sehr genaue Resultate erhält. Weil die Fluorwasserstoffsäure Glas angreift, muß die Titration selbstverständlich in Platin- oder Silbergefäßen vorgenommen werden, zumindestens in Glaskolben, die paraffiniert oder mit Wachs ausgekleidet sind. Gewöhnlich enthalten die Handelsprodukte der Flußsäure auch Kieselfluorwasserstoffsäure, und es ist sehr schwierig, beide Säuren nebeneinander zu bestimmen. Hierüber besteht eine sehr ausgedehnte Literatur; die bisherigen Vorschriften geben jedoch alle unzuverlässige Resultate.

Die Kieselfluorwasserstoffsäure ist eine starke Säure; dennoch reagiert die Lösung eines Silicofluorids nicht neutral, weil dieses mit Wasser in folgender Weise reagiert:

$$\mathrm{SiF_6'' + 2\,H_2O \rightleftarrows SiO_2 + 4\,H^{\cdot} + 6\,F'}.$$

Fluor- und Wasserstoffion stehen natürlich im Gleichgewicht:

$$\mathrm{H^{\cdot} + F' \rightleftarrows HF}.$$

Nach eignen (nicht veröffentlichten) Untersuchungen zeigt Alkalisilicofluoridlösung zwischen 0,05 und 0,0025 molar ein konstantes p_H von 3,5. In noch geringeren Konzentrationen nimmt das p_H langsam zu, eine 0,0001 molare Lösung hat ein p_H von 3,95.

Man kann daher die Kieselfluorwasserstoffsäure als zweibasische Säure bestimmen, indem man mit Dimethylgelb als Indicator auf ein p_T von 3,5 titriert. Der Umschlag ist jedoch sehr unscharf, und die Bestimmung liefert keine genauen Ergebnisse.

---

[1] MENZEL, H.: Zeitschr. f. anorg. allgem. Chem. Bd. 164, S. 5. 1927.

[2] Vgl. u. a. FRESCHER: Zeitschr. f. Untersuch. d. Nahrungs- u. Genußmittel Bd. 36, S. 283. 1918.

Viel besser geht die Bestimmung mit Phenolphthalein von statten. Die Kieselfluorwasserstoffsäure verhält sich dann wie eine sechsbasische Säure, weil das Silicofluoridion mit Lauge in folgender Weise reagiert:

$$SiF_6 + 4OH' \rightarrow SiO_2 + 6F' + 2H_2O.$$

In der Literatur steht vorgeschrieben, daß man die Lösung 5 Minuten mit einem Überschuß Lauge kocht und dann zurücktitriert. Nach meinen Erfahrungen liefert auch die direkte Titration auf Phenolphthalein sehr gute Resultate, wenn man bei der Siedehitze bis zur ersten auftretenden Rosafärbung titriert. Sehr scharf ist der Umschlag nicht, dies rührt wahrscheinlich daher, daß die gebildete Kieselsäure etwas Lauge adsorbiert hält. Zur Bestimmung müssen auch wieder Platin- oder Silbergefäße benutzt werden, mit Rücksicht auf die hydrolytisch gebildete Fluorwasserstoffsäure.

Fluorwasserstoffsäure und Kieselfluorwasserstoffsäure können nebeneinander in dieser Weise auch leicht und einfach bestimmt werden. Schwieriger ist es, eine der beiden einzeln zu fassen. Annähernd kann man die Kieselfluorwasserstoffsäure neben der anderen Säure ermitteln, wenn man nach KATZ[1] mit einer schwachen Base (Pyridin oder Anilin) auf Dimethylgelb titriert. Dieses Verfahren liefert jedoch sehr unbefriedigende Resultate.

KATZ suchte die Methode dadurch zu verbessern, daß er in alkoholischer Lösung bei Anwesenheit von viel Kaliumsalz titriert. Unter diesen Verhältnissen wird Kaliumfluorosilicat gefällt, welches in 40—50proz. Alkohol so schwer löslich ist, daß es nicht mehr mit Lauge reagiert. Er fügt zu 5 ccm der Kieselfluorwasserstoffsäurelösung 5 ccm 2-n-Kaliumchlorid und so viel Alkohol, daß dessen Gehalt am Ende der Titration 40—50% beträgt, und titriert dann mit 2-n-Lauge auf Phenolphthalein. Nebenher wird eine Bestimmung direkt in der Siedehitze auf Phenolphthalein ohne Zusatz von Alkohol und Kaliumchlorid ausgeführt. Der Unterschied im Verbrauch an Lauge gibt die vorhandene Menge Kieselfluorwasserstoffsäure an (Äquivalent-Gewicht = ¼ Mol.-Gew). An diesem Wert ist aber insofern eine

---

[1] KATZ: Chemiker-Zeit. Bd. 28, S. 356. 1902; Bd. 30, S. 356, 387. 1904. vgl. auch HÖNIG-SZABADKA: Chemiker-Zeit. Bd. 31, S. 1207. 1907.

Korrektur anzubringen, als Fluorwasserstoffsäure zum Teil vom Silicofluorid als „Kristallsäure" gebunden wird. Die Größe der Korrektur hängt von der Menge der Fluorwasserstoffsäure und des gebildeten Kaliumfluorosilicat ab. In einer eingehenden Arbeit hat KATZ die Korrekturen unter verschiedenen Verhältnissen bestimmt und zu einer Tabelle vereinigt.

HUDLESTON und BASSETT[1] kritisieren die Alkoholmethode und schlagen eine andere vor, bei welcher man die Zeit mißt, in der Fluorosilicat sich mit Lauge zu Fluorid umsetzt. Diese Methode ist für den praktischen Gebrauch aber noch viel weniger geeignet.

Nach vielen Versuchen bin ich schließlich zur folgenden einfachen Vorschrift gelangt:

Das Gemisch von Fluorwasserstoffsäure und Kieselfluorwasserstoffsäure wird in der Siedehitze (Platingefäß) auf Phenolphthalein neutralisiert:

$$HF + OH' \rightleftharpoons NaF + H_2O.$$
$$H_2SiF_6 + 6OH' \rightleftharpoons 6\,NaF + SiO_2 + 3\,H_2O.$$

In einem anderen Teil des Gemisches fügt man in einer Platinschale ein wenig 4-n-Salzsäure und etwa 1 g Natriumchlorid, und dämpft auf dem Wasserbad bis zur Trockne ein. Der Rückstand wird mit einigen Kubikzentimetern Wasser befeuchtet und wieder eingedampft. Dadurch verflüchtigt sich die Fluorwasserstoffsäure vollkommen, zurück bleibt Natriumfluorosilicat (neben Natriumchlorid).

Das Silicofluorid wird nun in der beschriebenen Weise in der Siedehitze auf Phenolphthalein mit Lauge titriert:

$$SiF_6'' + 4OH' \rightleftharpoons 6\,F' + SiO_2 + 2\,H_2O.$$

Aus der Differenz im Verbrauch an Lauge kann man die vorhandene Menge Kieselfluorwasserstoffsäure und Flußsäure berechnen.

Organische Oxysäuren: Aus den Dissoziationskonstanten (vgl. Teil I, Tabellen S. 248) geht hervor, daß die organischen

---

[1] HUDLESTON und BASSETT: Journ. of the Americ. Chem. Soc. Bd. 119, S. 403. 1921; vgl. auch GREEF: Ber. Bd. 46, S. 251. 1913; DINWIDDIE: Americ. Journ. of Science Bd. 192, S. 421. 1916; H. M. BRINTON, L. A. SARVER, A. E. STOPPEL: Ind. Engin. Chem. Bd. 15, S. 1080. 1923; GARCIA: Chem. Abstracts Bd. 15, S. 3801. 1921.

Oxysäuren zu den mäßig starken oder schwachen Säuren zu rechnen sind (bei den zweibasischen Säuren hat man K_2 zu berücksichtigen). Zur vollständigen Absättigung aller Säuregruppen hat man daher Phenolphthalein oder einen ähnlichen Indicator (etwa Thymolblau) zu verwenden; mit alkaliempfindlichen Indicatoren wie Dimethylgelb erzielt man falsche Resultate, weil der Farbumschlag sehr unscharf ist und viel zu früh auftritt.

Den Untersuchungen von G. BRUHNS[1] zufolge erhöhen Salze der Erdalkali- und Schwermetalle den sauren Charakter der Oxysäuren beträchtlich. Diese Kationen bilden nämlich Komplexe mit den Anionen der organischen Oxysäuren. Diese Tatsache läßt nun sich mit Vorteil verwenden, um die Oxysäuren auf Dimethylgelb zu titrieren (vgl. auch Oxalsäure S. 104). Am besten eignet sich nach meinen Bestimmungen als Zusatz Calciumchlorid, und zwar fügt man auf 25 ccm 0,1-n-Säurelösung 4—5 g des kristallisierten Salzes zu.

Meiner Erfahrung nach ist weder der Umschlag scharf, noch die Genauigkeit groß. Titriert man bis zur Wasserfarbe des Indicators, so sind Weinsäure, Citronensäure, Apfelsäure, Milchsäure auf etwa 0,5% genau zu bestimmen. Dabei muß eine Vergleichslösung vom Indicator in Wasser benutzt werden. Salicylsäure läßt sich bei Anwesenheit von viel Calciumsalz wohl genügend scharf titrieren. Viel besser als Dimethylgelb ist in den genannten Fällen Methylrot geeignet, welches einen guten Umschlag liefert.

Höhere Fettsäuren: Die höheren Fettsäuren bilden bei der Neutralisation Seifen, die bekanntlich in wässeriger Lösung stark hydrolysiert werden. Diese starke Hydrolyse rührt weniger von der Schwäche der höheren Fettsäuren, wie man gewöhnlich annimmt, sondern mehr von ihrer geringen Löslichkeit her.

In einem geeigneten Lösungsmittel gelöst, etwa Alkohol, haben die höheren Fettsäuren ungefähr dieselbe Dissoziationskonstante, wie die niedrigen Glieder der homologen Reihe. In alkoholischer Lösung können sie daher auf Phenolphthalein oder Thymolblau mit genügender Schärfe neutralisiert werden.

---

[1] BRUHNS, G.: Zeitschr. f. analyt. Chem. Bd. 55, S. 321. 1915.

Vorschrift: Die abgewogene Menge Fettsäure wird in so viel — auf Phenolphthalein neutralem — Alkohol gelöst, daß der Gehalt des letzteren am Ende der Titration wenigstens 50% ist. Man titriert dann die alkoholische Fettsäurelösung mit wässeriger Lauge gegen Phenolphthalein.

Bemerkungen: 1. Betreffs der Bestimmung von Fettsäuren in Fetten und Ölen (Säurezahl) sei auf das Werk von A. Grün[1] verwiesen. Ist das Fett dunkel gefärbt, so läßt sich Thymolblau oft mit Vorteil verwenden, weil der Umschlag nach Blau deutlicher ist als der des Phenolphthaleins.

2. Alkohol erniedrigt sowohl die Dissoziationskonstante der schwachen Säuren wie die der Indicatoren. Außerdem wird auch das Ionenprodukt des Wassers mit steigendem Alkoholgehalt viel kleiner[2]. Für die Berechnung des Titrierfehlers in alkoholischen Lösungen müssen wir daher ganz andere Konstanten verwenden, als sie für wässerige Lösungen gelten. Weil aber die Anwendung von Alkohol bei Titrationen nur selten vorkommt, wollen wir auf diese speziellen Verhältnisse nicht näher eingehen.

Es sei lediglich auf die Arbeiten von E. R. Bishop, E. B. Kittredge und J. H. Hildebrand[3] hingewiesen, welche die Neutralisationskurve der Fettsäuren in Alkohol mit der Wasserstoffelektrode aufgenommen haben.

§ 3. Die Titration der schwachen Basen mit starken Säuren. Was wir zu Beginn des vorigen Paragraphen über die Titration schwacher Säuren ausgeführt haben, ist mutatis mutandis auch für die Bestimmung schwacher Basen mit starker Säuren gültig. Auch hier bringen wir eine Tabelle, die sofort erkennen läßt, unter welchen Verhältnissen eine schwache Base von bekannter Dissoziationskonstante noch gut zu titrieren ist.

Die Zahlen der Tabelle gelten wieder für 22^0 ($K_w = 10^{-14}$). Unter p_T ist der Wasserstoffexponent vermerkt, der im Äquivalenzpunkt bei der Titration von n — 0,1 n — 0,01 n Basen von angegebener Dissoziationskonstante mit gleich starker Säurelösung vorliegt.

---

[1] Grün, A.: Analyse der Fette und Wachse Bd. 1. S. 140. Berlin 1925.

[2] Kolthoff, J. M.: Der Gebrauch von Farbindikatoren, 3. Aufl. S. 92 u. 195. 1926.

[3] Bishop, Kittredge und J. H. Hildebrand: Journ. of the Americ. chem. soc. Bd. 44, S. 135. 1922.

Nebenher haben wir wieder die p_H 0,2% vor und nach dem Äquivalenzpunkt berechnet. Als Aktivitätskoeffizienten des Salzes haben wir dieselben Werte wie für die Salze der schwachen Säuren (vgl. S. 116) zugrunde gelegt.

Gang der Wasserstoffionenkonzentration am Äquivalenzpunkt bei der Titration schwacher Basen mit starken Säuren.

Dissoziationskonstante	Titration von n-Lösungen			Titration von 0,1-n-Lösungen			Titration von 0,01-n-Lösungen		
	p_H 0,2% vor Äqu.-P.	p_T	p_H 0,2% nach Äqu.-P.	p_H 0,2% vor Äqu.-P.	p_T	p_H 0,2% nach Äqu.-P.	p_H 0,2% vor Äqu.-P.	p_T	p_H 0,2% nach Äqu.-P.
10^{-3}	8,5	5,7	3,0	8,4	6,2	4,0	8,3	6,65	5,0
10^{-4}	7,5	5,2	3,0	7,4	5,7	4,0	7,3	6,15	5,0
10^{-5}	6,5	4,7	3,0	6,4	5,2	4,0	6,3	5,65	5,0
10^{-6}	5,5	4,2	3,0	5,4	4,7	4,0	5.43	5,15	4,86
10^{-7}	4,5	3,7	3,0	4,44	4,2	3,87	4,75	4,65	4,54
10^{-8}	3,56	3,2	2,9	3,79	3,7	3,58	4,17	4,15	4,13
10^{-9}	2,84	2,7	2,7	3,22	3,2	3,18	3,65	3,65	3,65
10^{-10}	2,26	2,2	2,15	—					

Titration von 0,01-n-Basen mit 0,01-n-Salzsäure: Mit Methylrot als Indicator und bei Titration mit Säure auf Wasserfarbe ist die Bestimmung noch auf 0,2% genau, falls K_b größer als 3×10^{-6} ist. Auch schwächere Basen sind in dieser Verdünnung wohl noch gegen eine passende Vergleichslösung genau zu titrieren. So lassen sich auch die Basen mit Dissoziationskonstanten bis herunter auf 10^{-7} noch leicht auf 0,5% genau bestimmen. Bei einem p_T zwischen 4,8 und 4,2 eignet sich am besten Methylrot oder Bromkresolgrün als Indicator.

Die Titration von 0,1-n-Basen mit 0,1-n-Salzsäure: Auf Dimethylgelb (oder Methylorange) lassen sich ohne Vergleichslösung noch die schwachen Basen mit einer Genauigkeit von 0,2% bestimmen, wenn ihre Dissoziationskonstante über 10^{-6} liegt. Auch Bromkresolblau ist hier zu empfehlen. Falls die Dissoziationskonstante kleiner wird, so muß man eine entsprechende Vergleichslösung zur Hand nehmen. So sind noch die Basen mit einer Dissoziationskonstante größer als 10^{-8} auf 0,5% genau zu titrieren. Bei kleineren Konstanten aber werden Titrationen in 0,1-n-Lösung schon ungenauer.

Die Titration von n-Basen mit n-Salzsäure: Basen, deren Dissoziationskonstante größer als 10^{-7} ist, lassen sich ohne

Vergleichslösung noch scharf auf Dimethylgelb bestimmen. Wenn die Konstante darunter liegt, wird man besser Tropäolin 00 oder Thymolblau und zugleich eine Vergleichslösung benutzen. Dann sind Basen bis zu Dissoziationskonstanten von etwa 5×10^{-10} noch auf 0,5% genau titrierbar.

Praktische Nutzanwendung habe ich aus dieser Ableitung[1] z. B. bei der Titration von Anilin ($K_b = 4,6 \times 10^{-10}$) und Urotropin (= Hexamethylentetramin; $K_b = 8,4 \cdot 10^{-10}$) gezogen.

Bei der Titration von n-Anilin (2,325 g + 25 ccm Wasser) wählte ich 50 ccm 0,0028-n-Salzsäure als Vergleichslösung. Die Titerzahlen waren auf 0,2% reproduzierbar. Aus dem Obengesagten ist zu schließen, daß gegenüber Dimethylgelb Kongorot oder Kongopapier der Umschlag viel zu früh auftritt. Dennoch findet man in der Literatur gerade die letzteren für diesen Zweck genannt. Bei der Titration von n-Urotropinlösungen ist eine 0,0022-n-Salzsäurelösung als Vergleichsflüssigkeit zu verwenden. Genauigkeit 0,2%.

Hat man reine **Ammoniaklösungen** zu titrieren, so sind außerdem wegen der Flüchtigkeit des Ammoniaks gewisse Vorsichten zu beobachten, nämlich die Lösungen nach einer überschläglichen rohen Bestimmung in überschüssige Säure einzupipettieren, welche sodann zurücktitriert wird; vgl. H. MENZEL[2].

Die Titration von Alkaloiden: Da über diesen praktisch wichtigen Gegenstand in der Literatur viele nicht oder nur teilweise richtige Angaben verbreitet sind, wollen wir ihn etwas eingehender behandeln, obgleich sich die Einzelheiten nicht leicht allgemeinen Regeln unterstellen lassen.

In der folgenden Tabelle haben wir wieder die p_T bei der Titration von 0,1-n- und 0,01-n-Alkaloiden mit Salzsäure verzeichnet. Die Werte der Dissoziationskonstanten sind der Tabelle im 1. Teil S. 248 entnommen, während wir der Berechnung ein $p_W = 14,0$ zugrunde gelegt haben. Zu bemerken bleibt, daß verschiedene Alkaloide zweisäurige Basen sind; daher haben wir für diese Alkaloide auch das p_T bei der Bestimmung als einsäurige Basen, also das p_H der basischen Salzlösungen ermittelt (vgl. Teil I, S. 53). Eigentlich gehören diese Fälle zu § 5 S. 132. Der Voll-

---

[1] KOLTHOFF, J. M.: Zeitschr. f. anorg. allgem. Chem. Bd. 115, S. 176. 1921.

[2] MENZEL, H.: Zeitschr. f. anorg. allgem. Chem. Bd. 164, S. 4. 1927.

ständigkeit und Übersichtlichkeit halber wollen wir sie jedoch schon hier besprechen.

Titrierexponent für Alkaloide in Wasser bei 22⁰ ($p_W = 14{,}0$).

Alkaloid	p_T des normalen Salzes bei der Titration von 0,1-n 0,01-n-Lösungen		p_T des basischen Salzes
Aconitin	4,7	5,2	
Apomorphin	4,15	4,65	
Arecolin	4,2	4,7	
Atropin	5,4	5,9	
Berberin	6,9	6,95	
Brucin	(1,75)	(2,3)	5,35
Cevadin	5,05	5,55	
Chinolin	2,9	3,40	
Chinidin	2,65	3,15	6,5
Chinin	2,8	3,3	6,3
Cinchonidin	2,65	3,15	6,3
Cinchonin	2,7	3,2	6,3
Cocain	4,85	5,35	
Codein	4,65	5,15	
Coniin	starke Base		
Cytisin			4,6
Dionin	4,6	5,1	
Emetin	4,35	4,85	8,0

Alkaloid	p_T des normalen Salzes bei der Titration von 0,1-n 0,01-n-Lösungen		p_T des basischen Salzes
Hydrastin	3,75	4,25	
Morphin	4,55	5,05	
Narcotin	3,75	4,25	
Narcein	2,3	2,8	
Nicotin	2,15	2,65	5,6
Novocainbase	2,35	2,85	5,8
Papaverin	3,6	4,1	
Pelletierin	5,25	5,75	
Physostigmin			4,8
Piperazin	3,45	3,95	7,7
Pilocarpin	(1,35)	(1,85)	4,35
Pyridin	3,2	3,7	
Piperidin	starke Base		
Solanin	4,35	4,85	
Spartein	2,95	3,45	8,4
Strychnin	(1,7)	(2,3)	5,35
Thebain	4,6	5,1	

Die Betrachtung der einsäurigen Alkaloide lehrt, daß sich Aconitin, Atropin, Berberin, Cevadin, Cocain, Codein, Coniin, Dionin, Morphin, Pellitierin, Piperidin und Thebain in 0,01-n-Lösungen noch genau auf Methylrot titrieren lassen. Dasselbe gilt natürlich auch für 0,1-n-Lösungen, bei denen man zugleich auch Dimethylgelb benutzen kann. Für die Titration von Arecolin und Solanin in 0,01-n-Lösung ist eine Vergleichslösung erforderlich, während Hydrastin, Narcotin und Papaverin in dieser Verdünnung überhaupt keiner genauen Titration mehr zugänglich sind.

Sie gelingt aber in letzteren Fällen in 0,1-n-Lösung noch sehr gut gegen eine Vergleichslösung auf Dimethylgelb.

Die zweisäurigen Alkaloide sind fast alle nur als einsäurige Base zu bestimmen, die zweite Dissoziationskonstante ist gewöhnlich zu klein, um auch die zweite basische Gruppe neutralisieren zu können. Die einzige Ausnahme bildet Emetin, das sich sowohl wie ein- als zweisäurige Base bestimmen läßt. Einmal titriert man mit Kresolrot bis zu p_T 8,0. Der Umschlag ist jedoch unscharf. Sehr genau läßt sich das Alkaloid dagegen auf Methylrot als zweisäurige Base titrieren. Die Bestimmung der Chinaalkaloide, von Brucin und Strychnin, Nicotin, Novocainbase geschieht am besten auf Methylrot. Bei den Chinaalkaloiden ist der Umschlag zwar nicht sehr scharf, doch leicht auf 1% genau wahrzunehmen, wenn man die erste Abweichung der gelben Farbe ins Auge faßt. Die Literatur erwähnt vielfach, daß man Chinin u. a. auf Methylorange als zweisäurige Basen titrieren kann. Der Umschlag tritt jedoch viel zu früh auf und die Bestimmung gibt selbst bei Anwendung einer Vergleichslösung ungenaue Resultate; sie ist daher unbrauchbar. Brucin, Nicotin, Novocainbase, Strychnin lassen sich scharf auf Methylrot, Cytisin, Pilocarpin und Physostigmin am besten auf Dimethylgelb titrieren. Spartein ist genau als einsäurige Base gegen Phenolphthalein auf ein $p_T = 8,4$ zu bestimmen. Piperazin ist besser auf Phenolrot oder Kresolrot und ein $p_T = 7,7$ zu titrieren.

Wegen Einzelheiten und Literatur sei auf die eingehende Arbeit von Kolthoff[1] hingewiesen.

Praktisch bieten die Alkaloidtitrationen die Schwierigkeit, daß die meisten dieser Basen in Wasser schwer löslich sind. Wenn man eine Wertbestimmung in Drogen ausführt[2], erhält man nach dem Ausschütteln mit geeigneten Lösungsmitteln aus alkalischem Medium und nach Abdampfen der ersteren das freie Alkaloid. Da dieses sich nun gewöhnlich in Wasser nur schwer löst, stößt die direkte Titration auf Schwierigkeiten. Man kann aber die Base in einem bekannten Überschuß Säure lösen und mit Natronlauge zurücktitrieren, dann gelten alle oben gemachten Angaben.

Praktisch löst man jedoch das Alkaloid gewöhnlich in Alkohol, und führt dann die Titration direkt bis zum Endpunkt aus. Wie

---

[1] Kolthoff, J. M.: Biochem. Zeitschr. Bd. 162, S. 289. 1925. Vgl. auch Fr. Müller: Zeitschr. f. Elektrochemie Bd. 30, S. 587. 1924.

[2] Vgl. u. a. Kippenberger: Zeitschr. f. analyt. Chem. Bd. 39, S. 201. 1900; Messner: Zeitschr. f. angew. Chem. Bd. 16, S. 444. 1903; Rupp und Segers: Apotheker-Zeit. Bd. 22, S. 748. 1907; H. Baggesgaard Rasmussen und S. A. Schou: Zeitschr. f. Elektrochem. Bd. 31, S. 189. 1925; A. R. von Korczynski: Die Methoden der exakten quantitativen Bestimmung der Alkaloide S. 1. Berlin 1913; H. Bauer: Analytische Chemie der Alkaloide. S. 46. Berlin: Gebr. Borntraeger 1924.

schon öfters bemerkt ist (vgl. S. 126), erniedrigt Alkohol sowohl die Dissoziationskonstanten der schwachen Basen und die der Indicatoren, als auch das Ionenprodukt des Wassers sehr stark.

In 50proz. Alkohol lassen sich die meisten Alkaloide, die in Wasser scharf auf Methylrot titrierbar sind, nicht mehr sehr genau bestimmen; dies gilt besonders für Titrationen von 0,01-n-Lösungen.

Zur Erläuterung sei folgendes Beispiel gegeben[1]: Eine 0,05 molare Cocainchloridlösung hat auf Methylrot ein p_H von 4,7. 5 ccm dieser Lösung mit 5 ccm Wasser sind nach Zusatz von nur 0,05 ccm 0,01-n-Natronlauge vollkommen gelb. Eine Mischung von 5 ccm der Lösung mit 5 ccm 96proz. Alkohol verbraucht jedoch 1 ccm 0,01-n-Natronlauge, bevor die Farbe des Indicators von Orange völlig in Gelb verwandelt wird. Titriert man daher eine alkoholische Cocainlösung mit Säure auf Methylrot, so tritt der Umschlag zu früh und nur unscharf ein. Viel besser läßt sich in diesem Falle Bromphenolblau verwenden, man titriert bis zum Umschlag der blauen Farbe nach Grün oder Gelb.

Was hier für Cocain gesagt ist, gilt auch für viele andere Alkaloide. In Gegenwart von 50proz. Alkohol sind Aconitin, Apomorphin, Atropin, Cevadin, Cocain, Tropacocain, Codein, Brucin, Strychnin, Emetin und Morphin genau auf Bromphenolblau zu bestimmen.

Chinin und andere Chinaalkaloide titriert man mit Methylrot auf $p_T = 6,2$ oder schärfer mit Bromkresolpurpur, bis dies von Purpurblau nach Gelb umschlägt. In den Fällen, wo das Alkaloid flüchtig ist, darf man die Ausschüttelungsflüssigkeit nicht durch Abdampfen entfernen. Man titriert dann bei Anwesenheit derselben mit Methylorange.

Eine Anwendung der acidimetrischen Titration einer schwachen Base hat PAUL FLUCH[2] bei der Bestimmung des Nickels als Nickel-Dicyandiamidin $Ni(C_2H_5N_4O)_2 \cdot 2H_2O$ gemacht. Das Dicyandiamidin verhält sich gegen Methylrot wie eine einsäurige Base und ist nach FLUCH auf diesem Indicator scharf zu bestimmen.

Die mit Dicyandiamidin und Lauge gefällte Nickelverbindung wird mit Alkohol ausgewaschen, dann in einem Überschuß an

---

[1] KOLTHOFF: Biochem. Zeitschr. Bd. 162, S. 289. 1925.
[2] FLUCH, P.: Zeitschr. f. analyt. Chem. Bd. 69, S. 232. 1926.

Säure gelöst und mit Natronlauge auf Methylrot zurücktitriert (bis zur ersten Abweichung von Rot):

$$Ni\,(C_2H_5N_4O)_2 + 4HCl \rightarrow NiCl_2 + 2\,C_2H_6N_4OHCl\,.$$

1 ccm 0,1-n-HCl entspricht 1,467 mg Ni.

§ 4. Die Titration schwacher Säuren mit schwachen Basen. Im allgemeinen wird man zur Titration schwacher Säuren starke Basen, umgekehrt bei schwachen Basen starke Säuren benutzen, weil unter diesen Verhältnissen die p_H-Sprünge im Äquivalenzpunkt am größten sind. Dennoch ist die gestellte Aufgabe, die Titration schwacher Säuren mit schwachen Basen von praktischer Bedeutung, denn wir begegnen ihr immer, wenn wir eine schwache Säure in Gegenwart des Kations einer schwachen Base, und entsprechend, wenn wir eine schwache Base bei Anwesenheit des Anions einer schwachen Säure zu bestimmen haben, etwa Essigsäure in Gegenwart von Ammonchlorid oder Ammoniak neben Natriumacetat. Praktisch sehr wichtig ist das Problem, freie Säure oder freies Ammoniak neben dem Ammoniumsalze einer schwachen Säure zu titrieren. Um zu erfahren, mit welchem Indicator und bis zu welcher Genauigkeit die Bestimmung vorzunehmen ist, müssen wir das p_H im Äquivalenzpunkt selbst, und den p_H-Verlauf in dessen Nähe kennen. Diese Fragen sind schon eingehend im ersten Teil behandelt worden (S. 26 und S. 117). Wir sahen dort, daß das p_H der Lösung eines Salzes einer schwachen Säure und Base fast unabhängig von der Verdünnung ist und beherrscht wird durch die Gleichung:

$$p_H = 7 + \frac{1}{2}\,p_S - \frac{1}{2}\,p_b\ (22^0)\,.$$

welche uns sofort den einzuhaltenden Titrierexponenten erfahren läßt. Da nun der Sprung im p_H klein ist, ist die Anwendung einer Vergleichslösung (deren $p_H = p_T$) stets erforderlich.

Die folgende Tabelle führt die Werte p_T für die Titration schwacher Säuren neben Ammoniak oder von Ammoniak neben schwachen Säuren, und gleichzeitig die geeigneten Indicatoren auf.

Unter diesen Bedingungen sind die Titrationen gegen eine richtige Vergleichslösung auf etwa 0,5% genau durchzuführen.

§ 5. Mehrbasische Säuren und mehrsäurige Basen. Will man alle sauren Gruppen einer mehrbasischen Säure titrimetrisch bestimmen, so gelten sämtliche in § 2 gegebenen Ableitungen; bei der

Titration von schwachen Säuren mit Ammoniak und
umgekehrt.

Säure	p_T	Indicator
Ameisensäure	6,5	Bromthymolblau, Chlorphenolrot
Bernsteinsäure	6,7	,,
Benzoësäure	6,7	,,
Citronensäure	7,4	Phenolrot, Neutralrot
Essigsäure	7,0	,, ,,
Milchsäure	6,5	Bromthymolblau, Chlorphenolrot
Oxalsäure	6,9	Bromthymolbau, Phenolrot
Phthalsäure	7,2	Phenolrot, Neutralrot
Salicylsäure	6,3	Bromthymolblau, Methylrot
Weinsäure	6,65	Bromthymolblau

Berechnung von p_T hat man die entsprechenden Dissoziationskonstanten und Werte zu benutzen. Soll z. B. p_T für die Bestimmung der Citronensäure als dreibasische Säure berechnet werden,
so kommt nur K_3 in Frage. Anders werden die Verhältnisse,
sobald bloß bis zum sauren Salz titriert werden soll. Theoretisch
ist diese Angelegenheit schon eingehend im I. Teil dieses Buches
behandelt worden (S. 31 und S. 117). Wir erkannten dort für
das p_H einer Lösung des sauren Salzes einer mehrbasischen Säure
die Beziehung:

$$p_H = \frac{1}{2}\left(p_{K_1} + p_{K_2}\right).$$

Dieser p_H-Wert entspricht also dem Titrierexponenten. Wir
haben auch bereits abgeleitet (Teil I, S. 35), daß die Bestimmung
bis zum sauren Salze nur dann gute Resultate liefert, wenn das
Verhältnis zwischen K_1 und K_2 über 1000 liegt. Daher lassen sich
die gewöhnlichen mehrbasischen organischen Säuren meist nicht
gut bis zum sauren Salz titrieren.

Die allgemeinen Bedingungen, denen der p_H-Verlauf beim
ersten Äquivalenzpunkt folgt, wurden auch schon im ersten Teil
(S. 53 und S. 118) behandelt. Wir wollen daher hier nur einige
praktisch bedeutungsvolle Spezialfälle erläutern.

Kohlensäure: $K_1 = 3{,}0 \cdot 10^{-7}$; $K_2 = 6 \cdot 10^{-11}$. Die Tabelle
S. 116 lehrt, daß die zweite Dissoziationskonstante der Kohlensäure zu klein ist, um diese als zweibasische Säure bestimmen
zu können; das normale Carbonat ist zu stark hydrolytisch
gespalten. Wenn wir aber das Carbonation durch Fällung mit
einem Erdalalkalisalz aus der Lösung entfernen, so wird die
Bestimmung als zweibasische Säure sehr gut ermöglicht. Gewöhn-

lich benutzt man hierzu ein Bariumsalz. Auch kann man zur Kohlensäurelösung einen Überschuß Barytwasser (welches zudem Bariumchlorid enthält) geben, und ohne vorangehendes Filtrieren auf Phenolphthalein zurücktitrieren.

Vorschrift: Bestimmung des Bicarbonats in Natrium-bicarbonat oder Natriumcarbonat: Man stellt sich in der Kälte in einem geschlossenen Maßkolben eine etwa 0,1-n-Natrium-bicarbonatlösung her. 25 ccm davon versetzt man mit etwa 30 ccm 0,1-n (carbonatfreie) Lauge, und 10 ccm 10proz. Bariumchlorid-lösung und titriert mit 0,1-n-Säure auf Phenolphthalein zurück.

1 ccm 0,1-n-Säure entspricht 8,4 mg Natriumbicarbonat.

Viel wichtiger ist die unmittelbare Titration der Kohlensäure als einbasische Säure.

Zur Beurteilung der Titrationsgenauigkeit müssen wir p_T und die Änderung der Wasserstoffionenkonzentration in der Nähe des ersten Äquivalenzpunktes kennen:

$$p_{\mathrm{T}} = \frac{1}{2}\left(p_{K_1} + p_{K_2}\right) = 8{,}35.$$

Bei der Berechnung des p_{H} in Gegend des Äquivalenzpunktes dürfen wir nicht direkt die einfache Gleichung anwenden:

$$[\mathrm{H}^{\cdot}] = \frac{[\mathrm{H_2CO_3}]}{[\mathrm{HCO_3'}]}\, 3 \cdot 10^{-7}.$$

weil die Gesamtmenge Kohlensäure auf der sauren Seite des Äquivalenzpunktes infolge der Hydrolyse des Bicarbonats größer ist, als dem stöchiometrischen Überschuß an Säure entspricht. Umgekehrt dürfen wir auf der alkalischen Seite die $[\mathrm{H}^{\cdot}]$ auch nicht ohne weiteres auf Grund des Ausdrucks

$$[\mathrm{H}^{\cdot}] = \frac{[\mathrm{HCO_3'}]}{[\mathrm{CO_3''}]}\cdot 6 \times 10^{-11}$$

berechnen. Für beide Fälle gelten verwickeltere Gleichungen, welche den Hydrolyseerscheinungen Rechnung tragen (vgl. Teil I, S. 35). In Annäherung liefert die quadratische Gleichung (93) im I. Teil des Buches (S. 35) richtige Werte; vgl. auch Fr. AUER-BACH[1] und KOLTHOFF[2].

<hr>

[1] AUERBACH, FR.: Zeitschr. f. angew. Chem. Bd. 25, S. 1722. 1912; Arb. a. d. Reichs-Gesundheitsamte Bd. 38, S. II. 1911. Vgl. auch MC. COY: Americ. Chem. Journ. Bd. 31, S. 512. 1904.

[2] KOLTHOFF, J. M.: Zeitschr. f. anorg. allgem. Chem. Bd. 100, S. 143. 1917; Zeitschr. f. Untersuch. d. Nahrungs- u. Genußmittel Bd. 41, S. 121. 1921.

Empfehlenswerter ist es jedoch, den p_H-Verlauf zu beiden
Seiten des ersten Äquivalenzpunktes experimentell zu bestimmen.
Ich habe das p_H einer 0,1-n- und 0,01-n-Natriumbicarbonat-
lösung colorimetrisch ermittelt, ferner dasjenige nach geringem
Zusatz von Salzsäure (Bicarbonat-Kohlensäure) bzw. Natron-
lauge (Bicarbonat-Carbonat).

In folgender Tabelle sind einige dieser Zahlen zusammengestellt.

	p_H
Natriumbicarbonat mit 5% Überschuß Säure	7,8
„ „ 3 „ „ „	7,9
„ „ 1 „ „ „	8,15
Reines Natriumbicarbonat	8,35
Bicarbonat mit 1% Überschuß Lauge	8,7
„ „ 5 „ „ „	9,0
„ „ 10 „ „ „	9,2

Die Werte der Tabelle zeigen, daß der Umschlag beim ersten
Äquivalenzpunkt auf keinen Indicator scharf sein kann. Wenn
man z. B. Carbonat mit Säure bis zum Bicarbonat gegen Phenolphthalein titrieren will, so beginnt die rote Farbe schon zu verblassen, wenn 80% des Carbonats in Bicarbonat umgewandelt
sind; hingegen ist die Flüssigkeit erst bei einem Überschuß von
4—5% an Säure ganz farblos.

Auch hier ermöglicht die Benutzung einer Vergleichslösung
wieder gute — d. h. auf 0,5% richtige — Resultate.

Vorschrift zur Titration von Carbonat bis Bicarbonat: Zu einer geeigneten Menge der Carbonatlösung mit
1 bis 2 Tropfen 1 proz. Phenolphthalein gibt man langsam, unter
fortwährendem Umschütteln bis zur Rosafärbung Säure hinzu.
Nunmehr zieht man zum Vergleich eine reine Natriumbicarbonatlösung mit gleicher Menge Indicator, von gleichem Volumen
in einem gleichartigen Gefäß wie die titrierte Flüssigkeit heran
und titriert diese letztere langsam weiter, bis der Farbton der reinen
Bicarbonatlösung erreicht ist. Statt Phenolphthalein ist auch
Thymolblau sehr gut geeignet; man titriert auf Grün und ver-
gleicht dann mit der entsprechenden Bicarbonatlösung. Im
Endpunkt ist die Farbe gelb mit einem Stich ins Grün.

Bemerkungen: 1. Wenn man ohne Vergleichslösung auf
Phenolphthalein (oder Thymolblau) bis zur völligen Entfärbung
titriert, beträgt der Titrierfehler etwa 3—5%. F. W. Küster[1]

---

[1] Küster, F. W.: Zeitschr. f. anorg. allgem. Chem. Bd. 13, S. 142. 1896.

drängt die Hydrolyse des Bicarbonats zurück, indem er bei 0° und in Gegenwart überschüssigen Alkalichlorids arbeitet. Nach G. Lunge und Lohöfer[1] soll man auf 1 Mol Carbonat 3,5 Mole Alkalichlorid rechnen und darf dann sogar bei Zimmertemperatur titrieren. Dies konnte ich freilich nicht bestätigen.

Bessere Resultate werden bei Anwesenheit von Glycerin erhalten[2]. Zu 25 ccm Carbonat fügt man ungefähr 10 ccm neutrales Glycerin und titriert dann mit Phenolphthalein auf farblos. Doch ist die Bestimmung nicht genauer als 1 bis 2%. Jede exaktere Analyse erfordert den Gebrauch einer Vergleichslösung.

2. G. Simpson[3] hat einen Mischindicator vorgeschlagen (vgl. auch S. 62), um den Umschlag schärfer und ohne Vergleichslösung erkennen zu können; nämlich ein Gemisch von Thymolblau und Kresolrot, im Verhältnis 6:1, wenn man von Indicatorvorratslösungen der von uns angegebenen Konzentrationen ausgeht.

In der Carbonatlösung hat der Mischindicator eine dunkelpurpurviolette Farbe, in Nähe des Äquivalenzpunktes ändert sich diese nach Blau; man titriert dann langsam weiter, bis sie rosa geworden ist. Dann ist der Endpunkt erreicht; bei weiterem Säurezusatz geht sie in Orangegelb über. Diese Methode kann sehr empfohlen werden; bei einiger Übung sind ohne Vergleichslösung bequem 0,5% Genauigkeit zu treffen. Bei der Titration von 25 ccm 0,05 molar Soda mit 5 Tropfen Indicator begann beispielsweise die blaue Farbe nach Zusatz von etwa 12,4 ccm 0,1-n-Säure zu verschwinden, die rosa Färbung trat bei 12,5—12,6 ccm 0,1-n-Säure ein, um mit 12,7 ccm 0,1-n-Säure bereits in Orangegelb umzuschlagen.

Nur wenn wenig Carbonat neben viel Bicarbonat vorliegt, ist die Titration unter allen Umständen ungenau.

3. Fügt man bei der Carbonattitration die Säure sehr schnell hinzu, so wird zuviel von dieser verbraucht. Die eintropfende Säure reagiert durch örtliches Übermaß mit dem Bicarbonat zu freier Kohlensäure, welche sich dann wieder langsam mit dem noch vorhandenen Carbonat zu Bicarbonat (vgl. unten) umsetzt.

---

[1] Lunge, G. und Lohöfer: Zeitschr. f. angew. Chem. Bd. 10, S. 41. 1897.

[2] Kolthoff, J. M.: Zeitschr. f. anorg. allgem. Chem. Bd. 100, S. 156. 1921.

[3] Simpson, G.: Ind. Engin. Chem. Bd. 16, S. 709. 1924.

Die Titration der freien Kohlensäure zu Bicarbonat. Die Reaktion zwischen Kohlendioxyd Hydroxylionen geht nicht momentan vonstatten, sondern mit endlicher Geschwindigkeit. Hiervon rührt das altbekannte Abblassen der roten Farbe des Phenolphthaleins bei Titrationen kohlensäurehaltiger Flüssigkeiten her. Die Aufklärung dieser Erscheinung verdanken wir VORLÄNDER und STRUBE[1] und besonders A. THIEL und seinen Mitarbeitern[2].

Kohlensäure ist in wäßriger Lösung in nur sehr geringem Maße als H_2CO_3 vorhanden, sondern größtenteils als Anhydrid CO_2, dessen Hydratation sehr langsam verläuft.

$$CO_2 + H_2O \rightleftarrows H_2CO_3.$$

Das H_2CO_3 reagiert praktisch momentan mit Natronlauge, das CO_2 ist dagegen keine Säure und muß zunächst zu Kohlensäure hydratisieren, bevor es mit Lauge reagiert.

THIEL und STROHECKER (l. c.) zeigten, daß bei 4^0 C nur 0,67% der Gesamtmenge Kohlensäure als H_2CO_3 vorliegen und daß diese letztere wiederum in der von ihnen benutzten Konzentration zu 91% in Ionen gespalten sind.

Eine in üblicher Weise bestimmte Dissoziationskonstante der Kohlensäure ist also eine scheinbare, denn bei ihrer Berechnung wird für den Wert $[H_2CO_3]$ die Gesamtmenge Kohlensäure, also $[CO_2 + H_3CO_3]$ eingesetzt, während die eigentliche $[H_2CO_3]$ in der Tat weniger als ein Hunderstel dieser Gesamtmenge beträgt. Die wahre Dissoziationskonstante der Kohlensäure ist daher weit größer, sie wurde von den obengenannten Autoren zu $5 \cdot 10^{-4}$ gefunden und ist also eine ziemlich starke Säure („Oxyameisensäure").

Wenn man die freie Kohlensäure ohne Vergleichslösung auf Phenolphthalein titrieren will, so ist die benutzte Menge Indicator von großer Bedeutung[3].

Vorschrift: Man nimmt am besten auf 100 ccm Lösung 1 ccm

---

[1] VORLÄNDER und STRUBE: Ber. Bd. 46, S. 172. 1913.

[2] THIEL: Ber. Bd. 46, S. 172, 241, 867. 1913; THIEL, A. u. R. STROHECKER: Ber. Bd. 47, S. 945. 1061. 1914; vgl. auch Mc. BAIN: Journ. chem. soc. Bd. 101, S. 814. 1912; PUSCH, L.: Dissertation 1916; Zeitschr. f. Elektrochem. Bd. 22, S. 206. 1916; FAURHOLT, C.: Kgl. Danske Vid. Selsk. Medded. III, Heft 20, 1921; EUCKEN, A. und H. G. GRÜTZNER: Zeitschr. f. physik. Chem. Bd. 125, S. 363. 1927.

[3] NOLL: Zeitschr. f. angew. Chem. Bd. 24, S. 874. 1911; TILLMANS und HEUBLEIN: Zeitschr. f. Untersuch. d. Nahrungs- u. Genußmittel Bd. 24, S. 429. 1912; WINKLER, L. W.: Zeitschr. f. analyt. Chem. Bd. 53, S. 746. 1914; KOLTHOFF, J. M.: Zeitschr. f. Untersuch. d. Nahrungs- u. Genußmittel Bd. 41, S. 97. 1921.

1 proz. Phenolphthalein und fügt so lange Lauge hinzu, bis die Farbe auch nach 5 Minuten Stehen noch schwach rosa bleibt.

Da die Kohlensäure selbst bei Zimmertemperatur noch sehr flüchtig ist, wird die Bestimmung nach L. W. WINKLER (l. c.) vorteilhaft in farblosen, etwa 125 ccm fassenden, recht schlanken Glasstöpselflaschen ausgeführt, an welchen der Flüssigkeitsstand von 100 ccm durch eine Ringmarke bezeichnet ist.

Bemerkungen: 1. Die Farbe des Indicators geht beim Stehen dauernd zurück, daher muß man während einer Bestimmung die Flasche öfters öffnen und unter leichtem Umschwenken neue Maßflüssigkeit zusetzen. Dabei kann immer Kohlensäure verloren gehen. Man wird daher an eine erste orientierende Bestimmung eine zweite anschließen, bei der man sofort den Laugenverbrauch der ersten mit einem Male zugibt und von da ab vorsichtig zu Ende titriert, bis der Umschlag 5 Minuten bestehen bleibt.

2. Wie schon oben besprochen, tritt die erste wahrnehmbare Rosa-Färbung des Phenolphthaleins ein wenig vor dem Äquivalenzpunkt auf. Man verbraucht also etwas zu wenig Lauge und hat eine dementsprechende Korrektur anzubringen. Eine solche hängt von der Gesamtmenge Bicarbonat und auch von der Anwesenheit von Erdalkalien ab. Bei der Titration von Trinkwasser, das immer Bicarbonat im Überschuß und auch Calcium und Magnesium enthält, kommt diese Korrektur in Frage. Sie nimmt mit steigendem Bicarbonatgehalt zu, mit steigender Härte dagegen ab.

In der folgenden Tabelle werden die Korrekturen nach eigner experimenteller Bestimmung mitgeteilt (vgl. auch L. W. WINKLER).

a ist die Anzahl ccm 0,1-n-Bicarbonat, welche in 100 ccm Wasser beim ersten Äquivalenzpunkt der Kohlensäure vorliegen. Diese Zahl ist gleich der Anzahl ccm 0,1-n-Salzsäure, welche für die Titration auf Dimethylgelb verbraucht worden sind, vermehrt

Korrektur für die Titerzahl in 0,1 ccm n-Lauge bei der
Kohlensäurebestimmung.

a	Härte in deutschen Härtegraden		
↓	0°	10°	20°
2	+ 0,04	0	− 0,04
4	+ 0,09	+ 0,05	0
6	+ 0,13	+ 0,1	+ 0,06
8	+ 0,17	+ 0,14	+ 0,10

um die Anzahl ccm 0,1-n-Lauge, welche gegen Phenolphthalein benötigt werden. Die Summe dieser beiden Zahlen ist also die Bicarbonatmenge beim Äquivalenzpunkte. Die Härte ist in deutschen Härtegraden ausgedrückt.

3. Statt mit Natronlauge kann man auch mit Natriumcarbonatlösung titrieren. Diese Maßflüssigkeit ist dort besonders zu empfehlen, wo es sich um die Bestimmung sehr geringere Mengen Kohlensäure handelt, wie etwa im gelüfteten destillierten Wasser. In diesem Falle geht man am besten von 1—2 l Wasser in fast voll angefüllten Flaschen aus, und wählt eine neutralisierte Phenolrotlösung als Indicator, die durch Lösen von 100 mg Phenolrot in 4,5 ccm 0,1-n-Lauge und Verdünnen mit Wasser auf 100 ccm dargestellt wird. Auf 1 l Wasser rechnet man 1 ccm Indicatorlösung und titriert mit 0,005 molar Natriumcarbonat, bis die Farbe rotviolett bleibt. Wegen Einzelheiten vgl. KOLTHOFF[1].

$$\text{Phosphorsäure:} \quad \begin{aligned} K_1 &= 1,1 \cdot 10^{-2} & p_{K_1} &= 1,96 \\ K_2 &= 1,95 \cdot 10^{-7} & p_{K_2} &= 6,7 \\ K_3 &= 3,6 \cdot 10^{-13} & p_{K_3} &= 12,44. \end{aligned}$$

Phosphorsäure als einbasische Säure:

$$p_T = \frac{1}{2}\left(p_{K_1} + p_{K_2}\right) = 4,35.$$

Als einbasische Säure ist Phosphorsäure auf ein $p_T = 4,35$ zu titrieren. Experimentell wurde dieser Wert durch Kolorimetrie einer Lösung von reinem primärem Kaliumphosphat mit Bromkresolgrün zu 4,4—4,45 bestimmt.

Bei diesem p_H ist Dimethylgelb fast vollständig in die alkalische Form übergeführt, daher steht zu erwarten, daß sich dieser Indicator zur Bestimmung der Phosphorsäure als einbasische Säure sehr gut eignet. Da die Farbe beim $p_H = 4,4$ kein reines Gelb ist, zieht man am besten wieder eine Vergleichslösung von primärem Kaliumphosphat heran. Die p_H-Änderung in Nähe des Äquivalenzpunktes ist groß genug, um die Titration auf 0,5% genau ausführen zu können. So habe ich folgende Werte experimentell gefunden:

		p_H	
25 ccm 0,1-molar KH_2PO_4 + 1% Überschuß Säure	4,0	(Bromkresolgrün)
25 „ 0,1 „ , —	4,45	„
25 „ 0,1 „ , 1% „ Natronlauge	4,7	„

---

[1] KOLTHOFF, J. M.: Biochem. Zeitschr. Bd. 176, S. 101. 1926.

Vorschrift: Man gibt zur Phosphorsäurelösung einige Tropfen Dimethylgelb und titriert auf Farbgleichheit mit einer Vergleichslösung von 0,05 molar KH_2PO_4.

Phosphorsäure als zweibasische Säure: Diese Bestimmung ist weniger genau durchzuführen. Das p_H einer 0,05 molaren sekundären Natriumphosphatlösung beträgt ungefähr 9,6. Die Flüssigkeit ist daher auf Phenolphthalein bereits stark rot gefärbt. Bei der Titration der Phosphorsäure auf diesen Indicator beginnt der Farbumschlag schon etwa 7% vor dem Äquivalenzpunkt. Günstiger liegen die Verhältnisse, wenn die Flüssigkeit mit Natriumchlorid halbgesättigt ist[1]. Dadurch wird die Hydrolyse stark zurückgedrängt, und die Bestimmung gewinnt eine Genauigkeit auf etwa 1%.

Vorschrift 1: Zu der Phosphorsäure- oder primären Phosphatlösung fügt man Phenolphthalein und so viel Natriumchlorid zu, daß die Lösung an letzterer beim Äquivalenzpunkt etwa halbgesättigt ist. Man titriert auf schwache Rosafarbe der Lösung.

Bemerkung: Bei der Bestimmung der Phosphorsäure als einbasische Säure darf Natriumchlorid nicht zugegen sein. Der Umschlag käme dann viel zu spät, denn die Wasserstoffionenkonzentration einer primären Phosphatlösung wird durch Alkalichloride erhöht.

Statt Phenolphthalein kann zur Titration der Phosphorsäure bis zum sekundären Phosphat auch Thymolphthalein benutzt werden, dann freilich ohne Kochsalzzusatz!

Vorschrift 2: Man versetzt die Lösung mit einigen Tropfen Thymolphthalein und titriert mit Natronlauge bis zu einer schwachen Blaufärbung. Bei carbonatfreier Lauge sind die Ergebnisse auf 0,5—1% genau. (Sofern auch Dimethylgelb zugegen ist, schlägt die Farbe nach Grün um.)

Phosphorsäure als dreibasische Säure: Die dritte Dissoziationskonstante der Phosphorsäure ist so klein, daß sich die dritte saure Gruppe gar nicht mehr genau titrieren läßt. Schlägt man aber die dreiwertigen Phosphationen in Form eines unlöslichen Salzes nieder, so wird die Titration der Phosphorsäure auch als dreibasische Säure auf Phenolphthalein ermöglicht.

Zu diesem Zweck eignet sich besonders die Fällung mit Calcium-

---

[1] KOLTHOFF, J. M.: Chem. Weekbl. Bd. 12, S. 644. 1915.

chlorid. Man muß allerdings unter den richtigen Verhältnissen arbeiten, andernfalls sowohl ein sekundäres Calciumphosphat wie ein stark basisches Salz ausfallen kann. Diese Methode wurde schon 1884 von Bongartz[1] vorgeschlagen und weiter von Doherty[2] empfohlen. Sie gab jedoch zunächst unsichere Resultate und wurde von Pfyl und später von Pfyl und Samter[3] genauer durchgeprüft und verbessert.

Vorschrift: Zu der auf Dimethylgelb neutralisierten Lösung, welche nicht mehr als 70 mg P_2O_5 enthalten darf, fügt man 30 ccm einer 40 proz. Calciumchloridlösung (neutral) und erhitzt im Jenaer Glasgefäß zum Kochen. Dann wird auf 14° abgekühlt, Phenolphthalein hinzugesetzt und mit carbonatfreier Lauge unter fortwährendem Umschütteln bis auf deutlich Rosa titriert. Man schließt den Kolben mit einem Gummistopfen, läßt 2 Stunden bei 14° stehen, wonach die Flüssigkeit gewöhnlich entfärbt ist. Dann titriert man weiter mit einer Lauge, bis die Rosafarbe wiederkehrt.

Meiner Erfahrung nach ist diese Titration nicht genauer als auf 1—2%. Nach J. Tillmans[4] kann man nach dem Kochen sofort bis zum Endpunkt titrieren und braucht nicht absitzen zu lassen.

Für exaktere Analysen ist die Methode jedoch auch nicht zu empfehlen.

Phosphorsäure neben Calcium und Magnesium: In Naturprodukten, Nahrungsmitteln u. dgl. tritt Phosphorsäure gewöhnlich neben Calcium und Magnesium auf. Diese Kationen stören zwar nicht bei der Bestimmung als einbasische Säure auf Dimethylgelb, wohl aber bei der Titration auf Phenolphthalein, weil dann Niederschläge von wechselnder Zusammensetzung gebildet werden. Man kann diese unschädlich machen, indem man zuerst auf Dimethylgelb neutralisiert, hernach einen Überschuß 10 proz. Kaliumoxalat hinzufügt und endlich auf Phenolphthalein (mit Kochsalz, vgl. S. 140) oder Thymolphthalein austitriert. Die Genauigkeit ist dann die gleiche wie bei der direkten Titration

---

[1] Bongartz: Arch. d. Pharmaz. Bd. 222, S. 846. 1884.

[2] Doherty: Analyst Bd. 33, S. 273. 1908.

[3] Pfyl: Arb. a. d. Reichs-Gesundheitsamt Bd. 47, S. 1. 1914; Zeitschr. f. Untersuch. d. Nahrungs- u. Genußmittel Bd. 43, S. 313. 1922; Bd. 48, S. 325. 1924.

[4] Tillmans, J. und A. Bohrmann: Zeitschr. f. Untersuch. d. Nahrungs- u. Genußmittel Bd. 41, S. 1. 1921; Bd. 49, S. 263. 1925.

der Phosphorsäure als zweibasische Säure[1]. Die Methode ist sehr geeignet für die Phosphatbestimmung in der Asche von Lebensmitteln und auch zur schnellen Gehaltsbestimmung von Calciumphosphat.

Calciumphosphat[2]: Vorschrift: Eine abgewogene Menge der Substanz wird in einem bekannten Überschuß Säure durch Kochen in Jenaer Glas gelöst. Dann wird abgekühlt und vorsichtig unter fortwährendem Umschütteln mit 0,1-n-Lauge auf Dimethylgelb neutralisiert (Vergleichslösung von primärem Kaliumphosphat).

Man fügt dann einen Überschuß neutraler Kaliumoxalatlösung und Phenolphthalein hinzu und titriert weiter, bis die Farbe deutlich rosa ist. Dann wird die Flüssigkeit mit Natriumchlorid halbgesättigt und weiter auf schwach Rosa titriert. Statt Phenolphthalein und Natriumchlorid ist auch wieder Thymolphthalein zu verwenden.

Aus der Differenz der auf Phenolphthalein (Thymolphthalein) und Dimethylgelb verbrauchten Kubikzentimeter berechnet man den Phosphatgehalt. 1 ccm 0,1-n-Lauge entspricht 7,1 mg P_2O_5.

Aus der verbrauchten Menge Säure auf Dimethylgelb läßt sich nebenher der Calciumoxydgehalt berechnen. 1 ccm 0,1-n-Säure entspricht 2,8 mg CaO.

Bemerkung: Ohne die Substanz erst abzuwägen, läßt sich sogar mittels vorstehender Analysenmethode das Verhältnis $CaO : P_2O_5$ im Calciumphosphat ermitteln. Es ergibt sich sofort aus dem Verhältnis der verbrauchten Mengen Säure auf Dimethylgelb und Lauge von Dimethylgelb auf Phenolphthalein.

Ein Verhältnis 1 : 1 entspricht einer Zusammensetzung $1\,CaO : \frac{1}{2}P_2O_5 = CaHPO_4$ (sek. Phosphat). Ein Verhältnis 2 : 1 entspricht einer Zusammensetzung $3\,CaO : 1\,P_2O_5 = Ca_3(PO_4)_2$ (tertiäres Phosphat).

Arsensäure verhält sich genau wie Phosphorsäure.

Phosphorige Säure:

$$K_1 = \dot{2}\text{ bis }6 \cdot 10^{-2}\ \text{(nicht konstant)} \qquad p_{K_1}\ \text{etwa}\ 1,4$$
$$K_2 = 2 \cdot 10^{-7} \qquad\qquad\qquad\qquad p_{K_2} = 6,7.$$

---

[1] KOLTHOFF, J. M.: Chem. Weekbl. Bd. 13, S. 910. 1916. Auch THOMSON: Zeitschr. f. analyt. Chem. Bd. 24, S. 232. 1885.

[2] Vgl. J. M. KOLTHOFF: Pharmac. Weekbl. Bd. 52, S. 1053. 1915.

Als einbasische Säure ist die phosphorige Säure auf Dimethylgelb, Methylorange und Bromphenolblau zu titrieren. Der Umschlag ist nicht sehr scharf, der Titerexponent ist etwa 3,85. Man erhält die besten Resultate bei Anwendung einer Vergleichslösung vom gleichen p_H und Indicatorzusatz.

Als zweibasische Säure ist die phosphorige Säure am schärfsten auf Thymolphthalein zu neutralisieren. Der Umschlag ist dann sehr scharf[1].

Unterphosphorige Säure: H_3PO_2 (oder $HPOH_2O$?): Die unterphosphorige Säure verhält sich wie eine ziemlich starke, einbasische Säure. Wie bei der phosphorigen Säure nimmt die Dissoziationskonstante mit steigender Säurekonzentration merkbar zu. Die Konstante hat die Größenordnung von etwa $3 \cdot 10^{-2}$.

Die unterphosphorige Säure läßt sich auf alle Indicatoren, welche ein Umwandlungsintervall zwischen dem von Dimethylgelb und Phenolphthalein haben, titrieren.

Pyrophosphorsäure: $K_1 = 1,4 \cdot 10^{-1} \quad p_{K_1} = 0,85$
$$K_2 = 1,1 \cdot 10^{-2} \quad p_{K_2} = 1,96$$
$$K_3 = 2,9 \cdot 10^{-7} \quad p_{K_3} = 6,54$$
$$K_4 = 3,6 \cdot 10^{-9} \quad p_{K_4} = 8,44.$$

Pyrophosphorsäure läßt sich nur als zwei- und vierbasische Säure titrieren.

Pyrophosphorsäure als zweibasische Säure:

$$p_T = \frac{1}{2}\left(p_{k_2} + p_{k_3}\right) = 4,28.$$

Schon G. v. KNORRE[2] hat zur Titration von Natriumpyrophosphat bis zum sekundären Salz Methylorange empfohlen. Eigene Versuche[3] zeigten, daß der Umschlag auf Dimethylgelb mindestens so scharf ist wie bei der Phosphorsäurebestimmung. Eine 0,025 molare Lösung des sekundären Salzes hat ein p_H von 4,25; ein Zusatz von 0,2 ccm 0,1-n-Salzsäure zu 25 ccm dieser Lösung ändert das p_H von 4,25 nach 3,6.

Die Bestimmung von Pyrophosphat bis zum sekundären Salz ist dann genau möglich, wenn man so lange Säure zufügt,

---

[1] Einzelheiten vgl. J. M. KOLTHOFF: Rec. Trav. Chim. Bd. 46, S. 342. 1927.

[2] KNORRE, G. VON: Zeitschr. f. angew. Chem. Bd. 5, S. 639. 1892.

[3] KOLTHOFF, J. M.: Pharmac. Weekbl. Bd. 57, S. 474. 1920.

bis die Farbe des Indicators von der Wasserfarbe abzuweichen beginnt.

Umgekehrt bestimmt man die freie Pyrophosphorsäure als zweibasische Säure, indem man bis zur Wasserfarbe des Dimethylgelbs oder besser noch zu $p_T = 4{,}25$ neutralisiert.

Pyrophosphorsäure als vierbasische Säure: Die vierte Dissoziationskonstante der Pyrophosphorsäure ist so klein, daß man diese nicht mehr direkt auf Phenolphthalein titrieren kann. Der Umschlag nach Rosa ist sehr unscharf und tritt schon etwa 20% vor dem Äquivalenzpunkte auf.

Eine Verbesserung erzielt man durch Sättigen der Flüssigkeit mit Natriumchlorid. Der Umschlag ist dann zwar auch nicht scharf, kann aber noch auf 1% genau wahrgenommen werden.

$$\textbf{Schweflige Säure:}\ K_1 = 1{,}7 \cdot 10^{-2}\ \ p_{K_1} = 1{,}77$$
$$K_2 = 1{,}0 \cdot 10^{-7}\ \ p_{K_2} = 7{,}00.$$

Schweflige Säure als einbasische Säure: Beim ersten Äquivalenzpunkt gilt:

$$p_T = \frac{1}{2}\left(p_{K_1} + p_{K_2}\right) = 4{,}4.$$

Die Lösung ist also fast vollkommen alkalisch gegen Dimethylgelb, und die Titration läßt sich auf diesen Indicator ohne weiteres sehr gut ausführen, besonders wenn eine Vergleichslösung mit p_H von etwa 4,4 benutzt wird. Eine praktische Schwierigkeit bereitet neben ihrer Flüchtigkeit die starke Luftoxydation der schwefligen Säure besonders während des Neutralisationsvorganges. Dabei entsteht Schwefelsäure, die sich auch als zweibasische Säure auf Dimethylgelb titrieren läßt. Man muß deshalb die Lauge sehr schnell zufließen lassen und womöglich die zu titrierende Flüssigkeit vorher mit einem indifferenten Gas (Stickstoff) überschichten.

Schweflige Säure als zweibasische Säure: Wie sich aus der Tabelle S. 116 ergibt, ist die schweflige Säure als zweibasische Säure nicht mehr genau auf Phenolphthalein zu titrieren (vgl. $K = 10^{-7}$ bei 0,1-n). Die Literatur empfiehlt zwar diesen Indicator und sogar Rosolsäure; ich[1] stellte jedoch an Phenol-

---

[1] KOLTHOFF, J. M.: Zeitschr. f. anorg. allgem. Chem. Bd. 109, S. 69. 1920.

phthalein einen unscharfen, um etwa 5—6% zu früh einsetzenden Umschlag fest. Zusatz von Natriumchlorid bringt auch hier wieder eine wesentliche Verbesserung. Wenn die Flüssigkeit beim Endpunkt an Kochsalz gesättigt ist, so erreicht die Bestimmung nach KOLTHOFF[1] wohl etwa 1% Genauigkeit. Auch kann man das Sulfition durch Fällung mit Bariumchlorid beim Endpunkt entfernen.

Vorschrift: Man neutralisiert die Lösung auf Phenolphthalein; sobald sie rosa gefärbt ist, wird ein Überschuß von 10% Bariumchlorid hinzugefügt und weiter bis zur Wiederkehr der schwachen Rosafärbung titriert.

Die Tabelle S. 116 lehrt, daß die schweflige Säure auch ohne Zusatz irgendeines Salzes gegen Thymolphthalein titriert werden kann. Man gibt carbonatfreie Lauge bis zur Schwachblaufärbung hinzu. K. TÄUFEL und C. WAGNER[2] erhielten auf diese Weise gute Resultate.

Die Titration der schwefligen Säure als zweibasische Säure auf Dimethylgelb als Indicator: In jüngster Zeit habe ich gefunden (nicht veröffentlicht[3]), daß sich die schweflige Säure mit Mercurichlorid unter Bildung einer komplexen Sulfosäure von stark sauren Eigenschaften verbindet, welche daher auf Dimethylgelb zu titrieren ist; der Umschlag ist hierbei sehr deutlich:

$$2\,NaHSO_3 + HgCl_2 \rightarrow Hg(NaSO_3)_2\,2\,HCl.$$

Vorschrift: Zu etwa 25 ccm 0,05 molarer schwefliger Säure-

---

[1] KOLTHOFF, J. M.: Zeitschr. f. anorg. allgem. Chem. Bd. 109, S. 69. 1920,

[2] TÄUFEL und WAGNER: Zeitschr. f. analyt. Chem. Bd. 68, S. 25. 1926. wo weitere Literaturstellen zu finden sind.

[3] Note bei der Korrektur: Vgl. dazu BOSCHARD und GROB: Chemiker-Zeit. Bd. 37, S. 465. 1913; SANDER: Chemiker-Zeit. Bd. 39, S. 945. 1915, welche die Reaktion schon beschrieben haben.

Thiosulfat reagiert mit Quecksilberchlorid nach der Reaktion

$$2\,Na_2S_2O_3 + 3\,HgCl_2 + 2\,H_2O \rightarrow 2\,Na_2SO_4 + 4\,HCl + 2\,(HgS) \cdot HgCl_2.$$

Die freie Säure kann mit Natronlauge bestimmt werden. Vgl. auch WÖBER: Chemiker-Zeit. Bd. 41, S. 569. 1917; Bd. 44, S. 601. 1920; BODNAR: Zeitschr. f. analyt. Chem. Bd. 53, S. 37. 1914; Bd. 55, S. 208. 1916; SANDER: Zeitschr. f. angew. Chem. Bd. 28, S. 9. 1915; Bd. 29, S. 11. 1916. BODNAR bemerkt, daß die Zersetzung des Silberthiosulfats schnell nach der Gleichung:

$$Ag_2S_2O_3 + H_2O \rightarrow Ag_2S + H_2SO_4$$

verläuft und macht hiervon eine analytische Anwendung, bei der die Schwefelsäure titriert wird.

lösung (oder 0,1 molarem Bisulfit) fügt man etwa 25 ccm 0,1 molares Mercurichlorid (oder die entsprechende Menge einer stärkeren Lösung) und neutralisiert auf Dimethylgelb. Genauigkeit etwa 1%.

Chromsäure: Die erste Dissoziationskonstante der Chromsäure ist sehr groß, Chromsäure verhält sich in erster Dissoziationsstufe wie eine sehr starke Säure. Die zweite Dissoziationskonstante ist jedoch klein und beträgt etwa $5 \cdot 10^{-7}$.

Demzufolge kann Chromsäure sowohl als einbasische wie als zweibasische Säure titriert werden.

Chromsäure als einbasische Säure:

$$H^{\cdot} + HCrO_4' + OH' \rightleftharpoons H_2O + HCrO_4'' .$$

Die sauren Chromationen treten größtenteils zu sogenannten „Dichromationen" zusammen:

$$2\,HCrO_4'' \rightleftharpoons Cr_2O_7'' + H_2O.$$

Die Gleichgewichtskonstante dieser Reaktion ist nicht genau bekannt, und daher können wir die Wasserstoffionenkonzentration einer Kaliumdichromatlösung nicht genau berechnen. Praktisch zeigt sie ein p_H von ungefähr 4; daher käme für die Titration der Chromsäure als einbasischer Säure, d. h. auf Bichromat, Dimethylgelb oder Methylorange in Frage. Die Bestimmung ist jedoch nicht genau, weil die Eigenfarbe des Dichromats stört. Man muß daher eine Vergleichslösung von reinem Kaliumdichromat verwenden mit gleichem Indicatorzusatz (wie bei der Analyse selbst), und zwar empfehlen sich hier größere Indicatormengen.

Die Genauigkeit übersteigt aber infolge der störenden Farbüberlagerung keinesfalls 1%.

Auch Bromphenolblau ist brauchbar. Am besten eignet sich nach meiner Erfahrung 2'-4-2'-4'-2''-4''-Hexamethoxytriphenylcarbinol. Diese schwache Indicatorbase ist in saurer Lösung rotviolett und in alkalischem Medium farblos. Das Umwandlungsintervall liegt zwischen 2,8 (rot)—4,0 (farblos). Auch hier ist allerdings eine Vergleichslösung von Dichromat zu verwenden.

Chromsäure als zweibasische Säure: Die zweite Dissoziationskonstante der Chromsäure ist wiederum zu klein, um diese in 0,1-n-Lösung noch genau auf Phenolphthalein titrieren zu können (vgl. Tabelle S. 116). Nach RICHTER[1] soll diese Bestimmung zwar gute Ergebnisse liefern, jedoch nach J. M. KOLTHOFF und E. H. VOGELENZANG[2] tritt der Umschlag etwas zu früh auf. Den letzteren Autoren zufolge werden mit Thymolphthalein brauchbare Resultate erhalten, wobei infolge der Gelbfarbe der Chromatlösung der Endpunkt nicht durch einen Blau-, sondern durch einen Grünumschlag bezeichnet wird.

Wiederum darf man Phenolphthalein verwenden, sobald die Lösung beim Endpunkt ungefähr an Natriumchlorid gesättigt ist (vgl. bei schwefliger Säure). Und schließlich kann das Chromation durch Fällung mit Bariumchlorid entfernt werden. Man darf freilich das Bariumsalz erst gegen Ende der Titration hinzufügen, wenn Phenolphthalein schon schwach rosa gefärbt ist. Andernfalls wird zu wenig Lauge verbraucht, weil sich dann ein saures Bariumchromat niederschlägt. Der Fehler kann sehr beträchtlich sein. Die Titration der Chromsäure ist insofern keine angenehme Bestimmung, als der Neutralisationsvorgang so langsam vor sich geht. Wenn man mit 0,1-n-Lösungen arbeitet, wird das Phenolphthalein in einer Entfernung von etwa 40% vom Äquivalenzpunkt schon vorübergehend deutlich gerötet. Mit der Zeit blaßt die Farbe wieder ab; es sind dies ähnliche Erscheinungen, wie sie bei der Kohlensäuretitration beschrieben wurden. Man muß daher so lange titrieren, bis die Farbe nach 5 Minuten Stehen nicht mehr verschwindet. Nach unseren Erfahrungen erfolgt die Neutralisation um so schneller, je verdünnter die Lösung ist. Dies läßt sich folgendermaßen verstehen:

Die Reaktion:

$$Cr_2O_7'' + H_2O \; \underset{\longrightarrow}{\longleftarrow} \; 2\,HCrO_4'$$

oder
$$Cr_2O_7'' + 2\,OH' \; \underset{\longrightarrow}{\longleftarrow} \; 2\,CrO_4'' + H_2O$$

verläuft langsam, die Neutralisation des $HCrO_4$-Ions dagegen unmeßbar schnell. Mit zunehmender Verdünnung aber verschiebt sich das Gleichgewicht

$$Cr_2O_7 + H_2O \; \underset{\longrightarrow}{\longleftarrow} \; 2\,HCrO_4'$$

nach der rechten Seite.

---

[1] RICHTER: Zeitschr. f. analyt. Chem. Bd. 21, S. 204. 1882; Ber. Bd. 16, S. 316. 1883; FULDA: Monatsh. f. Chem. Bd. 23, S. 919. 1902.

[2] KOLTHOFF, J. M. und VOGELENZANG: Rec. Trav. Chim. Bd. 40, S. 681. 1920.

Auf das Verhalten der mehrsäurigen Basen brauchen wir hier nicht einzugehen. Einzelheiten über die Titration der wichtigsten zweisäurigen Alkaloide sind schon S. 128 erwähnt worden.

§ 6. Die Titration von zwei Säuren bzw. zwei Basen nebeneinander. Diese Fälle stehen in enger Beziehung zu den vorbesprochenen der mehrbasischen Säuren und der mehrsäurigen Basen. Ihre Theorie ist schon eingehend im ersten Teil (S. 34 und 54) behandelt worden. Wenn man mit einer Genauigkeit von 0,2 im p_H den richtigen Titrierexponenten einhält, gelingt die Bestimmung nur dann auf 0,5% genau, wenn das Verhältnis der Dissoziationskonstanten beider Säuren größer als 10000 ist. Liegen die beiden Säuren in gleicher Konzentration vor, so ist

$$p_T = \frac{1}{2}\left(p_{K_1} + p_{K_2}\right).$$

Wenn das Verhältnis der Konzentrationen von stärkerer und schwächerer Säure gleich r ist, so gilt:

$$p_T = \frac{1}{2}\left(p_{K_1} + p_{K_2}\right) + \frac{1}{2}\log r.$$

Mit Hilfe der Gleichungen im ersten Teil S. 35 läßt sich für jeden Fall auch leicht der p_H-Verlauf in Nähe des ersten Äquivalenzpunktes berechnen.

Als Beispiel wählen wir die Titration von 25 ccm 0,1-n-Essigsäure neben 25 ccm 0,1-n-Borsäure:

$$p_{K_1} = 4,74, \quad p_{K_2} = 9,22.$$

1% vor dem Äquivalenpunkt ist p_H: 6,64,

p_T (Äquivalenzpunkt):   6,98.

1% hinter dem Äquivalenzpunkt ist p_H: 7,32.

Mit einer Vergleichslösung von $p_H = 7,0$ und Phenolrot oder Neutralrot als Indicator läßt sich die Essigsäure leicht auf 0,5% genau neben der Borsäure bestimmen. Als Vergleichsflüssigkeit kann man eine Pufferlösung nehmen; praktisch noch einfacher und mindestens ebenso genau arbeitet man mit einer Mischung von 25 ccm 0,1-n-Natriumacetat, 25 ccm 0,1-n-Borsäure und 25 ccm Wasser mit Indicator. Diese Flüssigkeit hat also dieselbe Zusammensetzung wie das zu titrierende System im ersten Äquivalenzpunkt. Die Natriumacetat- und Borsäurelösung brauchen gar nicht sehr genau hergestellt zu werden, eine Abweichung von 5% hat fast gar keinen Einfluß auf das p_H.

In der besprochenen Weise lassen sich auch Oxalsäure, Weinsäure, Citronensäure, Ameisensäure, Milchsäure, Benzoesäure, Salicylsäure usw. bis zum richtigen p_T neben Borsäure titrieren; nach meiner Erfahrung[1] bei entsprechender Vergleichslösung auf 0,5% genau.

Für Phosphorsäure neben Borsäure liegen die Verhältnisse viel ungünstiger, weil der Quotient K_2 (Phosphorsäure) $: K_{\text{Borsäure}}$ nur etwa 300 beträgt. Die besten Resultate erhält man noch mit Phenolphthalein (erste Rosafärbung), jedoch auch nicht ohne 2—3% Fehler.

Die Bestimmung der genannten Säuren neben Phenol ist noch schärfer als neben Borsäure, da die Dissoziationskonstante des Phenols unter der der Borsäure liegt. Auch Phosphorsäure ist neben Phenol noch auf 1% genau als zweibasische Säure gegen Phenolphthalein ($p_T = 8,0$) zu titrieren. Über die Bestimmung von Basen verschiedener Dissoziationskonstanten nebeneinander sind im theoretischen Teil auch schon Einzelheiten gebracht worden.

Praktisch hat die Ammoniakbestimmung neben Pyridin großes Interesse, weil Handelsammoniak sehr oft Pyridin enthält.

$$p_k(NH_3) = 4{,}76 \qquad p_{K_{\text{Pyridin}}} = 8{,}90$$

$$p_T = 14{,}2 - \frac{1}{2}\left(p_{K_1} + p_{K_2}\right) = 7{,}35 \quad \text{(bei } 15^0\text{)}.$$

Man benutzt hier also eine Vergleichslösung mit $p_T = 7,35$ und Neutralrot oder Phenolrot als Indicator. So titrierte ich beispielsweise ein Gemisch von 25 ccm 0,1-n-Ammoniak, 25 ccm 0,1-n-Pyridin mit 0,1-n-Salzsäure. Die Vergleichslösung wurde aus 25 ccm 0,1-n-Ammoniumchlorid, 25 ccm 0,1-n-Pyridin und 25 ccm Wasser ($p_H = 7,4$) hergestellt.

Verbraucht wurden 25,0
24,95 $\Big\}$ ccm 0,1-n-Säure.
24,97

Der Umschlag war bequem auf 0,1 ccm genau wahrzunehmen.

Auf die Bestimmung von Ammoniak neben Hexamethylentetramin kommen wir später noch näher (S. 155) zurück.

---

[1] KOLTHOFF, J. M.: Pharmac. Weekbl. Bd. 59, S. 129. 1922; vgl. auch TIZARD und BOCREE: Journ. chem. soc. Bd. 119, S. 132. 1921.

Fünftes Kapitel.

Die Verdrängungsreaktionen.

§ 1. Genauigkeit der Titrationen bei der Verdrängung schwacher Säuren. Bei den Verdrängungsreaktionen wird die an eine schwache bzw. schwerlösliche Säure gebundene Base titriert, indem man die schwächere Säure durch eine starke verdrängt.

Umgekehrt wird die an eine schwache bzw. schwerlösliche Base gebundene Säure titrimetrisch bestimmt, indem man die schwache Base durch eine starke in Freiheit setzt.

Um die Genauigkeit derartiger Titrationen unter verschiedenen Verhältnissen zu beurteilen, stellen wir wieder das p_T und die p_H-Änderung in der Nähe des Äquivalenzpunktes (wo also die schwache Säure bzw. schwache Base quantitativ verdrängt ist) bei der Titration von n- —0,1-n- und 0,01-n-Lösungen in einer Tabelle zusammen. Bei der Berechnung der verzeichneten p_H ist natürlich die Eigendissoziation der schwachen Säure bzw. schwachen Base berücksichtigt worden. Der Fall, daß die verdrängte Säure bzw. Base schwerlöslich ist, läßt sich nicht so allgemein behandeln, weil der p_H-Verlauf außer durch die Dissoziationskonstanten auch vom Ionenprodukt der schwerlöslichen Substanz bedingt wird. Diese Spezialfälle werden unten eingehend besprochen.

Die Titration von 0,01-n-Lösungen: Die gebundene Base kann hier noch ohne Vergleichslösung bestimmt werden, sofern $K_s < 5 \cdot 10^{-9}$ ist. Die besten Indicatoren sind dann Methylrot oder Bromkresolblau. Verwendet man eine Vergleichslösung, deren $p_H = p_T$, so ist die Titration noch etwa auf 0,2% genau, selbst wenn die Dissoziationskonstante der verdrängten Säure unter etwa 10^{-7} liegt. In dieser Weise lassen sich Arsenite ($p_{K_s} = 9{,}22$), Borate ($p_{K_s} = 9{,}18$); Cyanide ($p_{K_s} = 9{,}14$); Salze des Veronals ($p_{K_s} = 7{,}43$) noch sehr gut in 0,01-n-Lösung titrieren. Carbonate sind in 0,01-n-Lösung gegen eine entsprechende Vergleichslösung bestenfalls auf 1% genau zu bestimmen.

Die Titration von 0,1-n-Lösungen: Ohne Vergleichslösung kann — am besten mit Methylrot — noch auf 0,2% genau titriert werden, solange $K_s < 5 \cdot 10^{-8}$. Mit einer Vergleichslösung gibt die Bestimmung noch auf 0,2% genaue Resultate, wenn die Dissoziationskonstante der verdrängten Säure weniger als $5 \cdot 10^{-7}$

p_T und Änderung von p_H in Nähe des Äquivalenzpunktes
bei der Verdrängung einer schwachen Säure.

n-Lösungen

K_s	p_H 1% vor Äqu.-P.	p_H 0,2% vor Äqu.-P.	p_T	p_H 0,2% hinter Äqu.-P.	p_H 1% hinter Äqu.-P.
10^{-3}	1,70	—	1,66		1,60
10^{-4}	2,30	2,18	2,15	2,12	2,00
10^{-5}	3.07	2,75	2,65	2,55	2,22
10^{-6}		3,45	3,15	2,87	2,29
10^{-7}		4,30	3,65	2,98	2,30
10^{-8}		5,30	4,15	3,00	2,30
10^{-9}		6,30	5,65	3,00	2,30

0,1-n-Lösungen

K_s	p_H 1% vor Äqu.-P.	p_H 0,2% vor Äqu.-P.	p_T	p_H 0,2% hinter Äqu.-P.	p_H 1% hinter Äqu.-P.
10^{-3}	2,20	—	2,19	—	2,17
10^{-4}	2,70		2,66	—	2,60
10^{-5}	3,30	3,19	3,16	3,13	3,00
10^{-6}	3,07	3,75	3,65	3,55	3,22
10^{-7}		4,45	4,15	3,87	3,29
10^{-8}		5,30	4,65	4,00	3,30
10^{-9}		6,30	5,15	4'00	3,30

0,01-n-Lösungen

K_s	p_H 1% vor Äqu.-P.	p_H 0,2% vor Äqu.-P.	p_T	p_H 0,2% hinter Äqu.-P.	p_H 1% hinter Äqu.-P.
10^{-3}	2,75	—	2,75	—	2,76
10^{-4}	3,20	—	3,19	—	3,17
10^{-5}	3,70	—	3,66	—	3,60
10^{-6}	4,30	4,19	4,16	4,13	4,00
10^{-7}	4,07	4,75	4,65	4,55	4,22
10^{-8}		5,45	5,15	4,87	4,29
10^{-9}		6,30	5,65	5,00	4,30

beträgt, was somit für die Carbonate zutrifft. Weil die bei der
Titration entstehende Säure die Reaktion beim Äquivalenzpunkt
etwas saurer macht, empfiehlt sich eine Vergleichslösung, die an
Kohlensäure ($p_{K_s} = 6{,}52$) gesättigt ist und dieselbe Menge Neutralsalz enthält wie die zu titrierende Lösung im Äquivalenzpunkt.

Diese Carbonattitration läßt sich nur zur schnellen Ca-,
Sr- und Ba-Bestimmung verwerten. Diese Erdalkaliionen
werden mit einem Überschuß Natriumcarbonat ausgefällt, der

Niederschlag abfiltriert, zuerst dreimal mit Wasser und dann noch einige Male mit 50proz. Weingeist ausgewaschen; daraufhin wird das Carbonat in einem Überschuß Säure gelöst und letztere auf Dimethylgelb zurücktitriert. Auch kann man mit einer bekannten Menge Soda fällen und in einem aliquoten Teil des Filtrats deren Überschuß mit Säure zurücktitrieren (vgl. Härtebestimmung in Wasser S. 165).

Für die Titration der Salze mehrbasischer Säuren bis zum sauren Salz gelten dieselben Betrachtungen, wie sie bei der Bestimmung dieser mehrbasischen Säuren angestellt wurden (vgl. S. 132). So sind Phosphate und Glycerophosphate in 0,1-n-Lösung bis zum primären Salz, Pyrophosphate bis zum sekundären Salz auf Dimethylgelb titrierbar. Eine Anwendung der Phosphattitration kann bei der Magnesium- bzw. Phosphatbestimmung gemacht werden. Diese Ionen werden in Form des Magnesium-Ammoniumphosphats gefällt, zuerst mit wenig Wasser und dann mit Alkohol ausgewaschen; darauf wird der Niederschlag in einen Überschuß Säure gelöst und dieser auf Dimethlygelb zurückgenommen[1].

Die Titration von n-Lösungen: Ohne Vergleichslösung ist die Bestimmung überall dann noch auf 0,2% genau, wenn $K_s < 5 \cdot 10^{-7}$; Tropäolin 00 oder Thymolblau sind dabei die geeignetsten Indikatoren. Dieselbe Genauigkeit wird mit Vergleichslösung dort erreicht, wo $K_s < 5 \cdot 10^{-6}$. Begnügt man sich mit einer Fehlergrenze von 1%, so lassen sich noch Normallösungen der Salze von Säuren mit K_s bis zu 10^{-4} herauf titrieren.

Von praktischem Nutzen ist diese Tatsache für eine schnelle Gehaltsbestimmung von Acetaten. Die Dissoziationskonstante der Essigsäure ist $1,86 \cdot 10^{-5}$ ($p_K = 4,73$); bei der Titration von n-Acetat mit n-Salzsäure ist p_T gleich 2,53. Am besten wählt man eine Vergleichslösung, die ungefähr 0,5-n an Essigsäure und 0,5-n an Natriumchlorid ist. Auch eignet sich frisch bereitete 0,003-n-Salzsäure. Bei der Gehaltsbestimmung von Erdalkaliacetaten gebraucht man zweckmäßig eine 0,5-n-Erdalkalichloridlösung (statt 0,5-n-Natriumchlorid). Indicator: Tropäolin 00 oder Thymolblau. Nach meiner Erfahrung[2] ist die Acetatbestimmung

---

[1] Für Literatur vgl. BECKURTS: Die Methoden der Maßanalyse, S. 167

[2] KOLTHOFF, J. M.: Zeitschr. f. anorg. allgem. Chem. Bd. 115, S. 168. 1921.

in n-Lösung mit Vergleichslösung bequem auf 0,2 % genau durchzuführen.

Auch Propionate, Butyrate, Valerianate, Succinate lassen sich in derselben Weise titrieren.

Formiate: $K_s = 2 \cdot 10^{-4}$ ($p_K = 3,7$).

Die Dissoziationskonstante der Ameisensäure ist schon zu groß, als daß die Formiate sich noch einigermaßen genau bestimmen ließen. Bei der Titration von n-Lösungen und Anwendung von 0,5-n-Ameisensäure oder 0,01-n-Salzsäure als Vergleichsflüssigkeit kommt man nicht über 1—2 % Fehler hinaus.

Benzoate: $K_s = 6,86 \cdot 10^{-5}$; $p_K = 4,16$.

Bei der Titration von Benzoaten mit Säure verwandelt sich die ursprüngliche Lösung durch die abgeschiedene Benzoesäure in einen dicken Brei. Ein Farbumschlag ist darin gar nicht mehr zu erkennen. Daher muß die Benzoesäure mit Äther entfernt werden. Zu 25 ccm n-Benzoat fügt man 0,5 ccm Indicator (Thymolblau) und 25 ccm Äther. Als Vergleichslösung benutzt man 50 ccm Wasser mit ebensoviel Indicator und Äther. Während der Titration wird gut umgeschüttelt und in Nähe des Äquivalenzpunktes so lange gewartet, bis die untere Schicht klar geworden ist. Der Umschlag ist auf etwa 1 % genau wahrzunehmen. Es empfiehlt sich, die Bestimmung in einer Glasstöpselflasche auszuführen.

Salicylate lassen sich genau so wie Benzoate titrieren. Zwar ist $K_{\mathrm{Salicylsäure}}$ ziemlich groß, etwa $1 \cdot 10^{-3}$, weil der größere Teil der Säure jedoch ausgeschüttelt wird, stört ihre saure Reaktion nicht mehr.

Citrate und Tartrate sind zufolge der hohen Werte der ersten Dissoziationskonstante beider Säuren in der beschriebenen Weise nicht genau mehr zu bestimmen.

Übrigens läßt sich an der Hand der Daten in der Tabelle (S. 151) für jeden Fall entscheiden, welcher Genauigkeit eine Bestimmung der gebundenen Base fähig ist.

§ 2. Die Genauigkeit der Titration bei der Verdrängung schwacher Basen. Zur Kennzeichnung der Genauigkeit können wir auch hier wieder die Änderung von p_H in Nähe des Äquivalenzpunktes bei der Titration von an schwache Basen gebundenen

Säuren zu einer Tabelle vereinigen. Bei der Berechnung wurde K_w zu 10^{-14} (22^0) genommen. Bei 15^0 sind alle p_H-Werte um 0,2 größer.

p_T und Änderung von p_H in Nähe des Äquivalenzpunktes bei der Verdrängung einer schwachen Base $p_w = 14,0$.

K_b	n-Lösungen				
	p_H 1% vor Äqu.-P.	p_H 0,2% vor Äqu.-P.	p_T	p_H 0,2% hinter Äqu.-P.	p_H 1% hinter Äqu.-P.
10^{-3}	12,30	—	12,35	—	12,40
10^{-4}	11,70	11,82	11,85	11,88	12,00
10^{-5}	10,93	11,25	11,35	11,45	11,78
10^{-6}		10,55	10,85	11,13	11,71
10^{-7}		9,70	10,35	11,02	11,70
10^{-8}		8,70	9,85	11,00	11,70
10^{-9}		7,70	9,35	11,00	11,70

K_b	0,1-n-Lösungen				
	p_H 1% vor Äqu.-P.	p_H 0,2% vor Äqu.-P.	p_T	p_H 0,2% hinter Äqu.-P.	p_H 1% hinter Äqu.-P.
10^{-3}	11,80	—	11,81	—	11,83
10^{-4}	11,30	11,33	11,34	11,36	11,40
10^{-5}	10,70	10,81	10,84	10,87	11,00
10^{-6}	10,93	10,25	10,35	10,45	10,78
10^{-7}		9,55	9,85	10,13	10,71
10^{-8}		8,70	9,35	10,00	10,70
10^{-9}		7,70	8,85	10,00	10,70

K_b	0,01-n-Lösungen				
	p_H 1% vor Äqu.-P.	p_H 0,2% vor Äqu.-P.	p_T	p_H 0,2% hinter Äqu.-P.	p_H 1% hinter Äqu.-P.
10^{-3}	11,25	—	11,25	—	11,25
10^{-4}	10,80	—	10,81	—	10,83
10^{-5}	10,30	—	10,34	—	10,40
10^{-6}	9,70	9,81	9,84	9,87	10,00
10^{-7}	9,93	9,25	9,35	9,45	9,78
10^{-8}		8,85	8,85	9,13	9,71
10^{-9}		7,70	8,35	9,00	9,70

Die Titration von 0,01-n-Lösungen: Mit Phenolphthalein als Indicator lassen sich noch die Säuren mit einer Genauigkeit von 0,2% bestimmen, welche an Basen mit einer Dissoziationskonstante kleiner als etwa $5 \cdot 10^{-9}$ gebunden sind. Anilin- und Pyridinsalze sind in dieser Weise genau zu titrieren. Gegen eine Vergleichslösung läßt sich die Bestimmung noch gut ausführen, wenn K_B geringer als $5 \cdot 10^{-7}$ ist (Phenolphthalein oder Thymolblau als Indicator). Die benutzte Lauge muß natürlich carbonatfrei sein.

Die Titration von 0,1-n-Lösungen: Die gebundene Säure läßt sich noch auf etwa 0,2% genau ohne Vergleichslösung auf Phenolphthalein, Thymolblau oder Thymolphthalein bestimmen, solange $K_b < 5 \cdot 10^{-8}$, gegen eine Vergleichslösung mit derselben Genauigkeit, wenn $K_b < 5 \cdot 10^{-7}$. Im letzten Falle ist Thymolphthalein der zuständige Indicator, etwa bei der Titration von Nicotinsalzen $(K_B = 7 \cdot 10^{-7})$.

Die Titration von n-Lösungen ist auf 0,2% möglich ohne Vergleichslösung, wenn $K_B < 10^{-7}$ (Thymolphthalein, Nitramin, Tropäolin 0 oder Alizaringelb als Indicatoren), auf 0,5% mit Vergleichslösung bei Salzen, deren $K_B < 10^{-5}$. Eine wichtige Anwendung dessen macht man bei der schnellen Wertbestimmung von Ammoniumsalzen $(K_B = 1{,}75 \cdot 10^{-5})$. Als Vergleichslösung dient am besten 0,2 molares Natriumcarbonat; man titriert mit n-Lauge auf Tropäolin 0 oder Nitramin nach meiner Erfahrung auf 1% genau.

Auch für die Titration von Hydrazinsalzen ist diese Methode sehr gut brauchbar $(K_B = 3 \cdot 10^{-6})$.

§ 3. Spezielle Methoden der Verdrängungstitration. Titrationen in Gegenwart von Alkohol und Formaldehyd. Alkohol hat die Eigenschaft, die Dissoziationskonstante der Stickstoffbasen stark zu verringern. Diese Tatsache kann dort zu einer Säurebestimmung in Salzen stärkerer Basen verhelfen, wo eine solche in wäßriger Lösung noch nicht möglich ist. Weil die Dissoziationskonstanten der Basen in Lösungen von verschiedenem Alkoholgehalt sehr unvollständig bekannt sind, und weil auch die Konstanten der Indicatoren durch Alkohol erheblich vermindert werden, wollen wir auf eine theoretische Behandlung des Titrierfehlers in diesen Fällen verzichten.

Ammoniumsalze: Schon VORLÄNDER[1] hat festgestellt, daß Ammoniak in stark alkoholischer Lösung nicht mehr alkalisch

---

[1] VORLÄNDER: Liebigs Ann. d. Chem. Bd. 341, S. 76. 1905; Ber. Bd. 52. S. 309. 1919.

auf Phenolphthalein reagiert. R. WILLSTÄTTER und E. WALD-SCHMIDT-LEITZ[1] haben diese Tatsache zur raschen Gehalts-bestimmung von Ammoniumsalzen verwertet. Nach ihrer Vor-schrift muß der Alkoholgehalt am Ende der Titration wenigstens 97% betragen. Meiner Erfahrung nach genügt aber ein solcher von 90% und nach F. W. FOREMAN[2] sogar von 80%. Dieser läßt sich noch weiter vermindern, sofern statt Phenolphthalein als Indi-cator Thymolphthalein benutzt wird. S. LÖVGREN[3] hat darüber eingehende Versuche angestellt. Wenn die Alkoholkonzentration beim Äquivalenzpunkte wenigstens 50% beträgt, gibt Thymol-phthalein sehr gute Resultate. Das Endvolumen darf aber 10 ccm nicht viel überschreiten.

Aminosäuren und Polypeptide: Nach BJERRUMS Anschau-ungen sind Aminosäuren in Lösung hauptsächlich als Zwitterionen zu betrachten[4]. Während nach der klassischen Auffassung die Carbonylgruppe von Lauge neutralisiert wird:

$$NH_2RCOOH + OH' \rightleftharpoons NH_2RCOO' + H_2O,$$

nehmen wir jetzt in Übereinstimmung mit BJERRUM an, daß Hydroxylionen die freie Base, welche sich hier wie ein Anion verhält, in Freiheit setzt:

$$\underset{\text{Zwitterion}}{NH_3RCOO'} + OH' \rightleftharpoons \underset{\text{freie Base}}{NH_2RCOO'} + H_2O.$$

Die Dissoziationskonstante der freien Base ist ziemlich groß (in den meisten Fällen etwa 10^{-4}), daher verbrauchen die Amino-säuren in wässeriger Lösung auf Phenolphthalein fast gar keine

---

[1] WILLSTÄTTER, R. und E. WALDSCHMIDT-LEITZ: Ber. Bd. 54, S. 2988. 1921; auch Zeitschr. f. physiol. Chem. Bd. 132, S. 181, 195. 1924; vgl. auch FOREMAN: Biochem. Journ. Bd. 14, S. 451. 1920.

[2] FOREMAN, F. W.: Biochem. Journ. Bd. 14, S. 451. 1920.

[3] LÖVGREN, S.: Zeitschr. f. analyt. Chem. Bd. 64, S. 457. 1924. Schließlich sei hier noch bemerkt, daß man das Ammoniak in allen Ammonsalzen durch Austreiben mit Lauge und Auffangen in einer bestimmten Menge Säure bestimmen kann. Auch kann man in 2proz. Borsäure auffangen und die hydrolysierte Ammonboratlösung auf Dimethylgelb neutralisieren. Es ist nicht notwendig, das entweichende Ammoniak aufzufangen; man kann auch einen Überschuß Lauge hinzusetzen, die flüchtige Base auskochen und dann zurücktitrieren.

[4] BJERRUM, N.: Zeitschr. f. physik. Chemie, Bd. 104, S. 147. 1923; für eine Zusammenstellung vgl. J. M. KOLTHOFF; Der Gebrauch von Farbindi-catoren, 3. Aufl. S. 41—56.

Lauge. Schon BIRCKNER[1] hatte beobachtet, daß Alkohol den sauren Charakter der Aminosäuren erhöht, und FOREMAN[2] arbeitete ganz unabhängig davon genauere Methoden für die Titration von Aminosäuren und Ammonsalzen bei Gegenwart von Alkohol oder Aceton (bzw. unter Zusatz von Formol; vgl. S. 158) aus.

Besonders in den letzten Jahren ist diese Methode eingehend untersucht worden[3]. Dabei hat sich herausgestellt, daß die meisten Aminosäuren in 97proz. Alkohol quantitativ mit Phenolphthalein titriert werden können. (Nach FOREMAN ist eine Alkoholkonzentration von 85% schon genügend.) Mit Thymolphthalein kann der Alkoholgehalt wesentlich verringert werden[4].

In den Polypeptiden ist die basische Gruppe viel schwächer als in den Aminosäuren. Daher lassen sich die Polypeptide schon in 40—50proz. Alkohol auf Phenolphthalein titrieren. Dabei hat man zu bedenken, daß die einfachen Aminosäuren unter diesen Verhältnissen auch schon Lauge auf Phenolphthalein verbrauchen, und zwar in 50proz. Alkohol etwa 28% der theoretischen Menge. Man kann von dieser Tatsache Gebrauch machen zur Bestimmung von Aminosäuren und Polypeptiden nebeneinander.

R. WILLSTÄTTER und E. WALDSCHMIDT-LEITZ[5] bestimmen die Summe von beiden durch Titration in 97proz. Alkohol (Verbrauch: b ccm). Nebenher wird eine Bestimmung in 50proz. Alkohol ausgeführt (Verbrauch: a ccm).

Ist der Alkalianteil für die Aminosäuren gleich x, so ergibt sich aus dem Obenstehenden ohne weiteres:

$$x = \frac{100\,(b - a)}{72}$$

Polypeptide: $(b - x)$.

Hierzu wollen wir noch bemerken, daß dann, wenn die wahre Dissoziationskonstante der basischen Gruppe groß ist, wie bei

---

[1] BIRCKNER, V.: Journ. of biol. chem. Bd. 38, S. 245. 1919.

[2] FOREMAN, F. W.: Biochem. Journ. Bd. 14, S. 451. 1920.

[3] WILLSTÄTTER, R. und WALDSCHMIDT-LEITZ: Ber. Bd. 54, S. 2988. 1921; TAGUE: Journ. of the Americ. chem. soc. Bd. 42, S. 173. 1920; JODIDI: Journal of the Americ. chem. soc. Bd. 40, S. 1031. 1918; HARRIS, L. J.: Journ. of the chem. soc. (London) Bd. 123, S. 2394. 1924; Proc. of the roy. soc. of London Bd. 95, S. 440, 500. 1923; Bd. 97, S. 364. 1925, wo auch die Literatur eingehend berücksichtigt ist.

[4] WALDSCHMIDT-LEITZ: Zeitschr. f. physiol. Chem. Bd. 132, S. 193. 1924.

[5] WILLSTÄTTER und WALDSCHMIDT-LEITZ: Ber. Bd. 54, 2988. 1921.

Lysin ($K = 10^{-1,9}$), oder Asparaginsäure ($K_B = 10^{-1,8}$), keine guten Resultate von der Titration auf Phenolphthalein zu erwarten sind, auch nicht in Gegenwart von Alkohol. Nehmen wir zur Erläuterung die Asparaginsäure:

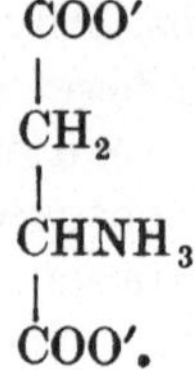

Nach FOREMANS Untersuchungen läßt sich die Carboxylgruppe a in wässeriger Lösung auf Phenolphthalein genau neutralisieren, nicht aber die Gruppe b, selbst nicht in alkoholischem Mittel. Meines Erachtens haben wir nach Neutralisation der Carboxylgruppe a ein Zwitterion vor uns von der Zusammensetzung:

$$\begin{array}{c} COO' \\ | \\ CH_2 \\ | \\ CHNH_3 \\ | \\ COO'. \end{array}$$

Infolge des hohen Wertes der Dissoziationskonstanten der basischen Gruppe ($10^{-1,8}$) läßt sich diese nicht mehr — nicht einmal in Anwesenheit von Alkohol — quantitativ durch eine andere starke Base verdrängen. In bestimmten Fällen, wie beim Alanin, Tyrosin u. a., wird nach L. J. HARRIS (l. c. 1923) die Titration durch Thymolphthalein noch ermöglicht; auch das Arbeiten in der Wärme bringt eine Verbesserung.

Mit Hilfe der Zwitterionentheorie von BJERRUM kann man sich das Verhalten der verschiedenartigsten Aminosäuren bei der Titration mit Lauge erklären bzw. vorstellen.

Einfluß von Formalin auf die Titration von Ammoniumsalzen und Aminosäuren.

Ammoniumsalze: Ammoniak verbindet sich mit Formaldehyd zu Hexamethylentetramin. Dieser Körper hat sehr schwach basische Eigenschaften (nach meiner Bestimmung ist $K_B = 8 \cdot 10^{-10}$); seine wässerige Lösung reagiert noch nicht alkalisch auf Phenolphthalein. Daher lassen sich Ammoniumsalze bei Anwesenheit von Formalin scharf auf diesen Indicator titrieren, sogar in sehr verdünnter Lösung.

Nach meiner Erfahrung[1] verläuft die Reaktion zwischen Ammoniak und einem Überschuß Formaldehyd so schnell, daß die Titration direkt, d. h. ohne Laugenüberschuß, ausgeführt werden darf.

Vorschrift: Zu 25 ccm etwa 0,1 molarer Ammoniumsalzlösung fügt man 5 ccm Formalinlösung, welche auf Phenolphthalein neutralisiert ist, und 2—3 Tropfen 1 proz. Phenolphthalein. Nach einer Minute Stehen titriert man mit 0,1-n-Natronlauge bis auf schwach Rosa. 1 ccm 0,1-n-Lauge entspricht 1,8 mg NH_4. Auch in 0,01-n-Lösung gibt die Bestimmung vorzügliche Resultate (carbonatfreie Lauge).

Bemerkung: Wenn die Ammoniumsalzlösung einen Überschuß Säure oder Base enthält, muß sie vorerst neutralisiert werden. Wenn nur Anionen starker Säuren anwesend sind, geschieht dies vorteilhaft auf Methylrot. In Gegenwart von Anionen schwacher Säuren neutralisiert man am besten auf Neutralrot (vgl. S. 149). Auf diese Weise kann man etwa den Ammoniumgehalt in Ammoniumacetatlösungen schnell bestimmen.

Aminosäuren: Die nach S. P. L. SÖRENSEN[2] benannte Bestimmungsmethode der Aminosäuren mit Lauge bei Anwesenheit von Formaldehyd wird in der physiologischen Chemie ganz allgemein verwandt.

Das Formaldehyd verbindet sich mit der Aminogruppe unter Bildung der sehr schwach basischen „SCHIFFschen"[3] Basen:

$$R-NH_2 + O=C{<}^H_H \rightleftharpoons R-N=CH_2 + H_2O.$$

Qualitativ hat das Formaldehyd also die gleiche Wirkung wie Äthylalkohol auf die Aminosäuren. Während aber Alkohol durch Änderung des Lösungsmittels die Dissoziationskonstante der basischen Gruppe direkt erniedrigt, führt das Formaldehyd zur Bildung einer viel schwächeren Base.

---

[1] KOLTHOFF, J. M.: Pharmac. weekbl. Bd. 58, S. 1463. 1921.

[2] SÖRENSEN, S. P. L.: Biochem. Zeitschr. Bd. 7, S. 43. 1907; Bd. 25, S. 1. 1910; Zeitschr. f. physiol. Chem. Bd. 64, L. 120. 1910; vgl. auch ABDERHALDENS Handbuch der biochemischen Arbeitsmethoden.

[3] SCHIFF: Liebigs Ann. d. Chem. Bd. 325, S. 348.

Wir müssen uns nach moderner Anschauung den Reaktions-mechanismus folgendermaßen vorstellen:

Auf Zusatz von Natronlauge zur Aminosäurelösung wird die Aminogruppe NH_2 freigemacht:

$$'NH_3RCOO' + OH' \rightleftarrows NH_2RCOO'$$

Die freie Base reagiert nun mit dem Aldehyd nach der viel schwächeren Schiffschen Base hin:

$$NH_2RCOO' + OCH_2 \rightleftarrows H_2C{=}NRCOO' + H_2O.$$

Die aus der freien basischen Gruppe stammende Hydroxyl-ionenkonzentration wird dadurch stark zurückgedrängt. Aus den Messungen von L. J. Harris[1] gewinnt man den Eindruck, daß die (scheinbare) Dissoziationskonstante des Methylenderivates etwa 1000 mal kleiner ist als die der ursprünglichen Aminogruppe. Theoretisch ist diese Frage noch nicht endgültig gelöst, denn Harris hat das Gleichgewicht zwischen Methylenderivat und Aminosäure nicht berücksichtigt. Wahrscheinlich ist die wahre Dissoziations-konstante des Methylenderivates viel kleiner, als sich aus Harris' Messungen ableitet.

An dieser Stelle muß noch einer Tatsache gedacht werden, welche in der physiologischen Chemie nicht berücksichtigt wird und doch von großem Interesse ist. Der Einfluß des Alkohols auf Aminosäure ist nicht direkt mit dem des Formaldehyds ver-gleichbar. Alkohol erniedrigt sowohl die Dissoziations-konstante der basischen wie die der sauren Gruppe, während Formaldehyd, das in viel kleineren Konzentrationen angewendet wird, nur die Konstante der basischen Gruppe stark vermindert.

Sörensen wies schon darauf hin, daß man bei der Amino-säuretitration einen großen Überschuß Formaldehyd (auf Phenol-phthalein neutralisiert) anwenden muß, um das Gleichgewicht möglichst quantitativ nach der Seite des Methylenderivats zu verlegen.

Vorschrift: Man fügt zu etwa 25 ccm 0,1-n-neutraler Amino-säurelösung 5 ccm auf Phenolphthalein neutralisiertes Formalin und titriert mit Lauge, bis die Farbe des Indicators deutlich rosarot erscheint (p_T etwa 9,0).

---

[1] Harris, L. J.: Proc. of the roy. soc. of London (A. u. B.) Bd. 95, S. 500. 1923.

Ein anderes Verfahren zur Ausführung der Formoltitration gibt John H. Northrop[1] an.

Die zu untersuchende Lösung wird so verdünnt, daß ungefähr 5 ccm das gleiche Volumen 0,01-n-Natronlauge verbrauchen. Die Flüssigkeit wird zuerst roh mit starkem Alkali (um die Flüssigkeitsmenge nicht übermäßig zu vergrößern) auf Neutralrot neutralisiert, dann genau mit 0,01-n-Lauge. Daraufhin wird 1 ccm Formalin und 1 Tropfen Phenolphthalein zugesetzt und mit 0,01-Natronlauge bis zum Umschlag weitertitriert.

Die vom Neutral- bis zum Alkalipunkt der Lösung benötigte Laugenmenge zeigt im Falle der Aminosäuren oder einfacher Polypeptide die gleichen Werte wie bei elektrometrischer Titration.

Unter diesen Verhältnissen erhält man nicht bei allen Aminosäuren gute Resultate. Glykokoll und andere einfache Aminosäuren lassen sich wohl so quantitativ bestimmen; wenn die basische Gruppe jedoch stärker wird, tritt der Endpunkt viel zu früh auf. So fand L. J. Harris, daß Lysin bei der Formoltitration bis zum normalen Endpunkt ($p_T = 8{,}8$) nur 86% der äquivalenten Menge verbraucht, beim p_T 9,1 : 93%; beim p_T 9,5 : 97%. Nun ist die wahre basische Dissoziationskonstante K_1 etwa 10^{-2}, durch Zusatz von Formol wird sie wohl wesentlich korrigiert, bleibt aber doch viel größer als die des Glykokolls. Besser fährt man in diesem Falle, indem man zuerst in alkoholischem Medium (85% Alkohol) auf Phenolphthalein neutralisiert und dann noch außerdem Formol hinzusetzt. Auch ergibt sich aus dem Obenstehenden, daß man besonders dort, wo der Phenolphthaleinumschlag zu früh einsetzt, besser Thymolphthalein verwendet.

Schließlich wollen wir noch bemerken, daß eine vollständige theoretische Behandlung der Alkohol- und Formoltitration der Aminosäuren zur Zeit noch gar nicht gegeben werden kann. Einen verdienstlichen Anfang damit hat L. J. Harris (l. c.) gemacht. Dabei haben die Dinge besonders für physiologische Arbeiten großes Interesse, weil sich dort nicht immer die erhaltenen Titerzahlen in der richtigen Weise deuten lassen.

Eine wichtige Anwendung erfährt die Formoltitration bei der Eiweißbestimmung (u. a. in Milch). Man neutralisiert auf Phenolphthalein, fügt dann auf diesen Indicator neutralisiertes Formalin

---

[1] Northrop, J. H.: Journ. Gen. Physiol. Bd. 9, S. 767. 1926; Chem. Zentralbl. Bd. 97, S. 2091. 1926.

hinzu und mißt die Anzahl Kubikzentimeter Lauge, welche bis zur Rosafärbung benötigt werden. Die Methode ist rein empirisch. Man findet wohl allgemein angegeben, daß in dieser Weise nur der Aminostickstoff bestimmt wird, jedoch kann das in vielen Fällen gar nicht zutreffen. Auch auf diesem Gebiet wären eingehende theoretische Untersuchungen von größter praktischer Bedeutung.

Sekundäre Amine reagieren nach S. L. Jododi[1] mit Formaldehyd im Sinne

$$2\,R_2NH + OCH_2 \rightleftharpoons R_2N-CH_2-NR_2 + H_2O.$$

Die entstehende Base ist wesentlich stärker als das ursprüngliche sekundäre Amin. Daraus erklärt sich, daß die Formoltitration von Prolin und Hystidin, welche beide eine Iminogruppe enthalten, fehlerhafte Resultate liefert.

So reagiert Prolin in folgender Weise mit Formaldehyd.

$$2\ \underset{NH}{\overset{CH_2\ CH_2}{H_2C\diagdown\diagup CHCOOH}} + OCH_2 \rightleftharpoons \underset{N-CH_2-}{CHOOH}\ \underset{N}{CHCOOH} + H_2O.$$

Alkaloidsalze und Salze aliphatischer Amine in Gegenwart von Alkohol: Nach F. W. Foreman[2] reagieren primäre, sekundäre und tertiäre Amine und basische Methylenderivate von sekundären Aminen in 80 proz. Alkohol nicht alkalisch auf Phenolphthalein. Hieraus ergibt sich eine Titration der an diese Basen gebundenen Säure.

Eine praktisch wichtige Anwendung der Verdrängungsreaktionen macht man bei der **Alkaloidsalztitration.** Die meisten Alkaloide haben in Wasser eine Dissoziationskonstante von der Größenordnung von 10^{-6} (vgl. Teil I, S. 250); durch Alkohol wird die letztere noch erheblich vermindert. Die meisten Alkaloide haben daher in 50 proz. Alkohol auf Phenolphthalein keine alkalische Reaktion mehr.

In den Salzen der folgenden Alkaloide kann man die gebundene Säure direkt auf Phenolphthalein titrieren, wenn man nur Sorge trägt, daß der Alkoholgehalt beim Endpunkt nicht 40—60% unterschreitet:

[1] Jododi, S. L.: Journ. of the Americ. chem. soc. Bd. 40, S. 1031. 1918.
[2] Foreman, F. W.: Biochem. Journ. Bd. 14, S. 451. 1920.

Aconitin, Apomorphin, Chinin und andere Chinaalkaloide, Cocain, Codein, Dionin, Narcotin, Papaverin, Pilocarpin, Thebain.

Brucin-, Morphin- und Strychninsalze lassen sich auch ohne Alkohol auf Phenolphthalein bestimmen. Dagegen sind Atropin, Emetin und die Base des Novocains schon so stark, daß sie in 50proz. Alkohol bereits beträchtlich alkalisch auf Phenolphthalein reagieren. Bei der Titration dieser letzteren Alkaloidsalze fügt man zu der wässerigen Lösung zweckmäßig 5—10 ccm Chloroform und neutralisiert auf Phenolphthalein, bis die Rosafarbe beim Ausschütteln nicht mehr verschwindet. Das freie Alkaloid wird fast quantitativ ausgeschüttelt und so der wässerigen Phase entzogen.

§ 4. Die Titration der Salze anorganischer Basen. Calciumsalze: Calciumhydroxyd ist eine starke Base und reagiert auf Phenolphthalein intensiv alkalisch. Doch läßt sich die gebundene Säure noch auf Thymolphthalein bestimmen, wenn man die Löslichkeit des Calciumhydroxyds durch Zusatz von viel Aceton herabdrückt. Nach R. WILLSTÄTTER und E. WALDSCHMIDT-LEITZ[1] fügt man zu Calciumsalzlösung einen Überschuß Alkalihydroxyd und dann so viel Aceton, daß die Konzentration des letzteren etwa 85—90% beträgt. Nach 15 Minuten Stehen titriert man auf Thymolphthalein zurück bis zum dauernden Verschwinden der Blaufärbung. Der Umschlag ist nicht scharf, die Bestimmungsmethode mithin nicht sehr genau.

Magnesiumsalze: Auch Magnesiumhydroxyd hat stark basische Eigenschaften. Seine Salze verbrauchen ebensowenig wie die Alkalisalze Lauge auf Phenolphthalein. Nach WILLSTÄTTER und LEITZ[1] fällt man die Salzlösung mit einem Überschuß Lauge und fügt so viel Alkohol hinzu, daß die Konzentration desselben 66—75% ausmacht. Nach 10—15 Minuten Stehen wird der Laugenüberschuß gegen Thymolphthalein zurücktitriert. Wenn zugleich Calciumsalze anwesend sind, nimmt man Methyl- statt Äthylalkohol.

Auch diese Bestimmungsmethode ist nicht sehr genau. Nach meiner Erfahrung[2] kann man besser ohne Alkohol arbeiten und

---

[1] WILLSTÄTTER, R. und E. WALDSCHMIDT-LEITZ: Ber. Bd. 56, S. 488. 1922; vgl. auch E. P. SCHOCH: Ind. engin. chem. Bd. 19, S. 112. 1927.

[2] KOLTHOFF, J. M.: Rec. Trav. Chim. Bd. 41, S. 787. 1922.

in einem aliquoten Teil der klaren Flüssigkeit den Überschuß der Lauge zurücktitrieren.

Vorschrift: Zu 25 ccm etwa 0,1-n-Magnesiumsalzlösung fügt man wenigstens 35 ccm 0,1-n-carbonatfreier Natronlauge und füllt in einem Maßkolben mit Wasser zu 100 ccm auf. Man läßt absitzen und pipettiert dann, ohne zu filtrieren, 50 ccm der drüberstehenden klaren Flüssigkeit ab und titriert mit 0,1-n-Salzsäure auf Phenolphthalein zurück. Das Magnesiumhydroxyd setzt sich sehr schnell ab; innerhalb einer Stunde kann man gewöhnlich schon probenehmen.

Auch neben Calciumsalzen ist diese Methode sehr gut brauchbar und bei Benutzung von carbonatfreier Lauge auf 0,5% genau.

Bemerkungen: 1. Eine gesättigte Magnesiumhydroxydlösung in Wasser reagiert auf Phenolphthalein stark alkalisch. Die Löslichkeit ist etwa $2{,}5 \cdot 10^{-4}$ molar; dies entspricht einer Hydroxylionenkonzentration von etwa $5 \cdot 10^{-4}$-n oder einem p_H bei 15^0 von etwa 10,5. Durch einen Laugenüberschuß, welcher wenigstens 0,01-n sein soll, wird die Löslichkeit weiter so stark herabgedrückt, daß sie vernachlässigt bleiben kann.

2. Aus dem Vorstehenden ergibt sich, daß eine gesättigte Magnesiumhydroxydlösung noch nicht auf Nitramin oder Tropäolin 0 alkalisch reagiert. Daher steht zu erwarten, daß man eine n-Magnesiumsalzlösung direkt mit n-Natronlauge auf die genannten Indicatoren titrieren kann (vgl. S. 163). Jedoch ist diese Bestimmung keineswegs zu empfehlen, weil sich bei der Fällung des Magnesiumhydroxyds basische Salze bilden, so daß zu wenig Lauge verbraucht wird. Auch unter den günstigsten Verhältnissen (vgl. KOLTHOFF l. c.) ist die Methode nicht genauer als auf 1%.

3. Das Prinzip der beschriebenen Magnesiumtitration ist nicht neu. Schon KNÖFLER[1] hat sie angewandt, indem er in der Hitze fällt und nach dem Abkühlen filtriert. Auch andere Autoren[2] haben sie benutzt und eventuell anwesendes Calcium durch Fällung mit Alkalioxalat unschädlich gemacht. Meiner Ansicht nach ist es besser, die alkalische Flüssigkeit nicht zu filtrieren,

[1] KNÖFLER: Lieb. Annalen, Bd. 230, S. 345. 1885.

[2] MONHAUPT; Chem.-Zeit. Bd 27, S. 501. 1903; LEGLER: Pharm. Zentralbl. Bd. 45, S. 585. 1904; VÜRTHEIM: Chem. Weekbl. Bd. 15, S. 461. 1922; MAIGRET: Bull. Soc. Chim. Bd. 33, S 631. 1906.

sondern die klare Flüssigkeit abzupipettieren, weil unter diesen Verhältnissen die Lauge fast keine Kohlensäure absorbiert. Weiterhin habe ich gefunden, daß größere Mengen Calcium die Bestimmung des Magnesiums überhaupt nicht stören, so daß man das Calcium gar nicht zu entfernen braucht.

Gesamtbestimmung von Calcium und Magnesium.

Bestimmung der Härte des Wassers nach WARTHA-PFEIFER[1]: Die Bestimmung von Calcium und Magnesium zusammen hat eine große praktische Bedeutung für die Härtebestimmung des Wassers (vgl. auch Methode BLACHER S. 171).

Vorschrift: Man ermittelt zunächst die Bicarbonatalkalität des Wassers in 100—200 ccm mit 0,1-n-Salzsäure auf Dimethylgelb. Darauf wird die titrierte Flüssigkeit in einem hohen Maßzylinder mit mindestens der doppelten theoretisch erforderlichen Menge einer Lösung von gleichen Teilen 0,1-n-Natriumcarbonat und 0,1-n-Natriumhydroxyd (etwa 7,5 kristallisiertes Natriumcarbonat und 2,5 g Ätznatron im Liter) versetzt. Man läßt absitzen und titriert am nächsten Tage einen aliquoten Teil der klaren Flüssigkeit mit 0,1-n-Salzsäure auf Dimethylgelb zurück. Auf je 100 ccm der titrierten Lösung bringt man eine Korrektur von 0,3 ccm 0,1-n für die Löslichkeit des Calciumcarbonats und Magnesiumhydroxyds an. 1 ccm 0,1-n verbrauchte Maßflüssigkeit auf 100 ccm entspricht 2,8 deutschen Härtegraden (1 deutscher Härtegrad = 10 mg CaO im Liter).

Bemerkungen: 1. Über die Härtebestimmung nach WARTHA-PFEIFFER besteht eine sehr ausgedehnte Literatur, auf welche hier nur hingewiesen werden kann[2].

Ursprünglich neutralisierte PFEIFER (l. c.) das Wasser gegen Alizarin (Dimethylgelb ist besser), fügte dann einen Überschuß

---

[1] PFEIFER: Zeitschr. f angew. Chem. Bd. 15, S. 198. 1902.

[2] Vgl. besonders H. SINGER: Chemiker-Zeit. Bd. 42, S. 289, 294, 307. 1918, wo die Literatur eingehend behandelt wird; auch COCHENHAUSEN: Zeitschr. f. angew. Chem. Bd. 19, S. 1987. 1906; BASCH: Chemiker-Zeit. Bd. 18, S. 31. 1904; MAYER und KLEINE: Journ. f. Gasbel. Bd. 5, S. 321. 1907; O. MAYER: Zeitschr. f. analyt. Chem. Bd. 54, S. 289. 1915; O. HEYN: Zeitschr. öffentl. Gesundheitspfl. Bd. 1, S. 584. 1916; GRÜNHUT: Zeitschr. f. analyt. Chem. Bd. 58, S. 555. 1919; BEHRMANN: Chem. Zentralbl. 1923 II, S. 17; G. WEISSENBERGER: Zeitschr. f. angew. Chem. Bd. 35, S. 177. 1922; KANHÄUSER: Chemiker-Zeit. Bd. 47, S. 57. 1923.

Carbonatlauge hinzu, kochte einige Minuten auf, kühlte ab, füllte bei 15⁰ bis 200 ccm auf und filtrierte endlich ab.

Die oben gegebene Vorschrift nach L. W. Winkler[1] ist viel einfacher und gibt nach meiner Erfahrung sehr gute Resultate. Die mitgeteilte Korrektur habe ich selbst aus sehr vielen Versuchen hergeleitet.

2. Bei der Alkalitätsbestimmung des Wassers auf Dimethyl-gelb muß man eine Korrektur von 0,1 ccm 0,1-n-Säure auf 100 ccm Wasser hinsichtlich des Titrierfehlers des Indicators vornehmen. Man titriert bis zur Abweichung der Wasserfarbe. Bei der Härtebestimmung braucht man diese Korrektur nicht zu berücksichtigen, weil der Überschuß Carbonatlauge auch wieder auf denselben Indicator bestimmt wird und die Maßflüssigkeit auch in gleicher Weise eingestellt ist. Bei der Titerstellung empfiehlt es sich, mit destilliertem Wasser so weit zu verdünnen, daß das Volumen dem bei der Härtebestimmung selbst entspricht.

3. Bei eisenhaltigem Wasser versagt das Verfahren von Wartha-Pfeifer. In diesen Fällen kann man sich nach L. W. Winkler[2] so helfen, daß man das zu untersuchende Wasser mit Luft durchschüttelt und es nach einigen Stunden — vor der Untersuchung — durch einen Wattebausch filtriert. Alles Eisen ist dann als Ferrioxydhydrat ausgefällt.

4. Will man das Magnesium allein bestimmen, so neutralisiert man das Wasser zuvor auf Dimethylgelb, kocht dann die Kohlensäure aus, neutralisiert nach dem Abkühlen auf Phenolphthalein und fügt einen Überschuß carbonatfreier Lauge hinzu. Nach dem Absitzen wird ein aliquoter Teil der drüberstehenden Flüssigkeit zurücktitriert (vgl. S. 164). Wenn erwünscht, kann man nach der Alkalitätsbestimmung des Wassers die Farbe des Dimethylgelbs durch einen Tropfen Brom- oder Chlorwasser zerstören. Das überschüssige Halogen wird dann beim Auskochen der Kohlensäure gleichzeitig entfernt.

Zinksalze: Eine wässerige Suspension von Zinkoxyd reagiert nicht alkalisch auf Phenolphthalein. Ruoss[3] gibt daher zu der Zinksalzlösung einen Überschuß Barytwasser, kocht auf und

---

[1] Winkler, L. W.: Zeitschr. f. angew. Chem. Bd. 34, S. 115, 143. 1921; auch G. Bruhns: Zeitschr. f. angew. Chem. Bd. 34, S. 279. 1924.

[2] Winkler, L. W.: Zeitschr. f. angew. Chem. Bd. 29, S. 1, 218. 1916.

[3] Ruoss: Zeitschr. f. analyt. Chem. Bd. 35, S. 143. 1896.

titriert mit Salzsäure zurück. Nach HOWDEN (1919) 'kann die Titration direkt auf Phenolphthalein geschehen, sobald das Zink an Chlor gebunden ist. Nach HANAK (1919) gelingt die Bestimmung auch in Zinksulfat, wenn man nur in der Siedehitze titriert. Wir können dies jedoch nicht bestätigen; auch in der Siedehitze wird ein basisches Salz gefällt, und der Umschlag auf Phenolphthalein tritt viel zu früh auf. Ein Zusatz von Bariumchlorid verbessert wohl das Resultat, macht es aber doch noch nicht sehr genau. Auch die direkte Titration von Zinkchlorid oder Nitrat liefert ungenaue Ergebnisse.

Nach J. M. KOLTHOFF[1] kommt man zum Ziele, wenn man zu 30 ccm 0,1-n-Lauge etwa 25 ccm 0,1-n-Zinksalzlösung gibt, drei Minuten aufkocht und dann auf Phenolphthalein zurücktitriert. Der Umschlag ist unscharf, man muß bis völlig farblos titrieren, sonst wird zu viel Lauge gebraucht. Anscheinend hält Zinkoxyd hartnäckig Lauge adsorbiert. Die Methode ist nicht genauer als auf 1%.

Kupfersalze: RUOSS (l. c.) titriert Kupfersalze in derselben Weise wie Zinksalze. Das Kupferoxyd ballt sich schnell zusammen, und die drüberstehende Flüssigkeit kann vorsichtig mit Säure zurücktitriert werden. Nach unserer Erfahrung ist die Bestimmung höchstens auf 1% genau und daher im allgemeinen nicht zu empfehlen.

Quecksilberchlorid: Die gebundene Säure läßt sich nicht durch eine direkte Titration mit Natronlauge bestimmen. Es wird basisches Salz gefällt, außerdem beeinträchtigt die Farbe des Niederschlags die Wahrnehmung des Endpunkes. Am besten verfährt man nach E. RUPP, K. MÜLLER und P. MAISS[2] in der Weise, daß man das mit Alkali abgeschiedene Mercurioxyd mittels Wasserstoffperoxyd zu Quecksilber reduziert und dann den Überschuß Lauge zurücktitriert:

$$HgO + H_2O_2 \rightarrow Hg + H_2O + O_2.$$

Vorschrift: Eine abgemessene Menge Sublimatlösung wird zu einer Mischung von einem bekannten Überschuß 0,1-n-Natronlauge und etwa 10 ccm 3proz. Wasserstoffperoxyd (neutral)

---

[1] KOLTHOFF, J. M.: Zeitschr. f. anorg. allgem. Chem. Bd. 112, S. 176. 1920.

[2] RUPP, E., MÜLLER und MAISS: Pharm. Zentralbl. Bd. 67, S. 529. 1926.

gegeben. Man erwärmt nun so lange, bis das Quecksilberoxyd völlig grau geworden ist. Nach Erkalten fügt man etwa 30 ccm Wasser hinzu und titriert den Überschuß Natronlauge auf Methylrot oder Dimethylgelb zurück.

Das Verfahren gibt gute Resultate.

Nach meiner Erfahrung kann man auch auf Phenolphthalein titrieren. Das Wasserstoffperoxyd wird auf diesen Indicator neutralisiert. Man rechnet auf 25 ccm 0,05 molares Mercurichlorid 10 ccm neutralisierte 3proz. Peroxydlösung und 30—35 ccm 0,1-n-NaOH, erwärmt mit Natronkalkrohraufsatz und titriert nach dem Absitzen des Quecksilbers (etwa 10 Minuten) und Abkühlen auf Phenolphthalein zurück. Beim Endpunkt muß man zur Beurteilung der Farbe einen Augenblick warten, bis sich das Quecksilber am Boden sammelt. Genauigkeit 0,5%.

Aluminiumsalze: Wie die meisten anderen Metallsalze, so liefern auch die Aluminiumverbindungen bei der Fällung mit Natronlauge basische Salze. Die Zusammensetzung des Niederschlags hängt besonders vom anwesenden Anion und der Temperatur ab. In Gegenwart mehrwertiger Anionen ist die Ausfällung viel weniger basisch als bei nur einwertigen. Daher wird der Endpunkt bei der Titration von Aluminiumsulfat und Alaun mit Natronlauge auf Phenolphthalein infolge der Mitfällung des Sulfations viel zu früh erreicht. Schon ERLENMEYER und LÖWINSTEIN[1] entfernten das Sulfation durch Zusatz von Bariumchlorid, was eine wesentliche Verbesserung mit sich bringt. Nach meiner Erfahrung[2] erscheint der Umschlag aber auch dann noch etwa 2—2,5% zu früh. Besser gelingt die Titration auf Schwachrosa bei Kochtemperatur. Kühlt man dann ab, so nimmt die Rotfärbung zu, und man titriert den geringen Überschuß mit einigen Tropfen 0,1-n-Säure zurück. Bei Aluminiumchlorid fand ich so die theoretische Menge Lauge verbraucht; auch bei Aluminiumsulfat und Alaun, wenn zugleich ein Überschuß Bariumchlorid oder -nitrat angewandt wurde.

Enthält die Aluminiumsalzlösung ursprünglich freie Säure, so muß diese natürlich zuerst neutralisiert werden. GYZANDER[3]

---

[1] ERLENMEYER und LÖWINSTEIN: Journ. prakt. Chem. Bd. 81, S. 254. 1860.

[2] KOLTHOFF, J. M.: Zeitschr. f. anorg. allgem. Chem. Bd. 112, S. 186. 1920.

[3] GYZANDER: Chem. News Bd. 84, S. 296, 306. 1901.

und Ruoss[1] benutzen hierzu Methylorange als Indicator, nach
Lunge und Kéler[2] führt diese Methode nicht zum Ziele. Man
hat nämlich zu bedenken, daß die Aluminiumsalze durch Hydrolyse eine ziemlich stark saure Reaktion zeigen. An ganz reinen
Salzen habe ich die folgenden p_H-Werte bestimmt (noch nicht
veröffentlicht).

Konzentration		p_H in Alaun	p_H in Aluminiumchlorid
0,1	molar	3,4	
0,05	,,	3,6	
0,02	,,	3,9	3,55
0,01	,,	4,05	3,7
0,005	,,	4,15	3,8

Sowohl die Alaun- wie Aluminiumchloridlösungen ergeben daher eine Zwischenfarbe an Dimethylgelb oder Methylorange. Bei
der Bestimmung der freien Säure muß eine Vergleichslösung
vom richtigen p_H benutzt werden. Der Endpunkt ist jedoch
auch dann nicht scharf wahrzunehmen, weil das p_H sich beim
Laugezusatz nur äußerst langsam ändert. Viel praktische Bedeutung hat die Methode daher nicht.

Feigl und Kraus[3] führen das Aluminium in seinen Salzen
mit starken Säuren mit einem Überschuß Alkalioxalat in ein
komplexes Oxalat über, das neutral reagiert. Eine ursprünglich
eventuell anwesende Menge freier Säure wird dann mit Jodid-
Jodatgemisch jodometrisch titriert (vgl. S. 374). F. L. Hahn und
E. Hartleb[4] bestimmen die vorhandene freie Säure bei Anwesenheit des Oxalats durch Titration auf Phenolphthalein. Unserer
Erfahrung nach kann man in dieser Weise geringe Mengen freier
Säure in Aluminiumsalzen nicht genau bestimmen, was sich wohl
aus folgendem Beispiel ergibt:

1 g Kaliumaluminiumsulfat in 30 ccm Wasser mit 20 ccm 20 proz.
Kaliumoxalatlösung versetzt, verbrauchte
etwa 3 ccm 0,1-n-NaOH auf Phenolphthalein ($p_H = 8$ unscharf)
 ,, 1,5 ccm 0,1-n-NaOH auf Phenolrot   ($p_H = 7,6$ unscharf)
 ,, 0,4 ,,   ,,   ,, Thymolblau bis Grün
 ,, 0,7 ,,   ,,   ,,   ,,   ,, Grünblau.

[1] Ruoss: Zeitschr. f. analyt. Chem. Bd. 35, S. 150. 1896.
[2] Lunge und Kéler: Zeitschr. f. angew. Chem. Bd. 7, S. 670. 1894.
[3] Feigl und Kraus: Ber. Bd. 58, S. 398. 1925.
[4] Hahn, F. L. und E. Hartleb: Zeitschr. f. analyt. Chem. Bd. 71,
S. 226. 1927.

F. G. Germuth[1] fällt das Aluminium aus seinen Salzen mit Natronlauge in der Siedehitze, bis die Lösung auf Methylrot eben alkalisch reagiert. Das ausgewaschene Oxydhydrat wird in einem Überschuß Salzsäure gelöst und auf Methylorange zurücktitriert. Wie wir jedoch oben gesehen haben, ist der Umschlag sehr unscharf. Titriert man, bis die alkalische Farbe erreicht ist, so findet man zu wenig Aluminium. Besser ist es, bis zum richtigen p_H zurückzutitrieren (vgl. obenstehende Tabelle) oder Tropäolin 00 als Indicator zu verwenden (p_H: 3,2).

Wismutsalze: Wismuthydroxyd ist sehr schwer löslich, seine gesättigte Lösung reagiert nicht alkalisch auf Phenolphthalein. Die Wismutsalze haben jedoch eine sehr starke Neigung, basische Salze zu bilden, so daß eine direkte Titration mit Lauge zu fehlerhaften Resultaten führt. Am besten verfährt man in folgender Weise:

Vorschrift: Das Wismutsalz wird mit einem Überschuß Natronlauge aufgekocht und nach dem Abkühlen (Natronkalkrohr) auf Phenolphthalein zurücktitriert; man erhält dann genaue Werte.

Bemerkung: Das Wismutoxydhydrat braucht meiner Erfahrung nach bei der Rücktitration nicht entfernt zu werden, wie man das in vielen Vorschriften empfohlen findet.

Andere Metallsalze: Die meisten anderen Metallsalze gehen mit Lauge basische Verbindungen ein[2]. Will man das Metall quantitativ in Oxyd überführen, so muß man auch wieder einen Überschuß Natronlauge verwenden und zurücktitrieren.

Sechstes Kapitel.

Die hydrolytischen Fällungs- bzw. Komplexbildungsreaktionen.

§ 1. Allgemeines. Bei diesen Methoden bestimmt man ein Kation durch Fällung (bzw. Komplexbildung) mit dem Anion einer sehr schwachen Säure oder umgekehrt. Solange das zu be-

---

[1] Germuth, F. G.: Ind. engin. chem. Bd. 19, S. 144. 1927.

[2] Besonders interessant vom theoretischen Standpunkt sind die Bestimmungen von J. T. Britton: Journ. of the chem. soc. London Journ. Chem. Soc. (London) 127, 2110. 1925.

stimmende Ion noch nicht quantitativ gefällt ist, ändert sich die Wasserstoffionenkonzentration nur sehr wenig; beim Äquivalenzpunkt, wo ein kleiner Überschuß des Anions der schwachen Säure (bzw. Kations der schwachen Base) in die Lösung kommt, findet eine sprunghafte Änderung am p_H statt. Mit einem geeigneten Indicator kann man daher den Endpunkt bestimmen.

Die Theorie dieser Art Titrationen ist schon eingehend im ersten Teil (S. 54) besprochen worden; wir wollen hier daher nur auf einige praktische Fälle eingehen.

Natriumcarbonat als Maßflüssigkeit: Natriumcarbonat liefert mit den meisten Metallionen unlösliche Carbonate. Die Erdalkalisalze lassen sich jedoch nicht durch eine direkte Titration bestimmen, weil die Fällung, besonders in verdünnter Lösung, langsam vor sich geht und der Endpunkt zudem etwas zu früh erreicht wird.

Die meisten anderen Metallsalze bilden bei der Titration mit Soda basische Salze, so daß auch hier die Bestimmung zu ungenauen Resultaten führt.

Zink und Blei lassen sich jedoch nach K. Jellinek und P. Krebs[1] mit Soda titrieren.

Zink- und Bleisalze: Man fügt zu der auf Methylorange neutralisierten Zinksalzlösung einen Überschuß 0,1-n-Natriumcarbonat, erhitzt 5—6 Minuten zum Sieden und titriert unter dauerndem Kochen die Phenolphthaleinfärbung mit eingestellter neutraler Zinksulfatlösung fort. Die Verwendung einer Vergleichsflüssigkeit, hergestellt durch Fällung der Metalle ohne Zusatz von Phenolphthalein, ist zu empfehlen.

Die Methode hat nur geringe praktische Bedeutung.

§ 2. Kaliumpalmitat als Maßflüssigkeit. Das Kaliumpalmitat ist wie die anderen Alkaliseifen in wässeriger Lösung sehr stark hydrolytisch gespalten. Es bildet mit Erdalkaliionen (und auch mit anderen Metallionen) unlösliche Salze. Fügt man nun zu einer neutralen Erdalkalisalzlösung Kaliumpalmitat hinzu, so wird, wenn alles Salz gefällt ist, die Reaktion deutlich alkalisch auf Phenolphthalein. Das Reagens wurde von C. Blacher[2] für die

---

[1] Jellinek, K. und P. Krebs: Zeitschr. f. anorg. allgem. Chem. Bd. 130, S. 313. 1923; vgl. auch Ruoss: Zeitschr. f. analyt. Chem. Bd. 35, S. 143. 1896.

[2] Blacher, C., Grünberg P. und M. Kissa: Chemiker-Zeit. Bd. 37, S. 56. 1913.

Härtebestimmung des Wassers eingeführt und ist für diesen Zweck auch besonders geeignet. Die Darstellung der erforderlichen Maßflüssigkeit und die Ausführung der Härtebestimmung geschieht am besten nach der Vorschrift von L. W. Winkler[1].

Darstellung der Kaliumpalmitatlösung: „Man gibt in einen Kochkolben von anderthalb Liter 500 ccm starken Weingeist (95%), 300 ccm destilliertes Wasser, 0,1 g Phenolphthalein und 25,6 g reinste Palmitinsäure; gewöhnliche stearinsäurehaltige Palmitinsäure ist nicht verwendbar[2]. Man erwärmt auf dem Dampfbad und setzt unter Umschwenken so lange klare alkoholische Kaliumhydroxydlösung hinzu, bis alles gelöst und die Lösung schwach rosenrot geworden ist. Sollte man zuviel Kaliumhydroxydlösung angewandt haben, so entfärbt man die Flüssigkeit mit einem Tropfen Salzsäure und gibt erneut Kaliumhydroxydlösung bis zur rosenroten Färbung hinein. Die Kaliumhydroxydlösung bereitet man durch Lösen von 7—8 g zu Pulver zerriebenem Kaliumhydroxyd in etwa 50 ccm warmem starkem Alkohol. Nach dem Erkalten wird die Palmitatlösung in einen Literkolben mit starkem Weingeist zu 1000 ccm aufgefüllt. Unter 15⁰ scheidet sich allmählich Palmitinsäure aus. Daher empfiehlt es sich, zum Auffüllen Propylalkohol (Winkler) oder neutrales Glycerin (Blacher) statt Äthylalkohol zu wählen. Werden derartig bereitete Lösungen nach einigen Tagen filtriert, so bleiben sie — auch beim Abkühlen auf 0⁰ — klar.

Einstellung der Palmitatlösung: Nach dem Vorschlage Blachers benutzt man hierzu Kalkwasser. L. W. Winkler verfährt folgendermaßen: „In eine etwa 200 ccm fassende Flasche gibt man nach Augenmaß etwa 40—50 ccm klares Kalkwasser, das aus gebranntem Marmor und reinem destilliertem kohlensäurefreiem Wasser gewonnen wird, und titriert mit 0,1-n-Salzsäure auf Methylorange (1 Tr. 0,1%) als Indicator.

Die neutrale Flüssigkeit wird nun mit gewöhnlichem destilliertem Wasser auf etwa 100 ccm verdünnt und mit einem Tropfen Chlorwasser oder Bromwasser versetzt, was eine sofortige Ent-

---

[1] Winkler, L. W.: Zeitschr. f. analyt. Chem. Bd. 53, S. 409. 1914; Zeitschr. f. angew. Chem. Bd. 34, S. 143. 1921; vgl. auch Lunge-Berl: 7. Aufl. Bd. 1, S. 483.

[2] Ursprünglich arbeitete Blacher mit Kaliumstearat; 1913 hat er jedoch Palmitat vorgeschlagen, das besser geeignet ist.

färbung bewirkt. Man gibt jetzt zur Flüssigkeit 0,5 ccm 1proz. Phenolphthaleinlösung, darauf tropfenweise 0,1-n-Natronlauge, bis die Flüssigkeit kräftigrot erscheint und die Farbe auch nach einigem Stehen nicht mehr nachläßt. Man tropft nun zur Flüssigkeit unter Umschwenken langsam so lange 0,1-n-Salzsäure, bis sie eben farblos geworden ist, und fügt dann noch einen Tropfen Säure in Überschuß hinzu. In diese Lösung läßt man nun unter fleißigem Umschwenken so lange Kaliumpalmitatlösung hinzufließen, bis die anfänglich vom entstehenden Calciumpalmitat schneeweiße Flüssigkeit nicht nur eben bemerkbar, sondern ausgesprochen rosenrot gefärbt erscheint und diese Färbung auch einige Minuten bestehen bleibt. Von der gebrauchten Kaliumpalmitatlösung werden 0,3 ccm in Abzug gebracht; wird nur bis zur eben bemerkbaren rosenroten Färbung titriert, so beträgt die Korrektur 0,2 ccm. Bei richtiger Herstellung der Kaliumpalmitatlösung beträgt deren korrigierter Verbrauch ebensoviel, als 0,1-n Salzsäure beim anfänglichen Titrieren des Kalkwassers benötigt wurde.“

Bemerkungen: 1. WINKLERs Vorschrift gibt nach meiner Erfahrung ausgezeichnete Resultate. Der Zusatz des einen überschüssigen Tropfens Säure ist sehr zu empfehlen, weil sich die Flüssigkeit sonst beim Titrieren schon bald sehr schwach rötet und beim Endpunkt schon tiefer rot gefärbt wird.

2. Statt von Kalkwasser kann man von reiner Calciumchloridlösung ausgehen, welche aus reinem kristallisiertem Salz hergestellt und nach MOHR mit Silbernitrat eingestellt wird. Auch kann die Calciumchloridlösung aus reinem Marmor und der äquivalenten Menge Salzsäure bereitet werden. Der Überschuß an Kohlensäure wird ausgekocht.

3. Statt Phenolphthalein kann man nach meiner Erfahrung auch Bromkresolpurpur als Indicator verwenden (10 Tropfen auf 100 ccm Flüssigkeit). Der Endpunkt wird durch eine intensive Purpurrotfärbung bezeichnet. Es empfiehlt sich dann, 3 Tropfen Überschuß 0,1-n-Salzsäure statt eines Tropfens zu Beginn der Titration anzuwenden.

Phenolrot, Neutralrot, Bromthymolblau sind hier als Indicatoren ungeeignet.

4. Der Titer ist unabhängig von der Calciummenge, welche titriert wird.

Härtebestimmung des Wassers:

100 ccm Wasser werden auf Dimethylgelb oder Methylorange mit 0,1-n-Salzsäure neutralisiert (Bicarbonathärte). Der Überschuß an Kohlensäure wird ausgetrieben, indem man einige Minuten lang einen kräftigen Luftstrom durch die Flüssigkeit streichen läßt, oder man kocht bis zum Sieden auf und kühlt wieder ab. Geringe Mengen Kohlensäure stören nicht, man kann daher auch die von BLACHER empfohlene Durchlüftung mit einem kleinen Handgebläse vornehmen. Im übrigen verfährt man, wie für die Einstellung beschrieben wurde.

Bemerkungen: 1. In Übereinstimmung mit WEISSENBERGER[1] habe ich gefunden, daß Magnesiumsalze etwas mehr Kaliumpalmitat verbrauchen als reine Calciumlösungen. Bei der Einstellung auf Magnesiumsalze fand ich den Titer etwa 2% niedriger als gegen Calciumsalz.

2. In gefärbtem Wasser ist der Umschlag schwer wahrzunehmen. Nach meiner Erfahrung sind die färbenden Substanzen gewöhnlich leicht mit Bromwasser zu entfernen. Nach der Neutralisation auf Dimethylgelb fügt man 1 ccm Bromwasser hinzu und kocht dann den Überschuß gleichzeitig mit der Kohlensäure aus. Nach dem Abkühlen wird auf Phenolphthalein neutralisiert und mit 1—2 Tropfen 0,1-n-Salzsäure in Überschuß versetzt.

3. Die Gegenwart von Eisen stört. Gewöhnlich wird es mittels Durchlüften des Wassers entfernt. Jedoch ist diese Methode nicht ganz unbedenklich, weil dadurch unter Umständen auch Calciumcarbonat gefällt werden kann. Nach meinen Versuchen läßt sich die Eisenstörung beseitigen, indem Ferro-ion zuerst mit Bromwasser oxydiert wird. Nach dem Auskochen des Broms versetzt man mit 10 ccm 30 proz. Seignettesalz und neutralisiert auf Phenolphthalein und gibt wieder einen Tropfen 0,1-n-Salzsäure im Überschuß hinzu. Auch kann man das Lüften in Gegenwart von Seignettesalz vornehmen. Das Tartrat verhindert nämlich die Fällung des Calciumcarbonats, weil es mit den Calciumionen einen löslichen Komplex bildet. Eigenartigerweise stört diese Komplexbildung jedoch nicht bei der Titration mit Palmitat.

Die Bestimmung von **Magnesium neben Calcium:** V. FROMBOESE[2] hat eine schnelle Bestimmung des Magnesiums neben

---

[1] WEISSENBERGER, G.: Zeitschr. f. angew. Chem. Bd. 35, S. 177. 1922.
[2] FROMBOESE, V.: Zeitschr. f. anorg. allgem. Chem. Bd. 89, S. 370. 1914.

Calcium ausgearbeitet, wonach das letztere in Form von Calciumoxalat unschädlich gemacht wird. Ich habe (nicht veröffentlicht)
FROMBOESES Verfahren etwas vereinfacht und komme zur folgenden

Vorschrift: In etwa 200 ccm Wasser gibt man einen geringen
Überschuß 0,1-n-Salzsäure, so daß die Flüssigkeit deutlich sauer
auf Dimethylgelb reagiert. Man erhitzt zum Sieden und fügt
tropfenweise 5 ccm 10proz. Kaliumoxalatlösung hinzu. Nach dem
Abkühlen wird auf Phenolphthalein neutralisiert und dann wieder
ein Tropfen 0,1-n-Salzsäure im Überschuß zugemessen. Nunmehr
titriert man mit der Palmitatlösung bis zur bleibenden Rosafärbung und zieht vom Verbrauch 0,3 ccm ab.

Bemerkung: Die Methode liefert auch bei stark wechselndem
Magnesiumgehalt ausgezeichnete Resultate. Weil der Magnesium-
titer der Blacherschen Lösung etwa 2% niedriger ist als der
Calciumtiter, empfiehlt es sich, hier die Palmitatlösung auf reines
Magnesiumsulfat einzustellen.

Barium- und Sulfatbestimmung: Barium läßt sich genau
so wie Calcium titrieren und ergibt mit der Palmitatlösung denselben Titer. Man kann darauf eine schnelle Sulfattitration
gründen[1].

Vorschrift: Zu der mit 0,1-n-Salzsäure schwach angesäuerten
Lösung fügt man in der Siedehitze eine genau abgemessene Menge
Bariumchloridlösung, läßt 10 Minuten stehen, kühlt ab, neutralisiert auf Phenolphthalein, gibt einen Tropfen 0,1-n-Salzsäure
in Überschuß hinzu und titriert mit der Palmitatlösung bis zur
bleibenden Rosafärbung. Auch hier wird eine Korrektur von
0,3 ccm Reagens in Abzug gebracht.

Bemerkungen: 1. Auch sehr verdünnte Sulfatlösungen lassen
sich nach der Vorschrift mit befriedigender Genauigkeit titrieren.
Bei einem Sulfatgehalt von 100 mg SO_4'' im Liter fand ich eine
Abweichung von 1%, von 50 mg im Liter von 2%, von 25 mg
im Liter von 3,4% und von 12 mg im Liter von 4,4% des theoretischen Wertes.

2. Will man diese Methode auf die Trinkwasseruntersuchung
anwenden, so ist natürlich der Calcium- und Magnesiumgehalt zu
berücksichtigen.

Bleisalze: Auch Bleisalze lassen sich quantitativ mit der

---

[1] Vgl. auch ZINK und HOLLANDT: Zeitschr. f. angew. Chem. Bd. 27,
S. 437. 1913.

BLACHERschen Lösung titrieren. Wenn die Lösung sauer ist und keine Anionen schwacher Säuren enthält, wird sie zuvor auf Dimethylgelb neutralisiert.

Zinksalze und Mercurisalze lassen sich wie Bleisalze titrieren.

Aluminiumsalze verbrauchen zu viel Palmitatlösung. Die Rosafärbung läuft fortwährend zurück. Es macht den Eindruck, daß Aluminiumpalmitat das Natriumpalmitat adsorbiert.

Das Verhalten anderer Metallsalze ist noch nicht nachgeprüft worden.

§ 3. Kaliumchromat als Titerlösung. Die zweite Dissoziations-konstante der Chromsäure ist klein (etwa 10^{-7}); daher sind die Alkalichromatlösungen merklich hydrolytisch gespalten. Nach K. JELLINEK und J. CZERWINSKI[1] kann man dies zu einer Barium- und Bleibestimmung verwerten. Die Theorie dieser Titrationen ist im ersten Teil (S. 54) schon eingehend besprochen worden.

Vorschrift: Man stumpft den Säuregrad einer schwach sauren Barium- oder Bleisalzlösung so lange mit Natronlauge ab, als noch Methylrot deutlich rot erscheint. Dann läßt man zu der in einer weißen Porzellanschale befindlichen Titrierflüssigkeit die Kaliumchromatlösung so lange zufließen, bis beim Abistzen des Niederschlags die überstehende Lösung nicht mehr rötlich, sondern rein gelb gefärbt ist.

Bemerkungen: 1. Nach JELLINEK ist die Bestimmung sehr genau. Nach unserer Erfahrung ist der Farbumschlag jedoch unscharf und sehr schwer wahrzunehmen. Nach jedem Reagenszusatz muß man warten, bis sich der größere Teil des Niederschlags absetzt. Dadurch wird die Bestimmung sehr langwierig. Wir erzielten keine größere Genauigkeit als 1—2%. Mit anderen Indicatoren werden diese Resultate auch nicht besser[2].

Wird die Bestimmung potentiometrisch an der Chinhydron-elektrode ausgeführt, so kann selbst bei schneller Titration nur eine Genauigkeit von 0,5% eingehalten werden.

---

[1] JELLINEK, K. und J. CZERSWINSKI: Zeitschr. f. anorg. allgem. Chem. Bd. 130, S. 253. 1923; JELLINEK, K. und P. KREBS: Zeitschr. f. anorg. allgem. Chem. Bd. 130, S. 263. 1923.

[2] Vgl. auch A. A. BRIWUL: Zeitschr. f. anorg. allgem. Chem. Bd. 156, S. 210. 1926, der noch größere Abweichungen fand und eine Verbesserung durch Anwendung einer geeigneten Vergleichslösung und der richtigen Korrektur anbrachte.

2. In Gegenwart von Anionen schwacher Säuren ist das Verfahren nicht mehr brauchbar.

§ 4. Kaliumcyanid als Reagens. Die Bestimmung von Mercurisalzen: Das Mercuricyanid gehört zu den äußerst wenig dissoziierten Substanzen. Seine wässerige Lösung enthält so wenig Cyanionen, daß eine Hydrolyse nicht mehr nachzuweisen ist. Dagegen reagiert eine Kaliumcyanidlösung der Hydrolyse zufolge stark alkalisch auf Phenolphthalein. Diese Tatsachen hat E. RUPP[1] mit seinen Mitarbeitern zur Mercuribestimmung in Salzen verwertet. Die benutzte Cyankaliumlösung wird durch Titration mit Salzsäure auf Methylorange eingestellt. Die Mercurisalzlösung muß neutral sein, d. h. darf keinen Überschuß freier Säure enthalten. Da aber die Mercurisalze allein schon infolge der Hydrolyse sauer reagieren, fügt man zur Beurteilung der Neutralität einen Überschuß Alkalichlorid hinzu und prüft auf Dimethylgelb oder Methylorange. Nötigenfalls kann daraufhin die Flüssigkeit neutralisiert werden. Die Lösung wird dann mit eingestellter Cyankaliumlösung im Überschuß versetzt und der letztere auf Dimethylgelb zurücktitriert.

$$HgCl_2 + 2\,CN' \rightleftharpoons Hg(CN)_2 + 2\,Cl'.$$

In konzentrierter Lösung kann man das Quecksilberchlorid auch direkt mit Kaliumcyanid auf Phenolphthalein als Indicator titrieren; hierzu muß reines, alkalifreies Alkalicyanid verwendet werden. Die Titration gelingt nur mit 0,5-n-Lösungen. In stark alkalichloridhaltiger Lösung verläuft die obenstehende Reaktion nicht quantitativ nach rechts, so daß der Farbumschlag weniger scharf wird. Die Rücktitration auf Methylorange gibt dann wohl noch gute Resultate. Nach K. JELLINEK und P. KREBS[2] begeht man bei der direkten Titration von Mercurichlorid mit Kaliumcyanid einen Fehler von etwa 3,3 %; und zwar ist dieser Fehler unabhängig von der Verdünnung. Warum die genannten Autoren die Bestimmung in der Siedehitze ausführen, ist nicht recht ersichtlich.

Nach MORAWITZ[3] verläuft die Reaktion zwischen Mercurichlorid und Cyanid in verdünnter Lösung nur langsam, daher

---

[1] RUPP, E.: Chemiker-Zeit. Bd. 32, S. 1077. 1908.

[2] JELLINEK, K. und P. KREBS: Zeitschr. f. anorg. allgem. Chem. Bd. 130, S. 320. 1923.

[3] MORAWITZ: Zeitschr. f. anorg. allgem. Chem. Bd. 60, S. 457. 1909.

tritt bei der direkten Bestimmung mit Kaliumcyanid der Umschlag zu früh auf. Wasserstoffionen beschleunigen nach MORAWITZ die Reaktionsgeschwindigkeit. Deshalb setzt er zu Beginn der Titration einige Tropfen 0,02-n-Salzsäure als Katalysator hinzu und titriert mit Kaliumcyanid auf p-Nitrophenol. Sogar 0,01 molares Mercurichlorid läßt sich nach MORAWITZ noch genau bestimmen. Dem benutzten Überschuß Salzsäure wird durch entsprechende Korrektur Rechnung getragen. Ganz klargestellt ist diese Methode noch nicht; eine eingehende Untersuchung über die p_H-Änderung in Mischungen von Quecksilberchlorid und Kaliumcyanid wäre erwünscht. Man hat dabei von reinem Kaliumcyanid auszugehen, das weder freies Alkalihydroxyd noch Carbonat enthält.

§ 5. **Andere Maßflüssigkeiten. Mercuriperchlorat:** Die gewöhnlichen Mercurisalze der Sauerstoffsäuren sind in wässeriger Lösung normal dissoziiert und stark hydrolytisch gespalten. So hat eine 0,1-n-Mercuriperchloratlösung eine Wasserstoffionenkonzentration von etwa 0,03-n. Die Mercurihalogenide sind fast undissoziiert, man kann daher Mercuriperchlorat zur hydrolytischen Titration der Halogenide (Chlorid und Bromid) benutzen. Das Reagens darf keinen Überschuß an freier Säure enthalten, daher ist man auf Quecksilberperchlorat angewiesen, Nitrat zerfällt in Wasser leicht in basisches Salz und freie Salpetersäure.

Bei Herstellung der Lösung kann man von reinem, kristallisiertem Mercuriperchlorat ausgehen, oder man schüttelt reine Perchlorsäure so lange mit Quecksilberoxyd, bis sie daran gesättigt ist. Die Maßflüssigkeit ist in Flaschen von gutem Glase, das kein Alkali abgibt, aufzubewahren.

Prüfung auf Neutralität: Nach Zusatz überschüssigen Alkalichlorids muß die Lösung neutral auf Dimethylgelb reagieren.

Der Titer kann durch eine Titration mit eingestellter Rhodanidlösung (vgl. S. 209) bestimmt werden oder auf reines Natriumchlorid in derselben Weise, wie dann die Bestimmung ausgeführt wird. Methylorange ist hier geeigneter als Dimethylgelb.

Vorschrift: Die auf Methylorange neutralisierte Alkalichloridlösung wird mit dem Quecksilberperchlorat titriert, bis die Farbe deutlich in Orangerot übergeht (p_T etwa 3,6).

Analog können auch Bromid und Rhodanid bestimmt werden.

Die Resultate sind wenigstens auf 0,5% genau. Die beschriebene Methode ist noch nicht veröffentlicht worden. Ich begegnete nämlich der Schwierigkeit, daß das Reagens beim Stehen etwas Quecksilber abscheidet und dann sauer wird. Unter diesen Verhältnissen tritt der Umschlag zu früh ein. Man muß die Maßflüssigkeit daher immer auf Neutralität prüfen. Wenn sie sauer ist, kann man zur Alkalichloridlösung einige Tropfen 0,1-n-Natronlauge fügen und entsprechend den Verbrauch korrigieren.

Natriumsulfid. Die zweite Dissoziationskonstante des Schwefelwasserstoffs ist sehr klein, daher reagiert eine Lösung des normalen Alkalisulfids sehr stark alkalisch.

Demzufolge sollten Titrationen der verschiedenen Metalle, die unlösliche Sulfide bilden, auf Grund einer hydrolytischen Fällungsreaktion mit Natriumsulfid möglich sein. Dies trifft jedoch nicht zu, weil:

1. die meisten Sulfide dunkel gefärbt sind und daher den Umschlag nicht erkennen lassen;

2. die meisten mit Na_2S gefällten Metallsulfide keine ganz konstante Zusammenstellung zeigen. Nach K. JELLINEK und P. KREBS[1] läßt sich Zink aber auf diesem Wege genau titrieren, etwa bei der Zinkbestimmung in Legierungen. Sie verwenden eine Natriumsulfidlösung, die mit 0,1-n-Salzsäure auf Methylorange eingestellt ist.

Meiner Ansicht nach geht man am besten von reinem Natriumsulfid aus, das leicht nach BÖTTGERS[2] Vorschrift erhalten wird.

Zinktitration: Zu der auf Methylrot neutralen Zinksalzlösung fügt man 10 Tropfen Methylrot und titriert mit Natriumsulfid, bis die Farbe von Rot nach Gelb umschlägt. Gegen Ende der Bestimmung, nach Eintritt der ersten Gelbfärbung, kehrt im Verlauf weniger Sekunden die rote Farbe wieder und erfordert den Zusatz einiger weiterer Tropfen Natriumsulfid. Der Umschlag ist dann nach JELLINEK und KREBS scharf, und die Genauigkeit erreicht etwa 0,2%.

Bemerkungen: 1. Saure Zinklösungen werden zuerst auf Methylorange neutralisiert, bis der Indicator die Wasserfarbe annimmt.

---

[1] JELLINEK, K. und P. KREBS: Zeitschr. f. anorg. allgem. Chem. Bd. 130, S. 309. 1923.

[2] BÖTTGER: Liebigs Ann. d. Chem. Bd. 223, S. 335. 1884.

2. Die Zinkkonzentration darf nicht unter 0,01-n sinken, sonst sind keine guten Resultate mehr zu erhalten.

3. Andere Metalle, die auch von Sulfid gefällt werden, sind vor der Zinkbestimmung zu entfernen.

Siebentes Kapitel.

Spezielle Methoden der Alkali- und Acidimetrie.

In diesem Kapitel wollen wir noch einige Methoden behandeln, welche sich nicht leicht unter die in den vorigen Kapiteln besprochenen Gruppen einordnen lassen.

§ 1. Anwendung der Fähigkeit des Mercuriions zur Komplexbildung. Im vorigen Kapitel haben wir schon Gebrauch gemacht von der Tatsache, daß Quecksilber und Cyanion das sehr wenig dissoziierte Mercuricyanid bilden (S. 177). Wir können diese Reaktion auch mit Vorteil zur direkten acidimetrischen Bestimmung von Quecksilbersalzen bzw. Cyanwasserstoff mit Natronlauge benutzen.

Titration von **Mercurisalzen.**

Vorschrift: Man fügt zur Quecksilbersalzlösung, welche keine überschüssige freie Säure enthalten darf, einen geringen Überschuß Cyanwasserstoffsäure und titriert die freigesetzte starke Säure mit Natronlauge auf Dimethylgelb bis zu dessen Wasserfarbe zurück.

Nach dem Umschlag fügt man noch ein wenig HCN hinzu, um zu kontrollieren, ob von ihr genügend angewandt war. Wenn sich die Farbe nicht mehr ändert, ist der Endpunkt erreicht:

$$HgCl_2 + 2\,HCN \rightleftharpoons Hg(CN)_2 + 2\,HCl.$$

Bemerkungen: 1. Ursprünglich wurde die Methode von ANDREWS[1] angegeben. (Er gebrauchte jedoch p-Nitrophenol, das hier weniger geeignet ist.) Später ist sie noch öfters von anderer Seite als neu beschrieben worden.

2. Nach unserer Erfahrung[2] gibt die Methode vorzügliche Resultate und kann mit Vorteil zur schnellen Gehaltsbestimmung von Sublimat verwendet werden.

---

[1] ANDREWS: Americ. chem. journ. Bd. 30, S. 187. 1903.

[2] KOLTHOFF, J. M.: und KEYSER: Pharmac. weekbl. Bd. 57, S. 914. 1920.

3. Die Cyanwasserstofflösung läßt sich bequem herstellen, indem man eine Kaliumcyanidlösung mit Salzsäure auf Dimethylgelb neutralisiert.

4. Die Neutralität der Quecksilbersalze kann leicht dadurch nachgeprüft werden, daß man Alkalichlorid im Überschuß und Dimethylgelb zusetzt. Wenn das Salz keine freie Säure enthält, ist die Reaktion nach Zusatz von Chlorid auf Dimethylgelb neutral.

5. Zur Gehaltsbestimmung von Sublimat in Pastillen und dgl. ist diese Methode auch sehr geeignet.

Titration von **Cyanwasserstoff**[1].

Vorschrift: Zu der Lösung, welche auf Dimethylgelb neutral reagiert, gibt man einen geringen Überschuß Natriumquecksilberchloridlösung (0,25 molar an Quecksilberchlorid und 0,5 molar an Natriumchlorid) und titriert die Säure gegen Dimethylgelb bis zur Wasserfarbe.

Nach dem Umschlag fügt man zur Kontrolle noch ein wenig Natriumquecksilberchlorid hinzu. Die Bestimmung liefert sehr genaue Resultate.

Bemerkungen: 1. Man kann von der beschriebenen Titration verschiedene Anwendungen machen. Bei der Gehaltsbestimmung von Kaliumcyanid, das freies Alkali oder Alkalicarbonat enthält, bestimmt man zunächst die Summe von Cyanid und freiem Alkali auf Dimethylgelb als Indicator. Dann wird ein Überschuß Natriumquecksilberchlorid hinzugefügt und der Gehalt an Cyanwasserstoffsäure allein ermittelt. Aus der Differenz beider Titerzahlen ergibt sich der Gehalt an freiem Alkali bzw. Alkalicarbonat.

2. Die Methode eignet sich fernerhin zur Bestimmung der freien Cyanwasserstoffsäure in „Aqua laurocerasi" oder „Aqua amygdalarum amarum". Diese Flüssigkeiten enthalten neben freier Cyanwasserstoffsäure auch einen Teil an Benzaldehyd als Benzaldehydcyanhydrin gebunden:

$$C_6H_5C{=\!\!O \atop \diagdown H} + HCN \; \underset{\longrightarrow}{\longleftarrow} \; C_6H_5C{\diagup OH \atop {-H \atop \diagdown CN}} \; .$$

In saurer Lösung stellt sich das Gleichgewicht sehr langsam ein. Fügt man zu der auf Dimethylgelb neutralen Flüssigkeit

---

[1] Kolthoff. J. M.: nicht veröffentlicht.

einige Kubikzentimeter Natriumquecksilberchlorid, so reagiert nur die freie Cyanwasserstoffsäure, welche dann mit Lauge direkt titriert werden kann. Die Methode gibt ausgezeichnete Resultate.

Auch die Gesamtmenge Cyanwasserstoff kann leicht bestimmt werden. Man versetzt 25 ccm Lösung mit etwa 5 ccm 0,2-n-Natriumquecksilberchlorid und 10 ccm 0,1-n-Natronlauge, so daß die Reaktion stark alkalisch auf Phenolphthalein ist, läßt eine Viertelstunde stehen und titriert auf Dimethylgelb zurück. Unter diesen Verhältnissen wird in der schwach alkalischen Lösung alle gebundene Cyanwasserstoffsäure in Quecksilbercyanid übergeführt.

Nicht nur mit Cyanid-, sondern auch mit Halogen-, Thiosulfat- und anderen Ionen bilden die Mercuriionen gering-dissoziierte bzw. komplexe Verbindungen. Besonders mit Kaliumjodid entsteht ein sehr stabiler Komplex:

$$Hg^{\cdot\cdot} + 4\,J' \rightleftarrows HgJ_4''.$$

Eine Nutzanwendung dessen haben wir bereits beim Gebrauch vom gelben Quecksilberoxyd als Ursubstanz für die Einstellung von Säuren (S. 97) erwähnt.

Quecksilberoxyd: Eine abgewogene Menge Substanz wird in einem Überschuß Kaliumjodid oder Kaliumbromid gelöst und auf Phenolphthalein bzw. Dimethylgelb mit Salzsäure titriert.

Auf 100 mg Oxyd nimmt man 0,5 g Kaliumjodid oder 2 g Kaliumbromid und fügt nur wenig Wasser hinzu. Titriert man gegen Phenolphthalein, so hat man die Lösung gegen Kohlensäurezutritt zu schützen.

Quecksilbercyanid: Die Stabilität des Mercurijodidions ist so groß, daß das sehr wenig dissoziierte Quecksilbercyanid merklich in folgendem Sinne reagiert:

$$Hg(CN)_2 + 4\,J' \xrightarrow{\longleftarrow} HgJ_4 + 2\,CN'.$$

Titriert man dann mit Säure, so werden die Cyanionen zur Bildung der sehr wenig dissoziierten Cyanwasserstoffsäure verbraucht, und die Reaktion verläuft quantitativ nach rechts.

E. Rupp[1] hat diese Tatsache zur Gehaltsbestimmung des Quecksilbercyanids verwertet.

Vorschrift: Etwa 0,25 g werden in Wasser gelöst, 2 g Kaliumjodid hinzugesetzt und mit Säure auf Dimethylgelb titriert. Die Methode bringt genaue Resultate. Später hat sich ergeben, daß

---

[1] Rupp, E.: Chemiker-Zeit. Bd. 32, S. 1077. 1908.

auch Natriumthiosulfat einen stabilen Komplex bildet. Man kann daher nach E. RUPP und K. MÜLLER[1] statt 2 g Kaliumjodid auch 2 g reines Natriumthiosulfat hinzusetzen und dann titrieren. Nach meiner Erfahrung ist dieses Verfahren recht brauchbar:

$$Hg(CN)_2 + 2 S_2O_3'' \rightleftharpoons Hg(S_2O_3)_2'' + 2 CN'.$$

Quecksilberoxydcyanid. $Hg(CN)_2 \cdot HgO$: Den Quecksilberoxydgehalt kann man nach HOLDERMANN[2] leicht bestimmen, indem man unter Zusatz von Natriumchlorid mit Säure auf Dimethylgelb titriert. Das Oxyd wird dabei in das komplexe Mercurichloridion übergeführt:

$$HgO + 4 Cl' + H_2O \rightleftharpoons HgCl_4'' + 2 OH'.$$

Das Mercuricyanid wird hierbei nicht angegriffen, weil es viel weniger dissoziiert ist als das Mercurichloridion.

E. RUPP (l. c. 1926) gibt nun folgende Vorschrift zur Bestimmung von Quecksilberoxyd- und Cyanidgehalt nebeneinander:

„0,3 g Quecksilberoxycyanid werden in einem Titrierbecher mit 0,5 g Chlornatrium in 40—50 ccm lauwarmem Wasser gelöst, nach Erkalten mit 2—3 Tropfen Methylorange (oder Dimethylgelb) versetzt und mit 0,1-n-Salzsäure bis zur ersten Abweichung von der Wasserfarbe titriert (HgO-Gehalt). Hierauf fügt man 1,5—2 g reines Natriumthiosulfat hinzu und titriert mit 0,1-n Salzsäure, bis der Indicator wieder seine Farbe wechselt ($Hg(CN)_2$-Gehalt).

Die Methode liefert nach meiner Erfahrung genaue Resultate.

„Mercuriammoniumchlorid" (richtiger Mercuriaminochlorid.) NH_2HgCl (sogenanntes „weißes Präcipitat"): Die Gehaltsbestimmung des Mercuriammoniumchlorids läßt sich an Hand der obenerwähnten Tatsachen ausführen. E. RUPP und LEHMANN[3] lösen 0,2—0,3 g Substanz und 2 g Kaliumjodid in einem geschlossenen Kolben in etwa 50 ccm Wasser. Nach vollständigem Lösen wird die Summe von Ammoniak und Kaliumhydroxyd auf Dimethylgelb titriert:

$$NH_2HgCl + 4 J' + H_2O \rightarrow HgJ_4'' + Cl' + NH_3 + OH'[1].$$

1 ccm 0,1-n-HCl entspricht 12,6 mg NH_2HgCl. Man erhält genaue Resultate.

---

[1] RUPP, E. und K. MÜLLER: Apotheker-Zeit. Bd. 40, S. 539. 1925; RUPP, E.: Pharm. Zentr.-Halle Bd. 67, S. 145. 1926.

[2] HOLDERMANN: Arch. d. Pharm. Bd. 243, S. 600. 1905.

[3] RUPP und LEHMANN: Pharm. Zeit. Bd. 52, S. 1014. 1907.

Nach meiner Erfahrung kann man statt Kaliumjodid auch Natriumthiosulfat verwenden. Man löst 0,2—0,3 g Substanz und 2—3 g reines Natriumthiosulfat in 30 ccm Wasser und titriert die klare Lösung auf Dimethylgelb. Das weiße Präcipitat löst sich sehr schnell in Thiosulfat auf.

Wenn man eine spezifischere Quecksilberbestimmung auszuführen wünscht, so löst man nach KOLTHOFF[1] die Substanz in einem geringen Überschuß Kaliumcyanidlösung auf (die Menge Kaliumcyanid braucht nicht genau bekannt zu sein) und neutralisiert auf Dimethylgelb. Unter diesen Verhältnissen enthält die Lösung alles Quecksilber als Cyanid. Man fügt dann 2 g Kaliumjodid oder 2 g Natriumthiosulfat hinzu und titriert mit 0,1-n Salzsäure auf dem genannten Indicator.

2. Bestimmung von **Zink** durch Fällung mit Schwefelwasserstoff und Titration der freigesetzten Säure: Im Prinzip ist diese Methode mit der vergleichbar, wo Quecksilber durch Cyanwasserstoffsäure in Quecksilbercyanid übergeführt und die entbundene starke Säure titriert wird (vgl. S. 180). Im Falle des Zinks bleibt das Metall nicht in Lösung, sondern wird es als Zinksulfid gefällt. Dies Verfahren ist ursprünglich von TAYLOR[2] beschrieben worden und später noch einmal von HOUBEN[3]. Merkwürdigerweise kommen beide Autoren unabhängig voneinander zur gleichen Vorschrift.

In die auf Methylorange neutralisierte Zinklösung wird 20 Minuten lang Schwefelwasserstoff geleitet:

$$Zn^{\cdot\cdot} + H_2S \rightarrow ZnS + 2H^{\cdot}.$$

Dann wird ein wenig Ferrosulfat oder Mohrsches Salz hinzugefügt und mit eingestellter Borax- oder Soda- oder Natronlauge unter kräftigem Umschütteln bis auf eine schokoladenbraune oder „milchkaffeeähnliche" Farbe titriert. Wenn nämlich alle Säure abgestumpft ist, entsteht mit überschüssiger Base Ferrosulfid oder richtiger ein dunkel gefärbtes Doppelsulfid von Zink und Eisen. Nach unserer Erfahrung[4] kann dieses Doppelsulfid schon während der Titration sehr störend wirken, wenn es durch örtlichen Überschuß an der Eintropfstelle gebildet wird.

[1] KOLTHOFF: Pharmac. Weekbl. Bd. 55, S. 208. 1918.
[2] TAYLOR: Journ. soc. chem. ind. Bd. 28, S. 1294. 1909.
[3] HOUBEN: Ber. Bd. 52, S. 1613. 1919.
[4] KOLTHOFF und VAN DYK: Ber. Bd. 58, S. 538. 1921.

Die Farbe verschiebt sich dadurch schon vorzeitig ein wenig nach Grau, und der eigentliche Umschlag nach Schokoladenbraun ist schwer wahrzunehmen. Bei der Titration der Säure mit Natronlauge fanden wir dadurch Fehler von 3—4%; mit Borax oder Natriumcarbonat werden bessere Resultate erzielt. Der Farbumschlag ist jedoch nicht reversibel.

Vorschrift: In die auf Methylorange oder Dimethylgelb neutralisierte Zinksalzlösung, welche nicht stärker als 0,5-n sein darf, leitet man 30 Minuten hindurch Schwefelwasserstoff ein. Dann fügt man 20—30 mg Ferrosulfat (nicht mehr) hinzu und titriert unter kräftigem Umschütteln mit Boraxlösung, bis die Farbe nach Schokoladenbraun umschlägt. Genauigkeit der Bestimmung etwa 1%.

Bemerkungen: 1. Nach Fällung des Zinksulfids darf die gebildete Säure nicht im Filtrat auf einen Farbindicator titriert werden, da nach Versuchen Zinksulfid hartnäckig Säure adsorbiert hält, so daß bei der Titration des Filtrats um etwa 3—4% zu niedrige Resultate gefunden werden.

2. Ohne zu filtrieren, ist an Methylorange oder Dimethylgelb ein Umschlag von Rot nach Gelb nicht scharf zu erkennen. Brauchbare Ergebnisse erhielten wir mit Jodeosin als Indicator. Nach dem Einleiten des Schwefelwasserstoffs fügt man 10 Tropfen 0,1 proz. Jodeosin (in Alkohol) und so viel Äther hinzu, bis sich deutlich eine zweite Schicht ausgebildet hat. Man setzt nun so lange Natronlauge hinzu, bis die wässerige Phase auch nach kräftigem Umschütteln rosa gefärbt bleibt. Weil nun während der Titration beim Schütteln eine sich langsam entmischende Emulsion entsteht, empfiehlt es sich, jedesmal ein wenig Alkohol zuzutropfen, um die Schichten rasch zu trennen. Ein Vorteil des Jodeosins liegt darin, daß es einen reversiblen Umschlag liefert. Mit einiger Übung kann man so auf 0,5% genau titrieren.

3. Wegen des wohlbekannten Schwefelwasserstoffgeruches ist die Methode im gewöhnlichen Laboratoriumsgebrauch weniger angenehm.

§ 2. Organische Substanzen.

Formaldehyd.

a) **Ammoniakverfahren:** Ammoniak verbindet sich mit Formaldehyd zu Hexamethylentetramin nach der Gleichung:

$$6\,HCOH + 4\,NH_3 \rightarrow C_6H_{12}N_4 + 6\,H_2O.$$

Eine Anwendung dieser Reaktion haben wir schon bei der acidimetrischen Titration von Ammoniumsalzen besprochen. Umgekehrt hat L. Legler[1] sie schon zur Gehaltsbestimmung von Formalin benutzt. Er fügt zur Lösung einen Überschuß Ammoniak und titriert mit n-Säure zurück. Später ist das Verfahren von verschiedenen Autoren eingehend geprüft und abgeändert[2] worden. So hat Smith[3] die Methode insofern praktisch vereinfacht, als er nicht mit Ammoniak arbeitet, sondern mit Ammoniumchlorid und Natronlauge.

Die Reaktion zwischen Formaldehyd und Ammmoniak verläuft nicht momentan; die meisten Beobachter halten ein Stehenlassen der Mischung während wenigstens einer Stunde für erforderlich, ehe man zurücktitriert. Nach meiner Erfahrung genügt diese Zeit hinreichend.

Eine größere Schwierigkeit bereitet die Frage nach dem für die Rücktitration geeigneten Indicator. Darüber bestehen viele Meinungsverschiedenheiten in der Literatur, und doch ist diese Frage einfach zu lösen. Das Hexamethylentetramin verhält sich nämlich wie eine sehr schwache Base (nach meinen Messungen ist $K_B = 8 \cdot 10^{-10}$; $p_K = 9,1$), und wir stehen daher vor einer Aufgabe, die schon oben (vgl. S. 149) eingehend behandelt wurde, nämlich Ammoniak neben einer sehr schwachen Base zu titrieren. Wenn beide Basen dieselbe Konzentration haben, so ist:

$$p_T = 14,2 - \frac{1}{2}\left(p_{K_1} + p_{K_2}\right) = 14,2 - \frac{1}{2}\left(4,75 + 9,1\right) = 6,9. \quad (15^0)$$

Liegt Ammoniumsalz in Überschuß vor, wie es bei der Formaldehydbestimmung gewöhnlich der Fall ist, so verschiebt sich die Reaktion etwas nach der sauren Seite; aber viel macht das nicht aus. Wenn wir einen Titrierexponenten von 6,7 einhalten, so gibt die Bestimmung nach verschiedenen Vorschriften gute Resultate. Daher lassen sich Phenolrot, Neutralrot und Rosolsäure sehr gut verwenden, wenn ganz bis zur sauren Farbe titriert wird. Auch Bromthymolblau ist sehr gut brauchbar, wenn man auf Grün titriert. Dagegen eignet sich Methylorange nicht; der

[1] Legler, L.: Ber. Bd. 16. 1883.

[2] Eine ausgezeichnete Literaturübersicht geben F. Mach und R. Herrmann: Zeitschr. f. analyt. Chem. Bd. 62, S. 123. 1923.

[3] Smith: Americ. journ. of pharmac. 1898 S. 86; vgl. Zeitschr. f. analyt. Chem. Bd. 39, S. 60. 1900.

Umschlag ist unscharf und tritt außerdem nicht an der richtigen Stelle ein, weil bei $p_H = 4{,}0$ Hexamethylentetramin schon ein wenig Säure bindet. Man titriert daher zu viel Ammoniak zurück und findet einen zu niedrigen Gehalt an Formaldehyd.

Vorschrift: In einem Erlenmeyer-Kolben mit eingeschliffenem Stöpsel fügt man zu 25 ccm etwa 1,3 molarer neutralisierter Formaldehydlösung (120 g Handelsformalin auf 1 l; oder man mißt 3 g desselben ab) 3 g neutrales Ammoniumchlorid und schnell 40 ccm n-Natronlauge hinzu. Nach 1—2 Stunden verschlossenem Stehen titriert man mit n-Salzsäure auf Phenolrot, Neutralrot oder Rosolsäure bis zur sauren Farbe oder mit Bromthymolblau auf Grün zurück.

1 ccm verbrauchter 1-n-Lauge entspricht 45 mg Formaldehyd.

Bemerkungen: 1. Nach meiner Erfahrung ist vorstehende Methode auch beim Arbeiten mit zehnfach verdünnten Lösungen noch brauchbar. Man geht dann von einer etwa 0,13 molaren Formaldehydlösung aus (12 g Handelsformalin auf 1 l), fügt zu 25 ccm 0,3 g Ammoniumchlorid und 40 ccm 0,1-n-Natronlauge und titriert mit 0,1-n-Säure zurück.

2. Das vom Handel gelieferte Formalin enthält gewöhnlich ungefähr 33% Formaldehyd und daneben meist auch etwas freie Ameisensäure. Vor dem Versuche neutralisiert man daher die Lösung am besten auf einem der genannten Indicatoren und verfährt dann weiter, wie es die Vorschrift angibt. Auch kann man den Säuregrad natürlich in einem Blindversuch bestimmen und die entsprechende Korrektur anbringen. Methylalkohol, der gewöhnlich auch im Formalin vorkommt, hat keinen Einfluß auf die Titration.

b) **Die Wasserstoffsuperoxydmethode:** Nach O. BLANK und H. FINKENBEINER[1] wird Formaldehyd bei Gegenwart von Alkali durch Wasserstoffsuperoxyd zu Ameisensäure oxydiert. Die Autoren geben folgende Gleichungen an:

$$HCOH + H_2O_2 + NaOH \rightarrow HCOONa + 2H_2O.$$
$$2HCOH + H_2O_2 + 2NaOH \rightarrow 2HCOONa + 2H_2O + H_2.$$

Das Wasserstoffsuperoxyd wird demnach teils zu Wasser, teils aber zu Wasserstoff reduziert; in beiden Fällen geht aber der Form-

---

[1] BLANK, O. und H. FINKENBEINER: Ber. Bd. 31, S. 2979. 1898; Bd. 32, S. 2141. 1899.

aldehyd in Ameisensäure über. 1 ccm 1-n verbrauchte Lauge entspricht daher 30 mg Formaldehyd.

Die von BLANK und FINKENBEINER gegebene Vorschrift trägt manchen Keim zu falschen Ergebnissen in sich. Natronlauge allein zersetzt nämlich schon Formaldehyd (Umlagerung von 2 Molekülen Aldehyd in je 1 Molekül Ameisensäure und Methylalkohol unter Bindung eines Moleküls der Lauge, Canizzarosche Reaktion). Nach N. SCHOORLS[1] eingehenden Untersuchungen hat aber die Reihenfolge der Reagentienmischung keinen Einfluß auf die Richtigkeit des Ergebnisses, wenn man die Lauge und das Peroxyd nur gleich hintereinander zusetzt. Auch aus den Versuchen von F. MACH und R. HERRMANN[2] darf geschlossen werden, daß die Selbstzersetzung des Formaldehyds unter diesen Verhältnissen zu vernachlässigen bleibt.

Unterschiedlich sind die Ansichten der verschiedenen Autoren über die Dauer der Oxydation (betreffs Literatur vgl. MACH und HERMANN). Man kann die Mischung bei Zimmertemperatur stehen lassen oder erwärmen, damit ändert sich die Oxydationszeit. Die Rücktitration der Natronlauge geschieht am schärfsten auf Phenolphthalein oder Thymolblau.

Unserer Erfahrung zufolge gibt die folgende Vorschrift nach N. SCHOORL ausgezeichnete Resultate.

Vorschrift: In einem Kolben von Jenaer Glas fügt man zu 3 g Formalinlösung eine Mischung von 50 ccm n-Natronlauge und 50 ccm einer auf Phenolphthalein neutralisierten 3 proz. Wasserstoffsuperoxydlösung. Das Gemisch wird 15 Minuten auf dem kochenden Wasserbad erwärmt (Natronkalkrohr aufsetzen, weil die Lauge besonders beim Temperaturwechsel Kohlensäure anzieht), dann abgekühlt und mit n-Salzsäure auf Phenolphthalein zurücktitriert. Die Anzahl Kubikzentimeter 1-n-Lauge entspricht dem Prozentgehalt des Formalins, wenn genau 3 g Formalinlösung eingewogen wurden.

Bemerkungen: 1. Auch auf entsprechend verdünnte Lösungen ist diese Vorschrift ohne weiteres anzuwenden.

2. Reagiert das Formalin, sauer so ist es zuerst auf Phenolphthalein zu neutralisieren, oder man bestimmt in einem blinden

[1] SCHOORL, N.: Pharmac. weekbl. Bd. 43, S. 1155. 1906.

[2] MACH, F. und R. HERRMANN: Zeitschr. f. analyt. Chem. Bd. 62, S. 105. 1923, wo die Literatur eingehend besprochen ist.

Versuch die Korrektur. (In der Literatur wird der Säuregrad des Formalins nicht berücksichtigt; gewöhnlich ist er auch sehr gering.)

3. Nach F. MACH und R. HERRMANN (l. c.) wirkt Acetaldehyd auf die Reaktion sehr stark hemmend, wenn er zu mehr als 4% im Formalin vorliegt.

Aceton übt einen ähnlichen, aber viel geringeren Einfluß aus. In Handelsformalin kommen aber niemals große Mengen beider Stoffe vor, sie werden schon durch die Jodoformreaktion ausgeschlossen.

Steht man aber vor der Aufgabe, Formaldehyd neben größeren Mengen Acetaldehyd und Aceton zu bestimmen, so muß man mit den beiden Schwierigkeiten rechnen, daß letztere Stoffe einmal die Oxydation des Formaldehyds behindern, andererseits aber selbst zu Säuren oxydiert werden, so daß unter Umständen auch zuviel Lauge verbraucht werden kann.

4. Nach MACH und HERRMANN werden auch sämtliche in Natronlauge löslichen Polymeren des Formaldehyds nach der Wasserstoffsuperoxydmethode mitbestimmt.

c) **Das Sulfit- bzw. Bisulfitverfahren:** Aldehyde reagieren mit Bisulfition nach der Gleichung:

$$R - C{\overset{=O}{\underset{H}{}}} + HSO_3' \rightleftarrows R - C{\overset{OH}{\underset{SO_3'}{}}}H \ .$$

Diese Gleichgewichtsreakion ist im ersten Teil dieses Buches schon eingehend vom theoretischen Standpunkt aus besprochen worden (vgl. S. 168); wir erkannten, daß sie beim Formaldehyd in allen Verdünnungen praktisch zur quantitativen Bildung der Bisulfitverbindung führt.

Sulfitverfahren: Weil das Natriumsulfit in wässeriger Lösung hydrolytisch gespalten ist, kann es sich in folgender Weise mit Formaldehyd umsetzen:

$$HCOH + Na_2SO_3 + H_2O \rightleftarrows HC{\overset{OH}{\underset{SO_3Na}{}}}H + NaOH \ .$$

Die Bisulfitverbindung reagiert neutral auf Phenolphthalein, man kann daher die freigewordene Lauge titrieren. A. SEYEWITZ[1]

---

[1] SEYEWITZ, A.: Bull. de la soc. chim. (3); Bd. 27, S. 1212. 1902; Bd. 31, S. 691. 1904.

und Lemme[1] haben diese Reaktion schon zu einer schnellen und leicht ausführbaren Formaldehydbestimmung benutzt. Eine Schwierigkeit liegt jedoch darin, daß Natriumsulfit schon deutlich alkalisch auf Phenolphthalein reagiert (vgl. S. 145). Schon Fr. Auerbach[2] hat auf diese Fehlerquelle hingewiesen und sehr richtig bemerkt, daß man „beim Anbringen einer Korrektur übersieht, daß die alkalische Reaktion der Sulfitlösung auf einem Gleichgewichtszustande beruht, der sich je nach den Konzentrationsverhältnissen und auch während der Titration selbst verschiebt." Noch größere Fehler werden durch Benutzung von Rosolsäure nach G. Doby[3] und vielen anderen Autoren begangen. Prinzipiell ist Thymolphthalein hier der beste Indicator, weil eine Natriumsulfitlösung ihm gegenüber praktisch neutral reagiert, Natronlauge aber sehr gut auf diesen Indicator zu titrieren ist.

K. Täufel und C. Wagner[4] haben daher auch Thymolphthalein zur Gehaltsbestimmung des Formaldehyds vorgeschlagen; und aus eigener Erfahrung kann ich bestätigen, daß ihre Vorschrift sehr gute Resultate zeitigt.

Vorschrift: Formalinlösung: 300 g auf 1 l (auf Thymolphthalein neutralisiert). Man kann auch für jede Bestimmung 3 g abwägen.

Natriumsulfitlösung: 250 g kristallisiertes Natriumsulfit auf 1 l. Nach meiner Beobachtung reagiert eine so starke Lösung schwach alkalisch auf Thymolphthalein. Man bestimmt in einem blinden Versuch die Korrektur, die meist aber nur sehr klein ist.

Zu 10 ccm der Formaldehydlösung gibt man 50 ccm Natriumsulfit und 3 Tropfen 0,1 proz. Thymolphthalein und titriert mit n-Salzsäure bis zur vollständigen Entfärbung. Zur Sicherheit, ob genügend Natriumsulfit angewandt war, fügt man am Endpunkte noch ein wenig davon hinzu. In Hinblick auf ihre Oxydierbarkeit und ihre Empfindlichkeit gegen Kohlensäure tut man gut, die Natriumsulfitlösung jeweils frisch herzustellen.

---

[1] Lemme: Chemiker-Zeit. Bd. 27, S. 896. 1903.

[2] Auerbach, Fr.: Arb. a. d. Reichs-Gesundheitsamte Bd. 22, S. 588. 1908; Bd. 47, S. 116. 1914.

[3] Doby, G.: Zeitschr. f. angew. Chem. Bd. 20, S. 355. 1907.

[4] Täufel, K. und C. Wagner: Zeitschr. f. analyt. Chem. Bd. 68. S. 25. 1926.

Nach meiner Erfahrung sind auch sehr verdünnte Formaldehydlösungen in der beschriebenen Weise sehr gut zu bestimmen. Bei 0,1-n-Lösungen rechnet man auf 25 ccm neutrale Aldehydlösung (9 g Formalin auf 1 l) 10 ccm 10 proz. Natriumsulfit, 3 Tropfen 0,1 proz. Thymolphthalein und titriert langsam mit 0,1-n-Salzsäure, bis sich die Farbe auch nach 3 Minuten Stehen nicht mehr vertieft.

Bemerkungen: 1. Bei sehr rascher Titration verschwindet die blaue Farbe schon lange, ehe der Endpunkt erreicht ist. In der stark alkalischen Lösung, wo nur wenig Bisulfitionen vorhanden sind, wird nicht alles Formaldehyd quantitativ in die Bisulfitverbindung übergeführt; während der Titration verschiebt sich das Gleichgewicht fortwährend nach Seiten der Additionsverbindung. Beim Endpunkt, wo nur sehr wenig Aldehyd mehr vorliegt, verläuft die Reaktion merklich langsam, und man hat daher einige Minuten abzuwarten, bis daß sie vollständig vollzogen ist.

Selbst bei starker Verdünnung (3 g Formalin im Liter) erhielt ich noch vorzügliche Werte. Diese Methode erlaubt die einfachste und schnellste Gehaltsbestimmung von Formalin.

2. Acetaldehyd und Aceton stören die Bestimmung, weil sie zum Teil mittitriert werden. Nach den Untersuchungen von W. Kerp[1] (vgl. Teil I, S. 168) verläuft die Addition zwischen Acetaldehyd und Bisulfit zwar schneller als die von Aceton; aber die Komplexzerfallskonstante der Acetonverbindung ist viel größer als die der Aldehydverbindung. Daher wird es nur sehr unvollständig mitbestimmt. Methylalkohol hat keinerlei nachteiligen Einfluß.

3. Bei der Bestimmung von anderen Aldehyden und Ketonen mit Sulfit ist die Unvollständigkeit der Reaktion in alkalischer Lösung zu berücksichtigen. Je kleiner die Reaktionsgeschwindigkeit und je größer die Komplexzerfallskonstante, um so weniger gute Resultate liefert die Methode (vgl. die theoretischen Betrachtungen im Teil I, S. 170).

Bisulfitverfahren: Auch das Bisulfitverfahren ist in der Literatur wiederholt beschrieben worden. So fügt Kleber[2] zur

---

[1] Kerp, W.: Arb. a. d. Reichs-Gesundheitsamte Bd. 21, S. 180. 1904; Bd. 26, S. 231. 1907.

[2] Kleber: Zeitschr. f. analyt. Chem. Bd. 44, S. 442. 1905.

Formaldehydlösung einen Überschuß Natriumbisulfitlösung, die zuvor mit Natronlauge auf Phenolphthalein eingestellt worden ist, und titriert deren Überschuß auf den gleichen Indicator zurück. Andere Autoren haben wiederum Rosolsäure empfohlen. Vom Indicator gilt hier das gleiche wie bei der Sulfitmethode: nur Thymolphthalein ist einwandfrei brauchbar.

In der Tat liefert die Methode nach unserer Erfahrung gute Ergebnisse.

Vorschrift: Zu 25 ccm etwa 0,1 molarer, auf Thymolphthalein neutraler Formaldehydlösung gibt man wenigstens 30 ccm auf den gleichen Indicator eingestellte Natriumbisulfitlösung und titriert den Überschuß Bisulfit nach 15 Minuten Stehen zurück.

Auch auf stärkere Lösungen ist dieses Verfahren gut anzuwenden.

Bemerkungen: 1. Bei der Gehaltsbestimmung von Formalin ist die direkte Bestimmung mit Natriumsulfit viel einfacher als die mit Bisulfit und dieser daher praktisch überlegen.

2. Bei Aldehyden und Ketonen, deren Reaktionsgeschwindigkeiten mit Bisulfit klein sind und deren Komplexzerfallskonstanten viel größer sind als bei Formalin, kann das Bisulfitverfahren oft dort noch brauchbare Resultate liefern, wo die Sulfitmethode schon versagt. In der Literatur sind diese Dinge noch wenig behandelt worden (vgl. Teil I, S. 172).

Kondensationsmethoden mit Hydrazinhydrat[1] und Hydroxylaminchlorid[2] sind öfters in der Literatur dargelegt worden. Sie haben aber nur geringe praktische Bedeutung.

HOEPNER[3] hat diesen Weg zur Bestimmung von Aceton vorgeschlagen:

$$(CH_3)_2CO + H_2NOH \cdot HCl \leftrightarrows (CH_3)_2C = NOH + H_2O + HCl.$$

Nach BENNET und DONOVAN[4] reagieren die Substanzen nur äußerst träge miteinander. Auch unter den günstigsten Bedingungen gibt die Methode nach M. MORASCŮ[5] einen Fehler von — 5,5%; auf Formaldehyd ist sie ebensowenig zuverlässig.

---

[1] Vgl. u. a. A. PFAFF: Zeitschr. f. analyt. Chem. Bd. 43, S. 710. 1904.

[2] BROCHET und CAMBIER: Compt. rend. de l'acad. des sciences Bd. 120, S. 449, 557. 1895.

[3] HOEPNER: Zeitschr. f. Untersuch. d. Nahrungs- u. Genußmittel Bd. 34 S. 453. 1917.

[4] BENNET und DONOVAN: Analyst Bd. 47, S. 146. 1922.

[5] MORASCŮ, M.: Ind. engin. chem. Bd. 18, S. 701. 1926.

Chloralhydrat: Chloralhydrat reagiert mit Natronlauge in folgendem Sinne:

$$CCl_3C\underset{\displaystyle OH}{\overset{\displaystyle H}{<}}OH + NaOH \rightarrow CHCl_3 + HCOONa + H_2O\,,$$

es setzt sich also zu Chloroform und ameisensaurem Salz um. V. MEYER und HAFFTER[1] haben diese Reaktion schon zur Gehaltsbestimmung des Chloralhydrats verwertet. Die Umsetzung mit Lauge verläuft nicht momentan, man muß davon einen Überschuß anwenden und nach einiger Zeit Stehen zurücktitrieren. Dabei besteht die Möglichkeit, daß auch ein Teil des Chloroforms verseift wird. Noch andere Nebenreaktionen können eintreten. So erwähnt BELAHOUBEK[2], daß unter Umständen auch Kohlenmonoxyd entsteht, was ROSENTHALER und REIS[3] bestätigen. Verschiedene Autoren[4] sprechen daher der alkalimetrischen Bestimmung des Chloralhydrats brauchbare Resultate ab; nach anderen[5] muß man auf Zeit, Temperatur und Überschuß an Lauge achtgeben, um die Störungen zu umgehen.

Wenn bei Zimmertemperatur und mit 0,1-n-Lösungen gearbeitet wird, haben die störenden Nebenreaktionen keinen nennenswerten Umfang. Ich[6] bin zur folgenden Vorschrift gelangt, nach der man leicht auf 1% genaue Resultate erhält.

Vorschrift: In einem Kolben oder einer Glasstöpselflasche fügt man zu 25 ccm etwa 0,1 molarer Chloralhydratlösung 30 ccm 0,1-n-Natronlauge, läßt 15 Minuten verschlossen stehen und titriert den Überschuß Lauge mit 0,1-n-Salzsäure auf Phenolphthalein zurück.

1 ccm 0,1-n-Natronlauge entspricht 16,55 mg Chloralhydrat.

Salze organischer Säuren.

1. Auf S. 150 haben wir schon die direkte Titration der an eine schwache Säure gebundenen Basen besprochen. In vielen

---

[1] MEYER, V. und HAFFTER: Ber. 1873. S. 600.

[2] BELAHOUBEK: Chem.-Zentr. Bd. 1, S. 558, 663. 1898.

[3] ROSENTHALER und REIS: Apotheker-Zeit. Bd. 22, S. 678. 1907.

[4] WALLIS: Pharmac. journ. Bd. 22, S. 162. 1906; VAN ROSSEM: Zeitschr. f. physikal. Chem. Bd. 62, S. 699. 1908.

[5] HINRICHS: Pharmac. journ. Bd. 16, S. 530. 1903; SELF: Pharmac. journ. Bd. 25, S. 4. 1907; GARNIER: Bull. soc. pharmac. Bd. 15, S. 77. 1908.

[6] KOLTHOFF: Pharmac. weekbl. Bd. 60, S. 2. 1923.

Fällen können diese Bestimmungen mit n-Lösungen zu brauchbaren oder guten Ergebnissen führen (z. B. Acetate). Wenn die organische Säure jedoch zu stark oder die Verdünnung zu groß ist, kann das Verfahren nicht länger empfohlen werden. Man bestimmt dann vielmehr das gebundene Alkali noch:

2. durch Titration der Asche. Alle Salze der organischen Säuren werden beim Glühen in Carbonat übergeführt, zum Teil auch in Natriumoxyd. Wasserhaltige Salze trocknet man zuerst vor und verkohlt dann vorsichtig in einem Platintiegel über einem Spiritusbrenner oder der Bunsen-Flamme unter Asbestschutz gegen die Flammgase. Nach der Verkohlung wird schärfer erhitzt, bei halb geöffnetem Tiegel, und später der Rückstand in Wasser gelöst und auf Dimethylgelb titriert. Oft schließt das geglühte Produkt noch Kohle ein, die sich beim Erhitzen schwer entfernen läßt. Man legt diese Teilchen dann am besten durch Auslaugen mit Wasser frei, filtriert auf einem aschefreien Filter, verbrennt dieses mitsamt den Kohlepartikeln und bezieht den Rest in die Analyse ein. Weil die Kohleteilchen Lauge zu adsorbieren vermögen, enthält das ursprüngliche Filtrat selbst noch nicht alles gesuchte Alkali.

3. Die meisten organischen Säuren sind in Äther leicht löslich. Man kann daher die Säure in den meisten Salzen bestimmen, indem man die mit Schwefelsäure angesäuerte Salzlösung so lange mit Äther extrahiert, bis alle Säure dahineingegangen ist. Man dampft ab (bei flüchtigen Säuren bei sehr gelinder Wärme oder bei Zimmertemperatur) und titriert den Rückstand, der eventuell auch gewogen werden kann.

4. Sehr flüchtige Säuren können auch im Destillat titriert werden. So wird die Essigsäure in Acetaten bestimmt, indem man sie nach dem Ansäuern mit Schwefelsäure oder Phosphorsäure (eventuell mit Wasserdampf) überdestilliert, wozu allerdings längere Zeit erforderlich ist.

Ester: Die Verseifung der Ester haben wir im ersten Teil des Buches schon eingehend betrachtet; zu analytischen Zwecken hat man sie immer mit einem Überschuß an Lauge vorzunehmen.

Ist der Ester in Wasser genügend löslich, so darf die Verseifung mit wässeriger Natronlauge geschehen. Auf diese Weise sind z. B. Äthylacetat, Äthylnitrat u. a. leicht zu bestimmen. Zu

der abgewogenen Menge Ester gibt man überschüssige Natronlauge, läßt verschlossen stehen, bis die Verseifung quantitativ
vollzogen ist, und titriert dann mit Salzsäure auf Phenolphthalein
zurück. Schneller verläuft die Reaktion bei höherer Temperatur;
für flüchtige Ester benutzt man Druckflaschen, sonst aber gewöhnliche Kolben aus gutem Glas, die mit Steigrohren versehen
sind. Als Beispiel wählen wir die

Äcetylsalicylsäure (Aspirin) $\bigcirc\!\!\!\begin{array}{l}OOC\!-\!CH_3\\COOH\end{array}$

Die Substanz verhält sich wie eine Säure und ein Ester zugleich. Man bestimmt zunächst die Carboxylgruppe.

Vorschrift: Etwa 400 mg Acetylsalicylsäure werden in einigen
Kubikzentimetern Weingeist gelöst und mit 0,1-n-Natronlauge
auf Phenolphthalein neutralisiert. Dann fügt man zur Bestimmung des Estergehaltes etwa 30 ccm 0,1-n-Lauge hinzu, so
daß sie im Überschuß vorhanden ist, kocht die Flüssigkeit
5 Minuten, kühlt ab (mit aufgesetztem Natronkalkrohr) und
titriert mit 0,1-n-Säure auf Phenolphthalein zurück.

1 ccm 0,1-n verbrauchte Lauge entspricht 18,0 mg Acetylsalicylsäure.

Bei wasserunlöslichen Estern verwendet man zur Verseifung gewöhnlich alkoholische Kali- oder Natronlauge (vgl. Teil I, S. 162).

Fette: Fette enthalten gewöhnlich auch ein wenig freie Fettsäure. Daher bestimmt man zunächst die „Säurezahl" (vgl. S. 126).
Die Säurezahl wird ausgedrückt in Milligramm Kaliumhydroxyd,
die zur Neutralisation der in 1 g Substanz enthaltenen freien
Säuren verbraucht werden.

Die Verseifungszahl drückt die Milligramme Kaliumhydroxyd aus, welche zur Neutralisation der freien Säuren und
zur Verseifung der Ester (KÖTTSTORFERsche Zahl) erforderlich sind.
Die Esterzahl ist dann die Differenz zwischen Verseifungs- und
Säurezahl.

Nach N. SCHOORL[1] sind diese Ausdrucksweisen nicht rationell.
Strenger ist es, alle Zahlen auf Normalität zu beziehen. Er ver-
steht dann unter

Säurenorm S die Anzahl Kubikzentimeter n-Lauge für die
Neutralisation der freien Säuren in 100 g Fett;

---

[1] SCHOORL, N.: Pharmac. weekbl. Bd. 52, S. 724. 1915.

Verseifungsnorm V die Anzahl Kubikzentimeter n-Lauge zur Neutralisation der freien Säuren und zur Verseifung der Ester in 100 g Fett;

Esternorm E die Anzahl Kubikzentimeter n-Lauge für die Verseifung der Ester in 100 g Fett.

Die neuen Zahlen bieten große Vorteile, weil man aus ihnen das mittlere Molekulargewicht M der Fettsäuren ableiten kann. Man hat nämlich:

$$M \cdot Z + (M + 12{,}7)\, E = 100\,000$$

oder

$$M = \frac{100\,000 - 12{,}7\, E}{Z + E} \; .$$

Die Zahl 12,7 wird in folgender Weise gefunden: Ein Triglycerid besteht aus drei Molekülen Fettsäuren und einem Molekül Glycerin (Molekulargewicht $= 92$), vermindert um 3 Moleküle Wasser $3\,H_2O = 54$), so daß auf einem Molekül Fettsäure im Fette eine Zunahme von $\frac{92 - 54}{3} = 12{,}7$ kommt. Diese Berechnung hat zur Voraussetzung, daß keine Fremdkörper (unverseifbare Substanzen) zugegen sind.

Die Bestimmung der Verseifungszahl geschieht heute noch fast genau nach der Methode, wie sie KÖTTSTORFER[1] ursprünglich beschrieben hat. Die wesentlichste Reaktionsbedingung ist eine genügende Laugenmenge; es sollen nicht mehr als die Hälfte bis zwei Drittel des Alkalis verbraucht werden.

Ausführung: In einem weithalsigen Kolben von gutem Glase, der etwa 200—300 ccm faßt, werden etwa 1,5 g der filtrierten Substanz eingewogen und 25 ccm 0,5-n alkoholische Lauge zugefügt (vgl. S. 79). Daneben wird ein blinder Versuch mit 25 ccm Lauge angesetzt. Die beiden Kolben werden mit Steigrohren versehen, wobei Sorge zu tragen ist, daß nicht etwa Stäubchen von Kork- oder Kautschukstopfen in die Lösung fallen, und dann auf dem kochenden Wasserbade erhitzt. Gewöhnlich genügt eine Kochzeit von einer halben Stunde; alles Fett ist dann gelöst. Daraufhin wird unter Natronkalkschutz abgekühlt und mit 0,5-n-Salzsäure auf Phenolphthalein zurücktitriert.

---

[1] KÖTTSTORFER: Zeitschr. f. analyt. Chem. Bd. 18, S. 109. 1879; Bd. 21 S. 394. 1882.

Bemerkungen: 1. Wenn die alkoholische Lauge nicht mit aldehydfreiem Alkohol bereitet worden ist (vgl. S. 79), färbt sie sich mit der Zeit gelb; es bilden sich Salze organischer Säuren, und der Titer geht zurück. Daher empfehlen wir, bei jeder Bestimmung einen blinden Versuch mit der Lauge allein vorzunehmen; nur an einer gut haltbaren alkoholischen Lauge ist dies nicht erforderlich.

2. Der Nachlauffehler der Pipette ist für alkoholische Lauge ein anderer als für Wasser (vgl. S. 6); jedoch hat das keinen Einfluß auf das Resultat, wenn man die Einstellung der Lauge mit der gleichen Pipette und unter denselben Bedingungen vornimmt wie den eigentlichen Verseifungsversuch.

3. Bei sehr dunklen Proben verwendet man besser Thymolblau statt Phenolphthalein. Nach der Verseifung wird etwa 1 ccm 0,1 proz. Indicatorlösung hinzugefügt. Nach HOLDE (1913) nimmt man 3 ccm einer 2 proz. alkoholischen Alkaliblaulösung (alkalisch rot, sauer blau).

Auch hat man für solche Fälle vorgeschlagen, die verseifte Lösung mit Chlorbarium zu versetzen; wodurch die Barytseifen ausfallen und die färbenden Verunreinigungen mitreißen; man füllt dann mit Wasser zu einem bestimmten Volumen auf und titriert in einem aliquoten Teil zurück (DONATH[1]). Bei diesem Verfahren entsteht jedoch dadurch ein Fehler, daß die Bariumseifen Alkali adsorbieren. PSCHORR, PFAFF und BERNDT[2] geben daher eine verbesserte Methode an, wobei die verseifte Lösung mit einem Überschuß an 0,1-n alkoholischer Essigsäure versetzt und mit alkoholischer Chlorcalciumlösung gefällt wird. Man kocht auf, füllt nach dem Erkalten mit Wasser auf ein bestimmtes Volumen auf und titriert den Überschuß der Essigsäure zurück (vgl. auch A. GRÜN[3]).

4. Schwer verseifbare Fette und die Wachse werden besser mit der RUSTINGschen[4] Lauge behandelt, welche selbst schon etwas Seife enthält (Vorschrift vgl. Teil I, S. 165). Auch kann man

---

[1] DONATH: Chem. Revue Bd. 12, S. 74. 1905.
[2] PSCHORR, PFAFF und BERNDT: Zeitschr. f. angew. Chem. Bd. 34, S. 334. 1921.
[3] GRÜN, A.: Analyse der Fette und Wachse Bd. 1, S. 145. Berlin 1926.
[4] RUSTING: Pharmac. weekbl. Bd. 45, S. 433. 1908; auch N. SCHOORL; Bd. 52, S. 727. 1915.

Natriumalkoholat oder statt Äthylalkohol Propylalkohol, Butyl-
alkohol u. dgl. oder Benzylalkohol (vgl. Teil I, S. 164) als Lösungsmittel wählen.

Wegen verschiedener Einzelheiten, auch betreffs der Bestimmung der Acetylzahl, sei auf die Handbücher der Fett-
analyse[1] oder organisch-analytischer Methoden[2] überhaupt verwiesen.

II. Die Fällungs- und Komplexbildungsanalyse.

Achtes Kapitel.

Titrationen mit Silbernitrat (Argentometrie), Titration des Silbers und andere Fällungsmethoden.

§ 1. Allgemeine Bemerkungen über die Fällungsanalyse. Die
theoretischen Grundlagen der Fällungsanalyse, die Titrations-
kurven, Adsorptionserscheinungen und den Titrierfehler haben
wir schon eingehend im ersten Teil dieses Buches behandelt (S. 1
bis 18; 40—47; 98—113; 143—161).

Wir wollen uns hier daher auf einige praktisch wichtige Er-
gänzungen hinsichtlich ihrer zweckmäßigen Ausübungsweise und
der Endpunktsbestimmung beschränken.

Bei der Fällungsanalyse unterscheiden wir zwischen direkten Titrationen, bei welchen mit der Maßflüssigkeit unmittelbar bis zum Endpunkt titriert wird, und den indirekten.
Hier wird ein bekannter Überschuß vom Fällungsmittel angewandt
und mit Wasser zu einem bestimmten Volumen aufgefüllt. In
einem aliquoten Teil des Filtrats titriert man die überschüssige
Maßlösung zurück.

Prinzipiell verdienen die direkten Titrationen den Vorzug;
man kann sie jedoch nicht immer anwenden, besonders dann
nicht, wenn die Löslichkeit der gefällten Substanz zu groß ist,
um den Äquivalenzpunkt auf irgendeine Weise scharf erkennen
zu lassen. In solchen Fällen drückt man die Löslichkeit durch

---

[1] Vgl. u. a. A. Grün: l. c., S. 157.

[2] Vgl. u. a. W. Vaubel: Die physikalischen und chemischen Methoden
der quantitativen Bestimmung organischer Verbindungen Bd. 2, S. 141.
Berlin 1902.

einen Überschuß des Fällungsmittels herab (vgl. Teil I, S. 1—18),
so daß die Bestimmung dann noch gute Resultate ergeben kann.
Davon macht man z. B. bei der Bestimmung der Silberzahl der
flüchtigen Fettsäuren in Fetten (KIRSCHNERsche Zahl) Gebrauch.

Bei den direkten Titrationen läßt sich der Endpunkt in verschiedener Weise feststellen. Man kann so lange Reagens zugeben, bis ein weiterer Zusatz in der jedesmal durch Schütteln
und Absitzenlassen (oder Filtrieren) geklärten Flüssigkeit keinen
Niederschlag mehr erzeugt. Auf dieser Grundlage fußt die Silberbestimmung nach GAY-LUSSAC[1] mit Natriumchlorid.

Vollkommen richtige Werte liefert eine solche Methode nicht
immer. Schon G. J. MULDER[2] hat bei seinen klassischen Untersuchungen über die Genauigkeit der Silberbestimmung festgestellt,
daß eine gesättigte Chlorsilberlösung sowohl mit Chlorid- wie
mit Silberionlösung noch eine geringe Fällung zeigt. Titriert man
daher die Silberlösung so lange, bis ein weiterer Zusatz von
Natriumchlorid keine Trübung mehr hervorruft, so geht man
über den eigentlichen Endpunkt hinaus. Sehr genaue Bestimmungen sind daher nach MULDER nur dann möglich, wenn sie
nahezu unter den gleichen Bedingungen — Konzentration, Säuregrad und Temperatur — erfolgen, wie die Titerstellung der Chlornatriumlösung selbst gegen Feinsilber.

Der empirische Endpunkt der Methode GAY-LUSSACS liegt
daher ein wenig hinter dem Äquivalenzpunkt.

Man kann aber auch hier genau den Äquivalenzpunkt treffen.
Eine gesättigte Chlorsilberlösung — um bei diesem Beispiel zu
bleiben — gibt mit einem geringen Chloridüberschuß eine gleich-
starke Chlorsilberfällung wie mit der gleichen Konzentration an
Silbernitrat (vgl. Teil I, S. 1—18). Schon G. J. MULDER hat
darauf die Feinmethode zur Silberbestimmung gegründet, welche
jetzt noch im Niederländischen Reichsmünzlaboratorium Anwendung findet (vgl. S. 235). Man fügt so lange Maßflüssigkeit
hinzu, bis die obenstehende Lösung mit einer bestimmten Menge
Silbernitrat dieselbe Trübung erzeugt wie mit demselben Quantum

---

[1] Instruction sur l'essai des matières d'argent par la voie humide. Paris
1832 (deutsche Übersetzung 1833).

[2] MULDER, G. J.: Scheikundige Verhandelingen en Onderzoekingen.
Utrecht, Deel I; deutsche Übersetzung von GRIMM. Leipzig: J. J. Weber.
1859.

Chlorid. Freilich muß man bei äußerst genauer Bestimmung mit der Beurteilung längere Zeit warten, bis sich die Opalescenz in beiden Fällen ausgebildet hat; nach den sehr eingehenden Untersuchungen von T. G. Richards und R. C. Wells[1] beschleunigen Elektrolyte die Ausfällung. Bei ihren revidierenden Untersuchungen an den Atomgewichten von Natrium und Chlor haben Richards und Wells diese Titrationsmethode angewandt und zum scharfen Vergleich der Opalescenzen das Nephelometer[2] besonders empfohlen. Mit diesem Instrument wird nicht das durchgelassene, sondern das beim Einfall eines starken Lichtstrahls vom Niederschlag reflektierte Licht beobachtet, wodurch sich die Bestimmung wesentlich verfeinert (vgl. übrigens S. 236).

Falls sich der Niederschlag gegen Ende der Titration nicht von selbst absetzt, kann man filtrieren und jedesmal eine Probe des Filtrats untersuchen, wie es Gay-Lussac[3] schon 1828 für die Sulfatbestimmung mit Bariumlösung beschrieben hat. Ein solches Verfahren ist freilich ziemlich umständlich.

Wo aber ein Niederschlag die Neigung hat, in kolloider Lösung zu verharren, flockt er gewöhnlich ganz nahe am Äquivalenzpunkte aus (vgl. Teil I, S. 145). Vorher ist noch ein wenig von dem das Sol stabilisierenden Ion vorhanden, und die über dem ausgeflockten Niederschlag stehende Lösung opalesciert noch mehr oder weniger stark. Im Äquivalenzpunkt, wo dann alle stabilisierenden Ionen verbraucht sind, wird die Ausflockung vollkommen; die Flüssigkeit über dem Bodenkörper ist nach starkem Schütteln vollständig klar. Man kann in diesem Falle daher bis zum „Klarpunkt" titrieren. Besonders bei der Jodidbestimmung mit Silbernitrat gibt diese Methode gute Resultate. Das Silberjodid wird vom überschüssigen Jodid bis zur Nähe des Äquivalenzpunktes in kolloider Lösung gehalten, wo es erst auszuflocken beginnt. Dabei kann es noch Jodidionen adsorbieren, so daß der Klarpunkt unter Umständen etwas zu früh eintritt. Bei starkem

---

[1] Richards, T. W. und R. C. Wells: Zeitschr. f. anorg. Chem. Bd. 47, S. 56—135. 1905.

[2] Richards, T. W. und R. C. Wells: Americ. chem. journ. Bd. 31, S. 235. 1904; Bd. 35, S. 99, 510. 1906.

[3] Gay-Lussac: Ann. de chim. et de phys. Bd. 39, S. 352. 1828; Wildenstein: Zeitschr. f. analyt. Chem. Bd. 1, S. 432. 1861; Brügelmann: Zeitschr. f. analyt. Chem. Bd. 16, S. 19. 1877; Tarugi und Bianchi: Gazz. chim. ital. Bd. 36, I, S. 347. 1906.

Schütteln und größerer Verdünnung erhält man aber sehr gute Ergebnisse[1] (vgl. auch S. 223). Weil nun das Silberjodid so außerordentlich schwer löslich ist (etwa 0,0025 mg im Liter), gibt seine gesättigte Lösung weder mit Silberionen noch mit Jodid eine weitere Jodsilberfällung.

Zumeist stellt man aber den Endpunkt mit Hilfe eines zugesetzten Indicators fest (Teil I, S. 100). Ist dieser so empfindlich, daß er schon mit der ausgefällten Substanz reagiert, so erscheint der Umschlag zu früh. Dann kann man oft durch die Tüpfelmethode noch ein gutes Resultat erzielen. Nach jedem erneuten Reagenszusatz bringt man einen Tropfen des titrierten Systems mit Indicatorlösung zusammen oder auf indicatorgetränktes Papier; so etwa bei der Bestimmung des Zinks mit Natriumsulfid, wo auf Bleipapier (Polkapapier), oder bei der Bestimmung des Phosphats mit Uranyllösung, wo auf Kaliumferrocyanidpapier (oder in einer Porzellantüpfelplatte) getüpfelt wird. Mit Sorgfalt hat man hierzu einen klaren Tropfen der Lösung zu entnehmen. Enthält er aber noch ein wenig vom Niederschlag, so kann auch dieser mit dem Indicator reagieren. Bei der Phosphatbestimmung mit Uranyllösung habe ich z. B. wiederholt wahrgenommen, daß die Fällung sich schwer absetzt, und zum Tüpfeln waren stets mehrere Tropfen erforderlich. Nimmt man nun einen Tropfen der trüben Suspension, so wird der Endpunkt zu früh und nur sehr unscharf erkannt. In geübten Händen ermöglicht die Tüpfelmethode aber gute Resultate und erweist sich als technisch sehr wertvoll. Für den allgemeinen Laboratoriumsgebrauch ist sie jedoch weniger zu empfehlen.

Eine praktisch wichtige Anwendung der Titration bis zum Klarpunkte hat J. F. SACHER[2] bei der Bleititration mit Molybdatlösung gemacht. Diese wird in einer Lösung von Essigsäure und Acetat in der Wärme ausgeführt.

Solange noch Blei im Überschuß vorhanden ist, erzeugt das eintropfende Molybdat eine Fällung von Bleimolybdat, die überstehende Flüssigkeit bleibt jedoch trübe. Fügt man nun allmählich weiter Ammoniummolybdat hinzu und läßt nach dem jedesmaligen Zusatze das gebildete Bleimolybdat zwecks Beobachtung

---

[1] Vgl. auch A. LOTTERMOSER, A. W. SEIFERT und W. FORSTMANN: Kolloid-Zeitschr. Bd. 36, S. 230. 1925.

[2] SACHER, J. F.: Kolloid-Zeitschr. Bd. 19, S. 276. 1926.

der Flüssigkeit kurze Zeit (1—2 Minuten) absitzen, so gelangt man schließlich zu einem Punkte, wo die letztere plötzlich klar und durchsichtig wird. Dieser Punkt entspricht genau dem Äquivalenzpunkte. Das Verfahren ist nicht auf trübe — namentlich antimonhaltige — Bleilösungen anzuwenden, weil sie auch selbst nach vollständiger Bleifällung trüb bleiben. In diesem Falle muß die Lösung vor der Titration klar filtriert werden. Diese Klarpunktsbestimmung hat den Vorteil gegenüber der gewöhnlichen Tüpfelmethode mit Tannin[1], daß sie auch bei Lampenlicht und auch bei Anwesenheit von Eisen ausgeführt werden kann.

§ 2. Die allgemeinen Methoden der argentometrischen Halogenid- und Rhodanidtitration und die gebräuchlichen Indicatoren. Wir verfügen über einige Methoden, die ganz allgemein für die argentometrische Halogenidtitration Verwendung finden. Wir wollen hier deren immer wiederkehrende Ausführungsbedingungen und die Eigenschaften der üblichen Indicatoren zusammenfassend besprechen:

1. Methode MOHR mit Kaliumchromat als Indicator. Direkte Titration mit Silbernitrat bis zur Farbänderung nach Orangerot.

2. Methode FAJANS: mit Adsorptionsindicatoren (besonders Fluorescein und Eosin). Direkte Titration mit Silbernitrat.

3. Methode VOLHARD: Indirekte Titration. Das Halogenid wird mit einem Überschuß an Silbernitrat gefällt und der letztere in saurer Lösung auf Ferrilösung als Indicator mit Rhodanid zurücktitriert.

1. Die Methode nach MOHR.

Die bekannte Halogenidtitration mit Silbernitrat unter Benutzung von Kaliumchromat als Indicator ist schon 1856 von FR. MOHR[2] beschrieben und seitdem wiederholt in der Literatur geprüft worden. Besonders für die Chloridbestimmung ist sie gebräuchlich. Nachdem alles Chlorid als Silberchlorid gefällt ist, bildet der Indicator mit überschüssiger Silberlösung das rotgefärbte Silberchromat. Die Theorie dieser Titration und besonders der Titrierfehler sind eingehend im ersten Teil

---

[1] Vgl. J. F. SACHER: Chemiker-Zeit. Bd. 33, S. 1257. 1909.
[2] MOHR: Liebigs Ann. d. Chem. Bd. 97, S. 335. 1856.

des Buches behandelt worden (vgl. besonders S. 111). Der Titrierfehler hängt natürlich in erster Linie von der Empfindlichkeit des Indicators für Silberionen ab, theoretisch können wir dieselbe aus dem Löslichkeitsprodukt des Silberchromats berechnen; natürlich ist es auch nötig, sie praktisch zu ermitteln.

Empfindlichkeit des Indicators für Silberionen: Diese Empfindlichkeit wird von verschiedenen Faktoren bedingt, nämlich von der Wahrnehmungsweise der Rotfärbung, der Chromatkonzentration, Temperatur, Wasserstoffionenkonzentration und der Anwesenheit anderer Salze.

Praktisch beurteilen wir die Empfindlichkeit nach der Menge Maßflüssigkeit, welche die erste schwache, aber deutlich wahrnehmbare Farbänderung hervorruft. Diese Empfindlichkeit, die für den einzelnen Beobachter individuell verschieden ist, entspricht bei Chromat einer höheren Silberionenkonzentration, als sich theoretisch berechnen läßt. Es muß sich doch eine merkliche Menge des festen Silberchromats gebildet haben, bevor man dessen Farbe erkennen kann.

Über die erforderliche Menge des Indicators macht die Literatur sehr abweichende Angaben[1]. In Übereinstimmung mit Tillmans und Heublein und auch Winkler[1] stellten wir 1—2 ccm 5proz. Kaliumchromat auf 100 ccm als ein sehr geeignetes Verhältnis fest. Diese Menge entspricht einer Chromatkonzentration von $5 \cdot 10^{-3}$ molar. Da das Löslichkeitsprodukt von Silberchromat etwa $2 \cdot 10^{-12}$ bei Zimmertemperatur beträgt, entspricht unser Chromatzusatz theoretisch einer Empfindlichkeit von $2 \cdot 10^{-5}$-n an Silberionen.

Praktisch haben wir die Empfindlichkeit in der Weise bestimmt, daß wir zu 100 ccm destilliertem Wasser in einem Becherglas Chromat gaben und dann neben dieser Vergleichslösung zu einer gleichen Probe aus einer Mikrobürette so lange 0,01-n-Silbernitrat hinzufügten, bis ein deutlicher Farbunterschied (Beurteilung bei Tageslicht) auftrat. Dabei fanden wir eine Emp-

---

[1] Tillmans und Heublein: Chemiker-Zeit. Bd. 37, S. 901. 1912; Winkler, L. W.: Zeitschr. f. analyt. Chem. Bd. 53, S. 359. 1914; Mayer: Zeitschr. f. analyt. Chem. Bd. 54, S. 147. 1915; Herbig, W.: Zeitschr. f. angew. Chem, Bd. 32, S. 216. 1919; Kolthoff, J. M.: Zeitschr. f. analyt. Chem. Bd. 56, S. 498. 1917; Yoder, L.: Ind. engin. chem. Bd. 11. S. 755. 1919; Urk, H. W. van: Zeitschr. f. analyt. Chem. Bd. 67, S. 281. 1925.

findlichkeit von $3\text{—}4 \cdot 10^{-5}$ für Ag-Ionen entsprechend einem p_{Ag} von 4,5—4,4.

Die Anwesenheit von Silberchlorid hat praktisch keinen Einfluß auf diese Empfindlichkeit. Ich habe die Versuche nach Zusatz von 300 mg ganz reinem, frisch bereitetem Silberchlorid wiederholt und denselben Wert gefunden, wie oben angegeben.

Mit steigender Temperatur nimmt das Löslichkeitsprodukt des Silberchromats zu, und daher verringert sich die Empfindlichkeit für Silberionen[1]. Hierfür wurden folgende Werte gemessen (nicht veröffentlicht):

Empfindlichkeit Chromat für Silberionen bei verschiedener Temperatur. 100 ccm Wasser + 2 ccm 5proz. Kaliumchromat.

Temperatur $^\circ$	Empfindlichkeit: $[Ag\cdot]$
20	3×10^{-5}
40	4×10^{-5}
60	9×10^{-5}
70	15×10^{-5}
80	19×10^{-5}

Zur Erzielung guter Ergebnisse wird man daher die Mohr-Titration immer bei gewöhnlicher Temperatur ausführen.

Die Bedeutung der Wasserstoffionenkonzentration für die Mohr-Titration ist auch schon vielfach untersucht worden. Da Silberchromat in Säuren löslich ist, müssen die Lösungen nahezu neutral reagieren. Durch Versuche mit Pufferlösungen habe ich festgestellt, daß die Wasserstoffionenkonzentration $5 \cdot 10^{-7}$ entsprechend p_H 6,3 nicht überschreiten darf.

Andererseits darf die Lösung auch nicht zu stark alkalisch sein, denn auch Silberhydroxyd ist schwer löslich, so daß bei großer Hydroxylionenkonzentration das Löslichkeitsprodukt des Silberhydroxyds früher erreicht werden könnte als das von Silberchromat. Nach meiner Erfahrung muß daher p_H unter 10,5 bleiben. (Die Lösung darf nicht alkalisch auf Nitramin oder Tropäolin 0 reagieren.) Saure Lösungen müssen erst abgestumpft werden, was zweckmäßig mit überschüssigen Mengen von Borax, Natrium- oder Kaliumbicarbonat, Calciumcarbonat oder Magnesiumoxyd[2]

---

[1] Vgl. auch DE KONINCK und NIHOUL: Zeitschr. f. angew. Chem. Bd. 4, S. 295. 1891.

[2] KOLTHOFF, J. M.: Zeitschr. f. analyt. Chem. Bd. 56, S. 499. 1917.

(chloridfreie Präparate!!) geschehen kann. Borax oder Bicarbonat sind besonders zu empfehlen; dagegen soll man keine Soda anwenden, wie es bisweilen vorgeschlagen wird. Eine relativ geringe Carbonationenkonzentration stört schon infolge der Bildung des schwer löslichen Silbercarbonats.

Einfluß von Salzen: Meiner Erfahrung nach haben auch größere Mengen Alkalinitrate, Sulfate, Bicarbonate, Biborate und Acetate keinen Einfluß auf die Empfindlichkeit der Chromatreaktion. Dagegen stören Phosphat (Bildung von Silberphosphat), Arsenat, Sulfit, Fluorid stark. Sulfit kann durch Oxydation zu Sulfat unschädlich gemacht werden. Schwefelwasserstoff ist durch Auskochen oder Fällung mit Zinkacetat zu entfernen.

In der Literatur wird nirgends auf eine mögliche Störung durch Ammoniumsalze hingewiesen. Reine Ammoniumsalze der starken Säuren beeinflussen auch nicht die Empfindlichkeit; wenn man dagegen eine saure Lösung etwa mit Natriumbicarbonat abstumpft, so wird bei der kleineren Wasserstoffionenkonzentration (p_H etwa 8) schon so viel Ammoniak gebildet, daß der Umschlag viel zu spät kommt. Daher soll sich das p_H in Gegenwart von Ammoniumsalzen zwischen 6,5 und 7,2 bewegen.

Zusammenfassend ergibt sich also, daß man auf ein Endvolumen von 100 ccm etwa 1—2 ccm 5 proz. Kaliumchromatlösung rechnen soll. Titriert man zur ersten wahrnehmbaren schwachen Rotbraunfärbung, so ist ein Überschuß entsprechend einer Silberionenkonzentration von $3\text{—}4 \cdot 10^{-5}$-n verbraucht worden.

Die Titration darf nicht bei hoher Temperatur durchgeführt werden; das p_H soll zwischen 6,5 und 10,5 liegen. Saure Lösungen werden zweckmäßig mit Borax oder Natriumbicarbonat abgestumpft. Bei Anwesenheit von Ammoniumsalzen ist das p_H zwischen 6,5 und 7,2 zu halten.

Anionen, die selbst schwer lösliche Silbersalze bilden, stören die Titration.

2. Die Titration nach FAJANS mit Adsorptionsindicatoren.

Die Theorie dieser Indicatoren ist schon eingehend im ersten Band entwickelt worden (S. 104ff). Besonders Fluorescein und Eosin werden als Indicatoren verwendet (für die Jodidtitration sind auch noch einige andere zu erwähnen). Die Farbstoffanionen an sich sind nicht besonders empfindlich auf Silberionen, sie werden aber vom Silberhalogenid adsorbiert und bilden dadurch dunkelrot gefärbte Körper. Die Bestimmung gibt nur dann gute Resultate, wenn der Indicator erst bei oder knapp hinter dem Äquivalenzpunkt merkbar zur Adsorption gelangt. So ist Eosin zur Chloridbestimmung nicht brauchbar. Noch bei Anwesenheit eines großen Überschusses an Chlorionen werden dieselben so stark von der Oberfläche des gebildeten Chlorsilbers durch Eosinionen verdrängt, daß der Farbumschlag bereits zu Beginn der Titration eintritt. Dagegen vermögen Silberbromid-, -jodid und -rhodanid die entsprechenden Halogenionen so stark zu adsorbieren, daß sie gar nicht vom Eosin verdrängt werden. Die Färbung schlägt hier genau im oder dicht hinter dem Äquivalenzpunkt um.

Man muß darauf achthaben, daß die Lichtempfindlichkeit der Silberhalogenide durch die begleitenden Farbstoffe stark erhöht wird (Sensibilisation), hat daher ziemlich schnell in zerstreutem Tageslicht zu titrieren und direktes Sonnenlicht zu vermeiden. Außerdem ist nach K. Fajans und H. Wolff[1] nur dann ein scharfer Umschlag zu erwarten, wenn wenigstens ein Teil des bei der Titration entstehenden Halogensilbers in Solform erhalten bleibt. Die Anwesenheit größerer Elektrolytmengen, besonders mit mehrwertigen Kationen, bringt Störungen mit sich. Speziell für Titrationen mit Eosin trifft dies zu; an Fluorescein sind wir in dieser Hinsicht weniger Schwierigkeiten begegnet.

Fluorescein als Indicator: Vorratlösung 0,2proz. Fluoresceinnatrium (Uranin) in Wasser (oder 0,2% Fluorescein in Weingeist). Auf 10 ccm **0,1-n-Halogenidlösung** hat man nach Fajans und Wolff 1,5—6 Tropfen Indicator zu verwenden. Ist die Halogenidlösung verdünnter, so nimmt man entsprechend weniger Indicator. Wir erhielten gute Resultate mit 1—2 Tropfen auf 10 ccm 0,1-n-Lösung. Vergleichslösungen kann man bei der Titration nicht verwenden, weil die ausgeflockten Sole rasch vom Licht zersetzt werden.

Die bei der Titration auftretenden Erscheinungen sind ein wenig von der angewandten Konzentration der Halogenidlösung

---

[1] Fajans, K. und H. Wolff: Zeitschr. f. anorg. allgem. Chem. Bd. 137, S. 221. 1924.

abhängig. Titriert man mit 0,1-n-Lösungen, so flockt das Silber-chloridsol schon etwa 1% vor dem Äquivalenzpunkt aus. Man titriert dann vorsichtig unter starkem Umschütteln weiter, bis der ausgefällte Niederschlag plötzlich rötlich erscheint. Der Umschlag wird hier am Niederschlag wahrgenommen und ist sehr deutlich. Nach meiner Erfahrung kann das Silberhalogenid auch kolloid in Lösung gehalten werden, indem man auf 25 ccm 0,1-n Halogenid 5 ccm 2% (chlorfreie) Dextrinlösung als Schutzkolloid zugibt. Man nimmt dann einen scharfen Farbumschlag nach Rosa innerhalb der Flüssigkeit wahr. Bei der Titration verdünnter Halogenidlösungen (ohne Dextrin) fallen Farbumschlag und Koagulation des Sols ungefähr zusammen, oder kurz nach dem Umschlag setzt eine weitgehende Koagulation ein.

Die Bestimmung liefert bei der Titration von Chlorid, Bromid, Jodid und Rhodanid sehr genaue Ergebnisse. Der Titrierfehler ist klein und zu vernachlässigen[1]. Auch größere Mengen Neutralsalze stören nach unserer Erfahrung nicht. Hingegen treten bei Titration von Erdalkalichloridlösungen (mehrwertige Kationen!) Schwierigkeiten ein; die Koagulation beginnt sehr früh, der Umschlag wird undeutlich (H. MENZEL[2]). Der Umschlag ist schärfer als bei der Mohr-Titration zu erkennen.

Zufolge unserer Untersuchungen ist die Methode leider nicht mehr für stark verdünnte Chloridlösungen brauchbar (Konzentration kleiner als etwa 0,005-n), so etwa bei der Analyse von Trinkwasser, und kann daher nicht ganz allgemein die MOHRsche Titration ersetzen.

Die Lösung darf ebensowenig wie bei der Mohr-Titration sauer reagieren. Ich habe daher nach anderen Adsorptionsindicatoren gesucht, welche auch in schwach saurem Medium noch brauchbar sind[3]. Bei Anwesenheit von wenig Essigsäure sind Tropäolin 00 (Diphenylaminoazo-p-benzolsulfosaures Natrium), Methanilgelb (Natriumsalz des m-Amidobenzolsulfosäure-azo-diphenylamins) und Bromphenolblau (Tetrabromphenolsulfophthlein) gut brauchbar.

---

[1] Vgl. für Chlorid W. BÖTTGER und K. O. SCHMIDT: Zeitschr. f. anorg. allgem. Chem. Bd. 137, S. 246. 1924, besonders auch J. M. KOLTHOFF und L. H. VAN BERK: Zeitschr. f. analyt. Chem. Bd. 70, S. 369. 1927.

[2] MENZEL, H.: Zeitschr. f. Elektrochemie Bd. 33, S. 68. 1927.

[3] KOLTHOFF, J. M.: Zeitschr. f. analyt. Chem. Bd. 71, S. 235. 1927.

Bei der Titration auf Methanilgelb und Tropäolin 00 ändert sich beim Äquivalenzpunkt die Farbe des ausgeflockten Silberchlorids plötzlich von Weiß nach Schwachrosa. Der Umschlag ist jedoch nicht so scharf wie auf Fluorescein in neutraler Lösung. Auf Methanilgelb ist der Umschlag etwas besser zu sehen als auf Tropäolin 00. Auf 25—100 ccm der zu untersuchenden Chloridlösung fügt man 3—5 Tropfen einer 0,2proz. Indicatorlösung in Wasser. Genauigkeit etwa 0,2%. Der Indicator ist wohl brauchbar für die direkte argentometrische Chlortitration in Zink-, Kupfer-, Aluminium- und derartigen Chloriden.

Alkaloidchloride lassen sich schärfer auf Bromphenolblaunatrium (0,1% wässerige Lösung des Natriumsalzes) titrieren. Auf 25—100 ccm Lösung fügt man 3—5 Tropfen Indicator und so viel 4-n-Essigsäure zu, daß die Farbe gelbgrün bis gelb ist. Man titriert dann so lange mit Silbernitrat, bis die Farbe des ausgeflockten Chlorsilbers plötzlich grünblau bis blau wird. Auch hier ist der Umschlag nicht so scharf wie auf Fluorescein, doch ist der Endpunkt wohl auf 0,2% zu erkennen.

Bei der Titration von Alkaloidchloridlösungen auf Bromphenolblau wird das gebildete Chlorsilber schon lange vor dem Endpunkt grünlich gefärbt, beim Äquivalenzpunkt ändert sich die Farbe plötzlich nach Blau bis Blauviolett.

Auch für die Titration eines Gemisches von Jodid und Chlorid ist Bromphenolblau sehr gut zu verwenden. Betreffs Einzelheiten vgl. KOLTHOFF 1927 (l. c.).

Eosin als Indicator: Von weitaus größerer Bedeutung sind die Titrationen mit Eosin als Indicator. Bromide, Jodide und Rhodanide lassen sich damit außerordentlich genau titrieren, sogar in sehr verdünnten Lösungen. Zudem darf hier vorteilhafterweise die Lösung schwach sauer sein, die Titration kann selbst noch in 0,1-n-Salpetersäure vorgenommen werden. Unserer Erfahrung nach ist eine schwach saure Reaktion sogar sehr günstig für die Beobachtung des Farbumschlags; wir versetzen daher immer die Lösungen mit etwas Essigsäure.

Indicatorvorratslösung: 0,5% Eosinnatrium in Wasser; FAJANS und WOLFF rechnen auf 10 ccm 0-1-n-Halogenidlösung 2—5 Tropfen 1proz. Indicator; nach unserer Erfahrung genügen schon 1—3 Tropfen 0,5proz. Lösung. Die genannten Autoren halten den Umschlag für weniger scharf als den an Fluorescein.

Kolthoff und van Berk konnten aber leicht mit einer Genauigkeit von 0,1% titrieren, sobald mit Essigsäure angesäuert war. Auch bei der Jodid- und Rhodanidbestimmung wurde dieselbe Genauigkeit erreicht. An stärkeren Halogenidlösungen (0,1-n) begegnet man denselben Erscheinungen wie bei der Titration mit Fluorescein. Etwa 1% vor dem Äquivalenzpunkt flockt das Silberhalogenid aus, man titriert dann unter starkem Umschütteln weiter, bis sich der Niederschlag plötzlich stark rot färbt. Dieser Punkt fällt auch gewöhnlich mit dem Klarpunkt zusammen. Ein Zusatz von Schutzkolloiden verbessert hier den Umschlag nicht.

Auch sehr verdünnte Bromid-, Jodid- und Rhodanidlösungen sind sehr scharf zu titrieren, sowohl in neutraler wie in essigsaurer Lösung. Bei der Titration von 0,01-n-Lösungen ändert sich die Farbe des Indicators gegen Ende der Bestimmung mehr nach Blau; plötzlich flockt das Silberhalogenid mit einer intensiv rosaroten Farbe aus.

Auf 25 ccm 0,01-n-Lösung kann man 1—2 Tropfen Indicator verwenden.

Bei der Titration von 0,001-n-Lösungen ist keine Koagulation mehr zu erkennen, die Farbe ändert sich plötzlich von Rosa nach Purpurrot. Auch in essigsaurer Lösung ist der Umschlag außerordentlich scharf; die Bestimmung ist in sehr verdünnten Lösungen noch auf 0,5% genau auszuführen.

3. Die Titration nach Volhard.

Bei der Volhard-Bestimmung fügt man zur Halogenidlösung einen Überschuß an Silbernitrat und titriert in saurem Medium mit Rhodanidlösung auf Ferriammonalaun als Indicator zurück. In erster Linie wird die Genauigkeit also durch die letzte Titration bedingt. (Auf Einzelheiten bei der Chlorid- und Bromidbestimmung kommen wir später zurück, S. 218.)

Ferrilösung ist ein sehr empfindlicher Indicator auf Rhodanionen. Gewöhnlich verwendet man eine gesättigte wässerige Lösung von Ferriammonsulfat etwa 40%); 1—2 ccm dieser Lösung auf 100 ccm Flüssigkeit geben die geeignetste Konzentration. Der Säuregehalt ist von relativ geringer Bedeutung; er muß größer als etwa 0,3-n an Salpetersäure sein. Übrigens ist die Empfindlichkeit in Schwefelsäure praktisch dieselbe, und zwar geht sie unter den genannten Verhältnissen bis zu 0,1 ccm 0,01-n Rhodanid auf 100 ccm (schwach Orangefarbe), also bis auf 10^{-5}-n an Rhodanionen. Bei der Titration von 0,1-n-Lösungen ist der Titrierfehler daher zu vernachlässigen, was sich praktisch auch bestätigen ließ. Bei der Volhard-Titration hat man immer darauf zu achten, daß das Silberrhodanid durch Adsorption Silberionen an seiner Oberfläche festhält[1]. Mit Rhodanid erscheint der erste erkennbare Farbumschlag wohl um 0,7—1% zu früh, man muß vielmehr die Titration unter fleißigem Umschütteln weiter verfolgen, bis die schwache Rosafärbung auch nach kräftigem Umschütteln nicht mehr verschwindet. Die Bestimmung erreicht dann auf 0,02% Genauigkeit.

§ 3. Die Ursubstanzen, Maßflüssigkeiten und deren Einstellung.

A. Halogensalze:

Natriumchlorid. Äquivalentgewicht 58, 44. Die gesättigte Lösung einer guten Handelszubereitung wird mit Chlorwasserstoff gefällt. Das ausgeschiedene Kochsalz wird abgenutscht und einige Male mit Wasser ausgewaschen, getrocknet und auf Reinheit geprüft (vgl. unten). Wenn es den qualitativen Anforderungen entspricht (außer bezüglich der noch sauren Reaktion), wird das getrocknete Salz in einem Tiegel über einer Spirituslampe oder im elektrischen Ofen (Temperatur 500—600°) bis zur Gewichtskonstanz erhitzt. Auch darf man über der Leuchtgasflamme arbeiten, wenn man nur den Tiegel in eine schräg gestellte Asbestplatte setzt und so den Tiegelinhalt gegen die schwefelhaltigen Verbrennungsgase schützt. Wenn das Salz noch nicht rein war, wird es erneut gelöst und durch Salzsäuregas gefällt.

Prüfung auf Reinheit. Wasser: 10 g des Salzes dürfen bei schwachem Glühen nicht mehr als 1 mg am Gewicht abnehmen (1 : 10000). Auch kann man die qualitative Probe nach Sörensen ausführen, wie sie beim Natriumoxalat beschrieben ist (S. 80).

Reaktion: Die Lösung von 1 g Salz in 10 ccm gewöhnlichem destilliertem Wasser muß an Methylrot eine Zwischenfarbe geben. Dann sind mehr als 0,2 HCl auf 10000 NaCl (0,002%) ausgeschlossen.

Sulfat: Die Lösung von 1 g Salz auf 10 ccm Wasser darf nach Zusatz von ein wenig Essigsäure und von Bariumnitrat

---

[1] Vgl. C. Hoitsema: Zeitschr. f. angew. Chem. Bd. 17, S. 647. 1904; besonders J. M. Kolthoff: Zeitschr. f. analyt. Chem. Bd. 56, S. 567. 1917.

nach 15 Minuten keine Abscheidung von Bariumsulfat zeigen (Empfindlichkeit: 0,8 Na_2SO_4 : 10000 (0,05%).

Kalium: Die Lösung von 0,5 g Salz in 10 ccm Wasser darf mit 1 ccm DE KONINCKS Reagens (vgl. bei Natriumcarbonat S. 88) und 10 ccm Weingeist nach 10 Minuten Stehen keine Trübung erzeugen (0,4 KCl auf 10000 NaCl). Kaliumchlorid gehört zu den aktiven Verunreinigungen; 0,1% KCl im NaCl erniedrigt den Wirkungswert um 0,022%.

Calcium, Barium und Magnesium: Zur Lösung von 0,1 g Salz in 10 ccm Wasser gibt man 0,4 ccm 2-n-Soda und 2 Tropfen 4-n-Natronlauge und erhitzt in einem Reagensrohr von gutem Glase bis zum Sieden. Nach dem Abkühlen darf bei Beobachtung gegen einen schwarzen Hintergrund keine Opalescenz oder Fällung wahrzunehmen sein. Empfindlichkeit: 0,5 Ca (0,5 Ba) bzw. Mg auf 10000 NaCl.

Prüfung auf Bromid und Jodid: Zur Lösung von 100 mg Salz in 5 ccm Wasser setzt man 1 Tropfen 0,1 proz. Fluorescein (in Weingeist), 1 Tropfen Chlorwasser bzw. 1 proz. Hypochlorit- oder 1 proz. Chloraminlösung und macht darauf sofort mit Ammoniak alkalisch.

Im durchfallenden Licht gegen einen weißen Hintergrund muß die Farbe grün opalescieren, eine Rosafärbung von Eosin darf nicht sichtbar sein (0,5 Br bzw. J auf 10000 NaCl).

Kaliumchlorid. Äquivalentgewicht 74,53: Das Handelssalz wird dreimal aus Wasser umkristallisiert, getrocknet und geglüht, wie es für Natriumchlorid beschrieben wurde.

Prüfung auf Reinheit: Wie bei Natriumchlorid. An Stelle der Probe auf Kalium tritt hier die Prüfung auf Natrium: 10—20 mg Salz werden in einer ausgeglühten Platinöse im heißen Teil der Bunsenflamme erhitzt. Die Flamme soll rein violett gefärbt sein; es darf auch im Anfange keine vorübergehende Gelbfärbung wahrgenommen werden (Empfindlichkeit etwa 1 Na auf 10000 KCl).

Kaliumbromid: Reaktionsgewicht 118,98. Ein reines Präparat Kaliumbromat (vgl. S. 353) wird in einer Platinschale vorsichtig über einem Spiritusbrenner erhitzt. Das Salz schmilzt und zersetzt sich unter Sauerstoffentwicklung in Kaliumbromid. Nachdem die ganze Masse wieder fest geworden ist, werden die Kristalle zerkleinert und geglüht, wie es bei Natriumchlorid an-

14*

gegeben wurde. Wird das Salz aus reinstem Kaliumbromat hergestellt, so erübrigt sich eine weitere Prüfung.

Kalium- bzw. Ammoniumrhodanid: Die Alkalirhodanide sind keine besonders geeigneten Ursubstanzen, sie enthalten gewöhnlich Chlorid, welches sich nur durch wiederholtes Umkristallisieren entfernen läßt. Zudem sind die Salze sehr hygroskopisch, so daß sie sich nicht gut rein abwägen lassen. Auch dürfen sie wegen ihrer Zersetzlichkeit nicht bei hoher Temperatur getrocknet werden. Am besten erhält man sie wasserfrei im Vakuumexsiccator über Phosphorpentoxyd. Ob unter diesen Bedingungen auch das Einschlußwasser entfernt wird, ist noch nicht festgestellt worden.

Obgleich man daher gewöhnlich die Rhodanidlösung auf Silber einstellen wird (vgl. S. 209), hat es doch Wert, auf die Reinheit des Salzes zu achten, besonders hinsichtlich des Chloridgehaltes. Der letztere kann nämlich bei einer Volhard-Titration stören, und es ist unbedingt von Vorteil, praktisch chloridfreie Präparate zu verwenden. Die Vorschriften zur Prüfung des Rhodanids auf Chlorid sind nicht einfach[1]. C. HOITSEMA[2] empfiehlt die Methode von VOLHARD, nach der auch die Silbersalze untersucht werden. Der Niederschlag wird kurze Zeit ausgewaschen und dann mit Schwefelsäure $1 : \frac{1}{2}$ erhitzt. Rhodansilber löst sich, Chlorsilber bleibt ungelöst. Wir erhielten bei dieser Reaktion gewöhnlich eine Schwarzfärbung durch Silber, die beim weiteren Erhitzen nur schwierig zu entfernen war. Nach unserer Erfahrung ist es einfacher, das Rhodanid durch Oxydation zu zerstören und nach dem Auskochen des Cyanwasserstoffs auf Chlor zu prüfen. Die Oxydation des Rhodanids bewirkt man sehr glatt mit Perhydrol[3] oder Kaliumpermanganat in saurer Lösung (chlorfrei).

Prüfung auf Chlorid: 200 mg Rhodanid werden in 25 ccm Wasser gelöst, mit 15 ccm 4-n-Schwefelsäure und dann mit soviel Permanganatlösung versetzt, bis die rotbraune Farbe bestehen bleibt (braun vom abgeschiedenen Braunstein). Dann wird im Abzug 10—15 Minuten gekocht, bis sich alle Cyanwasserstoff-

---

[1] Vgl. KRAUCH: Prüfung der Reagenzien 2. Aufl. S. 72.

[2] HOITSEMA, C.: Zeitschr. f. angew. Chem. Bd. 17, S. 647. 1904.

[3] Vgl. auch J. M. KOLTHOFF: Zeitschr. f. analyt. Chem. Bd. 56, S. 567. 1917.

säure verflüchtigt hat und das Volumen etwa 10—15 ccm beträgt. Der Braunstein wird mit Perhydrol reduziert; nach dem Abkühlen darf mit Silbernitrat nicht mehr als eine schwache Opalescenz entstehen. Durch Vergleich mit Chloridlösungen von bekanntem Gehalt kann der Chloridgehalt annähernd abgeschätzt werden. Ein Präparat von KAHLBAUM (mit Garantieschein), in der beschriebenen Weise untersucht, ergab einen Chlorgehalt von etwa 1 : 10000. Natürlich hat man mit den benutzten Reagenzien blinde Versuche anzustellen.

B. Silbernitrat und Silber.

Silbernitrat. Reaktionsgewicht 169,87: Silbernitrat kann nach verschiedenen Methoden, welche die Handbücher der präparativen Chemie beschreiben, aus Silbersorten verschiedener Qualität gewonnen werden.

Bei allen Maßnahmen (Eindampfen und Schmelzen) hat man immer peinlich das Silbernitrat vor Staub zu schützen und es auch der direkten Einwirkung des Lichtes fernzuhalten.

Auch im Handel sind reine Präparate von Silbernitrat zu beziehen. Unreine Produkte lassen sich durch Umkristallisieren aus schwach salpetersäurehaltigem Wasser reinigen. Bei der Umkristallisation aus Wasser allein wird das Salz oft ein wenig basisch. Die abgeschiedenen Kristalle können zweckmäßig auf einem Glasfiltertiegel oder dergleichen gesammelt werden, um sie nicht durch Fasern von Filtrierpapier oder Spuren organischer Substanzen zu verunreinigen. Die Kristalle werden bei 110⁰ getrocknet und dann, gegen einfallenden Staub geschützt, eine Viertelstunde auf 220—250⁰ erhitzt (Schmelzpunkt ist 208⁰). Nach den eingehenden Untersuchungen von T. W. RICHARDS und G. S. FORBES[1] wird das Silbernitrat unter diesen Verhältnissen noch nicht zersetzt, und daher darf es einige Stunden erhitzt werden, ohne sein Gewicht zu verändern; doch bildet sich dabei nach N. SCHOORL (Privatmitteilung) eine, wenn auch zu vernachlässigende, Spur Nitrit. Nach seiner Erfahrung kann man das Silbernitrat schon durch 5 Minuten Schmelzen über einer Weingeistflamme ganz wasserfrei erhalten. Erhitzt man aber bei beliebig höherer Temperatur, so zersetzt das Salz sich nach E. B.

---

[1] RICHARDS, TH. W. und G. S. FORBES: Journ. of the Americ. chem. soc. Bd. 29, S. 816. 1907.

Rosa, G. W. Vinal und A. S. Mc Daniel[1] ein wenig; dabei entsteht etwas metallisches Silber, das beim Lösen in Wasser kolloid verteilt bleibt (vgl. Prüfung). Außerdem wird das Salz schwach basisch und womöglich ein wenig Nitrit gebildet.

Prüfung auf Reinheit. Wasser: 10 g Silbernitrat dürfen bei viertelstündigem Erhitzen auf 230—250⁰ nach dem Abkühlen nicht mehr als 1 mg an Gewicht verlieren (1 : 10000). Nicht geschmolzene Präparate von Kahlbaum enthielten nach N. Schoorl (Privatmitteilung) wohl 0,1—0,2% Wasser.

Metallisches Silber, organische und unlösliche Substanzen: Die Lösung von 1 g des geschmolzenen Silbernitrats in 10 ccm Wasser muß vollkommen klar sein. Nach Zusatz von 1 ccm 50proz. Salpetersäure und 2 Tropfen 0,01-n-Kaliumpermanganat muß die Lösung auch nach 5 Minuten Stehen schwach rosa bleiben (blinder Versuch mit Salpetersäure allein). Empfindlichkeit: 1 : 10000 (0,01%).

Nach Rosa, Vinal und Daniel (l. c.) wird das elementare Silber in Solform durch Permanganat schnell oxydiert, die meisten organischen Substanzen hingegen viel langsamer. Sie vermögen aber Silbernitrat bei der Schmelztemperatur zu metallischem Silber zu reduzieren. Deshalb prüft man am besten durch einen Schmelzversuch auf die ursprüngliche Anwesenheit von organischen Substanzen.

Freie Salpetersäure und Silberoxyd: Die Lösung von 0,5 g Silbernitrat in 10 ccm Wasser zeigt an Methylrot eine Zwischenfarbe (0,1 HNO_3 auf 10000 $AgNO_3$). Bei alkalischer Färbung des Indicators muß die Lösung durch Zusatz von 2 Tropfen 0,01-n-Salpetersäure die saure oder wenigstens die Übergangsfarbe annehmen.

Nitrit: Die Lösung von 0,01 g Silbernitrat in 10 ccm Wasser darf nach Zugabe von Naphthylamin, Sulfanilsäure und einigen Tropfen Essigsäure nach 5 Minuten nicht rot werden (etwa 1 : 10000; 0,01%).

Ammonium: Die Lösung von 0,2 g Silbernitrat in 10 ccm Wasser wird mit 2 ccm 10proz. Natriumchlorid versetzt. Das Filtrat darf von Nesslers Reagens nicht orange gefärbt werden (0,5 : 10000).

Fremde Bestandteile: Eine warme Lösung von 10 g Silbernitrat in 300 ccm Wasser wird im Dunkeln unter Um-

---

[1] Rosa, Vinal und Mc Daniel: Bulletin of the Bureau of Standards Vol. 9; Reprint Nr. 201, 524. 1913.

schwenken mit einer warmen Lösung von 30 ccm 4-n-Salzsäure in 200 ccm Wasser versetzt. Das Filtrat (aschefreies Filtrierpapier) wird eingedampft; der Rückstand in wenig Wasser aufgenommen und filtriert. Das Filtrat wird in einen austarierten Tiegel gebracht, eingedampft und gewogen. Der Rückstand darf nicht mehr als 1 mg betragen (1 : 10000). Ein blinder Versuch ist natürlich notwendig.

Metallisches Silber. Äquivalentgewicht 107,88: Nach den schönen Untersuchungen von TH. W. RICHARDS und R. G. WELLS[1] wird das Silber durch Reduktion von Silbernitrat mit Ammoniumformiat und anschließendes Schmelzen ganz rein erhalten:

$$2\,AgNO_3 + 2\,HCOONH_4 \rightarrow 2\,Ag + 2\,NH_4NO_3 + CO_2 + HCOOH.$$

Das erforderliche Ammoniumformiat stellt man durch Einleiten von Ammoniak in frisch destillierte Ameisensäure her. Das gefällte Metall wird ammoniakfrei gewaschen und dann in einem Schiffchen von Calciumoxyd (aus reinem Kalk und Calciumnitrat hergestellt) im Wasserstoffstrom geschmolzen. Nach Untersuchungen von STAS, RICHARDS und WELLS und BAXTER[2] ist die Menge gelösten Wasserstoffs im Silber zu vernachlässigen, sie beträgt etwa 0,0004—0,0006%.

Die Einstellung von Silbernitrat auf Natriumchlorid (bzw. die gegenseitige Kontrolle beider Lösungen).

Obgleich sowohl Silbernitrat wie Natriumchlorid leicht rein zu erhalten sind, ist doch eine beiderseitige Einstellung oft erwünscht, weil man dadurch den praktischen Titer erfährt, der eventuell um den Titrierfehler korrigiert werden kann. Zur Einstellung des Silbernitrats gehen wir gewöhnlich von Natriumchlorid als Ursubstanz aus:

Nach MOHR: Die abgewogene Menge Natriumchlorid wird so in Lösung gebracht, daß deren Konzentration etwa 0,1-n ist.

---

[1] RICHARDS und WELLS: Zeitschr. f. anorg. allgem. Chem. Bd. 47, S. 56. 1908. Journ. of the Americ. chem. soc. Bd. 27, S. 459. 1905; auch elektrolytisch ist sehr reines Silber zu erhalten. Über Literatur vgl. RICHARDS und WELLS l. c.

[2] BAXTER und HARTMANN: Journ. of the Americ. chem. soc. Bd. 37, S. 116. 1915; BAXTER, G. P.: Journ. of the Americ. chem. soc. Bd. 44, S. 591. 1924.

Man fügt so viel 5proz. Kaliumchromat hinzu, daß beim Endpunkt etwa 1—2 ccm auf 100 ccm Flüssigkeit kommen, und titriert mit Silbernitrat, bis auch nach gutem Umschütteln eine eben wahrnehmbare Rotbraunfärbung bestehen bleibt (eventuell neben einer Vergleichslösung). Der Titrierfehler beträgt etwa 0,2%.

Nach FAJANS: Die abgewogene Menge Natriumchlorid wird in Wasser zu 0,05 normaler Konzentration gelöst, mit 3—5 Tropfen $1^0/_{00}$ Fluoresceinlösung (vgl. S. 206) versetzt und bis zur plötzlichen Rosenrotfärbung der Flüssigkeit oder des Niederschlags titriert. Ein Titrierfehler kommt hier praktisch nicht in Frage.

Statt auf Natriumchlorid kann man die Einstellung der Silbernitratlösung nach MOHR oder FAJANS ebensogut auch auf Kaliumchlorid oder Kaliumbromid vornehmen, im letzteren Falle ist auch Eosin als Indicator zu verwenden (vgl. S. 208).

Die Einstellung von Rhodanidlösung: Die Rhodanlösung wird auf Silbernitrat bzw. Feinsilber eingestellt (über die Benutzung von HgO vgl. S. 252). Bei Verwendung von Silber löst man das Metall durch Erwärmen in chlorfreier Salpetersäure und kocht dann die nitrosen Gase aus. Die Silbernitratlösung, welche wenigstens 5 ccm 4-n-Salpetersäure und 1 ccm gesättigter Ferriammoniumsulfatlösung auf 50 ccm Flüssigkeit enthalten soll, wird mit Rhodanlösung titriert. Eben vor dem Endpunkte wird die Farbe schwach rotbraun; man titriert dann weiter, bis nach kräftigem Umschütteln diese Färbung nicht mehr verschwindet. Der Titrierfehler ist verschwindend klein und beträgt höchstens 0,02%.

§ 4. Die argentometrische Halogenid-, Rhodanid- und Cyanidbestimmung.

Chlorid.

a) nach MOHR: Die praktischen Einzelheiten dieser Bestimmung haben wir schon eingehend S. 202 besprochen. Enthält die zu titrierende Lösung eine große Menge Elektrolyte, so hat das durch örtlichen Überschuß gebildete Silberchromat die Neigung, sich zusammenzuballen. Es setzt sich dann ziemlich langsam mit den noch im Überschuß vorhandenen Chlorionen um, so daß man den Umschlag leicht zu früh wahrnimmt. Unter diesen Verhältnissen muß man in Nähe des Äquivalenzpunktes kräftig schütteln und so lange Silbernitrat zusetzen, bis die rötlichbraune Farbe auch nach dem Schütteln und Stehenlassen nicht mehr verschwindet.

An dieser Stelle wollen wir noch bemerken, daß die umgekehrte Titration von Silberlösung durch Chlorid mit Kaliumchromat als Indicator nicht zu guten Ergebnissen führt. Das ausgeflockte Silberchromat reagiert zu langsam mit dem hinzutretenden Natriumchlorid. Von großer Bedeutung ist die Chloridtitration in sehr verdünnten Lösungen; sie spielt besonders bei der Chlorionenbestimmung in Trinkwasser·eine wichtige Rolle.

Chloridbestimmung in Wasser: Man prüft zuerst die Reaktion des Wassers auf Neutralrot oder Rosolsäure. Wenn dieselbe rein sauer ist, so fügt man etwas Natrium- oder Kaliumbicarbonat, Borax bzw. Calciumcarbonat hinzu. Hat das Wasser ein p_H größer als 6,8, was sich durch den genannten Versuch herausstellt, so kann man es direkt für die Titration verwenden. Die natürlichen Wasser reagieren kaum jemals stärker alkalisch, als einem p_H von 10,5 entspricht. Zu 100 ccm Wasser (eventuell mit Bicarbonat oder dergleichen behandelt) gibt man 1 bis 2 ccm 5proz. Kaliumchromat und titriert mit 0,01-n-Silbernitrat bis zur ersten schwachen Rotbraunfärbung. Dann verdünnt man mit destilliertem Wasser auf insgesamt 150 ccm und titriert weiter bis zum Umschlagspunkte. Hierzu benutzt man am besten eine fertigtitrierte Probe mit geringem Chloridüberschuß als Vergleichsflüssigkeit. Unter den beschriebenen Verhältnissen hat man immer dasselbe Endvolumen, und' man kann nach KOLTHOFF[1] dann immer die Korrektur von 0,6 ccm 0,01-n-Silbernitrat für den notwendigen Überschuß vom Verbrauch abziehen. L. W. WINKLER[2] titriert mit einer Lösung, welche 4,791 g Silbernitrat im Liter enthält; 1 ccm dieser Lösung entspricht 1 mg Chlorion. Auch er schreibt den Gebrauch einer Vergleichsflüssigkeit nach Art der obengenannten vor und titriert, bis die eben bemerkbare rötliche Färbung auch nach 5 Minuten Stehen nicht mehr nachläßt.

---

[1] KOLTHOFF, J. M.: Zeitschr. f. analyt. Chem. Bd. 56, S. 498. 1917.
[2] WINKLER, L. W.: Zeitschr. f. analyt. Chem. Bd. 53, S. 359. 1914.

WINKLER gibt die folgenden Korrekturwerte an:

Verbesserungswerte nach L. W. WINKLER.

Verbr. Lösung ccm	Verbesserung ccm	Verbr. Lösung ccm	Verbesserung ccm
0,2	— 0,13	1,0	— 0,16
0,3	— 0,13	2,0	— 0,17
0,4	— 0,14	3,0	— 0,18
0,5	— 0,15	4,0	— 0,18
0,6	— 0,15	5,0	— 0,19
0,7	— 0,15	10,0	— 0,20
0,8	— 0,16	15,0	— 0,21
0,9	— 0,16	20,0	— 0,22

Stark gefärbtes oder schwefelwasserstoffhaltiges Wasser wird zunächst mit einem Überschuß Permanganat behandelt. Nach einer Viertelstunde setzt man zur Zerstörung der Permanganatfarbe genügend Perhydrol (chlorfrei) hinzu, filtriert und titriert einen aliquoten Teil des Filtrats (vgl. übrigens S. 202).

b) Nach FAJANS: mit Fluorescein als Indicator. Die Titration ist schon eingehend S. 207 besprochen worden. Sie muß in neutraler Lösung vorgenommen werden und ist nicht mehr brauchbar, sobald die Chloridkonzentration unter 0,005 n liegt.

c) Nach VOLHARD[1]: Man fügt zur Chloridlösung einen Überschuß an Silbernitrat und titriert denselben mit Rhodanlösung zurück. Die Methode hat vor den MOHRschen den großen Vorzug, auch in saurer Lösung verwendbar zu sein. Dagegen kann sie leicht zu fehlerhaften Resultaten führen, falls nicht die richtigen Versuchsbedingungen eingehalten werden. DRECHSEL[2] machte zuerst darauf aufmerksam, daß Rhodanionen auf Silberchlorid einwirken:

$$AgCl + CNS' \underset{\longrightarrow}{\overset{\longleftarrow}{}} AgCNS + Cl'.$$

Beim Zurücktitrieren des überschüssigen Silbernitrats mit Rhodan liegen im Endpunkt Silberchlorid und Silberrhodanid nebeneinander als Bodenkörper vor. Beide Salze stehen nur dann in Gleichgewicht mit ihrer gemeinsamen gesättigten Lösung, wenn:

$$\frac{[Cl']}{[CNS']} = \frac{L_{AgCl}}{L_{AgCNS]}} = \frac{1,12 \cdot 10^{-10}}{6,84 \cdot 10^{-13}} = 164$$

---

[1] VOLHARD: Journ. f. prakt. Chem. Bd. 117, S. 217. 1874.

[2] DRECHSEL: Journ. f. prakt. Chem. N. F. Bd. 15, S. 191. 1860.

Aus diesem Verhältnis ergibt sich, daß beim Zurücktitrieren des Silbers mit Rhodan der Umschlag nicht scharf sein kann, da doch der Rhodanüberschuß mit Silberchlorid reagiert, was auch schon eingehend von ROSANOFF und HILL[1] untersucht worden ist. Nehmen wir zur Erläuterung das Beispiel, daß 100 ccm einer gesättigten Silberchloridlösung, welche in Berührung mit festem Silberchlorid stehen, mit 0,1 ccm 0,1-n-Rhodanlösung versetzt werden. Bei der Gleichgewichtseinstellung werden dann so viel Rhodanionen verschwinden, bis das Verhältnis $(Cl') : (CNS')$ gleich 164 ist. Die dadurch bedingte Zunahme der Chlorionen $= x$, ist gleich der Abnahme der Rhodanionenkonzentration. In einer gesättigten Chlorsilberlösung ist $[Cl'] : 1{,}06 \cdot 10^{-5}$, die zugefügte Rhodanmenge entspricht einer Ionenkonzentration von 10^{-4}. Im Gleichgewichtszustande ist dann:

$$\frac{1{,}06 \cdot 10^{-5} + x}{10^{-4} - x} = 164$$

oder

$$x = \frac{164}{165} \cdot 10^{-4}$$

(wir vernachlässigen der Einfachheit halber die Verringerung der Löslichkeit des Silberchlorids durch den entstehenden Überschuß an Chlorionen).

Die vorstehende Berechnung lehrt, daß etwa $^{164}/_{165}$ des Rhodanzusatzes verbraucht werden und nur $^{1}/_{165}$ übrigbleibt. Nach der Gleichgewichtseinstellung ist $[CNS']$ daher $^{1}/_{165} \cdot 10^{-4}$ geworden. S. 209 haben wir gesehen, daß die Empfindlichkeit der Ferrilösung für Rhodanid einer Rhodanionenkonzentration von 10^{-5}-n entspricht. Daher müssen der Berechnung nach auf 100 ccm Flüssigkeit, deren Bodenkörper Chlorsilber ist, 1,65 ccm 0,1-n-Rhodanlösung zugefügt werden, damit die Farbe beim starken Schütteln nicht mehr verschwindet. Praktisch habe ich (l. c. 1917) gefunden, daß bis zum bleibenden Umschlage ungefähr 2,5 ccm 0,1-n-Rhodanlösung erforderlich sind.

Verschiedene Autoren haben schon auf die Mängel des Umschlages bei der Chloridtitration nach VOLHARD hingewiesen und einige Abänderungen der Methode vorgeschlagen. Besonders an verdünnten Chloridlösungen kann der Fehler wohl 5% über-

---

[1] ROSANOFF und HILL: Journ. of the Americ. chem. soc. Bd. 29, S. 269. 1907; KOLTHOFF, J. M.: Zeitschr. f. analyt. Chem. Bd. 56, S. 567. 1917.

schreiten. DRECHSEL (l. c.) sowie ROSANOFF und HILL (l. c.) empfehlen, vom ausgefällten Chlorsilber abzufiltrieren und den Silberüberschuß im Filtrat zu bestimmen. Nach KOLTHOFF (l. c.) macht man dabei aber wieder einen Fehler, indem ja Chlorsilber Silberionen zu adsorbieren vermag. Weil diese Adsorption nur in geringem Maße von der Konzentration des Silbernitrats abhängig ist, kann man stets von der gefundenen Chloridmenge Chlorid 0,7% abziehen, um den genauen Gehalt zu finden. Vor allem bei sehr hohen Chloridverdünnungen empfiehlt es sich, das überschüssige Silbernitrat im Filtrat zurückzutitrieren und die angegebene Korrektur anzubringen.

VOLHARD[1] erklärte seine Methode ohne vorheriges Filtrieren für brauchbar, weil die Einwirkung des Rhodanids auf das Chlorsilber nur sehr langsam erfolge. ROTHMUND und DRUCKER[2] schlugen vor, die wäßrige Flüssigkeit mit Äther oder einem anderen mit Wasser nicht mischbaren organischen Lösungsmittel (wie Isobutyl- und Amylalkohol) zu überschichten. Das Chlorsilber ballt sich an der Grenzfläche zusammen und wird auf diese Weise der Einwirkung der Rhodanlösung so gut wie ganz entzogen. Besonders bei der Bestimmung sehr verdünnter Chloridlösungen liefert diese Modifikation viel bessere Ergebnisse als das ursprüngliche Verfahren VOLHARDS, wenn auch keine sehr genauen, wie ich feststellen mußte. In Gegenwart von Äther verschwindet aus der Lösung ein wenig Silber durch Okklusion im Niederschlag. Hierzu gesellen sich Störungen durch Adsorption, und je nach den Bedingungen, unter denen man den Endpunkt wahrnimmt, macht man einen Fehler von etwa 0,6%.

N. SCHOORL[3] empfiehlt hier die Benutzung von Titrierkelchen und läßt durch kräftiges Umrühren mit einem dicken Glasstabe oder einem Hartgummistab den Niederschlag zusammenballen. In Nähe des Endpunktes flockt das Silbersalz sehr leicht aus, und der Umschlag läßt sich in der überstehenden klaren Flüssigkeit erkennen. Da begeht man aber auch wieder einen Fehler von etwa 0,7%, indem die Adsorption des Silbers am Silberniederschlag vernachlässigt bleibt. Sobald man aber nach Er-

---

[1] VOLHARD: Liebigs Ann. d. Chem. Bd. 190, S. 24. 1878.

[2] ROTHMUND und DRUCKER: Zeitschr. f. anorg. allgem. Chem. Bd. 63, S. 330. 1909.

[3] SCHOORL, N.: Pharmac. weekbl. Bd. 42, 233. 1905.

reichen des ersten Umschlages kräftig schüttelt oder rührt und dann vorsichtig die überstehende Flüssigkeit weitertitriert, erzielt man nach KOLTHOFF vorzügliche Resultate. Fast alles adsorbierte Silber kehrt dann in die Lösung zurück. Wenig geübten Analytikern empfiehlt es sich, nach dem ersten Umschlag kräftig zu schütteln und dann die klare Flüssigkeit abzupipettieren bzw. abzugießen, um sie weiterzutitrieren.

Unsere Erfahrungen können wir dahin zusammenfassen, daß die nach SCHOORL abgeänderte Arbeitsweise sehr gute Ergebnisse zeitigt. Bei der Titration sehr verdünnter Chloridlösungen hat man aber nach Zusatz überschüssiger Silberlösung vom Chlorsilber abzufiltrieren und den Überschuß in einen aliquoten Teil des Filtrats zurückzutitrieren, bis auch nach kräftigem Schütteln die schwache Rosafärbung nicht mehr verschwindet. Infolge der Adsorptionserscheinungen wird zwar ein wenig Silberlösung zuviel verbraucht, was sich jedoch durch eine Korrektur von 0,7% an der gefundenen Chloridmenge ausgleichen läßt.

Bromid.

a) Nach MOHR: Bromide lassen sich sehr gut nach MOHR bestimmen (betreffs Einzelheiten vgl. S. 202). Für die Titration stark verdünnter Bromidlösungen gelten sinngemäß die am Chlorid angestellten Betrachtungen.

b) Nach FAJANS: mit Fluorescein. Die Titration muß ebenso wie die MOHRsche Bestimmung in neutraler Lösung vorgenommen werden. Auch bei Anwesenheit größerer Elektrolytmengen erzielt man noch brauchbare Resultate (vgl. S. 205).

Mit Eosin: Die Titration ist auch in schwach saurer Lösung möglich, ja es empfiehlt sich sogar eine geringe Ansäuerung durch Essigsäure. Höhere Elektrolytkonzentrationen, besonders mit mehrwertigen Kationen, können aber stören. Das Silberbromid flockt dann schon zu Beginn der Titration aus und wird bereits ein wenig vom Indicator angefärbt (vgl. S. 207).

Besonders bei der Titration sehr verdünnter Bromidlösungen erweist sich Eosin als der beste Indicator. Sogar eine 0,0005-n-Lösung läßt sich noch auf 1% genau titrieren. Ich habe versucht, Bromid neben Chlorid zu bestimmen, indem ich die Titration in Gegenwart von Ammoniumcarbonat durchführte, freilich ohne zu brauchbaren Werten zu kommen. Der Umschlag ist sehr unscharf und tritt zu spät auf. Wahrscheinlich werden in so merklich alkalischer Lösung Hydroxylionen stark vom Bromsilber adsorbiert und verdrängen teilweise die Eosinionen von der Oberfläche des Niederschlages.

c) Nach VOLHARD: Die VOLHARD-Titration des Bromids bringt sehr genaue Resultate. Zum Zurücktitrieren des Silbernitratüberschusses fügt man so lange Rhodanid hinzu, bis auch nach starkem Umschütteln die schwach rotbraune Farbe nicht mehr verschwindet. Nach J. M. KOLTHOFF[1] läßt sich die Methode dadurch noch vereinfachen, daß man nur eine Maßflüssigkeit, nämlich Silbernitrat- und Ferrirhodanid als Indicator verwendet.

Vorschrift: Zu 10 ccm der vorgelegten Bromidlösung gibt man etwa 1 ccm Ferriammonalaun, 10 ccm 4-n-Salpetersäure und 0,1 bis 0,2 ccm 0,1-n-Rhodanlösung hinzu. Man titriert die Flüssigkeit mit Silbernitrat bis zum Verschwinden der rotbraunen Farbe. Als Korrektur wird die angewandte Rhodanidmenge abgerechnet.

Bemerkungen: 1. Das Verhältnis der Löslichkeitsprodukte von Silberbromid und Silberrhodanid ist etwa 0,5. Hieraus läßt sich ableiten, daß die Farbe des Indicators kurz vor dem Äquivalenzpunkt ausgelöscht wird; der minimale Titrierfehler darf aber ohne weiteres vernachlässigt werden.

2. Die Methode eignet sich sehr zur Untersuchung von Handelssalzen, welche gewöhnlich ein wenig Chlorid enthalten. Titriert man so lange, bis die rotbraune Farbe deutlich verblaßt, aber doch noch schwach rosa ist, so läßt sich Bromid noch gut auf 1% genau neben 5% Chlorid bestimmen. In Gegenwart von Chlorid soll man nicht ganz auf Farblos titrieren, weil sonst der größere Teil des Chlorids in die Bestimmung einbezogen wird. (Wegen Einzelheiten vgl. KOLTHOFF l. c.)

Jodid.

a) Nach MOHR: Jodide lassen sich nach MOHR nicht mehr bestimmen (vgl. S. 202).

b) Nach FAJANS: Mit Fluoresccin als Indicator. Die Methode ergibt gute Resultate (vgl. S. 206 und bei Bromid). — Mit Eosin als Indicator: vgl. S. 208 und bei Bromid. Auch sehr verdünnte Jodidlösungen sind sehr genauer Bestimmung fähig.

c) Nach VOLHARD: Die Methode liefert vorzügliche Werte.

---

[1] KOLTHOFF, J. M.: Pharmac. Weekbl. Bd. 54, S. 761. 1917.

Nur darf der Ferriindicator erst nach Ausfällung der gesamten Jodionen durch Silberüberschuß zugesetzt werden, andernfalls das Ferrieisen Jodid zu freiem Jod oxydiert.

d) Klarpunktsbestimmung: Die Jodidlösung, welche nicht stärker als etwa 0,04-n sein darf, wird vorsichtig mit Silbernitrat titriert. Etwa 1% vor dem Äquivalenzpunkt beginnt das Silberjodid auszuflocken. Man titriert dann vorsichtig weiter und schüttelt nach jedem Reagenszusatz kräftig um, bis die drüberstehende Flüssigkeit sich vollkommen geklärt hat. An reinen Jodidlösungen erhält man so ausgezeichnete Ergebnisse.

e) Jodstärke als Indicator: Die Jodstärke ist vom Verf.[1] als Indicator bei der Jodidtitration mit Silbernitrat eingeführt worden. Bekanntlich wird eine wässerige Jodlösung teilweise hydrolytisch gespalten:

$$3\,J_2 + 3\,H_2O \rightleftharpoons JO_3' + 5\,J' + 6\,H^{\cdot}.$$

In wässeriger Lösung liegt das Gleichgewicht praktisch vollkommen an der linken Seite. Die Gleichgewichtskonstante der Reaktion[2]:

$$K = \frac{[H^{\cdot}]^6\,[J']^5\,[JO_3']}{[J_2]^3} = \begin{matrix} 3{,}8 \cdot 10^{-49} & (18^0) \\ 5{,}1 \cdot 10^{-42} & (60^0) \end{matrix}$$

ist freilich sehr stark von der Temperatur abhängig.

In neutraler und saurer Lösung ist die Hydrolyse des Jods analytisch gar nicht nachzuweisen. In Gegenwart eines Silbersalzes werden aber die Jodionen unter Bildung von Jodsilber dem System entzogen, die Jodstärke daher durch Silbernitrat entfärbt. Titriert man nun eine Jodidlösung mit Jodstärke als Indicator, so entfärbt sich dieser, sobald alle Jodionen zur Fällung verbraucht sind.

Vorschrift: Zu der neutralen oder mit Schwefelsäure angesäuerten Jodidlösung fügt man einen Tropfen 0,1-n-Kaliumjodat (oder eine Wenigkeit stark verdünnter alkoholischer Jodlösung) und 2—5 ccm 0,2proz. Stärkelösung. Die Flüssigkeit

---

[1] KOLTHOFF, J. M.: Pharmac. weekbl. Bd. 54, S. 763. 1917; Bd. 58, S. 917. 1921.

[2] ABEL, E.: Nernst-Festschrift. S. 1. Halle 1912. LUTHER und SAMMETT: Zeitschr. f. Elektrochem. Bd. 11, S. 293. 1905; SAMMETT: Zeitschr. f. physikal. Chem. Bd. 53, S. 641. 1905. Vgl. auch ABBEGS Handbuch der anorganischen Chemie Bd. IV 2, S. 519.

muß deutlich blau gefärbt sein. Man titriert mit Silbernitrat. Die Farbe verschiebt sich während der Titration durch die Jodsilberbildung nach Grün. Gegen Ende der Titration flockt Silberjodid aus und adsorbiert die Jodstärke, wodurch es nicht gelb, sondern grün erscheint. Nun titriert man weiter, bis nach kräftigem Schütteln die grüne Farbe nach Gelb umschlägt. Ungeübte vergleichen am besten den Umschlag gegen eine bereits fertigtitrierte Probe. Der Endpunkt tritt etwa 0,2—0,3% zu früh ein.

Bemerkungen: 1. Man kann auch den Farbumschlag in der Flüssigkeit selbst statt am Niederschlag beobachten, wenn man genügend viel Stärkelösung als Schutzkolloid zusetzt und in neutraler Lösung titriert (20—25 ccm 0,2 proz. Stärkelösung auf 25 ccm 0,1-n-Flüssigkeit).

2. Auch sehr verdünnte Jodlösungen — etwa 0,001-n — lassen sich in neutraler oder saurer Lösung sehr scharf titrieren. Der Titrierfehler beträgt dann etwa 0,5% (Umschlag zu früh).

3. Die Methode ist sehr empfehlenswert zur Untersuchung von Handelspräparaten. Neben 3% Bromid bzw. 20% Chlorid liefert sie noch auf 1% brauchbare Werte. In Begleitung größerer Mengen der beiden anderen Halogenide läßt sich die Jodidbestimmung sogar durchführen, sobald man mit einem Zusatz von Ammoncarbonat arbeitet (vgl. S. 226).

Jodid neben Chlorid (bzw. Bromid). a) Nach Fajans: Jodionen werden an Jodsilber viel stärker adsorbiert als die Chlor- oder Bromionen an AgCl bzw. AgBr. Versetzt man eine Chlorid-Jodidlösung mit Silbernitrat, so wird so lange nur Silberjodid gefällt, bis:

$$\frac{[Cl']}{[J']} > 10^6 \text{ wird (vgl. Teil I, S. 13).}$$

Praktisch wird also alles Jodid ausgefällt, ehe Chlorsilber entstehen kann. Gibt man einen Adsorptionsindicator hinzu, der von Jodsilber stärker adsorbiert wird als Chlorion, aber geringer als Jodion, so müßte er sich unter idealen Umständen folgendermaßen verhalten: solange noch unausgefällte Jodionen in der Lösung vorhanden sind, bleibt das Farbstoffanion in der Lösung, sobald aber der Silberzusatz der Jodidmenge äquivalent ist, müßte trotz Gegenwart der Chlorionen am Niederschlag die Adsorption des Farbstoffes und somit ein Farbumschlag erfolgen.

Nach Fajans und Wolff[1] sind besonders Dijodfluorescein, Dimethyldijodfluorescein und Rose bengale sehr geeignete Indicatoren, unter diesen ganz besonders das Dimethyl(R)-dijod-(R)-fluorescein. **Indicatorlösung:** 1 proz. Lösung des Natriumsalzes in Wasser. Auf 25 ccm 0,1-n-KJ wählt man ungefähr 1 ccm Indicator.

Vorschrift zur Jodtitration neben Chlorid: Zur Lösung, die nicht stärker als 0,02-n an Jodid sein soll, gibt man den Indicator und titriert mit Silbernitrat bis zum Umschlag von Orangerot nach Bläulichrot. Der Farbwechsel ist nicht sehr scharf, er geht vor dem Endpunkt erst durch eine braunrote, dann carminrote Tönung. Zu genauen Bestimmungen ist daher eine Vergleichslösung von der gleichen Zusammensetzung wie das zu titrierende System im Äquivalenzpunkt unentbehrlich; unter diesen Verhältnissen kann man dann aber den Endpunkt sehr genau wahrnehmen. Der Farbumschlag tritt bei Anwesenheit von Chlorid etwas zu spät auf, und zwar ist der Fehler fast unabhängig vom Chloridgehalt.

Mehrverbrauch von Silbernitrat nach Fajans und Wolff.

Menge des KCl in % des KJ	Mehrverbrauch von AgNO$_3$ in %	Menge des KCl in % des KJ	Mehrverbrauch von AgNO$_3$ in %
0	— 0,1	7	0,95
1	0,2	8—50	1,0
2	0,4	75	0,9
3	0,55	100	0,85
4	0,7	150	0,65
5	0,8	200	0,5
6	0,9	400	0,45

Die Tabelle gilt für ein Konzentrationsintervall von $n/100$ bis $n/50$ KJ. In einem Gemisch von Jodid und Chlorid bestimmt man also Jodid allein auf Dimethyldijodfluorescein und dann die Summe beider auf Fluorescein. Die zweite Titration gibt nur angenähert richtige Werte, man kann aber an Hand des so gefundenen Chlorgehalts die Korrektur berechnen. Bei der Bestimmung 0,1 normaler Jodidlösungen fand ich den Fehler etwas größer.

---

[1] Fajans, K. und H. Wolff: Zeitschr. f. anorg. allgem. Chem. Bd. 137, S. 233. 1924; Fajans, K. und O. Hessel: Zeitschr. f. Elektrochem. Bd. 29, S. 495. 1923; Chemiker-Zeit. Bd. 47, S. 696. 1923.

Ich habe weiterhin versucht, Jodid neben Bromid in ammoniakalischer Lösung auf die genannten Indicatoren zu titrieren. Unter diesen Bedingungen setzt aber der Umschlag bei Jodid allein schon viel zu spät ein. Die Hydroxylionen verdrängen offenbar die Farbstoffanionen von der Oberfläche des Jodsilbers. Dagegen kann man meiner Erfahrung nach[1] Jodid sehr gut neben großen Mengen Chlorid gegen Eosin in Gegenwart von Ammoniumcarbonat titrieren. Auf 100—200 ccm Flüssigkeit rechnet man 5 ccm 0,5-n-Ammoniumcarbonat und titriert bis zum Umschlag nach Purpurviolett. So konnte ich 250 ccm 0,001-n-Jodid neben 1 g KCl noch auf 1% genau bestimmen.

b) **Mit Jodstärke als Indicator in Gegenwart von Ammoncarbonat**[2]: Bei der hydrolytischen Spaltung des Jods (vgl. S. 223):

$$3\,J_2 + 3\,H_2O \;\underset{\longrightarrow}{\rightleftharpoons}\; JO_3' + 5\,J' + 6\,H$$

hängt die Gleichgewichtslage sehr stark von der Wasserstoffionenkonzentration ab. Je kleiner die letztere, um so empfindlicher muß die Jodstärke auf Silberionen sein. Daher ist zu erwarten, daß die Störung durch Bromid und Chlorid bei der Jodidtitration auf Jodstärke als Indicator in schwach alkalischer Lösung geringer ist als in neutralem oder saurem Medium, was wir praktisch auch bestätigen konnten.

Vorschrift: Zu 25 ccm 0,1-n-Jodid fügt man einen Tropfen 0,1-n-Kaliumjodat und einige Tropfen 4-n-Schwefelsäure. Die Flüssigkeit wird durch freigesetztes Jod schwach gelb gefärbt. Man fügt nun einige Kubikzentimeter 0,2proz. Stärkelösung und 5—10 ccm 2-n-Ammoniumcarbonat hinzu und titriert mit 0,1-n-Silbernitrat. Die Flüssigkeit und das ausgefällte Silberjodid färben sich während der Titration grau; gegen Ende wird stark geschüttelt und so lange Silbernitrat zugetropft, bis das Jodsilber rein gelb erscheint. Der Umschlag ist bequem auf 0,1 ccm 0,1-n genau zu erkennen; er tritt etwas zu früh auf; der Titrierfehler beträgt — 0,6%.

Bemerkungen: 1. Nach meiner Erfahrung (l. c.) liefert die Titration auch bei Anwesenheit von 1 g Kaliumbromid bzw. 5 g Natriumchlorid sehr gute Resultate. Dies ist also die einzige

---

[1] Kolthoff, J. M.: Zeitschr. f. analyt. Chem. Bd. 70, S. 395. 1927.
[2] Kolthoff, J. M.: Pharmac. weekbl. Bd. 62, S. 1310. 1925.

argentometrische Jodidbestimmung, die sich neben größeren Mengen Bromid und Chlorid durchführen läßt.

2. Die Methode ist nicht zur Titration sehr verdünnter Jodidlösungen zu verwenden. Der Umschlag erscheint dann viel zu früh. Bei der Titration von 0,01-n-Jodid macht der Fehler wohl etwa 10% aus. Man muß daher die Konzentration der Jodidlösung mindestens über 0,05-n wählen.

Rhodanide.

a) Nach Mohr: Die Methode gibt keine brauchbaren Werte; der Umschlag ist schwer zu erkennen (für Einzelheiten vgl. S. 202).

b) Nach Fajans: Mit Fluorescein als Indicator. Die Methode zeigt gute Resultate (vgl. S. 206); auch bei Bromid (S. 221).

Eosin als Indicator: Hier gilt das gleiche, was oben für Bromid gesagt worden ist (S. 221).

c) Nach Volhard: Eine direkte Titration von Rhodanion mit Silbernitrat gegen den Ferriindicator ist nicht angängig. Das ausfallende Rhodansilber schließt Ferrirhodanid ein, und der Umschlag ist schwer wahrzunehmen. Man muß also mit einem Überschuß Silbernitrat arbeiten und diesen durch eingestellte Rhodanlösung zurücktitrieren. Unter diesen Verhältnissen wird die Bestimmung dann sehr genau (vgl. S. 218, wo die direkte Titration des Rhodans mit eingestellter Mercurilösung gegen Ferriion als Indicator beschrieben wird).

Cyanid. a) Nach Mohr: Weil die Cyanide stark hydrolytisch gespalten werden, muß man nach Vielhaber[1] die Reaktion von sauren Lösungen durch Zusatz von Magnesiumoxyd alkalisch halten. Nach meiner Erfahrung gibt die Methode dann gute Resultate. Viel praktische Bedeutung hat sie mit Hinblick auf Störungen durch Chlorid und Cyanat nicht, vielmehr benutzt man eine sehr einfache direkte argentometrische Methode (vgl. unter d), die für Cyanid spezifisch ist.

b) Nach Fajans mit Fluorescein als Indicator: Nach meiner Erfahrung ist dies Verfahren in Gegenwart überschüssigen Natriumbicarbonates wohl brauchbar. Nur ist der Umschlag nicht sehr scharf. Andere Indicatoren, wie Eosin usw., kommen für die Cyanidbestimmung nicht in Frage.

---

[1] Vielhaber: Arch. d. Pharmaz. Bd. 123, S. 408. 1878.

c) Nach VOLHARD: Obgleich die Löslichkeitsprodukte von Silber-Silbercyanid [AgAg(CN)$_2$] und Silberrhodanid von gleicher Größenordnung sind (vgl. Teil I, S. 251), kann man den Silberüberschuß doch nicht neben dem Silbercyanid zurücktitrieren. Cyanwasserstoffsäure ist eine sehr schwache Säure, daher nimmt die Löslichkeit des Silbersalzes in saurer Lösung stark zu:

$$CN' + H' \rightleftarrows HCN$$

und Cyanionen werden der Lösung entzogen.

Man muß vielmehr einen Überschuß Silbernitrat zusetzen, mit Salpetersäure ansäuern, auf ein bestimmtes Volumen auffüllen, filtrieren und einen aliquoten Teil des Filtrats zurücktitrieren. Genau wie die anderen schwer löslichen Silbersalze adsorbiert Silbercyanid ein wenig Silberionen. Man verbraucht daher zuviel Silbernitrat und muß eine Korrektur von etwa 0,7 % berücksichtigen.

Die Volhard-Methode tritt z. B. in Anwendung bei der Bestimmung der freien Cyanwasserstoffsäure im Bittermandelwasser (vgl. S. 255). Man säuert an, fügt einen Überschuß Silbernitrat hinzu und fährt wie üblich fort. Um auch den Gesamtcyangehalt zu bestimmen, macht man ammoniakalisch, versetzt mit reichlich Silbernitrat, säuert mit Salpetersäure an usw. In alkalischer Lösung stellt sich das Gleichgewicht:

$$C_6H_5C\underset{CN}{\overset{OH}{<}}_{-H} \rightleftarrows C_6H_5C\overset{O}{<}_H + HCN$$

sehr schnell ein. Indem nun Cyanionen durch Silberlösung verbraucht werden, verschiebt sich das Gleichgewicht quantitativ nach rechts.

d) Nach LIEBIG-DÉNIGÈS: Diese Methode gehört eigentlich zur Komplexbildungsanalyse; der Übersichtlichkeit wegen wollen wir sie jedoch schon hier behandeln. Fügt man zu einer wässerigen Lösung von Alkalicyanid Silbernitrat, so bildet sich das komplexe Silbercyanidion:

$$Ag' + 2CN' \rightleftarrows Ag(CN)_2'.$$

Erst wenn alles Cyan in das Komplexion übergegangen ist, kann mit einem überschüssigen Tropfen Silbernitrat das schwer lösliche Silbersilbercyanid entstehen (gewöhnlich Silbercyanid genannt). Der Endpunkt läßt sich also an der ersten bleibenden Trübung erkennen. Die Theorie dieser Titration haben wir schon im ersten Teil eingehend diskutiert (vgl. S. 38 und 60).

LIEBIG[1], auf den diese Methode zurückgeht, setzte zur Verdeutlichung des Endpunktes noch Natriumchlorid hinzu. Nach FELDHAUS[2] und auch zufolge meiner eigenen Erfahrung bringt dies keinerlei Nutzen. Die Flüssigkeit darf durch Natronlauge bis zu 0,1-n alkalisch gemacht werden (doch nicht stärker). In Übereinstimmung mit VOLHARDS[3] Angaben fand ich, daß die Trübung dadurch zu früh auftreten kann, daß das durch örtlichen Überschuß gebildete Cyansilber sich in geringem Alkalicyanidüberschuß nur langsam löst. Daher halte ich es für das beste, mit einer recht verdünnten Silbernitratlösung (etwa 0,02-n) zu titrieren. FELDHAUS (l. c.) betonte schon, daß Ammoniak durch Auflösen von Silbercyanid die Titration sehr stört. Außerdem werden Cyanidlösungen beim Stehen teilweise zu Ammoniumformiat zersetzt, was ebenfalls für die Titration hinderlich ist.

DÉNIGÈS[4] hat insofern eine große Verbesserung eingeführt, als er Kaliumjodid als Indicator zusetzt und dann gerade in ammoniakalischer Lösung titriert, welche hier unbedingt erforderlich ist. Der Endpunkt wird am Auftreten des in Ammoniak sehr schwer löslichen Jodsilbers erkannt.

In der Literatur wird der Konzentration des Ammoniaks wenig Beachtung geschenkt; und doch ist gerade diese sehr wesentlich. So haben wir S. 38 (Teil I) für eine 0,1-n-Kaliumsilbercyanidlösung $[\mathrm{Ag}^{\cdot}]$ zu $6 \cdot 10^{-8}$ berechnet. Nehmen wir bei der Titration die Jodionenkonzentration etwa gleich 10^{-2}-n an, so muß eine reine Kaliumsilbercyanidlösung eine Silberjodidfällung ergeben, da L_{AgJ} gleich 10^{-16} ist. Die Trübung wird also zu früh erfolgen, was sich experimentell auch bestätigen ließ. Ammoniak bindet nur einen Teil der Silberionen zum komplexen Kation $\mathrm{Ag(NH_3)_2}^{\cdot}$. Nimmt man zu wenig Ammoniak, so kommt die Trübung immer zu früh, bei zu viel Ammoniak aber zu spät. DÉNIGÈS (l. c.) rechnet auf 100 ccm Flüssigkeit etwa 1—2 ccm 6-n-Ammoniak- und 0,2 g Kaliumjodid; nach meiner Erfahrung erhält man mit 5—8 ccm 6-n-$\mathrm{NH_3}$ bessere Resultate. Man titriert mit Silbernitrat und beobachtet gegen einen schwarzen Unter-

---

[1] LIEBIG: Liebigs Ann. d. Chem. Bd. 77, S. 102. 1851.

[2] FELDHAUS: Zeitschr. f. analyt. Chem. Bd. 3, S. 34. 1864.

[3] VOLHARD: Liebigs Ann. d. Chem. Bd. 190, S. 49. 1877.

[4] DÉNIGÈS: Cpt. rend. Bd. 117, S. 1078. 1893; vgl. auch DREHSCHMIDT: Journ. f. Gasbel. Bd. 35, S. 225. 1892.

grund. Sowohl bei der Gehaltsbestimmung von Alkalicyaniden wie von Bittermandelwasser liefert diese Methode ausgezeichnete Resultate. Im letzten Falle titriert man wieder den Gesamtcyangehalt. 1 ccm 0,1-n-$AgNO_3$ entspricht 5,4 mg HCN.

Die argentometrische Cyanidbestimmung hat zur Bestimmung komplexer Cyanide (wie Kaliumferro- und -ferricyanid) Verwendung gefunden, wie auch von Metallen, wie Kupfer-, Nickel, Kobalt, Zink, die mit Cyanid Komplexverbindungen eingehen. Die ausführliche Besprechung dieser Titrationsmethoden würde jedoch den Rahmen dieses Buches überschreiten.

§ 5. Andere argentometrische Bestimmungen.

Phosphate: Das tertiäre Silberphosphat gehört zu den schwer löslichen Salzen; nach eigenen Messungen[1] ermittelte ich:

$$L_{Ag_3PO_4} = [Ag^{\cdot}]^3\,[PO_4'''] = \text{etwa } 10^{-21}.$$

Die Zahl bezeichnet nur die Größenordnung, genauer ist sie schwer zu bestimmen.

Auf Phenolphthalein neutralisierte Phosphatlösungen enthalten nur wenig tertiäre Phosphationen, der größere Teil liegt als sekundäres Phosphat vor. Mit Silbernitrat reagiert solche sekundäre Phosphatlösung im Sinne:

$$HPO_4'' + 3\,Ag^{\cdot} \rightleftharpoons Ag_3PO_4 + H^{\cdot}.$$

Die Reaktion läuft auf einen Gleichgewichtszustand hin, die entstehenden Wasserstoffionen vermindern den Anteil tertiärer Phosphationen und erhöhen die Löslichkeit des Silberphosphats. Bei einer argentometrischen Phosphatbestimmung hat man daher die Wasserstoffionenkonzentration nach der Fällung möglichst gering zu halten.

MOHR[2] versetzte die Phosphatlösung mit überschüssigem Silbernitrat, neutralisierte dann genau mit Natronlauge und titrierte den Silberüberschuß zurück.

PERROT[3] hat die Methode verbessert, indem er die Fällung des Silberphosphats in Gegenwart von Ammoniumacetat vornehmen läßt. Die gleiche Methode wurde später von HOLLEMAN[4]

---

[1] KOLTHOFF, J. M.: Pharmac. weekbl. Bd. 59, S. 205. 1922.
[2] MOHR, FR.: Titriermethoden. 1. Aufl. Bd. 2, S. 89.
[3] PERROT: Cpt. rend. Bd. 93, S. 495. 1881.
[4] HOLLEMAN: Rec. Trav. chim. Bd. 12, S. 1. 1893.

unter Verwendung von Natriumacetat als Puffersubstanz als neu beschrieben. Beide Verfahren sind eingehend von verschiedenen Autoren[1] untersucht worden. ROSIN[2] empfiehlt, die freie Säure mit Zinkoxyd zu neutralisieren; allerdings darf man nicht zuviel davon zugeben, weil das Zinkoxyd Silbersalz adsorbieren kann. Nach BERTHELOT[3] soll die Flüssigkeit nach der Fällung neutral auf Phenolphthalein reagieren. Diese Neutralisation hat aber sehr vorsichtig zu geschehen, andernfalls Silberhydroxyd ausgefällt werden könnte (vgl. auch STEARN, FARR und KNOWLTON[4]. Bei einem p_H von 9 und einem Silberüberschuß entsprechend $[Ag^.] = 10^{-2}$ ist das Löslichkeitsprodukt von Silberhydroxyd schon überschritten $[L_{AgOH} = 4 \cdot 10^{-8}]$. KOLTHOFF[5] hat die Löslichkeit des Silberphosphats für 18° bei verschiedenen p_H-Werten bestimmt:

Löslichkeit: Silberphosphat ausgedrückt in $[Ag^.]$.

$[Ag^.]$	p_H	Bemerkung
$4,4 \times 10^{-3}$	5,2	in Wasser
3×10^{-3}	5,7	Acetatpuffer
$2,2 \times 10^{-3}$	6,0	,,
$1,8 \times 10^{-3}$	7,0	,,
$1,6 \times 10^{-3}$	7,6	,,
$1,2 \times 10^{-3}$	7,8	in Natriumbicarbonat
$3,5 \times 10^{-5}$	10,8	ges. MgO-Suspension
10^{-5}	11,2	0,1-n-Natriumcarbonat

Nach meiner Erfahrung (l. c.) erzielt man auf beiden folgenden Wegen gute Ergebnisse:

a) Man fügt entweder einen Überschuß Silbernitrat zur Phosphatlösung und neutralisiert mit chlorfreier Lauge auf Phenolrot (bis zur Zwischenfarbe), dann wird mit Wasser zu einem bekannten Volumen aufgefüllt und filtriert. Die erste Portion des Filtrats wird verworfen; in einem aliquoten Teil wird der Silberüberschuß nach VOLHARD zurücktitriert.

---

[1] KRETSCHMER und SZANTOWANSKI: Zeitschr. f. analyt. Chem. Bd. 21, S. 523. 1882; STRECKER und SCHIFFER: Zeitschr. f. analyt. Chem. Bd. 50, S. 495. 1911; WILKIE: Journ. soc. chem. ind. Bd. 28, S. 464. 1909; Bd. 29, S. 794. 1910.

[2] ROSIN: Journ. of the Americ. chem. soc. Bd. 33, S. 1099. 1911.

[3] BERTHELOT: Ann. chim. phys. Bd. 25, S. 160. 1902.

[4] STEARN, FARR und KNOWLTON: Ind. engin. chem. Bd. 13, S. 220. 1921.

[5] KOLTHOFF, J. M.: Pharmac. weekbl. Bd. 59, S. 205. 1922.

b) Man geht von einer auf Methylorange nicht mehr sauren Lösung aus, setzt einen Überschuß Silbernitrat und dann wenigstens 2 g Natriumacetat hinzu, füllt mit Wasser auf und verfährt weiter, wie unter a beschrieben wurde.

Ammonium-, Calcium- und Magnesiumsalze stören bei dieser Methode nicht. Die Genauigkeit erreicht etwa 0,5 %.

Man kann auch das Silberphosphat quantitativ abfiltrieren, auswaschen im selben Kolben, in dem die Fällung vorgenommen wurde, in Salpetersäure lösen und nach VOLHARD titrieren. Beim Auswaschen geht jedoch ein wenig Silberphosphat verloren, so daß die Genauigkeit 1 % nicht übertrifft.

Arseniate verhalten sich genau wie Phosphate. Auch viele andere Anionen bilden schwer lösliche Silbersalze, wie Carbonate, Jodate, Chromate, Oxalate, Succinate, höhere Fettsäuren, Cyanate, Cyanamide, Ferro- und Ferricyanide u. a. Sie können alle mit überschüssigem Silbernitrat gefällt werden, worauf dessen Überschuß im Filtrat nach VOLHARD zurückzutitrieren ist. Aus den Löslichkeitsprodukten (vgl. Tabelle in Teil I, S. 251) läßt sich berechnen, bei welchem Silberüberschuß die Löslichkeit der Salze vernachlässigt werden darf (praktisch nachprüfen).

Sulfidion bildet ein sehr schwer lösliches Silbersulfid, das selbst in Ammoniak unlöslich ist. Hiervon macht man Anwendung zur Bestimmung von Blei, Wismut, Kupfer, Zink, Cadmium aus ihren Sulfiden:

$$ZnS + 2\,Ag^{\cdot} \xrightleftharpoons{} Ag_2S + Zn^{\cdot\cdot}.$$

Man schüttelt diese Sulfide mit reichlich Silbernitrat und titriert dies in einen aliquoten Teil des Filtrats zurück.

Die argentometrische Sulfidtitration dient weiterhin zur Senfölbestimmung. Beim Erwärmen der Senföle mit Silbernitrat in ammoniakalischer Lösung wird aller Schwefel als Schwefelsilber abgespalten.

An Allylsenföl spielen sich dabei folgende Reaktionen ab:

$$CSN - C_3H_5 + NH_3 \rightarrow CS\!\!\begin{array}{l} \diagup NH_2 \\ \diagdown NHC_3H_5 \end{array}$$
Allylsenföl   Thiosinamin

$$CS\!\!\begin{array}{l} \diagup NH_2 \\ \diagdown NHC_3H_5 \end{array}\!\! + 2\,AgNO_3 + 2\,NH_3 \rightarrow CN - NHC_3H_5$$
Allylcyanamid

$$+ \; Ag_2S + 2\,NH_4NO_3.$$

Die praktische Ausführung beschreiben die Arzneibücher und Handbücher der pharmazeutischen Chemie[1].

In einzelnen Fällen kann man auch die oxydierende Wirkung des Silbernitrats der argentometrischen Gehaltsbestimmung gewisser Substanzen nutzbar machen.

Auf diesem Prinzip beruht u. a. eine **Arsenbestimmung**. Arsenwasserstoff reagiert mit verdünntem Silbernitrat in folgender Weise:

$$2\,AsH_3 + 12\,AgNO_3 + 3\,H_2O \rightarrow 2\,As_2O_3 + 12\,HNO_3 + 12\,Ag.$$

Die Methode gibt nach MAI und HURT[2] und auch nach meiner eigenen Erfahrung gute Resultate.

Elementares **Selen** wird beim Erhitzen mit ammoniakalischem Silbernitrat in Silberselenid und selenige Säure übergeführt[3]:

$$4\,AgNO_3 + 3\,Se + 3\,H_2O \rightarrow Ag_2Se + H_2SeO_3 + 4\,HNO_3.$$

Bekanntlich reduzieren auch **Aldehyde** in alkalischem Medium Silberlösung zu metallischem Silber:

$$HC{\overset{O}{\underset{H}{<}}} + 2\,AgNO_3 + H_2O \rightarrow HC{\overset{O}{\underset{OH}{<}}} + 2\,Ag + 2\,HNO_3.$$

Die Methode kann zur Gehaltsbestimmung von Formaldehyd und einiger anderer Aldehyde dienen, findet aber nur sehr wenig Verwendung.

Kohlenmonoxyd: Nach W. MANCHOT und O. SCHERER[4] reagiert ein alkalisches Gemisch von Silbernitrat, Natronlauge und so viel Pyridin als nötig ist, um das Silberoxyd in Lösung zu halten, ziemlich schnell mit CO:

$$CO + Ag_2O \rightarrow CO_2 + 2\,Ag.$$

Man mischt in einer dickwandigen Glasstöpselflasche 50 ccm 0,1-n-Silbernitrat, 50 ccm 0,15-n-Natronlauge und setzt gleich darauf so viel verdünnte Pyridinlösung hinzu als erforderlich ist,

---

[1] SCHMIDT, E.: Lehrbuch der pharmazeutischen Chemie; HAGERS Handbuch der pharmazeutischen Praxis für Apotheker usw.; vollständig neu bearbeitet von G. FRERICHS, G. ARENDS und H. ZÖRNIG, Berlin 1925.

[2] MAI und HURT: Zeitschr. f. d. Untersuch. d. Nahrungs- u. Genußmittel Bd. 9, S. 193. 1905.

[3] FRIEDRICH: Zeitschr. f. angew. Chem. Bd. 15, S. 852. 1902; FRERICHS, H.: Arch. d. Pharm. Bd. 240, S. 656. 1902.

[4] MANCHOT, W. und O. SCHERER: Ber. Bd. 60, S. 326. 1927.

um das Silberoxyd zu lösen. Dann wird die Flasche evakuiert und das zu analysierende Gas aus einer Gasbürette eingesogen. Das Gas wird energisch mit der Lösung geschüttelt, und dann wird das Gemisch 30 Minuten auf 60° gehalten, wobei man oft umschüttelt. Dann wird der Überschuß Silber in essigsaurem Mittel nach VOLHARD zurücktitriert. Auch kann man das gebildete Silber aufsammeln, auswaschen, in Säure lösen und nach VOLHARD titrieren.

1 ccm 0,1-n-Silber entspricht 1,4 mg CO.

§ 6. Die Titrationsmethoden des Silbers. a) Nach VOLHARD: Die Grundlagen dieses Verfahrens, die Einstellung der Rhodanlösung und deren Prüfung auf Reinheit haben wir schon eingehend zu Beginn dieses Kapitels betrachtet (S. 209).

Die saure Silberlösung soll wenigstens 10 ccm 4-n-Salpetersäure und 1—2 ccm gesättigter Ferriammonalaunlösung auf 100 ccm enthalten. Man titriert mit Rhodanlösung auf eine rötlichbraune Farbe der Flüssigkeit, schüttelt tüchtig und titriert weiter, bis die Verfärbung bei kräftiger Bewegung nicht mehr verschwindet. Der notwendige Überschuß an Titerlösung entspricht nur 0,01—0,02 ccm 0,1-n-Rhodanidlösung auf 100 ccm Flüssigkeit. Meiner Erfahrung zufolge erlaubt diese Methode, in der angegebenen Weise mit 0,1-n-Lösungen ausgeführt, auf 0,01—0,02% genaue Resultate.

Bemerkungen: 1. Die Salpetersäure muß frei von Stickoxyden sein, weil diese das Rhodanion zerstören. Bei der Gehaltsbestimmung von metallischem Silber kocht man daher die Stickoxyde nach beendeter Lösung aus. Jedoch sei bemerkt, daß sie in geringen Spuren nicht merklich stören.

2. Quecksilbersalze sind hinderlich, weil sie ein wenig-dissoziiertes Rhodanid bilden (vgl. S. 252). Sie können durch Glühen entfernt werden.

3. Bei Anwesenheit größerer Mengen Kupfer ist der Endpunkt infolge Bildung des dunkelgefärbten Kupferrhodanids schwer zu erkennen. Auch größere Mengen Nickel und Kobalt machen den Endpunkt undeutlich[1]. Alle übrigen Metalle — außer Palladium — und die Platinmetalle beeinträchtigen keineswegs die Genauigkeit der Methode.

---

[1] Vgl. auch DEWAY: Ind. engin. chem. Bd. 6, S. 728. 1914.

4. In den Münzlaboratorien hat die VOLHARDsche Methode keinen Eingang gefunden, weil das Verfahren nach GAY-LUSSAC (vgl. unten) noch genauer ist. T. K. ROSE[1] empfahl, die Flüssigkeit vom Rhodansilber abzufiltrieren, wenn fast alles Silber ausgefällt ist. Der Umschlag ist dann im Filtrat sehr scharf zu sehen; jedoch begeht man damit, worauf schon C. HOITSEMA[2] hingewiesen hat, infolge merklicher Silberionenadsorption amRhodansilber einen nicht zu unterschätzenden Fehler.

b) Nach FAJANS: mit Kaliumbromid als Maßflüssigkeit. Nach K. FAJANS und H. WOLFF[3] kann Silber in saurer Lösung sehr scharf mit Kaliumbromid gegen Rhodamin 6 G ($C_{26}H_{27}O_3N_2Cl$) als Indicator titriert werden. Rhodamin 6 G ist eine Base und wird in Form des Chlorhydrates benutzt. Solange noch Silberion im Überschuß vorhanden ist, wird, der basische Farbstoff nicht merkbar vom Bromsilber adsorbiert; im Äquivalenzpunkt und besonders nach einem ganz geringen weiteren Bromidzusatz wird er an der Oberfläche des Silberbromids festgehalten, das dann eine blauviolette Farbe annimmt. Der Umschlag ist besonders in saurer Lösung sehr scharf zu erkennen. Die Säurekonzentration darf aber 0,5-n nicht übersteigen. Das Silberbromid koaguliert schon teilweise vor dem Endpunkt, ist aber dann noch ungefärbt.

Nach FAJANS und WOLFF beträgt die Genauigkeit etwa 0,1%. Eigener Erfahrung zufolge ist der Umschlag selbst an 0,01-n-Lösungen noch sehr deutlich.

c) Nach GAY-LUSSAC-MULDER: mit Natriumchlorid als Maßflüssigkeit. Die Grundlagen dieses Verfahrens haben wir schon S. 198 behandelt. Die Methode gehört zu den feinsten maßanalytischen Bestimmungen überhaupt und ist in den verschiedenen Münzlaboratorien in Gebrauch[4]. Und zwar titriert man dort noch allgemein in der Art, daß man so lange Natriumchlorid nahe am Endpunkte in sehr verdünnter Lösung zusetzt, bis bei

---

[1] ROSE, T. K.: Journ. of the chem. soc. (London) Bd. 77, S. 232. 1900.

[2] HOITSEMA, C.: Zeitschr. f. angew. Chem. Bd. 17, S. 647. 1904.

[3] FAJANS, K. und H. WOLFF: Zeitschr. f. anorg. allgem. Chem. Bd. 137, S. 241. 1924.

[4] Für die praktischen Einzelheiten (Probenahme, Schütteln, usw.) vgl. die eingehende Besprechung in H. BECKURTS: Die Methoden der Maßanalyse S. 853 bis 868. 1913.

geeigneter Beleuchtung keine Trübung mehr erscheint. Nach C. HOITSEMA[1] hat man dann aber den Äquivalenzpunkt schon überschritten[2]. Die Sichtbarkeitsgrenze der Chlorsilberfällung liegt nach ihm bestenfalls bei einer Konzentration von $1,6 \cdot 10^{-6}$ molar an AgCl. Wir können nun leicht berechnen, welchem Chlorionüberschuß dieser Chlorsilbergehalt entspricht.

Das Löslichkeitsprodukt von Silberchlorid[3] ist $1,12 \cdot 10^{-10}$. Ist nun die Konzentration des gelösten Silberchlorids in Gegenwart eines Überschusses a an Natriumchlorid gleich $1,6 \cdot 10^{-6}$ (in Wirklichkeit ist sie natürlich kleiner, denn an der Sichtbarkeitsgrenze ist schon eine Spur AgCl in ungelöster Form vorhanden), so haben wir:

$$(a + 1,6 \cdot 10^{-6}) \cdot 1,6 \cdot 10^{-6} = 1,12 \cdot 10^{-10}$$
$$[Cl'] \qquad \cdot \quad [Ag]^{\cdot} \quad = L_{AgCl}$$
$$a = 7 \cdot 10^{-5}.$$

Dieser Überschuß a entspricht 0,7 ccm 0,01-n-Natriumchlorid auf 100 ccm Lösung. Praktisch stellte HOITSEMA ein Ausbleiben der Trübung bei einem Überschuß von 0,5 ccm 0,01-n-NaCl auf 100 ccm fest. Titrieren wir 0,1-n-Silberlösung mit 0,1-n-Natriumchlorid, so beträgt der Titrierfehler daher 0,1 %.

In den Münzlaboratorien stellt man die Natriumchloridlösung unter genau denselben Verhältnissen auf Reinsilber ein, die bei der Prüfung des Silbers eingehalten werden. Damit wird ein Titrierfehler umgangen.

Will man scharf genau bis zum Äquivalenzpunkt titrieren, so muß man nach G. J. MULDER (l. c. vgl. S.198) so viel Natriumchlorid verwenden, bis die überstehende Lösung mit gleichem Überschuß an Silber wie an Chlorion die gleiche Trübung erfährt. Diese Methode ist im holländischen Münzlaboratorium gebräuchlich und auch von TH. W. RICHARDS und R. G. WELLS (l. c) bei ihren Atomgewichtsbestimmungen des Natriums benutzt worden.

Begleitende Elektrolyte beschleunigen die Abscheidung des Silberchlorids aus seiner gesättigten Lösung erheblich; doch ent-

---

[1] HOITSEMA: Zeitschr. f. physikal. Chem. Bd. 10, S. 272. 1896.

[2] Schon von G. J. MULDER 1859 (vgl. S. 199) beobachtet.

[3] Über eine schwer lösliche Form des Silberchlorids vgl. R. LORENZ und E. BERGHEIMER: Zeitschr. f. anorg. allgem. Chem. Bd. 137, S. 141. 1924; vgl. übrigens auch TH. W. RICHARDS und R. G. WELLS: Zeitschr. f. anorg. allgem. Chem. Bd. 47, S. 56. 1905.

stehen nach RICHARDS und WELLS Unregelmäßigkeiten dadurch, daß die Zeit für die Ausbildung der Opalescenz je nach den Umständen variiert.

In den Münzlaboratorien arbeitet man mit einer konventionellen empirischen Chlornatriumlösung, von der 100 ccm so viel Salz enthalten, als zur Fällung von 1 g reinem Silber erforderlich ist. Diese Lösung wird als eine „normale" bezeichnet. Durch zehnfaches Verdünnen stellt man daraus die „dezime" Lösung her. Die Einwage der Silberlegierung soll nahezu 1 g Feinsilber enthalten, also möglichst genau 100 ccm der normalen Chlornatriumlösung entsprechen. Das Metall wird in 10 ccm chlorfreier Salpetersäure (spezifisches Gewicht 1,2) in einer Flasche gelöst, wobei man etwaige Verluste durch Herausspritzen sorglich vermeidet. Nach beendeter Auflösung vertreibt man die Stickoxyde durch Einblasen eines gelinden Luftstroms mittels eines kleinen Handgebläses. Unter den gleichen Verhältnissen stellt man neben jeder Bestimmung auch eine „Zeugenprobe"[1] mit Reinsilber ein.

In die abgekühlte salpetersaure Silberlösung läßt man aus einer senkrecht stehenden STASschen Pipette (vgl. S. 9) 100 ccm der Normalkochsalzlösung zufließen. Dann schüttelt man sofort einige Minuten (Schüttelapparat), bis sich das Chlorsilber genügend zusammengeballt hat. Dabei werden die Flaschen mit Hüllen aus schwarzlackiertem Blech umgeben, um das Chlorsilber gegen die Einwirkung des Lichtes zu schützen. Darauf folgt die eigentliche Titration der Proben:

a) Nach genügendem Schütteln spült man das am Stopfen und an den Wandungen der Flasche haftende Chlorsilber unter gelindem Schwenken herunter, läßt 1—2 Minuten stehen, um das Chlorsilber vollständig absitzen zu lassen. Nunmehr gibt man aus einer Pipette je 1 ccm (bzw. 0,5 ccm) der dezimen Chlornatriumlösung in der Weise hinzu, daß die Lösung an den Wänden hinunterfließt. Solange noch nicht alles Silber gefällt ist, tritt an der Oberfläche eine Opalescenz auf, die sich bei vorsichtiger Bewegung durch die ganze Flüssigkeit verbreitet. Die Wahrnehmung dieser Trübung wird durch geeignete Beleuchtung erleichtert (am besten nicht im durchfallenden, sondern im reflek-

---

[1] Vgl. H. BECKURTS: l. c. S. 862.

tierten Licht). Ist beim Zusatz der dezimen Chlornatriumlösung noch Trübung eingetreten, so klärt man durch Schütteln und fügt weiter 1 bzw. 0,5 ccm verdünnte Maßlösung hinzu und fährt so fort, bis bei neuem Zusatz keine Opalescenz mehr sichtbar wird. Das letzte Quantum, welches keine Trübung mehr hervorbringt, wird nicht mitgerechnet.

Die Genauigkeit hängt natürlich wesentlich von den jedesmal zum Endpunkt führenden Portionen dezimer Titerlösung ab. Arbeitet man mit Mengen von je 0,5 ccm, so muß die Genauigkeit in der Größenordnung 0,05% liegen.

b) Man titriert genau bis zum Äquivalenzpunkt, wie das im Niederländischen Reichsmünzlaboratorium üblich ist. Die klare über dem Niederschlag stehende Lösung wird möglichst vollständig auf zwei große Reagensgläser verteilt. Das eine versetzt man mit 5 Tropfen der dezimen Salzlösung, das andere mit 5 Tropfen einer dezimen Silberlösung (1 g Ag im Liter). Standen bei der Titration genau äquivalente Mengen an Silber- und Chlorion gegenüber, so muß die gesättigte Chlorsilberlösung sowohl mit der dezimen Natriumchloridlösung wie mit gleichstarker Silberlösung eine Trübung von derselben Stärke geben. Ein Unterschied zwischen den Trübungen in beiden Gläsern weist auf einen Überschuß an Chlorid bzw. Silber hin, so daß man entweder noch von der einen oder der anderen dezimen Lösung zuzusetzen hat, um den Äquivalenzpunkt zu erreichen. Die Trübung wird wieder am besten im reflektierten Lichte beobachtet. 1 Tropfen der dezimen Lösung soll genau 0,05 ccm entsprechen. Nach Privatmitteilung von Dr. W. J. van Heteren ist die Genauigkeit bis auf 1 Tropfen der dezimen Lösung, d. i. 0,05 mg auf 1000 mg oder 0,005% zu steigern.

Diese Bestimmung ist also wohl die genaueste aller uns bekannten maßanalytischen Methoden.

c) Man bestimmt in einem Nephelometer quantitativ die Stärke der Trübung, welche einige Tropfen der dezimen Kochsalz- bzw. Silberlösung in der abgegossenen Flüssigkeit erzeugen, durch Vergleich mit solchen Trübungen, welche eine reine gesättigte Chlorsilberlösung, mit derselben Elektrolytkonzentration wie die titrierte Flüssigkeit, durch bekannte Silber- bzw. Chloridzusätze erfährt.

Bemerkungen: 1. G. J. Mulder hat schon eingehend den Einfluß fremder Metalle studiert. Am schädlichsten ist Quecksilber, das zweckmäßig durch Glühen entfernt werden kann. Antimon wirkt dadurch hinderlich, daß es als Antimonsäure in der Flüssigkeit suspendiert bleibt und das Erkennen des Klarpunktes unmöglich macht. Durch Zusatz von Weinsäure geht es in Lösung. Auch die Störung von Wismut kann gleichermaßen beseitigt werden. Zinn liefert bei Behandlung mit Salpetersäure unlösliche Metazinnsäure. Nach LEVOL[1] löst man daher Zinnlegierungen in der Hitze in starker Schwefelsäure. Gold bleibt hierbei zurück; beträgt nun sein Anteil mehr als ein Sechstel der Legierung, so löst sich Silber nur mehr unvollständig, und man muß es dann mit einer größeren Reinsilbermenge zusammenschmelzen.

2. Statt Chlornatrium ist zur Bestimmung auch Bromid geeignet. Schon STAS[2] hat Bromwasserstoff vorgeschlagen, weil das Bromsilber noch weniger löslich als Chlorsilber ist; seine gesättigte Lösung gibt weder mit Bromid noch mit Silberion mehr eine wahrnehmbare Trübung. Nach H. BECKURTS[3] ist die Methode in der Münze zu Brüssel im Gebrauch, wo man sie als äußerst exakt beurteilt. Auch TH. W. RICHARDS und E. MUELLER[4] halten die Silberbestimmung durch Bromid für viel bequemer als die mit Chlorid.

Mit Bromid gibt das GAY-LUSSACsche Verfahren genau theoretische Resultate. Prinzipiell ist daher zur Feinsilberbestimmung Bromidlösung als Maßflüssigkeit vorzuziehen. Das Bromid muß natürlich chlorfrei sein. Wie S. 211 beschrieben wurde, kann man leicht Kaliumbromid aus reinem Kaliumbromat herstellen. Der höhere Preis der Brompräparate kann in den letzten Jahren kaum mehr als Einwand gegen die Methode gelten.

d) Nach SCHNEIDER[5] mit Jodid als Maßflüssigkeit und Palladonitrat als Indicator. Eine Palladonitratlösung

---

[1] LEVOL: Ann. de chim. et de physique (3) Bd. 16, S. 504. 1846; GAY-LUSSAC: Ann. de chim. et de physique (3) Bd. 17, S. 232. 1846.

[2] STAS: Cpt. rend. Bd. 67, S. 1107. 1868; Ann. de chim. et de physique (4) Bd. 25, S. 22. 1872; (5) Bd. 3, S. 145. 289. 1879.

[3] BECKURTS, H.: Die Methoden der Maßanalyse. S. 868.

[4] RICHARDS, TH. W. und E. MUELLER: Journ. of the Americ. chem. soc. Bd. 29, S. 652. 1907.

[5] SCHNEIDER: Journ. of the Americ. chem. soc. Bd. 40, S. 583. 1918.

gibt mit Jodid eine rotbraune Fällung von Palladojodid. SCHNEI-
DER verwendet eine Lösung von 0,06 g Palladonitrat auf 100 ccm
16 proz. Salpetersäure. 0,25 ccm dieser Lösung in 10 ccm Flüssigkeit haben eine Empfindlichkeit von 0,7 mg Jodid im Liter
(etwa $5 \cdot 10^{-6}$-n an J'). In Gegenwart von Silberjodid wird diese
Empfindlichkeit bis zu etwa 2 mg J im Liter herabgesetzt, sobald
man mit 0,1-n-Lösungen arbeitet.

Vorschrift: Auf je 100 ccm Flüssigkeit rechnet man 0,5 ccm
Indicator und titriert mit der eingestellten Jodidlösung. Gegen
Ende der Titration wird auch das Palladojodid mitgefällt, man muß
dann kräftig durchschwenken und so lange weitertitrieren, bis
die braune Farbe auch nach 5 Minuten Schütteln nicht mehr
verschwindet. Die Titration beansprucht daher viel Zeit. Man
kann sie nach SCHNEIDER beschleunigen, indem man eine 5 proz.
Lösung von „Gummi arabicum" (konserviert mit 100 mg Thymol
auf 100 ccm) als Schutzkolloid hinzufügt. Der Gummi verhindert
die Fällung des Silberjodids, und der Farbumschlag wird in die
Flüssigkeit selbst verlegt. Bei Benutzung von 0,1-n-Lösungen
erreicht die Genauigkeit etwa 0,1 %. Mit verdünnteren Flüssigkeiten wächst der Titrierfehler, man kann ihn nach SCHNEIDER
entsprechend dem notwendigen Mehrverbrauch an Maßflüssigkeit korrigieren, muß dann aber gegen eine Vergleichslösung von
bestimmter Färbung titrieren. Gefärbte Salze beeinträchtigen
nicht die Bestimmung. Nach meiner Erfahrung liefert sie an 0,1-n-
Lösungen gute Resultate; nur für sehr verdünnte Silberlösungen
ist sie nicht zu empfehlen.

Umgekehrt kann man nach meinen orientierenden Versuchen
die Methode auch zur Gehaltsbestimmung von Jodiden verwenden.
Die Störung durch Chlorid und Bromid ist dabei noch nicht
weiter untersucht worden.

§ 7. Andere Fällungsmethoden. Man kennt noch eine ganze
Reihe anderer Fällungsmethoden, die im wissenschaftlichen Laboratorium nur selten benutzt werden, in der Technik aber eine
um so größere Rolle spielen. Besonders die Tüpfeltitrationen mit
Kaliumferrocyanid, Natriumsulfid, Uranylacetat u. a. erfreuen sich
in der Industrie zu raschen Materialanalysen einer großen Beliebtheit, so etwa die Zinkbestimmung mit Kaliumferrocyanid
oder Natriumsulfid (nach SCHAFFNER). In geübten Händen und
unter strenger Einhaltung der günstigsten Versuchsbedingungen

führen solche Methoden auch zu sehr brauchbaren Werten; sie erfordern aber ein intensives Einarbeiten, ehe man sich auf ihre Ergebnisse verlassen kann. Für wissenschaftliche Untersuchungen, wo sie nur vereinzelt in Anwendung treten, haben sie eine ungleich geringere Bedeutung. All diese speziellen Analysenverfahren werden sehr ausführlich in den Handbüchern der Technischen Analyse entwickelt; wir wollen uns hier deshalb mit drei besonders lehrreichen Beispielen begnügen.

A. Die Titration des **Zinks** mit **Kaliumferrocyanid.** M. GALLETTI[1] bestimmte als erster Zink maßanalytisch mit Ferrocyanid; er titrierte bei 40⁰ in Gegenwart von Essigsäure, bis die Flüssigkeit ein milchähnliches Aussehen annahm (Endpunkt). C. FAHLBERG[2] schlug vor, in salzsaurer Lösung zu arbeiten und gegen Urannitrat als Indicator zu tüpfeln, welches mit überschüssigem Ferrocyanid das bekannte braune Uranylferrocyanid liefert. FAHLBERG gibt reichlich Ammoniumchlorid hinzu, damit sich der Niederschlag in Flocken absetzt. Über die Zusammensetzung der Fällung ist in der älteren Literatur eine umfangreiche Polemik geführt worden[3], die endgültig erst durch die eingehenden Untersuchungen von DE KONINCK und PROST[4] entschieden werden konnte. Beide Forscher stellten fest, daß schon von vornherein das Doppelsalz $K_2Zn_3[Fe(CN)_6]_2$ entsteht:

$$2\,K_4Fe(CN)_6 + 3\,Zn^{\cdot\cdot} \underset{\longrightarrow}{\longleftarrow} K_2Zn_3[Fe(CN)_6]_2 + 6\,K^{\cdot},$$

welches anfangs gallertig ist und so noch mit Uran reagiert.

Allmählich geht es in eine pulverige Modifikation derselben Zusammensetzung über, die viel schwerer löslich ist und nicht mehr von Urannitrat angegriffen wird. Die Umwandlung vollzieht sich bei gewöhnlicher Temperatur nur langsam, schneller

---

[1] GALLETTI, M.: Bull. de la soc. de chim. Bd. 2, 83. 1864; Bd. 9, S. 369. 1869; vgl. Zeitschr. f. analyt. Chem. Bd. 4, S. 213. 1865.

[2] FAHLBERG, C.: Zeitschr. f. analyt. Chem. Bd. 13, S. 379. 1874.

[3] Vgl. u. a. MOSANDER: Handwörterbuch der reinen u. angew. Chem. S. 56. 1898; ZULKOWSKY: Dingl. Polytechn. Journ. Bd. 249, S. 175. 1883; BRAGARD: vgl. Zeitschr. f. angew. Chem. Bd. 4, S. 475. 1891; LÜCKOW: Chemiker-Zeit. Bd. 16, S. 836. 1892; FR. MOHR: Titriermethoden 4. Aufl. S. 446. 1874.

[4] DE KONINCK und PROST: Zeitschr. f. angew. Chem. Bd. 9, S. 460, 564. 1896.

in der Wärme, weshalb die meisten Autoren ein Titrieren in der Wärme empfehlen. Da der Übergang aber auch durch überschüssiges Ferrocyankalium beschleunigt wird, schlagen DE KONINCK und PROST vor, die zu untersuchende Zinklösung mit einem Überschuß Ferrocyankalium zu versetzen und diesen dann nach Verlauf von 15 Minuten mit Zinklösung gegen Uran als Indicator zurückzutitrieren. Eingebürgert hat sich diese Arbeitsweise nicht; eine direkte Bestimmung ist immer vorzuziehen.

Indicatoren: Wie schon bemerkt, hat C. FAHLBERG (l. c.) zuerst Uranylsalz als Indicator benutzt[1]. NISSENSON und KETTENBEIL[2] empfehlen Molybdat, das sich mit einem Überschuß Kaliumferrocyanid bekanntlich intensiv gelb färbt. Der Umschlag kommt dann nach ihrer Feststellung etwas früher als gegenüber Uran. Endlich hat SCOTT[3] vorgeschlagen, die Titration in salzsaurer Lösung mit Ferrosalz als Indicator auszuführen. Die Zinklösung wird auf Zusatz von Ferrocyanid blau, die Farbe schlägt nach „Erbsengrün“ um, sobald das Reagens im Überschuß vorhanden ist. Die Ferrocyanidlösung soll ein wenig Ferricyanid enthalten. Wir erzielten nach SCOTTS Vorschrift keine brauchbaren Resultate.

Bei einer kritischen Nachprüfung der verschiedenen Methoden[4] haben wir zuerst die Empfindlichkeit der verschiedenen Indicatoren auf Ferrocyanid bestimmt.

A. Im Reagensglas: Zu 5 ccm Ferrocyanidlösung, welche neutral oder sauer war, wurden 3 Tropfen 1 proz. Uranylnitratlösung gefügt und die Farbe mit einem Blindversuch verglichen. Eine schwache Braunfärbung zeigte noch die Anwesenheit von Ferrocyanid an.

B. Auf einer Porzellantüpfelplatte: 1 Tropfen (neutrale oder angesäuerte) Ferrocyanidlösung wurde mit 1 Tropfen 1 proz. Urannitrat gemischt und die Farbe beurteilt.

C. Auf Filtrierpapier, das zuvor mit 1 proz. Uranylnitratlösung getränkt war.

---

[1] Vgl. auch LEYTE: Chem. news Bd. 31, S. 222. 1875; MURMANN: Zeitschr. f. analyt. Chem. Bd. 45, S. 174. 1906.

[2] NISSENSON und KETTENBEIL: Chemiker-Zeit. Bd. 29, S. 951. 1905.

[3] SCOTT: Standard Methods of chemical analysis 1917.

[4] Vgl. VERZIJL, E. J. A. H.: De potentiometrische Zinktitratie. Diss. Utrecht 1923.

Empfindlichkeit der Uranreaktion auf Ferrocyanid.

Art der Lösung	A (Reagensrohr) mg im Liter	B (Tüpfelplatte) mg im Liter	C (Filtrierpapier) mg im Liter
Neutral	10	25	25
0,4-n-Essigsäure . .	5	25	25
0,4-n-Salzsäure. . .	250	125	125
0,4-n-Schwefelsäure	250	250	250

Weiter haben wir die Empfindlichkeit der Molybdatreaktion mit Ferrocyanid unter Verwendung einer 0,9proz. Ammonmolybdatlösung untersucht. Die Ferrocyanidlösung muß sauer sein; in essigsaurem Medium tritt eine gelbe Farbe auf, in mineralsaurer Lösung eine rotbraune bzw. orangegelbe oder gelbe Farbe, je nach der Verdünnung. Sehr verdünnte Ferrocyanidlösungen zeigen nur eine schwach gelbe Färbung.

Empfindlichkeit der Molybdatreaktion auf Ferrocyanid.

Art der Lösung	A (Reagensrohr mg im Liter	B (Tüpfelplatte)
0,4-n-Essigsäure.	50	100
0,4-n-Salzsäure	25	50
0,4-n-Schwefelsäure	25	50

Wenn man Molybdat als Indicator verwenden will, muß die zu titrierende Lösung von vornherein farblos sein, sonst kann man die gelbe Farbe beim Endpunkte gar nicht erkennen. Im allgemeinen ist daher Uranylnitrat der beste Indicator. Durch systematische Untersuchung der optimalen Ausführungsbedingungen der Titration gelangten wir zur folgenden Vorschrift:

Vorschrift: 25 ccm der etwa $^1/_{20}$ molaren Zinksalzlösung werden mit 10 Tropfen 4-n-Salzsäure angesäuert, mit 25 ccm Wasser verdünnt, auf 40—60° erhitzt und mit einer $^1/_{40}$ molaren Kaliumferrocyanidlösung titriert. In Nähe des Endpunktes bringt man einen Tropfen der Lösung mit einem Tropfen 1proz. Urannitratlösung auf einer Tüpfelplatte zusammen und beurteilt die Farbe nach Verlauf von etwa 30 Sekunden. Eine schwache Rotbraunfärbung zeigt den Endpunkt an. Der notwendige Überschuß an Titerlösung beträgt etwa 0,25 ccm $^1/_{40}$ molar Kaliumferrocyanid.

Bemerkungen: 1. Nach unserer Erfahrung (vgl. auch die zitierte Literatur) haben große Mengen Kaliumsulfat,

Kaliumchlorid und Ammoniumchlorid keinen Einfluß auf das Resultat, auch der von Ammoniumsulfat und Nitrat ist nur klein und zu vernachlässigen. Dagegen werden in Gegenwart von 5 g Natriumsulfat etwa 2,5% zu viel, von 5 g Natriumchlorid etwa 0,75% zu wenig Ferrocyanid verbraucht. Auch große Mengen Calciumchlorid und Magnesiumsulfat setzen den Reagensverbrauch etwas herab (etwa 1%). Bei Anwesenheit von Aluminiumsalzen (selbst in geringen Spuren) konnten wir keinen scharfen Umschlag mehr wahrnehmen. Mangan und andere Metalle, die schwer lösliche Ferrocyanide bilden, stören und müssen zweckmäßig beseitigt werden.

2. Größere Mengen Mineralsäuren erhöhen den Ferrocyanidverbrauch.

3. Ferner sind organische Säuren der Bestimmung hinderlich. Mit Oxalsäure bildet sich beim Erwärmen Zinkoxalat, das während der Titration praktisch fast nicht mehr mit Ferrocyanid reagiert. Bei Gegenwart von Weinsäure und Citronensäure wird etwas zu viel Ferrocyanid verbraucht.

4. Sehr verdünnte Zinklösungen (Konzentration unter $^1/_{100}$ molar) lassen sich nur sehr unscharf bestimmen.

5. Für die Praxis ergibt sich aus dem Vorstehenden, daß man Titerstellung und eigentliche Bestimmung auch bezüglich des Gehaltes an Säure, Salzen usw. unter den gleichen Verhältnissen vornehmen muß. Ferner muß natürlich die zu titrierende Flüssigkeit frei sein von Chlor, Brom, Jod, Nitrit (aus Brom und Ammoniak!), weil diese das Ferrocyanid oxydieren. Nach DE KONINCK und PROUST kann man diesen Oxydantien durch Zugabe von Sulfit oder schwefliger Säure entgegenwirken. Nach KORTE[1] versetzt man die Maßflüssigkeit von vornherein zweckmäßig mit 7 g Natriumsulfit je Liter, um das Ferrocyankalium vor der Oxydation zu schützen.

5. Wegen Bestimmung des Zinks in Erzen u. dgl. sei auf die Handbücher der Technischen Analyse (LUNGE-BERL oder SCOTT) verwiesen.

6. Im allgemeinen gibt die Zinktitration genauere Resultate, wenn man mit Ferrocyanid im Überschuß fällt und in einem aliquoten Teil mit Kaliumpermanganat zurücktitriert. Für die

---

[1] KORTE: Zeitschr. f. angew. Chem. Bd. 23, S. 2355. 1910.

übliche Laboratoriumspraxis, wo eine solche Bestimmung nur vereinzelt vorkommt, ist diese Methode sehr zu empfehlen.

Direkte Titration mit Diphenylamin als Indicator: Zinktitration mit Ferrocyanid. Eine wesentliche Verbesserung haben an der Methode von GALLETTI W. H. CONE und L. C. CADY[1] angebracht, indem sie das Tüpfelverfahren durch eine direkte Titration mit Diphenylamin oder Diphenylbenzidin als Indicatoren ersetzten. Diese Substanzen sind Oxy-Reduktionsindicatoren (vgl. Teil I, S. 76); in saurer Lösung werden sie von Ferricyanid dunkelblau bis violett gefärbt. Enthält die Ferricyanidlösung jedoch nur $^1/_{100}$ Molprozent Ferrocyanid, so tritt keine Blaufärbung mehr auf. Entzieht man aber das Ferrocyanid auf irgendeine Weise, so kehrt die ursprüngliche blauviolette Farbe wieder. Aus einigen Versuchen ging hervor, daß dieser Farbumschlag besonders scharf und reversibel in Gegenwart der Kaliumzinkferrocyanidfällung stattfindet. Eine Anwendung dessen kann man bei der Zinkbestimmung machen. Man titriert die saure Lösung, die mit einigen Gramm Ammoniumsulfat versetzt ist, mit Ferrocyanidlösung, welche außerdem 150 mg Kaliumferricyanid im Liter enthält. Zu Beginn der Titration ist die indicatorhaltige Zinklösung blau gefärbt; die Farbe vertieft sich während der Titration und schlägt im Endpunkt, wo alles Zink gefällt ist, nach Grüngelb um. Führt man die Bestimmung streng nach CONE und CADY durch, so wird meiner Erfahrung nach gewöhnlich zu viel Ferrocyanid verbraucht, der Fehler beträgt etwa 1,5 bis 2,5% und ist abhängig von der Geschwindigkeit, mit der man in Nähe des Äquivalenzpunktes das Reagens hinzufügt. Man kann dann den Überschuß Ferrocyanid mit einer eingestellten Zinklösung zurücktitrieren und reduziert dadurch den Mehrverbrauch auf etwa 0,3—0,5%. Ich[2] habe die Vorschrift von CONE und CADY dadurch verbessert, daß ich die Titration in der Wärme bei 50—60° ausführen lasse.

Indicator: 1 proz. Lösung von Diphenylamin in konzentrierter Schwefelsäure. Zu jeder Titration benutzt man 2 Tropfen Indicator. Arbeitet man mit Diphenylbenzidin, so ist der Verbrauch

---

[1] CONE, W. H. und L. C. CADY: Journ. of the Americ. chem. soc. Bd. 49, S. 356. 1927.

[2] KOLTHOFF, J. M.: Chem. weekbl. Bd. 24, S. 203. 1927.

an Maßlösung nach CONE und CADY ganz unabhängig von der angewandten Indicatormenge.

Reagens: $^1/_{40}$ molare Kaliumferrocyanidlösung, mit 150 mg $K_3Fe(CN)_6$ im Liter.

Nach der Gleichung:

$$3Zn^{++} + 2K_4Fe(CN)_6 \rightarrow K_2Zn_3[Fe(CN)_6]_2 + 6K^+$$

entsprechen 25 ccm 0,05 molare Zinklösung 33,33 ccm Ferrocyanid; oder 1 ccm Reagens entspricht 2,45 mg Zink.

Vorschrift: Zu 25 ccm der Zinklösung fügt man 10 ccm 4-n-Schwefelsäure und 1—5 g Ammoniumsulfat, 2 Tropfen Indicator, erwärmt auf 60° und titriert mit Ferrocyanidlösung. Zu Beginn der Titration erscheint die Flüssigkeit blau und wird zunehmend dunkler. Etwa 0,5 ccm vor dem Endpunkte geht sie plötzlich nach Gelbgrün über. Wartet man einige Sekunden, so läuft der Umschlag zurück; die Flüssigkeit nimmt eine eigenartige hellblau-violette Farbe an. Man titriert dann tropfenweise weiter, bis sich die Farbe auch nach 20 Sekunden Stehen nicht mehr nach Blauviolett ändert. Der Umschlag ist auf 1 Tropfen zu beobachten. Genauigkeit 0,2—0,3%.

Die beschriebenen Erscheinungen weisen rechtzeitig auf die Nähe des Endpunktes hin. Ein Übertitrieren wird also leicht vermieden. Hat man dennoch übertitriert, so läßt sich die überschüssige Titerlösung gut mit eingestellter Zinklösung zurücknehmen.

Bemerkungen: 1. Statt mit Schwefelsäure, kann man auch mit Salzsäure ansäuern, wenn gleichzeitig Ammoniumsulfat zugesetzt wird. Doch ist der Umschlag in schwefelsaurer Lösung etwas schärfer. Ohne Ammonsulfat ist er bei Salzsäure gar nicht wahrzunehmen.

2. Nach der gegebenen Vorschrift kann man auch eine 0,005 molare Zinklösung noch genau titrieren, wenn die Maßflüssigkeit $^1/_{400}$ molar an Ferrocyanid ist und nebenher 150 mg $K_3Fe(CN)_6$ im Liter enthält. Verdünntere Zinklösungen als 0,002 molar erlauben keinen deutlichen Umschlag mehr.

3. Metalle, die unlösliche Ferrocyanide bilden, wie Cu, Co, Cd, Ni beeinträchtigen die Zinkbestimmung und müssen entfernt werden, ebenso Aluminium. Dagegen ist Blei unschädlich, weil es als Bleisulfat gefällt wird und als solches nicht mehr im

Wege steht. Calcium- und Magnesiumsalze sind auch nicht hinderlich. Will man Zink neben Kupfer bestimmen, so wird man das letztere am besten zuvor ausfällen.

B. Die Titration der **Phosphorsäure** mit **Uranylacetat:** Diese Methode hat sich besonders in der physiologischen Chemie eingebürgert, gibt aber keine besonders genauen Werte. Wir wollen sie daher nur kurz erwähnen. Die Fällung der Phosphorsäure mit Uranylsalzen ist für die Maßanalyse zuerst von LECONTE[1] verwertet worden. Später wurde die Methode von neuem beschrieben durch NEUBAUER[2] und PINKUS[3], welche den Endpunkt mit Hilfe von Kaliumferrocyanid als Tüpfelindicator feststellten. In essigsaurer Ammoniumacetätlösung bildet sich ein unlösliches Phosphat von der Zusammensetzung $(UO_2)NH_4PO_4$.

Nach meiner Erfahrung reagiert auch dieser Niederschlag mit Ferrocyanid unter Bildung des braunen Uranylferrocyanids. Zum Tüpfeln muß man daher einen Tropfen der klaren Lösung entnehmen, sonst findet man fehlerhafte Resultate. Die besten Ergebnisse erhielt ich noch, wenn gegen Ende ein wenig Flüssigkeit abfiltriert und das klare Filtrat mit Ferrocyanid geprüft wurde. Im übrigen hat dieses Verfahren nur untergeordnete Bedeutung (vgl. die Handbücher der Harnuntersuchung).

C. Die Titration von **Barium** mit **Chromat:** Bei den hydrolytischen Fällungstitrationen haben wir schon dargetan, daß man eine Bariumlösung quantitativ mit Chromat fällen und den Endpunkt an der gleichzeitigen Änderung der Wasserstoffionenkonzentration vermittels eines Farbindicators erkennen kann. Der Anwendungsbereich dieser Methode ist jedoch sehr beschränkt. Eine wesentliche Verbesserung hat H. ROTH[4] eingeführt, indem er die Anwendung der Leukoverbindungen von Indaminen als Indicator vorschlägt, und zwar benutzt er das p_1-p_2-Diaminodiphenylamin $NH_2C_6H_4NHC_6H_4NH_2$. Durch mehrmaliges Umkristallisieren mit etwas Tierkohle aus heißem Wasser gewinnt man schließlich ein nahezu farbloses, in Blättchen oder auch Nadeln kristallisierendes Präparat. Man löst dann 0,1 g in einem

---

[1] LECONTE: Cpt. rend. Bd. 29. S. 55. 1849.
[2] NEUBAUER 1858; vgl. H. BECKURTS: Die Methoden der Maßanalyse, S. 950.
[3] PINKUS: Journ. f. prakt. Chem. Bd. 76, S. 104. 1859.
[4] ROTH, H.: Zeitschr. f. angew. Chem. Bd. 39, S. 1599. 1926.

Gemisch von 0,4 g reinster Weinsäure, 0,1 g Salicylsäure und 20 ccm Wasser auf. Die Lösung darf höchstens schwach lila gefärbt sein. Damit werden Filtrierpapierstreifen möglichst rasch getränkt, in einem absolut säure- und staubfreien Raum bei gewöhnlicher Temperatur getrocknet und in gut verschlossenen und lichtgeschützten Gläsern aufbewahrt. Das Papier hat eine schwach graue Farbe, die sich bei längerem Stehen noch etwas verstärkt, ohne jedoch Wirkung und Genauigkeit des Indicators zu beeinträchtigen. Die Farbe schlägt bei geringsten Spuren Chromat sofort nach Blau um (Empfindlichkeit wird nicht angegeben) und verschwindet erst nach längerer Zeit wieder infolge Hydrolyse des bei der Oxydation gebildeten Indamins. Weil die Titration des Bariums in ammoniakalischer Lösung vorgenommen wird, kann man statt Kaliumchromat auch das entsprechende Dichromat verwenden (über reines Kaliumdichromat vgl. S. 355). Die Ammoniaklösung soll kohlensäurefrei sein. Bei der Titration mit 0,1-n-Lösungen verfährt man nach Roth in folgender Weise: Die 0,1-n-Bariumsalzlösung wird mit dem gleichen Volumen Wasser verdünnt und mit etwa 2 ccm carbonatfreiem 8proz. Ammoniak versetzt. Es darf dabei keinerlei Trübung auftreten, etwa durch ausgeschiedenes Bariumcarbonat, andernfalls ist die Reinigung des Ammoniaks (Destillation über Kalk) zu wiederholen. Man läßt nun ziemlich rasch die ungefähre Menge Chromatlösung zulaufen und titriert tropfenweise unter ständigem Rühren zu Ende. Man wartet vor jeder Entnahme zur Tüpfelprobe einige Sekunden, bis sich der größte Teil des Bariumchromats abgesetzt hat und drüber nur noch eine schwach trübe Lösung steht. Man kann so nach Roth mit wenig Übung den Endpunkt der Titration leicht auf einen Tropfen 0,1-n-Dichromat bei 100 ccm Flüssigkeit wahrnehmen.

Wenn man die alkalische Bariumlösung vor der Titration nicht lange stehen läßt, bringt die Aufnahme von Kohlensäure aus der Luft keinen Fehler mit sich.

Eine Anwendung seiner Titrationsmethode macht Roth zur Sulfatbestimmung. Je nach den vorliegenden Bedingungen wird das Sulfat in saurer, neutraler und in bestimmten Fällen auch in alkalischer Lösung mit Bariumlösung in der Kälte gefällt und der Überschuß in ammoniakalischem Medium mit Dichromatlösung zurücktitriert.

Bemerkung: Begleitende Phosphor- und Arsensäure stören die Bestimmung, weil sie in ammoniakalischer Lösung auch unlösliche Bariumsalze liefern. Roth fällt daher diese Säuren in ammoniakalischer Lösung mit Magnesiamixtur und darauf in derselben Lösung das Sulfat mit Bariumchlorid (alkalische Fällung), ohne vorher den Phosphatniederschlag zu entfernen. Der Überschuß Bariumlösung wird dann mit Dichromat zurücktitriert.

Neuntes Kapitel.

Die Bildung wenig dissoziierter oder komplexer Verbindungen. Mercurimetrie.

§ 1. Allgemeines. Halogenidbestimmung mit Nitroprussidnatrium als Indicator: Von den meisten Kationen unterscheiden sich die Mercuriverbindungen besonders durch ihre Fähigkeit, mit den Halogen- und einigen anderen Anionen sehr schwach dissoziierte bzw. komplexe Verbindungen .einzugehen. Diese Eigentümlichkeit läßt sich, wie wir sehen werden, zur Bestimmung der fraglichen Anionen oder des Mercuriions selbst verwerten.

Unter den Anionen hat besonders das Cyanion eine ausgesprochene Neigung zur Komplexbildung mit verschiedenen Metallionen. Eine Anwendung dessen haben wir schon S. 228 bei der Cyanidbestimmung mit Silber und der Silbertitration mit Cyanidlösung besprochen. Auch Kobalt, Nickel, Zink, Kupfer lassen sich auf cyanometrischem Wege titrieren; leider sind die grundlegenden Konstanten zur theoretischen Beurteilung dieser Titrationen zum größten Teile noch unbekannt, und auch die praktischen Erfahrungen vermitteln noch keine allgemeineren Kenntnisse. Eingehendere Untersuchungen dieser Dinge unter den verschiedensten Verhältnissen wären wünschenswert.

Die Mercurihalogenide sind, wie erwähnt, sehr wenig dissoziiert, und zwar nimmt die Dissoziationskonstante in der Reihenfolge: $HgCl_2 > HgBr_2 > Hg(CNS)_2 > HgJ_2 > Hg(CN)_2$ ab.

Fügt man daher zu einer Halogenidlösung ein normal dissoziiertes Mercurisalz, etwa Quecksilbernitrat oder -perchlorat, so werden die Halogenionen der Lösung entzogen, bis der Äquivalenzpunkt erreicht ist. Überschüssiges Mercuriion wird zum Teil komplex gebunden:

$$HgHl_2 + Hg^{\cdot\cdot} \rightleftharpoons 2\,HgHl^{\cdot},$$
$$\text{(Hl = Halogen)}$$

der Rest bleibt in Form freier Mercuriionen in der Lösung. Schon in der älteren Literatur hat man versucht, auf die Bildung des wenig dissoziierten Mercurichlorids eine mercurimetrische Chloridbestimmung zu gründen. LIEBIG[1] hat hierzu Harnstoff als Indicator empfohlen; MOHR[2] fand Ferricyankalium geeigneter.

Praktische Bedeutung hat die Methode erst gewonnen, seit E. VOTOČEK[3] das Nitroprussidnatrium als Indicator einführte. Die gut dissoziierten Quecksilberverbindungen geben mit diesem Stoff eine weiße Fällung von Nitroprussidquecksilber, Mercurihalogenide dagegen nicht.

Indicatorvorratlösung: 10proz. Nitroprussidnatrium in Wasser, in dunkler Flasche aufzubewahren und auf 10 ccm Flüssigkeit 0,1 ccm zu nehmen. Der Indicator ist empfindlich auf Quecksilberionen, 100 ccm Wasser mit 1 ccm Indicator werden von 0,07 ccm Q,1-n-Mercurinitrat bleibend getrübt. Diese Menge Mercurisalz ist jedoch nicht als notwendiger Überschuß zu betrachten, wie es VOTOČEK getan hat. Wie wir oben sahen, reagiert Quecksilberhalogenid mit überschüssigen Mercuriionen unter Komplexbildung; daher ist die Empfindlichkeit des Indicators in Gegenwart der gering dissoziierten Quecksilberverbindungen kleiner als in reinem Wasser. KOLTHOFF und A. BAK[4] haben darüber eine eingehende Untersuchung angestellt, auf Grund deren die mercurimetrische Halogenidbestimmung vorzügliche Resultate ergibt und für den allgemeinen praktischen Gebrauch besonders zu empfehlen ist, sofern man nur eine Korrektur für den notwendigen Mehrverbrauch an Titerlösung berücksichtigt. Diese Korrektur ist von der Mercurihalogenidkonzentration am Ende der Titration abhängig. So werden 100 ccm Wasser mit 1 ccm Indicator von 0,07 ccm 0,1-n-Mercurireagens schon getrübt, 100 ccm 0,025-n-Mercurichlorid aber erst durch 0,22 ccm 0,1-n-Reagens. Von großem Vorteil ist, daß Mineralsäuren, wie Schwefel-

[1] LIEBIG: Liebigs Ann. d. Chem. Bd. 185, S. 289, 307. 1853.

[2] MOHR, FR.: Titriermethoden 5. Aufl. Bd. 2, S. 65. 1859.

[3] E. VOTOČEK: Chemiker-Zeit. Bd. 42, S. 257. 271, 317. 1918.

[4] KOLTHOFF, J. M. und A. BAK: Chem. weekbl. Bd. 19, S. 14. 1922.

säure und Salpetersäure, fast keinerlei Einfluß auf
die Titration haben.

Vorschrift zur Halogenidbestimmung: Zu einer abgemessenen Menge der Flüssigkeit setzt man den Indicator zu
(0,1 ccm pro 10 ccm) und titriert mit 0,1-n-Mercurinitrat (oder ver-
dünnterem) bis zur bleibenden Trübung. Die Mercurinitratlösung
wird durch Lösen eines Handelssalzes oder reinen Quecksilber-
oxyds in Salpetersäure und Wasser bereitet. Die Maßflüssigkeit
wird auf Natriumchlorid eingestellt, wobei man dem Titrierfehler
Rechnung trägt.

Nach KOLTHOFF und BAK haben die Korrekturen folgende Werte:

Endvolumen und Konzentration des Quecksilber-chlorids beim Endpunkt	Korrektur, die vom Mercuriverbrauch abzuziehen ist
50 ccm 0,05-n-$HgCl_2$ bis 100 ccm 0,025-n-$HgCl_2$	0,15—0,20 ccm 0,1-n
100 ccm 0,025-n-$HgCl_2$ bis 100 ccm 0,005-n-$HgCl_2$	0,20—0,15 ,, ,,
100 ccm 0,005-n-$HgCl_2$ bis 100 ccm 0,001-n-$HgCl_2$	0,15—0,12 ,, ,,
100 ccm 0,001-n-$HgCl_2$ bis 100 ccm 0,00025-n-$HgCl_2$	0,12—0,09 ,, 0,01-n
100 ccm Wasser	0,07 ,, ,,

Bemerkungen: 1. Chloride lassen sich auch in sehr verdünnter Lösung noch genau titrieren. Eine Lösung mit 10 mg
Chlor im Liter konnten wir auf 2% genau bestimmen. Der Umschlag ist schärfer als bei der argentometrischen Methode nach
MOHR. Für die Chlorbestimmung in Trinkwasser ist
die Methode sehr geeignet, ebenso für die Chlorbestimmung
im Salpetersäureserum von Milch und im Harn.

2. Auch Bromide, Rhodanide und Cyanide sind in
der beschriebenen Weise scharf zu titrieren. Bei Benutzung von 0,1-n-Lösungen werden vom Bromid- und Rhodanid-
verbrauch 0,13 ccm, bei Cyanid 0,07 ccm als Korrektur abgezogen.
Auch verdünntere Lösungen sind genau wie Chlorid einer exakten
Bestimmung zugänglich.

3. Von den Metallen sind Kupfer, Nickel und Kobalt-
salze hinderlich, weil sie selbst unlösliche Nitroprussidverbin-
dungen liefern, dagegen nicht Zink, Ferri, Wismut, Mangan,
Aluminium, Barium, Calcium, Strontium und Magnesium in verdünnteren Lösungen.

Das Verhalten des Cadmiums ist eigenartig. Eine verdünnte
Lösung dieses Metalls reagiert nicht mit dem Indicator. Wenn es je-

doch die Titration begleitet, so bildet sich schon bei deren Anfang eine Fällung, die Cadmium, Quecksilber und Nitroprussid enthält.

4. Die vorstehend beschriebene Titration kann umgekehrt auch zu einer Quecksilberbestimmung dienen[1], die jedoch der Titration mit Rhodanid (vgl. § 2) an Genauigkeit weit unterlegen ist und deshalb nur wenig Bedeutung verdient.

§ 2. Anwendung der Reaktion $Hg^{··} + 2CNS' \rightleftharpoons Hg(CNS)_2$. Mercurititration mit Rhodanid und umgekehrt: Das Mercurirhodanid gehört zu den sehr gering dissoziierten Substanzen, seine gesättigte Lösung enthält nur minimale Mengen Rhodan- und Mercuriion. Doch ist die Rhodanionenkonzentration meiner Erfahrung nach schon so groß, daß die gesättigte Lösung mit Salpetersäure und Ferriammonalaun bereits eine schwache, aber deutliche Rotbraunfärbung gibt, besonders bei Temperaturen über 20°. Titriert man daher eine Mercurilösung mit Rhodan auf Eisenammonalaun, so tritt der Umschlag etwas zu früh auf.

Durch genauere Untersuchungen haben wir festgestellt, daß die Konzentration freier Rhodanionen stark von der Temperatur abhängt. Eine bei 30° gesättigte Mecurirhodanidlösung zeigt am Indicator schon eine recht intensive Färbung, eine solche von 12° aber fast noch gar keine. Sehr genaue Titrationen wird man also am besten unter 15° vornehmen, dann ist der Endpunkt sehr exakt zu bestimmen.

Allerdings ist der Titrierfehler auch sonst nur gering; stellt man die Rhodanlösung auf reines Quecksilberoxyd (vgl. S. 97) ein, so darf man ohne weiteres bis zur ersten merklichen Rotbraunfärbung titrieren. Doch geht die Genauigkeit nicht weiter als bis etwa 0,3%. Schon VOLHARD[2] hat die Mercuribestimmung mit Rhodanid beschrieben und den etwas vorzeitigen Umschlag erkannt. Die Salpetersäurekonzentration wählt man mit Vorteil möglichst klein. Nach meiner Beobachtung hat die Säurekonzentration jedoch fast keinen Einfluß auf das Ergebnis[3], einen um so größeren aber die Temperatur.

---

[1] VOTOČEK, E. und L. KASPAREK: Bull. de la soc. chim. (4) Bd. 33, S. 110. 1923; vgl. auch Journ. of the chem. soc. (London) Bd. 114, S. 238, 272. 1918.

[2] VOLHARD: Liebigs Ann. d. Chem. Bd. 190, S. 57. 1877.

[3] In Übereinstimmung mit E. RUPP: Ber. Bd. 35, S. 2015. 1902; Arch. d. Pharmaz. Bd. 241, S. 444. 1903; Chemiker-Zeit. Bd. 32, S. 1077. 1908.

Bemerkungen: 1. Quecksilberrhodanid ist in Wasser ziemlich schwer löslich, bleibt jedoch bei der Titration infolge Komplexbildung mit überschüssigen Quecksilberionen in Lösung. Erst in Nähe des Äquivalenzpunktes scheidet es sich gewöhnlich kristallinisch ab. Benutzt man nun eine bei der herrschenden Temperatur gesättigte Mercurirhodanidlösung als Vergleichsflüssigkeit, so gelingt die Endpunktsbestimmung sehr genau. Nur beim Arbeiten unter 15⁰ erübrigt sich eine solche Vergleichslösung.

2. Der Titrierfehler ist sehr schwer abzuleiten; einmal, weil die Konzentration des Mercurirhodanids am Äquivalenzpunkt nicht festgelegt ist, zum andern dadurch, daß Mercurirhodanid sowohl mit Mercuriionen Komplexe bildet:

$$Hg(CNS)_2 + Hg^{..} \rightleftarrows 2Hg(CNS)^{.},$$

als auch mit Rhodanionen reagiert:

$$Hg(CNS)_2 + CNS' \rightleftarrows Hg(CNS)_3'$$
$$Hg(CNS)_2 + 2CNS \rightleftarrows Hg(CNS)_4''$$

Daher läßt sich kaum der Gang der Ionenkonzentration in Nähe des Äquivalenzpunktes berechnen. Praktisch darf jedoch, wie schon erwähnt, der Titrierfehler bei Temperaturen unter 15⁰ C ganz vernachlässigt werden.

Aus dem Gesagten folgt weiter, daß der Farbumschlag nicht allzu scharf sein kann. Der zugefügte Überschuß an Rhodanionen wird großenteils zu komplexen Ionen gebunden.

3. Chlorionen stören die Mercuribestimmung, weil Quecksilberchlorid selbst nur wenig dissoziiert ist und nur unvollständig in Rhodanid umgesetzt wird. Bromionen sind noch viel hinderlicher, da die Dissoziationskonstanten am Quecksilberbromid und -rhodanid in gleicher Größenordnung liegen.

Ich habe versucht, Bromid durch Titration mit Mercurinitrat und Ferrirhodanid als Indicator zu bestimmen. Der Umschlag setzt jedoch viel zu früh ein. Ebensowenig gelingt die Bestimmung, wenn man Mercurinitrat im Überschuß hinzufügt und mit Rhodan zurücktitriert.

4. Die beschriebene Reaktion kann auch zur **Rhodantitration** dienen. Man säuert mit Salpetersäure an, setzt Ferriammonalaun hinzu und titriert mit eingestellter Mercurinitratlösung bis zum Verschwinden der braunroten Färbung. Die

Farbe beginnt schon lange vor dem Äquivalenzpunkt abzublassen (infolge der Komplexbildung); um so mehr, je näher man an den Äquivalenzpunkt herankommt. Man kann daher eigentlich gar nicht „übertitrieren". Die letzte Änderung von schwach Rotbraun nach Farblos ist aber ziemlich deutlich wahrzunehmen (doch entspricht sie natürlich nicht bei allen Temperaturen genau dem Äquivalenzpunkte). Cohn[1] glaubt sogar in dieser Richtung den Umschlag schärfer zu sehen als bei der umgekehrten Titration und empfiehlt daher, auch bei einer Quecksilberbestimmung mit überschüssigem Rhodan zu arbeiten und dies zurückzutitrieren (was nach meiner Erfahrung aber nicht nötig ist).

5. An dieser Stelle sei bemerkt, daß metallisches Quecksilber eine vorzügliche Ursubstanz zur Einstellung von Rhodanlösungen darstellt. Das gewöhnliche Quecksilber wird filtriert und durch eine Vakuumdestillation gereinigt. Es muß restlos flüchtig und von einer ganz klaren, spiegelnden Oberfläche sein. Das Äquivalentgewicht beträgt 100,30.

Zur Herstellung einer 0,1-n-Lösung löst man 10,030 g Quecksilber durch Erhitzen in einem Kjeldahl-Kolben in 50 ccm 50proz. Salpetersäure, kocht die nitrosen Gase aus und füllt nach nach dem Erkalten in einem Maßkolben zu 1 l auf.

Bei Temperaturen unter 15° ist die Einstellung auch ohne Vergleichslösung sehr genau. Auf 100 ccm der Quecksilberlösung wählt man 1 ccm gesättigt Ferriammonalaun als Indicator. Aus einer Untersuchung vom Verfasser mit L. H. van Berk[2] ergab sich, daß das reine Quecksilber genau denselben Wirkungswert (100,00%) hat wie reinstes Silber.

Weil das Quecksilber so leicht rein darzustellen ist und sich die Titration viel einfacher gestaltet als die Silberbestimmung mit Rhodan, können wir das Quecksilber angelegentlich als Ursubstanz empfehlen. Aus Gründen seiner großen Reinheit verdient es den Vorzug gegenüber Quecksilberoxyd, welches nach den Befunden von J. M. Kolthoff und L. H. van Berk in einigen Präparaten auf Rhodan nur einen Wirkungswert von etwa 99,80% zeigte (vgl. auch S. 97).

---

[1] Cohn: Ber. Bd. 34, S. 3502. 1901.

[2] Kolthoff, J. M. und L. H. van Berk: Zeitschr. f. analyt. Chem. Bd. 71, S. 339. 1927.

6. E. RUPP[1] (auch l. c) empfiehlt die Mercurititration zur Quecksilberbestimmung in organischen Verbindungen nach Zerstörung der Substanz mit Schwefelsäure und Kaliumsulfat.

7. Weiterhin läßt sich die beschriebene Quecksilbertitration auch zur raschen Gehaltsbestimmung von **Cyaniden** und **von Cyanwasserstoffsäure** verwerten (nicht veröffentlicht). Quecksilbercyanid ist noch viel geringer dissoziiert als Mercurirhodanid. Fügt man daher zu einer Cyanidlösung einen Überschuß Mercurinitrat und Salpetersäure und titriert dann mit Rhodan zurück, so entspricht die verbrauchte Menge Quecksilber genau dem Cyangehalt. Weil die argentometrische Volhardbestimmung von Cyanid nicht bequem auszuführen ist (vgl. S. 228), kann diese mercurimetrische Methode hier besonders angeraten werden. Auch zur Bestimmung der freien Cyanwasserstoffsäure im Bittermandelwasser ist sie sehr geeignet. Man versetzt 50 ccm des zu untersuchenden Wassers mit 10 ccm 0,1-n- oder 0,05-n-Mercurinitrat, 5 ccm 4-n-Salpetersäure und 0,5 ccm Ferriammonalaun und titriert mit Rhodan zurück.

Bestimmung des Zinks durch Fällung als $ZnHg(CNS)_4$. Bekanntlich löst sich Quecksilberrhodanid in überschüssigem Alkalirhodanid unter Bildung eines komplexen Ions auf

$$Hg(CNS)_2 + 2\,CNS' \rightleftharpoons Hg(CNS)_4''.$$

Dieses Anion bildet nun mit einigen Metallen, wie Zink, schwer lösliche Verbindungen:

$$Hg(CNS)_4'' + Zn^{..} \rightleftharpoons ZnHg(CNS)_4.$$

Schon COHN[2] hat von dieser Reaktion zur Zinkbestimmung Gebrauch gemacht; seine ursprüngliche Vorschrift liefert jedoch keine guten Resultate.

DE KONINCK und GRANDY[3] führten das Kaliumquecksilberrhodanid als Maßflüssigkeit ein, mit der sie gute Ergebnisse erhielten. Wir[4] stellten das Reagens, welches längere Zeit haltbar ist, folgendermaßen her:

---

[1] Vgl. auch E. RUPP: Arch. d. Pharmaz. Bd. 241, S. 447. 1903; Bd. 243, S. 1. 1905; wegen der Bestimmung in Quecksilbererzen vgl. O. TOMÍČEK: Chemiker-Zeit. Bd. 49, S. 281. 1925.

[2] COHN: Ber. Bd. 34, S. 3502. 1902.

[3] DE KONINCK und GRANDY: vgl. Chem. Zentralbl. Bd. 73 II, S. 822. 1902.

[4] KOLTHOFF und VAN DYK: Pharmac. weekbl. Bd. 58, S. 549. 1921.

Reagens: 14,4 g Kaliumrhodanid werden in wenig Wasser gelöst, man gibt 23,7 g Quecksilberrhodanid hinzu, schüttelt (eventuell auch Erwärmen), bis alle Kristalle gelöst, sind und füllt mit Wasser bis zu 1 l auf. 25 ccm einer solchen Lösung verbrauchen ungefähr 37,5 ccm 0,1-n-Mercurinitratlösung auf Ferriammonalaun. Nach E. Monasch[1] ist der Titer auch nach 4 Monaten noch unverändert.

Bereitet man das Reagens jedoch aus Mercurinitrat, Kaliumrhodanid und Salpetersäure, so ist es nicht lange haltbar, weil Rhodan von der Säure zerstört wird.

Vorschrift: Zu 25 ccm etwa 0,1-n-Zinklösung, welche auch freie Schwefelsäure oder Salpetersäure enthalten darf, fügt man 25 ccm Reagens, füllt mit Wasser bis 100 ccm auf, schüttelt um, filtriert und titriert 50 ccm des Filtrats mit Mercurinitratlösung auf Ferriammonalaun zurück. Das Resultat ist wenigstens auf 0,5% genau.

Bemerkungen: 1. Falls die Konzentration des Zinks mehr als 0,01-n beträgt, wird es in kürzester Zeit schon vollständig gefällt. Verdünntere Lösungen muß man vor dem Filtrieren stehen lassen (etwa 24 Stunden). Dann dürfen freilich keine großen Mengen freier Mineralsäuren zugegen sein, weil diese das Rhodanid zerstören, so daß man zuviel Zink finden würde. Man muß also in neutralen Lösungen arbeiten; auch dann sind die Resultate nicht sehr günstig, da sich in sehr verdünnten Lösungen der Umschlag nur auf 0,2—0,3 ccm 0,01-n-Maßflüssigkeit genau wahrnehmen läßt. Gleichzeitig begeht man einen Fehler, indem die Löslichkeit des Zinkquecksilberrhodanids vernachlässigt bleibt. Daher empfiehlt sich, keine verdünnteren Zinklösungen als 0,02 normale oder wenigstens den doppelten Überschuß vom eigentlichen Reagensverbrauch zu verwenden. Nach unseren Bestimmungen beträgt die Löslichkeit des Zinkdoppelrhodanids in Wasser $7,4 \cdot 10^{-4}$-n, in 0,0015-n $K_2Hg(CNS)_4$ etwa $1,2 \cdot 10^{-4}$-n, in 0,003-n-Reagens $0,3 \cdot 10^{-4}$-n, in 0,006-n-Reagens $0,1 \cdot 10^{-4}$-n. Der Überschuß der Maßlösung soll also wenigstens einer Konzentration von 0,006-n entsprechen.

Salzsäure stört natürlich diese Zinkbestimmung.

2. Aus den Untersuchungen von Monasch (l. c) geht hervor,

---

[1] Monasch, E.: Pharmac. weekbl. Bd. 58, S. 1652. 1921.

daß Aluminium und Ferrieisen der Titration nicht hinderlich sind.

Dagegen ist die Bestimmung nicht brauchbar mehr bei Anwesenheit von Kupfer, Wismut (hier ist der Fehler nur gering), Nickel, Kobalt, Mangano, Ferro und Chromi.

3. Hat man Zink neben Kupfer zu bestimmen, so kann man das letztere durch metallisches Aluminium ausfällen und im Filtrat dann das Zink in der angegebenen Weise titrieren.

Auch Kupfer läßt sich nach COHN (l. c) durch Fällung als $CuHg(CNS)_4$ bestimmen. Die Methode hat jedoch nur geringe praktische Bedeutung, weil man ihr gewöhnlich die jodometrische Titration vorzieht (vgl. S. 411).

In den letzten Jahren hat G. SPACU mit seinen Mitarbeitern die Fällung verschiedener Metalle mit Pyridin und Alkalirhodanid als Doppelrhodanide beschrieben. Unserer Erfahrung zufolge lassen sich diese Reaktionen zur maßanalytischen Bestimmung von Kupfer, Zink, Kobalt und Nickel usw. und übrigens auch von Pyridin heranziehen. Freilich ist diese Methode nicht spezifisch für diese Metalle, wir wollen daher auf eine ausführlichere Darstellung verzichten.

Schließlich sei noch die in der Literatur wiederholt erörterte Kupferbestimmung durch Fällung als Cuprorhodanid berührt[1]. Man arbeitet mit einem großen Überschuß Rhodanid in Gegenwart von Natriumsulfit als Reduktionsmittel und titriert den Überschuß im Filtrat zurück. Eisen stört dabei nicht; sonst hat die Methode aber wenig Bedeutung, da sie mancherlei Komplikationen unterliegt.

§ 3. Anwendung der Reaktion $Hg·· + 4 J′ ⇄ HgJ_4″$. Fügt man zur Jodidlösung ein Quecksilbersalz zu, so bildet sich zuerst nach der vorstehenden Gleichung das komplexe Mercurijodidion.

Erst in Nähe des Äquivalenzpunktes beginnt das Mercurijodid auszufällen:

$$HgJ_4'' + Hg·· \rightleftharpoons 2\,HgJ_2.$$

Der Endpunkt wird durch das Auftreten einer bleibenden roten Trübung gekennzeichnet; und zwar entsteht zunächst die

---

[1] Vgl. VOLHARD: Liebigs Ann. d. Chem. Bd. 190, S. 51. 1877; HENRIQUEZ: Chemiker-Zeit. Bd. 16, S. 1597. 1892; PHEODOR: Chemiker-Zeit. Bd. 32, S. 889. 1908; KUHN: Chemiker-Zeit. Bd. 32, S. 1056. 1908; FERNEKES und KOCH: Journ. of the Americ. chem. soc. Bd. 27, S. 1224. 1905.

gelbe Modifikation des Quecksilberjodids, aber beim Umschütteln geht sie sofort in die rote Form über.

Die Reaktion ist schon 1832 von Marozeau[1] zur Wertbestimmung des Jodkaliums benutzt worden; unabhängig davon wurde sie von Probst[2] zur Bestimmung des Quecksilberchlorids vorgeschlagen. Später ist dann ihre Verwendung für beide Zwecke wiederholt beschrieben worden[3]. Will man Quecksilberchlorid bestimmen, so gibt man einen Überschuß Kaliumjodid hinzu und titriert mit eingestellter Sublimatlösung zurück. Im theoretischen Teil haben wir den Titrierfehler eingehend behandelt (vgl. S. 121). Schon Duflos (1845) hat darauf hingewiesen, daß die rote Trübung vor dem Äquivalenzpunkt erscheint, was Otto[4] und Mohr[5] auch bestätigten. Fr. Auerbach und Plüddemann[6] sowie J. M. Kolthoff[7] haben die Titration eingehend untersucht (vgl. Teil I, S. 122) und die erforderlichen Korrekturen für den vorzeitigen Umschlag ermittelt.

Die in der folgenden Tabelle verzeichneten Korrekturgrößen sind zu den Verbrauchszahlen hinzuzuzählen.

Korrektur bei der Jodidtitration mit Mercurichlorid.

Endvolumen ccm	Korrektur in ccm 0,05 molar $HgCl_2$
37	0,60
50	0,73
75	0,91
100	1,05
125	1,14

---

[1] Marozeau: Journ. de pharm. chim. Bd. 18, S. 302. 1832.

[2] Probst: 1840; nach H. Beckurts: Die Methoden der Maßanalyse S. 999.

[3] Duflos: Chem. Apothekerbuch. S. 513. 1843 (nach Beckurts l. c.); Personne: Cpt. rend. Bd. 56, S. 951. 1863; Portes und Ruyssen: Cpt. rend. Bd. 82, S. 1504. 1876; Kaspar: Schweiz. Woch. d. Pharmaz. 1881; S. 189; Herbelin: Journ. de chim. et pharm. (5) Bd. 8, S. 125. 1883; Sasse: Pharm.-Zeit. 1887. S. 740; Montanari: Gazz. chim. ital. Bd. 33, I, S. 155. 1903.

[4] Otto: Lehrb. d. Chem. 5. Aufl. II, S. 110. 1853 (nach Beckurts l. c.).

[5] Mohr, Fr.: Titriermethoden. 5. Aufl. II, S. 81. 1859.

[6] Auerbach, Fr. und Plüddemann: Experim. und krit. Beiträge zur Neubearbeitung der Vereinbarungen über Lebensm., herausgegeben vom Reichs-Gesundheitsamte Bd. 1, S. 209. 1911.

[7] Kolthoff, J. M.: Pharmac. weekbl. Bd. 57, S. 836. 1920.

Vorschrift: Die Jodidlösung wird unter fortwährendem Umschwenken mit 0,05 molarer Sublimatlösung titriert, bis die rote Trübung nicht mehr verschwindet. Die Korrektur wird vorstehender Tabelle entnommen.

Bemerkungen: 1. In Übereinstimmung mit Meyer[1] erkannte ich den Einfluß der Temperatur als unwesentlich, wenn man nur zwischen 10^0 und 30^0 arbeitet.

2. Bei Anwesenheit von viel Salzsäure, wenig Bromid und Rhodanid erscheint die Trübung zu spät, weil die genannten Stoffe auch Mercuriionen binden.

3. Schwefelsäure, Alkohol und Zucker haben keine Einwirkung auf das Resultat. Die Methode ist daher zur Jodidbestimmung in Jodeisensirup geeignet.

4. Bei der Quecksilberchloridbestimmung mit Jodkalium gibt man überschüssiges Jodid zu und titriert zurück. Eine Anwendung dieser Titration haben Portes und Ruyssen[2] bei der Ameisensäurebestimmung gemacht. An Hand ausführlicher Untersuchungen haben hierzu Auerbach und Plüddemann (l. c.) folgende Vorschrift aufgestellt:

Ameisensäurebestimmung:

$$HCOOH + 2\,HgCl_2 \rightarrow H_2O + CO_2 + 2\,HgCl.$$

Eine vorgelegte Ameisensäurelösung wird neutralisiert und nötigenfalls auf ein kleines Volumen eingedampft. Dann bringt man sie unter Zusatz von 3 g Natriumacetat (formiatfrei! prüfen!) in ein langhalsiges 100-ccm-Kölbchen und fügt eine genau abgemessene Quecksilberchloridmenge (58,87 g $HgCl_2$ mit 12 g NaCl auf 1 l, 1 ccm entspricht 5,0 mg HCOOH) hinzu, und zwar so viel, als dem vermutlichen Ameisensäuregehalt, zuzüglich 20 bis 70 mg (möglichst 30—50 mg) entspricht. Das Kölbchen, das nicht ganz voll sein darf, wird bis an den Hals in siedendes Wasser gestellt, zwei Stunden darin erhitzt, dann abgekühlt und mit Wasser bis zur Marke angefüllt. Nach gutem Durchmischen des Inhaltes filtriert man durch ein trockenes Faltenfilter in ein anderes trockenes Kölbchen; die ersten Anteile des Filtrats werden verworfen. Das Filtrat füllt man in eine Bürette und titriert damit in genau 2 ccm der 1,25-n-Kaliumjodidlösung (das Kaliumjodid

---

[1] Meyer: Pharm. Zeitschr. f. Rußland Bd. 24, S. 514. 1895.
[2] Portes und Ruyssen: Cpt. rend. Bd. 82, S. 1504. 1876.

muß sehr rein sein; die Lösung muß im Dunkeln aufbewahrt werden) bis zum ersten Auftreten einer rötlichen Färbung. Wenn v in folgender Tabelle die benötigte Menge der Sublimatlösung bedeutet, so gibt f nach AUERBACH und PLÜDDEMANN den Faktor an, mit dem v zu multiplizieren ist, um die 2 ccm 1,25-n-KJ äquivalente Menge Quecksilberlösung in Kubikzentimetern zu finden.

v	f	v	f	v	f	v	f
20	1,036	35	1,052	50	1,069	65	1,084
25	1,042	40	1,058	55	1,074	70	1,090
30	1,047	45	1,063	60	1,079	75	1,095

Nur für Reihenversuche ist diese Methode mit Vorteil zu verwenden.

Eine andere Vorschrift, bei der das gebildete Calomel bromometrisch titriert wird, geben F. OBERHAUSER und W. HEUSINGER[1].

---

[1] OBERHAUSER, F. und W. HEUSINGER: Zeitschr. f. anorg. allgem. Chem. Bd. 160, S. 366, 1927.

III. Oxydations- und Reduktionsreaktionen.

Zehntes Kapitel

Allgemeines über Indicatoren bei Oxydations- und Reduktionsvorgängen. Kaliumpermanganat als Maßflüssigkeit (Oxydimetrie), ihre Eigenschaften und Einstellung.

§ 1. Die Indicatoren bei oxydimetrischen Bestimmungen. Wie schon im ersten Teil des Buches entwickelt (S. 76 ff.), unterscheiden wir hier zwischen spezifischen Indicatoren für einzelne titrimetrische Systeme (wie die Jodstärkereaktion, Permanganatfarbe) und den — theoretisch wenigstens — allgemein verwendbaren Oxy-Reduktionsindicatoren. Die letzten Substanzen ändern ihre Farbe zwischen zwei bestimmten Oxydationspotentialen (Umwandlungsintervall) von der der oxydierten nach der der reduzierten Form. Kennen wir das Oxydationspotential im Äquivalenzpunkt und das Umwandlungsintervall der Indicatoren, so ist ohne weiteres der für eine bestimmte Titration geeignete Indicator aufzufinden. Indicatoren mit reversibler Oxydations- und Reduktionsfähigkeit werden noch wenig in der Maßanalyse verwendet (vgl. S. 82, Teil I), nur die Indigosulfonsäuren und das Methylenblau sind in diesem Sinne zu nennen. Anders steht es mit einigen Indicatoren, welche nicht (oder nur unter bestimmten Verhältnissen) reversibel oxydiert und reduziert werden können. Von ihnen haben schon eine ganze Reihe Eingang in der Maßanalyse gefunden; wir wollen daher einiges über ihre Empfindlichkeit mitteilen. Wie schon im theoretischen Teil hervorgehoben, steht das ganze Problem der Indicatoren bei Oxydations- und Reduktionsmessungen noch in einem Anfangsstadium seiner Erforschung; erschöpfend können wir es daher heute noch nicht behandeln. Im folgenden gebe ich auch nur eine willkürliche Auswahl aus den Eigenschaften einiger von mir untersuchter Substanzen, welche schon hier und da bei Titrationen verwandt werden.

Alle nachstehenden Versuche sind in Bechergläsern mit 100 ccm Flüssigkeit durchgeführt worden. Zum Vergleich ziehen wir die Wahrnehmungsempfindlichkeit der schwach violetten Farbe des Permanganats heran.

Sichtbarkeit der Permanganatfarbe: 0,1 ccm 0,01-n auf 100 ccm äußerst schwach; 0,2 ccm 0,01-n auf 100 ccm Flüssigkeit schwach violett; also untere Grenze 1 bis $2 \cdot 10^{-5}$-n-MnO_4'. Temperatur und Säurekonzentration sind ohne Einfluß auf die Empfindlichkeit. Auch in salzsaurer Lösung bei Zimmertemperatur bleibt sie ungeändert.

Diphenylamin in Schwefelsäure: Lösung von 0,2 g Diphenylamin in 100 ccm stickstofffreier konzentrierter Schwefelsäure. Von stärkeren Oxydationsmitteln wird das Diphenylamin violettblau gefärbt. Aus einer systematischen Untersuchung ergab sich, daß die Konzentration des Reagens sehr wesentlich für die Empfindlichkeit der Blaufärbung ist. Außerdem heben wir hervor, daß die Violettfärbung (mit Permanganat) um so schneller verschwindet, je mehr vom letzteren zugegen ist (Oxydation des Indicators).

Am besten rechnet man 0,05—0,4 ccm auf 100 ccm Flüssigkeit. Die Empfindlichkeit gegen Permanganat hängt vom Säuregrad ab. Wenn die Lösung wenigstens 0,4-n an Schwefelsäure ist, so wird sie durch 0,04 ccm 0,01-n $KMnO_4$ auf 100 ccm deutlich violett gefärbt (Empfindlichkeit etwa $4 \cdot 10^{-6}$-n an $KMnO_4$) und bleibt noch so nach 5 Minuten Stehen. In neutraler Lösung beträgt die Empfindlichkeit $1 \cdot 10^{-5}$-n. Mit Salzsäure (statt mit Schwefelsäure) wird sie nicht anders, ebensowenig bei höheren Temperaturen; nur läßt sie viel schneller beim Stehen nach.

Aus dem Gesagten ersehen wir, daß die Eigenfarbe des Permanganats viel unempfindlicher als die des Diphenylamins gegenüber diesem Oxydans ist. Für alle Permanganattitrationen mit sehr verdünnten Lösungen (wie sie z. B. praktisch bei der Bestimmung von Spuren Ferro vorkommen) ist dieser Indicator daher mit Vorteil zu verwenden.

Auch für Titrationen mit **Kaliumdichromat** ist Diphenylamin sehr geeignet. Die Empfindlichkeit der Blaufärbung ist hier in eigenartiger Weise von der Temperatur und wenig von der Säurekonzentration abhängig.

Bei 12^0 sind mehr als 1 ccm $0,01$-n-Cr_2O_7''' auf 100 ccm nötig, um eine Violettfärbung hervorzurufen, oberhalb 20^0 viel weniger: $0,1$—$0,2$ ccm $0,01$-n auf 100 ccm (d. h. 1 bis $2 \cdot 10^{-5}$-n).

In salzsaurer Lösung ist die Empfindlichkeit etwas größer als in schwefelsaurer. Jedenfalls soll die Säurekonzentration über $0,5$-n liegen. Bei Temperaturen über 50^0 verschwindet die Violettfärbung sehr schnell. **Kaliumferricyanid** verhält sich gegen Diphenylamin etwa so wie bei Dichromat. **Kaliumbromat** gibt in saurer Lösung keine **Blauviolettfärbung**, auch nicht bei Anwesenheit von Kaliumbromid. Wahrscheinlich wird hier das Diphenylamin bromiert.

Indigosulfonate als Indicatoren: 0,2proz. Indigo in konzentrierter Schwefelsäure, hergestellt durch einstündiges Erwärmen von 1 g Indigo mit 12 g Schwefelsäure auf dem Wasserbad und Auffüllen mit konzentrierter Schwefelsäure auf 500 ccm. Zu 100 ccm Titrierlösung gibt man einen Tropfen Indigo. Der Indicator ist im übertragenen Sinne eine „amphotere" Substanz; von Oxydationsmitteln wird er zu einer farblosen Verbindung oxydiert (Isatinsulfonsäure, nicht streng reversibel!), von Reduktionsmitteln hingegen reversibel zu den farblosen Leukoverbindungen reduziert (vgl. Teil I, S. 82).

Empfindlichkeit auf Permanganat: Die Empfindlichkeit hängt natürlich von der Indicatormenge ab. Ein Tropfen auf 100 ccm liefert eine deutlich blau gefärbte Flüssigkeit, welche von $0,1$ ccm $0,01$-n-$KMnO_4$ entfärbt wird. Bei höherer Temperatur geht die Entfärbung viel schneller vonstatten als bei Zimmertemperatur.

Für Titrationen mit sehr verdünnten Permanganatlösungen ist Indigo vielleicht auch ein geeigneter Indicator, nicht aber gegen **Kaliumdichromat**. Wiederum ist er zum Nachweis von **freien Halogenen**, also bei Titrationen mit **Kaliumbromat** oder **Brom** brauchbar. Die Entfärbungsgeschwindigkeit richtet sich sehr stark nach der Temperatur; man kann hier schwerlich von einer bestimmten Empfindlichkeit sprechen, denn diese hängt vom Zeitpunkt der Beobachtung ab. 100 ccm einer Lösung, die

0,6-n an Salzsäure ist und 1 g Kaliumbromid und 1 Tropfen Indigo enthält, werden bei 15⁰ nach langsamem Zusatz von 1 ccm 0,01-n-Kaliumbromat noch nicht entfärbt, beim Stehen aber farblos. Wiederholt man den Versuch bei 50⁰, so tritt die Entfärbung schon mit 0,2 ccm 0,01-n-Bromat ein. Daher empfiehlt es sich, die Lösungen mit Salzsäure auf mindestens 0,5-Normalität anzusäuern und (namentlich gegen Ende zu) bei 40—50⁰ zu titrieren.

Von Nachteil ist es, daß die Indicatorreaktion nicht reversibel verläuft. Während der Titration wird durch örtlichen Überschuß immer ein wenig Indicator oxydiert, wodurch die Farbe nachläßt, so daß man bei bestimmten Titrationen zwischendrin wieder etwas Indigo zusetzen muß. Reagiert nun die zu bestimmende Substanz an sich schon langsam mit dem Bromat, so ist der Indicator gewöhnlich nicht mehr brauchbar.

Die Azoindicatoren: Ebenso wie die Indigosulfonate sind diese Indicatoren, vom Standpunkte des Oxy-Reduktionsgleich-gewichts aus, als „amphotere" Substanzen anzusehen. In saurer Lösung sind sie rot gefärbt und werden von starkem Reduktionsmittel reversibel zu den Hydrazoverbindungen reduziert; von Oxydationsmitteln werden sie dagegen irreversibel zu fast farblosen Substanzen oxydiert. Unter den von mir untersuchten Substanzen: Tropäolin 00, Methylorange und Methylrot sind die beiden letzten am geeignetsten. Ihre Lösungen wurden schon bei der Neutralisationsanalyse besprochen (vgl. S. 53). Wir wollen nur das Verhalten von Methylrot näher betrachten.

Auf 100 ccm Flüssigkeit rechnet man 1 Tropfen 0,2proz. Indicator (Natriumsalz in Wasser).

Permanganat: Die Entfärbung durch Permanganat geschieht sehr langsam, sogar bei höheren Temperaturen, weshalb Methylrot nicht für Permanganattitrationen in Frage kommt.

Von Dichromat wird es überhaupt nur sehr schwer oxydiert. Dagegen eignet es sich wieder für Titrationen mit Bromat. Von Halogenen wird der Indicator ziemlich schnell oxydiert. Am besten wählt man eine Endtemperatur von 40—50⁰ mit einem 0,7—1,0-n-Salzsäure entsprechenden Säuregrad. Die Empfindlichkeit beträgt dann 0,2—0,3 ccm 0,01-n-Bromat auf 100 ccm Lösung (vgl. übrigens bei Indigo). Im allgemeinen wird man bei Titrationen mit Bromat auf Methylrot die Maßlösung gegen Ende sehr langsam und unter gutem Umschütteln zufließen lassen.

Benzidin und **Tolidin** als Indicatoren. Beide Substanzen verhalten sich ganz analog, wir wollen daher nur die Anwendung des Benzidins besprechen.

Indicatorlösung: 1 g Benzidin wird in 4 ccm 4-n-Salzsäure gelöst und mit Wasser auf 100 ccm verdünnt.

In sehr schwach saurer oder neutraler Lösung (p_H etwa 6) wird der Indicator von Oxydationsmitteln vorübergehend zu einer tief grünblau gefärbten Verbindung oxydiert. Diese Farbe verschwindet jedoch je nach wechselndem p_H mehr oder weniger schnell.

In saurer Lösung rufen oxydierende Substanzen eine intensiv gelbe und beständige Färbung hervor.

Auf 100 ccm Lösung verwendet man 0,5 ccm Indicator.

Empfindlichkeit für Permanganat: In saurer Lösung tritt nach Zusatz von 0,1 ccm 0,01-n-Permanganat auf 100 ccm Flüssigkeit eine schwache Gelbfärbung auf; die Empfindlichkeit reicht also bis zu 10^{-5}-n an MnO_4'.

Dichromat: Hier hängt sie von der Temperatur ab; ist die Lösung wenigstens 0,7-n an Salzsäure, so wird sie bei 35⁰ von 0,2 ccm 0,01-n-Dichromat deutlich gelb gefärbt, bei 50⁰ und höheren Temperaturen bereits von 0,1 ccm 0,01-n auf 100 ccm Flüssigkeit. Durch Zusatz einer Spur Ferrolösung verschwindet die Gelbfärbung wieder, sie kehrt mit Dichromat zurück. Der Farbumschlag ist also reversibel. Ich habe auch noch verschiedene Leukofarbstoffe auf ihre Brauchbarkeit als Indicatoren untersucht, jedoch keine geeigneten darunter gefunden.

Schließlich sei noch erwähnt, daß man mit Jodkalistärke einen geringen Überschuß Kaliumpermanganat viel empfindlicher nachweist als an dessen Eigenfarbe. Mit 100 mg Kaliumjodid und 5 ccm 0,2proz. Stärke auf 100 ccm Lösung sind 0,03 ccm 0,01-n-$KMnO_4$ durch schwache Blaufärbung schon zu erkennen.

Ich bin mir wohl bewußt, daß diese Zusammenstellung von Oxy-Reduktionsindicatoren sehr lückenhaft und überdies wissenschaftlich auch noch nicht exakt genug begründet ist. Vielleicht regen aber die wenigen Notizen andere Fachgenossen an, diesen Gegenstand weiter zu studieren (vgl. dazu besonders Teil I, S. 76).

§ 2. Kaliumpermanganat als Oxydationsmittel. Die meisten oxydimetrischen Permanganattitrationen fußen auf dem Bruttovorgang:

$$2\,KMnO_4 \rightarrow K_2O + 2\,MnO + 5\,O.$$

Doch hängt die oxydierende Wirkung nicht allein von der Permanganatkonzentration ab, wie sich dies aus obenstehender Gleichung ableiten ließe.

Das Oxydationspotential wird nämlich durch die Wasserstoffionenkonzentration bedingt (vgl. Teil I, S. 62). In saurer Lösung können wir uns die Oxydationsreaktion in folgender Weise vorstellen:

$$MnO_4' + 8\,H^{\cdot} + 5e \rightleftarrows Mn^{\cdot\cdot} + 4\,H_2O.$$

Nach diesem Vorgang wäre das Oxydationspotential des Permanganats durch die Beziehung wiedergegeben:

$$E = \varepsilon_0 + \frac{0{,}058}{5}\,\log\frac{[MnO_4']}{[Mn^{\cdot\cdot}]}\cdot[H^{\cdot}]^8 \qquad (18^0)$$

Die Oxydationswirkung des Permanganats nimmt also stark mit der Wasserstoffionenkonzentration zu, was experimentell auch bestätigt worden ist.   Der Einfluß der Manganoionenkonzentration auf das Potential kommt nicht genau in der Gleichung zum Ausdruck.   Manganoion an sich vermag Permanganat zu reduzieren unter Bildung dreiwertiger Mangani-ionen und Braunstein.

In saurer Lösung erfolgt diese Reaktion langsam, doch muß ihr das allmähliche Verblassen der Permanganatfarbe nach Beendigung einer Titration zugeschrieben werden. Übrigens ist der Mechanismus der Permanganatoxydation sehr verwickelt; wir weisen hier nur auf die eingehenden Untersuchungen von J. Holluta[1] hin. Soweit möglich, wird man immer Titrationen mit Permanganat in saurer Lösung vornehmen, weil man dann gewöhnlich direkt auf den Endpunkt zukommen kann. Bisweilen wird aber die zu bestimmende Substanz in neutralem oder alkalischem Medium viel leichter als in saurer Lösung oxydiert;

---

[1] Holluta, J.: Zeitschr. f. physikal. Chem. Bd. 101, S. 34, 489. 1922; Bd. 102, S. 32, 276. 1922; Bd. 106, S. 276, 324. 1923; Bd. 107, S. 249, 333. 1924; Bd. 113, S. 464. 1925; Bd. 115, S. 137. 1925.

ist doch nicht allein das Oxydationspotential des Permanganats, sondern auch das Reduktionspotential der oxydierbaren Substanz maßgebend. So wird z. B. Hydrazin in alkalischem Mittel glatt zu Stickstoff und Wasser oxydiert, während in saurer Lösung verschiedene andere Produkte gebildet werden (vgl. S. 290). Auch Sulfit, Sulfid und Thiosulfat werden in alkalischer Lösung quantitativ zu Sulfat oxydiert, während in saurer Lösung abnormale Oxydationsprodukte gebildet werden. Für schwach saure neutrale oder alkalische Lösungen können wir die oxydierende Wirkung des Permanganats in folgende Reaktionen fassen:

$$2\,KMnO_4 \rightarrow K_2O + MnO_2 + 3\,O$$

oder

$$MnO_4' + 4\,H^{\cdot} + 3\,e \rightleftharpoons MnO_2 + 2\,H_2O.$$

Hier hat die Wasserstoffionenkonzentration einen geringeren Einfluß auf das Oxydationspotential als in saurer Lösung. Die direkte Titration in neutraler bzw. alkalischer Lösung ist mit der Schwierigkeit verbunden, daß man den Endpunkt schwer erkennen kann und zur Beurteilung der Flüssigkeitsfarbe den Niederschlag von Mangansuperoxyd immer erst absetzen lassen muß. Unter geeigneten Bedingungen können solche Titrationen jedoch sehr gute Resultate ergeben, etwa bei der Mangan- und Chromibestimmung (vgl. S. 317). In verschiedenen Fällen beansprucht die Oxydation mit Permanganat eine ziemlich lange Zeit, man fügt dann das Oxydans im Überschuß hinzu und titriert es hernach zurück (vgl. § 3).

Viele Oxydationsreaktionen sind nicht reversibel; besonders gilt das für organische Substanzen, welche unter günstigen Umständen vollkommen zu Kohlensäure und Wasser abgebaut werden. Der Mechanismus im einzelnen ist sehr verzwickt und größtenteils noch unbekannt. Rein empirisch müssen hier die optimalen Versuchsbedingungen aufgesucht werden. Wenn man bedenkt, wie verwickelt die Kinetik der Reaktion zwischen Oxalsäure und Permanganat nach A. SKRABAL[1] schon ist (vgl. auch Teil I, S. 133), dann wird es erst recht verständlich, daß man über das Verhalten viel komplizierterer organischer Verbindungen nichts mehr voraussagen kann.

---

[1] SKRABAL, A.: Zeitschr. f. anorg. allgem. Chem. Bd. 42, S. 1. 1904.

§ 3. Die Benutzungsweise des Permanganats als Maßflüssigkeit.
Die Herstellung der 0,1-n-Vorratlösung: Seit den letzten
Jahren kommen ziemlich reine Präparate von Kaliumpermanganat
in den Handel. Nach G. Bruhns[1] sind die sogenannten „chemisch
reinen" Produkte sehr zuverlässig; nach unserer Erfahrung
schwankt der Wirkungswert zwischen 99,0 und 99,6%; gewöhnlich enthalten sie geringe Verunreinigungen von Chlorid, Sulfat
und Nitrat. Die qualitative Prüfung auf Reinheit ist gar nicht
leicht. Durch Umkristallisation aus Wasser erhielten wir Zubereitungen mit einem Wirkungswert von 99,6—99,8%. Weil
nun aber das zum Ansetzen benutzte destillierte oder gute Leitungswasser Spuren von reduzierenden Substanzen enthält, so ist
es nicht statthaft, eine Vorratlösung, die durch Abwägen des
Äquivalentgewichtes und Lösen auf ein bestimmtes Volumen
gewonnen worden ist, schon als titergerecht zu betrachten. Viel
richtiger wird man etwas mehr als die berechnete Menge des Salzes
— für 0,1-n-Lösungen 3,2 g — in 1 l Wasser lösen, die Lösung aufkochen oder eine Stunde lang auf dem kochenden Wasserbade
halten — zur schnellen Oxydation der im Wasser vorhandenen
oxydierbaren Stoffe — und sie dann über reinem Asbest- oder
einfacher noch durch eine Schottsche Glasfrittennutsche filtrieren. Auch kann man die bei Zimmertemperatur hergestellte
Lösung nach einer Woche Stehen filtrieren. Die filtrierten Lösungen sind frei von Braunstein und dadurch längere Zeit unzersetzt haltbar, wenn man sie nur vor Verdunstung, Staub und
reduzierenden Dämpfen schützt und nicht dem direkten Sonnenlicht aussetzt (vgl. Teil I, S. 213). Am besten wird die Vorratlösung in einer fettfreien (mit Bichromat bzw. Permanganat und
Schwefelsäure gereinigten) Flasche mit dicht schließendem Glasstopfen aufbewahrt. Setzt sich mit der Zeit ein wenig Mangan-
dioxyd ab, so wird die Lösung zweckmäßig wieder über dem
Glasfiltertiegel (kein Papier verwenden!) filtriert und aufs neue
eingestellt. Wie schon im theoretischen Teil besprochen, ist der
Braunstein ein starker positiver Katalysator für die Selbstzersetzung des Permanganats.

0,01-n-Permanganatlösungen sind viel zersetzlicher als 0,1

---

[1] Bruhns, G.: Chemiker-Zeit. Bd. 47, S. 613. 1923; vgl. auch Gardner,
North und Nayler: Journ. of the soc. chem. ind. Bd. 22, S. 731. 1903
und Raschig: Zeitschr. f. angew. Chem. Bd. 17, S. 585. 1904.

normale. Sie werden zweckmäßig durch Verdünnen einer 0,1-n-Lösung mit gutem Wasser, frei von reduzierenden Substanzen (durch Destillation über Permanganat erhalten), hergestellt und ebenfalls in braunen Flaschen im Dunkeln aufgehoben. Am Lichte zersetzen sie sich verhältnismäßig schnell. Die Bürettenablesung geschieht mit Hilfe der Ableseblende, bei den 0,1-n-Lösungen — ihrer dunklen Farbe wegen — an der oberen Grenze des Flüssigkeitsspiegels, bei verdünnteren Lösungen aber wie gewöhnlich nach der Tangente des Meniscus. Permanganatlösung darf in der Bürette nur kurze Zeit offenstehen, sonst wird sie von atmosphärischen Dämpfen verunreinigt. Hat sich an der Wandung der Bürette Braunstein abgesetzt, so wird sie mit verdünnter Schwefelsäure und wenig Wasserstoffsuperoxyd- bzw. Natriumsulfit oder Kaliumjodid oder am einfachsten mit Salzsäure gereinigt.

Auch die Säure, mit der man vor der Titration ansäuert, darf keine reduzierenden Substanzen enthalten. Eine Prüfung, ob z. B. 25 ccm Säure nach 25 Minuten Stehen noch keinen Tropfen 0,1-n-Permanganat verbraucht haben, gibt noch keine Gewähr für die Reinheit. Kommen doch verschiedene Verunreinigungen vor (wie phosphorige Säure in der Phosphorsäure), welche nur sehr langsam und erst von reichlichem Permanganatüberschuß angegriffen werden; gerade diese können eine Titration merklich stören, weil sie dann durch die induzierende Wirkung der Hauptreaktion teilweise mitoxydiert werden (vgl. Teil I, S. 130). An Stelle oder außer der oben angegebenen Probe wird man daher 25 ccm Säure mit etwa 10 ccm 0,1-n-Permanganat versetzen und diese nach einigen Stunden zurücktitrieren.

Wo die direkte Oxydation einer Substanz mit Permanganat langsam vor sich geht, wendet man gewöhnlich einen Überschuß an, der später in saurer Lösung zurücktitriert wird, indem man entweder überschüssige Oxalsäure- bzw. Ferro- oder Wasserstoffsuperoxydlösung hinzufügt und mit Permanganat wieder bis zur Rosafärbung titriert — oder Jodkalium, und mit Thiosulfat zurückmißt.

Bei allen Titrationen mit Permanganatüberschuß hat man dessen Selbstzersetzung unter Abgabe gasförmigen Sauerstoffs zu berücksichtigen, welche je nach Wasserstoffionenkonzentration, Permanganat-, Mangano- und Braunsteingehalt, besonders aber nach Temperatur und Zeit verschieden ist[1]. Hierbei wirkt der gebildete Braunstein als starker Katalysator. NOLL[2] kochte 100 ccm verdünnte Schwefelsäure und 12 ccm 0,1-n-Permanganat in Gegenwart von einigen „Siedesteinen" und erhielt folgende Resultate:

Konzentration H_2SO_4 Normalität   0,2 0,4 0,6 0,8 1,6 2,4 3,2   4,0
Permanganatverlust in % 0,6 0,8 0,9 1,0 1,8 3,6 6,2 10,1

Der starke katalytische Einfluß der Manganionen auf die Zersetzung wurde aus vielen eigenen Versuchen erkannt. Eine reine 0,05-n-Permanganatlösung, die zugleich 0,4-n an Schwefelsäure war, wurde eine Stunde auf 100° gehalten. Der Permanganatverlust betrug nur **0,6%** (in 0,8-n-Schwefelsäure 1,7%, in 2-n-Schwefelsäure 57,6%). Enthielt die Lösung in 0,4-n-Schwefelsäure nebenher 1 mg Mangano, so war der Titer nach einer Stunde schon um 46,3% gesunken. Bei anderen Temperaturen hat das Manganoion, welches mit dem Permanganat Braunstein bildet, eine ganz ähnliche Wirkung.

Auch in alkalischer Lösung ist die Zersetzung in der Wärme sehr merklich. Neutrale Permanganatlösungen sind viel haltbarer, sogar bei Anwesenheit von Manganosalz. Dies ist meiner Ansicht nach daraus zu erklären, daß der in neutraler Lösung entstehende Braunstein nicht weiter auf das Permanganat einwirkt (oder äußerst langsam), während derselbe sich in saurer Lösung wie Wasserstoffsuperoxyd verhält und bei der Reduktion wieder Mangano bildet usw. Ist so viel Manganosalz zugegen, daß alles Permanganat zu Braunstein reduziert wird, so bleibt die Selbstzersetzung in vernachlässigbaren Grenzen.

0,01-n und verdünntere Permanganatlösungen verhalten sich den stärkeren analog; nur ist die Selbstzersetzung relativ geringer.

Aus dem Obenstehenden ergibt sich, daß man im allgemeinen nie gute Resultate erhält, indem man eine Substanz mit überschüs-

---

[1] Vgl. SCHULZE: Arch. Pharm. Bd. 185, S. 12. 1868; F. A. GOOCH und E. W. DANNER: Americ. journ. of science (Sill.) Bd. 44, S. 301. 1893; D. VORLÄNDER, BLAU und WALLIS: Ann. d. Chem. Bd. 345, S. 261. 1906; A. SKRABAL: Monatsh. f. Chem. Bd. 27, S. 535. 1906; Zeitschr. f. anorg. allgem. Chem. Bd. 68, S. 48. 1910; A. CH. SARKAR und DUTTA: Zeitschr. f. anorg. allgem. Chem. Bd. 67, S. 225. 1910; HELVERRSON und BERGEIUS: Americ. journ. of pharmacy Bd. 90, S. 358. 1918.

[2] NOLL, H.: Zeitschr. f. angew. Chem. Bd. 24, S. 1509. 1911.

sigem Permanganat in der Wärme oxydiert und nachher zurücktitriert. Je länger man erwärmt, um so größer wird der Fehler.
Zwar empfiehlt die Literatur neben der Bestimmung einen blinden
Versuch unter denselben Verhältnissen mit Permanganat anzu-
setzen; bei diesem kann aber die Selbstzersetzung viel unbe-
deutender sein als bei der Titration selbst, bei der viel Mangano
gebildet wird.

Grundsätzlich ist also die Permanganattitration in der Wärme
zu verwerfen.

Nur in der Kälte tritt die Selbstzersetzung ganz zurück. Ich
habe darüber verschiedene Versuche angestellt, von denen hier
einige Ergebnisse zu erwähnen sind. Alle Lösungen hatten ein
Volumen von 50 ccm und waren 0,05-n an Permanganat:

Konzentration an Schwefelsäure	Manganozusatz mg	Zeit verschlossenen Stehens (Zimmertemperatur)	Rückgang des Titers in %
0	—	24	0,0
0	—	48	0,0
0,4-n	—	24	0,7
0,7-n	—	24	1,2
0,4-n	10	24	0,8
0,4-n	20	24	0,85
Konzentration an Natronlauge			
0,6-n	—	24	0,4
0,6-n	—	48	0,4
1-n	—	24	0,8
1-n	—	48	0,8

Ähnlichermaßen wurden 0,01-n-Permanganatlösungen untersucht; auch hier erwies sich die Selbstzersetzung in nicht zu stark
sauren Lösungen auch in Gegenwart von Manganoion als geringfügig.

Substanzen, welche nur langsam von Permanganat
oxydiert werden, wird man daher bei Zimmertemperatur mit überschüssiger Titerlösung beschicken;
sie werden angesäuert oder alkalisch gemacht, bis
zur vollständigen Oxydation gut verschlossen stehen
gelassen und dann das Permanganat zurücktitriert.
Unter denselben Verhältnissen lasse man Blindversuche nebenher laufen.

Wir werden unten — etwa bei den organischen Substanzen — verschiedenen guten Verwendungsmöglichkeiten dieses Verfahrens begegnen. Auch in der angewandten Chemie, wie bei der Bestimmung reduzierender Stoffe in Wasser[1], Milch, Harn usw., ist es den üblichen anderen Methoden überlegen.

§ 4. Die Einstellung der Permanganatlösungen auf verschiedene Ursubstanzen.

Natriumoxalat $Na_2C_2O_4$. Reaktionsgewicht 66,98. **Krist. Oxalsäure** $H_2C_2O_4 \cdot 2H_2O$. Reaktionsgewicht 62,99.

Herstellung, Prüfung auf Reinheit und andere Einzelheiten sind schon eingehend S. 79 bzw. 100. besprochen worden. (Bezüglich der Eigenschaften von Kaliumtetroxalat bzw. Kaliumbioxalat sei nach S. 106 verwiesen.)

Der Mechanismus der Oxalsäureoxydation durch Permanganat ist sehr kompliziert (vgl. Teil I, S. 133). Nach A. SKRABAL[2] läuft die Reaktion nicht direkt auf Manganoion und Kohlensäure hinaus, sondern läßt drei Phasen erkennen, während deren Manganiion als Zwischenprodukt entsteht. SKRABAL gibt folgendes Reaktionsschema:

1. $H_2C_2O_4 + KMnO_4 \rightarrow Mn^{III} + CO_2$ (meßbar) $\quad\rbrace$ Inkubations-
2. $H_2C_2O_4 + Mn^{III} \rightarrow Mn^{II} + CO_2$ praktisch momentan) $\quad$ periode
3. $Mn^{II} + KMnO_4 \rightarrow Mn^{III}$ (weniger rasch)
4. $Mn^{III} + H_2C_2O_4 \rightarrow Mn^{II} + CO_2$ (praktisch momentan)
5. $Mn^{III} + H_2C_2O_4 \rightarrow Mn(OH)_3 \cdot H_2C_2O_4$ (prakt. momentan) $\quad\rbrace$ Induktions-
6. $Mn^{III} \rightarrow Mn^{II} + Mn^{IV}$ (praktisch momentan) $\quad$ periode
7. $Mn(OH)_3 + H_2C_2O_4 \rightarrow Mn^{III}$ (meßbar)
8. $Mn^{III} + H_2C_2O_4 \rightarrow Mn^{II} + CO_2$ (prakt. momentan)
9. $Mn^{II} + Mn^{IV} \rightarrow Mn^{III}$ (weniger rasch) $\quad\rbrace$ Endperiode
10. $Mn^{III} + H_2C_2O_4 \rightarrow Mn^{II} + CO_2$ (praktisch momentan)

Fügt man zu einer mineralsauren Oxalsäurelösung Permanganat, so werden die ersten Tropfen bekanntlich nur langsam entfärbt (Inkubationsperiode). Hat sich ein wenig Mangano gebildet, so wird das Permanganat bei höherer Temperatur fast momentan verbraucht (Induktionsperiode), gegen Ende wird die Flüssigkeit vorübergehend jedesmal mehr oder weniger braun gefärbt (Endperiode). Wenn man von vornherein etwas Manganosalz zusetzt, bleibt die erste Verzögerung aus; Manganoion wirkt also als Katalysator.

Säure beschleunigt die Reaktion zwischen Manganiionen und Oxalsäure; verschiedene Anionen, wie Phosphate, Arsenate, welche mit dem Mangani Komplexe bilden, verzögern diese.

---

[1] Vgl. L. W. WINKLER: Zeitschr. f. analyt. Chem. Bd. 53, S. 561. 1914; J. M. KOLTHOFF: Pharmac. weekbl. Bd. 54, 1917.

[2] SKRABAL, A.: Zeitschr. f. anorg. allgem. Chem. Bd. 42, S. 1. 1904; Die induzierten Reaktionen (Samml. chem. u. techn. Vorträge) 1908.

Wichtig ist, daß während der Oxydation der Oxalsäure ein superoxydartiger Körper auftritt[1], der sich in Lösung wie Wasserstoffsuperoxyd verhält; er entsteht jedoch nur, wenn die Flüssigkeit keinen Sauerstoff enthält[2]. Eingehend ist diese Peroxydbildung von KOLTHOFF[3] untersucht worden. E. DEISS[4] nimmt an, daß die Oxalsäure mit dem Sauerstoff zunächst ein Peroxyd liefert:

$$O \quad COOH \qquad O - COOH$$
$$\| + | \quad \rightarrow \quad |$$
$$O \quad COOH \qquad O - COOH$$

Diese freie Perkohlensäure ist nicht beständig, sie zerfällt in statu nascendi in Wasserstoffperoxyd und Kohlensäure.

Bei der Oxalsäuretitration machen sich folgende Fehlerquellen[5] geltend, die nur unter richtigen Arbeitsbedingungen umgangen werden:

Oxydation der Oxalsäure durch Luftsauerstoff: Nach K. SCHRÖDER (l. c.) ist während der Oxalsäureoxydation mit Permanganat der Luftsauerstoff induziert beteiligt, wodurch ein Teil der Oxalsäure zu Kohlensäure oxydiert wird. Durch Zusatz von Mangansulfat und besonders von Titandioxyd kann dieser Fehler merklichen Umfang annehmen und zu einem Minderverbrauch von Oxalsäure führen.

Zersetzung der Oxalsäure in Kohlenmono- und -dioxyd und Wasser:

$$H_2C_2O_4 \rightarrow CO_2 + CO + H_2O.$$

Nach KOLTHOFF (l. c.) tritt diese Störung besonders bei hoher Temperatur in Gegenwart von Manganosulfat auf. Auch Chromion beschleunigt diese Selbstzersetzung der Oxalsäure stark. Bei richtiger Arbeitsweise (vgl. unten) ist sie aber zu vernachlässigen.

Die soeben erwähnte Selbstzersetzung der Oxalsäure spielt oft störend in Bestimmungen hinein, bei denen man irgendwelche Stoffe in saurer Lösung einige Zeit mit überschüssiger Oxalsäure

---

[1] RICHARDSON, A.: Journ. of the chem. soc. (London) Bd. 65, S. 450. 1890; GEORGIEWICZ, G. v. und L. SPRINGER: Monatsh. f. Chem. Bd. 21, S. 419. 1900.

[2] SCHRÖDER, K. v.: Zeitschr. f. öffentl. Chem. Bd. 16, S. 274, 290. 1900.

[3] KOLTHOFF, J. M.: Zeitschr. f. analyt. Chem. Bd. 64, S. 185. 1924.

[4] DEISS, E.: Chemiker-Zeit. Bd. 50, S. 399. 1926.

[5] Mc. BRIDE, R. S.: Journ. of the Americ. chem. soc. Bd. 34, S. 393. 1912.

erhitzt und dann zurücktitriert (wie bei der Braunstein- und Bleiperoxydtitration).

Fehler durch Verlust von Sauerstoff: Wie schon im vorigen Paragraphen gesagt, werden warme und saure Permanganatlösungen leicht unter Sauerstoffentwicklung zersetzt. Mc. Bride und meiner eigenen Erfahrung nach bringt dies besonders bei zu schneller Titration und dabei ungenügender Bewegung der Flüssigkeit, bei hoher Säurekonzentration und großer Verdünnung der Oxalsäurelösung Fehler mit sich.

Reinheit des Wassers und der Säure: In § 3 haben wir diese Faktoren schon berührt; besonders ist die Säure vor dem Versuch mit Permanganat im Überschuß auf die Anwesenheit reduzierender Substanzen zu prüfen.

Abnorme Oxydationsprodukte: Nach Mc. Bride wird das in Gegenwart von Sauerstoff entstehende Wasserstoffperoxyd vor dem Endpunkte wieder zersetzt. Meiner Beobachtung nach stimmt das nicht. Nimmt man mit Deiss an, daß die Oxalsäure zuerst diese Persäure bildet, die in Peroxyd und Kohlensäure zerfällt:

$$\begin{array}{c} O\!-\!COOH \\ | \qquad\qquad \rightarrow 2CO_2 + H_2O_2, \\ O\!-\!COOH \end{array}$$

so ist diese Nebenreaktion absolut unschädlich, weil ja ein Molekül Oxalsäure ein Mol Wasserstoffsuperoxyd liefert und das letztere gleichviel Permanganat verbraucht.

Anwesenheit von Salzsäure: Die Reaktion Salzsäure-Permanganat wird nach F. A. Gooch und C. A. Peters[1] durch die Reaktion Oxalsäure-Permanganat induziert. Durch Zusatz von Manganosalz wird der Fehler behoben und keine ûnterchlorige Säure gebildet. Nach G. P. Baxter und J. C. Zanetti[2] muß aber die Anfangstemperatur über 70° liegen, was auch Kolthoff (l. c.) bestätigt. Auf S. 297 wollen wir den Salzsäurefehler noch näher beleuchten.

Aus all diesen Tatsachen folgt, daß die Titration der Oxalsäure und daher auch die Einstellung des Permanganats nur dann zuverlässig ist, wenn die folgenden richtigen Versuchs-

---

[1] Gooch und Peters: Zeitschr. f. anorg. allgem. Chem. Bd. 21, S. 185. 1899.

[2] Baxter und Zanetti: Americ. chem. journ. Bd. 33, S. 500. 1905.

bedingungen innegehalten werden, an Hand deren ich auf 0,02 %
Übereinstimmung mit dem jodometrisch ermittelten Titerwerte
erzielte.

Vorschrift zur Einstellung der Permanganatlösung
auf Natriumoxalat bzw. Oxalsäure.

Die genau abgewogene Substanzmenge wird in soviel Wasser gelöst, daß deren Konzentration etwa
0,1-n ist; dann werden auf je 50 ccm Lösung 15 ccm 4-n-
Schwefelsäure zugefügt, und nach Erwärmen auf 75
bis 85° mit Permanganat wird titriert. Besonders im
Anfang läßt man die Titerlösung langsam zutropfen
und wartet stets ab, bis die Flüssigkeit wieder farblos geworden ist; dann kann man rascher unter fortwährend em Umschütteln bis zum Endpunkt titrieren.

Bei der Einstellung von 0,01-n-Permanganat auf Oxalsäure
findet man etwa 0,3 % zu wenig verbraucht. Der Titrierfehler
ist hier schon merklich, er kann nach dem Abkühlen empirisch
bestimmt werden, indem man Kaliumjodid und Stärke zusetzt
und das Jod mit 0,01-n-Thiosulfat titriert.

Arsentrioxyd. Reaktionsgewicht 49,47 Prüfung auf
Reinheit und Wassergehalt: vgl. S. 348. Über die Arsenig-
säure-Titration mit Permanganat ist schon viel geschrieben worden
(vgl. S. 293). Die Oxydation in schwefelsaurer Lösung verläuft
anfangs ziemlich glatt, bald tritt aber eine Gelb- oder Grün- oder
Braunfärbung auf (komplexe Manganiverbindungen), welche nur
allmählich verschwindet. Die Titration beansprucht also eine
längere Zeit und ist ohne weiteres zur Titerstellung von Permanganat nicht zu empfehlen. In salzsaurer Lösung bei Zimmertemperatur zeigen sich dieselben Erscheinungen wie mit Schwefelsäure; der Endpunkt ist schwer zu erkennen. Titriert man aber
im Beisein von Salzsäure in der Wärme und kocht man die Flüssigkeit gegen Ende noch einmal auf, so kann man unter gutem
Umschütteln die Titration direkt durchführen. Noch einfacher
verfährt man, indem man einen Katalysator für die Reaktion
zwischen Arsentrioxyd und Permanganat zusetzt. Nach C. Lang[1]
sind hierfür Spuren Jodid und Bromid geeignet; nach R. Lang[2]

---

[1] Lang, C.: Chemiker-Zeit. Rep. 1905. S. 48.
[2] Lang, R.: Zeitschr. f. anorg. allgem. Chem. Bd. 152, S. 203. 1926.

neben Spuren Jodid noch solche von Jodat (vgl. auch O. Cantoni[1] und O. Procke und J. Sveda[2]).

Einstellung von Permanganat a) ohne Katalysator[3]: Die abgewogene Menge Arsentrioxyd wird — wenn nötig unter gelindem Erwärmen — in 10—15 ccm 25proz. Salzsäure gelöst. Steht reine, von reduzierenden Substanzen freie Natron- oder Kalilauge zur Verfügung, so löst man das Arsentrioxyd zuerst in 5—10 ccm Lauge, säuert dann mit 20 ccm 25proz. Salzsäure an, verdünnt mit 100 ccm Wasser, erwärmt zum Sieden und titriert unter Umschütteln mit Permanganat. Tritt gegen Ende eine grüne Farbe auf, so kocht man nochmals auf und beendet dann die Titration. Sich verflüchtigen kann Arsentrioxyd unter diesen Verhältnissen noch nicht.

b) Mit Katalysator (vgl. auch R. Lang l. c.): Die Lösung des Arsentrioxyds in Salzsäure (vgl. unter a) wird mit soviel Wasser verdünnt, daß sie etwa 0,5—2-n an Säure ist, weiterhin wird sie mit etwa 1 g Natriumchlorid und einem Tropfen einer etwa $^1/_{400}$ molaren Kaliumjodid- oder -jodatlösung versetzt und nunmehr mit Permanganat auf Rosa titriert.

Eine Störung durch die Reaktion zwischen Salzsäure und Permanganat kommt unter den angegebenen Bedingungen nicht in Frage.

Kaliumferrocyanid $K_4Fe(CN)_6 \cdot 3H_2O$ **als Ursubstanz. Reaktionsgewicht 422,15.**

Darstellung: Das Kaliumferrocyanid ist leicht rein zu gewinnen, indem man ein Handelspräparat zwei- bis dreimal aus Wasser umkristallisiert und neben zerfließendem Calciumchlorid bis zur Gewichtskonstanz trocknet.

Aus dem Handel (z. B. von Kahlbaum) sind auch vollkommen reine Präparate zu beziehen. Der Wassergehalt (bestimmt durch Trocknen bei 100°) soll 12,79% betragen.

Schon Gintl[4] schlug Kaliumferrocyanid als Ursubstanz vor. Es hat den Vorteil eines großen Reaktionsgewichtes; von Nachteil ist, daß sich der Endpunkt nicht allzu scharf erkennen läßt.

---

[1] Cantoni, O.: Ann. chim. appl. Bd. 16, S. 153. 1926.
[2] Procke, O. und J. Sveda: Chem. Zentralbl. Bd. 1, S. 1859. 1926.
[3] Kolthoff, J. M.: Zeitschr. f. analyt. Chem. Bd. 64, S. 257. 1924.
[4] Gintl: Zeitschr. f. analyt. Chem. Bd. 13, S. 124. 1874.

Daher ist eine potentiometrische Einstellung[1] hier prinzipiell vorzuziehen. Wenn die Lösung nicht genügend verdünnt und nicht genügend sauer ist, entsteht während der Titration eine Fällung von Kaliummmanganferrocyanid. Diese Substanz wird nur langsam vom Permanganat zu dem löslichen Ferricyanid oxydiert (vgl. auch S. 309). Daher muß man bei großer Verdünnung und in stark saurer Lösung arbeiten. Nach folgender Vorschrift erhielt Kolthoff (l. c.) gute Resultate:

Einstellung von Permanganat: Die abgewogene Menge Ferrocyanid wird in n-Schwefelsäure gelöst; auf je 1 g des Salzes rechnet man 120 ccm n-Säure und titriert so lange mit Permanganat, bis die vom Ferricyanid gelb gefärbte Lösung einen Stich nach Orange zeigt. Besonders im Vergleich zu einer fertig titrierten Lösung, der man ein wenig Ferrocyanid zugesetzt hat, ist der Endpunkt leicht auf 0,1% genau zu bestimmen.

Kaliumjodid als Ursubstanz. Reaktionsgewicht: 82,99.

Darstellung: a) Reines Kaliumjodat (vgl. auch S. 353) wird im Platintiegel oder einer Platinschale vorsichtig über einer Weingeistflamme geschmolzen, wobei es sich unter Sauerstoffentwicklung zu Jodid zersetzt. Wenn die Masse wieder fest geworden ist, fügt man nach dem Erkalten etwas Wasser hinzu, so daß auch alle Spritzer, die noch Jodat enthalten können, gelöst werden, dampft ein und erhitzt wieder gelinde. Dabei darf das Jodid aber nicht schmelzen[2].

b) Ein Handelspräparat wird drei- bis viermal aus verdünntem Alkohol umkrystallisiert und dann bei 400—500° getrocknet. Das so erhaltene Salz muß besonders auf die Anwesenheit von alkalisch reagierenden Verunreinigungen (Carbonat) und auf Bromid und Chlorid geprüft werden.

Alkalische Verunreinigungen: Die Lösung von 1 g Salz in 10 ccm destilliertem Wasser darf auf Methylrot nicht vollkommen alkalisch reagieren (p_H zwischen 6,2 und 5,0).

---

[1] Vgl. Erich Müller und H. Lauterbach: Zeitschr. f. analyt. Chem. Bd. 61, S. 398. 1922; J. M. Kolthoff: Rec. Trav. chim. Bd. 41, S. 343. 1922.

[2] Beim Schmelzen findet eine Oxydation statt, wobei Hypojodit oder Jodat gebildet wird; zu gleicher Zeit scheint auch Jodwasserstoff zu entweichen; die Reaktion wird alkalisch (vgl. auch die Bemerkung von J. P. Simmons und C. F. Pickett: Journ. of the Americ. chem. soc. Bd. 49, S. 701. 1927 über Lithiumjodid.

Bromid und Chlorid: 1 g Kaliumjodid wird in 10 ccm Wasser gelöst, mit 5 ccm 4-n-Schwefelsäure und sodann unter fortwährendem Umschütteln mit einer Lösung von 1 g **halogenfreiem** Natriumnitrit in 10 ccm Wasser versetzt. Unter diesen Verhältnissen scheidet sich Jod aus, man filtriert und kocht das Filtrat 5 Minuten lang zur Entfernung des gelösten Jods und der salpetrigen Säure. Nach dem Erkalten füllt man mit Wasser zu 20 ccm auf. Die Lösung darf dann mit Silbernitrat keine stärkere Trübung ergeben als eine solche von 5 mg Chlorid bzw. Bromid im Liter. (Empfindlichkeit: 0,01 % Cl' bzw. Br' im Jodid.)

Die direkte Titration von Jodid mit Permanganat, wobei das erstere zu Jod oxydiert wird, kann nur potentiometrisch[1] vorgenommen werden. Die Bestimmung ist sehr genau; das Reaktionsgewicht ist dann 165,98. Titriert man bei Anwesenheit von Cyanwasserstoffsäure, so wird das Jodion nach Mac Cullock[2] zu farblosem Jodcyan oxydiert:

$$J' + HCN \rightleftharpoons JCN + H' + 2e$$

oder

$$HJ + HCN + O \rightleftharpoons JCN + H_2O.$$

Das Reaktionsgewicht des Kaliumjodids beträgt dann $\frac{M}{2} = 82,99$.

Die Titrationsmethode im Beisein von Cyanwasserstoffsäure ist später eingehend von R. Lang[3] untersucht worden (vgl. auch S. 366). Während der Titration bleibt die Flüssigkeit gelb bis braun gefärbt, weil Jodcyan mit Jodid und Säure freies Jod bildet:

$$JCN + J' + H' \rightleftharpoons J_2 + HCN.$$

Gegen Ende, wenn alles Jod verbraucht ist, wird die Lösung heller, schließlich farblos, und endlich wird sie durch einen überschüssigen Tropfen Permanganat rosa gefärbt. Auch kann man gegen Ende der Titration Stärke zusetzen und mit Permanganat auf Farblos titrieren. Folgende Arbeitsweise hat sich bewährt:

---

[1] Hendrixson, W. S.: Journ. Americ. chem. soc. Bd. 43, S. 14, 858. 1921; Kolthoff, J. M.: Rec, Trav. chim. Bd. 40, S. 532. 1921.

[2] Mac Cullock: Chem. news Bd. 57, S. 135. 1888.

[3] Lang, R.: Zeitschr. f. anorg. allgem. Chem. Bd. 122, S. 332. 1922.

Einstellung des Kaliumpermanganats: Die abgewogene Menge Kaliumjodid wird in einem lang- und enghalsigen Kolben[1] in n-Salzsäure gelöst (auf je 80 mg Kaliumjodid etwa 40 ccm n-Säure), mit 6—10 ccm 0,5-n-Kaliumcyanidlösung versetzt und mit Permanganat titriert. Gegen Ende der Titration, wenn die Flüssigkeit nahezu entfärbt ist, fügt man Stärke hinzu und titriert auf Farblos.

Das Cyanid soll frei von reduzierenden Substanzen sein. 10 ccm der mit Schwefelsäure angesäuerten Lösung müssen mit einem Tropfen 0,1-n-Permanganat eine Rosafärbung geben, die mindestens eine halbe Stunde beständig ist.

Kaliumjodat als Ursubstanz. Reaktionsgewicht 106,99. Kaliumjodat ist leicht rein darzustellen (vgl. S. 353). Durch schweflige Säure wird es zu Jodid reduziert, welches dann nach dem Auskochen der schwefligen Säure in der angegebenen Weise zu titrieren ist.

Vorschrift[2]: Die abgewogene Menge Kaliumjodat wird in einem Erlenmeyer-Kolben mit eingeschliffenem Stopfen in 50 ccm Wasser gelöst, mit 10 ccm 4-n-Schwefelsäure und dann so lange mit einer reinen 10proz. Natriumsulfitlösung versetzt, bis das zuerst ausgeschiedene Jod sich wieder gelöst hat und endlich ganz verschwunden ist. Wird genau die theoretische Menge Sulfit angewandt, so ist die Lösung farblos; von einem größeren Überschuß wird sie infolge Komplexbildung zwischen Jodwasserstoff und schwefliger Säure gelb gefärbt. Um eine Verflüchtigung des Jods zu vermeiden, muß man die Reduktion schnell ausführen und nach jedem Sulfitzusatz den Kolben verschließen und umschütteln. Besser gibt man auf einmal ungefähr die theoretische Menge Sulfit zu. Der Überschuß an schwefliger Säure wird ausgekocht (Prüfung mit Kaliumjodat-Stärkepapier). Nach dem Abkühlen wird mit Salzsäure versetzt und weiter verfahren, wie für Jodid beschrieben worden ist.

Eisenmethode: Durch Lösen von reinem Eisen in verdünnter Schwefelsäure (Vorsorge gegen Luftoxydation!; vgl. S. 302) erhält man Ferrosulfat, das sich glatt mit Permanganat ti-

---

[1] Bei Anwendung solcher Gefäße wird man durch den sich entwickelnden Cyanwasserstoff nicht im geringsten belästigt oder gar gefährdet.

[2] Vgl. KOLTHOFF: Zeitschr. f. analyt. Chem. Bd. 64, S. 257. 1924.

trieren läßt. Schwierig ist aber ein wirklich ganz reines Eisen
zu erhalten. In technischen Laboratorien geht man vielfach von
feinstem weichem **Blumendraht** (Eisendraht) aus, den man
jedesmal vor dem Abwägen mit Schmirgelpapier und dann mit
Schreibpapier abzieht. Der Blumendraht besteht jedoch gar nicht
aus Eisen allein, sondern kann 0,3% oder noch mehr fremde
Substanzen enthalten. Einmal angerostet, ist er nach KINDER[1]
kaum je mehr ganz von der Rostkruste zu befreien.

Mit Hinblick auf die ungenügende Reinheit des Eisendrahtes
ermittelte man früher den Eisengehalt eines bestimmten Draht-
vorrates auf gewichtsanalytischem Wege und setzte ihn in
Rechnung. Nach THIELE und DECKERT[2] und besonders nach den
eingehenden Untersuchungen von F. P. TREADWELL[3] ist ein
solches Verfahren fehlerhaft, denn beim Auflösen des Drahtes
bilden sich noch andere oxydierbare Substanzen (aus C, Si, S
und P), die aus den Verunreinigungen des Drahtes herrühren
und ebenfalls Permanganat verbrauchen. Der Wirkungswert
kann dadurch sogar über 100% gefunden werden. Weiterhin ist
dabei nach TREADWELL die Art der Auflösung des Eisens gar
nicht gleichgültig, indem seine reduzierenden Nebenbestandteile
sich unter verschiedenen Umständen ganz verschieden verhalten.
So ermittelte TREADWELL bei ein und demselben Eisendraht je
nach der Arbeitsweise einen Wirkungswert von 100,2 bzw. 100,5%.
Nach A. SKRABAL[4] wirken besonders die vom Kohlenstoffgehalt
herstammenden Carbide in erster Linie als Acceptoren und werden
von dem sogenannten „Eisenprimäroxydsalz", das bei der Oxydation von Ferro durch Permanganat zunächst entsteht, energisch
oxydiert. Wegen des schwankenden Carbidgehalts erhält man
bei der Titerstellung unreproduzierbare Werte. SKRABAL oxydiert
daher die Lösung des Eisens in Schwefelsäure zuerst mit wenig
Permanganat und läßt über Nacht an einem warmen Orte stehen.
Das Carbid ist dann völlig zersetzt; nun wird Salzsäure hinzugefügt, zum Kochen erhitzt, mit Stannochlorid reduziert, ab-

---

[1] KINDER: Chemiker-Zeit. Bd. 30, S. 631. 1906; Bd. 31, S. 69. 117.
1907.

[2] THIELE und DECKERT: Zeitschr. f. angew. Chem. Bd. 14, S. 1233. 1901.

[3] TREADWELL, F. P.: Kurzgefaßtes Lehrbuch der analytischen Chemie.
Bd. 2.

[4] SKRABAL, A.: Zeitschr. f. analyt. Chem. Bd. 42, S. 359. 1903.

gekühlt, mit einem Überschuß Mercurichlorid (vgl. S. 305) und REINHARDT-ZIMMERMANNscher Säuremischung versetzt (vgl. S. 306) und nach Verdünnen mit Permanganat titriert.

Meiner Ansicht nach bringt die Verwendung des Drahteisens für die exakte Einstellung des Permanganats viele Nachteile mit sich. Gleichviel ob man nach TREADWELL oder exakter nach SKRABAL verfährt, muß man den gefundenen Wirkungswert des Eisens doch mit dem Titer bezüglich guter Ursubstanzen (Natrium-oxalat, Oxalsäure und dgl.) vergleichen. Da wir nun über verschiedene sehr geeignete Ursubstanzen verfügen, verliert eine solche sekundäre Methode im allgemeinen jegliche Bedeutung. Will man dennoch den Titer auf Eisen einstellen, so wird man viel eher MOHRsches Salz (vgl. weiter unten S. 283) von bekanntem Wirkungswert oder garantierter Reinheit benutzen. Dieses Salz hat ein großes Reaktionsgewicht und kann sofort in Wasser und Säure gelöst werden.

Nach den Erfahrungen am Blumendraht hat man wohl versucht, ganz reines Eisen herzustellen. KINDLER[1] hat das nach einem sehr umständlichen Wege durchgeführt, indem er die salzsaure Lösung von reinem Flußeisen mit Äther ausschüttelt und nach dem Vertreiben des Äthers als Schwefeleisen ausfällt. Der Niederschlag wird mit Schwefelsäure behandelt, das auskristallisierte Ferrosulfat in Wasser gelöst und mit Ammonoxalat zu Ferrooxalat umgesetzt. Nach dem Trocknen wird das letztere in einer Platinschale bis zur Gewichtskonstanz geglüht und das Eisenoxyd im Wasserstoffstrom reduziert. CLASSEN[2] stellte durch Elektrolyse von Ferroammonoxalatlösungen reines Eisen her. Nach AVERY und B. DALES[3] enthält Elektrolyteisen jedoch immer geringe Mengen Kohlenstoff. SKRABAL[4] fand für den Wirkungswert des CLASSENschen Eisens wechselnde Werte (zwischen 98,53—99,90%), dabei schwankte der Kohlenstoffgehalt nur zwischen 0,06 und 0,20%! Daher hat SKRABAL eine andere Vorschrift zur Herstellung des Elektrolyteisens ausgearbeitet (0,3—0,4 Volt Badspannung). Seiner Mitteilung ist leider nicht zu entnehmen, wie weit er mit seinem Eisen einen exakten Permanganattiter findet.

---

[1] KINDLER: Ber. der Chemikerkommission des Vereins Deutscher Eisenhüttenleute, Eisen und Stahl Bd. 30, S. 411. 1910 nach LUNGE-BERL: Chem.-Techn. Untersuch.-Methoden. 7. Aufl. S. 153. 1921.

[2] CLASSEN: MOHR-CLASSENS Lehrb. der chem.-anal. Titriermethode. 7. Aufl. S. 215. 1896; Zeitschr. f. analyt. Chem. Bd. 42, S. 516. 1903.

[3] AVERY und DALES: Ber. Bd. 32, S. 64, 3233. 1899.

[4] SKRABAL: Zeitschr. f. analyt. Chem. Bd. 42, S. 359. 1903; Bd. 43. S. 97. 1904; vgl. auch VERWER: Chemiker-Zeit. Bd. 25, S. 792. 1901; LUNGE, G.: Zeitschr. f. angew. Chem. Bd. 17, S. 266. 1904; PFAFF: Zeitschr. f. Elektrochem. Bd. 15, S. 703. 1909.

L. Moser und W. Schöninger[1] haben die Herstellung von reinem Elektrolyteisen als Titersubstanz neuerdings eingehend untersucht. Ihren Angaben nach liefert folgende Vorschrift ein ganz reines Produkt (Abb. 12):

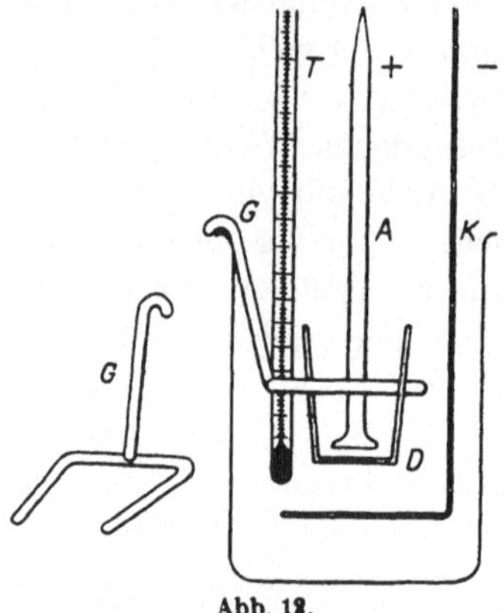

Abb. 12.

Als Elektrolysiergefäß dient ein Becherglas von 200 ccm Inhalt, das mit 100—150 ccm Elektrolytlösung beschickt wird.

Zusammensetzung des Elektrolyten: 100 ccm Wasser, enthaltend 3—4 g reinstes Ferrochlorid, 12—15 g Natriumchlorid und 1 g Borsäure; diese Lösung wird mit 5 ccm 4-n-Salzsäure angesäuert. Als Kathode K dient eine Platinscheibenelektrode (eine ähnliche des viel billigeren Tantals ist auch brauchbar) von 6 ccm Durchmesser mit seitlich angeschweißtem Stiel; als Anode ein ungefähr 5 mm dicker Eisennagel A, der mit dem Kopf nach unten eingespannt wird. Kurz vor seiner Verwendung wird er mit Salpetersäure angeätzt, dann wird mit Wasser nachgespült. Zwischen beide Elektroden wird das Diaphragma D — ein Glassintertiegel mit abgesprengtem unterem Rande (oder ein Porzellanfiltertiegel) — mittels einer Glasgabel G eingehängt. Auf dem Boden des Tiegels sammelt sich der Anodenschlamm an, wodurch eine Verunreinigung des Elektrolyten durch diesen verhindert wird.

Stromstärke 0,3—0,4 Amp., entsprechend einer kathodischen Stromdichte 0,5—0,7 Amp.; Spannung 1,4—1,6 Volt; Temperatur 60⁰.

Elektrolysendauer 40—50 Minuten, wobei man gewöhnlich 0,15—0,2 g Eisen erhält.

Nach Beendigung der Elektrolyse wird die Kathode ohne Stromunterbrechung aus dem Elektrolyten genommen, mit Wasser abgespült und hierauf einige Sekunden lang in 0,1-n-Kalilauge getaucht, mit fließendem Wasser gewaschen, das Wasser durch Alkohol verdrängt und dieser durch Verblasen mit einem trockenen

---

[1] Moser, L. und W. Schöninger: Zeitschr. f. analyt. Chem. Bd. 70, S. 235. 1927.

warmen oder kalten Luftstrom entfernt. Nach viertelstündigem Verweilen der Elektrode im Exsiccator kann schon gewogen werden.

Titerstellung: Man bringt die Elektrode in ein passendes Becherglas, in das während der Auflösung des Eisens in luftfreier $^1/_4$-n-Schwefelsäure Kohlendioxyd eingeleitet wird; der Lösevorgang kann durch mäßiges Erwärmen beschleunigt werden. Nach vollständiger Auflösung des Eisens wird — gegebenenfalls unter Zusatz von Phosphorsäure — mit 0,1-n-Permanganat titriert. MOSER und SCHÖNINGER erhalten mit ihrem Elektrolyteisen theoretische Resultate.

Hierzu sei noch bemerkt, daß in technischen Laboratorien auch noch oft reines Eisenoxyd nach BRANDT[1] zur Permanganateinstellung benutzt wird.

Mohrsches Salz als Ursubstanz. $FeSO_4(NH_4)_2SO_4 6H_2O$. Reaktionsgewicht 391,90. Dem Vorteil eines hohen Reaktionsgewichtes steht bei diesem Doppelsalz der große Nachteil gegenüber, daß es gewöhnlich verunreinigt ist. Daher haben verschiedene Autoren[2] Einwände gegen die Verwendung von Mohrschem Salz als Ursubstanz erhoben. Der üblichen Handelsware ist auch ohne weiteres nicht zu trauen; oft habe ich dem Augenschein nach reine Präparate untersucht, die doch nur 95—99% Mohrsches Salz enthielten. Auch aus gewöhnlichem Ferrosulfat und Ammoniumsulfat erhält man meistens kein brauchbares Produkt.

Manche Verunreinigungen des Eisenvitriols, wie Zink, Mangan, Magnesium, sind beim Umkristallisieren oder bei Wiederausfällung mit Alkohol gar nicht zu entfernen, da sie mit dem Mohrschen Salze Mischkristalle bilden. Vermischt man ein reines Mohrsches Salz mit ein wenig Zink, Mangan oder Magnesium und kristallisiert dann um, so wird es stark durch diese verunreinigt[3]. Man muß bei der Herstellung des Mohrschen Salzes

---

[1] BRANDT: Chemiker-Zeit. Bd. 40, S. 605, 631. 1910; vgl. auch Zeitschr. f. angew. Chem. Bd. 26 I, S. 512. 1913; Bd. 27 I, S. 9. 1914; auch LUNGE-BERL: l. c. S. 149.

[2] GRÄGER: Zeitschr. f. analyt. Chem. Bd. 6, S. 209. 1867; VOLHARD, J.: Ann. der Chem. Bd. 198, S. 327. 1879; MEINEKE, C.: Zeitschr. f. öffentl. Chemie Bd. 4, S. 444. 1898; SKRABAL, A.: Zeitschr. f. analyt. Chem. Bd. 43, S. 97. 1904; CANTONI, H. und M. BASADONNA: Ann. chim. anal. appl. Bd .9. S. 365. 1904; HACKL, O.: Chemiker-Zeit. Bd. 46, S. 1065. 1922.

[3] Vgl. J. M. KOLTHOFF: Zeitschr. f. analyt. Chem Bd. 64, S. 255. 1924.

daher von ganz reinen Grundstoffen ausgehen[1]. Nun ist das Ferriammoniumsulfat nach meiner Erfahrung durch Umkristallisation leicht rein zu gewinnen. Die Lösung wird mit Schwefelwasserstoff reduziert, bis keine Ferriionen mehr nachweisbar sind (was einige Tage dauert), filtriert, eingedampft, der Auskristallisation überlassen, umkristallisiert und neben zerfließendem Bromnatrium bis zur Gewichtskonstanz getrocknet. So erhielten wir ein Präparat mit einem Wirkungswert von 99,97%. Unserer Erfahrung nach ist auch die Lieferung von KAHLBAUM (manganfrei, mit Weingeist gefällt) zuverlässig, besonders wenn es noch einmal aus Wasser umkristallisiert und wie oben getrocknet wird. Der ursprüngliche Wirkungswert von 99,8% steigt dadurch auf 100,0%.

Die qualitative Prüfung des Mohrschen Salzes auf Verunreinigungen ist nicht einfach. Man darf es daher gar nicht als eine „Idealursubstanz" (vgl. S. 38) betrachten. Kennt man andererseits seinen Wirkungswert, so ist es dem Eisendraht u. dgl. zur Titerstellung der Permanganatlösung vorzuziehen. Die abgewogene Menge Salz wird in Wasser, das mit Schwefelsäure angesäuert, gelöst und mit Permanganat bis zum Auftreten einer Orangefärbung titriert. Schärfer ist der Umschlag bei Zugabe von Phosphorsäure. Diese führt nämlich die Ferriionen in farblose komplexe Ferriphosphationen über; man erzielt somit einen Übergang von Farblos nach Rosa.

Wegen der Unzuverlässigkeit des gewöhnlichen Mohrschen Salzes haben GRÄGER[2] und später auch BILTZ[3] das Eisenoxydulnatriumsulfat $FeSO_4 \cdot Na_2SO_4 \cdot 4H_2O$ als Ursubstanz vorgeschlagen, welches luftbeständig sein und sich bei 100° trocknen lassen soll. Dieses Salz hat sich aber nicht eingeführt.

MEINEKE[4] hat statt des Mohrschen Salzes Ferriammoniumsulfat als Ursubstanz herangezogen. Nach unserer Erfahrung ist es durch Umkristallisation leicht rein darzustellen; von großem Nachteil ist aber sein leichtes Verwittern, etwa schon bei einem relativen Dampfdruck von 60%. Das Salz ist aber stabil unter 70% relativer Feuchtigkeit. Vor der Titration muß es zu Ferro

---

[1] Vgl auch L. L. DE KONINCK: Bull. soc. chim. belg. Bd. 23, S. 222. 1909; FLORENTIN: Bull. soc. chim. (4) Bd. 13, S. 362. 1913.

[2] GRÄGER: Zeitschr. f. analyt. Chem. Bd. 6, S. 446. 1867.

[3] BILTZ: Jahrb. f. Pharmaz. 1872. S. 129.

[4] MEINEKE, C.: Zeitschr. f. öffentl. Chem. Bd. 4, S. 444. 1898.

reduziert werden, wofür verschiedene Methoden zur Verfügung stehen (vgl. S. 301). In Anbetracht so vieler anderer guter Ursubstanzen für die Permanganateinstellung hat auch dieser Ferrialaun nur wenig praktische Bedeutung.

Noch verschiedene andere Methoden sind zur Einstellung von Permanganat in der Literatur beschrieben worden, welche aber kaum Anwendung finden können. Nur sei hier auf die gasvolumetrische Wasserstoffsuperoxyd- oder Nitrometermethode von G. LUNGE[1] hingewiesen, bei der man das Volumen des aus Permanganat und Wasserstoffsuperoxyd in stark saurer Lösung entwickelten Sauerstoffs mißt.

Silber als Ursubstanz: Reaktionsgewicht 107,88. Nach N. A. TANANAEFF[2] ist das metallische Silber zu genanntem Zweck sehr geeignet. Man löst es in überschüssigem Ferrialaun auf und titriert das entstandene Ferroeisen:

$$\text{Fe}^{\cdots} + \text{Ag} \underset{\longrightarrow}{\longleftarrow} \text{Fe}^{\cdot\cdot} + \text{Ag}^{\cdot}.$$

Die Reaktion ist reversibel[3], man muß reichlich Ferri anwenden, damit alles Silber gelöst wird.

Man kann nun von pulverförmigem Silber oder von Silberblech ausgehen. Ein sehr reaktionsfähiges Silber erhält man nach TANANAEFF[4], indem man eine einprozentige, mit 50 ccm Salpetersäure (1:4) pro Liter Lösung angesäuerte und auf 40° erwärmte Silbernitratlösung unter 4,5 Volt Spannung mit 0,5 bis 0,7 Amp. elektrolysiert. Das abgeschiedene schwammige Silber wird mit Wasser gewaschen und im Exsiccator über Phosphorpentoxyd bis zur Gewichtskonstanz getrocknet.

Vorschrift der Einstellung nach TANANAEFF: In einen Erlenmeyer-Kolben von 250—350 ccm Inhalt trägt man in 100 ccm 4-n-Schwefelsäure 5—10 g feingepulverten Eisenalaun ein. Durch die Lösung leitet man Kohlensäure bis zur Sättigung und gibt dann, ohne den Gasstrom zu unterbrechen, etwa 0,3 g

---

[1] LUNGE, G.: Ber. Bd. 18, S. 1072. 1885; Zeitschr. f. angew. Chem. Bd. 3, S. 10. 1890; Bd. 17, S. 265. 1904.

[2] TANANAEFF, N. A.: Zeitschr. f. anorg. allgem. Chem. Bd. 136, S. 193. 1924; vgl. auch HOPFGARTNER: Monatsh. f. Chem. Bd. 26, S. 469. 1905.

[3] Über die Gleichgewichtskonstante vgl. TANANAEFF: Zeitschr. f. physik. Chem. Bd. 114, S. 50. 1924, wo mehrere Literatur zu finden ist.

[4] Vgl. auch TANANAEFF: Chemiker-Zeit. Bd. 32, S 385. 1908.

(genau abgewogen) Silber zu. Die Auflösungsbedingungen sind bei Silberblech und pulvrigem Silber etwas verschieden. Im ersten Fall nimmt man die Auflösung sofort in der Hitze, im andern zunächst in der Kälte vor. Das Silberpulver wird vom Uhrglas in den Kolben geschüttet und das Uhrglas mit CO_2-gesättigtem Wasser abgespült. Beim Umschwenken in der Kälte löst sich fast alles Pulver bereits auf bis auf einige Körnchen, aber die Lösung wird trübe. Beim Erwärmen gehen die letzten Teilchen klar in Lösung.

Die ganze Operation dauert 15—25 Minuten. Nunmehr verstärkt man den Kohlensäurestrom, kühlt den Kolben mit kaltem Wasser ab, entfärbt die durch Ferrisalz gefärbte Lösung mit Phosphorsäure (spez. Gew. 1,7) und titriert mit Permanganat. Nach TANANAEFF liefert das Verfahren sehr genaue Werte.

Elftes Kapitel.

Die Permanganometrie (Oxydimetrie).

§ 1. Die Bestimmung anorganischer Substanzen.

Jodide: In saurer Lösung werden Jodide von Permanganat zu Jod oxydiert. Weil die Jodfärbung den Endpunkt unkenntlich macht, hat man vorgeschlagen, das Halogen mit Benzol, Tetrachlorkohlenstoff oder anderen Solventien aus der Flüssigkeit auszuschütteln[1]. Viel praktischen Wert hat dies Verfahren nicht. Unverhältnismäßig einfacher ist die Arbeitsweise nach R. LANG[2], der das Jodid in Gegenwart von Cyanwasserstoff zu farblosem Jodcyan oxydiert (vgl. S. 366, wo auch die Vorschrift gegeben ist). Die Titration kann sowohl in salzsaurer wie in schwefelsaurer Lösung ausgeführt werden. Leider stört die Anwesenheit von Bromid stark, weil das letztere ziemlich schnell mit Permanganat reagiert und Brom liefert, das dann wieder mit dem Cyanwasserstoff zu Bromcyan reagiert. Bromcyan wirkt nur träge auf Jodid unter Regeneration zu Bromid ein.

Wie wir S. 440 sehen werden, ist Kaliumjodat zur Jodtitration neben beliebigen Bromidmengen viel geeigneter als Permanganat.

---

[1] Vgl. u. a. F. L. HAHN und H. WOLF: Chemiker-Zeit. Bd. 50, S. 674 1926.

[2] LANG, R.: Zeitschr. f. anorg. allgem. Chem. Bd. 122, S. 332. 1922.

Eine Anwendung der Jodidtitration in saurer Lösung mit Permanganat bei Anwesenheit von Cyanwasserstoff macht G. ALSTERBERG[1] bei der Bestimmung der schwefligen Säure und ihrer Verbindungen. Man setzt zur schwach sauren Lösung einen Überschuß Jodcyan:

$$SO_2 + JCN + 2H_2O \rightarrow H_2SO_4 + HJ + HCN.$$

Der entstandene Jodwasserstoff wird dann nach Zugabe von KCN und Schwefelsäure mit Permanganat in der üblichen Weise titriert.

In neutralem oder alkalischem Medium oxydiert Permanganat Jodid zu Jodat:

$$KJ + 2KMnO_4 + H_2O \rightarrow KJO_3 + 2MnO_2 + 2KOH.$$

Diese Reaktion kann auf verschiedene Weise zur Jodidbestimmung benutzt werden[2], jedoch haben solche Methoden nur wenig Eingang gefunden.

Schwefelwasserstoff: Freier Schwefelwasserstoff reagiert mit Permanganat nach verschiedener Richtung hin. Nach HÖNIG und ZATZEK[3] wird er in alkalischer Lösung bei Siedehitze nahezu vollständig zu Sulfat oxydiert, wobei sich Mangansuperoxyd bildet; in der Kälte entstehen Sulfat, Tetrathionat und Schwefel. Nach PÉAN DE ST. GILLES[4] findet aber niemals eine quantitative Oxydation zu Sulfat statt.

Nach meiner Erfahrung[5] bleibt die Permanganatoxydation des Schwefelwasserstoffs in saurer und neutraler Lösung unvollständig, in alkalischer hingegen ist sie quantitativ im Sinne:

$$S'' + 2O_2 \rightarrow SO_4''.$$

Man fügt zu 25 ccm 0,1-n-Permanganat 5—10 ccm 4-n-Natronlauge und dann 10 ccm 0,1-n- ($1/_{80}$ molar) Sulfidlösung. Nach 5 Minuten Stehen ist die Reaktion vollzogen, und das überschüssige Permanganat kann zurücktitriert werden.

Schweflige Säure und ihre Salze: Nach PÉAN DE SAINT GILLES (l. c. 1859) wird schweflige Säure in saurer Lösung durch

---

[1] ALSTERBERG, G.: Biochem. Zeitschr. Bd. 172, S. 224. 1926.

[2] PÉAN DE ST. GILLES: Cpt. rend. Bd. 46, S. 624. 1858; WELTZIEN: Liebigs Ann. d. Chem. Bd. 120, S. 349. 1861; REINIGE: Zeitschr. f. analyt. Chem. Bd. 9, S. 39. 1870; KILIANI: Chemiker-Zeit. Bd. 32, S. 1018. 1908; KLEMP: Zeitschr. f. analyt. Chem. Bd. 20, S. 248. 1881.

[3] HÖNIG und ZATZEK: Monatsh. f. Chem. Bd. 4, S. 738. 1883.

[4] PÉAN DE ST. GILLES: Ann. de chim. et phys. Bd. 55, S. 381. 1859.

[5] KOLTHOFF, J. M.: Pharmac. weekbl. Bd. 61, 1924.

Permanganat zu Schwefelsäure und Dithionsäure oxydiert. Fordos und Gélis[1] erkannten, daß der entstehende Anteil Dithionsäure von Säurekonzentration und Temperatur abhängt. Auch nach Hönig und Zatzek (l. c.) und Pinnow[2] ist die Oxydation in saurer Lösung unvollständig, in alkalischer aber praktisch quantitativ.

Nach Kolthoff (l. c.) genügen zur Oxydation in alkalischer Lösung schon 2 Minuten Stehen; man arbeitet im übrigen wie bei der Sulfidbestimmung. Oxydiert man mit einem Überschuß Permanganat in saurem Medium, so werden 3—4%, in neutraler Lösung etwa 2%, zu wenig verbraucht.

Thioschwefelsäure und ihre Salze: Nach den Untersuchungen von Péan de Saint Gilles (l. c.) bildet sich bei der Oxydation in saurer Lösung neben Sulfat auch Dithionat, nach Dobbin[3] sogar noch Tetrathionat. Auch in essigsaurer Lösung bei Kochhitze wird Thiosulfat nach Hönig und Zatzek[4] selbst binnen längerer Zeiträume nur unvollkommen oxydiert[5].

Aber schon Péan de Saint Gilles (l. c.) erkannte in alkalischem Medium (Sodalösung) eine vollständige Oxydation zu Sulfat, was Hönig und Zatzek (l. c.), Kiliani[6], Lunge und Smith[7] und Kolthoff (l. c.) bestätigen konnten. Der Vorgang folgt der Gleichung:

$$S_2O_3'' + 2O_2 + H_2O + 2SO_4'' + 2H\cdot.$$

Eine Normallösung (in oxydimetrischem Sinne!) enthält also $1/8$ Mol im Liter. Erprobte Arbeitsweise wie bei Schwefelwasserstoff; nach 2 Minuten Stehen kann zurücktitriert werden.

Das erwähnte eigentümliche Verhalten von Thiosulfat und Sulfit kann zur Bestimmung beider Ionen nebeneinander dienen. In alkalischer Lösung werden beide durch Permanganat

---

[1] Fordos und Gélis: Journ. pharm. chim. Bd. 36, S. 113. 1859.
[2] Pinnow: Zeitschr. f. analyt. Chem. Bd. 43, S. 91. 1904; vgl. auch Milbauer: Zeitschr. f. analyt. Chem. Bd. 48, S. 17. 1909.
[3] Dobbin: Journ. soc. chem. ind. Bd. 20, S. 212. 1901.
[4] Hönig und Zatzek: Monatsh. f. Chem. Bd. 4, S. 740. 1883; Bd. 6, S. 492. 1884; Bd. 7, S. 651. 1885.
[5] Vlg. auch Luckow: Zeitschr. f. analyt. Chem. Bd. 32, S. 53. 1893.
[6] Kiliani: Chemiker-Zeit. Bd. 32, S. 53. 1893.
[7] Lunge und Smith: Journ. soc. chem. ind. Bd. 2, S. 301. 1883; Bd. 19, S. 221. 1900.

zu Sulfat oxydiert; das Thiosulfat verbraucht dabei 8 Äquivalente, das Sulfit 2 Äquivalente vom Oxydans. Gegenüber Jod verhält sich Sulfit entsprechend, während bekanntlich Thiosulfat zu Tetrathionat oxydiert wird und dabei 1 Äquivalent Jod verbraucht.

Auch **Selenige Säure** und **Tellurige Säure** werden in Gegenwart von Alkali von Permanganat glatt zu Selensäure bzw. Tellursäure oxydiert.

Rhodanwasserstoffsäure: In saurer Lösung wird Rhodanwasserstoffsäure durch Permanganat nach der Gleichung:

$$HCNS + 3O \rightarrow HCN + H_2SO_4$$

oxydiert.

Von dieser Titration handeln viele Literaturstellen. Aus den Arbeiten von KÜSTER und THIEL[1], HÖLTER und GROSSMANN[2], MASINO[3] und besonders von K. v. SCHRÖDER[4] geht hervor, daß der Permanganatverbrauch in saurer Lösung immer zu niedrig ist. Nach SCHRÖDERS eingehenden Untersuchungen wirkt besonders die Luftoxydation während der Titration störend. Die Reaktion zwischen Rhodanwasserstoffsäure und Sauerstoff wird stark von der Hauptreaktion Rhodanwasserstoffsäure-Permanganat induziert, was wir durchaus zu bestätigen vermochten. Weiter behauptet SCHRÖDER, daß ein geringer Teil des Rhodanwasserstoffs in ein komplexes Manganrhodanid übergeführt wird, das nur sehr langsam mit Permanganat weiterreagiert. Setzt man nun im Endpunkt einen Überschuß Natriumcarbonat hinzu und säuert daraufhin wieder an, so wird die komplexe Verbindung aufgespalten, und man kann nunmehr die Titration zu Ende führen. Doch fallen die Resultate wegen der gleichzeitigen Luftoxydation immer noch zu niedrig aus.

Sehr gute Ergebnisse erzielt man nach SCHRÖDER und nach GROSSMANN und HÖLTER, wenn man die Rhodanlösung zu einer warmen (50°) angesäuerten Permanganatlösung gibt und deren Überschuß zurücktitriert. Ich habe eine sehr genaue Untersuchung über die maßanalytische Rhodanidbestimmung angestellt (nicht veröffentlicht), bin aber mit Permanganat unter keinen Be-

---

[1] KÜSTER und THIEL: Zeitschr. f. anorg. allgem. Chem. Bd. 35, S. 43. 1903.

[2] HÖLTER und GROSSMANN: Chemiker-Zeit. Bd. 48, S. 348. 1909.

[3] MASINO: Chemiker-Zeit. Bd. 48, S. 1173, 1185. 1909.

[4] SCHRÖDER, K. v.: Zeitschr. f. öffentl. Chem. Bd. 15, S. 321. 1909.

dingungen zu sehr guten Werten gelangt. Die beste Arbeitsmethode ist immer noch die folgende:

Etwa 50 ccm 0,1-n-Permanganat werden mit 20 ccm 4-n-
Schwefelsäure angesäuert und auf 50⁰ erwärmt. Dann wird mit
etwa dreimaligem Zusatz von je 0,2 g Natriumbicarbonat die
Luft vertrieben, worauf man dann ca. 25 ccm einer 0,025 molaren
Rhodanidlösung einpipettiert. Nach dem Abkühlen setzt man
Kaliumjodid hinzu und titriert jodometrisch zurück. Auch unter
günstigsten Verhältnissen fand ich noch 1% Permanganat zu
wenig verbraucht. Für genaue Analysen kommt dies Verfahren
daher gar nicht in Frage.

Ammoniak: Eine quantitative Oxydation des Ammoniaks
mit Permanganat zu Stickstoff bzw. Nitrit oder Nitrat ist durchaus nicht möglich[1]. Doch können Ammoniumsalze bei oxydimetrischen Bestimmungen stören. Sehr verdünnte Ammonium-
salzlösungen (0,01-n) werden meiner Erfahrung[2] nach in saurer
Lösung nicht angegriffen, stärkere aber schon ein wenig zu
Nitrat oxydiert. In alkalischem Medium hängt die Oxydation
nur wenig von der Ammoniakkonzentration ab, ist jedoch auch
in großen Verdünnungen nicht unwesentlich und liefert ein wenig
Nitrit.

0,5—20 ccm 0,1-n alkalisch gemachte Ammoniumchloridlösung
verbrauchten nach 24 Stunden Stehen 1,5 ccm 0,1-n-Permanganat.

Hydrazin: Nach PETERSEN[3] wird Hydrazin in schwefelsaurer Lösung durch Permanganat teilweise zu Stickstoff und
Ammoniak oxydiert; 17 Moleküle Hydrazin verbrauchen dabei
26 Äquivalente Sáuerstoff. KOLTHOFF[4] konnte dies nicht be-

---

[1] Vgl. WÖHLER: Ann. d. Chem. Bd: 136, S. 256. 1856; HOOGEWERFF und
VAN DORP: Ann. d. Chem. Bd. 204, S. 93. 1880; CLOËR und GUIGNET: Ann.
d. Chem. Bd. 108, S. 378. 1858; VORLÄNDER, BLAU und WALLIS: Ann. d.
Chem. Bd. 345, ·S. 256. 1906.

[2] KOLTHOFF: Pharmac. weekbl. Bd. 61, 1924.

[3] PETERSEN: Zeitschr. f. anorg. allgem. Chem. Bd. 5, S. 1. 1893; vgl.
auch MÖRNER: Zeitschr. f. analyt. Chem. Bd. 41, S. 403. 1902; CURTIUS und
SCHRADER: Journ. f. prakt. Chem. Bd. 50, S. 321. 1904; ROBERTO und
RONCALI vgl. Chem. Zentralbl. Bd. 2, S. 616. 1904; MEDRI: Gazz. chim. ital.
Bd. 36 II, S. 373. 1906; BROWNE und SHETTERLEY: Journ. of the Americ.
chem. soc. Bd. 31, S. 221. 1909.

[4] KOLTHOFF, J. M.: Journ. of the Americ. chem. soc. Bd. 40. S. 2014.
1924.

stätigen, er fand auf 5 Moleküle Hydrazin in der Siedehitze ungefähr 16 Äquivalente Oxydans verbraucht. Die Titration ist für praktische Zwecke wertlos; dagegen wurden bei der Titration einer salzsauren Lösung in der Siedehitze sehr gute Resultate erhalten. Die Oxydation entspricht dann nach KOLTHOFF quantitativ der Gleichung:

$$N_2H_4 + 2O \rightarrow N_2 + 2H_2O.$$

Vorschrift: 25 ccm 0,1-n-Hydrazinsalzlösung ($^1/_{40}$ molar) werden mit 5—15 ccm 4-n-Salzsäure vermischt, bis zum Sieden erhitzt und direkt mit Permanganat bis zum Endpunkte titriert. Der Farbumschlag ist scharf zu erkennen, wonach Hydrazinsulfat eine geeignete Ursubstanz zur Permanganateinstellung sein dürfte.

In der Kälte mit überschüssiger Titerlösung ist die Oxydation in schwefelsaurer Lösung unvollständig; sie wird etwa durch den Vorgang:

$$2N_2H_4 + O_2 \rightarrow 2NH_3 + N_2O + H_2O$$

wiedergegeben.

In alkalischem Mittel führt sie wieder glatt zu Stickstoff und Wasser. Arbeitsweise wie bei Sulfid; nach halbstündigem Stehen wird zurücktitriert.

Salpetrige Säure:

In neutraler oder alkalischer Lösung wird Nitrit von Permanganat nicht angegriffen, in saurer Lösung wird es quantitativ zu Salpetersäure oxydiert:

$$NO_2' + O \rightarrow NO_3'.$$

Die ältere Literatur bringt Vorschriften, nach denen die verdünnte Nitritlösung mit Schwefelsäure angesäuert und direkt mit Permanganat titriert wird. Besonders am Ende der Bestimmung ist die Reaktionsgeschwindigkeit gering. Die Titration gibt keine genauen Werte, weil sich die salpetrige Säure während der Bestimmung zersetzt, etwas Stickstoff entweichen läßt und durch Luftoxydation Salpetersäure bildet. PÉAN DE SAINT GILLES (l. c.) und auch KUBEL[1] versetzen daher die neutrale oder al-

---

[1] KUBEL: Journ. f. prakt. Chem. Bd. 102, S. 229. 1867; auch RASCHIG: Ber. Bd. 39, S. 3912. 1906; ATKINSON: Pharm. journ. Bd. 16, S. 809. 1886; ADDIE und WOOD: Journ. of the chem. soc. (London) Bd. 77, S. 1076. 1900.

kalische Nitritlösung mit einem Überschuß Permanganat, säuern dann an und titrieren das Permanganat zurück.

Nach eignen Versuchen bewährt sich folgende

Vorschrift: Zu 25 ccm 0,1-n-Permanganat gibt man in einem Erlenmeyer-Kolben mit eingeschliffenem Stöpsel 10 ccm etwa 0,05 molare Nitritlösung und rund 5 ccm 4-n-Schwefelsäure. Man verschließt den Kolben, schwenkt besonders im Anfang oft um und titriert nach 15 minütigem Stehen den Permanganatüberschuß nach Zusatz von Kaliumjodid jodometrisch zurück. Diese Methode ist besonders bei verdünnteren Lösungen genauer als die von G. LUNGE[1].

Man vermischt nach LUNGE etwa 25 ccm 0,1-n-Permanganat mit 20 ccm 4-n-Schwefelsäure, verdünnt mit Wasser auf 250 bis 300 ccm, erwärmt auf 40° und titriert in einem Becherglas aus einer Bürette mit der Nitritlösung. Besonders gegen Ende der Titration, wenn die Permanganatfarbe noch schwach ist, muß man das Nitrit sehr langsam zusetzen und ständig rühren. Nach meiner Erfahrung entstehen hierbei leicht Fehler von 1—2%.

Wegen der geringen Oxydationsgeschwindigkeit kann schon ein Teil der salpetrigen Säure zersetzt werden, bevor er noch mit Titerlösung reagiert hat.

A. KLEMENC[2] und F. A. HOEG[3] haben die Genauigkeit der Nitritbestimmung mit Permanganat gesteigert, indem sie einen Überschuß Permanganat und Schwefelsäure in einen Kolben geben, denselben evakuieren (100 mm Hg genügen nach HOEG), dann die Nitritlösung durch einen aufgesetzten Scheidetrichter zufließen lassen und mit Wasser nachspülen. Nach HOEG läßt man dann 5 Minuten bei gewöhnlicher Temperatur stehen, erhitzt auf 40° und titriert das Permanganat mit Oxalsäure zurück.

Verschiedentlich hat man versucht, die Nitrittitration zur Kaliumbestimmung zu verwerten[4]. Bekanntlich wird Kaliumion von Natriumkobaltinitrat gefällt; der Niederschlag hat etwa die

---

[1] LUNGE, G.: Zeitschr. f. angew. Chem. Bd. 4, S. 629. 1891; Chemiker-Zeit. Bd. 26, S. 501. 1904.

[2] KLEMENC, A.: Zeitschr. f. analyt. Chem. Bd. 61, S. 448. 1922.

[3] HÖEG, F. A.: Zeitschr. f. analyt. Chem. Bd. 71, S. 102. 1927.

[4] Vgl. u. a. ADDIE und WOOD: Journ. of the chem. soc. (London) Bd. 77, S. 1076. 1900.

Zusammensetzung $K_2NaCO(NO_2)_6 \cdot H_2O$. Jedoch ist diese Zusammensetzung keineswegs konstant, sondern schwankt besonders mit dem Natriumgehalt der Lösung; daher kann dies Verfahren nicht genau sein.

Unterphosphorige Säure: Unterphosphorige Säure wird in saurer Lösung nur langsam durch Permanganat zu Phosphat oxydiert. Die meisten Vorschriften lassen die Hypophosphitlösung mit überschüssigem Permanganat in saurer (oder neutraler bzw. alkalischer[1]) Lösung einige Zeit kochen und dann zurücktitrieren. Wie schon hervorgehoben, unterlaufen dabei immer Fehler durch die Selbstzersetzung des Permanganats. Daher empfiehlt KOLTHOFF[2] die Oxydation in der Kälte. Zu etwa 10 ccm 0,1-n-(= $^1/_{40}$ molar) Hypophosphit fügt man 25 ccm 0,1-n-Permanganat und 5 ccm 4-n-Schwefelsäure. Nebenher setzt man zwei Blindversuche mit Permanganat, Schwefelsäure und Wasser an. Nach 24 stündigem verschlossenem Stehen wird das Permanganat jodometrisch zurücktitriert.

Phosphorige Säure: Auch Phosphite werden nur langsam von Permanganat oxydiert. Die beim Hypophosphit beschriebene kalte Oxydationsmethode gibt auch hier gute Resultate. Nach 2 Stunden Stehen in saurer Lösung kann man schon zurücktitrieren.

Arsenige Säure: In Zusammenhang mit der Permanganateinstellung auf arsenige Säure haben wir schon betont, daß die direkte Titration nicht unter allen Verhältnissen glatt verläuft. BUSSY[3] hat schon 1847 die Bestimmung in salzsaurer Lösung empfohlen. So verfahren auch L. MOSER und F. PERJATEL[4], ver-

---

[1] KÖSZEGI, D.: Zeitschr. f. analyt. Chem. Bd. 68, S. 216. 1926. Vgl. auch L. ZIVY: Bull. soc. chim. Bd. 39, S. 496. 1926.

[2] KOLTHOFF, J. M.: Zeitschr. f. analyt. Chem. Bd. 69, S. 36. 1926.

[3] BUSSY: Cpt. rend. Bd. 24, S. 774. 1847.

[4] MOSER, L. und F. PERJATEL: Monatsh. f. Chem. Bd. 33, S. 751. 1912; vgl. auch PÉAN DE ST. GILLES: Ann. de chim. phys. Bd. 55, S. 385. 1859; LENSSEN: Journ. f. prakt. Chem. Bd. 78, S. 197. 1859; KESSLER: Pogg. Ann. Bd. 118, S. 17. 1863; L. VANINO: Zeitschr. f. analyt. Chem. Bd. 34, S. 426. 1895; KÜHLING: Ber. Bd. 34, S. 404. 1901; WAITZ: Zeitschr. f. analyt. Chem. Bd. 10, S. 174. 1874; DEISS: Chemiker-Zeit. Bd. 34, S. 237. 1920; BRAUNER: Zeitschr. f. analyt. Chem. Bd. 55, S. 242. 1916; BOSE: Chem. news Bd. 117.

dünnen mit viel Wasser und titrieren langsam in der Kälte mit Permanganat. Im allgemeinen ist die Titration bei Zimmer-temperatur wenig angenehm; nach jedem Permanganatzusatz entsteht intermediär ein grün oder braun gefärbtes komplexes Manganiarsenat[1], und erst nach längerem Warten entfärbt sich die Lösung wieder. Bei höherer Temperatur verläuft die Reaktion unter Manganobildung wohl schneller, doch ist die Methode auch in schwefelsaurer Lösung bei 100° Anfangstemperatur kaum zu empfehlen, weil immer wieder gegen Ende hin die hinderliche Grünfärbung auftritt; eher dann noch in salzsaurer Lösung.

Zu 25 ccm etwa 0,1-n-Arsentrioxydlösung gibt man etwa 8 bis 10 ccm 25proz. Salzsäure, erwärmt zum Sieden und titriert direkt mit Permanganat bis zum Endpunkt. Nach C. Lang und be-sonders nach R. Lang[2] und anderen[3] beschleunigen Spuren Jodid oder Jodat die Oxydation der arsenigen Säure. Man versetzt daher die mit Salzsäure angesäuerte Lösung mit einem Tropfen $^1/_{400}$ molarer Kaliumjodid- oder -jodatlösung und titriert auf den üblichen Umschlag. In schwefelsaurer Lösung führt man die Titration bei 40° aus.

Anwendung der Titration der arsenigen Säure mit $KMnO_4$. Eine Anwendung der As_2O_3-Titration mit Permanganat macht A. Cantoni[4] zur Gehaltsbestimmung von Braunstein, Bleiperoxyd und Mennige (Pb_3O_4).

Etwa 0,5 g Braunstein werden mit 100 ccm 0,1-n-As_2O_3 und 20 ccm konzentrierter Schwefelsäure bis zur vollständigen Zer-setzung gekocht und nach dem Abkühlen mit 400 ccm Wasser und einer Spur Jodid (oder Jodat) beschickt, worauf der Über-schuß an Arsentrioxyd mit Permanganat zurücktitriert wird.

S. 379. 1918; Geloso: Cpt. rend. Bd. 171, S. 1145. 1920; A. Klemenc: Zeitschr. f. analyt. Chem. Bd. 61, S. 448. 1922; Hall und Carlson: Journ. of the Americ. chem. soc. Bd. 45, S. 1615. 1923; J. M. Kolthoff: Pharmac. weekbl. Bd. 61, 1924; M. Travers: Bull. soc. chim. Bd. 37, S. 456, 1925.

[1] Deiss, E.: Zeitschr. f. anorg. allgem. Chem. Bd. 145, S. 365. 1925.

[2] Lang, C.: Chemiker-Zeit. Bd. 37, S. 774. 1898; Lang, R.: Zeitschr. f. anorg. allgem. Chem. Bd. 152, S. 203. 1926.

[3] Cantoni, O.: Ann. chim. appl. Bd. 16, S. 153. 1926; Procke, O. und J. Sveda: Chem. Zentralbl. Bd. 1, S. 1859. 1926.

[4] Cantoni, A.: Ann. chim. appl. Bd. 16, S. 439. 1926.

Bei der Gehaltsbestimmung von PbO_2 bzw. Pb_3O_4 geht man von 1—2 g Substanz aus und verwendet 100 ccm 10proz. Salzsäure statt 20 ccm konzentrierter Schwefelsäure.

Weiterhin benutzt R. Lang[1] die Permanganattitration der arsenigen Säure bei der Bestimmung des Mangans. Die alkalische Lösung wird in Gegenwart eines Nickelsalzes mit Kaliumpersulfat oxydiert, hernach angesäuert, mit Arsentrioxydlösung im Überschuß versetzt und dieser mit Permanganat zurücktitriert.

Antimon: Dreiwertiges Antimon wird in salzsaurer Lösung durch Permanganat direkt in die fünfwertige Form übergeführt. Dabei bringt die Reaktion zwischen Salzsäure und Permanganat keinen Fehler mit sich.

Zur Bestimmung des Antimons in einer Legierung löst man diese heiß auf in konzentrierter Schwefelsäure, verdünnt mit Wasser und Salzsäure und titriert. Zinn wird gleichzeitig zu Stanni gelöst und hat auf die folgende Titration keinen Einfluß.

Zinn: Stanno wird durch Permanganat quantitativ zu Stanni oxydiert. Da durch die Stanno-Permanganatreaktion aber die Luftoxydation des zweiwertigen Zinns induziert wird (vgl. Teil I, S. 130), muß man in einem indifferenten Gasstrom arbeiten. Einfacher versetzt man die Stannolösung mit überschüssigem Ferrisalz und titriert das entstandene Ferroeisen, das gegen den Luftsauerstoff beständiger ist (vgl. bei Eisen S. 297).

Wasserstoffsuperoxyd:

In saurer Lösung wirkt Wasserstoffsuperoxyd reduzierend auf Permanganatlösung:

$$H_2O_2 + O \rightarrow H_2O + O_2.$$

Die Titration kann sowohl in schwefelsaurem wie in salzsaurem System bei Zimmertemperatur vorgenommen werden. Ebenso wie bei der Oxalsäuretitration werden die ersten Tropfen Permanganat langsam entfärbt, aber dann verläuft die Reaktion glatt bis zum Endpunkt. Gibt man von vornherein etwas Manganosalz hinzu, so verschwinden auch die ersten Permanganattropfen sofort. Im Beisein von leicht oxydierbaren organischen Substanzen, wie Acetanilid, Harnsäure und anderen, welche bisweilen zur Konservierung dem Wasserstoffsuperoxyd zugesetzt

---

[1] Lang, R.: Zeitschr. f. anorg. allgem. Chem. Bd. 158, S. 370. 1926.

werden, versagt die Methode; dann hat man zur jodometrischen Bestimmung zu greifen (vgl. S. 377).

Vom theoretischen Standpunkt aus ist das Verhalten des Wasserstoffsuperoxyds gegen Permanganat sehr interessant, aber noch nicht restlos aufgeklärt. Wasserstoffperoxyd kann nämlich sowohl oxydierend (etwa auf Jodwasserstoff) als reduzierend (wie auf Permanganat) wirken. Im Laufe der Zeit ist eine große Anzahl Theorien zur Erklärung dieser eigenartigen Verhältnisse entwickelt worden (wegen einer guten Zusammenstellung vgl. L. BIRCKENBACH[1]).

Merkwürdigerweise behandelt BIRCKENBACHs Buch gar nicht die elektrochemische Anschauung von C. FREDENHAGEN[2]. Doch ist sie interessant genug, um hier kurz erwähnt zu werden.

Bekanntlich ist Wasserstoffperoxyd eine schwache Säure:

$$H_2O_2 \rightleftarrows O' - O' + 2H^{\cdot}$$

oder besser:

$$H_2O_2 \rightleftarrows H^{\cdot} + O_2H'.$$

Wird nun das $O' - O'$-Ion unter Aufnahme zweier Elektronen zu zwei O''-Ionen reduziert, so wirkt das Peroxyd oxydierend:

$$O' - O' + 2e \rightleftarrows 2O'' \tag{1}$$

Die O''-Ionen reagieren mit Wasser zu Hydroxylionen:

$$2O'' + 2H_2O \rightleftarrows 4OH'.$$

Hingegen verhält sich das Peroxyd wie ein Reduktionsmittel, wenn das $O' - O'$-Ion seine Ladung abgibt und in gasförmigen Sauerstoff übergeht:

$$O' - O'' \rightleftarrows O_2 + 2e. \tag{2}$$

Die Reduktionswirkung ist also mit der Entwicklung freien Sauerstoffs (wie bei der Permanganattitration) verbunden.

Im allgemeinen neigt das Peroxyd in alkalischer Lösung mehr zu reduzierenden, in saurer Lösung mehr zu oxydierenden Reaktionen; z. B. wird Hypojodit (auch Hypobromit) in alkalischem Medium von Peroxyd reduziert:

$$H_2O_2 + OJ' \rightarrow H_2O + O_2 + J';$$

in saurer Lösung wird dagegen Jodid zu Jod oxydiert:

$$H_2O_2 + 2J' + 2H^{\cdot} \rightarrow 2H_2O + J_2.$$

So erfährt auch Ferricyanid in alkalischer Lösung durch Wasserstoffsuperoxyd eine Reduktion zu Ferrocyanid, umgekehrt aber angesäuerte Ferrocyanidlösung eine Oxydation zu Ferricyanid. Dieser große Einfluß der Wasserstoffionenkonzentration erklärt sich daraus, daß die Konzenration der O''-Ionen [vgl. Gl. (1)] in alkalischer Lösung viel größer ist als in saurer. Bei einer Oxydationswirkung wird das Peroxyd in O'' und dann in OH' übergeführt. In saurer Lösung findet diese oxydierende Wirkung

---

[1] BIRCKENBACH, L.: Die Untersuchungsmethoden des Wasserstoffperoxyds; Samml. chem., techn.-chem. und physik.-chem. Analyse, besonders S. 1—48; Stuttgart: Verlag Ferdinand Enke 1903.

[2] FREDENHAGEN, C.: Zeitschr. f. anorg. allgem. Chem. Bd. 29, S. 453. 1902.

des H_2O_2 (d. h. seine eigne Reduktion!) viel weniger Widerstand, weil die O''- bzw. OH'-Ionen ständig fortgenommen werden. Dagegen vermag Peroxyd in alkalischer Lösung mehr nach Gleichung (2) zu reagieren. Daß es übrigens auch in saurem Medium gegen sehr starke Oxydantien als Reduktionsmittel wirken kann, geht schon aus seiner vielbekannten Reaktion mit Permanganat hervor.

Leider sind die Oxydationspotentiale des Peroxyds bei wechselnden Wasserstoffionenkonzentrationen nicht bekannt. Bei Berührung einer Platinelektrode mit Wasserstoffperoxydlösung wird Sauerstoff entwickelt, und man mißt mehr oder weniger das Potential der Sauerstoffelektrode. Darum können wir leider noch nicht das chemische Verhalten des Peroxydes elektrochemisch aus seinem Oxy-Reduktionspotential voraussagen.

Genau wie H_2O_2 selbst lassen sich auch Alkali- und Erdalkaliperoxyde, Perborate und Percarbonate in saurer Lösung bestimmen.

Dagegen reagieren Überschwefelsäure $SO_3H\text{-}O\text{-}O\text{-}SO_3H$ und Sulfomonopersäure $SO_3H\text{-}O\text{-}OH$ so langsam (geringe Hydrolyse), daß sie nicht mehr mit Permanganat titriert werden können. Bei raschem Arbeiten in großer Verdünnung ist sogar Peroxyd neben Persulfat angenähert zu bestimmen[1]. Die Gegenwart von Persäuren der Konstitution $HOR\text{-}O\text{-}OH$ (wie z. B. Monosulfopersäure) kann hier aber unter Umständen stören, weil sie mit Permanganat schon leichter unter Sauerstoffentwicklung reagieren. Nach J. A. N. FRIEND[2] ist eine genaue H_2O_2-Bestimmung neben Kaliumpersulfat aber nicht möglich, weil beide im Sinne der Gleichung:

$$H_2O_2 + K_2S_2O_8 \rightarrow K_2SO_4 + H_2SO_4 + O_2$$

aufeinander wirken. Bei rascher Titration tritt diese Reaktion ganz zurück, sie wird aber durch das gleichzeitig entstehende Manganosalz beschleunigt.

Eisen und seine Verbindungen.

a) Titration von Ferroeisen:

Im Jahre 1846 veröffentlichte MARGUÉRITE[3] seine bekannte Methode zur Ferrobestimmung mit Permanganat; sie war zugleich die erste Permanganattitration überhaupt. In schwefel-

---

[1] Vgl. BAYER und VILLIGER: Ber. Bd. 33, S. 2491. 1900; Bd. 34, S. 854. 1901.

[2] FRIEND: Journ. of the chem. soc. (London) Bd. 85, S. 597. 1903; Proc. soc. chem. Bd. 20, S. 198. 1904.

[3] MARGUÉRITE: Ann. chim. phys. Bd. 18, S. 244. 1846.

saurer Lösung bereitet die Bestimmung keinerlei Schwierigkeiten; die Flüssigkeit wird durch das entstehende Ferrieisen gelb und im Endpunkte durch den ersten geringen Permanganatüberschuß orange gefärbt. Um einen Umschlag von Farblos auf Rosa zu erhalten, fügt man auch Phosphorsäure hinzu, welche die eigengefärbten Ferriionen zu farblosen Komplexen bindet.

Während der Titrationen bei Zimmertemperatur stört der Luftsauerstoff nicht, auch nicht in Gegenwart fein verteilter fester Stoffe; bei höherer Temperatur und raschem Arbeiten findet man die gleichen Ergebnisse wie in der Kälte. Titriert man aber langsam, so kann meiner Erfahrung[1] nach eine induzierte Luftoxydation kleine Fehler verursachen (etwa 0,3—0,4%), die im Beisein von Phosphorsäure sogar noch etwas steigen. Sehr verdünnte Ferrolösungen lassen sich auch genau titrieren, jedoch hat man dann den Titrierfehler zu korrigieren.

Über den störenden Einfluß der Salzsäure bei der Ferrobestimmung ist viel geschrieben worden. Diese Frage hat auch das größte praktische Interesse, weil man Erze, Legierungen usw. gewöhnlich vor der Titration in Salzsäure lösen muß. Wir wollen hier die umfangreiche Literatur nur kurz überblicken. MARGUÉRITE titrierte in sehr verdünnter salzsaurer Lösung in der Kälte, jedoch wiesen LÖWENTHAL und LENSSEN[2] darauf hin, daß dann ein wenig Salzsäure zu Chlor oder richtiger nach BAXTER und FREVERT[3] zu unterchloriger Säure oxydiert wird. FRESENIUS[4] bestätigte die Resultate von LÖWENTHAL und LENSSEN, erkannte aber merkwürdigerweise aus seinen Versuchen noch nicht, daß begleitendes Manganosalz die Salzsäurestörung stark herabsetzt. Erst KESSLER[5], dem wir eine ausgezeichnete Arbeit über die Eisentitration verdanken (welche viele spätere Autoren nicht kannten oder absichtlich übergingen!), hat die günstige Wirkung der Manganoionen klargestellt. Auch fand er bereits — was J. WAGNER[6], FRIEND[7] und auch ich bestätigen konnten —, daß schon

[1] KOLTHOFF, J. M.: Pharmac. weekbl. Bd. 61, S. 1082. 1924.

[2] LÖWENTHAL und LENSSEN: Zeitschr. f. analyt. Chem. Bd. 1, S. 329. 1862.

[3] BAXTER und FREVERT: Americ. chem. journ. Bd. 34, S. 109. 1905.

[4] FRESENIUS: Zeitschr. f. analyt. Chem. Bd. 1, S. 363. 1862.

[5] KESSLER: Ann. d. Chem. Bd. 118, S. 17. 1863.

[6] WAGNER, J.: Maßanalytische Studien. Habilitationsschrift. S. 78. Leipzig 1898; auch Zeitschr. f. physikal. Chem. Bd. 28, S. 33. 1899.

[7] FRIEND: Journ. of the chem. soc. (London) Bd. 95, S. 1228. 1908.

relativ geringe Mengen Salzsäure stören, und daß weiterhin der Fehler mit steigender Verdünnung des Eisens und steigender Titriergeschwindigkeit zunimmt. Zur Erläuterung will ich aus eigenen Untersuchungen einige Beispiele anführen:

Fehler

$$0{,}1\text{-n} \begin{cases} 25\ \text{ccm}\ 0{,}1\text{-n-Ferrosulfat} & +\ 10\ \text{ccm 4-n-HCl schnell titriert} & +\ 0{,}5\% \\ 25\ \text{ccm} \quad\quad\quad\text{,,} & +\ 10\ \text{ccm} \quad\quad\text{,,} \quad\text{langsam ,,} & +\ 0{,}1\text{ ,,} \end{cases}$$

$$0{,}01\text{-n} \begin{cases} 25\ \text{ccm}\ 0{,}01\text{-n-Ferrosulfat} & +\ 10\ \text{ccm 4-n-HCl schnell titriert} & +\ 5{,}0\% \\ 25\ \text{ccm} \quad\quad\quad\text{,,} & +\ 10\ \text{ccm} \quad\quad\text{,,} \quad\text{langsam ,,} & +\ 2{,}3\text{ ,,} \end{cases}$$

ZIMMERMANN[1] zieht aus FRESENIUS' Versuchen den Schluß, daß Manganoion den Salzsäurefehler beseitigt und empfiehlt daher für die Eisenbestimmung in salzsaurer Lösung einen Manganozusatz. Später hat REINHARDT[2] die Vorschrift verbessert; das von ihm beschriebene Gemisch wird heute noch allgemein angewandt und ist bekannt unter dem Namen: REINHARDT-ZIMMERMANN-Lösung: 67 g Manganosulfat werden in 400—500 ccm Wasser gelöst, 333 ccm Phosphorsäure (spez. Gew. 1,3) und 133 ccm konzentrierte Schwefelsäure zugefügt und mit Wasser auf 1 l verdünnt.

Für jeden Versuch nimmt davon REINHARDT 60 ccm. Nach FINKENER[3] wirkt auch eine Mischung von Fluorwasserstoff und Kaliumsulfat im gleichen Sinne, was FOLLENIUS[4] jedoch nicht für richtig hält.

Auch J. WAGNER (l. c.) hat eine eingehende Untersuchung über die Salzsäurestörung angestellt. Er studierte den gleichzeitigen Einfluß verschiedener Kationen und fand besonders große Abweichungen in Gegenwart von Bariumsalzen, was KOLTHOFF (l. c.) aber nicht bestätigen konnte. BAXTER und FREVERT (l. c.) stellten fest, daß auch bei höherer Temperatur durch Mangano der Salzsäurefehler nicht ganz behoben wird (höchstens bei Oxalsäure; vgl. S. 323); über 80⁰ beträgt der Fehler 0,2—0,3%. KOLTHOFF (l. c.) fand das gleiche bei der Titration 0,1-normaler Lösungen; mit 0,01-n-Lösungen sogar noch viel größere Fehler. Erhöhte Temperatur bietet daher noch keine Gewähr, daß die Störung allgemein auf 0,2—0,3% beschränkt bleibt.

HARRISON und PERKIN[5] untersuchten die Eisentitration unter verschiedenen Verhältnissen und hoben u. a. hervor, daß die Reinhard-Zimmermann-Lösung den Salzsäurefehler nicht ganz vermeiden läßt. Vermutlich enthielt aber die von ihnen benutzte Phosphorsäure phosphorige Säure.

[1] ZIMMERMANN: Ann. d. Chem. Bd. 213, S. 305. 1882.

[2] REINHARDT: Chemiker-Zeit. Bd. 13, S. 323. 1889.

[3] FINKENER vgl. ROSE: Handb. d. anal. Chem. 6. Aufl., Teil II, S. 926.

[4] FOLLENIUS: Zeitschr. f. analyt. Chem. Bd. 11, S. 177. 1872.

[5] HARRISON und PERKIN: Analyst Bd. 33, S. 43. 1908.

Jones und Jeffery[1] kritisieren auch die Schlußfolgerungen der genannten Autoren. Friend (l. c.) weist in seiner eingehenden Untersuchung besonders auf den Einfluß der Titriergeschwindigkeit hin. Daraus erklärt er die Widersprüche zwischen den Angaben der verschiedenen Autoren. Ein langsames Titrieren, besonders gegen Ende hin, ist auch meines Erachtens immer zu empfehlen. Auch Barneby[2] hat eingehend die Ferrobestimmung studiert. Er schreibt gleichfalls die Anwendung der Reinhard-Zimmermann-Mischung und ein allmähliches Titrieren vor. Die Gegenwart von Fluorwasserstoffsäure bringt seiner Beobachtung nach[3] schwankende Resultate mit sich, Borsäure und Kieselsäure können aber die Flußsäure durch die Bildung komplexer Fluorverbindungen unschädlich machen. Nach Hough[4] sollen sogar größere Mengen Phosphorsäure die Wirkung der Salzsäure ausgleichen, worin ich ihm jedoch nicht recht geben kann; ebensowenig der Behauptung von Schwarz und Rolfes[5], wonach kolloide Kieselsäure bei Anwesenheit von Mangano im gleichen Sinne wirken soll, was Brandt[6] nicht bestätigen konnte.

Zusammenfassend können wir dieser Fülle von Feststellungen entnehmen, daß die Salzsäurestörung durch die Gegenwart größerer Manganomengen und durch langsame Titration behoben wird. Die Verwendung der Reinhardt-Zimmermann-Lösung ist zu empfehlen. Aus eigener Erfahrung muß ich jedoch einschränkend hervorheben, daß mit viel Manganosalz oder Reinhardt-Zimmermann-Lösung der Fehler beim Titrieren sehr verdünnter Eisenlösungen (0,01-n) nicht ganz zu umgehen ist; er beträgt dann wohl 1% und macht sich schon immer durch den Chlor- (oder Hypochlorit-) Geruch geltend.

Über den Mechanismus der Eisentitration im Beisein von Salzsäure ist in der Literatur sehr viel mitgeteilt worden[7]. Permanganat allein oxydiert in der Kälte und bei den Verdünnungen, wie sie bei der Bestimmung des Eisens in Frage kommen, die Salzsäure nicht zu freiem Chlor. Nach Zusatz von Ferrosalz tritt

---

[1] Jones und Jeffery: Analyst Bd. 34, S. 306. 1909.

[2] Barneby: Journ. of the Americ. chem. soc. Bd. 36, S. 1429. 1914.

[3] Barneby: Journ. of the Americ. chem. soc. Bd. 37, S. 1481. 1915.

[4] Hough: Journ. of the Americ. chem. soc. Bd. 32, S. 539. 1910.

[5] Schwarz und Rolfes: Chemiker-Zeit. Bd. 43, S. 51. 1919.

[6] Brandt: Chemiker-Zeit. Bd. 43, S. 373. 1919.

[7] Manchot: Liebigs Ann. d. Chem. Bd. 325, S. 93. 105. 1902; vgl. auch A. Skrabal: Zeitschr. f. anorg. allgem. Chem. Bd. 42, S. 1. 1904; Zeitschr. f. analyt. Chem. Bd. 42, S. 359. 1903 und vom selben Autor: Die induzierten Reaktionen. Eine gute Zusammenstellung über die Theorie der Titration findet sich auch bei Barneby: Journ. of the Americ. chem. soc. Bd. 36, S. 1429. 1914.

an einem Permanganat-Salzsäuregemisch ein deutlicher Chlorgeruch auf. ZIMMERMANN (l. c.) gab für diese induzierte Reaktion (KESSLER: l. c.) folgende Erklärung: Das Ferroeisen bindet bei der Titration so energisch Sauerstoff, daß es in ein Hyperoxyd (Primäroxyd) übergeht, welches sofort wieder in Ferrieisen und Sauerstoff zerfällt, der die Chlorwasserstoffsäure unter Chlorentwicklung angreift. Diese Annahme begegnet sich also mit der „Primäroxyd"-Theorie von MANCHOT[1] (vgl. Teil I, S. 130). Ist nun Mangano in der Lösung vorhanden, so kann dieses nach ZIMMERMANN als Sauerstoffüberträger dienen, indem es zunächst Manganioxyd oder -superoxydhydrat bildet, welches dann Ferrozu Ferrieisen oxydiert.

Nach moderner Auffassung könnten wir die Einwirkung der Manganoionen so deuten, daß diese das Oxydationspotential des Permanganats herabsetzen:

$$MnO_4' + 8H^{\cdot} + 5e \rightleftarrows Mn^{\cdot\cdot} + 4H_2O,$$

wodurch dessen Oxydationskraft merklich geschwächt wird (vgl. übrigens die zitierte Literatur).

b) Ferrisalze:

Um den Eisengehalt in Ferrisalzen mit Permanganat zu bestimmen, müssen diese zunächst zu Ferro reduziert werden. Hierfür hat man verschiedene Methoden vorgeschlagen; das Ende der Reduktion kontrolliert man am einfachsten durch die Rhodanidprobe an einem kleinen Tropfen der Eisenlösung.

a) Reduktion mit Zink:

$$Zn + 2Fe^{\cdot\cdot\cdot} \rightleftarrows Zn^{\cdot\cdot} + 2Fe^{\cdot\cdot}.$$

Metallisches Zink ist das am häufigsten und am längsten gebrauchte Reduktionsmittel; schon MARGUÉRITE (l. c. 1846) hat es angewandt. Es muß völlig frei von löslichen, Permanganat reduzierenden Stoffen und insbesondere frei von Eisen sein. (Lösen in Schwefelsäure und Prüfen mit Permanganat; nötigenfalls eine Korrektur für den Verbrauch anbringen!) Nach A. SKRABAL (l. c.) hat man auch zu prüfen, ob die schwefelsaure Zinklösung nicht Stoffe enthält, die, ohne allein Permanganat zu entfärben, in Begleitung der Eisentitration als Acceptoren wirken

---

[1] MANCHOT: l. c.

können. Man versetzt daher die filtrierte Zinklösung mit 45 ccm
0,1-n-Ferrosulfat und titriert diese. Der Permanganatverbrauch
darf nicht größer sein als bei der Titration der reinen Ferrosulfat-
lösung. Chemisch reines Zink löst sich in der Kälte sehr träge
auf, und die Reduktion ist auch nach mehrstündiger Einwirkung
unvollständig, daher erwärmt man besser das System. Man beschickt die stark angesäuerte Lösung, die aber keine Salpetersäure
enthalten darf, mit reichlich Zink — möglichst auch mit etwas
Platinblech oder -draht (zur bekannten Bildung eines galvanischen
Elementes!) — erhitzt unter gleichzeitigem Durch- oder Über-
leiten eines langsamen CO_2-Stromes, oder noch einfacher: man
setzt nach einiger Zeit ein Bunsen-Ventil oder einen Contat-
Göckel-Aufsatz auf den Kolben (Abb. 13).

Das Bunsenventil besteht aus einem Stück starkwandigen
Gummischlauchs, welches oben durch eine Glasolive oder ein
Stück Glasstab verschlossen und an der Seite mit
einem Längsschnitt versehen ist. Durch diesen
Schlitz kann der Wasserstoff
bzw. die Luft entweichen.
Beim Abkühlen schließt sich
der Spalt und verhindert den
Luftzutritt.

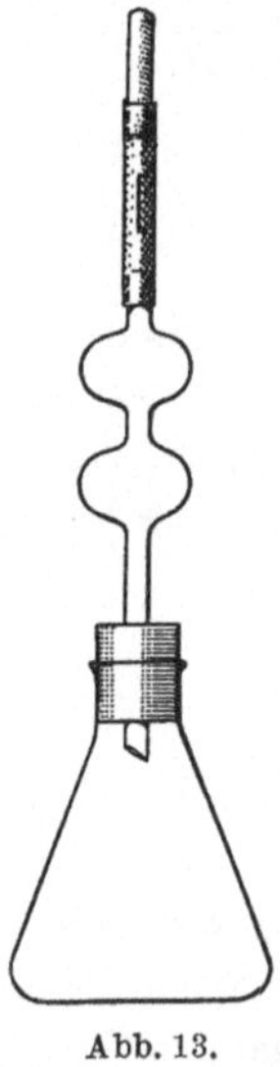

Zweckmäßiger ist der von
Contat[1] erdachte und von
Göckel[2] verbesserte Aufsatz
(Abb. 14), den man zuerst mit
so viel Wasser oder Natriumbicarbonatlösung anfüllt, daß
der längere Schenkel des He-
berröhrchens eben eintaucht
und dieses während des Er-
wärmens verschlossen bleibt.
Nach Beendigung des Kochens
füllt man gesättigte Natrium-

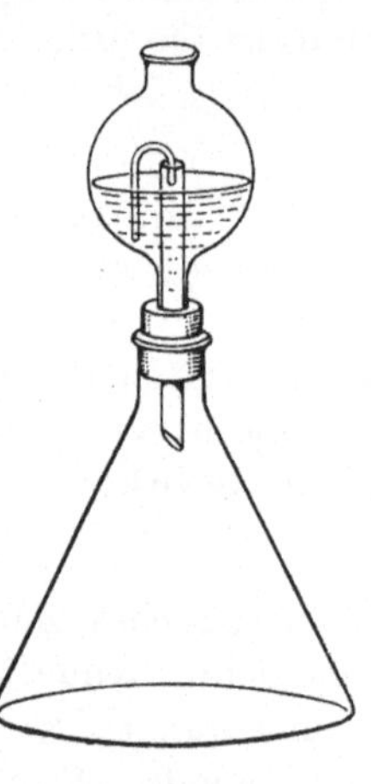

Abb. 13.

Abb. 14.

bicarbonatlösung nach, die nun so lange in den Kolben eingesogen
wird, bis innen der Druck des Kohlendioxyds der äußeren Luft

---

[1] Contat: Chemiker-Zeit. Bd. 22, S. 298. 1898.
[2] Göckel: Zeitschr. f. angew. Chem. Bd. 13, S. 620. 1899; vgl. auch
Spang: Chemiker-Zeit. Bd. 36, S. 1462. 1892.

das Gleichgewicht hält; die im Aufsatz verbleibende Lösung
schützt den Kolbeninhalt gegen den Luftsauerstoff. Der Contat-
Göckel-Aufsatz ist auch zu verschiedenen anderen Bestimmungen
sehr geeignet (Eisenbestimmung in metallischem Eisen; Reduktion von Stanni zu Stanno, von Titani zu Titano usw.).

Man erhitzt nun die ursprüngliche Ferrilösung bis zur vollständigen Reduktion, filtriert, wenn noch Zink oder geringe
Rückstände — wie Kohle — vorhanden, nach dem Erkalten durch
Glaswolle oder reinen Asbest. Dabei braucht man keine Luftoxydation mehr zu befürchten, denn saure Ferrolösung ist in
der Kälte ziemlich stabil[1].

Gepulvertes Zink wirkt viel energischer als solches in Stücken;
es wird von JONES[2] in dem von ihm beschriebenen Apparat (Abb.
und Beschreibung vgl. H. BECKURTS: Die Methoden der Maßanalyse S. 544) als JONES-Reduktor angewandt, der sich in
Amerika großer Beliebtheit erfreut.

Bei langsamer Oxydation des Zinks wird nach TRAUBE[3] in Gegenwart
von Sauerstoff auch etwas Wasserstoffsuperoxyd gebildet. Dieses Zwischenprodukt wird nach einiger Zeit wieder durch die Einwirkung des Zinks
zerstört. Mit Hinblick darauf schrieben die analytischen Handbücher vor,
bei Benutzung des Jones-Reduktors (auch amalgamierter Zinke; vgl. unten)
die Luft auszuschließen, weil sonst zu viel Permanganat verbraucht werden
könnte[4]. W. L. BURDICK[5] hat aber einwandfrei nachgewiesen, daß gebildetes
oder vorhandenes Peroxyd durch den Jones-Reduktor selbst wieder vollkommen reduziert wird.

Der Gebrauch reinen Zinks ist nicht sehr wirtschaftlich, weil
sehr viel Wasserstoff verlorengeht. Dabei kann anscheinend unter
Umständen vom Zink etwas Eisen metallisch abgeschieden
werden[6]. Daher hat schon SHIRNER[7] amalgamiertes, granu-

---

[1] Vgl. auch A. SKRABAL: Zeitschr. f. analyt. Chem. Bd. 42, S. 359. 1903;
WABYNSKI: Ann. chim. anal. appl. Bd. 14, S. 45. 1909.

[2] JONES: Chem. news Bd. 60, S. 163. 1889; Journ. of the Americ. chem.
soc. Bd. 16, S. 234. 1894.

[3] TRAUBE: Ber. Bd. 25, S. 1471. 1893.

[4] Vgl. u. a. DUNSTAN: Journ. of the chem. soc. (London) Bd. 87, S. 1548.
1905; SMITH: Journ. of the chem. soc. (London) Bd. 89, S. 481. 1906;
BAINES: Journ. physic. chem. Bd. 12, S. 468. 1908.

[5] BURDICK, W. L.: Journ. of the Americ. chem. soc. Bd. 48, S. 1179.
1926.

[6] MITSCHERLICH: Zeitschr. f. analyt. Chem. Bd. 2, S. 72. 1863; vgl. auch
MÜLLER und WEGELIN.

[7] SHIRNER: Journ. of the Americ. chem. soc. Bd. 21, S. 723. 1899.

liertes Zink zur Benutzung im Jones-Apparat vorgeschlagen. Die Überspannung des Wasserstoffs an amalgamiertem Zink ist ziemlich groß, so daß bei der Reduktion des Ferrisalzes nur wenig Wasserstoff entweicht. Übrigens besteht keine Gefahr, daß dabei Ferro weiter zum Metall reduziert wird. Das amalgamierte Zink wirkt hinreichend langsam, daher empfehlen ERICH MÜLLER und G. WEGELIN[1] auch noch den Zusatz von ein wenig Kupfersalz als Katalysator.

In den letzten Jahren werden besonders von japanischer Seite flüssige Amalgame zu Reduktionszwecken in die quantitative Analyse eingeführt. Solche Amalgame, die wir S. 310 eingehender besprechen werden, sind auch zur Überführung von Ferri- in Ferroeisen sehr geeignet.

Mit Aluminium[2] statt mit Zink zu reduzieren, erscheint mir bedenklich, weil Handelsaluminium immer mehr oder weniger Eisen enthält. W. D. TREADWELL[3] empfiehlt elektrolytisch gefälltes Cadmium, das Vorteile gegenüber Zink haben soll.

b) Mit Wasserstoff und geeignetem Katalysator: Nach GINTL[4] ist Platinmohr als Kontaktsubstanz ungeeignet, dagegen Palladium sehr brauchbar, wenn es auf elektrolytischem Wege mit Wasserstoff beladen wird. Ohne GINTLS Arbeit zu kennen, hat J. M. HENDEL[5] die Anwendung eines platinierten Stückchens Platingaze als Katalysator empfohlen. Beim Durchleiten von Wasserstoff wurden in Gegenwart eines Streifens Gaze von 32 qcm Oberfläche 100 mg Ferri binnen einer Stunde reduziert; die Geschwindigkeit nimmt mit der Acidität der Lösung ab. Ihrer Umständlichkeit wegen hat diese Methode im allgemeinen für die Praxis keinen Wert.

c) Mit Schwefelwasserstoff: Schwefelwasserstoff ist schon sehr früh zur Reduktion von Ferri- zu Ferroeisen benutzt worden. Vor Zink hat er den Vorzug, daß er Titansäure und andere Stoffe, die durch Zink reduziert werden, nicht angreift. TREADWELL

[1] MÜLLER, ERICH und WEGELIN: Zeitschr. f. analyt. Chem. Bd. 51, S. 615. 1912.

[2] CERULLA: Journ. soc. chem. ind. Bd. 27, S. 1049. 1908.

[3] TREADWELL, W. D.: Helv. chim. acta Bd. 4, S. 551. 1921.

[4] GINTL: Zeitschr. f. angew. Chem. Bd. 15, S. 424. 1902.

[5] HENDEL, J. M.: A new type of reductor and its application to the determination of iron and Vanadium. Dissertation New York 1922.

empfiehlt in seinem Lehrbuch der Analytischen Chemie angelegentlich das Verfahren, weil gleichzeitig begleitendes Kupfer, das die Titration beeinträchtigen kann (Luftoxydation) ausgefällt wird. Ferrifluorid (und wahrscheinlich auch Ferriphosphat) läßt sich mit Schwefelwasserstoff nicht vollständig reduzieren. Zur praktischen Durchführung leitet man Schwefelwasserstoff in die zum Sieden erhitzte Flüssigkeit ein, bis die Reduktion vollendet ist. Alsdann vertreibt man den Schwefelwasserstoff durch weiteres Kochen und Durchleiten von Kohlensäure (Probe auf Bleiacetatpapier!). Nach dem Erkalten im Kohlensäurestrom filtriert man von etwa ausgefällten Sulfiden und vom Schwefel ab. Die von fein verteiltem Schwefel herrührende Trübung erschwert das Erkennen des Endpunktes, bedingt aber keinen Mehrverbrauch von Permanganat.

Statt durch Verkochen kann man nach KESSLER[1] den letzten Schwefelwasserstoffrest auch durch Fällen mit Quecksilberchlorid als basisches Quecksilbersulfochlorid aus der Lösung entfernen.

d) Mit schwefliger Säure: Die Reduktion mit schwefliger Säure hat schon MARGUÉRITE angegeben; sie gelingt nur dann quantitativ, wenn die Flüssigkeit nicht zu sauer ist und SO_2 in großem Überschuß angewandt wird, dessen Auskochen hernach aber ziemlich lange dauert. Darum bedient man sich in der Praxis nur selten dieser Methode.

e) Mit Stannochlorid: Die Reduktion von Ferri- zu Ferroeisen durch Zinnchlorür wurde zuerst von KESSLER (l. c.) empfohlen, der weiterhin auch schon erkannte, daß sich das überschüssige Reduktionsmittel durch Quecksilberchlorid entfernen läßt, wobei sich Zinnchlorid und Calomel bilden. Das letztere wird nur äußerst wenig von Permanganat angegriffen (vgl. „Bemerkung" unten). REINHARDT[2] vereinigte dann später die KESSLERsche Reduktionsmethode mit der Permanganattitration in salzsaurer Lösung in Gegenwart von Manganosulfat. Dies kombinierte Verfahren hat die größte Bedeutung gewonnen und ist auch heute noch allgemein gebräuchlich.

Zinnchlorürlösung: 120 g granuliertes Bankazinn werden in 500 ccm Salzsäure (spez. Gew. 1,124) gelöst, die Lösung nach

---

[1] KESSLER: Pogg. Ann. Bd. 95, S. 223. 1855; Zeitschr. f. analyt. Chem. Bd. 11, S. 249. 1872.

[2] REINHARDT: Chemiker-Zeit. Bd. 13, S. 323. 1889.

beendeter Gasentwicklung, noch in Berührung mit metallischem Zinn, in eine 4-Liter-Flasche gegossen, in der sich bereits 1000 ccm der gleichen Salzsäure und 2 l Wasser befinden.

Ausführung der Reduktion: Die mit Salzsäure stark angesäuerte Ferrilösung wird heiß mit der Zinnchlorürlösung, am besten aus einer Bürette, reduziert, bis die grüngelbe Farbe eben verschwunden ist. Hierauf werden noch 1—2 Tropfen Zinnchlorürlösung zugefügt, abgekühlt und die kalte Lösung mit 25 ccm einer 5proz. Quecksilberchloridlösung versetzt, 2 Minuten stehen gelassen und dann unter Nachspülen in 0,5—1 l Leitungswasser, das mit 60 ccm Reinhardt-Zimmermann-Lösung (vgl. S. 299) versetzt und durch Permanganat eben angerötet ist, übergossen. Endlich wird langsam unter gutem Rühren mit Permanganat titriert.

Bemerkung: Wie MEINEKE[1] schon nachgewiesen hat, kann das bei der Oxydation von Stanno entstehende Quecksilberchlorür auch das bei der Titration gebildete Ferrichlorid reduzieren, und dies um so eher, je mehr Kalomel im System vorhanden ist. Daher hat man unbedingt einen möglichst kleinen Zinnchlorürüberschuß bei der Reduktion zu wählen, damit überhaupt nur wenig Quecksilberchlorür entstehen kann. Die Reaktion zwischen Stannochlorid und Quecksilberchlorid verläuft nicht momentan, man nimmt daher eine reichliche Menge Sublimat und wartet vor dem Titrieren einige Minuten ab.

Zum guten Gelingen einer solchen Eisenbestimmung muß der Kalomelniederschlag auf jeden Fall in der wohlbekannten seidennadelartig-kristallinen Form mit einer gewissen Verzögerung auftreten, darf aber nicht milchig-flockig und momentan erfolgen, weil er dann infolge der viel lockereren Verteilung um so eher selbst oxydiert werden kann, und weil sich in der trüben Lösung der Permanganatumschlag nur viel undeutlicher wahrnehmen läßt.

Diese ungünstige Abscheidungsform des Kalomels vermeidet man am besten durch einen schußartigen Zusatz des Sublimats zur reduzierten Lösung und vor allem durch den bereits betonten sparsamen Gebrauch des Zinnchlorürs. Bei unverhältnismäßig hoher Stannokonzentration wird womöglich Quecksilberchlorid bis zum Metall reduziert (grauer bis grauschwarzer Niederschlag), woraufhin natürlich gar nicht mehr titriert werden kann.

---

[1] MEINEKE: Zeitschr. f. öffentl. Chem. Bd. 4, S. 433. 1898.

c) Bestimmung von metallischem Eisen in
„Ferrum reductum":

Das „Ferrum reductum" besteht gewöhnlich aus metallischem Eisen mit etwas Eisenoxyd. Zur Bestimmung des ersteren behandelt man es nach WILNER[1] zweckmäßig mit Quecksilberchlorid, wobei das Eisen in Ferrochlorid, das Quecksilbersalz aber in Kalomel und mehr noch in Quecksilber selbst übergeht.

0,5 g Ferrum reductum werden möglichst fein gepulvert (grobes Pulver läßt sich nicht quantitativ zersetzen) in einen geeichten 100-ccm-Kolben gebracht, aus dem zuvor die Luft durch Kohlendioxyd vertrieben wurde, 3 g Mercurichlorid und 50 ccm Wasser zugesetzt und über freier Flamme 1 Minute sieden gelassen (auch kann man auf dem Wasserbade erwärmen, bis alles Eisen gelöst ist). Nach dem Abkühlen (Bunsen-Ventilaufsatz) füllt man mit Wasser zu 100 ccm auf, schüttelt gut durch und wartet im verschlossenen Kolben das Absitzen des Niederschlags ab. Nun wird in ein mit Kohlensäure erfülltes Gefäß filtriert, 20—25 ccm des Filtrats werden mit Schwefelsäure angesäuert und mit 0,1-n-Permanganat titriert. Die geringe Chloridmenge in der schwefelsauren Lösung erfordert meiner Erfahrung nach keine Manganosulfatzugabe. Bei der beschriebenen Handhabung muß man unbedingt Rücksicht auf die Luftoxydation nehmen, weil eine neutrale Ferrolösung viel schneller oxydiert wird als eine angesäuerte.

Von verschiedenen Seiten wird auch vorgeschlagen, das metallische Eisen statt mit Quecksilberchlorid mit Kupfersulfat zur Ferrostufe zu oxydieren. Nach meiner Beobachtung bringt dies Fehler mit sich, da immer auch ein wenig Cuprosalz entsteht, welches selbst vom Permanganat oxydiert wird.

A. CHRISTENSEN[2] löst das metallische Eisen in einer neutralen Ferrichloridlösung zu Ferrochlorid:

$$Fe + 2\,FeCl_3 \rightarrow 3\,FeCl_2$$

und titriert dieses mit Permanganat. Ein Drittel des so gefundenen Eisens entspricht der Einwage an Eisenmetall.

0,5 g Ferrum reductum bringt man in einen mit Kohlensäure gefüllten 100-ccm-Maßkolben, setzt 50 ccm Ferrichlorid-

---

[1] WILNER: Farm. Tidskrift 1880. S. 225; vgl. auch MERCK: Zeitschr. f. analyt. Chem. Bd. 41, S. 710. 1902; G. FRERICHS: Arch. d. Pharmaz. Bd. 244, S. 198. 1908.

[2] CHRISTENSEN, A.: Zeitschr. f. analyt. Chem. Bd. 44, S. 535. 1905.

lösung (5 g wasserfreies Ferrichlorid gelöst zu 100 ccm) hinzu, verschließt den Kolben, schüttelt ihn binnen 15—20 Minuten wiederholt um, füllt ihn mit ausgekochtem Wasser bis zur Marke auf und läßt ihn nach gutem Durchmischen über Nacht verschlossen stehen (filtriert eventuell!). Von der klaren überstehenden Lösung werden 20—25 ccm abpipettiert, durch Schwefelsäure angesäuert, mit 0,5 g Manganosulfat versetzt und mit 0,1-n-Permanganat titriert.

Durch einen Blindversuch hat man die Ferrichloridlösung auf einen möglichen eigenen Permanganatverbrauch zu prüfen.

Die Wertbestimmung nach der Ferrichloridmethode gibt nach A. D. Hörlück[1] infolge der Wasserstoffentwicklung etwa um 1,5% zu niedrige Werte. Ferrichloridlösung reagiert durch Hydrolyse so sauer, daß die Wasserstoffionen zu geringem Teil durch das metallische Eisen entladen werden.

d) Andere Anwendungen der Oxydationswirkung des Ferriions und Titrationen der gebildeten Ferrosalze:

Sehr stark reduzierende Substanzen, wie Stanno-, Titano-, Cuprolösungen lassen sich nur schwer genau mit Permanganat titrieren, weil eine beträchtliche Luftoxydation die Permanganatreaktion begleitet. Man kann diese Störung beseitigen, indem man diese Stoffe zunächst mit Ferrisulfatlösung im Überschuß umsetzt und das sekundär entstandene Ferroeisen mit Permanganat bestimmt.

Eine besondere Anwendung findet diese Methode bei der Kupfer- und Zuckerbestimmung. Kupfer wird in alkalischer Lösung von Traubenzucker quantitativ als Oxydul gefällt. Auch kann man mit Arsenit reduzieren.

Oxydimetrische Kupferbestimmung: B. Köszegi[2] reduziert 40 bis 50 ccm einer Kupferlösung, die nicht mehr als 0,1—0,15 g Cu enthalten soll, mit 10 ccm einer Arsenitlösung (4 g As_2O_3 und 3 g K_2CO_3 in 100 ccm Wasser).

Dann wird so lange 10proz. KOH tropfenweise zugesetzt, bis sich der lichtgrüne Niederschlag völlig löst. Man erwärmt und läßt unter Umrühren 5 Minuten lang sieden, filtriert heiß durch einen Goochtiegel (geeigneter ist ein Jenaer Glas-Filtertiegel) und wäscht das Cuprooxyd mit warmem Wasser gut aus. Köszegi löst das Cuprooxyd dann in einer stark sauren Ferrisulfatlösung, was jedoch hinsichtlich der Luftoxydation nicht richtig

---

[1] Hörluck, A. D.: Dansk Tids. Farm. Bd. 1, S. 37. 1926.
[2] Köszegi, B.: Zeitschr. f. analyt. Chem. Bd. 70, S. 297. 1927.

ist (vgl. unten). Besser wählt man eine neutrale Ferrisulfatlösung. Nach dem Lösen des Cuprooxyds wird mit Schwefelsäure angesäuert und das entstandene Ferroeisen mit Permanganat titriert.

Umgekehrt bestimmt man bekanntlich die reduzierenden Zuckerarten, indem man sie mit einem Überschuß Fehlingscher Lösung kocht und die zu Cuprooxyd reduzierte Kupfermenge feststellt (vgl. S. 417). Man kann das Kupferoxydul sammeln (ALLIHN-sche Glasfiltertiegel), auswaschen und in neutraler Ferri-ammoniumsulfatlösung lösen[1]. Die Lösung darf nicht sauer sein, weil sonst die Cuprolösung während der Reaktion mit Ferriionen auch von Luftsauerstoff oxydiert wird. Man findet dann unregelmäßige und fehlerhafte Resultate.

Weiterhin dient die oxydierende Wirkung von Ferrisalzen zur Bestimmung von Hydroxylamin. Bei Siedehitze und in saurer Lösung reduziert Hydroxylamin Ferrieisen nach der Gleichung[2]:

$$2\,NH_2OH + 4\,Fe^{\cdots} \rightarrow N_2O + 4\,Fe^{\cdot\cdot} + H_2O + 4\,H^{\cdot}.$$

Nach W. C. BRAY, M. E. SIMPSON und A. A. MACKENZIE[3] liefert folgende Vorschrift gute Werte:

25 ccm etwa 0,1-n-Hydroxylaminsalzlösung werden in einem Erlenmeyer-Kolben von 400 ccm mit 50 ccm Ferrisulfatlösung [40 g $Fe_2(SO_4)_3 \cdot 9\,H_2O$ im Liter] und 15 ccm Schwefelsäure (etwa 12-n) vermischt, dann 5 Minuten lang stark gekocht, abgekühlt und nach Verdünnen auf etwa 100 ccm mit 0,1-n-Permanganat titriert.

e) Kaliumferrocyanid:

Die Titration von Kaliumferrocyanid mit Permanganat ist schon S. 276 besprochen worden.

$$Fe(CN)_6^{\prime\prime\prime\prime} \underset{\longrightarrow}{\longleftarrow} Fe(CN)_6^{\prime\prime\prime} + e.$$

[1] Anwendung für die Zuckerbestimmung vgl. besonders G. BERTRAND: Bull. soc. chim. (3) Bd. 35, S. 1285. 1906; N. SCHOORL und A. REGENBOGEN: Zeitschr. f. analyt. Chem. Bd. 56, S. 196. 1917.

[2] Vgl. u. a. W. MEYERINGH: Ber. Bd. 10, S. 1942. 1877; F. RASCHIG: Ann. d. Chem. Bd. 241, S. 191. 1887; Zeitschr. f. angew. Chem. Bd. 17, S. 1411. 1904; EBLER und SCHOTT: Journ. f. prakt. Chem. (2) Bd. 78, S. 320. 1908; RUPP und MAEDER: Arch. Pharmaz. Bd. 251, S. 297. 1913; SOMMER und TEMPLIN: Ber. Bd. 47, S. 1226. 1914.

[3] BRAY, W. C., SIMPSON und MACKENZIE: Journ. of the Americ. chem. soc. Bd. 41, S. 1363. 1926.

Schon DE HAEN[1] hat diese Reaktion zur Maßanalyse benutzt, und KESSLER[2] hob die guten Ergebnisse einer solchen Bestimmung in salzsaurer Lösung hervor. Eine Nebenreaktion zwischen Salzsäure und Permanganat wird hier nicht durch den Hauptvorgang induziert; ein Übelstand ist nur, daß sich leicht Kaliummanganoferrocyanid während der Titration ausscheidet, das nur träge mehr mit Permanganat reagiert[3]. Rechnet man aber auf je 1 g Kaliumferrocyanid 120 ccm n-Schwefelsäure oder 100 ccm n-Salzsäure, so kann ohne Störung bis zum Endpunkt titriert werden. Zur besseren Erkennung des Umschlags zieht man mit Vorteil eine Vergleichslösung von Ferricyanid heran. Unlösliche Ferrocyanide muß man vorher durch Umsatz mit Natronlauge oder Natriumcarbonat aufschließen; das angesäuerte Filtrat wird dann weiter wie oben behandelt.

Die Anwendung flüssiger Amalgame. Differentialreduktionen.

Manche Elemente, wie Molybdän, Uran, Wolfram, Vanadium, lassen sich zu verschiedenen Wertigkeitsstufen reduzieren. Wie weit die Reduktion von Fall zu Fall geht, hängt außer von den Eigenschaften des reduzierbaren Systems noch vom Reduktionspotential des Reduktors ab. Nun steigert sich die reduzierende Wirkung der Metalle (auch der Amalgame) entsprechend ihrem Platz in der elektrolytischen Spannungsreihe (vgl. Teil I, Tabelle 6, S. 253). So reduziert Zink stärker als Cadmium, dieses wieder stärker als Blei und endlich Wismut am wenigsten. Wie wir noch sehen werden, kann eine Vanadium-^{V}-Lösung durch Zink in zweiwertiges Vanadium, durch Wismutamalgam aber nur in die vierwertige Form übergeführt werden. Hat man Vanadium neben Eisen zu bestimmen, so wird letzteres von beiden Reduktoren zu Ferro reduziert. Durch eine Differentialreduktion gelingt es daher, den Vanadiumgehalt neben Eisen zu erfahren. Sehr oft werden die niedrigeren Oxydationsstufen der Elemente mit Permanganat titriert. Reduziert man in salzsaurer Lösung, so ist ein Zusatz von Reinhardt-Zimmer-

---

[1] DE HAEN: Ann. d. Chem. Bd. 90, S. 160. 1854.
[2] KESSLER: Pogg. Ann. Bd. 119, S. 241. 1863.
[3] GRÜTZNER: Arch. d. Pharmaz. Bd. 240, S. 69. 1902.

mann-Lösung oder von Manganosulfat erforderlich. Hierzu wollen wir jedoch bemerken, daß wir seit der letzten Zeit im Diphenyl- amin über einen ausgezeichneten Indicator verfügen, um die meisten reduzierten Metalle mit Dichromat (statt Permanganat) zu titrieren (vgl. S. 460).

Der Zinkreduktor (Jones-Reduktor) ist schon lange bekannt. W. D. TREADWELL[1] hat auch Cadmium und Blei angewandt, während K. KURSCHNER und K. SCHARRER[2] fein verteiltes Kupfer empfehlen. Sogar metallisches Silber ist zur Reduktion von Ferrilösungen, wie wir sahen (S. 285), geeignet.

Verschiedene japanische Autoren haben in den letzten Jahren flüssige Amalgame in die Maßanalyse eingeführt. So etwa NAKAZONO[3] das flüssige Zinkamalgam. Es bietet folgende Vor- teile: a) Zur vollständigen Reduktion genügen nur wenige Minuten; b) Keine Korrektur ist erforderlich wie bei dem Reduktor von JONES. c) Das Verfahren liefert sehr zuverlässige Werte. d) Das Zinkamalgam kann wiederholt verwendet werden.

KIKUCHI[4] hat Zinkamalgam zur Bestimmung von Jod-, Brom- und Chlorsäure sowie von Methylenblau benutzt. KANO[5] hat das Cadmiumamalgam zur elektrometrischen Titration von Eisen, Molybdän, Uran, Vanadium und Titan herangezogen, und HAKOMORI[6] bestimmte Phosphorsäure durch Amalgamreduktion der Phosphormolybdänsäure. KIKUCHI[7] und KANO[8] verwandten Amalgame schon zur Differentialtitration von Titan und Uran und Uran und Eisen. Ausgedehnte systematische Untersuchungen

---

[1] TREADWELL, W. D.: Helvet. chim. acta Bd. 5, S. 732, 806. 1922.

[2] KURSCHNER, K. und K. SCHARRER: Zeitschr. f. analyt. Chem. Bd. 68, S. 1. 1926.

[3] NAKAZONO: Journ. jap. chem. soc. Bd. 42, S. 526, 751. 1921; Chem. abstr. Bd. 16, S. 1543. 1922.

[4] KIKUCHI: Journ. jap. chem. soc. Bd. 43, S. 173. 1922; Chem. abstr. Bd. 16, S. 1716. 1922.

[5] KANO: Journ. jap. chem. soc. Bd. 43, S. 333. 1922; Chem. abstr. Bd. 16, S. 2818. 1922.

[6] HAKOMORI: Journ. jap. chem. soc. Bd. 43, S. 743. 1922; Chem. abstr. Bd. 17, S. 1930. 1923.

[7] KIKUCHI: Journ. jap. chem. soc. Bd. 43, S. 544. 1922; Chem. abstr. Bd. 17, S. 2842. 1923.

[8] KANO: Journ. jap. chem. soc. Bd. 44, S. 37. 1923; Chem. abstr. Bd. 17, S. 2842. 1923.

hat K. Someya[1] über diesen interessanten Gegenstand angestellt, seine Resultate wollen wir hier kurz besprechen.

Darstellung der Amalgame.

Zinkamalgam: Ungefähr 3 g reines Zink (granuliert oder in Stangen) werden auf dem Wasserbade mit etwa 100 g Quecksilber und einer kleinen Menge verdünnter Schwefelsäure erhitzt nnd hernach abgekühlt. Das Amalgam wird sorgfältig mit Wasser gewaschen und durch einen Scheidetrichter von allen darauf schwimmenden festen Stoffen befreit. Da es nur langsam mit verdünnter Schwefelsäure reagiert, so kann es wiederholt benutzt und lange aufbewahrt werden. Das im Scheidetrichter verbliebene feste Konglomerat von Zink und Quecksilber wird für weitere Zwecke aufbewahrt, man setzt es dem schon gebrauchten Amalgam zu, wenn dessen Zinkgehalt zu klein geworden ist.

Cadmiumamalgam wird genau wie Zinkamalgam bereitet.

Bleiamalgam: Reine Bleistücke (Kahlbaum) werden mit wenig konzentrierter Salzsäure von der oberflächlichen Oxydhaut gereinigt, dann in Quecksilber eingetragen und bis zur völligen Auflösung zu einer homogenen Flüssigkeit erhitzt. Nun wird das Amalgam gekühlt, mit Wasser gewaschen und die flüssige von der festen Phase wie oben getrennt.

Nach Someya ist Bleiamalgam dem Jones-Reduktor vielseitig überlegen; es reagiert nur äußerst langsam mit verdünnter Salz- und Schwefelsäure und kann unbeschränkt mit diesen Säuren ohne merkbare Abnahme seines Reduktionsvermögens in Berührung bleiben.

Wismutamalgam: Darstellung wie bei Zinkamalgam, nur muß mit Salzsäure statt Schwefelsäure gearbeitet werden.

Reduktionsapparat nach Someya (vgl. Abb. 15): A ist ein Einfülltrichter von etwa 10 ccm Inhalt mit einem Hahn a. Der untere Teil B ist ein größerer Scheidetrichter, faßt 150—200 ccm. Er führt ein Gaseinlaßrohr mit einem Hahn b. Das kleine Gefäß C

---

[1] Someya: Science reports of the Tohoku imperial univ. Bd. 14, S. 48, 235. 1925; Bd. 15, S. 399, 417, 421. 1926; Zeitschr. f. anorg. allgem. Chemie, Bd. 138, S. 291 1924; Bd. 148, S. 58. 1925; Bd. 152, S. 368. 1925.

(15—20 ccm Inhalt) ist mit dem Auslaufrohr des Scheidetrichters B durch einen Gummischlauch E, der durch einen Quetschhahn e geöffnet und geschlossen werden kann, verbunden.

Die Ausführung der Reduktion: Das Gefäß C und der Gummischlauch E werden mit frisch ausgekochtem Wasser (oder Salzsäure) gefüllt, während etwa 1 ccm Wasser in den Scheidetrichter B kommt. Der Hahn c und der Quetschhahn e werden verschlossen, sobald die Luftblasen in E und in C vollständig durch Zusammendrücken des Gummischlauches hochgetrieben sind. 100—200 g Amalgam sowie die zu analysierende Lösung werden durch den Trichter A in B eingefüllt. Nötigenfalls ersetzt man die Luft in B vollständig durch Kohlensäure, die man durch D, b und d einläßt. Nach Schließen der Hähne wird das Gemisch sorgfältig durchgeschüttelt. Die charakteristische Farbe der Lösung gibt bequem den Vollzug der Reduktion zu erkennen. Durch Öffnen des Hahnes c und Drücken des Gummischlauches E tritt das Amalgam in das kleine Gefäß C über, entsprechend steigt das Wasser im letzteren hoch und spült gleichzeitig das Amalgam auf seinem Weg nach unten ab. Auf diese Weise kann

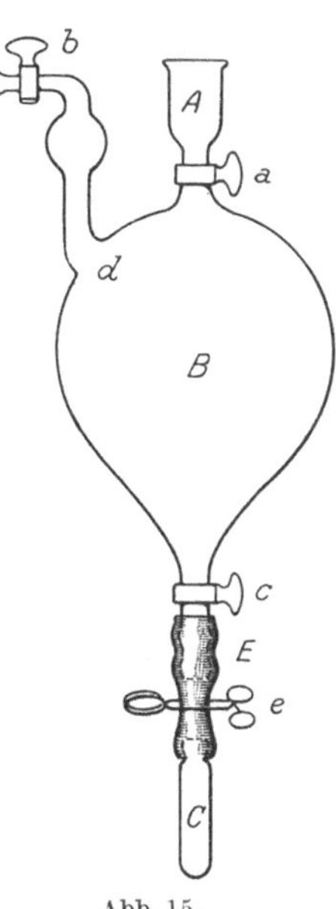

Abb. 15.

alles Amalgam von der Lösung ohne Verlust an letzterer getrennt werden. Die Lösung wird gleich in B titriert, indem man die Maßlösung durch a zufließen läßt. Ist die Flüssigkeit gegen den Luftsauerstoff empfindlich, so daß man unter Kohlensäureatmosphäre arbeitet, so entsteht durch teilweise Lösung der CO_2 ein Unterdruck im Reduktionsgefäß, so daß sich die Titrierflüssigkeit um so besser durch A einführen läßt. Das gleiche, wenn auch in schwächerem Maße, bewirkt schon Luft. Gegebenenfalls kann die Titerlösung durch geringen Druck mit der flachen Hand auf den Einfülltrichter ins Innere von B hineinbefördert werden. Wenn nötig, läßt sich das ganze System vorsichtig mit einer Gasflamme erwärmen.

Bestimmung verschiedener Metalle nach der Reduktionsmethode mit Amalgamen.

Wir wollen hier kurz die Anwendungsmöglichkeiten der verschiedenen flüssigen Amalgame zusammenstellen.

Eisen: Ferrieisen wird von allen genannten Amalgamen in die Ferrostufe übergeführt.

Vanadium: Es ist schon länger bekannt, daß das fünfwertige Vanadium durch Zink oder Cadmium zum violetten V_2O_2 reduziert wird. Weil das Dioxyd oder die zweiwertigen Vanadiumionen sehr luftempfindlich sind, muß sowohl die Reduktion wie die Titration in einer Kohlensäureatmosphäre vorgenommen werden. Nach NAKAZONO (l. c., 1921) und SOMEYA (l. c., 1925) verläuft die Reduktion besonders glatt an Zinkamalgam.

Reduziert man dagegen in der Wärme mit Wismutamalgam, so geht das Vanadat nur in die schön blau gefärbte vierwertige Form V_2O_4 über. Diese Vanadyllösung kann man in der Wärme glatt mit Permanganat titrieren. Zur Differentialtitration von gemischten Vanadium-Eisenlösungen wurden auch schon andere Reduktionsmittel vorgeschlagen, etwa schweflige Säure[1], Jodwasserstoff[2], Schwefelwasserstoff[3], Ferrosulfat[4], denen aber nach SOMEYA Wismutamalgam vorzuziehen ist. Zur Analyse von Ferrovanadium und dgl. ist eine solche Differentialtitration besonders geeignet:

Mit Zink: $V_2O_5 \rightarrow V_2O_2 + 3O$.
Mit Wismut: $V_2O_5 \rightarrow V_2O_4 + O$.

Molybdän: Wie schon lange festgestellt, wird Molybdat durch Zink zu dreiwertigem Molybdän reduziert:

$$2MoO_3 \rightarrow Mo_2O_3 + 3O.$$

---

[1] Vgl. A. HEINZELMANN: Chem.-Zeit. Bd. 39, S. 285. 1915; E. MÜLLER und O. DIEFENTHALER, Zeitschr. anorg. allgem. Chem. Bd. 71, S. 243. 1911: G. WEGELIN: Zeitschr. f. analyt. Chem. Bd. 53, S. 81. 1914.

[2] EDGAR, G.: Journ. of the Americ. chem. soc. Bd. 30, S. 1233. 1908; Bd. 38, S. 2369. 1916.

[3] CAMPBELL, E. D. und E. L. WOODHAM: Journ. of the Americ. chem. Bd. 30, S. 1233. 1906.

[4] KELLEY, G. L. und J. CONANT: Journ. of the Americ. chem. soc. Bd. 38, S. 341. 1916; WILLARD, H. H. und F. FENWICK: Journ. of the Americ. chem. soc. Bd. 45, S. 83. 1923.

Dieses dreiwertige Molybdän wird nun äußerst leicht vom Luftsauerstoff angegriffen, daraus erklären sich wahrscheinlich die vielen widersprechenden Literaturangaben über die Genauigkeit des Verfahrens. NAKAZONO (l. c) hat aber gezeigt, daß in Kohlendioxydatmosphäre die Reduktion mit Zinkamalgam quantitativ zur dreiwertigen Stufe führt, ohne Luftausschluß jedoch lediglich, aber quantitativ zur fünfwertigen Form (Mo_2O_5), sobald die Lösung nämlich 1,7—2,6-n an Salzsäure oder 2,55—5,6-n an Schwefelsäure ist.

Bleiamalgam dagegen reduziert Molybdat glatt zu dreiwertigem Molybdän (vgl. auch TREADWELL: l. c., 1922). In Gegenwart von genügend Salzsäure darf die Reduktion in der Kälte, sonst aber nur in der Wärme vorgenommen werden.

Eine Anwendung findet, wie erwähnt, die Molybdäntitration bei der Phosphatbestimmung. K. SOMEYA[1] fällt das Phosphat nach WOY[2] als Ammoniumphosphomolybdat, wäscht aus, löst in Ammoniak und dampft ein. Dann wird die Lösung in das Reduktionsgefäß eingebracht, stark mit Salzsäure angesäuert und mit Bleiamalgam oder Wismutamalgam reduziert.

Wolfram: v. D. PFORDTEN[3] reduziert WO_3 in stark salzsaurem Medium (etwa 25%) warm mit 14—15 g Zink in Stangenform und titriert das gebildete WO_2 mit Permanganat. Nach SOMEYA (l. c.) kann man auch Zink- oder Cadmiumamalgam benutzen, jedoch sind beide wegen ihrer heftigen Einwirkung weniger zu empfehlen. Viel besser eignet sich Bleiamalgam in stark salzsaurer Lösung bei 50°; das Wolfram wird dann in die dreiwertige Form übergeführt und kann anschließend titriert werden:

$$W_2O_3 + 3O \rightarrow 2WO_3.$$

Wismutamalgam in salzsaurer Lösung wiederum liefert eine quantitative Reduktion zu W_2O_5, welches oxydimetrisch zu titrieren ist nach:

$$W_2O_5 + O \rightarrow 2WO_3.$$

---

[1] SOMEYA, K.: Zeitschr. f. anorg. allgem. Chem. Bd. 148, S. 58. 1925.
[2] WOY: Chemiker-Zeit. Bd. 21, S. 442. 1897.
[3] v. D. PFORDTEN: Ann. d. Chem. Bd. 222, S. 158. 1883; Ber. Bd. 16, S. 508. 1883; vgl. auch E. KUKLIN: Stahleisen Bd. 24, S. 27. 1907; O. COLLENBERG und J. BACHER: Zeitschr. f. Elektrochem. Bd. 30, S. 230. 1924.

Diese abgestuften Reduktionsmöglichkeiten erlauben natürlich auch hier wieder eine sinnreiche Differentialtitration von Wolfram neben Eisen.

Uran: LUNDEL und KNOWLES[1] reduzieren mit dem Jones-Reduktor in der Kälte, schütteln fünf Minuten mit Luft durch und titrieren mit Permanganat. Das Uran liegt dann in der dreiwertigen Form vor. Ohne die intensive Lufteinwirkung wäre noch etwas dreiwertiges Uran in der Lösung und ließe schwankende Werte finden.

Nach SOMEYA führt die Reduktion mit Zinkamalgam in salzsaurer Lösung direkt zum dreiwertigen Uran, wobei freilich die Luft durch Kohlensäureatmosphäre fernzuhalten ist.

Durch Wismutamalgam wird Uransalzlösung unter Kohlensäure quantitativ in der Kälte zu vierwertigem Uran reduziert. Auch diese Titration konnte SOMEYA zur Phosphatbestimmung verwerten.

Die Phosphorsäure wird als Uranylammoniumphosphat gefällt, dieses mit Zink- oder Wismutamalgam reduziert und hernach titriert.

Titan: Vierwertiges Titan wird von Zink, Zinkamalgam und Bleiamalgam unter Luftabschluß in der Kälte in die dreiwertige Stufe übergeführt. Die Reduktion gelingt nach SOMEYA in salzsaurer Lösung bei 60—70⁰ auch mit Wismutamalgam. Das dreiwertige Titan wird, geschützt gegen den Luftsauerstoff, quantitativ durch Permanganat oxydiert:

$$Ti_2O_3 + O \rightarrow Ti_2O_4.$$

Um Titan neben Eisen zu bestimmen, titriert man nach der Reduktion das entstandene Titano mit eingestellter Ferriammonalaunlösung (vgl. S. 470) auf Rhodanid als Indicator. (Umschlag: Ferrirhodanidfärbung!)

Zinn: Vierwertiges Zinn wird nach K. SOMEYA[2] von Wismutamalgam in 5—12-n-Salzsäure bei 45⁰ nach etwa 10 Minuten Schütteln in die zweiwertige Form übergeführt, darauf mit Permanganat (nach Manganozusatz) oder mit Kaliumdichromat oder Kaliumbromat titriert.

---

[1] LUNDEL und KNOWLES: Journ. of the Americ. chem. soc. Bd. 47, S. 2640. 1925. Vgl. auch K. JANDER und K. REEH: Zeitschr. f. anorg. allgem. Chem. Bd. 129, S. 298. 1923.

[2] SOMEYA, K.: Zeitschr. f. anorg. allgem. Chem. Bd. 160, S. 404. 1927.

Zweiwertiges Kupfer wird nach SOMEYA[1] schnell bei Zimmertemperatur zu Cupro reduziert (Kohlensäureatmosphäre), Titration des gebildeten Cupro mit Dichromatlösung auf Diphenylamin als Indicator (vgl. S. 462).

Chrom: Reduktion von Chromi zu Chromo: Nach K. SOMEYA[1] werden Chromilösungen in salzsaurer Lösung von Zink- oder Bleiamalgam quantitativ in Chromosalz umgesetzt. Die Titration kann mit Permanganat oder Dichromat gegen Diphenylamin vorgenommen werden.

Die Mangantitration nach VOLHARD:

Erwärmt man eine Manganosalzlösung mit Permanganat, so färbt sie sich braun, und scheidet bald darauf einen Niederschlag von Braunstein ab. Das Mangano wird dabei oxydiert, das Permanganat reduziert; beide liefern Manganosuperoxydulhydrat. Diese Reaktion wurde von GUYARD[2] zur Manganbestimmung benutzt und von J. VOLHARD[3] verbessert.

Sie kann in folgende Gleichung gefaßt werden:

$$3\,Mn + 2\,MnO_4' + 2\,H_2O \rightarrow 5\,MnO_2 + 4\,H\dot{}.$$

Nach VOLHARDS Feststellung wird bei der Titration einer neutralen Manganolösung weniger Permanganat verbraucht, als unsere Reaktionsgleichung vorschreibt. Mangansuperoxydhydrat verhält sich nämlich wie eine ziemlich starke Säure und neigt zur Adsorption basischer Oxyde an seiner Oberfläche. Fügt man nun nicht von vornherein gut adsorbierbare Kationen hinzu, so wird Manganooxyd vom ausfallenden Braunstein festgehalten und der weitern Reaktion mit Permanganat entzogen; daher die zu niedrigen Werte! VOLHARD zeigte andererseits, daß die Titration durchaus im Sinne der Gleichung nach vierwertigem Manganoxyd zu verläuft, wenn eine genügende Menge eines Calcium-, Magnesium-, Barium- oder Zinksalzes vorhanden ist, deren Kationen teilweise statt Mangan^{II}-Ionen vom Bodenkörper adsorbiert werden (vgl. auch P. B. SARKAR und N. R. DHAR[4]). In

---

[1] SOMEYA, K.: Zeitschr. f. anorg. allgem. Chem. Bd. 160, S. 355. 1927.
[2] GUYARD: Bull. soc. chim. Bd. 6, S. 89. 1863.
[3] VOLHARD, J.: Ann. d. Chem. Bd. 198, S. 314. 1879.
[4] SARKAR und DHAR: Zeitschr. f. anorg. allgem. Chem. Bd. 121, S. 135. 1922.

der Folgezeit ist diese Methode eingehend studiert worden[1], wir wollen nur auf die wichtigsten Ergebnisse hinweisen.

Während VOLHARD die Manganbestimmung bei Siedehitze lediglich in einer schwach salpetersauren Lösung ausführte, empfahl N. WOLFF[2] einen geringen Zinkoxydzusatz. Jedoch wird damit nach MEINEKE[3] der erwähnte Fehler noch nicht behoben. MEINEKE läßt außerdem noch 25—30 g Zinksulfat hinzufügen, sodann einen Überschuß an Permanganat und titriert diesen nach Filtrieren über Asbest zurück. Dieses Verfahren wird auch von anderer Seite angegeben, jedoch ist die direkte Titration vorzuziehen. W. M. FISCHER[4] fand nach der VOLHARDschen Methode zu niedrige Werte (etwa 4%). Als Ursachen betrachtet er einmal eine teilweise Adsorption des Manganosalzes am Braunstein und andererseits die teilweise Fällung des Mangans als Manganit. FISCHER hat nun eine wesentliche Verbesserung eingeführt, indem er die neutrale Lösung zunächst bis zum scheinbaren Endpunkt titriert, dann mit Essigsäure ansäuert und nunmehr die Titration vollends zu Ende führt.

Vorschrift nach FISCHER: Zu 500 ccm Flüssigkeit gibt man 1,0—1,5 g Zinkoxyd, 10—20 g Zinksulfat, erhitzt die Lösung zum Sieden und läßt unter Umschwenken so lange Permanganat zufließen, bis die überstehende Lösung nach Absitzen des Niederschlags rosa erscheint. Dann säuert man mit 1 ccm Eisessig an und titriert bis zur bleibenden Rosafärbung.

Natürlich hat man durch blinde Versuche das Zinkoxyd, Zinksulfat und den Eisessig auf ihren Permanganatverbrauch zu prüfen.

Nach meiner Erfahrung[5] liefert die Vorschrift von FISCHER sehr gute Resultate; nur kommt man mit viel weniger Zinksulfat (1 g) aus. Weiterhin konnte ich feststellen, daß bei Verwendung

---

[1] Für eine Zusammenstellung vgl. E. HINTZ: Zeitschr. f. analyt. Chem. Bd. 24, S. 421. 1885; H. WEBER: Zeitschr. f. analyt. Chem. Bd. 43, S. 564, 643. 1904; E. DEISZ: Chemiker-Zeit. Bd. 28, S. 237. 1910; A. CLASSEN: Theorie und Praxis der Maßanalyse; H. BECKURTS: Die Methoden der Maßanalyse. S. 2559, Braunschweig. 1923.

[2] WOLFF, N.: Stahleisen 1884, S. 702; 1891, S. 378.

[3] MEINEKE: Zeitschr. f. analyt. Chem. Bd. 24, S. 423. 1885.

[4] FISCHER, W. M.: Zeitschr. f. analyt. Chem. Bd. 48, S. 751. 1909.

[5] KOLTHOFF, J. M.: Pharmac. weekbl. Bd. 61, S. 1141. 1924.

reinen Zinkoxyds die Bestimmung in neutraler Lösung schon praktisch quantitativ der Gleichung:

$$3\,\mathrm{Mn}^{\cdot\cdot} + 2\,\mathrm{MnO}_4' + 2\,\mathrm{H_2O} \rightarrow 5\,\mathrm{MnO_2} + 4\,\mathrm{H}^{\cdot}$$

folgt. Nach Ansäuern wird nur eine Spur Permanganat mehr gebunden.

Auch ist Zinkoxyd übrigens gar nicht erforderlich; die Bestimmung gelingt schon in essigsaurer, reichlich natriumacetat-(formiatfrei!) und zinksulfathaltiger Lösung. Zu Beginn der Bestimmung setzt dann die Braunsteinbildung nicht so schnell wie in neutraler Lösung ein. Wenige Prozente vor dem Äquivalenzpunkt ist die überstehende Lösung durch fein verteilten Braunstein noch dunkelbraun. Kocht man nun wieder auf und schüttelt kräftig um, so flockt die Suspension bei weiterem Permanganatzusatz plötzlich vor dem Äquivalenzpunkt aus. Bei viel Natriumacetat (etwa 5 g auf 400 ccm) verhält sich das System wie bei der Titration in neutraler Lösung. Ohne meine Arbeit zu kennen, haben auch B. Reinitzer und P. Conrath[1] die Bestimmung in Gegenwart von Natriumacetat und Essigsäure empfohlen. Auch sie beobachten, daß der Niederschlag sich schön grobflockig absetzt, ohne an den Gefäßwänden zu haften. Sie wählen bei 300 bis 400 ccm Flüssigkeit zweckmäßig 2 g Natriumacetat auf 10 ccm 0,1-n-Permanganat.

Nach Reinitzer und Conrath bietet Natriumacetat verschiedene Vorteile:

1. Geht man von einer mineralsauren Lösung aus, so wird die Wasserstoffionenkonzentration stark vermindert.

2. Das Essigsäure-Natriumacetatgemisch wirkt puffernd; man erreicht dadurch die günstigsten Bedingungen für eine rasche Umsetzung von Mangano und Permanganat in ein von niederen Oxyden freies Mangandioxydhydrat.

3. In der schwach sauren Lösung wird die Bildung von Manganomanganit verhindert.

4. Das Natriumacetat koaguliert das anfänglich kolloiddisperse Mangandioxydhydrat.

5. Begleitendes Ferrieisen fällt in der Siedehitze als basisches Acetat aus. Man kann dann auch den Endpunkt genau feststellen (vgl. weiter unten).

---

[1] Reinitzer, B. und P. Conrath: Zeitschr. f. analyt. Chem. Bd. 68, S. 129. 1926.

Reinheit des Natriumacetats: Die meisten Handelssorten Natriumacetat reduzieren Permanganat in der Siedehitze; nach REINITZER und CONRATH ist das Präparat von MERCK pro analysi an sich schon rein genug; sie geben folgende Prüfungsmethode an:

300 ccm siedendes destilliertes Wasser werden mit 3 Tropfen 0,1-n-Permanganat versetzt. Wenn die Flüssigkeit nach mindestens 5 Minuten langem Sieden klar und blaßrosa bleibt (Reinheit des Wassers), setzt man 5 g Natriumacetat zu. Ist das Salz wirklich rein, so bleiben Wasserklarheit und deutliche Färbung auch nach weiteren 5 Minuten Aufkochen noch bestehen.

Unreines Natriumacetat kann nach B. REINITZER und P. CONRATH[1] folgendermaßen gereinigt werden:

30—40 g Natriumacetat werden in 500—600 ccm kochendem Wasser so lange mit 0,1-n-Permanganat versetzt, bis nur noch langsame Entfärbung erfolgt, was nach einigen Stunden erreicht wird. Eine zum Schluß womöglich zurückbleibende schwache Rosefarbung verschwindet beim Filtrieren der heißen Lösung (am besten durch Glasfilter- oder Berliner Porzellanfiltertiegel). Das vollständig klare Filtrat wird auf dem Wasserbade bis zur Trockne eingedampft. Die Lösung als solche kann nicht lange aufbewahrt werden, da die nach einiger Zeit auftretenden Pilzkulturen Zersetzungen hervorrufen, die erneut zu Permanganatverbrauch führen.

Nach meinen Erfahrungen setzt sich das Mangandioxydhydrat besser ab, wenn man in der üblichen Weise mit Zinkoxyd fällt und erst gegen Ende der Titration mit Essigsäure ansäuert. Die Bestimmung muß wieder in Gegenwart von 1—5 g Zinksulfat ausgeführt werden.

Der Zinkoxydüberschuß soll stets nur klein sein, weil sich der Niederschlag sonst schwer abscheidet und der Farbumschlag unscharf wahrzunehmen ist.

Chrom:

Chromiionen werden durch Permanganat in saurer und besser noch in neutraler oder alkalischer Lösung zu Chromsäure oxy-

---

[1] REINITZER, B. und P. CONRATH: Zeitschr. f. analyt. Chem. Bd. 68, S. 81. 1926.

diert. DONATH[1] läßt in eine durch Natriumcarbonat und etwas Natronlauge stark alkalisch gemachte Permanganatlösung bei der Siedehitze die neutrale Chromisalzlösung einfließen, bis die Flüssigkeit über dem sich rasch absetzenden Niederschlage die rein gelbe Chromatfarbe und nicht den geringsten Stich mehr ins Gelbrote zeigt.

Nach H. BOLLENBACH[2] wird das dreiwertige Chrom in schwach salpetersaurer, stark verdünnter Lösung im Beisein von viel Kaliumnitrat und Bariumsulfat von Permanganat in Chromsäure übergeführt, die durch überschüssiges Bleinitrat als Bleichromat (in verdünnter Salpetersäure unlöslich!) gefällt wird. Die ganze Titration wird in der Siedehitze vorgenommen, ihr Endpunkt an der bleibenden Rosafärbung erkannt.

Nach REINITZER und CONRATH[3] ist der träge Verlauf der Reaktion ein schwerwiegender Nachteil; er wird offenbar durch eine zu hohe Acidität der mineralsauren Lösung verursacht. Stumpft man diese mit Natriumacetat ab, so folgt der Vorgang nach REINITZER und CONRATH der Gleichung:

$$Cr_2O_3 + Mn_2O_7 \rightarrow 2\,CrO_3 + 2\,MnO_2.$$

Das Acetat verhindert nicht nur die Ausfällung basischer Chromisalze, sondern besonders auch die von Chromichromat. Für einen möglichst raschen Verlauf der Reaktion sind ein gegenüber dem vorliegenden Chromisalze unverhältnismäßig großer Natriumacetatüberschuß und außerdem eine hohe Verdünnung erforderlich.

Vorschrift nach REINITZER und CONRATH: Eine abgemessene Menge Chromisalz wird in einem Kolben auf 300—400 ccm verdünnt und nach Zusatz von annähernd 2 g Natriumacetat (auf 10 ccm 0,1-n-Permanganat) zum Sieden erhitzt. Die vollständig klar gebliebene Lösung wird bei Siedehitze mit 0,1-n-Permanganat titriert, wobei durch beständiges kräftiges Schütteln ein rasches Absitzen des entstehenden Mangansuperoxyds erreicht wird. Der Endpunkt wird am Umschlag der bald rein hellgelben Chromatfarbe nach Goldgelb (erster unverbrauchter Permanganattropfen!)

---

[1] DONATH: Ber. Bd. 14. S. 982. 1881.

[2] BOLLENBACH, H.: Chemiker-Zeit. Bd. 31, S. 760. 1907.

[3] REINITZER, B. und P. CONRATH: Zeitschr. f. analyt. Chem. Bd. 68, S. 81. 1926.

wahrgenommen. Am sichersten fährt man dabei, wenn man erst die Vertiefung der Permanganatfärbung als Kennzeichen für die beendete Reaktion ansieht.

Die Gegenwart von Bariumsalzen ist ganz vorteilhaft, weil dann während der Titration Bariumchromat ausfällt und der Endpunkt schärfer sichtbar wird.

Bemerkungen: 1. Der Natriumacetatzusatz (Reinheit vgl. bei Mangan) kann innerhalb weiter Grenzen liegen; mit 2—3 g Acetat für einen Verbrauch von 10 ccm 0,1-n-Permanganat kommt man vollständig aus.

2. Eine Verdünnung von 500 ccm je 10 ccm 0,1-n-Permanganatverbrauch ist ausreichend. Die Titration konzentrierter Lösungen ist nicht zu empfehlen; leicht werden zu niedrige Resultate erhalten, weil gegen Ende hin das Permanganat immer träger nur reagiert.

3. Neben nicht zu großen Mengen Eisen (Ferri) ist die Methode sehr wohl brauchbar. Bei sehr hohen Ferrikonzentrationen nimmt man eine Trennung mit Bariumcarbonat vor, wodurch Chromi gefällt wird (vgl. für Einzelheiten REINITZER und CONRATH: l. c.).

§ 2. **Die Bestimmung organischer Substanzen.** Die meisten organischen Substanzen können nicht durch direkte Titration mit Permanganat bestimmt werden. Unter günstigen Verhältnissen können wohl viele von ihnen vollständig zu Kohlensäure und Wasser abgebaut werden, jedoch verlaufen diese Reaktionen gewöhnlich langsam, man muß mit überschüssigem Permanganat arbeiten und dies später zurücktitrieren. An anderer Stelle (vgl. S. 326) kommen wir noch auf diese Methode zurück, zuvor wollen wir aber die direkte Titration von Oxalsäure behandeln.

Oxalsäure: Nach EHRENFELD[1] wird Oxalsäure auch in neutraler Lösung in der Siedehitze durch Permanganat oxydiert:

$$8\,H_2C_2O_4 + 2\,KMnO_4 \rightarrow 2\,MnC_2O_4 + K_2C_2O_4 + 10\,CO_2 + 8\,H_2O.$$

Ich erzielte jedoch mit dieser Titrationsmethode nur unsichere Resultate, sie hat übrigens keinerlei praktische Bedeutung.

Die Kinetik der Reaktion in schwefelsaurer Lösung und die Fehlerquellen der Bestimmung haben wir schon eingehend in Zusammenhang mit der Permanganateinstellung besprochen.

---

[1] EHRENFELD: Zeitschr. f. anorg. allgem. Chem. Bd. 33, S. 117. 1903.

Über 70⁰ befolgt die Oxydation die Gleichung:

$$H_2C_2O_4 + O \rightarrow H_2O + 2CO_2.$$

Sind einmal die ersten Tropfen Permanganat entfärbt, so kann direkt bis zum Endpunkt titriert werden. Scheidet sich im Laufe der Titration ein Niederschlag von Mangansuperoxyd aus, so gießt man mehr Säure nach.

Über die Titration in salzsaurer Lösung lauten die Angaben widersprechend. Auf Grund der Untersuchungen von Cl. ZIMMERMANN[1], J. WAGNER[2] u. a. hat man lange Zeit angenommen, daß die Permanganattitration der Oxalsäure ebensogut in salzsaurer wie in schwefelsaurer Lösung auszuführen ist. F. A. GOOCH und C. A. PETERS[3] zeigten jedoch, daß die Reaktion Oxalsäure-Permanganat induziert wird. Durch Zusatz von Manganoosalz wird der Fehler aufgehoben und keine unterchlorige Säure gebildet. G. B. BAXTER und J. C. ZANETTI[4] stießen bei einer Anfangstemperatur über 70⁰ in salzsaurer Lösung auf keine Unregelmäßigkeiten; unter 70⁰ wird aber mehr als die theoretische Permanganatmenge aufgenommen, und die Lösungen riechen deutlich nach unterchloriger Säure. KOLTHOFF[5] konnte die Angaben von BAXTER und ZANETTI vollkommen bestätigen und fand außerdem, daß bei gleicher Temperatur und Säurekonzentration die anfängliche Farbe des Permanganats in salzsaurer Lösung viel schneller verschwindet als in schwefelsaurer Lösung.

Die verschiedenen Metallionen beeinflussen praktisch nicht den Verlauf; nur in Gegenwart von viel Magnesiumsalz scheint in der Siedehitze etwas zuviel Permanganat verbraucht zu werden. All diese Tatsachen fassen wir dahin zusammen, daß über 70⁰ Anfangstemperatur die Titration auch in salzsaurer Lösung gute Resultate liefert, ohne daß Manganosalz zugesetzt werden muß.

Titration von Kationen durch Oxalatfällung:

Auf Grund der Oxalsäuretitration sind alle diejenigen Metalle zu bestimmen, welche sich quantitativ als Oxalate ausfällen

---

[1] ZIMMERMANN, CL.: Ann. d. Chem. Bd. 213, S. 314. 1882.

[2] WAGNER, J.: Zeitschr. f. physikal. Chem. Bd. 28, S. 35. 1899.

[3] GOOCH, F. A. und C. A. PETERS: Zeitschr. f. anorg. Chem. Bd. 21, S. 185. 1899.

[4] BAXTER und ZANETTI: Amer. chem. journ. Bd. 33, S. 500. 1905.

[5] KOLTHOFF, J. M.: Zeitschr. f. analyt. Chem. Bd. 64, S. 204. 1924.

lassen[1]. Diese Methode ist natürlich sehr wenig spezifisch, weil ja die meisten Metalle schwer lösliche Oxalate bilden; sie setzt also voraus, daß neben dem zu bestimmenden Metall kein anderes fällbares vorhanden ist. Daher findet sie nur beschränkt Verwendung; in Frage kommt sie zur Bestimmung von Calcium, Strontium, Magnesium, Nickel, Kobalt, Cadmium, Zink, Kupfer, Blei, Quecksilber, Silber, Wismut, Cer, Lanthan und Didym.

Am ehesten hat noch die maßanalytische Calciumbestimmung als Oxalat Bedeutung, weshalb wir sie etwas näher beleuchten wollen.

Die Ausführung kann im allgemeinen zwei Wege einschlagen:

1. Man fällt mit einer bekannten Oxalatmenge, füllt mit Wasser zu einem bestimmten Volumen auf und titriert einen aliquoten Teil der filtrierten oder abgesetzten Lösung.

2. Die Fällung selbst wird quantitativ abfiltriert, wobei aber die Wasserlöslichkeit des Ca-Oxalates zu berücksichtigen ist. In verdünntem Alkohol sind die Oxalate viel weniger löslich; man muß dann aber vor dem Filtrieren den Niederschlag durch Trocknen vom Alkohol befreien, weil dieser die Permanganattitration stört. Man löst den so behandelten Niederschlag in Schwefelsäure oder Salzsäure (bei den Erdalkalien besser in Salzsäure, weil ihre Sulfate schwer löslich sind!), erhitzt auf 80^0 und titriert in üblicher Weise. Simpson[2] glaubte, daß das benutzte Filtrierpapier auch vom Oxydans angegriffen wird und daher Fehler verursacht. Nach meiner Feststellung verbraucht wohl Filtrierpapier in Gegenwart von Säure um so mehr Permanganat, je größer dessen Konzentration und je länger die Berührungszeit ist. Bei einer Oxalsäuretitration tritt aber freies Permanganat eigentlich nur in der Inkubationsperiode auf, so daß ein Angriff der Filtersubstanz und damit ein Fehler gar nicht zu befürchten ist. Fügt man gar von Anfang an Manganosalz hinzu, so daß das Permanganat vom ersten Tropfen ab praktisch momentan entfärbt wird, so ist jegliche Störung ausgeschlossen, selbst bei Bestimmungen mit 0,1-n-Lösungen.

---

[1] Vgl. Luckow: Zeitschr. f. analyt. Chem. Bd. 26, S. 9. 1887; eine Zusammenfassung findet sich in Beckurts: Die Methoden der Maßanalyse S. 613; vgl. auch Rüdisühle: Handbuch der analytischen Chemie.

[2] Simpson: Industr. engin. Chem. Bd. 13, S. 1152. 1921.

Fr. L. Hahn und G. Weiler[1] haben neuerdings die maß-analytische Bestimmung des Calciums durch Oxalatfällung eingehend studiert und dabei beobachtet, daß das übliche Verfahren bisweilen unregelmäßige und schwankende Ergebnisse liefert. Fällt man mit einem nicht zu starken Ammonoxalatüberschuß, am besten in schwach saurer Lösung (freie Mineralsäure ist nach beendeter Fällung zu neutralisieren) und titriert man in einem aliquoten Teil des Filtrats das Oxalat zurück, so erhält man gute Werte. Unter den gewöhnlichen Fällungsbedingungen ist es aber erforderlich, die Fällung über Nacht stehen zu lassen. Arbeitet man hingegen bei extremer Verdünnung (Ausführungsweise vgl. Hahn und Weiler), so kann man unmittelbar nach beendeter Fällung abkühlen lassen, filtrieren und titrieren.

Hahn und Weiler konnten jedoch durch direkte Titration der ausgewaschenen Calciumoxalatfällung zu keinem brauchbaren Ergebnisse gelangen. (Sie lösen in 100 ccm 5proz. Salzsäure und titrierten bei 30—40⁰ in Gegenwart von Manganosulfat. Eine etwaige Störung durch Bildung unterchloriger Säure haben sie nicht berücksichtigt. Selbst wenn sie nur mit sehr wenig Wasser auswaschen, wird von beiden Autoren immer zu wenig Calcium gefunden. Die Ursache dessen ist noch nicht recht aufgeklärt.

Die möglichen Komplikationen durch begleitendes Magnesium haben Hahn und Weiler nicht näher untersucht.

Anwendung des Reduktionsvermögens der Oxalsäure:

Oxydationsmittel, welche Oxalsäure quantitativ zu Kohlensäure und Wasser oxydieren, kann man in der Weise bestimmen, daß man sie unter geeigneten Bedingungen mit einem Überschuß Oxalsäure behandelt und diese nachher mit Permanganat zurücktitriert. So reagiert Salpetersäure mit Oxalsäure bei Anwesenheit von Manganosalz und Nitrit nach der Gleichung[2]:

$$3\,H_2C_2O_4 + 2\,HNO_3 \rightarrow 6\,CO_2 + 4\,H_2O + 2\,NO.$$

Débourdeaux[2] macht hiervon auch zur Bestimmung von Chloraten, Bromaten und Jodaten Gebrauch.

---

[1] Hahn, Fr. L. und G. Weiler: Zeitschr. f. analyt. Chem. Bd. 70, S. 1. S. 1927.

[2] Débourdeaux: Cpt. rend. Bd. 136, S. 1668. 1903; Bull. soc. chim. (3) Bd. 31, S. 3. 1904; van Dam, W.: Rec. Trav. chim. Bd. 25, S. 291. 1906.

R. Kempf[1] bestimmt den aktiven Sauerstoff in Persulfaten mit Hilfe von Oxalsäure und Silbersulfat als Katalysator:

Vorschrift: Zu 0,2—0,3 g Alkalipersulfat gibt man im Überschuß 0,1-n-Oxalsäure (etwa 25 ccm) und eine Lösung von 0,2 g Silbersulfat in 20 ccm 10proz. Schwefelsäure, erhitzt etwa 15 Minuten auf dem Wasserbade und titriert mit 0,1-n-Permanganat zurück.

Eine größere praktische Bedeutung hat die Gehaltsbestimmung des Braunsteins und Bleisuperoxyds mit Oxalsäure:

$$MnO_2 + H_2C_2O_4 \rightarrow MnO + H_2O + CO_2.$$

Vorschrift: Man erwärmt etwa 250 mg des feinstgepulverten Braunsteins in einem Kolben mit etwa 400 mg (genau abgewogen!) Oxalsäure, 10 ccm 4-n-Schwefelsäure und 10 ccm Wasser so lange auf dem Wasserbade, bis alle schwarzen Teilchen vollkommen gelöst sind. Dann titriert man die überschüssige Oxalsäure mit 0,1-n-Permanganat zurück.

Bemerkungen: 1. Aus eigenen Versuchen ergab sich, daß die Oxalsäure in der Siedehitze besonders in Gegenwart von Manganosalzen (wie sie bei der Braunsteinbestimmung entstehen) merklich zersetzt wird. Daher muß man den Braunstein sehr fein pulvern, damit er möglichst rasch von der Oxalsäure gelöst wird. Nach viertelstündigem Erwärmen auf dem Wasserbade ist die Zersetzung nur ganz geringfügig.

2. In technischen Laboratorien führt man die Bestimmung gewöhnlich mit Ferrosulfat statt mit Oxalsäure als Reduktionsmittel aus, sonst in gleicher Weise wie oben beschrieben, nur schützt man den Kolbeninhalt mit einem Bunsenventil oder besser mit dem Contatschen Aufsatz gegen Luftoxydation.

Andere organische Substanzen: Wie schon gesagt, lassen sich die meisten organischen Stoffe nicht leicht durch Permanganat restlos zu Kohlensäure und Wasser oxydieren. Gewöhnlich muß man zur vollständigen Oxydation in saurer oder alkalischer Lösung mit überschüssigem Permanganat einige Zeit erhitzen. Aber dann bleibt auch eine merkbare Zersetzung des Permanganats selbst nicht aus (vgl. S. 270), und die Resultate werden unsicher. Auf Grund dieser Erfahrung sind erstmalig im Utrechter Laboratorium die Oxydationsmethoden in der Kälte

---

[1] Kempf, R.: Ber. S. 3963, Bd. 1905.

näher untersucht worden. Die Ergebnisse wollen wir kurz mitteilen.

Die Oxydation vieler organischer Substanzen gelingt in alkalischer Lösung viel schneller als in saurer, doch führt sie dann
gewöhnlich nicht bis zum Carbonat, sondern nur bis zum Oxalat.
Ehe man den Permanganatüberschuß zurücktitriert, säuert man
daher erst einmal an und wartet kurze Zeit ab, um auch die Oxalsäure zu oxydieren, und titriert dann das Permanganat zurück
(am einfachsten auf jodometrischem Wege). Immer ist ein
großer Überschuß Permanganat zu verwenden, weil sowieso ein
Teil von diesem mit den entstehenden Manganionen sich zu
Braunstein umsetzt und damit für die Oxydation unwirksam
wird. Auf 10 ccm 0,1-n-Substanz (Normalität auf die vollständige
Oxydation bezogen), rechnet man zweckmäßig 25 ccm 0,1-n-
Permanganat. Am besten arbeitet man mit Glasstöpselflaschen
oder Erlenmeyer-Kolben mit eingeschliffenem Glasstopfen, die
zuvor gründlich entfettet worden sind (Bichromat- bzw. Per-
manganat-Schwefelsäure). Unter ganz gleichen Verhältnissen läßt
man der eigentlichen Bestimmung einen Blindversuch mit Permanganat allein nebenhergehen. Unbedingt sind ganz reine
Reagenzien zu verwenden.

Die Säuren der Fettsäurereihe:

Nur Ameisensäure wird von Permanganat angegriffen:

$$HCOOH + O \rightarrow CO_2 + H_2O.$$

Wie schon PÉAN DE SAINT GILLES[1] feststellte, verläuft die
Oxydation in alkalischem Medium ganz glatt. Man macht die
Lösung mit Natriumcarbonat oder Natronlauge alkalisch, fügt
im Überschuß Permanganat hinzu, säuert nach einer Stunde
mit Schwefelsäure an und titriert das Permanganat zurück. Einfacher noch erwärmt man das alkalische Formiat-Permanganat-
Gemisch, wodurch sich die Oxydation in wenigen Minuten quantitativ vollzieht. Nach F. OBERHAUSER und W. HEUSINGER[2] läßt
sich Formiat auch direkt mit Permanganat titrieren, indem man

---

[1] PÉAN DE SAINT GILLES: Ann. de chim. et de physique (3) Bd. 55,
S. 388. 1859.

[2] OBERHAUSER, F. und W. HEUSINGER: Zeitschr. f. anorg. allgem. Chem.
Bd. 160, S. 366. 1927.

die durch Natriumcarbonat neutralisierte Lösung mit 10—20 ccm einer kalt-gesättigten reinen Natriumacetatlösung (vgl. S. 319) versetzt und dann bei Wasserbadtemperatur (etwa 80⁰) die Permanganatlösung einfließen läßt. Das Mangandioxydhydrat flockt schnell aus. Die Reaktionszeit des Permanganats und des Mangandioxyds mit Ameisensäure beträgt so insgesamt nur etwa 15 Minuten. Die anderen Fettsäuren, wie Essigsäure, Propionsäure, Buttersäure, Baldriansäure, sind unter keinen Umständen durch Permanganat zu oxydieren. Daher ist die Formiattitration praktisch wertvoll zur Bestimmung der Ameisensäure neben Essigsäure.

Bernsteinsäure und Benzoesäure reagieren auch nicht mit Permanganat. (Einfache Methode zur Reinheitsprüfung!)

Oxysäuren: Die Oxysäuren werden nach folgender Arbeitsweise quantitativ zu Kohlensäure und Wasser abgebaut:

Zu etwa 10 ccm 0,1-n-Säurelösung (Normalität auf die vollständige Oxydation bezogen) gibt man 25 ccm 0,1-n-Permanganat und 10 ccm 4-n-Natronlauge. Nach etwa 24 stündigem verschlossenem Stehen säuert man mit 25 ccm 4-n-Schwefelsäure an und titriert den Permanganatüberschuß einige Stunden später zurück.

Säure	ccm n-Oxydans für 1 Millimol Säure	ccm n-Permanganat für 1 g Säure
Oxalsäure	2	22,2
Weinsäure	10	66,7
Citronensäure	18	93,7
Glykolsäure	6	79
Milchsäure	12	133,3
Apfelsäure	12	89,5
Bernsteinsäure	0	0
Salicylsäure	28	20,3
Zimtsäure	10	67,6
Gallensäure (M = 170)	24	141,2
Gerbsäure (M = 322)	48	149,1

Alkohole.

Methylalkohol: Titriervorschrift wie bei den Oxysäuren. Methanol wird quantitativ nach der Gleichung:

$$CH_3OH + 3O \rightarrow CO_2 + 2H_2O$$

oxydiert, in saurer Lösung aber selbst binnen zweier Tage nur unvollständig.

Äthylalkohol: In saurem Medium führt die Oxydation quantitativ zur Essigsäure:

$$CH_3CH_2OH + 3O \rightarrow CH_3COOH + H_2O.$$

Man mischt 10 ccm 0,1-n-Alkohol mit 25 ccm 0,1-n-Permanganat und 10 ccm 4-n-Schwefelsäure und titriert nach 24 Stunden Stehen zurück.

In alkalischer Lösung geht die Oxydation, wenn auch nicht vollständig, weiter bis zur Oxalsäure.

Propylalkohol und Isopropylalkohol werden in saurer Lösung wie Äthylalkohol zu den entsprechenden Säuren oxydiert.

Mehrwertige Alkohole werden am besten genau wie die Oxysäuren bestimmt; ihre Oxydation führt dann vollständig zu Kohlensäure und Wasser.

In gleicher Weise lassen sich Glykol, Glycerin, Erythrit, Pentaerythrit und Mannit quantitativ titrieren. Bei Erythrit und Pentaerythrit muß man vor dem Ansäuern 2 Tage stehen lassen. Glykol und Glycerin sind auch in schwefelsaurer Lösung genau zu bestimmen, rascher jedoch im alkalisch gemachten System.

Zuckerarten: Glucose, Fructose, Saccharose und Lactose lassen sich sowohl in saurer wie in alkalischer Lösung oxydieren, jedoch nicht ganz vollständig zu Kohlensäure und Wasser; es scheint sich auch immer ein wenig Essigsäure zu bilden.

Bei der Bestimmung nach Art der Oxysäuren werden für die verschiedenen Zuckersubstanzen 3—4% Titerlösung weniger verbraucht, als nach dem Vorgang:

$$C_6H_{12}O_6 + 12O \rightarrow 6CO_2 + 6H_2O$$

zu erwarten ist.

Aromatische Substanzen: Die meisten aromatischen Verbindungen, wie Phenole, Kresole usw., sind nur unvollständig zu Kohlensäure und Wasser oxydierbar — diesbezügliche Untersuchungen von unserer Seite sind noch nicht abgeschlossen — ebensowenig die Alkaloide. Bei Adsorptionsversuchen konnte ich sehr oft die „kalte Oxydationsmethode" mit Vorteil anwenden, zumal sie für äußerst verdünnte Lösungen so sehr geeignet ist. Beispielsweise verbrauchen 10 ccm 0,001 molare angesäuerte Morphinlösung nach 24 Stunden etwa 6,5 ccm 0,1-n-Permanganat. Der empirische Verbrauch wechselt stark nach Zeit und Temperatur. Man muß daher solche Bestimmungen auf gleichartige Versuche an Alkaloidlösungen bekannten Gehaltes beziehen.

Zwölftes Kapitel.

Jodometrie. Die Eigenschaften der Maßflüssigkeiten, ihre Einstellung.

§ 1. Allgemeines über die Jodometrie. Die Reaktion:

$$J_2 + 2e \underset{\longrightarrow}{\longleftarrow} 2J'$$

ist vollkommen umkehrbar. Eine Substanz mit niedrigerem Oxydationspotential als Jod wird von diesem oxydiert; sie kann daher direkt mit einer Jodlösung titriert werden. Beispiel: Thiosulfat, schweflige Säure.

Umgekehrt wirkt Jodion reduzierend auf starke Oxydationsmittel, welche daher in der Weise bestimmt werden können, daß man sie unter geeigneten Verhältnissen mit Jodid im Überschuß versetzt und das freigewordene Jod mit Thiosulfat titriert. Beispiel: Permanganat, Bichromat, Jodat usw.

Weil die meisten Oxydations-Reduktionsreaktionen reversibel und die Oxydationspotentiale oft von der Wasserstoffionenkonzentration oder anderen Faktoren abhängig sind, lassen sich in verschiedenen Fällen die Bedingungen ausfindig machen, unter welchen eine niedere Oxydationsstufe eines Elementes und unter welchen die höhere Stufe jodometrisch bestimmt werden kann. Das Oxydationspotential einer Jod-Jodidlösung selbst wird praktisch vom p_H wenig beeinflußt (natürlich liegen die Dinge anders in alkalischer Lösung), hingegen nimmt dasjenige der sauerstoffhaltigen oxydierenden Anionen, wie Permanganat, Dichromat, Bromat usw., sehr stark mit dem Säuregrade zu. So kann z. B. in stark saurer Lösung Arseniat durch Jodid quantitativ zu Arsenit reduziert werden. Umgekehrt ist das Reduktionspotential des Systems arsenige Säure-Arsensäure in neutraler oder schwach alkalischer Lösung negativer als das des Jods; daher wird arsenige Säure in neutralem Medium durch Jod quantitativ oxydiert. Man hat also bei jodometrischen Titrationen genau diejenigen Verhältnisse einzuhalten, unter denen die reversiblen Gleichgewichte praktisch quantitativ nach der einen oder anderen Seite verschoben liegen.

Einem etwas anderen Fall begegnen wir bei Kupfer und Eisen. Cupriion reagiert mit Jodid zu schwer löslichem Cuprojodid und freiem Jod:

$$Cu^{..} + 2\,J' \;\underset{\longrightarrow}{\rightleftharpoons}\; CuJ + {}^{1}/_{2}J_2.$$

Die Reaktion ist zwar umkehrbar. Führt man aber durch Zusatz geeigneter Salze (Tartrat, Oxalat usw.) das Cupri in ein komplexes Anion über, so verläuft die Reaktion quantitativ nach links, und man kann Cupro auf diese Weise jodometrisch bestimmen. Ähnliche Erscheinungen haben wir noch beim Eisen zu behandeln (vgl. S. 409).

Eigenartigerweise gehen sehr viele jodometrische Reaktionen nicht momentan vor sich. Auch befolgen sie nicht immer die summarischen Gleichungen, durch die wir sie im stöchiometrischen Sinne ausdrücken, sondern durchlaufen oftmals Zwischenprodukte. Natürlich ist es von großem Interesse, den Reaktionsmechanismus im einzelnen zu kennen, weil sich uns damit Wege eröffnen, eine Titrationsmethode zu verbessern.

Nehmen wir als Beispiel den Vorgang zwischen Jodid und Anionen der Halogensauerstoffsäuren:

$$BrO_3' + 6\,H^{.} + 6\,J' \rightarrow Br' + 3\,J_2 + 3\,H_2O.$$

Eine Reaktion dieser Art verläuft nicht momentan und auch nicht streng nach vorstehendem Schema; nach Bray[1] entsteht unterjodige Säure als Zwischenprodukt, und diese reagiert wieder rasch mit Jodid nach:

$$HBrO_3 + HJ \rightarrow HOJ + HBrO_2 \ \text{(langsam)}.$$
$$HOJ + HJ \rightarrow H_2O + J_2 \ \text{(schnell)}.$$

Andererseits spielt die Konzentration der unterjodigen Säure auch wieder bei jodimetrischen Titrationen von Stoffen eine Rolle, welche in höhere Sauerstoffverbindungen übergeführt werden. So hängt nach Roebuck[2] die Reaktionsgeschwindigkeit zwischen Jod und arseniger Säure von der Konzentration der hydrolytisch gebildeten unterjodigen Säure ab; sie wächst mit steigender Alkalität der Lösung.

---

[1] Bray: Zeitschr. f. physikal. Chem. Bd. 102, S. 69. 1922.
[2] Roebuck: Journ. physic. chem. Bd. 6, S. 365. 1902.

Ist bei einer Oxydation der Sauerstoff selbst nicht beteiligt, so kann sich die Titration unter Umständen auch über längere Zeit erstrecken, indem sie über ein Additionsprodukt verläuft, dessen Ladung der algebraischen Summe der Ladungen der reagierenden Ionen gleichkommt. In diesem Sinne läßt sich die verzögerte Reaktion zwischen Jodid und Ferri (vgl. BRÖNSTED[1]) und die zwischen Titano und Jod (YOST und ZABARO[2]) erklären.

§ 2. **Allgemeine praktische Bemerkungen über die Jodometrie.** Die Jodometrie geht eigentlich auf DUPASQUIER[3] zurück, er titrierte Jod mit schwefliger Säure. Die allgemeine Anwendbarkeit der Jodometrie hat BUNSEN[4] 1853 aufgezeigt. SCHWARZ[5] verbesserte die Methode wesentlich, indem er statt ·der schwefligen Säure oder ihrer Salze das Natriumthiosulfat zur Titration des Jods einführte. Nebenher wird in neutraler oder alkalicarbonathaltiger Lösung Jod oft mit arseniger Säure gemessen (vgl. die Reaktion zwischen Thiosulfat und Jod S. 339).

Bevor wir die praktischen Grundlagen der Jodometrie näher erörtern, wollen wir einige allgemeine Bemerkungen vorausschicken, die für viele jodometrische Bestimmungen von Interesse sind.

1. Das Nachblauen der Jodstärke[6]: Bei vielen jodometrischen Titrationen beobachtet man nach beendeter Bestimmung, wo die blaue Farbe der Jodstärke eben durch Thiosulfat ausgelöscht worden ist, deren Wiederkehr nach kürzerer oder längerer Zeit. Dies kann verschiedene Ursachen haben. Bisweilen mag die Reaktion noch nicht quantitativ vollzogen sein. Titriert man z. B. eine angesäuerte Ferrilösung direkt nach Zusatz von Kaliumjodid, so wird die Lösung infolge der geringen Reaktionsgeschwindigkeit zwischen Ferri und Jodid nachträglich wieder stark blau. Aber selbst wenn die Hauptreaktion vollständig

---

[1] BRÖNSTED: Zeitschr. f. physikal. Chem. Bd. 102, S. 69. 1922.

[2] YOST und ZABARO: Journ. of the Americ. chem. soc. Bd. 48, S. 1182. 1926.

[3] DUPASQUIER: Ann. de chim. et de physique (2), Bd. 73. 1840.

[4] BUNSEN: Ann. d. Chem. Bd. 86, S. 265. 1853.

[5] SCHWARZ: Anleitung zur Maßanalyse 1853; nach H. BECKURTS.

[6] Vgl. auch F. A. GOOCH und J. C. MORRIS: Zeitschr. f. anorg. allgem. Chem. Bd. 25. S. 227. 1910; R. WEINLAND: Anleitung für das Praktikum der Maßanalyse, Stuttgart: Verlag F. Enke 1923; K. BÖTTGER und W. BÖTTGER: Zeitschr. f. analyt. Chem. Bd. 70, S. 209. 1927.

verlaufen ist, tritt oft die gleiche Erscheinung auf; besonders in stark saurer Lösung. Jodidion wird nämlich auch vom Luftsauerstoff oxydiert, und zwar um so schneller, je saurer die Lösung ist. Sauerstoff für sich allein wirkt nur sehr langsam, um so mehr aber unter dem Einfluß des Sonnenlichts. Man wird daher keine jodometrische Titration im direkten Sonnenlicht vornehmen. Auch können verschiedene andere Substanzen die Luftoxydation des Jodwasserstoffs katalytisch beschleunigen; nach meiner Erfahrung haben Ferro, Mangano und Chromi in saurer Lösung fast keine Einwirkung. Cupro dagegen schon merklich. Cupro wird nämlich vom Luftsauerstoff leicht zu Cupri oxydiert, und letzteres oxydiert wieder Jodid. Sehr starke Störungen verursacht Nitrit, selbst wenn es nur in Spuren vorhanden ist. In chemischen Arbeitsräumen ist oft salpetrige Säure anzutreffen, vor der man sich deshalb bei jodometrischen Titrationen schützen muß. Nitrit wird nämlich durch Jodid reduziert:

$$NO_2' + J' + 2H^{\cdot} \rightarrow NO + \tfrac{1}{2}J_2 + H_2O.$$

NO bildet aber sofort wieder mit dem Luftsauerstoff höhere Stickoxyde, die erneut mit Jodid in Reaktion treten, und so geht der Kreislauf fort. Daher können Spuren Nitrit nach jeder Entfärbung immer wieder die Jodstärkefarbe hervorrufen. Der Vollständigkeit halber wollen wir noch erwähnen, daß die Blaufärbung auch wiederkehren kann, wenn die Flüssigkeit einen Jod adsorbierenden Niederschlag enthält, wie bei der bromometrischen Phenol-, Kresol- und Anilinbestimmung usw. (vgl. S. 452).

Man schüttelt dann beim Endpunkt Flüssigkeit und Niederschlag sehr stark durch oder fügt etwas Alkohol hinzu, der das Jod von den Oberflächen verdrängt.

2. Die Luftoxydation des Jodwasserstoffs kann durch die Reaktion zwischen Jodid und einem Oxydationsmittel positiv induziert werden. Besonders wenn der Hauptvorgang langsam verläuft, macht sich die Induktion gewöhnlich sehr bemerkbar. Wird beispielsweise ein angesäuertes Gemisch von Jodid und Oxydans erst nach einigem Stehen titriert (wie bei der Ferribestimmung), so wird in der Regel merklich zuviel Jod gefunden. Dann hat man die saure Lösung vor dem Zusatz von Kaliumjodid

luftfrei zu machen, indem man mehrmals hintereinander kleine Portionen von etwa 200—400 mg Natriumbicarbonat einwirft, zuletzt gut durchschüttelt, schnell das Jodid zugibt und das Reaktionsgefäß gut verschließt. Man benutzt am besten Kolben oder Flaschen mit eingeschliffenen Stopfen.

3. Bei jodometrischen Bestimmungen, bei denen die Reaktion zwischen Jod und oxydierbarer Substanz nicht momentan vonstatten geht, bringt der Stärkezusatz als Indicator (vgl. § 3) eine weitere auffällige Verzögerung mit sich. Durch die Jodstärkebildung wird nämlich der Jodüberschuß großenteils der Reaktion entzogen und nur langsam nachgeliefert. Die Entfärbung der Jodstärke nimmt eine gewisse Zeit in Anspruch. In solchen Fällen (wie bei der Cyantitration, vgl. S. 386 usw.) wird man deshalb lieber ohne Indicator oder in Gegenwart eines jodlösenden organischen Lösungsmittels arbeiten (vgl. § 3).

4. Bei der Titration von Jod mit Thiosulfat entsteht bekanntlich Tetrathionat:

$$J_2 + 2\,S_2O_3'' \rightarrow S_4O_6'' + 2\,J'.$$

Soll nach der jodometrischen Bestimmung die titrierte Lösung noch einem weiteren Zweck dienen (vgl. z. B. die Fructosebestimmung neben Glucose S. 425), so hat man auf die Unbeständigkeit des gelösten Tetrathionats zu achten: es zersetzt sich allmählich in Bisulfit bzw. schweflige Säure, wohl auch in Thiosulfat und Trithionat, also teilweise in Jod verbrauchende Verbindungen.

Der Mechanismus dieser Reaktionen ist sehr kompliziert[1], uns interessieren sie nur insofern, als die Abbauprodukte ihrerseits wieder mit Jod reagieren können. Besonders in alkalischer Lösung und in der Wärme nimmt dann die Zersetzung größeren Umfang an, sie folgt dann nach Mitteilung von RIESENFELD[1] der Gleichung:

$$2\,S_4O_6'' + 6\,OH' \rightarrow 3\,S_2O_3'' + 2\,SO_3'' + 3\,H_2O.$$

---

[1] Vgl. besonders RIESENFELD und FELD: Zeitschr. f. anorg. allgem. Chem. Bd. 119, S. 225. 1921; ABEL: Monatsh. f. Chem. Bd. 28, S. 1242. 1907; ESPENHAHN: Journ. Soc. Chem. Ind. Bd. 36, S. 483. 1917; F. FOERSTER und A. HORNIG: Zeitschr. f. anorg. allgem. Chem. Bd. 125. S. 106. 1922; A. KURTENACKER u. H. KAUFMANN: Zeitschr. f. anorg. allgem. Chem. Bd. 148, S. 225, 256, 369. 1925; auch in der älteren Literatur ist die Zersetzung schon erwähnt: FORDOS und GELIS: Ann. de chim. et de physique Bd. 3, S. 28. 1867; TAKAMATSU und SMITH: Journ. of the chem. soc. (London) Bd. 37, S. 592. 1880; Bd. 41, S. 162. 1882; Ber. Bd. 15, S. 1440. 1882.

Aber auch in neutraler Lösung ist sie bemerkbar. So kochte ich eine Lösung von 10 ccm 0,1-n-Jod, die mit 10 ccm 0,1-n-Thiosulfat entfärbt war, bei Anwesenheit von 5 ccm 2-n-Natriumacetat eine halbe Stunde lang. Die Flüssigkeit trübte sich etwas durch ausgeschiedenen Schwefel, reagierte hernach sauer und verbrauchte 3 ccm 0,1-n-Jod bzw. 3 ccm 0,1-n-Natronlauge auf Phenolpthalein. Ohne Natriumacetat und besonders in saurer Lösung geht die Zersetzung langsamer vor sich. Auch bei Zimmertemperatur findet sie statt. Eine Mischung von 10 ccm 0,1-n-Jod, 10 ccm 0,1-n-Thiosulfat und 1 g Natriumbicarbonat verbrauchte nach 24 Stunden Stehen bei gewöhnlicher Temperatur und Ansäuern mit Essigsäure 0,4 ccm 0,1-n-Jod.

Daher ist Vorsicht geboten, wenn man eine mit Thiosulfat entfärbte Jodlösung noch für andere Bestimmungen verwenden will.

§ 3. Die Jodstärkereaktion; die Jodfarbe; organische Flüssigkeiten zur Endpunktsbestimmung. Titrationen ohne Indicator: Die gelbbraune Farbe einer Jod-Jodkaliumlösung ist bei Tageslicht noch in großen Verdünnungen sichtbar; in farblosen Flüssigkeiten reicht die Empfindlichkeit bei einer Durchsichtlänge von etwa 8 cm bis zu etwa $5 \cdot 10^{-5}$-n-Jod hinab (etwa 7,5 mg Jod im Liter). Daher ist der Endpunkt bei Titrationen von 0,02-n und stärkeren Lösungen ohne Indicator noch sehr scharf zu erkennen, aber nicht mehr dann, wenn anderweit gefärbte — oder verdünntere Lösungen vorliegen. Die Färbung der Jodstärke ist viel tiefer als die des Jods allein. Drum ist in vielen Fällen die Stärke als Indicator unentbehrlich. Über die chemische Natur der Jodstärke ist schon sehr viel veröffentlicht worden. Reines Jod allein gibt keine Blaufärbung, es muß nebenher eine Spur Jodid vorhanden sein. MYLIUS hat ursprünglich die Jodstärke als eine chemische Verbindung von der Zusammensetzung

$$(C_{24}H_{40}O_{20}J)_4HJ$$

angesprochen. Später ist man von dieser Auffassung abgekommen und führte die blaue Farbe auf eine Adsorption von Jod und Jodid (oder von Trijodion) an der Stärke zurück. Weitere Einzelheiten sind in der sehr ausgedehnten Literatur[1] nachzulesen.

---

[1] Literatur über die Natur der Jodstärke:
MYLIUS: Ber. Bd. 20, S. 688. 1887; Bd 28, S. 385. 1895; MEINEKE: Chemiker-Zeit. Bd. 18, S. 157. 1894; LONNES: Zeitschr. f. analyt. Chem.

Für die Herstellung einer geeigneten Stärkelösung sind viele Vorschriften aufgestellt worden[1].

Die Zubereitung nach MUTNIANSKY[2] hat sich bei uns am besten bewährt.

Herstellung der Stärkelösung: 2 g lösliche Stärke und 10 mg Quecksilberjodid (zur Konservierung) werden mit wenig Wasser angerieben und der Brei in ca. 1 l kochendes Wasser gebracht. Die Lösung ist klar und ändert sich auch nach langem Stehen in farblosem Glas nicht. Wenn sie aus irgendwelcher Ursache mit verdünnter Jodlösung keine rein blaue Farbe, sondern einen mehr violetten Ton gibt, so ist sie unbrauchbar. Auf 100 ccm Titrierflüssigkeit rechnet man zweckmäßig 10 ccm der 0,2 proz. Stärkelösung. Die Empfindlichkeit der Stärke auf Jod hängt

---

Bd. 33, S. 409. 1894; HARZ: Chem. Zentralbl. Bd. 1, S. 1018. 1898; MUSSET: Pharm. Zentr.-H. Bd. 37, S. 566. 1898; FRIEDENTHAL: Chem. Zentralbl. Bd. 1, S. 1161. 1899; SEIFERT: Zeitschr. f. angew. Chem. Bd. 1, S. 15. 1888; TOTH: Chemiker-Zeit. Bd. 15, S. 1523. 1891; ROBERTS: Jahresber. 1894, S. 105; ROUVIER: Cpt. rend. Bd. 114, S. 128, 749, 1366. 1892; Bd. 117, S. 281, 463. 1893; Bd. 118, S. 743. 1894; HALE: Amer. Chem. Journ. Bd. 28, S. 438. 1902; ANDREWS und GÖTTSCH: Journ. of the Americ. Chem. soc. Bd. 24, S. 865. 1902; PAYEN: Chem. Zentralbl. Bd. 1, S. 1898. 1898; KÜSTER: Ann. d. Chem. Bd. 283, S. 360. 1894; PINNOW: Zeitschr. f. analyt. Chem. Bd. 41, S. 487. 1902; MAC LAUCHLAN: Zeitschr. f. physikal. Chem. Bd. 44, S. 600. 1903; BILTZ: Ber. Bd. 37, S. 719. 1904; PADAO und SAVARI: Chem. Zentralbl. Bd. 1, S. 1593, 1905; KATAYAMA: Zeitschr. f. anorg. Chem. Bd. 56, S. 209. 1908; HARRISON: Kolloid-Zeitschr. Bd. 9, S. 5. 1911; BARGER und FIELD: Journ. chem. soc. Bd. 101, S. 1394. 1912; BARGER und STARLING: Journ. chem. soc. Bd. 107, S. 411. 1915; BERCZELLER: Biochem. Zeitschr. Bd. 84, S. 106. 1917; MICHAELIS und LACHS: Zeitschr. f. Elektrochem. Bd. 17, S. 1. 1911; KOLTHOFF: Dissertation, Utrecht 1918; EULER, H. VON und K. MYRBÄCK: Ann. d. Chem. Bd. 428, S. 1. 1921; EULER, H. VON und ST. BERGMANN: Kolloid-Zeitschr. Bd. 31, S. 81, 89. 1922; LOTTERMOSER, A.: Zeitschr. f. Elektrochem. Bd. 27, S. 496. 1921; SEN, K. C.: Chem. News Bd. 129, S. 194. 1924; Chem. Zentralbl. Bd. 2, S. 2322. 1924; DHAR, N. R.: Journ. physic. chem. Bd. 28, S. 125. 1924; FIRTH und WATSON: Journ. soc. chem. ind. Bd. 42, S. 308. 1923; MURRAY, H. D.: Journ. of the chem. soc. (London) Bd. 127, S. 1288. 1925; ANGELESCU, E. und J. MIRCESCU: Chem.-Zentralbl. Bd. 1, S. 329. 1926.

[1] Vgl. u. a. H. BECKURTS: Die Methoden der Maßanalyse S. 238; auch WROBLEWSKI: Chemiker-Zeit. Bd. 22, S. 375. 1898; FÖRSTER: Chemiker-Zeit. Bd. 21, S. 41. 1897; SYNIEWSKI: Ber. Bd. 30, S. 2415. 1897; Bd. 31, S. 1791. 1898; JUNK: Chemiker-Zeit. Bd. 43, S. 258. 1919.

[2] MUTNIANSKI: Zeitschr. f. analyt. Chem. Bd. 36, S. 220. 1897.

von verschiedenen Faktoren ab. Eine systematische Untersuchung darüber hat schon MEINEKE[1] angestellt, WASHBURN[2] ging dem Einfluß verschiedener Salze nach. Ich[3] habe bei eingehenden Studien an diesem Gegenstand festgestellt, daß die Blaufärbung eben an Lösungen sichtbar wird, die $2 \cdot 10^{-5}$-n an Jod (2,6 mg im Liter) und wenigstens $4 \cdot 10^{-5}$-n an Jodid sind. Mit wachsenden Jodidkonzentrationen ändert sich die Empfindlichkeit nur wenig, bei sinkendem Jodidgehalt nimmt sie stark ab. In Übereinstimmung mit anderen Autoren erkannte ich, daß Säuren, wie Schwefelsäure und Salzsäure, die Empfindlichkeit steigern, und zwar bis etwa $1 \cdot 10^{-5}$-n an Jod (15⁰). Neutralsalze wirken ähnlich, wennschon in schwächerem Maße.

Bei Zimmertemperatur dürfen wir im allgemeinen mit einer Empfindlichkeit zwischen 1 und $2 \cdot 10^{-5}$-n an Jod rechnen; sie nimmt aber mit steigender Temperatur bedeutend ab.

Quecksilberchlorid darf neben dem Stärkeindicator nicht in der Lösung im Überschuß vorhanden sein, da es ihr Jodionen entzieht.

Empfindlichkeit: Jodstärkereaktion bei verschiedenen Temperaturen für 0,001-n-Jod in 0,002-n-KJ.

Temperatur	Empfindlichkeit für Jod
15⁰	$2 \cdot 10^{-5}$-n
20⁰	$2,4 \cdot 10^{-5}$-n
40⁰	$10 \cdot 10^{-5}$-n
55⁰	$22 \cdot 10^{-5}$-n
65⁰	$76 \cdot 10^{-5}$-n (grüne Farbe)
76⁰	$160 \cdot 10^{-5}$-n (schmutziggrüne Farbe)
81⁰	$200 \cdot 10^{-5}$-n (schmutziggrüne Farbe)
87⁰	$260 \cdot 10^{-5}$-n (schmutziggrüne Farbe)

Bei höheren Temperaturen kann die Stärke also nicht mehr als Indicator dienen, außerdem wird sie dann bereits von Jod oxydiert.

Einfluß organischer Substanzen: Organische Substanzen setzen die Empfindlichkeit der Jodstärkereaktion herab. In

---

[1] MEINEKE: Chemiker-Zeit. Bd. 18, S. 157. 1894; auch LONNES: Zeitschr. f. analyt. Chem. Bd. 33, S. 409. 1894; PINNOW: Zeitschr. f. analyt. Chem. Bd. 41, S. 487. 1902.

[2] WASHBURN, E. W.: Journ. of the Americ. chem. soc. Bd. 30, S. 31. 1908.

[3] KOLTHOFF, J. M.: Pharmac. Weekbl. Bd. 156, 1919.

folgender Tabelle bringen wir einige Beispiele. Nebenher ist dort die Empfindlichkeit der Gelbfärbung vom Jod allein aufgeführt. Die Versuche wurden wieder mit 0,001-n-Jod in 0,002-n-Kaliumjodid vorgenommen.

Einfluß von organischen Substanzen auf die
Empfindlichkeit der Jodstärkereaktion.

Lösungsmittel	Empfindlichkeit Jodstärke	Jodfarbe
Wasser.	$2 \cdot 10^{-5}$-n	$4,5 \cdot 10^{-5}$-n
20proz. Methylalkohol	$12 \cdot 10^{-5}$-n	$4,5 \cdot 10^{-5}$-n
20proz. Äthylalkohol	$10,5 \cdot 10^{-5}$-n	$4,5 \cdot 10^{-5}$-n
40proz. Äthylalkohol	$36 \cdot 10^{-5}$-n	$4,5 \cdot 10^{-5}$-n
50proz. Äthyllakohol	keine Blaufärbung	$4,5 \cdot 10^{-5}$-n
20proz. Glycerin	$19 \cdot 10^{-5}$-n	$10,0 \cdot 10^{-5}$-n
8proz. Saccharose.	$20 \cdot 10^{-5}$	$12 \cdot 10^{-5}$
Sehr verdünnte Pepsinlösung.	$11 \cdot 10^{-5}$	$4,5 \cdot 10^{-5}$
Desgl. mit Schwefelsäure. . .	$11 \cdot 10^{-5}$	$4,5 \cdot 10^{-5}$
0,5proz. Gelatine	$32 \cdot 10^{-5}$	$22 \cdot 10^{-5}$

In Gegenwart von viel Alkohol titriert man daher besser ohne Stärke lediglich auf Gelbfärbung oder Entfärbung des Jods selbst.

Der Titrierfehler. Die Empfindlichkeit der Jodstärkereaktion ist so hoch, daß der Titrierfehler bei Zimmertemperatur und an stärkeren als 0,01-n-Lösungen zu vernachlässigen bleibt. In größeren Verdünnungen ist er aber schon zu berücksichtigen. Beim Titrieren von Jod verschwindet die blaue Farbe ein wenig zu früh, sie tritt bei Titrationen von Thiosulfat mit Jodlösung etwas zu spät auf.

Die in der folgenden Tabelle angegebenen Korrekturen gelten für ein Endvolumen von 100 ccm, sofern die Lösung wenigstens 0,002-n an Jodid ist.

Titrierfehler bei der Titration von Jod mit
Thiosulfat bei 15—20°.

Art der Lösung	Korrektur in 0,001-n auf Endvol. 100 ccm ccm
Neutral oder sehr schwach sauer . .	1,5
Neutral oder sehr schwach sauer . .	1,6
0,8 bis 1-n aus Schwefelsäure . . .	1,0
0,8 bis 1-n aus Salzsäure	0,6

Für Titrationen sehr verdünnter Jodlösungen muß die Korrektur zum Verbrauch zugezählt, bei der umgekehrten Reaktion hingegen abgezogen werden.

Organische Flüssigkeiten zur Erkennung des Endpunktes: Noch ehe die Stärke zu Jodtitrationen benutzt wurde, hat man mit Wasser nicht mischbare organische Flüssigkeiten, wie Benzol, Petroläther, Chloroform, Tetrachlorkohlenstoff, als Indicatoren für die Jodometrie herangezogen[1]. Die Sichtbarkeitsgrenze der rotvioletten Jodfarbe in diesen Lösungsmitteln übertrifft noch die der Jodstärkereaktion. In einem Endvolumen von 50 ccm konnte ich mit 10 ccm Chloroform (oder CCl_4 oder Petroläther) noch $4 \cdot 10^{-5}$-n-Jod nachweisen. Besonders zur Titration sehr verdünnter Jodlösungen sind diese organischen Flüssigkeiten daher sehr angebracht, zumal dann auch kein Titrierfehler in Frage kommt.

Auch wo die Reaktionsgeschwindigkeit zwischen Jod und der zu titrierenden Substanz nicht sehr groß ist und man in größeren Verdünnungen arbeitet, haben die organischen Lösungsmittel manche Vorteile gegenüber der Stärke, zugleich aber den Nachteil, daß man die Titrationen in Flaschen oder Kolben mit eingeschliffenem Stopfen vornehmen und nach jedem Zusatz von Maßflüssigkeit gut umschütteln und dann bis zur Trennung der Schichten einige Zeit warten muß, um die Farbe der nichtwäßrigen Phase zu beurteilen.

§ 4. Die Reaktion zwischen Jod und Thiosulfat. Bevor wir auf Einzelheiten über die Standardlösungen und deren Einstellung zu sprechen kommen, wollen wir erst etwas näher auf die wichtigste Reaktion der Jodometrie überhaupt, auf die zwischen Jod und Thiosulfat, eingehen. Ihr Gesamtverlauf wird durch die Gleichung wiedergegeben:

$$J_2 + 2\,S_2O_3'' \rightarrow S_4O_6'' + 2\,J'.$$

Von stärkeren Oxydationsmitteln, wie Brom, und auch unterjodiger Säure kann Thiosulfat aber weiter bis zu Sulfat oxydiert werden. Schwach alkalisch gemacht, enthält eine Jodlösung nach Topf[2] schon so viel Hypojodit, daß bei der Titration mit Thiosulfat die vorstehende Hauptreaktion von dem Nebenvorgang begleitet wird:

$$S_2O_3'' + 4\,J_2 + 10\,OH' \rightarrow 2\,SO_4'' + 8\,J' + 5\,H_2O.$$

---

[1] Vgl. RABOURDIN: Cpt. rend. Bd. 31, S. 784. 1850; DITZ und MARGOSCHES: Chemiker-Zeit. Bd. 28, S. 1191. 1904; SCHWEZOW: Zeitschr. f. analyt. Chem. Bd. 44, S. 86. 1905.

[2] TOPF: Zeitschr. f. analyt. Chem. Bd. 26, S. 137. 1887.

Aus der Reaktionsgleichung ergibt sich, daß mit steigender OH-Konzentration immer mehr Thiosulfat zu Sulfat oxydiert wird. In stark alkalischer Lösung geht die Oxydation nach ABEL[1] sogar quantitativ bis zum Sulfat; Jodat tritt dabei jedoch nicht in Wirkung. Verschiedene Autoren[2] haben die Befunde von TOPF bestätigt, andere wieder[3] haben sie gar nicht berücksichtigt. In diesem Zusammenhang will ich einiges aus umfangreichen eigenen Untersuchungen[4] über die Jod-Thiosulfatreaktion mitteilen.

Bei der Titration von n- oder 0,1-n-Jod in neutraler Kaliumjodidlösung mit n- oder 0,1-n-Thiosulfat verläuft die Reaktion ganz normal. Nimmt man eine jodidfreie alkoholische Jodlösung, so wirkt das Jod stärker oxydierend (vgl. die Gleichung des Oxydationspotentials), und Thiosulfat wird dann teilweise zu Sulfat oxydiert, wobei gleichzeitig die Lösung sauer wird. In Gegenwart von wenig Jodid in der alkoholischen Jodlösung führt aber die Oxydation wieder normal zu Tetrathionat.

Der Umfang der Nebenreaktion Thiosulfat-Sulfat in schwach alkalischer Lösung hängt von verschiedenen Faktoren ab; nämlich von der

1. Hydroxylionenkonzentration,
2. Jod- und Jodidkonzentration,
3. Temperatur,
4. Anwesenheit von Fremdstoffen.

Da unterjodige Säure so unbeständig ist, läßt sich der Einfluß dieser verschiedenen Faktoren schwer gesondert untersuchen. Der Fehler wechselt außerdem etwas mit der Titriergeschwindigkeit. Salze, wie Natriumbicarbonat, Natriumphosphat, Pyrophosphat, Borax, Ammoniumcarbonat, stören die Jodtitration mit Thiosulfat beträchtlich, es wird dann zu wenig Jod verbraucht. In folgender Tabelle geben wir einige Beispiele über das Ausmaß der möglichen Fehler:

---

[1] ABEL: Zeitschr. f. anorg. allgem. Chem. Bd. 74, S. 396. 1912.

[2] JÖRGENSEN: Zeitschr. f. anorg. allgem. Chem. Bd. 19, 1889; FOERSTER und GYR: Zeitschr. f. Elektrochem. Bd. 9, S. 1. 1903; PUCKNER: Chem. Zentralbl. Bd. 76 I, S. 1186. 1905; ASHLEY: Chem. Zentralbl. Bd. 76 I, S. 1047. 1905; BATEY: Analyst Bd. 36, S. 132. 1911.

[3] RUPP, E.: Ber. Bd. 35, S. 3694. 1902; BECKETT: Analyst Bd. 35, S. 451. 1920.

[4] KOLTHOFF, J. M.: vgl. Zeitschr. f. analyt. Chem. Bd. 60, S. 341. 1921.

Zusatz zu 25 ccm 0,1-n-Jod	Abweichung des Verbrauches %
0,5 g $NaHCO_3$	— 4
2 g $NaHCO_3$	— 9,6
25 ccm 0,2 molares $NaHCO_3$ . .	— 2,5
25 ccm 0,2 molares Na_2HPO_4 . .	— 2,3
25 ccm 0,2 molares $Na_2B_4O_7$ . . .	— 7,1
2 ccm 2-n-Ammoniumcarbonat .	— 27
5 ccm 2-n-Ammoniumcarbonat .	— 37
10 ccm 2-n-Ammoniumcarbonat .	— 38

Die Abweichung kann also unter Umständen sehr groß werden. Die Grenze der störenden Nebenreaktion wird stark durch die Jodkonzentration bedingt. Bei der Titration von:

0,1-n-Jodlösungen soll p_H kleiner als 7,6 oder $[\overset{.}{H}] > 2,5 \cdot 10^{-8}$ sein,
0,01-n-Jodlösungen soll p_H kleiner als 6,5 oder $[\overset{.}{H}] > 3 \cdot 10^{-7}$ sein,
0,001-n-Jodlösungen soll p_H kleiner als 5 oder $[\overset{.}{H}] > 10^{-5}$ sein.

Sehr verdünnte Lösungen müssen also zur Titration schon deutlich sauer reagieren. Muß eine saure Jodlösung vor dem Titrieren abgestumpft werden (vgl. Jodidbestimmung S. 365), so verwende man kein Natriumbicarbonat, weil sonst das System gleich zu stark alkalisch wird. Besser eignen sich, dank ihrer Pufferwirkung, Phosphat, Tartrat, Acetat und unter Umständen Borax. Hat man bei stärkerer Alkalität (etwa in Bicarbonatlösung) zu titrieren, so empfiehlt sich überhaupt arsenige Säure als Maßflüssigkeit.

Bei der umgekehrten Titration von Thiosulfat mit Jod tritt die störende Nebenreaktion in schwach alkalischer Lösung ganz zurück, so etwa bei 0,1-n-Thiosulfat im Beisein von Bicarbonat, Borax oder sekundärem Phosphat. Die Reaktion zwischen Jod und Thiosulfat verläuft rasch genug, so daß das eintropfende Jod fast keine Zeit findet, sich mit Hydroxylionen zu unterjodiger Säure umzusetzen.

Nach PICKERING[1] bilden auch in saurer Lösung Jod und Thiosulfat teilweise Sulfat; dies stimmt jedoch nicht. Im Gegensatz zu KEMPF[2] stellte ich fest, daß eine stark saure Jodlösung Thiosulfat normal zu Tetrathionat oxidiert, wenn nur während der Titration gut geschüttelt wird, um an der Einflußstelle eine lokale Thiosulfat-

[1] PICKERING: Chem. News Bd. 40, S. 261. 1880.
[2] KEMPF: Zeitschr. f. angew. Chem. Bd. 30, S. 71. 1917.

zersetzung zu schwefliger Säure zu vermeiden, welche durch 2 Jodäquivalente zu Sulfat oxydiert werden würde. Der Mehrverbrauch nach Kempf ist vielleicht einer Luftoxydation des Jodwasserstoffs während der Titration zuzuschreiben.

Endlich sei noch erwähnt, daß sich Raschig[1] den Verlauf der Jod-Thiosulfatreaktion in zwei Stufen vorstellt, die sich durch folgende Gleichungen wiedergeben lassen:

$$\mathrm{Na_2S_2O_3 + J_2 \rightarrow NaJS_2O_3 + NaJ} \qquad (1)$$

$$\mathrm{NaJS_2O_3 + Na_2S_2O_3 \rightarrow Na_2S_4O_6 + NaJ} \qquad (2)$$

Hieraus läßt sich z. B. auch das Nachblauen bei der Titration sehr verdünnter Jodlösungen erklären. Fügt man z. B. zu einer 0,001-n-Jodlösung einen Unterschuß Thiosulfat und gleich darauf Stärke, so bleibt die Flüssigkeit farblos oder wird nur schwach blau [Gl. (1)]. Nach kurzer Zeit färbt sie sich aber dunkelblau in dem Maße, wie $\mathrm{NaJS_2O_3}$ wieder verschwindet [Gl. (2)].

§ 5. Die Reaktion zwischen Jod und arseniger Säure. Weil hier überschüssiges Jod in schwach alkalischer Lösung mit Arsentrioxyd zurücktitriert wird, verdient diese Reaktion eine etwas eingehendere Betrachtung. Bei geringer Alkalikonzentration wird Arsentrioxyd durch Jod quantitativ in die fünfwertige Form übergeführt:

$$\mathrm{As_2O_3 + 2\,J_2 + 2\,H_2O \underset{\longrightarrow}{\longleftarrow} As_2O_5 + 4\,H^{\cdot} + 4\,J'.}$$

Die Reaktion ist umkehrbar, die Gleichgewichtskonstante

$$K = \frac{[\mathrm{H_3AsO_4}]\cdot[\mathrm{H^{\cdot}}]^2\cdot[\mathrm{J'}]^2}{[\mathrm{H_3AsO_3}]\cdot[\mathrm{J_2}]} = 5{,}5\cdot10^{-2}.$$

(vgl. Washburn[2] und Roebuck[3]).

Aus diesem Wert berechnet Washburn, daß für eine auf 0,1 % genaue Titration der arsenigen Säure mit Jod der Wasserstoffexponent zwischen 4 und 9 liegen muß. Thiel und Meyer[4] haben dies praktisch nachgeprüft; sie grenzen p_H am Endpunkt zwischen 5,8 und 7 ein. Ein p_H kleiner als 5,8 läßt zwar noch gute Resultate

---

[1] Raschig: Ber. Bd. 48, S. 2088. 1915.

[2] Washburn: Journ. of the Americ. chem. soc. Bd. 30, S. 31. 1908; Bd. 35, S. 681. 1913.

[3] Roebuck: Journ. physic. Chem. Bd. 6, S. 365. 1902; Bd. 9, S. 727. 1905.

[4] Thiel und Meyer: Zeitschr. f. analyt. Chem. Bd. 55, S. 177. 1916.

erhalten; jedoch ist die Reaktionsgeschwindigkeit dann so gering, daß der Endpunkt nur sehr allmählich erreicht wird. Bei einem p_H unter 4 verläuft die Reaktion überhaupt nicht mehr quantitativ. Nach meiner Erfahrung[1] darf p_H noch 3,5 sein, wennschon die Reaktion dann sehr lange Zeit braucht. Andererseits kann die arsenigsaure Lösung ziemlich stark alkalisch reagieren, wenn sie nur etwas Jodid enthält. Daher darf das p_H beim Endpunkt zwischen 5 und 11 liegen, solange arsenige Säure durch Jod bestimmt wird. Anders bei der umgekehrten Titration von Jod mit arseniger Säure! In Gegenwart von viel Natriumbicarbonat, ja sogar von Ammoniumcarbonat, liefert die Bestimmung noch quantitative Ergebnisse (im letzten Falle wäre die Thiosulfattitration um mehr als 20 % fehlerhaft!). Bis $p_H < 9,2$ (am Ende der Titration) wird noch die theoretische Menge arseniger Säure umgesetzt, bei größerem p_H aber wird etwas Jod zu Jodat oxydiert und daher zu wenig Titrierflüssigkeit verbraucht, was auch für die Titration von 0,01-n und verdünnteren Jodlösungen gilt. Eigentümlich ist das Verhalten des Ammoniaks. Obgleich es das System stärker alkalisch macht als etwa Soda, ist sein störender Einfluß doch nur gering (etwa 0,7—1 %). Zu Beginn der Titration tritt eine Schwarzfärbung von Jodstickstoff auf, diese verschwindet schließlich und macht der reingelben Jod-Jod-kaliumfarbe Platz. In einer schwach sauren Jodlösung ist die geringe Reaktionsgeschwindigkeit wieder hinderlich; um so mehr, wenn noch Stärke zugesetzt wird. Will man deshalb 0,1-n- oder 0,01-n-Jod mit As_2O_3 direkt zum Endpunkt titrieren, so muß anfangs das p_H etwa zwischen 9,5 und 5,5, im Endpunkt aber zwischen 9,0 und 5,0 zu liegen kommen. In besonderen Fällen darf die Acidität höchstens bis zu $p_H = 3,5$ ansteigen; freilich dauert eine solche Bestimmung dann infolge der Reaktionsträgheit eine halbe Stunde oder noch länger.

§ 6. Die Vorratlösungen der Jodometrie.

0,1-n-Jod in Kaliumjodidlösung:

Man kann durch Abwägen von reinem Jod leicht eine Lösung von genau bekanntem Gehalt bereiten. Reines Jod gewinnt

---

[1] KOLTHOFF, J. M.: Zeitschr. f. analyt. Chem. Bd. 60, S. 393. 1921.

man zweckmäßig durch Sublimation nach F. P. TREADWELL[1]. Das im Handel gelieferte Jod ist durch Chlor, Brom, Wasser (früher auch manchmal durch Cyan) verunreinigt. Zur Reinigung verreibt man etwa 10—12 g mit 1 g Kaliumjodid und außerdem nach CL. WINKLER mit etwa 2 g gebranntem Kalk, um das Wasser zu binden. Man bringt das innige Gemisch in ein trockenes Becherglas B (Abb. 16), ca. 300 ccm Inhalt, setzt das unten zugeschmolzene mit Wasser von Zimmertemperatur erfüllte Kugelrohr K auf, umgibt das Becherglas mit einem Asbestschutz und

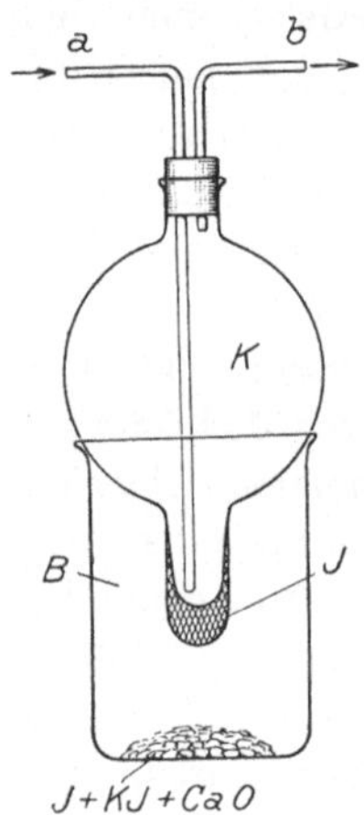

erhitzt auf dem Drahtnetz über ganz kleiner Flamme. Das Jod sublimiert rasch und setzt sich als kristallinische Kruste vollständig an dem unteren Ende der Kugel an. Hierbei geht fast kein Jod verloren. Sobald die violetten Dämpfe im Becherglas ganz oder nahezu verschwunden sind, ist die Sublimation beendet. Man hebt das Rohr K mit der festhaftenden Jodkruste heraus. Um letztere aus dem Rohr zu entfernen, leitet man bei a kaltes Wasser ein, dadurch ziehen sich die Glaswände etwas zusammen, und die Jodkruste läßt sich nun leicht als zusammenhängendes Stück durch vorsichtiges Abstoßen mit einem Glasstabe entfernen. Man fängt sie auf einem Uhrglas auf, zerdrückt sie zu groben Stücken und wiederholt die Sublimation, diesmal ohne Jodkaliumzusatz, bei möglichst niedriger Temperatur, um das Jod vollständig frei von Jodkalium zu halten. War das Handelsjod an sich schon ziemlich rein (Präparate zu medizinischen Zwecken!), so genügt ein einmaliges Sublimieren mit wenig Kaliumjodid und Kalk. Das zweite Sublimat wird in einem Achatmörser zerdrückt, auf ein Uhrglas gebracht und bis zum völligen Trocknen über Chlorcalcium in einen Exsiccator mit nicht eingefettetem Deckel gesetzt. Bei sehr langsamer Sublimation kann man die großen, lose anhängenden Kristalle auch jedesmal für sich auf ein Uhrglas sammeln und sie ohne Zerkleinerung direkt trocknen.

---

[1] Lehrbuch d. analyt. Chemie, 8. Aufl. S. 550. 1919.

Auch verschiedene andere Methoden wurden zur Reinigung des Jods vorgeschlagen: STAS löst das Jod in konzentrierter Kaliumjodidlösung und fällt es dann durch Zusatz von viel Wasser[1] aus. MEINEKE[2] stellt das Jod durch Fällung von reinem Kaliumjodat oder -bijodat mit Jodid und Schwefelsäure dar und sublimiert dann einmal mit und zweimal ohne Bariumperoxyd. DE KONINCK[3] erhitzt gepulvertes reines Jodkalium mit gepulvertem Kaliumdichromat und läßt die Joddämpfe in einem tarierten Kolben, der zur Einwage benutzt wird, kondensieren. LADENBURG[4] reinigt über Jodsilber, reduziert das letztere in der Kälte mit Zink und Schwefelsäure, scheidet das Jod aus der Lösung durch salpetrige Säure ab, treibt mit Wasserdampf über und trocknet. LEAN und WHATMOUGH[5] stellen das reinste Jod durch Erhitzen von reinem Cuprojodid her.

Bei der Aufbewahrung hat man das reine Jod besonders vor Staub zu schützen; am besten läßt man es gleich im Exsiccator stehen.

Herstellung der 0,1-n-Jodlösung: Man wägt 12,691 g des reinen Jods in einem Wägegläschen mit eingeschliffenem Stöpsel ab, schüttet es schnell in einen Literkolben, der schon eine Lösung von etwa 25 g (jodatfreiem) Kaliumjodid in etwa 35 ccm Wasser enthält, verschließt den Kolben mit einem Glasstopfen und schüttelt, bis alles Jod gelöst ist. Inzwischen löst man das in dem Wägegläschen zurückgebliebene Jod auch in konzentrierter Kaliumjodidlösung und gießt diese schnell und quantitativ in den Literkolben über. Sodann füllt man mit Wasser bis zur Marke an. Das benutzte Kaliumjodid darf in 10proz. Lösung nicht alkalisch auf Phenolphthalein reagieren. Außerdem dürfen 10 ccm dieser Lösung nach dem Ansäuern mit 1 ccm 4-n-Salzsäure nicht sofort gelb oder in Gegenwart von Stärke blau gefärbt erscheinen.

Man hebt die Jodlösung in gut verschlossenen braunen Flaschen an einem kühlen Ort auf. Zur Entnahme wird die Flasche wegen der Flüchtigkeit des Jodes nur möglichst kurz geöffnet. Gut aufbewahrt, behält die Jodlösung ihren Titer sehr lange bei; nach längerem Gebrauch empfiehlt sich aber eine erneute Einstellung

---

[1] Vgl. GROSS: Journ. of the Americ. chem. soc. Bd. 25, S. 987. 1903; MEINEKE: Chemiker-Zeit. Bd. 16, S. 1219. 1892.

[2] MEINEKE: Chemiker-Zeit. Bd. 16, S. 1219. 1922; Bd. 19, S. 2. 1895.

[3] DE KONINCK: Chemiker-Zeit. Bd. 27, S. 192. 1907.

[4] LADENBURG: Ber. Bd. 35, S. 1256. 1902.

[5] LEAN und WHATMOUGH: Journ. soc. chem. Ind. Bd. 73, S. 148. 1898; vgl. auch Zeitschr. f. analyt. Chem. Bd. 42, S. 443. 1903.

(vgl. § 7). Aus naheliegenden Gründen soll eine Bürette (Glashahnbürette; nicht mit Quetschhahn, vgl. S. 13) mit Jodlösung nur kurze Zeit offenstehen. Weiterhin soll Jodlösung nicht in Bechergläsern oder Schalen, sondern in Flaschen oder enghalsigen Kolben titriert werden. Irgendwelche Bestimmungen, bei denen man einen Überschuß Jod längere Zeit einwirken läßt (vgl. Quecksilberbestimmung S. 423), sind in Kolben mit eingeschliffenem Glasstöpsel vorzunehmen.

Für Versuche mit einem Jodüberschuß in saurem Medium kann man die Jodlösung „ex tempore" leicht herstellen, indem man eine Kaliumjodatlösung von definiertem Gehalt mit reichlich Kaliumjodid und Schwefelsäure oder Salzsäure versetzt. Da der Titer einer angesäuerten Jodlösung infolge der Luftoxydation allmählich zunimmt, lohnt es sich kaum, sie vorrätig zu halten.

Natriumthiosulfatlösung.

Reinigung des Salzes: Reines Thiosulfat erhält man nach MEINEKE[1] durch mehrfache Umkristallisation des als „chemisch rein" käuflichen Präparates aus Wasser und Verreiben mit starkem Alkohol zu feinem Pulver. Die breiige Masse wird auf einem Saugfilter mit reinem Äther gewaschen, darauf so lange von Luft durchsogen, bis der Äther nahezu verdunstet ist. Das Salz wird vom Filter genommen, lose mit Papier verdeckt 24 Stunden an der Luft liegen gelassen und endlich in einer Glasflasche aufbewahrt. Dann ist das Salz nach MEINEKE vollkommen rein (99,99 %).

Nach meiner Erfahrung trocknet man das Produkt der wiederholten Umkristallisation besser zuerst an der Luft, verreibt es fein und trocknet weiter an der Luft oder im Exsiccator neben zerfließendem Chlorcalcium bis zur Gewichtskonstanz. Auf diese Weise erhält man ein Reinpräparat von der genauen Zusammensetzung $Na_2S_2O_3 \cdot 5H_2O$. Das Stabilitätsgebiet des kristallisierten Thiosulfats ist sehr groß, nach LESCOEUR (1897) verwittert es erst bei einem relativen Dampfdruck unter 23 % und zerfließt bei einem solchen über 69 % (bei 20° C). Die Benutzung des stark hygroskopischen wasserfreien Salzes ist nicht anzuraten[2].

---

[1] MEINEKE: Chemiker-Zeit. Bd. 18, S. 33. 1894.

[2] MEINEKE: l. c.; und TOPF: Zeitschr. f. analyt. Chem. Bd. 26, S. 140. 1887.

Die Prüfung des Thiosulfates auf Reinheit ist gar nicht einfach:

1. Die 10proz. Lösung des Salzes soll vollkommen klar sein (Schwefel).

2. 25 ccm einer 10proz. Lösung des Salzes sollen auf Dimethylgelb neutral reagieren und nach Zusatz von einem Tropfen 0,1-n-Salzsäure die Zwischenfarbe annehmen (Empfindlichkeit: $2\,Na_2CO_3 \cdot 10\,H_2O$ auf 10000 Thiosulfat; 0,02%).

3. 5 ccm einer 10proz. Lösung des Salzes versetzt man so lange mit einer Normallösung von Jod in neutralem Kaliumjodid, bis die Flüssigkeit schwach gelb erscheint. Nun fügt man einige Tropfen 4-n-Essigsäure und Bariumchlorid oder -nitrat hinzu. Nach 5 Minuten Stehen darf keine Trübung durch Sulfat wahrzunehmen sein ($1\,Na_2SO_4 \cdot 10\,H_2O$ bzw. Natriumsulfit auf 10000 Thiosulfat). Bei der direkten Prüfung von Thiosulfat mit Bariumsalz kann Sulfat nicht empfindlich genug nachgewiesen werden, Thiosulfat verzögert auch stark die Kristallisationsgeschwindigkeit des Bariumsulfats (vgl. auch unter 5).

4. 5 ccm der 10proz. Lösung des Salzes werden mit 5 ccm 4-n-chlorfreier Salpetersäure versetzt, 10—15 Minuten auf kochendem Wasserbade erwärmt, filtriert und Silbernitrat zugefügt. Eine eventuell auftretende Opalescenz darf nicht stärker sein als die einer salpetersauren Lösung mit 3 mg Cl im Liter nach Zugabe von Silbernitrat ($1\,NaCl$ auf 10000 Thiosulfat).

5. Eine Lösung, wie sie unter 3 nach dem Jodzusatz erhalten wird, soll nach Entfernung des überschüssigen Jods mit einer verdünnten Thiosulfatlösung neutral auf Dimethylgelb reagieren. Eine Verunreinigung des Salzes durch Sulfit gibt sich durch eine saure Reaktion zu erkennen ($1\,Na_2SO_3 \cdot 7\,H_2O$ auf 10000 Thiosulfat). (Sulfit wird übrigens auch wie Sulfat durch die Probe 3. nachgewiesen.

6. 10 ccm der 10proz. Lösung dürfen durch Bleiacetat nicht dunkel gefärbt werden ($Na_2S \cdot 3\,H_2O$ auf 10000 Thiosulfat).

7. 10 ccm der 10proz. Lösung sollen nach Zusatz von 3 Tropfen n-Natriumsulfid klar und farblos bleiben (Schwermetalle).

8. 5 ccm der 10proz. Lösung dürfen nach Zusatz von 3 Tropfen 0,5-n-Ammoniumoxalat und einigen Tropfen Ammoniak auch nach 5 Minuten Stehen keine Trübung zeigen (0,5 Ca auf 10000 Thiosulfat).

Herstellung der 0,1-n-Lösung: 24,805 g des reinen Natriumthiosulfats werden im Literkolben in gutem destilliertem Wasser gelöst, dessen Kohlensäuregehalt in Gleichgewicht mit der Luft steht. Nach vollständigem Temperaturausgleich füllt man mit Wasser bis zur Marke auf. Die Lösung ist direkt gebrauchsfertig.

Die Haltbarkeit einer Thiosulfatlösung haben wir im ersten Teil des Buches eingehend behandelt (S. 215—219).

Ein Zusatz von 0,02% Soda wirkt günstig der Zersetzung entgegen.

Es empfiehlt sich, den Titer der Lösung nach längerem Gebrauch (etwa aller 2 Monate) immer wieder nachzuprüfen. Bei Benutzung reinen Salzes und guten Wassers ändert sich der wirksame Gehalt nach dieser Zeit gewöhnlich noch nicht; wenn er aber um mehr als 1% abgenommen hat, wird man eine solche Lösung wegschütten und eine neue bereiten. Ist nämlich die Zersetzung einmal eingeleitet, so schreitet sie meist rasch weiter. Hat sich gar Schwefel abgesetzt, so muß die Vorratflasche gründlich gereinigt (gegen die Thiobakterien „desinfiziert"; vgl. Teil I, S. 218) werden.

0,01-n-Lösungen verderben viel schneller als zehntelnormale. Hier ist ein geringer Natriumcarbonatzusatz besonders zu empfehlen. Aber auch dann soll man die stärker verdünnten Lösungen nicht länger als 14 Tage aufheben, sondern sie immer wieder frisch aus 0,1-n-Lösungen herstellen. An 0,01-n-Lösungen (mit Soda) habe ich bisweilen mit der Zeit eine gewisse Titerzunahme (Sulfitbildung) feststellen können.

0,1-n-arsenige Säure.

Prüfung des Arsentrioxyds auf Reinheit:

1. Glührückstand: 10 g des Oxyds dürfen nach dem Glühen (Vorsicht; Abzug! den größeren Teil zunächst sublimieren und auffangen!) keinen Rückstand von mehr als 1 mg hinterlassen (1 : 10000). Das Abtreiben von Arsentrioxyd ist unangenehm und nicht ungefährlich; daher versuchte ich[1] auch durch Leitfähigkeitsmessungen auf begleitende Elektrolyte zu prüfen. Für eine bei 18° gesättigte Lösung von reinem Arsentrioxyd maß ich eine spezifische Leitfähigkeit (18°) von etwa $1 \cdot 10^{-5}$ rez. Ohm. Um

---

[1] KOLTHOFF, J. M.: Zeitschr. f. analyt. Chem. Bd. 60, S. 394. 1921.

mehr als 0,01 % Elektrolyt auszuschließen, darf eine gesättigte As_2O_3-Lösung kein höheres Leitvermögen als $\varkappa \sim 2 \cdot 10^{-5}$ bei 18^0 haben. Kieselsäure ist damit aber noch nicht zu erkennen.

Arsenpentoxyd: Die Arsensäure ist eine viel stärkere Säure als die arsenige Säure; K ist etwa $5 \cdot 10^{-3}$; ihre Lösungen reagieren daher stark sauer.

Man kocht 1 g As_2O_3 in einem Jenaer Kolben mit 20 ccm Wasser und filtriert nach einer halben Minute ab. 10 ccm des Filtrats sollen nach dem Abkühlen auf Dimethylgelb rein neutral reagieren ($0,2 As_2O_5$ auf $10000 As_2O_3$). In einem Präparat von Kahlbaum fand ich einen As_2O_5-Gehalt von $0,6^0/_{00}$, während der Aschengehalt $0,64^0/_{00}$ betrug.

Arsentrisulfid: Nach Merck (Prüfung der Reagenzien auf Reinheit S. 6) soll durch Zusatz von zwei Tropfen Bleiacetat zu einer Lösung von 5 g Arsentrioxyd in 5 ccm Natronlauge und 15 ccm Wasser keine Farbänderung eintreten.

Wassergehalt: Während das kristallinische Arsentrioxyd nicht hygroskopisch ist, kann das vorgenannte amorphe Präparat ziemlich viel Wasser (wohl 1 %) anziehen. 10 g Arsentrioxyd dürfen beim Trocknen im Schwefelsäureexsiccator nicht mehr als 1 mg an Gewicht verlieren. Ein Kahlbaumpräparat zeigte einen Wassergehalt von $6^0/_{00}$.

Chlorid: 10 ccm einer 1 proz. Lösung des Arsentrioxyds sollen nach Ansäuern durch Salpetersäure mit Silbernitrat keine Trübung oder Opalescenz geben ($1 Cl : 10000 As_2O_3$).

Unreines Arsentrioxyd kann durch Umkristallisation aus heißer Salzsäure (etwa 20 %) und dann durch wiederholte Umkristallisation aus Wasser (bis das Filtrat nicht mehr sauer auf Dimethylgelb ist), gereinigt werden. Das so erhaltene Kristallpulver wird im Exsiccator über Schwefelsäure bis zur Gewichtskonstanz getrocknet.

Herstellung von 0,1-n-Arsenigsäure-Lösung: 4,9470 g Arsentrioxyd werden genau abgewogen und in etwa 40 ccm n-Natronlauge gelöst. Dann fügt man 39—40 ccm n-Salz- oder Schwefelsäure hinzu und füllt mit Wasser zu 1 l auf. Die Lösung muß auf Lackmuspapier neutral, jedenfalls nicht alkalisch reagieren. Eine so bereitete Lösung ist längere Zeit haltbar (vgl. Teil I, S. 219).

§ 7. Die Einstellung der Jod- bzw. Thiosulfatlösung. In § 6 haben wir schon hervorgehoben, daß durch passende Einwage reiner Präparate genaue 0,1-n-Jod- wie 0,1-n-Thiosulfatlösungen herzustellen sind. Man versäume aber nicht, beide aufeinander zu prüfen. Weil sich der Titer dieser Lösungen nach längerem Gebrauch mit der Zeit ändert, und zwar in verschiedenem Maße, ist es von Wichtigkeit, sie unabhängig voneinander einstellen zu können.

Die Einstellung der Jodlösung.

Ursubstanz: **Arsentrioxyd.**   Reaktionsgewicht 49,470. Prüfung auf Reinheit: vgl. oben.

Einstellung: Die analytisch abgewogene Arsentrioxydmenge wird in etwa 10 ccm n-Natronlauge gelöst, mit einem geringen Überschuß verdünnter Schwefelsäure, dann mit 1—2 g Natriumbicarbonat versetzt und mit der Jodlösung aus der Bürette bis zur ersten Gelbfärbung (oder bleibenden Blaufärbung der Stärke) titriert.

Die Einstellung auf Arsentrioxyd hat sich am besten bewährt.

Andere Ursubstanzen:

Brechweinstein. $KSbC_4H_4O_7 \cdot \frac{1}{2} H_2O$: Das lufttrockene Salz, das durch Umkristallisation aus Wasser gereinigt werden kann, enthält lufttrocken ein halbes Molekül Wasser, ist aber nach dem Trocknen bei 100° wasserfrei. Es ist von einigen Autoren[1] als Ursubstanz empfohlen worden und kann genau wie Arsentrioxyd im Beisein überschüssigen Bicarbonats titriert werden.

Meiner Erfahrung nach ist die Reaktionsgeschwindigkeit gegen Ende der Titration nur sehr gering, weshalb ich das Salz nicht zu Einstellzwecken empfehlen möchte.

Hydrazinsulfat. $N_2H_4 \cdot H_2SO_4$. Reaktionsgewicht 32,51: Durch wiederholtes Umkristallisieren aus Wasser und Trocknen bei 100° ist Hydrazinsulfat leicht rein darzustellen. Von verschiedenen Seiten[2] wird es als Ursubstanz genannt.

Bei Anwesenheit von sehr viel Natriumbicarbonat reagiert Hydrazin mit Jod im Sinne:

$$N_2H_4 + 2J_2 \rightarrow N_2 + 4HJ.$$

---

[1] Vgl. Metzl: Zeitschr. f. anorg. allgem. Chem. Bd. 48, S. 156. 1906; Lutz: Zeitschr. f. anorg. allgem. Chem. Bd. 49, S. 338. 1906; Young: Journ. of the Americ. chem. soc. Bd. 26, S. 1028. 1904.

[2] Stolle: Journ. f. prakt. Chem. Bd. 66, S. 332. 1902; Kolthoff, J. M.: Journ. of the Americ. chem. soc. Bd. 46, S. 2010. 1924; Cattelain, E.: Journ. de pharmacie et de chim. (8) Bd. 2, S. 387. 1925.

Nach meiner Beobachtung werden jedoch die letzten Tropfen Jod nur langsam entfärbt; man muß so lange titrieren, bis die schwachgelbe Farbe wenigstens 2 Minuten bestehen bleibt. Stärke verzögert die Reaktion merklich, daher vermeidet man sie besser. E. CATTELAIN[1] empfiehlt einen geringen Jodüberschuß anzuwenden und diesen mit Thiosulfat zurückzutitrieren. Zur Einstellung ist so eine indirekte Methode prinzipiell nicht zulässig.

Natriumthiosulfat. Reaktionsgewicht 248,05. S. 346 haben wir bereits die Darstellung und Prüfung reinen Natriumthiosulfats besprochen. Die Einstellung darauf bietet keine Schwierigkeiten. Eine geringe Unsicherheit wird jedoch durch den Kriystallwassergehalt verursacht, weil möglicherweise auch Vacuolenwasser vom Salz eingeschlossen wird. YOUNG[2] rät daher zur Benutzung des wasserfreien Thiosulfats, das aus der bei 30 bis 35° gesättigten Lösung durch Abkühlen, Trocknen über Schwefelsäure und Erhitzen im Luftbade auf 80° zu erhalten ist. Leider ist das anhydrische Natriumthiosulfat stark hygroskopisch, und da es von der Luftfeuchtigkeit hydratisiert wird, sieht man ihm eine solche Veränderung äußerlich nicht an.

Natriumsulfit hat KALMANN[3] als Ursubstanz vorgeschlagen, als solche ist es jedoch ganz ungeeignet. Die gasvolumetrische Einstellung nach BAUMANN[4] mit Peroxyd und Natronlauge hat auch keinerlei Vorteil.

Die Einstellung der Thiosulfatlösung.

Jod als Ursubstanz. Reaktionsgewicht 126,91: Die Herstellung des reinen Jods haben wir S. 344 genau mitgeteilt. Das Jod wird in einem Wägegläschen mit tadellos eingeschliffenem Stopfen abgewogen; dann fügt man auf je 0,3—0,4 g Jod 2—3 g reines gepulvertes Jodkalium und 0,5 ccm Wasser zu und verschließt rasch wieder. In der konzentrierten Jodkaliumlösung löst sich das Jod schnell auf. Man verdünnt mit Wasser und spült möglichst rasch quantitativ in einen Erlenmeyer-Kolben über. Dann wird mit Thiosulfat titriert. In Gegenwart von reichlich Jodkalium ist der Dampfdruck des Jods nur gering, und bei geschwindem Arbeiten geht praktisch nichts verloren. Prinzipiell ist es noch besser, das geschlossene Wägegläschen nach Lösen des Jods in den Kolben einzubringen, unter Flüssigkeit zu öffnen und dann zu titrieren.

Vielleicht noch einwandfreier ist die Art der Einwägung, wie sie TREADWELL[5] mitteilt: In einem Wägegläschen werden etwa 2 g reines KJ in ¼ ccm

[1] CATTELAIN, E.: Journ. de pharmacie et de chim. (8) Bd. 2, S. 387. 1925.

[2] YOUNG: Journ. of the Americ. chem. soc. Bd. 26, S. 1028. 1904.

[3] KALMANN: Ber. Bd. 20, S. 568. 1887. Über Bariumthiosulfat als Ursubstanz vgl. PLIMPTON und CHERLEY: Journ. Soc. Chem. Ind. Bd. 67, S. 315. 1895.

[4] BAUMANN: Zeitschr. f. angew. Chem. Bd. 4, S. 203. 1891.

[5] W. D. TREADWELL: Lehrb. der Analyt. Chem. II. 8. Aufl., S. 551. 1919.

Wasser gelöst; das Wägeglas nach völligem Temperaturausgleich (Lösungskälte!) gewogen, hernach 0,3—0,4 g Jod eingebracht und nach der raschen Auflösung wieder gewogen (Differenz = Einwage). Das verschlossene Wägegläschen öffnet man wieder, wie oben beschrieben, in einem geräumigen, mit Wasser beschickten Kolben innerhalb der Flüssigkeit und titriert daraufhin.

Andere Ursubstanzen:

Jodcyan. Reaktionsgewicht 76,450: Jodcyan ist mit Leichtigkeit rein zu erhalten, daher habe ich[1] es bei meinen Untersuchungen auch auf Eignung als Ursubstanz geprüft. Man mischt Jod im Mörser mit einem geringen Überschuß Quecksilbercyanid gut durch und setzt das Gemisch einige Tage dem direkten Sonnenlicht aus. Die Masse wird dann rotbraun vom entstehenden Quecksilberjodid. Sodann sublimiert man das Jodcyan von einem Wasserbade bei etwa 40° ab. Es riecht nach Jod wie nach Cyan und ist sehr giftig, daher Vorsicht beim Gebrauch!! Verluste durch Verflüchtigung sind beim Abwägen nicht zu befürchten. Jodcyan löst sich nur langsam in Wasser, weil es schwer benetzt wird. Daher löst man es zunächst in wenig Alkohol, gibt dann Wasser zu, spült in einen Kolben über, versetzt mit Kaliumjodid und Säure und titriert das ausgeschiedene Jod mit Thiosulfat:

$$2\,JCN + 2\,HJ \rightleftharpoons 2\,HCN + J_2.$$

Dadurch, daß freies Jod während der Titration dem System dauernd entzogen wird, verschiebt sich das Gleichgewicht quantitativ nach der rechten Seite.

Kristallisierte Oxalsäure. Reaktionsgewicht 62,99: Die Darstellung und Reinheitsprüfung der Oxalsäure haben wir eingehend auf S. 100 beschrieben.

Die zugrunde liegende Reaktion ist das Zusammenwirken von Wasserstoff-, Jodid- und Jodationen zu freiem Jod:

$$6\,H^{\cdot} + 5\,J' + JO_3' \rightarrow 3\,H_2O + 3\,J_2.$$

Da die zweite Dissoziationskonstante der Oxalsäure so klein ist, führt der Vorgang nicht quantitativ zur Bildung des neutralen Oxalats. Setzt man aber genügend Calcium- oder Magnesiumsalz einer starken Säure hinzu[2] (vgl. auch S. 104), so werden die Oxalationen ausgefällt, die äquivalente Menge Mineralsäure tritt in Wirksamkeit, und die vorgezeichnete Reaktion verläuft quantitativ. Die bei der Einstellung benutzten Salze, also Kaliumjodid, Kaliumjodat und Magnesiumchlorid dürfen keine sauren oder Säure verbrauchenden Verunreinigungen enthalten. 25 ccm 0,1 molares

<hr>

[1] KOLTHOFF, J. M.: Zeitschr. f. analyt. Chem. Bd. 59, S. 411. 1920.
[2] Vgl. G. BRUHNS: Zeitschr. f. analyt. Chem. Bd. 55, S. 321. 1916.

Magnesiumchlorid bzw. 20 ccm 3proz. Kaliumjodat bzw. 20 ccm n-Kaliumjodid müssen neutral; nach Zugabe eines Tropfens 0,1-n-Salzsäure aber schon sauer auf Dimethylgelb reagieren.

Ausführung der Einstellung: Das abgewogene Quantum Oxalsäure wird in Wasser gelöst; zu je 50 ccm 0,1-n-Oxalsäure-lösung gibt man 12,5 ccm 0,1 molares Magnesiumchlorid, 10 ccm n-Kaliumjodid und 10 ccm 3proz. Kaliumjodat hinzu und titriert mit Thiosulfat. Gegen Ende der Bestimmung wird Stärke beigefügt.

Kaliumjodat. Reaktionsgewicht 35,661. Kaliumjodat ist durch mehrfache Umkristallisation des Handelsproduktes aus Wasser und Trocknen bei 180° völlig rein und wasserfrei zu erhalten. Von Nachteil ist sein kleines Reaktionsgewicht; im übrigen ist es aber eine vorzügliche Ursubstanz. Weil sich das Salz so bequem analysenrein darstellen läßt, erübrigt sich die Besprechung der Reinheitsreaktionen.

Die Einstellung: Die abgewogene Menge Kaliumjodat wird in Wasser gelöst, mit überschüssigem Kaliumjodid und einem geringen Überschuß Salz- oder Schwefelsäure versetzt und gleich darauf mit Thiosulfat titriert.

Kaliumbijodat. Reaktionsgewicht 32,49. Die Darstellungs-methoden des reinen Bijodats und die Literatur über seine Anwendung als Ursubstanz wurden schon eingehend S. 106 genannt. Nach Mitteilung von J. M. KOLTHOFF und L. H. VAN BERK[1] ist es für viele maßanalytische Zwecke sehr brauchbar, bietet aber zur Thiosulfateinstellung keine Vorteile gegenüber Kaliumjodat.

Kaliumbromat. Reaktionsgewicht 27,828: Das Kaliumbromat wird auch durch Umkristallisieren aus Wasser und Trocknen bei 180° leicht rein gewonnen; doch enthält es oft noch eine Spur Bromid, die folgendermaßen nachzuweisen ist:

a) mit Silbernitrat: Weil Silberbromat selbst schwer löslich ist, darf man keine zu konzentrierte Kaliumbromatlösung nehmen, sonst könnte schon ein kristallinischer Niederschlag von Silberbromat entstehen.

5 ccm der 1proz. Lösung sollen mit 1 Tropfen 0,1-n-Silbernitrat keine Trübung oder Opalescenz geben [2 KBr (bzw. KCl] auf 10 000 $KBrO_3$).

---

[1] KOLTHOFF, J. M. und L. H. VAN BERK: Journ. of the Americ. chem. soc. Bd. 48, S. 2799. 1926.

b) Mit Schwefelsäure und Methylorange: Bromat und Bromid reagieren in saurer Lösung miteinander zu freiem Brom. Nach dem Ansäuern von 5 ccm 1 proz. Kaliumbromat mit 2 ccm 4-n-Schwefelsäure und 5 Minuten Stehen darf die Lösung nicht gelb erscheinen (1 KBr : 10000 KBrO$_3$).

Viel empfindlicher wird der Nachweis in folgender Ausführung: 5 ccm 1 proz. Kaliumbromat werden mit 2 ccm 4-n-Schwefelsäure (keine Salzsäure) und 1 Tropfen 0,1 proz. Methylorange in Wasser versetzt. Die rosarote Farbe darf nach 2 Minuten nicht verschwinden (0,4 KBr auf 10000 KBrO$_3$).

Wassergehalt: 10 g Kaliumbromat sollen nach dem Trocknen bei 100° nicht mehr als 1 mg an Gewicht verlieren.

Einstellung auf Kaliumbromat: Die Reaktion zwischen Bromat, Jodid und Säure verläuft nicht so schnell wie die vorerwähnte mit Jodat. Wenn man gleich nach dem Ansäuern titriert und die Wasserstoffionenkonzentration von vornherein zu niedrig ist, so bleibt noch freie Bromsäure in der Lösung, die dann während der Titration Thiosulfat zu Sulfat oxydiert (vgl. S. 371).

Zu 25 ccm 0,1-n-Kaliumbromat gibt man 5 ccm n-Kaliumjodid und mindestens 5 ccm 4-n-Salzsäure bzw. 10 ccm 4-n-Schwefelsäure und titriert nach gutem Durchmischen mit Thiosulfat.

Über Natriumbromat als Ursubstanz vgl. KRATSCHMER[1], über kristallisierte Jodsäure vgl. RIEGLER[2], über Kaliumchlorat DIETZ und MARGOSCHES[3], über Kaliumchromat ZULKOWSKI[4]. Diese Substanzen sind für unsern Zweck nicht zu empfehlen.

Kaliumferricyanid. Äquivalentgewicht 329,1. Das Kaliumferricyanid ist von KOLTHOFF[5] als Ursubstanz empfohlen worden. Durch wiederholte Umkristallisation eines Handelspräparates und darauffolgendes Trocknen bei 100° ist es leicht rein darzustellen, es enthält kein Kristallwasser. Sein großes Äquivalentgewicht

---

[1] KRATSCHMER: Zeitschr. f. analyt. Chem. Bd. 24, S. 546. 1885.

[2] RIEGLER: Chem. Zentralbl. Bd. 1, S. 1169. 1897; vgl. auch WALKER: Zeitschr. f. anorg. allgem. Chem. Bd. 16, S. 99. 1898.

[3] DIETZ und MARGOSCHES: Zeitschr. f. angew. Chem. Bd. 16, S. 317. 1903; Bd. 18, S. 1516. 1905.

[4] ZULKOWSKI: Journ. f. prakt. Chem. Bd. 103, S. 351. 1868; CRISMER: Ber. Bd. 17, S. 642. 1889; vgl. dagegen MEINEKE: Chemiker-Zeit. Bd. 19, S. 3. 1895.

[5] KOLTHOFF, J. M.: Pharmac. weekbl. Bd. 59, S. 66. 1922.

(etwa 10mal größer als das des Kaliumjodats) ist von großem praktischen Wert.

Einstellung auf Kaliumferricyanid: Auf je 1 g Kaliumferricyanid fügt man 30 ccm Wasser, 10 ccm n-Kaliumjodid und 2 ccm 4-n-Salzsäure zu, läßt eine Minute verschlossen stehen und versetzt dann mit 10 ccm einer 30proz. Zinksulfatlösung. Dabei entsteht ein dicker, gallertiger Niederschlag. Man titriert mit Thiosulfat, fügt gegen Ende der Bestimmung Stärke bei und titriert langsam weiter bis zum Verschwinden der blauen Farbe. Bei Verwendung eisenfreier Reagenzien ist der Niederschlag von Kaliumzinkferrocyanid am Ende der Titration rein weiß gefärbt. Der Titer einer Thiosulfatlösung stimmte bei meinen Versuchen auf weniger als 0,1 % mit dem auf Kaliumjodat ermittelten überein.

Kaliumdichromat. Äquivalentgewicht 49,012: Von der Zuverlässigkeit des Kaliumdichromats als Ursubstanz handeln sehr viele Literaturstellen. Bekanntlich reagiert Dichromat in saurer Lösung mit Jodid nach der Gleichung:

$$Cr_2O_7'' + 14\,H^{\cdot} + 6\,J' \rightarrow 3\,J_2 + 2\,Cr^{\cdots} + 7\,H_2O.$$

Die Reaktion verläuft nicht momentan, sondern ihre Geschwindigkeit hängt beträchtlich vom Säuregrad ab, d. h. nimmt mit steigender Wasserstoffionenkonzentration stark zu.

Verschiedene Autoren haben erkannt, daß Dichromat bei der Einstellung zuviel Thiosulfat verbraucht; zuerst K. ZULKOWSKI[1], später auch J. WAGNER[2], der einen Mehrverbrauch von 0,3—0,4% feststellte. Die Ursache dessen sucht er in einer durch die primäre Reaktion Chromsäure-Jodwasserstoff induzierten Sauerstoffaktivierung, deren Einfluß um so größer ist, je langsamer die induzierende Reaktion verläuft, so daß je nach den Versuchsbedingungen schwankende Resultate erhalten werden. O. MEINDL[3], G. JANDER und H. BESTE[4], W. C. BRAY und H. E. MILLER[5], C. R.

---

[1] ZULKOWSKI, K.: Journ. f. prakt. Chem. Bd. 103, S. 351. 1868.

[2] WAGNER, J.: Maßanalytische Studien. S. 59, Leipzig. 1898; Zeitschr. f. analyt. Chem. Bd. 38, S. 1454. 1899.

[3] MEINDL, O.: Zeitschr. f. analyt. Chem. Bd. 58, S. 529. 1919.

[4] JANDER, G. und H. BESTE: Zeitschr. f. anorg. allgem. Chem. Bd. 133, S. 73. 1924.

[5] BRAY, W. C. und H. E. MILLER: Journ. of the Americ. chem. soc. Bd. 46, S. 2204. 1924.

Mc. Crosky[1], W. C. Vosburgh[2], K. Böttger und W. Böttger[3] konnten alle die Beobachtungen von C. Wagner bestätigen.

Im Gegensatz hierzu hat G. Bruhns[4] eingehende Untersuchungen über den gleichen Gegenstand veröffentlicht, denen zufolge der praktische Wirkungswert des Kaliumdichromats kaum den theoretischen übersteigt und der Luftsauerstoff keine Rolle spielt. In Übereinstimmung mit Bruhns konnte Kolthoff[5] nachweisen, daß Kaliumdichromat eine sehr zuverlässige Ursubstanz ist, wenn es nur unter richtigen Versuchsbedingungen angewandt wird. Der Säuregrad der Lösung ist von wesentlicher Bedeutung; ist er groß genug, so erhält man immer richtige und reproduzierbare Verbrauchszahlen (vgl. Einstellung). Andererseits darf die Acidität auch nicht zu hoch gewählt werden, weil sich dann die Luftoxydation störend bemerkbar machen kann. Alle Einzelheiten der Bichromattitration sind noch nicht aufgeklärt (vgl. S. 396).

Herstellung reinen Kaliumdichromats: Ein Handelspräparat wird dreimal aus Wasser umkristallisiert und bei 200^0 getrocknet, oder besser im elektrischen Ofen geschmolzen. Es läßt sich unverändert aufbewahren.

Reinheitsprüfung:

Wasser: 10 g Kaliumdichromat sollen nach dem Schmelzen im elektrischen Ofen nicht mehr als 1 mg am Gewicht einbüßen (1:10000). (Nach dem Trocknen bei 200^0 liegt der Wassergehalt bereits unter 0,01%.)

Sulfat: Die Handelsprodukte enthalten gewöhnlich Sulfat. Zu 10 ccm 6proz. Kaliumdichromat setzt man 6 Tropfen 4-n-Salzsäure und 2 ccm 0,5-n-Bariumnitratlösung zu. Nach 20 Minuten darf keine Trübung oder Opalescenz wahrzunehmen sein (1 SO_4 auf 10000 $K_2Cr_2O_7$). (In salzsaurer Lösung ist zwar die Sulfatreaktion unempfindlicher als in essigsaurer; man muß

[1] Mc. Crosky, C. R.: Dissertation. Ohio (Columbus) 1918.

[2] Vosburgh, W. C.: Journ. of the Americ. chem. soc. Bd. 44, S. 2120. 1922.

[3] Böttger, K. und W. Böttger: Zeitschr. f. analyt. Chem. Bd. 69, S 145. 1926.

[4] Bruhns, G.: Zeitschr. f. anorg. allgem. Chem. Bd. 49, S. 277. 1916; besonders Journ. f. prakt. Chem. N. F. Bd. 93, S. 73, 312. 1916, Bd. 95, S. 37. 1917.

[5] Kolthoff, J. M.: Zeitschr. f. analyt. Chem. Bd. 59, S. 401. 1920.

hier aber Mineralsäure zugeben, andernfalls Bariumchromat ausgefällt wird.)

Chlorid: 5 ccm der 6proz. Lösung des Salzes sollen nach Zusatz von 2 ccm 4-n-Salpetersäure und Silbernitrat keine Trübung
oder Opalescenz zeigen (0,2 KCl auf 10000 $K_2Cr_2O_7$).

Chromsäure: Auch in guten Handelspräparaten kommt oft
freie Chromsäure als Verunreinigung vor; sie ist eine aktive Verunreinigung; 0,1% CrO_3 erhöht den Wirkungswert um 0,047%.

Da eine Dichromatlösung intensiv orangegelb gefärbt ist, läßt
sich freie Chromsäure schwer durch Farbindicatoren nachweisen.
Es gelang mir, mit 2,4-2′4′-2″4″-Hexamethoxytriphenylcarbinol
0,1% CrO_3 in einer 4proz. Kaliumdichromatlösung noch zu erkennen. Besser greift man zu einer Leitfähigkeitstitration, durch die
sich sowohl Chromsäure wie Chromat im Kaliumdichromat bestimmen lassen. Tropft man zu einer chromsäurehaltigen Dichromatlösung Lauge hinzu, so nimmt die Leitfähigkeit so lange
ab, bis die Chromsäure in Dichromat übergeführt ist. Bei weiterem
Laugenzusatz ändert sich die Leitfähigkeit nur mehr wenig. Man
erhält also, wenn man die Werte graphisch aufträgt, einen scharfen
Knickpunkt. Umgekehrt kann man Chromat mit Säure titrieren.
Die Leitfähigkeit wird nur gering geändert, bis das Chromat zu
Bichromat umgesetzt ist, darauf folgt eine starke Zunahme. Am
besten geht man von einer 2proz. Dichromatlösung aus und läßt
die Säure (bzw. Lauge) aus einer Mikrobürette zufließen. Bei der
Untersuchung verschiedener Präparate erhielt ich folgende Werte:
Handelspräparat I: 0,80% CrO_3; II: 1,2% CrO_3; Präparat II
dreimal aus Wasser umkristallisiert 0,00% CrO_3; Präparat Kahlbaum 0,24% CrO_3.

Einstellung auf Dichromat: Die genau abgewogene
Menge Kaliumdichromat wird in soviel Wasser gelöst, daß die
Lösung etwa 0,1-n ist, dann je 50 ccm mit 12—13 ccm 25proz.
Salzsäure und 10 ccm n-Kaliumjodid versetzt und nach gutem
Durchmischen mit Thiosulfat titriert. Der Wirkungswert ist dann
höchstens um 0,5⁰/₀₀ zu hoch.

Die maßanalytischen Handbücher empfehlen oft, Thiosulfatlösung nach Volhard[1] auf eine nach Sörensen oder auf Oxalsäure bestimmte Permanganatlösung einzustellen. Wennschon

---

[1] Volhard: Ann. d. Chem. Bd. 198. S. 333. 1879.

diese jodometrische Permanganattitration sehr genau ist[1], hat sie den grundsätzlichen Nachteil einer indirekten Methode mit verdoppelter Volumensablesung; der Einstellungsfehler des Permanganats (methodische Fehler; Reinheit der Ursubstanz usw.) gesellt sich der Unsicherheit bei der Titration auf Thiosulfat hinzu. Und wo wir über so viele gute direkte Ursubstanzen zur Thiosulfateinstellung verfügen, wird eine solche auf Permanganat eigentlich überflüssig. Natürlich hat es Nutzen, beide Maßflüssigkeiten aufeinander zu prüfen. In eine angesäuerte Jodkalilösung läßt man, das Pipettenende knapp eintauchend (Jodverluste!), ein bestimmtes Volumen Permanganat abfließen und titriert das ausgeschiedene Jod mit Thiosulfat (vgl. BRAY und MILLER[2]). Besser kann man eine abgemessene Menge Permanganat mit Kaliumjodid und Schwefelsäure versetzen und gleich darauf mit Thiosulfat titrieren.

Dreizehntes Kapitel.

Die praktischen Methoden der Jodometrie.

§ 1. Die Bestimmung anorganischer Stoffe.

Die freien Halogene.

Jod: Zur Gehaltsbestimmung von Jod wird eine abgewogene Menge in konzentrierter Kaliumjodidlösung gelöst und mit Thiosulfat titriert (vgl. S. 351).

Hat man Jod in einer alkoholischen Lösung zu bestimmen (wie in jodidfreier Jodtinktur), so fügt man von vornherein ein wenig Jodkalium hinzu. Dann verläuft die Reaktion mit Thiosulfat normal (ohne Jodid tritt eine geringe Sulfatbildung ein; vgl. S. 339), und das Jod bleibt während der Bestimmung gelöst.

Chlor und Brom: Diese beiden Halogene können nicht direkt mit Thiosulfat titriert werden, weil sie dies fast quantitativ zu Sulfat oxydieren (vgl. auch Thiosulfatbestimmung mit Bromat S. 384). Man versetzt die freien Halogenlösungen daher mit überschüssigem Kaliumjodid und titriert das freigesetzte Jod. Weil wäßrige Chlor- bzw. Bromlösungen sehr flüchtig und unangenehm zu pipettieren sind, verfährt man am besten in der Weise, daß man einen Erlenmeyer mit eingeschliffenem Stöpsel oder eine

---

[1] MILOBENDSKI: Zeitschr. f. analyt. Chem. Bd. 46, S. 18. 1907; BRAY und MILLER: Journ. of the Americ. chem. soc. Bd. 46, S. 2204. 1924.

[2] BRAY und MILLER: l. c.

Glasstöpselflasche mit ein wenig Kaliumjodidlösung beschickt und tariert, dann darin eine geeignete Menge der Halogenlösung einwägt und endlich titriert. Soll diese unbedingt einpipettiert werden, so schaltet man beim Ansaugen zweckmäßig ein Natronkalkrohr zwischen.

Hypochlorit.

a) In saurer Lösung reagiert Hypochlorit mit Jodid nach der Gleichung:

$$OCl' + 2\,J' + 2\,H^{\cdot} \rightleftarrows H_2O + Cl' + J_2.$$

BUNSEN hat dieses Prinzip schon zur Bestimmung des wirksamen Chlors im Chlorkalk und in Bleichlaugen angewandt. Er säuerte die mit Kaliumjodid versetzte Lösung mit Salzsäure an und titrierte das entbundene Jod. SCHULTZ[1] behauptet, daß das in diesen Produkten fast nie fehlende Kaliumchlorat dann auch schon in Mitleidenschaft gezogen wird, und benutzt drum zum Ansäuern Essigsäure. Nach W. D. TREADWELL[2] darf sogar aus gleicher Rücksicht die Wasserstoffionenkonzentration nicht größer als 10^{-3}-n sein. J. M. KOLTHOFF[3] vermochte diese Befunde nicht zu bestätigen; man kann ruhig mit Schwefelsäure oder sparsam mit Salzsäure arbeiten, ohne daß Chlorat an der Reaktion teilnimmt.

Bei unreinen Hypochloritlösungen findet man jedoch oft nach dem Ansäuern mit Schwefelsäure oder Salzsäure einen größeren Verbrauch als in essigsaurer Lösung. Außerdem geht die Jodfärbung im letzten Fall oft andauernd zurück. Ich konnte nun nachweisen, daß die Ursache dieser Erscheinungen im Chloritgehalt der Hypochloritlösungen liegt. Beim Stehen einer Hypochloritlösung (und auch in feuchtem Chlorkalk) bildet sich immer Chlorit, welches auch in saurer Lösung Jodid angreift:

$$ClO_2' + 4\,J' + 4\,H^{\cdot} \rightarrow 2\,J_2 + Cl' + 2\,H_2O.$$

Nach BRAY[4] geht diese Oxydation des Jodides zu Jod einen Umweg über Jodat:

$$3\,ClO_2' + 2\,J' \rightarrow 2\,JO_3' + 3\,Cl'.$$

---

[1] SCHULTZ: Zeitschr. f. angew. Chem. Bd. 16, S. 833. 1903.

[2] TREADWELL, W. D.: Helvetica chim. acta Bd. 4, S. 396. 1921.

[3] KOLTHOFF, J. M.: Rec. des trav. chim. Bd. 41, S. 740. 1921.

[4] BRAY, W. C.: Zeitschr. f. physikal. Chem. Bd. 54, S. 463, 569, 731. 1906; Zeitschr. f. anorg. allgem. Chem. Bd. 48, S. 217. 1906; Journ. of physic. chem. Bd. 7, S. 112. 1903.

In schwach saurer Lösung (Essigsäure + Natriumacetat) läuft der Vorgang nur langsam ab, in verdünnter Schwefelsäure hat er sich aber innerhalb zwei bis drei Minuten schon quantitativ vollzogen.

Durch Essigsäure wird in einer mit Jodid versetzten reinen Hypochloritlösung dieselbe Menge Jod freigemacht wie durch Schwefelsäure. **Enthält die Lösung jedoch Chlorit, und titriert man sofort nach dem Ansäuern, so bestimmt man in essigsaurem Medium praktisch nur den Hypochloritgehalt; im schwefelsauren aber Hypochlorit und Chlorit zugleich.**

Da Chlorit auch bleichend wirkt, ist es praktisch gerechtfertigt, die Bestimmung in schwefelsaurer Lösung vorzunehmen.

Vorschrift zur Analyse von Chlorkalk: Etwa 5 g Chlorkalk werden genau abgewogen, mit etwa 5 ccm Wasser in einer Porzellanreibschale zerrieben und in einen Halbliterkolben mit Wasser bis zur Marke aufgefüllt. 50 ccm der homogenen Lösung versetzt man mit 10 ccm n-Kaliumjodid und 15 ccm 4-n-Schwefelsäure und titriert mit 0,1-n-Thiosulfat. Die Resultate werden gewöhnlich in Prozenten wirksamen Chlors ausgedrückt.

Unter den angegebenen Verhältnissen stört Chlorat nicht. Will man nach der Hypochlorittitration noch den Chloratgehalt bestimmen, so muß man sehr stark mit Salzsäure ansäuern (vgl. bei Chlorat S. 372).

Enthält der Chlorkalk auch Eisen, so reagiert dieses in saurer Lösung seinerseits mit Jodid. In diesem Fall hat man besser mit Phosphorsäure statt mit Schwefelsäure anzusäuern, um die Ferriionen unschädlich zu machen.

b) **Titration nach Pontius[1] mit Jodidlösung:** Bei der Chlorkalkbestimmung nach Pontius wird die Flüssigkeit in Bicarbonatlösung so lange mit Kaliumjodid titriert, bis sich die zugefügte Stärke rein blau färbt. Die Gesamtreaktion entspricht der Gleichung:

$$3\,OCl' + J' \rightarrow JO_3' + 3\,Cl'.$$

Der Mechanismus dieser Reaktion ist sehr kompliziert; eigentlich ist es nicht recht verständlich, warum gerade im Endpunkt, sobald ein geringer Überschuß Jodid vorhanden ist, Jod ab-

---

[1] Pontius: Chemiker-Zeit. Bd. 28, S. 59. 1904.

geschieden wird. In einer Lösung von überschüssigem Bicarbonatgehalt ist doch die Wasserstoffionenkonzentration schon so klein
(etwa 10^{-8}), daß die Reaktion:

$$JO_3' + 5\,J' + 6\,H^{\cdot} \rightleftharpoons 3\,J_2 + 3\,H_2O$$

praktisch gar nicht mehr nach rechts verläuft.

Das Aufeinanderwirken von unterchloriger Säure und Jodid
müssen wir uns nach BRAY[1] in folgende Stufen zerlegt denken:

$$HClO + J' \rightarrow OJ' + Cl' + H \quad \text{(schnell)} \tag{1}$$

$$OJ' + J' + 2\,H^{\cdot} \rightarrow J_2 + H_2O \quad \text{(schnell)} \tag{2}$$

$$3\,OJ' \rightarrow JO_3' + 2\,J' \quad \text{(langsam)} \tag{3}$$

Diese Betrachtungen von BRAY sind dahin zu ergänzen, daß
freies Jod, wie es nach Gleichung (2) entsteht, schnell wieder
mit Hypochlorit zu Jodat reagiert:

$$5\,OCl' + J_2 + H_2O \rightleftharpoons 2\,JO_3' + 5\,Cl' + 2\,H^{\cdot}.$$

Nach KOLTHOFF[2] hat man sich nun die Blaufärbung beim
Endpunkt in folgendem Sinne zu erklären:

Wenn so viel Jodid zugesetzt wird, daß eben der Äquivalenzpunkt erreicht ist, liegt keine unterchlorige Säure mehr vor.
Infolgedessen bleibt das nach Gleichung (2) gebildete Jod in der
Lösung und erzeugt den Farbumschlag. Die Reaktion zwischen
Hypojodit und Jodid verläuft in Bicarbonatlösung genügend
schnell, um genaue Resultate zu ermöglichen, jedoch nicht momentan. Titriert man bis zur schwachen Blaufärbung, so nimmt
diese beim Stehen zu. Zum Zweck brauchbarer Titrierergebnisse
muß die Lösung sehr viel Natriumbicarbonat enthalten. Ist nebenher etwas Carbonat zugegen, so wird bei der kleineren Wasserstoffionenkonzentration Jodid zwar schnell in Jodat umgesetzt, jedoch
findet dann die Reaktion (2) so langsam und zu einem so geringen
Betrage statt, daß Jod überhaupt erst auf einen großen Jodidüberschuß hin gebildet wird. Der Umschlag tritt dann zu spät
ein, was ich experimentell auch nachweisen konnte. Arbeitet
man in sehr schwach saurer Lösung (Essigsäure mit Acetat), so
geht die Reaktion zwischen Hypojodit und Jodid zwar sehr
schnell einher, die Zersetzung des Hypojodits nach Gleichung (3)

---

[1] BRAY: Zeitschr. f. physikal. Chem. Bd. 54, S. 476. 1906.

[2] KOLTHOFF, J. M.: Recueils des travaux chim. des Pays-Bas Bd. 41,
S. 615. 1921.

jedoch nur langsam, und der Farbumschlag kommt auch wieder viel zu spät. Nur wenn man äußerst langsam titriert und damit dem Hypojodit Gelegenheit gibt, sich inzwischen zu Jodat umzusetzen, kann man noch auf brauchbare Werte rechnen. Übrigens empfiehlt es sich immer bei der Bestimmung nach PONTIUS, das Jodid ganz allmählich zuzusetzen.

Vorschrift der Hypochlorittitration: Auf 50 ccm Chlorkalklösung (vgl. S. 360) fügt man wenigstens 3 g Natriumbicarbonat und 10 ccm 0,2 proz. Stärke zu und titriert langsam mit einer 0,02 molaren Kaliumjodidlösung. Zu Anfang wird an der Einfallstelle eine Rotbraunfärbung sichtbar (wahrscheinlich von Jod), die beim Umrühren verschwindet. Gegen Ende der Titration ist die Farbe bei der Eintropfstelle blauschwarz, beim Umschütteln wird die Lösung wieder farblos. Man titriert nun langsam weiter, bis die Blaufärbung bestehen bleibt.

Bemerkungen: 1. Statt mit Stärke als Indicator kann man hier den Endpunkt auch sehr scharf und gar noch etwas genauer mit einem Ligroinzusatz wahrnehmen; man titriert, bis die nicht wäßrige Schicht nach dem Schütteln bleibend violett gefärbt ist.

2. Alte Hypochloritlösungen geben nach der Pontius-Methode keinen scharfen Umschlag, weil das Chlorit stört. Die Farbe läuft dann fortwährend zurück, und es dauert sehr lange, bis alles Chlorit mit Jodid reagiert hat.

KLIMENKO[1] hat eine Methode ausgearbeitet zur Titration der freien unterchlorigen Säure neben Hypochlorit.

Jodide:

Zur Gehaltsbestimmung von Jodiden sind sehr viele Methoden ausprobiert worden, unter denen wir uns auf die praktisch wichtigsten beschränken wollen. Nach den älteren Vorschriften[2] wird Jod durch geeignete Oxydationsmittel, u. a. von Ferrisalzen, Arsensäure, Mangansuperoxyd und Borsäure, Wasserstoffsuperoxyd, wobei Bromide und Chloride nicht stören, in Freiheit gesetzt und dann (eventuell im Wasserdampfstrom) überdestilliert.

Viele andere Methoden lassen das freigelegte Jod quantitativ ausschütteln (in Chloroform, Tetrachlorkohlenstoff, Schwefel-

---

[1] KLIMENKO: Zeitschr. f. analyt. Chem. Bd. 42, S. 718. 1903.

[2] Eine gute Übersicht vgl. H. BECKURTS: Die Methoden der Maßanalyse. S. 261.

kohlenstoff usw.) und dann mit Thiosulfat titrieren[1]. Nur zur Untersuchung äußerst verdünnter Jodidlösungen hat dies Verfahren noch praktische Bedeutung.

Wir kennen aber verschiedene einfachere Wege zur genauen Jodidtitration.

a) **Oxydation des Jodwasserstoffs durch ein starkes Oxydans zu Jodsäure und Titration der letzteren.** L. W. WINKLER[2] oxydiert die schwach angesäuerte (höchstens 0,01-n an Säure) Jodidlösung mit Chlorwasser. Zuerst scheidet sich Jod ab, wird aber von weiterem Chlorwasser wieder gelöst, die Lösung wird farblos und schließlich gelb. Das Jod ist dann zu JCl_5 oxydiert worden, welches von Wasser in Jodsäure und Salzsäure zerlegt wird. Der Überschuß an Chlor wird ausgekocht (Prüfung auf Jodkaliumstärkepapier), sodann wird abgekühlt, Schwefelsäure und Kaliumjodid zugesetzt und mit Thiosulfat titriert. Das Verfahren liefert gute Resultate[3]; aber größere Mengen Bromid und auch Eisen sind hinderlich.

Weil Chlorwasser sich beim Aufbewahren ziemlich rasch zersetzt, habe ich eine Abänderung getroffen, nach der man mit einer frisch bereiteten Chlorkalklösung in Gegenwart einer reichlichen Menge Bernsteinsäure (etwa 0,5 g) oxydiert.

Sobald die Lösung wieder farblos geworden ist, wird das überschüssige Hypochlorit ausgekocht (Jodkaliumstärkepapier). Nach dem Abkühlen wird mit einem Überschuß Kaliumjodid und Phosphorsäure versetzt und mit Thiosulfat titriert. Man verwendet hier Bernsteinsäure und keine Essigsäure, weil die letztere gewöhnlich etwas Ameisensäure als Verunreinigung enthält, welche beim Verkochen des Chlors Jodsäure reduzieren könnte. Auch größere Mengen Eisen stören bei dieser Methode nicht. Später habe ich sie noch weiter insofern vereinfacht, als ich das unverbrauchte Hypochlorit mit einer Phenollösung entferne; man braucht es dann gar nicht erst auszukochen.

Vorschrift: 25 ccm der etwa 0,02 molaren Jodidlösung werden mit 5 ccm etwa 4-n-Phosphorsäure und dann mit so viel

---

[1] Eine gute Übersicht vgl. H. BECKURTS: Die Methoden der Maßanalyse. S. 261.

[2] WINKLER, L. W.: Zeitschr. f. analyt. Chem. Bd. 39, S. 85. 1900; Zeitschr. f. angew. Chem. Bd. 28 I, S. 496. 1914.

[3] KOLTHOFF, J. M.: Zeitschr. f. analyt. Chem. Bd. 60, S. 403. 1921.

einer frisch bereiteten 5proz. Chlorkalklösung versetzt, bis das ausgeschiedene Jod sich wieder gelöst hat und die Flüssigkeit farblos geworden ist. Dann fügt man 5 ccm 10proz. Phenollösung und nach 5—10 Minuten Stehen 5 ccm n-Kaliumjodid hinzu und titriert mit 0,1-n-Thiosulfat.

1 ccm 0,1-n-Thiosulfat entspricht 1 ccm $^1/_6$ molarem Kaliumjodid = 2,77 mg KJ.

Bemerkungen: 1. Weil sich in einer Hypochloritlösung mit der Zeit Chlorit bildet, dieses aber nur sehr langsam mit Phenol reagiert, möchte man stets eine frisch bereitete Chlorkalklösung verwenden (nicht älter als 3 Tage). Natürlich verrichtet Chlorwasser den gleichen Zweck.

2. Eisen steht einer solchen Jodbestimmung nicht im Wege; auch neben Zucker liefert sie gute Resultate, so daß sie z. B. bei der Gehaltsbestimmung von Jodeisensirup angewendet werden kann.

3. Chlorid schadet nichts, dagegen stören größere Mengen Bromid sehr merklich. Doch kann man dem entgehen, indem statt mit Phosphorsäure mit Borsäure angesäuert wird (benutzt man Chlorwasser, so arbeitet man zweckmäßig in einer gemischten Lösung von Borsäure und Borax).

Jodid neben Bromid: Die jodidhaltige Lösung wird mit 10 ccm 3proz. Borsäurelösung und dann mit Hypochlorit versetzt. Die Farbe ist anfangs braun, wird nach und nach dunkler, dann wieder heller und schließlich reingelb.

Dann ist alles Jodid zu Jodsäure oxydiert, und der überschüssige Chlorkalk reagiert mit Bromid zu freiem Brom. Nach Eintreten der hellgelben Farbe gibt man 5 ccm 4-n-Phosphorsäure und gleich darauf 5 ccm 5proz. Phenol und nach dem Umschütteln 5 ccm n-Kaliumjodid hinzu und titriert mit Thiosulfat. Man darf zwischen Phenol- und Jodkalizusatz nicht lange warten, weil sich Bromid in der sauren Lösung sonst mit Jodat unter Brombildung umsetzt. Das Brom wird wieder von Phenol gebunden, und man würde zu niedrige Werte finden. In der beschriebenen Weise konnte ich 50 mg Kaliumjodid noch sehr genau neben 1 g Kaliumbromid titrieren.

4. Weil auf 1 Mol Jodid nach der WINKLERschen Oxydationsmethode insgesamt 6 Äquivalente Thiosulfat verbraucht werden,

ist sie zur Titration sehr verdünnter Jodidlösungen[1] recht geeignet.

5. Bei der Bestimmung sehr geringer Jodidmengen kann man
nach E. SCHULEK[2] vorteilhaft Bromwasser statt Chlorwasser
verwenden. Auch kann die Oxydation mit frisch bereitetem
Hypobromit in alkalischer Lösung vorgenommen werden.
SCHULEKS Versuche haben gezeigt, daß sowohl freies Brom in
saurer Lösung wie auch Hypobromite und Hypojodite in alkalischer Lösung durch hinreichend angewandte Phenollösung
quantitativ reduziert werden, während freies Jod sowie Jodate
und Bromate in saurer Lösung nicht mit Phenol reagieren.

6. Eine Anwendung finden SCHULEKS Resultate bei der Analyse eines Gemischs von Hypojodit, Jodat, Jod und Jodid
(PREGLsche Lösung). In saurer Lösung bestimmt man die Summe
der drei ersten Komponenten, das Hypojodit entfernt man mit
Phenol und kann nunmehr das Jod titrieren. Daneben bestimmt
man Jod und Jodat in saurer Lösung, nachdem das Hypojodit
durch Phenol unwirksam gemacht worden ist.

7. Freies Jod wird nach der WINKLERschen Oxydationsmethode natürlich auch in Jodsäure übergeführt.

8. In alkalischer Lösung kann man Jodid auch mittels Per-
manganat zu Jodat oxydieren (PISON und BERNIER 1908). Der
Überschuß an Permanganat wird mit Alkohol entfernt. Die
Methode ist zeitraubend, doch liefert sie in Gegenwart von
Bromid brauchbare Ergebnisse.

b) Oxydation des Jodids zu Jodat und Bestimmung
des letzteren: Die Destillationsmethode nach VOLHARD ist
zwar umständlich, sie gibt jedoch nach MÜLLER und WEGELIN[3]
gute Resultate. Einfacher titriert man direkt das freigesetzte
Jod. VINCENT[4] macht von der Reaktion:

$$JO_3' + 5J' + 6H \cdot \rightarrow 3J_2 + 3H_2O$$

Gebrauch.

---

[1] Für die Bestimmung in Wasser vgl. H. W. BRUBAKER, H. S. VAN BLAR-
CUM und N. H. WALKER: Journ. of the Americ. chem. soc. Bd. 48, S. 1502. 1926.

[2] SCHULEK, E.: Zeitschr. f. analyt. Chem. Bd. 66, S. 161. 1925; vgl. auch
Zeitschr. f. anorg. allgem. Chem. Bd. 43, S. 184. 1909; Pharmaz. Zentralbl.
Bd. 64, S. 511. 1923.

[3] MÜLLER, E. und WEGELIN: Zeitschr. f. analyt. Chem. Bd. 53, S. 20. 1914.

[4] VINCENT: Journ. de pharmacie et de chim. (6) Bd. 10, S. 481. 1900.

Die mit Schwefelsäure und Jodat versetzte Lösung wird durch Bicarbonat neutralisiert und mit Thiosulfat titriert .(was fehlerhaft ist; vgl. S. 339). Schirmer[1] neutralisiert schon richtiger mit Borax. Richard[2] hatte schon 1902 das Verfahren von Vincent verbessert, indem er statt Schwefelsäure eine schwächere Säure wählte. Bei der kleineren Wasserstoffionenkonzentration stört Bromid viel weniger. J. M. Kolthoff[3] hat die Vorschrift von Richard dadurch weiter vervollkommnet, daß er nach Zusatz der Weinsäure 2—3 Minuten stehen läßt.

Vorschrift: Zu 10 ccm 1proz. Kaliumjodidlösung fügt man 10 ccm 0,5proz. Kaliumjodat und 10 ccm 4proz. Weinsäure. Man läßt 2—3 Minuten verschlossen stehen, neutralisiert die Säure dann mit 20 ccm 10proz. sekundärer Natriumphosphatlösung und titriert unter Umschütteln mit Thiosulfat. Das ausgeschiedene Jod löst sich während der Titration schnell auf.

1 ccm 0,1-n-Thiosulfat entspricht 1 ccm $\frac{1}{12}$ molarem Kaliumjodid $= 13{,}85$ mg KJ.

Chlorid stört nicht; Bromid nur, wenn es in größeren Mengen vorhanden ist.

c) Oxydation des Jodids zu Jodcyan und dessen Titration. R. Lang[4] oxydiert die angesäuerte Jodidlösung bei Anwesenheit von Cyanwasserstoff mit einer Nitritlösung zu Jodcyan. Die salpetrige Säure wird durch Harnstoff entfernt und das Jodcyan mit Thiosulfat titriert gemäß der Gleichung[5]:

$$\mathrm{JCN} + 2\,S_2O_3'' + H^{\cdot} \rightarrow J' + HCN + S_4O_6''.$$

Vorschrift nach Lang: Die Lösung des Jodids wird in einem lang- und enghalsigen Kolben mit dem gleichen Volumen, mindestens aber mit 50 ccm 2,5-n-Salz- oder Schwefelsäure angesäuert, 6—8 ccm 0,5-n-Kaliumcyanid und etwas Stärkelösung hinzugefügt und dann 2—3 g Harnstoff eingetragen. Nun wird unter Umschwenken des Kolbens eine 0,5 molare Natriumnitritlösung eingetropft, bis die anfangs auftretende Blaufärbung

---

[1] Schirmer: Arch. d. Pharmaz. Bd. 250, S. 448. 1912; vgl. auch Thiel und Meyer: Zeitschr. f. analyt. Chem. Bd. 55, S. 177. 1916.
[2] Richard: Journ. de pharmacie et de chim. (6) Bd. 16, S. 207. 1902.
[3] Kolthoff, J. M.: Zeitschr. f. analyt. Chem. Bd. 60, S. 403. 1921.
[4] Lang, R.: Zeitschr. f. anorg. allgem. Chem. Bd. 122, S. 335. 1922.
[5] Kolthoff, J. M.: Zeitschr. f. analyt. Chem. Bd. 60, S. 405. 1921

wieder verschwunden ist. Nach 10—15 Minuten wird mit 0,1-n-Thiosulfat titriert.

Die Gegenwart von Bromiden, Chloriden und Nitraten ist ohne schädlichen Einfluß. Bei Bromid wird nur die Lösung gegen Ende der Oxydation infolge der Bildung von Jodbromid rotbraun. Letzteres geht bald in farbloses Jodcyanid über, sobald die Oxydation vollzogen ist.

Nach meiner Erfahrung gibt die Methode gute Resultate. Freies Jod wird unter diesen Verhältnissen auch in Jodcyan übergeführt. Titriert man das Jod allein mit Thiosulfat und in einem anderen Versuch Jodid und Jod zusammen nach Überführung in Jodcyan, so kann man leicht den Gehalt an Jod und Jodid gesondert berechnen.

Bemerkung: Liegen Jodid und Ferroeisen nebeneinander vor, so schlägt man meiner Erfahrung[1] nach die folgende Methode mit gutem Erfolge ein:

Vorschrift: Zu einer geeigneten Menge der Lösung, die etwa 0,5 Millimol Ferrojodid enthält, fügt man in einer Glasstöpselflasche 10 ccm 25proz. Phosphorsäure und unter gutem Umschütteln 5 ccm 10proz. Kaliumcyanidlösung (schüttelt man nicht gut, so wird durch örtlichen Überschuß Ferrocyanid und dann Berlinerblau gebildet), darauf wird mit Wasser bis auf ungefähr 100 ccm verdünnt. Man titriert mit 0,1-n-Permanganat zur ersten Rosafarbe (a ccm 0,1-n-Permanganat). Das Eisen ist bei diesem Punkt zu Ferri, das Jodid zu Jodcyan oxydiert. Zur Bestimmung des Jodcyans allein versetzt man die schwachrosae Lösung mit 5 ccm n-Kaliumjodid und titriert mit 0,1-n-Thiosulfat. Gegen Ende wird Stärke als Indikator zugesetzt (Verbrauch b ccm 0,1-n).

Jodidgehalt: $b \cdot 6{,}35$ mg.

Hat man ursprünglich a ccm 0,1-n-Permanganat verbraucht, so ist der Ferrogehalt: $(a-b) \cdot 5{,}58$ mg.

Bei Anwesenheit von Phosphorsäure wirkt Ferriion nicht oxydierend auf Jodwasserstoffsäure.

Auch diese Methode ist sehr geeignet zur Untersuchung des Jodeisensirups.

d) Oxydation des Jodids zu Jod und Titration des unverbrauchten Oxydationsmittels. Man kann das Jodid

---

[1] KOLTHOFF, J. M.: Pharmac. weekbl. Bd. 62, S. 913. 1925.

mit verschiedenen Agenzien zu Jod oxydieren. Entfernt man dieses durch Auskochen, so läßt sich das überschüssige Oxydans zurücktitrieren. Als solches verwendet man zweckmäßig Kaliumjodat.

Vorschrift[1]: Zu 10 ccm 0,1 molarem Kaliumjodid fügt man 1 g Benzoesäure und 25 ccm 0,1-n-Kaliumjodat, kocht das Jod aus und fügt nach dem Abkühlen 5 ccm n-Kaliumjodid und 5 ccm 4-n-Schwefelsäure hinzu.

Bromid ist nicht im Wege, sobald man mit Benzoesäure ansäuert, um so mehr aber, wenn hierzu Schwefelsäure oder schon Bernsteinsäure benutzt wird.

Bromide.

a) Oxydation zu Bromcyan und dessen Titration:

H. H. Willard und F. Fenwick[2] haben neuerdings versucht, Bromide in salzsaurer Lösung direkt im Beisein von Cyanwasserstoff mit Permanganat zu titrieren, wobei sie den Endpunkt potentiometrisch feststellten.

R. Lang[3] hat einige Methoden ausgearbeitet, die auf der Oxydation des Bromids zu Bromcyan beruhen:

$$Br' + HCN \rightarrow BrCN + H^. + 2e.$$

Nach Entfernung des überschüssigen Oxydationsmittels gibt man Kaliumjodid zu und titriert mit Thiosulfat:

$$BrCN + 2J' + H^. \rightarrow J_2 + HCN + Br'.$$

Der Durchführung dieser Methoden kommt die geringe Empfindlichkeit von Bromcyan gegen Reduktionsmittel zustatten. Durch saure Lösungen von Arsenit, Hydrazin, Rhodanid, Oxalat, Nitrit und Ferrosalz ist es nicht reduzierbar; man kann damit also Oxydationsmittel leicht zerstören, ohne gleichzeitig das Bromcyan anzugreifen. Das folgende Verfahren ermöglicht auch in Gegenwart sehr großer Chloridmengen gute Resultate.

Vorschrift: Die Bromidlösung versetzt man mit 5—10 ccm starker Phosphorsäure, 5 ccm 0,5-n-Kaliumcyanid und 10—15 ccm n-KMnO₄. Nach 5 Minuten wird festes Ferroammoniumsulfat bis

---

[1] Kolthoff, J. M.: Zeitschr. f. analyt. Chem. Bd. 60, S. 405. 1921.

[2] Willard, H. H. und F. Fenwick: Journ. of the Americ. chem. soc. Bd. 45, S. 623. 1923.

[3] Lang, R.: Zeitschr. f. anorg. allgem. Chem. Bd. 144, S. 75. 1925.

zum Verschwinden der Permanganatfarbe eingetragen, darauf 1 g Kaliumjodid und unter Stärkezusatz mit Thiosulfat titriert. Wenn man unmittelbar nach dem Jodidzusatz titriert, stört ein Überschuß Ferrosalz nicht weiter.

Bemerkung: An Hand dieser Vorschrift können Jodid und Bromid nicht genau zusammen bestimmt werden, weil das erste teilweise durch den Permanganatüberschuß zu höheren Stufen oxydiert wird. Zum genannten Zweck fügt LANG nach der Reduktion mit Ferrosalz 2 Tropfen 0,1-n-KCNS, dann 0,5 g KBr und etwas Stärke hinzu und titriert mit Thiosulfat, wobei gegen Ende der Titration 1 g Kaliumjodid zugesetzt wird.

b) Oxydation des Bromids zu Brom und Bestimmung des Reagensüberschusses. BUGARSZKJ[1] bestimmte schon Bromid neben Chlorid, indem er in saurer Lösung mit Jodat oxydierte, das Brom auskochte und dann das überschüssige Jodat jodometrisch ermittelte. Gegenüber nicht zu großen Chloridmengen liefert das Verfahren gute Werte; sobald aber Chlorid und Bromid in ähnlichen Anteilen vorliegen, treten schon deutliche Störungen auf.

Nach meiner Erfahrung[2] bewährt sich folgende Arbeitsweise: Vorschrift: Zur Bromidlösung fügt man 25 ccm 0,1-n-Kaliumjodat, 5 ccm n-Schwefelsäure und so viel Wasser, daß das Volumen etwa 60 ccm beträgt. Dann kocht man über einer kleinen Flamme bis zum Verschwinden des Broms. Wenn die Flüssigkeit auf etwa 15 ccm eingeengt, aber immer noch Brom vorhanden ist, gibt man wieder 30 ccm Wasser hinein. Zum Kochen wählt man wegen des starken Stoßens der Flüssigkeit am besten einen Kjeldahl-Kolben. Nach Abkühlen wird der Kolbeninhalt in einen Erlenmeyer übergespült und das übriggebliebene Jodat jodometrisch zurückbestimmt. 1 ccm 0,1-n verbrauchtes Jodat entspricht 1 ccm $\frac{1}{12}$ molarem Bromid nach der Gleichung:

$$2\,JO_3' + 12\,H^{\cdot} + 10\,Br' \rightarrow 5\,Br_2 + 2\,J' + 6\,H_2O.$$

Große Mengen Chlorid lassen die Bestimmung zu hoch ausfallen.

---

[1] BUGARSZKI: Zeitschr. f. anorg. allgem. Chem. Bd. 10, S. 387. 1895; vgl. auch ANDREWS: Journ. of the Americ. chem. soc. Bd. 29, S. 688. 1907.
[2] KOLTHOFF, J. M.: Zeitschr. f. analyt. Chem. Bd. 60, S. 405. 1921.

Jodid, Bromid und Chlorid nebeneinander.

Bekanntlich wird von den Halogeniden Jodion am leichtesten oxydiert, dann Bromion und schließlich Chlorion. Quantitativ wird dieser Unterschied durch die Oxydationspotentiale (Normal-potentiale, bezogen auf die Normalwasserstoffelektrode) aus-gedrückt:

$$\text{Jod/n-Jodid-Elektrode} \quad \varepsilon_o + 0{,}908 \text{ Volt}$$
$$\text{Brom/n-Bromid-Elektrode} \quad \varepsilon_o + 1{,}340 \text{ Volt.}$$
$$\text{Chlor/n-Chlorid-Elektrode} \quad \varepsilon_o + 1{,}67 \text{ Volt.}$$

Qualitativ sowohl wie quantitativ hat man diese verschiedene Oxydierbarkeit wiederholt zur Trennung der Halogenide benutzt, wie wir es schon auf den vorhergehenden Seiten gesehen haben[1]. In einer Mischung von Jodid, Bromid und Chlorid bestimmt man die Haloide insgesamt durch argentometrische Titration (vgl. S. 216). **Jodid allein** ermittelt man am besten nach der modifizierten Methode von WINKLER (mit Hypochlorit und Borsäure; vgl. S. 363) oder noch einfacher durch direkte Titration mit Kaliumjodat in Gegenwart von Cyanwasserstoff (vgl. S. 440).

Jodid und Bromid bestimmt man gemeinsam nach LANG, indem man sie zu Jodcyan und Bromcyan oxydiert und diese letzteren titriert (vgl. S. 368), oder man oxydiert mit überschüssigem Jodat und Säure, kocht die freien Halogene aus und titriert den Überschuß Jodat zurück (vgl. S. 367).

Jodate:

Die jodometrische Jodatbestimmung stößt auf gar keine Schwierigkeiten, weil die Reaktionsgeschwindigkeit zwischen Jodat, Jodid und Säure beim Vorgang

$$JO_3' + 5\,J' + 6\,H \underset{\longrightarrow}{\longleftarrow} 3\,H_2O + 3\,J_2$$

sehr groß ist. Man versetzt die Jodatlösung mit Jodid im Über-schuß und Mineralsäure und kann direkt nach gutem Umschwenken mit Thiosulfat titrieren. Da verschiedene Metalle, wie Silber, Barium, Blei, Thallium, Strontium, Cupri, schwer lösliche Jodate

---

[1] Vgl. u. a. JANNASCH und ASCHOFF: Zeitschr. f. anorg. allgem. Chem. Bd. 1, S. 144, 243. 1892; Bd. 5, S. 8. 1894; VORTMANN: Monatsh. f. Chem. Bd. 3, S. 510. 1882; DECHAN: Journ. chem. soc. London Bd. 49, S. 682. 1886; FRIEDHEIM und MEYER: Zeitschr. f. anorg. allgem. Chem. Bd. 1, S. 407. 1892; ENGEL: Cpt. rend. Bd. 118, S. 1263. 1894.

bilden (Löslichkeitsprodukt vgl. Tabelle Teil I, S. 251), kann man sie mit hinreichend Jodat fällen und den Niederschlag jodometrisch titrieren, bzw. den Überschuß des Fällungsmittels zurückmessen.

Bromat:

Die Kinetik der Reaktion zwischen Bromat, Jodid (bzw. Bromid) und Säure ist von verschiedenen Autoren studiert worden[1]. Aus all diesen Untersuchungen geht hervor, daß die Reaktionsgeschwindigkeit der Bromat- und Jodidionenkonzentration proportional ist, aber mit dem Quadrat der Wasserstoffionenkonzentration zunimmt. Der Vorgang verläuft daher nicht direkt nach der Gleichung:

$$BrO_3' + 6\,J' + 6\,H^{\cdot} \rightarrow Br' + 3\,J_2 + 3\,H_2O;$$

wir müssen vielmehr mit einer ersten Stufenreaktion:

$$BrO_3' + J' + 2\,H^{\cdot} \rightarrow HBrO_2 + HOJ$$

rechnen, welche mit meßbarer Geschwindigkeit vonstatten geht, während sich die folgende zwischen $HBrO_2$ bzw. HOJ und Jodid praktisch unmeßbar schnell vollzieht.

In chemisch-analytischer Hinsicht habe ich die Bromat-Jodid-reaktion eingehend untersucht[2]. Die Konzentration des Jodids spielt eine untergeordnete Rolle, wenn es nur in genügendem Überschuß angewandt wird. Viel wichtiger ist die Wasserstoffionenkonzentration. Titriert man bei einer zu geringen Acidität gleich nach Zugabe der übrigen Reagenzien, so ist im ersten Stadium der Titration noch freie Bromsäure in der Lösung vorhanden. Diese oxydiert aber Thiosulfat nicht zu Tetrathionat, sondern zu Sulfat.

$$4\,HBrO_3 + 3\,H_2S_2O_3 + 3\,H_2O \rightarrow 6\,H_2SO_4 + 4\,HBr.$$

---

[1] OSTWALD, W.: Zeitschr. f. physikal. Chem. Bd. 2, S. 127. 1888; BURCHARD: Zeitschr. f. physikal. Chem. Bd. 2, S. 796. 1888; NOYES und SCOTT: Zeitschr. f. physikal. Chem. Bd. 18, S. 128. 1895; MEYERHOFFER: Zeitschr. f. physikal. Chem. Bd. 2, S. 285. 1888; MAGNANINI: Gazz. chim. ital. Bd. 20, S. 390. 1890; JUDSON und WALKER: Journ. of the chem. soc. (London) Bd. 73, S. 410. 1898; SCHILOW, N.: Zeitschr. f. physikal. Chem. Bd. 27, S. 512. 1898; Bd. 42, S. 641. 1903; CLARK: Journ. physic. chem. Bd. 20, S. 679. 1906.

[2] KOLTHOFF, J. M.: Zeitschr. f. analyt. Chem. Bd. 60, S. 348. 1921.

Man findet dann zu wenig Thiosulfat verbraucht. Der Fehler kann wohl mehr als 4% betragen; er fällt weg, sofern man nach dem Ansetzen der zu titrierenden Lösung — gleichviel bei welchem Säuregrad — bis zur eigentlichen Bestimmung einige Zeit wartet. Salzsäure beschleunigt die Reaktion mehr als eine äquivalente Menge Schwefelsäure. Die Salzsäurekonzentration muß mindestens 0,5-n oder die Schwefelsäurekonzentration wenigstens 1-n sein, um ohne Wartezeit titrieren zu können. Weiter erkannte ich, daß auch bei höherem p_H die Reaktion praktisch rasch quantitativ abläuft, sobald man 3 Tropfen n-Ammoniummolybdat als Katalysator zufügt[1]. Besonders zur Titration sehr verdünnter Bromatlösungen ist dieses Hilfsmittel von großem Wert. Gibt man z. B. 25 ccm 0,01-n-Bromat mit 1 ccm n-Kaliumjodid und 1 ccm 4-n-Salzsäure und Molybdat zusammen, kann man anschließend gleich titrieren. Ohne Molybdat würde man etwa 5% zu wenig Thiosulfat verbraucht finden; auch würde die Jodstärkefärbung nach dem Endpunkt dauernd wiederkehren. Selbst bei der Titration einer 0,001-n-Bromatlösung erhält man dann noch vorzügliche Resultate, wenn man nur 2 Minuten nach dem Mischen titriert. Die Genauigkeit erreicht etwa 0,2%. Ob man die Versuche im Licht oder im Dunkeln ansetzt, ist ohne Belang. Ferroion, Manganoion und Chromat haben in Gegenwart überschüssiger Säure praktisch keinen katalytischen Einfluß. Bei einer jodometrischen Bromatbestimmung ist der Zusatz von einigen Tropfen Molybdat immer zu empfehlen.

Chlorat:

Die Reaktionsgeschwindigkeit zwischen Chlorat, Jodid und Säure wächst nach BRAY[2] mit der Chlorat- und Jodidkonzentration und mit dem Quadrat oder der dritten Potenz der Wasserstoffionenkonzentration.

Die Gleichgewichtskonstante der Reaktion:

$$ClO_3' + 6H^{\cdot} + 6J' \rightarrow 3J_2 + Cl' + 3H_2O$$

hat BRAY bestimmt bei 30°: $K = 1{,}46 \cdot 10^{-6}$; bei 100°: $1{,}1 \cdot 10^{-3}$; sie steigt also stark mit der Temperatur an.

---

[1] Vgl. auch W. OSTWALD: l. c.

[2] BRAY: Journ. physic. chem. Bd. 7, S. 92. 1913.

Will man Chlorat quantitativ jodometrisch bestimmen, so ist ein großer Überschuß Salzsäure erforderlich. Unter diesen Verhältnissen wird jedoch nach KOLB und DAVIDSOHN[1] ein Teil des Jodwasserstoffs durch den Luftsauerstoff zu Jod oxydiert. Molybdat wirkt nach meiner Erfahrung[2] wieder beschleunigend auf die Reaktion zwischen Chlorat, Jodwasserstoff und Säure ein, jedoch ist ein solcher Zusatz hier nicht am Platze, weil dann zugleich die Luftoxydation des Jodwasserstoffs begünstigt wird. Ich erzielte nach folgender Arbeitsweise auf etwa 0,5 % genaue Resultate:

Vorschrift: Zu 25 ccm 0,1-n-Kaliumchlorat fügt man zuerst 3 ccm 39 proz. Salzsäure und dann zur Entfernung der Luft dreimal hintereinander etwa 200 mg Natriumbicarbonat. Gleich darauf versetzt man die Lösung mit 1 g Kaliumjodid und 22 ccm 39 proz. Salzsäure und titriert nach 5 Minuten Stehen unter Umschwenken mit Thiosulfat.

Noch empfehlenswerter ist die von DITZ[3] ausgearbeitete, von E. RUPP[4] modifizierte Methode. Meiner Erfahrung nach gibt die nachstehende Vorschrift gute Werte:

Vorschrift: 10 ccm etwa 0,2-n-Kaliumchlorat werden in einem Erlenmeyer mit eingeschliffenem Stöpsel mit 1 g Kaliumbromid und 20 ccm 39 proz. Salzsäure beschickt. Nach 5 Minuten verschlossenem Stehen fügt man 100 ccm 1 proz. Kaliumjodidlösung hinzu und titriert mit Thiosulfat.

Bemerkung: Der Einfluß des Bromids ist einfach zu erklären. Bromwasserstoff reduziert stärker als Chlorwasserstoff, so daß man beim Vermischen von Chlorsäure mit Bromwasserstoff mehr Brom erhält als Chlor, wenn man nur Salzsäure hinzufügt. Die Luftoxydation stört unter den angegebenen Verhältnissen nicht.

Man kann Chlorat in salzsaurer Lösung auch mit Ferrosulfat reduzieren und das entstandene Ferri jodometrisch (oder das unverbrauchte Ferro oxydimetrisch!) titrieren.

Vorschrift: Zu 25 ccm 0,1-n-Chlorat fügt man 10 ccm 4-n-Salzsäure, 500 mg Ferrosulfat und kocht eine Minute lang. Sodann läßt man auf 50° abkühlen, gibt 5 ccm n-Kaliumjodid zu und titriert gleich darauf mit

---

[1] KOLB und DAVIDSOHN: Zeitschr. f. angew. Chem. Bd. 17, S. 1883. 1904.
[2] KOLTHOFF, J. M.: Zeitschr. f. analyt. Chem. Bd. 60, S. 352. 1921.
[3] DITZ: Chemiker-Zeit. Bd. 25, S. 727. 1901.
[4] RUPP: Zeitschr. f. analyt. Chem. Bd. 56, S. 580. 1917.

0,1-n-Thiosulfat. Wenn die Farbe am Schluß langsam zurückgeht, erwärmt man wieder schnell auf 50° und titriert zu Ende; vgl. die Ferrititration S. 405.

Die jodometrische Säuretitration:

Schon seit längerer Zeit wird zur jodometrischen Bestimmung von Säuren von der Reaktion:

$$JO_3' + 5J' + 6H^{\cdot} \rightarrow 3J_2 + 3H_2O$$

Gebrauch gemacht.

Man versetzt die zu bestimmende Säurelösung mit neutralem Jodid und Jodat im Überschuß und titriert das freigewordene Jod mit Thiosulfat. In höheren Wasserstoffionenkonzentrationen verläuft die Reaktion praktisch momentan, so daß sich die Methode recht gut zur Bestimmung sehr verdünnter Lösungen starker Säuren eignet. KJELDAHL[1] benutzt sie schon bei seiner bekannten Stickstoffbestimmung in organischen Substanzen. GRÖGER[2] hat darauf hingewiesen, daß größere Mengen Kohlensäure hinderlich sind, weil diese schwache Säure auch zu geringem Betrag mit Jodid-Jodat reagiert. Auch hat GRÖGER schon erkannt, daß die mäßig starken Säuren, wie Oxalsäure, Weinsäure und Essigsäure, selbst nach 24stündiger Einwirkung auf das Jodid-Jodatgemisch nicht quantitativ in die Neutralsalze übergeführt werden. Es wird daher zu wenig Jod entbunden. SCHWARZ[3] läßt die Untersuchung von Nitroprodukten in Druckflaschen vornehmen. Temperatursteigerung beschleunigt die Reaktion zwischen Jodid, Jodat und Wasserstoffionen wesentlich. Auch MOODY[4] benutzte bei seiner Bestimmung der gebundenen Säuren in Aluminiumsalzen Druckgefäße. Noch viele weitere Autoren[5] haben sich über die jodometrische Säuremessung geäußert.

---

[1] KJELDAHL: Zeitschr. f. analyt. Chem. Bd. 22, S. 366. 1883; vgl. auch PFLÜGER und BOLLAND: Zeitschr. f. analyt. Chem. Bd. 24, S. 635. 1885.

[2] GRÖGER: Zeitschr. f. angew. Chem. Bd. 3, S. 353. 1890.

[3] SCHWARZ: Monatsh. f. Chem. Bd. 19, S. 139. 1898.

[4] MOODY: Zeitschr. f. anorg. allgem. Chem. Bd. 46, S. 423. 1905; Bd. 52, S. 287. 1906.

[5] FURRAY: Americ. Chem. Journ. Bd. 6, S. 340. 1884/85; BAUMANN: Zeitschr. f. angew. Chem. Bd. 4, S. 207. 1891; CHRISTENSEN: Zeitschr. f. analyt. Chem. Bd. 36, S. 81. 1897; JONES: Zeitschr. f. anorg. allgem. Chem. Bd. 20, S. 212. 1899; Bd. 21, S. 169. 1899; FESSEL: Zeitschr. f. anorg. allgem. Chem. Bd. 23, S. 67. 1900; ROBERTS: Chem. Zentralbl. Bd. 2, S. 511. 1894.

Aus eigener Erfahrung kann ich[1] bestätigen, daß die Methode hinsichtlich starker Säuren ganz vorzüglich ist. Sogar sehr verdünnte Lösungen (etwa 0,001-n) lassen sich genau bestimmen, wenn man wenigstens 15 Minuten nach dem Zusatz der Reagenzien bis zum Titrieren wartet.

Schwächere Säuren kann man nicht direkt jodometrisch titrieren, da die Wasserstoffionenkonzentration am Ende zu klein wird, um die Reaktion quantitativ verlaufen zu lassen. So findet man z. B. nach dem Mischen von 25 ccm 0,1-n-Weinsäure mit 5 ccm n-KJ und 5 ccm 3 proz. KJO_3 bei direkter Titration 23, 20 ccm 0,1-n-Thiosulfat verbraucht, nach 20 Minuten Stehen aber schon 24,20 ccm 0,1-n. Erwärmt man aber für 10 Minuten in einer geschlossenen Druckflasche, so wird alle Weinsäure in das neutrale Salz umgesetzt, und man titriert praktisch die theoretische Menge Jod. Citronensäure, Bernsteinsäure, Essigsäure, Benzoesäure lassen sich so nicht mehr quantitativ bestimmen; Apfelsäure verhält sich hier dagegen ähnlich wie Weinsäure. Ameisensäure, Milchsäure und Salicylsäure werden nach 30 Minuten Wartezeit bei Zimmertemperatur praktisch quantitativ in die Neutralsalze übergeführt. Nun hat G. BRUHNS[2] wieder gezeigt, daß sich Oxalsäure sehr gut nach Zugabe von Calcium- oder Magnesiumsalz titrieren läßt. Die Oxalationen werden dann ausgefällt, man hat dann in der Lösung die äquivalente Menge starker Mineralsäure. Aus meinen Untersuchungen ergab sich, daß die Anionen der organischen Oxysäuren mit Calcium, Barium, Magnesium, bzw. Zinksalzen komplexe Ionen bilden. Dadurch wird auch die Acidität der Lösungen gesteigert. Indem man nun zu 25 ccm 0,1-n-Säure 5 ccm n-Kaliumjodid, 5 ccm 3 proz. Kaliumjodat und 4 g kristallisiertes Calciumchlorid, bzw. 3 g Bariumchlorid, bzw. 4 g Magnesiumchlorid, bzw. 3 g Zinksulfat fügt und nach 30 Minuten Einwirkungszeit titriert, werden Weinsäure, Citronensäure, Milchsäure, Apfelsäure der quantitativen Bestimmung zugänglich. Phosphorsäure ist nicht genau zu bestimmen; in Gegenwart von Zinksalz und Ammoniumchlorid verhält sie sich etwa wie eine dreibasische Säure, in anderen Fällen (neben Calcium- und Magnesiumsalz) liegt ihr Verhalten zwischen dem einer zwei- und drei-

---

[1] KOLTHOFF, J. M.: Pharmac. weekbl. Bd. 57, S. 63. 1920.
[2] BRUHNS, G.: Zeitschr. f. analyt. Chem. Bd. 55, S. 45. 1916.

basischen Säure. Bei den organischen Säuren, welche keine Oxygruppe enthalten, wie Essigsäure, Bernsteinsäure, Benzoesäure, haben die genannten Erdalkalisalze nur geringen Einfluß und ermöglichen daher keine jodometrische Bestimmung auf diesem Wege. Doch läßt sich nach KOLTHOFF[1] dadurch eine Verbesserung erzielen, daß man zur Säurelösung außer Jodid und Jodat schon einen bekannten Überschuß Thiosulfat hinzufügt und den letzteren nach genügendem Abwarten mit Jod zurücktitriert. Im Beisein des Thiosulfats bleibt die Jodkonzentration so klein, daß selbst unter einer kleinen Wasserstoffionenkonzentration die Reaktion ziemlich rasch verläuft[2].

Mischt man z. B. 20 ccm 0,1-n-Säure mit 1 g Kaliumjodid, 5 ccm 3proz. Kaliumjodat und 25 ccm 0,1-n-Thiosulfat und titriert nach 15—30 Minuten Stehen zurück, so sind Essigsäure, Bernsteinsäure, Benzoesäure, Oxalsäure, Weinsäure, Citronensäure usw. quantitativ zu fassen. Ganz allgemein lassen sich Säuren mit einer Dissoziationskonstante über 10^{-6} in der beschriebenen Weise genau bestimmen, wenn man bis zur Titration 15—30 Minuten wartet. Der p_H der Lösung ist dann im Endpunkt etwa 7,0—7,3. Nach 20stündiger Einwirkung, ehe man zurücktitriert, ist p_H etwa 8,0 geworden. Besonders für sogenannte „Stufentitrationen", wo man bis zu einem bestimmten p_T titrieren will, sind diese Tatsachen von großem Interesse. Außerdem kann man die jodometrische Methode mit Vorteil auf eigengefärbte Lösungen anwenden, wo der Umschlag mit den gewöhnlichen Farbindikatoren gar nicht mehr zu erkennen wäre.

Ich habe alle Versuche nach der obenstehenden Vorschrift auch an 10fach verdünnteren Lösungen wiederholt (also 20 ccm 0,01-n-Säure, 10 mg Kaliumjodid, 5 ccm 0,3proz. Kaliumjodat und 25 ccm 0,01-n-Thiosulfat). Titriert man nach 5 Minuten

---

[1] KOLTHOFF, J. M.: Chem. weekbl. Bd. 23, S. 260. 1926.

[2] Auch in alkalischem Mittel, wo die Wasserstoffionenkonzentration also äußerst gering ist, kann die Reaktion:

$$JO_3' + 5J' + 6H^{\cdot} \rightleftharpoons 3J_2 + 3H_2O$$

noch verlaufen.

Kocht man z. B. eine Mischung von 25 ccm 0,1-n-Thiosulfat, 5 ccm 3proz. Kaliumjodat und 1 g Kaliumjodid 5 Minuten lang, so ist p_H nach dem Abkühlen etwa 10,6—11,0.

Kocht man ein Jodid-Jodatgemisch ohne Thiosulfat, so wird die Reaktion auf Phenolphthalein alkalisch.

zurück, so ist p_H gleich 6,3, nach 10 Minuten 6,4, nach 90 Minuten 6,7. Man braucht also eine Zersetzung des Thiosulfats durch die Säure keineswegs zu befürchten, wenn man zunächst Jodid und Jodat und dann erst Thiosulfat zugibt. Durch die Reaktion zwischen Jodid, Jodat und Säure werden schon so viel Wasserstoffionen verbraucht, daß deren Konzentration klein genug bleibt, um nicht auch Thiosulfat anzugreifen.

Bei der Titration sehr schwacher Säuren auf diesem Arbeitswege darf man die Umsetzung keinesfalls durch Kochen beschleunigen, andernfalls dann das Tetrathionat zersetzt wird und man ganz abnorme Werte findet.

Wasserstoffsuperoxyd:

Wasserstoffsuperoxyd reagiert mit Jodwasserstoff im Sinne:

$$H_2O_2 + 2H^{\cdot} + 2J' \rightarrow 2H_2O + J_2.$$

Nach NOYES und SCOTT[1] ist die Reaktion bimolekular; ihre Geschwindigkeit ist sowohl der Peroxyd- wie der Jodidkonzentration proportional. Beide Autoren fassen den Mechanismus in folgende Gleichung:

$$H_2O_2 + J' \rightarrow H_2O + OJ' \qquad \text{(langsam)} \qquad \text{(I)}$$
$$\underline{OJ' + 2H^{\cdot} + J' \rightarrow H_2O + J_2 \quad \text{(schnell)} \qquad \text{(II)}}$$
$$H_2O_2 + 2H^{\cdot} + 2J' \rightarrow 2H_2O + J_2.$$

Die Wasserstoffionen scheinen auch den ersten Teilvorgang katalytisch zu begünstigen.

Die Reaktion zwischen Peroxyd und Jodid in saurer Lösung verläuft ziemlich langsam, so daß man sich in der Literatur über ihre Brauchbarkeit zu quantitativen Peroxydbestimmungen nicht ganz einig ist[2].

E. RUPP verdünnt 1 ccm 3 proz. Peroxydlösung mit 20 ccm Wasser, fügt 5 ccm verdünnte Schwefelsäure und 1 g Kaliumjodid hinzu und titriert nach einer halben Stunde. Er spricht

---

[1] NOYES und SCOTT: Zeitschr. f. physikal. Chem. Bd. 18, S. 118. 1895; Bd. 19, S. 102. 1896.

[2] LENSSEN: Journ. f. prakt. Chem. Bd. 81, S. 279. 1860; Bd. 84, S. 397. 1861; Bd. 86, S. 88. 1862; KINGZETT: Chem. News Bd. 41, S. 76. 1880; SCHÖNE: Zeitschr. f. analyt. Chem. Bd. 18, S. 142. 1879; THOMS, H.: Arch. d. Pharmaz. Bd. 225, S. 335. 1887; Bd. 238, S. 301. 1900; RUPP, E.: Arch. d. Pharmaz. Bd. 238, S. 156. 1900.

sich jedoch nicht näher über verdünntere Peroxydlösungen aus. Verschiedene Autoren[1] haben den Einfluß von Katalysatoren auf die Reaktionsgeschwindigkeit untersucht. Von großer analytischer Bedeutung ist der Befund von BRODE[2], wonach Molybdän- und Wolframsäure die Reaktion stark katalytisch beschleunigen.

KOLTHOFF[3] hat dies zur jodometrischen Peroxydbestimmung verwertet. Besonders bei der Titration sehr verdünnter Peroxydlösungen ist der Zusatz von Molybdat ratsam. Mit 0,1-n-Lösungen kann man in folgender Weise verfahren:

Vorschrift: 1. Man fügt zu 25 ccm etwa 0,1-n-Peroxyd 10 ccm 4-n-Schwefelsäure, 6 ccm n-Kaliumjodid, 3 Tropfen n-Ammoniummolybdat und titriert gleich mit Thiosulfat.

2. Wie nach 1. ohne Molybdat. Nach 15 Minuten Stehen in verschlossenem Gefäß wird mit Thiosulfat titriert.

Die jodometrische Peroxydtitration, besonders mit Molybdansäurezusatz, ist dort am Platze, wo die übliche Permanganatbestimmung gleichzeitig andere begleitende Stoffe (organische Verbindungen!) angreifen würde.

Der Molybdänkatalysator kommt (außer bei hohen Verdünnungen) vor allem dann zustatten, wenn bei längerer Wartezeit (Vorschrift 2) das freigesetzte Jod noch anderweit in Reaktion treten und zu Fehlergebnissen führen könnte, etwa bei der H_2O_2-Titration neben Amylalkohol (vgl. MENZEL[4]).

E. RUPP[5] bestimmt Peroxyd auch noch auf einem anderen Wege.

In alkalischer Lösung wirkt Jod, richtiger gesagt, unterjodige Säure, oxydierend auf Peroxyd nach der Gleichung:

$$H_2O_2 + OJ' \rightarrow H_2O + J' + O_2.$$

Vorschrift: Zu 25 ccm der verdünnten Peroxydlösung fügt man 10 ccm 4-n-Natronlauge und einen Überschuß 0,1-n-Jod (Reihenfolge nicht umkehren!). Nach 5 Minuten wird angesäuert und das Jod mit Thiosulfat zurücktitriert. Nach meiner Er-

---

[1] MANCHOT und WILLEMS: Ber. Bd. 34, S. 2479. 1901; Ann. d. Chem. Bd. 325, S. 93, 105. 1902; TRAUBE: Ber. Bd. 20, S. 1062. 1884; MANCHOT: Zeitschr. f. anorg. allgem. Chem. Bd. 27, S. 420. 1901.

[2] BRODE: Zeitschr. f. physikal. Chem. Bd. 37, S. 257. 1901.

[3] KOLTHOFF, J. M.: Zeitschr. f. analyt. Chem. Bd. 60, S. 400. 1921.

[4] MENZEL: Zeitschr. f. physikal. Chem. Bd. 105, S. 424. 1923.

[5] RUPP: Arch. d. Pharmaz. Bd. 245, S. 6. 1907.

fahrung ist es besser, vor dem Ansäuern den gasförmigen Sauerstoff auszukochen und abkühlen zu lassen. Man gewinnt dann exaktere Werte. Da aber die direkte Bestimmung in saurer Lösung, besonders bei Zusatz von Molybdat, einwandfrei genau ist, hat das Verfahren in alkalischer Lösung nur geringen praktischen Wert.

Andere Peroxydverbindungen:

Lösliche Peroxyde, wie Natrium- und Erdalkali- und Zinkperoxyd lassen sich in saurer Lösung genau wie Wasserstoffsuperoxyd bestimmen, ebenso Percarbonate und Perborate.

Perjodate: In saurer Lösung wird Perjodat durch Jodid zu Jod reduziert:

$$JO_4' + 7J' + 8H^{\cdot} \to 4J_2 + 4H_2O,$$

in bicarbonatalkalischer Lösung hingegen nach E. Müller und F. Friedberger[1] entsprechend der Gleichung:

$$JO_4'' + 2J' + 2H^{\cdot} \to JO_3' + J_2 + H_2O.$$

Hiervon kann man Gebrauch machen, um Perjodat neben Jodat zu bestimmen. Man setzt im Überschuß Natriumbicarbonat zu und titriert das freigewordene Jod mit $0,1\text{-n-}As_2O_3$-Lösung.

Ist das Perjodat-Jodatgemisch von vornherein stark alkalisch, so fügt man nach Müller und G. Wegelin[2] reichliche Mengen Borsäure bei, so daß die Lösung nur noch schwach alkalisch auf Phenolphthalein reagiert (p_H etwa 8), versetzt dann mit 1 g Kaliumjodid und titriert mit arseniger Säure.

Persulfate: Persulfate reagieren in saurer Lösung nur äußerst langsam mit Jodid, so daß sie sich daraufhin nicht gut bestimmen lassen. Nach Erich Müller[3] ist Persulfat in alkalischer Lösung imstande, Jodid quantitativ zu Jodat zu oxydieren:

$$3K_2S_2O_8 + KJ + 6KOH \to 6K_2SO_4 + KJO_3 + 3H_2O.$$

Säuert man dann mit verdünnter Schwefelsäure an, so setzt sich in bekannter Weise die Jodsäure mit Jodwasserstoffsäure um:

$$JO_3' + 5J' + 6H^{\cdot} \to 3J_2 + 3H_2O.$$

---

[1] Müller, E. und F. Friedberger: Ber. Bd. 35, S. 2655. 1902.

[2] Müller, E. und Wegelin: Zeitschr. f. analyt. Chem. Bd. 52, S. 755. 1913.

[3] Müller, E.: Zeitschr. f. analyt. Chem. Bd. 52, S. 195, 299. 1913.

Aus beiden Einzelreaktionen ergibt sich der Bruttovorgang:

$$K_2S_2O_8 + 2\,KJ \rightarrow 2\,K_2SO_4 + J_2.$$

Vorschrift: In einen Erlenmeyer-Kolben bringt man 25 ccm 2-n-Natronlauge (die mit Kaliumjodid und Schwefelsäure keine Jodausscheidung zeigt!), gibt 2 g Kaliumjodid hinzu und nach erfolgtem Auflösen die Persulfatlösung. Die Flüssigkeit muß dabei alkalisch bleiben (z. B. zu beachten bei Untersuchung freier Überschwefelsäure!), andernfalls kein Jod ausgeschieden würde und sich die Lösung nur langsam gelblich färbte (Bildung von unterjodiger Säure). Man erhitzt nun den Kolben auf einer Asbestplatte, hält ihn 3 Minuten unter Umschwenken in gelindem Sieden, säuert nach Abkühlen mit 15 ccm 4-n-Schwefelsäure an und titriert mit Thiosulfat. CAROsche Säure ist nicht hinderlich, um so mehr Wasserstoffperoxyd, weil es mit Hypojodit freien Sauerstoff liefert.

Braunstein:

a) DIEHL[1] läßt den feingepulverten Braunstein direkt auf Jodkalium und Salzsäure in der Kälte einwirken und titriert das freiwerdende Jod:

$$MnO_2 + 4\,\overset{\cdot}{H} + 2\,\overset{\cdot}{J} \rightarrow J_2 + \overset{\cdot\cdot}{Mn} + 2\,H_2O.$$

Das selten im mineralischen Braunstein fehlende Ferrieisen stört die Bestimmung. E. RUPP[2] rät, statt mit Salzsäure mit Phosphorsäure anzusäuern, wodurch bekanntlich Ferrieisen unschädlich gemacht wird. Nach unserer Erfahrung dauert es dann aber sehr lange, bis sich der Braunstein quantitativ gelöst hat; man findet viel zu hohe Ergebnisse, weil der Luftsauerstoff unterdes teilweise die Jodwasserstoffsäure oxydiert. Um zu brauchbaren Resultaten zu kommen, hat man unbedingt die Luft aus dem Kolben zu entfernen.

Vorschrift: Ungefähr 150 mg des feinst gepulverten Braunsteins werden in einer Glasstöpselflasche oder einem Erlenmeyer mit eingeschliffenem Stopfen mit 20 ccm 4-n-Phosphorsäure versetzt. Dann gießt man dreimal etwa 300 mg Natriumbicarbonat hinzu, um die Luft vollständig aus dem Kolben zu verdrängen, gleich darauf 1—1,5 g Jodkalium und verschließt die Flasche,

---

[1] DIEHL: Dingl. polyt. Journ. Bd. 246, S. 196. 1882.
[2] RUPP, E.: Arch. d. Phamaz. Bd. 254, S. 135. 1916.

man schüttelt dann und wann um, läßt im diffusen Tageslicht oder im Dunkeln bis zur vollständigen Auflösung des Braunsteins stehen und titriert mit 0,1-n-Thiosulfat. Dann erhält man auch richtige Werte.

b) Destillationsmethode nach BUNSEN[1]: BUNSEN bestimmt die höheren Oxyde des Mangans durch Destillation mit starker Salzsäure, Auffangen des entwickelten Chlors in Jodkaliumlösung und Titration des freigesetzten Jods.

Die Bestimmung wird zweckmäßig in einem Apparat vorgenommen, wie ihn Abb. 17 abbildet. In

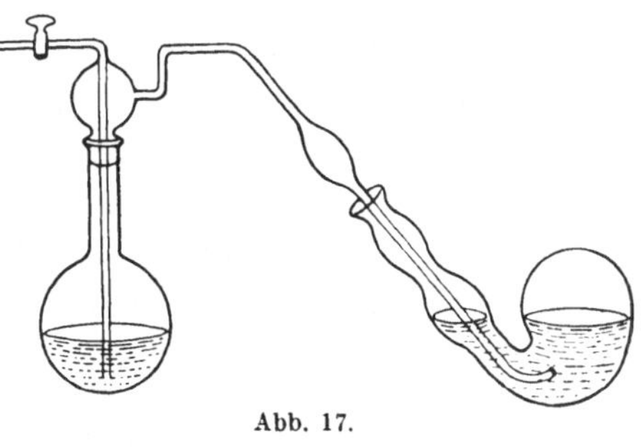

Abb. 17.

dieser Versuchsanordnung kann man vor und während der Destillation Kohlensäure oder Wasserstoff durchleiten. Das Verfahren von BUNSEN ist nur bei peinlicher Einhaltung verschiedener Vorsichtsmaßregeln exakt.

RUPP[2] behauptet, daß das bei der Destillation übergehende Chlor durch die Wasserdämpfe zu einem geringen Teil zu Chlorwasserstoff reduziert wird, wodurch die Bestimmung um 0,5 bis 2% zu niedrige Resultate gibt. Ich konnte dies nicht bestätigen; doch ist die Methode nicht ganz einfach auszuführen wegen des leichten Zurücksteigens der Vorlageflüssigkeit in das Destillationskölbchen und wegen des starken Salzsäuregehaltes in letzterem.

FARSOE[3] hat die BUNSENsche Methode vervollkommnet, indem er 1—2 g Kaliumbromid, 20 ccm konzentrierte Schwefelsäure und 80 ccm Wasser verwendet und das entwickelte Brom durch einen Kohlensäurestrom in das vorgelegte Jodkalium übertreibt.

Dabei besteht aber die Gefahr, daß Jod durch CO_2 fortgeblasen wird. Nach LUNGE-BERL[4] arbeiten die Farbenfabriken von

---

[1] BUNSEN: Ann. d. Chem. Bd. 86, S. 265. 1853.

[2] RUPP, E.: Zeitschr. f. analyt. Chem. Bd. 57, S. 226. 1918.

[3] FARSOE: Zeitschr. f. analyt. Chem. Bd. 46, S. 308. 1907.

[4] Nach LUNGE-BERL: Chemisch-technische Unters.-Meth. 7. Aufl. Bd. 1. S. 972. 1921.

Bayer & Co., Leverkusen, wesentlich sicherer und sparsamer durch Vorlegen von überschüssiger bicarbonatalkalischer $0,1$-n-$_2AsO_3$-Lösung, der der durchperlende Kohlensäurestrom nichts anhaben kann. Der Inhalt der Vorlage wird dann nach beendeter Destillation mit $0,1$-n-Jod zurücktitriert. In dieser Art ist eine Bestimmung rasch ausgeführt; eine besondere Kühlung ist gar nicht erforderlich.

Meines Erachtens kann man ebensogut den Überschuß Arsentrioxyd nach der Destillation in stark salzsaurer Lösung mit Kaliumbromat auf Methylrot als Indikator (Vorschrift vgl. S. 443) zurücktitrieren.

Schwefelwasserstoff:

Schwefelwasserstoff wird durch Jod zu Schwefel oxydiert:

$$H_2S + J_2 \rightarrow S + 2H^{\cdot} + 2J'.$$

Über die Genauigkeit der jodometrischen Titration des Schwefelwasserstoffs finden sich in der Literatur[1] viele einander widersprechende Angaben.

Durch systematische Untersuchungen habe ich[2] festgestellt, daß auch schon in schwach alkalischer Lösung ein Teil des Sulfids in Sulfat übergeht:

$$S'' + 4J_2 + 4H_2O \rightarrow SO_4'' + 8H^{\cdot} + 8J'$$

selbst in Gegenwart von Bicarbonat bereits merklich. Um gute Resultate zu bekommen, läßt man besser nicht die Sulfidlösung aus einer Bürette in schwach angesäuerte Jodlösung bis zum Verschwinden des Jodstärkeblaus einfließen (Gefahr des H_2S-Verlustes), pipettiert vielmehr die Sulfidlösung in Jodlösung ein und nimmt deren Überschuß mit Thiosulfat zurück. In dieser Weise lassen sich auch äußerst verdünnte Sulfidlösungen genau titrieren. Der ausgeschiedene Schwefel schadet nicht, zumal er kein Jod mehr einschließt. Bei direkter Titration einer schwach angesäuerten Sulfidlösung verflüchtigt sich gewöhnlich ein Teil des Schwefel-

---

[1] BUNSEN: Ann. d. Chem. Bd. 86, S. 278. 1853; DE KONINCK: Lehrb. d. qual. u. quant. Analyse; WINKLER, CL.: Prakt. Übungen in der Maßanalyse. 2. Aufl. 1902; KÜHLING: Lehrb. d. Maßanalyse. 2. Aufl. 1904; TREADWELL, F. P.: Kurzes Lehrb. d. anal. Chem.; FRESENIUS: Quant. Analyse. 6. Aufl. Bd. 1, S. 501; BRUNCK: Zeitschr. f. anal. Chem. Bd. 45, S. 542. 1906.

[2] KOLTHOFF: Zeitschr. f. analyt. Chem. Bd. 60, S. 451. 1921.

wasserstoffs und läßt zu niedrige Werte finden; nur in sehr hoher Verdünnung kann eine H_2S-Lösung gut direkt titriert werden.

Hierzu wollen wir noch bemerken, daß Sulfid durch Brom (Gemisch von Bromat, Bromid und Säure; vgl. S. 448) oder Hypobromit quantitativ zu Sulfat oxydiert wird. Das überschüssige Oxydans läßt sich jodometrisch zurückmessen. Diese Tatsache ist von praktischem Wert für die Bestimmung von Sulfid neben Sulfit; denn das letztere wird sowohl jodometrisch wie bromometrisch zu Sulfat umgesetzt.

Die jodometrische Sulfidtitration hat Verwendung gefunden zur Bestimmung einiger Metalle, wie Quecksilber, Zink, Cadmium u. a., welche als Sulfid gefällt und nach dem Auswaschen mit Jod im Überschuß behandelt werden können[1].

Schweflige Säure und ihre Salze:

Die verschiedenen Literaturdaten[1] über die Titration der schwefligen Säure lassen mancherlei Widersprüche erkennen. Nach FORDOS und GÉLIS[2] soll schweflige Säure in Bicarbonatlösung mit Jod titriert werden. Wie RASCHIG[3] schon bemerkte, unterlaufen dabei zwei Fehler, und zwar durch die Luftoxydation der schwefligen Säure oder ihrer Salze und durch die Flüchtigkeit der freien Säure. RUPP und FINCK[4] setzen zur Schwefligensäurelösung Bicarbonat und einen Jodüberschuß zu und titrieren nach 15 Minuten mit Thiosulfat zurück. Die Methode ist auch fehlerhaft; der hochbemessene Jodgebrauch ist überflüssig, ebenso das Warten, während das Zurücktitrieren mit Thiosulfat nicht in Bicarbonatlösung geschehen darf. Der wesentlichste Fehler bei der Sulfittitration rührt von der Luftoxydation her, worauf RUFF und JEROCH[5] schon hinwiesen; sie geben bei der Titration Mannit als Stabilisator hinzu. RASCHIG zufolge erhält man überhaupt nur dann genaue Ergebnisse, wenn man die schweflige Säure

---

[1] BUNSEN: Ann. d. Chem. Bd. 86, S. 265. 1853; VOLHARD: Ann. d. Chem. Bd. 242, S. 94. 1887.

[2] FORDOS und GÉLIS: vgl. FINKENER-ROSE: Quant. Analyse. 6. Aufl. S. 499.

[3] RASCHIG: Zeitschr. f. angew. Chem. Bd. 17, S. 577. 1904.

[4] RUPP und FINCK: Ber. Bd. 35, S. 3694. 1902; vgl. dagegen auch ASHLEY: Zeitschr. f. anorg. allgem. Chem. Bd. 45, S. 69. 1905; Bd. 46, S. 211 1905.

[5] RUFF und JEROCH: Ber. Bd. 38. S. 409. 1905.

oder deren Salze in Lösung aus einer Pipette in überschüssige Jodlösung fließen läßt.

Nach meiner Erfahrung[1] kann ich diesen Arbeitsgang wohl empfehlen; nur ist es nicht unbedingt notwendig, die Flüssigkeit unter die Jodlösung einzupipettieren; man kann sie unbesorgt in üblicher Weise aus einer Pipette in die Jodlösung einlaufen lassen und hernach mit Thiosulfat zurücktitrieren:

$$SO_3'' + J_2 + H_2O \rightarrow SO_4'' + 2H^{\cdot} + 2J'.$$

Eine direkte Titration der schwefligen Säure oder ihrer Salze mit Jod aus der Bürette gibt immer falsche Werte, selbst bei Benutzung von Antikatalysatoren gegen die Luftoxydation zu Sulfat, wie Mannit, Rohrzucker, 5proz. Alkohol u. a.

Sehr gute Resultate erzielt man aber, wenn die zu titrierende Lösung aus einer Bürette einer abgemessenen Jodmenge bis zu deren Entfärbung zugesetzt wird.

Wie schon öfters hervorgehoben, ist bei der Gehaltsbestimmung von Sulfit, Bisulfit usw. auf deren Empfindlichkeit gegen den Luftsauerstoff Rücksicht zu nehmen, die in Gegenwart von Jodid noch gesteigert wird. Am besten bereitet man die Lösungen in luftfreiem Wasser und titriert möglichst rasch, oder man setzt gegen die Luftoxydation schützende Stoffe zu (vgl. Teil I, S. 220).

Thiosulfate:

Die Titration der Thiosulfate mit Jod ist oben eingehend dargelegt worden (vgl. S. 339). In neutraler und auch noch in bicarbonatalkalischer Lösung entspricht die Oxydation der Gleichung:

$$2S_2O_3'' + J_2 \rightarrow S_4O_6'' + 2J'.$$

Bei hoher Alkalität wird Thiosulfat durch überschüssiges Jod quantitativ zu Sulfat oxydiert:

$$S_2O_3'' + 4J_2 + 10OH' \rightarrow 2SO_4'' + 8J' + 5H_2O.$$

ABEL[2] hat darauf schon eine quantitative Bestimmung des Thiosulfats gegründet. Nach meiner Erfahrung[3] ist die folgende

---

[1] KOLTHOFF, J. M.: Zeitschr. f. analyt. Chem. Bd. 60, S. 448. 1921.
[2] ABEL: Zeitschr. f. anorg. allgem. Chem. Bd. 74, S. 396. 1912.
[3] KOLTHOFF, J. M.: Zeitschr. f. analyt. Chem. Bd. 60, S. 344. 1921.

Vorschrift recht brauchbar: Zu 25 ccm 0,01 molarem Thiosulfat werden 10 ccm n-Natronlauge und 25 ccm 0,1-n-Jod gefügt. Nach 5 Minuten Stehen wird mit Schwefelsäure angesäuert und der Überschuß Jod mit 0,1-n-Thiosulfat zurückgemessen.

Analyse eines Gemisches von Sulfid, Sulfit und Thiosulfat: A. KURTENACKER und R. WOLLAK[1] haben hierüber eingehende Untersuchungen mitgeteilt. Fällt man das Sulfid mit einer Aufschlämmung von Zinkcarbonat, so adsorbiert das Zinksulfid kein Sulfit oder Thiosulfat. Fügt man weiter 5% Glycerin hinzu, so wird die Luftoxydation des Sulfits so stark herabgesetzt, daß man ohne Gefahr filtrieren und im Filtrat Sulfit und Thiosulfat zusammen jodometrisch bestimmen kann. Zu einem anderen Teil des Filtrats setzt man im Überschuß Formalin, das Sulfit in eine Aldehydbisulfitverbindung überführt, welche nicht (oder nur sehr langsam!) von Jod angegriffen wird, und säuert daraufhin mit Essigsäure an. Unter diesen Verhältnissen kann man dann das Thiosulfat allein im Filtrat titrieren.

Die Aufschlämmung von Zinkcarbonat wird durch Fällen einer Lösung von 40 g kristallisiertem Zinksulfat (bei Zimmertemperatur unter ständigem Rühren!) mit 200 ccm 10proz. Natriumcarbonatlösung und Verdünnen mit Wasser auf 400 ccm hergestellt. 20 ccm der gut durchgeschüttelten Suspension reichen zur Fällung von etwa 30 ccm 0,2-n-Na_2S im allgemeinen aus.

Zur Bestimmung des Sulfidgehaltes läßt man eine definierte Menge der vorgelegten Lösung in überschüssiges Jod einfließen und titriert mit Thiosulfat zurück. Da der Sulfit- und Thiosulfatgehalt vorher einzeln bestimmt worden sind, kann man den Sulfidgehalt aus diesen beiden und dem Jodverbrauch bei der Gesamtoxydation berechnen. Auch kann man von vornherein das Sulfit durch Zusatz von 5 ccm Formalin unschädlich machen und nach Ansäuern mit Essigsäure die Summe von Sulfid und Thiosulfat jodometrisch bestimmen.

Über die Polysulfidbestimmung in Sulfid vgl. die zusammenfassende Arbeit von J. BODNAR und W. GERVAY[2].

---

[1] KURTENACKER, A. und R. WOLLAK: Zeitschr. f. anorg. allgem. Chem. Bd. 161, S. 201. 1927; vgl. auch Bd. 141, S. 297. 1924.

[2] BODNAR und W. GERVAY: Zeitschr. f. anal. Chem. Bd. 71, S. 446. 1927.

Cyanwasserstoffsäure:

In neutraler oder schwach alkalischer Lösung treten Cyanid mit Jod in die umkehrbare Reaktion:

$$CN' + J_2 \rightleftarrows JCN + J'$$

oder

$$HCN + J_2 \rightleftarrows JCN + H^{\cdot} + J'.$$

Nach Kovach[1] ist:

$$K = \frac{[J_2]\,[HCN]}{[JCN]\,[H^{\cdot}]\,[J']} = \text{etwa } 1,4 \text{ bei } 25^0. \tag{1}$$

Weil nun die Dissoziationskonstante der Blausäure

$$K_{HCN} = \frac{[H^{\cdot}]\,[CN']}{[HCN]} = 1,3 \cdot 10^{-9}, \tag{2}$$

so ergibt sich aus (1) und (2):

$$K' = \frac{[J_2]\,[CN']}{[JCN]\,[J']} = \text{etwa } 2 \cdot 10^{-9}.$$

Aus diesen Beziehungen geht hervor, daß die Reaktion nur in alkalischer Lösung quantitativ von links nach rechts verläuft, weil nur dann die Konzentration der Cyanidionen groß genug ist, und weiterhin, daß es sich empfiehlt, die Jodionenkonzentration möglichst klein zu halten.

Die jodometrische Titration der Cyanide ist schon von Fordos und Gélis[2] durchgeführt worden, indem sie die sehr verdünnte zunächst farblose Cyanidlösung bis zu dauernder Gelbfärbung mit Jodlösung behandeln.

Mit Vorteil titriert man in Gegenwart von Alkalibicarbonat oder von Natriumacetat oder Seignettesalz nach Rupp[3]. Eine vorliegende saure Lösung macht man mit Natronlauge stark alkalisch und fügt dann reichlich Natriumbicarbonat hinzu, so daß ihre Alkalität der eines Bicarbonat-Carbonatgemisches gleichkommt. Dann ist der Umschlag meines Erachtens deutlicher als in Natriumbicarbonatlösung allein. Statt Bicarbonat kann man auch Borax verwenden, doch büßt dadurch der Farbumschlag

---

[1] Kovach: Zeitschr. f. physikal. Chem. Bd. 80, S. 107. 1912.

[2] Fordos und Gélis: Journ. de pharmacie et de chim. Bd. 23, S. 48. 1853.

[3] Rupp: Arch. d. Pharmaz. Bd. 241, S. 328. 1903 Bd. 243, S. 466. 1905; vgl. auch Manson-Auld: Journ. of the chem. soc. (London) Bd. 93. 1908.

gegenüber dem Bicarbonat-Carbonatsystem an Schärfe ein. Nach
RUPP darf keine Stärke benutzt werden, weil das Jod in Jodcyan
recht lose gebunden ist und der scheinbare Endpunkt dann zu
früh gefunden werden könnte. Dies trifft jedoch nicht zu, solange man in Carbonat-Bicarbonatlösung titriert; nach meiner
Erfahrung erhält man dann auch mit Stärke richtige Werte. Doch
ist die Anwendung dieses Indikators aus anderem Grunde nicht
ratsam, weil die Reaktion zwischen dem Cyanid und Jod meßbar langsam abläuft und ihre Geschwindigkeit durch Stärke noch
herabgesetzt wird. Die gegen Ende dieser Titration auftretende
rotviolette Farbe geht dann immer wieder langsam zurück. Viel
besser fährt man in bekannter Weise mit organischen Lösungsmitteln, wie Benzol, Petroläther, Tetrachlorkohlenstoff, die freies
Jod aus der wäßrigen Lösung ausschütteln und besonders zum
jodometrischen Titrieren sehr verdünnter Cyanidlösungen zu empfehlen sind.

Bei der Cyanbestimmung im Bittermandelwasser auf diesem
Wege muß man zum Schluß der Titration sehr langsam Jod zu-
setzen (Gleichgewicht Benzaldehydanhydrin $\rightleftarrows$ Benzaldehyd +
HCN). Nach meinen Versuchen bewährt sich folgende Vorschrift:

Vorschrift: 25 ccm Bittermandelwasser werden mit 1 ccm
4-n-Natronlauge und 1 g Natriumbicarbonat und 100 ccm Wasser
versetzt und mit 0,01-n-Jod titriert.

Der Vorteil dieser Titration über der von DÉNIGÈS (vgl. S. 228)
liegt in dem vierfach größeren Verbrauch an Titerlösung.

Zur Gehaltsbestimmung von Quecksilbercyanid ist das Verfahren wegen des unscharfen Umschlags nicht angebracht. Auch
die Abänderung von RUPP und SCHIEDT[1], wonach man Queck-
silbercyanidlösung zu Jod fließen läßt, gibt keine besseren Resultate.

RUPP[2] hat weiter eine indirekte Bestimmungsmethode des
Cyanwasserstoffs ausgearbeitet, bei der er das Cyanid in ätz-
alkalischer Lösung mit Hypojodit zu Cyanat oxydiert:

$$CN' + OJ' \rightarrow CNO' + J'.$$

Anschließend wird angesäuert und der Jodüberschuß zurücktitriert. Beim Nachprüfen der Methode fand ich um etwa 2—2,5 %

---

[1] RUPP und SCHIEDT: Arch. d. Pharmaz. Bd. 241, S. 328. 1903; vgl.
auch MEILLERE: Journ. de pharmacie et de chim. Bd. 14, S. 356. 1901.
[2] RUPP, E.: Arch. d. Pharmaz. Bd. 243, S. 458. 1905.

schwankende Werte, weshalb ich sie für genauere Zwecke nicht empfehlen möchte.

Recht brauchbar ist das Verfahren nach E. SCHULEK[1], welches sich die quantitative Bromcyanbildung aus schwachsauren Alkalicyanid- (und auch Thiocyanat-)Lösungen mit Brom zunutze macht:

$$HCN + Br_2 \rightarrow CNBr + H^{\cdot} + Br'.$$

Bromcyan ist bei geringer Acidität beständig und reagiert selbst nach 3- bis 4stündigem Stehen nicht mit Phenol, durch welches das überschüssige Brom leicht entfernt werden kann. Darauf fügt man Kaliumjodid hinzu; es setzt sich mit Bromcyan nach folgender Gleichung um:

$$CNBr + 2J' \rightarrow J_2 + 2CN'.$$

Diese Reaktion verläuft nicht momentan, man muß also einige Zeit warten, bevor man titriert.

Vorschrift: 50 ccm der Lösung, die zweckmäßig 0,1—40 mg Blausäure (bzw. 0,3—90 mg Rhodanwasserstoffsäure, vgl. unten) enthält, wird in eine Flasche mit gut schließendem Glasstopfen gegeben. Die mit 5 ccm 20 proz. Phosphorsäure angesäuerte Flüssigkeit wird bis zur bleibenden Tiefgelbfärbung mit Bromwasser versetzt. Der Bromüberschuß wird durch Zugabe von etwa 2 ccm 5 proz. Phenollösung gebunden. In die wiederholt gut durchgeschüttelte Lösung trägt man nach einer Viertelstunde 0,5 g Kaliumjodid ein; nach halbstündigem Verweilen im Dunkel oder diffusen Tageslicht wird sie mit 0,01- bzw. 0,1-n-Thiosulfat titriert.

Die Methode ist einwandfrei, wenn nur so viel Thiosulfat angewandt wird, daß die Blaufärbung nicht wiederkehrt, am besten etwa in der Weise, daß man zunächst auf Entfärbung titriert und 5—10 Minuten später noch einige Tropfen Thiosulfat zusetzt, bis der definitive Endpunkt erreicht ist, d. h. die Flüssigkeit längere Zeit farblos bleibt.

Ein Vorteil der SCHULEKschen Methode besteht darin, daß sie von begleitenden Chloriden, Bromiden, Sulfiden, Sulfiten und Thiosulfaten nicht behindert wird. Um Cyanid von Thiocyanaten zu trennen, destilliert man die Blausäure nach SCHULEK günstig aus reichlich borsäurehaltiger Lösung ab. R. LANG[2] hat ein

---

[1] SCHULEK, E.: Zeitschr. f. analyt. Chem. Bd. 62, S. 337. 1923.
[2] LANG, R.: Zeitschr. f. anorg. allgem. Chem. Bd. 142, S. 286. 1925.

anderes Verfahren zur gleichzeitigen Bestimmung von Cyanwasserstoffsäure und Rhodanwasserstoffsäure beschrieben.

Rhodanide:

RUPP und SCHIED[1] lassen Rhodanide in alkalibicarbonathaltiger Lösung durch überschüssiges Jod oxydieren.

$$CNS' + 4\,J_2 + 4\,H_2O \rightarrow SO_4'' + 7\,J' + JCN + 8\,H^{\cdot}.$$

Diese Methode ist später von THIEL[2] verbessert worden. F. P. TREADWELL und C. MAYR[3] benutzen Brom (Bromat-Bromid in saurer Lösung) zur Oxydation. Ich halte das Verfahren nach SCHULEK (vgl. bei Cyanid S. 388) für wertvoller als die anderen Methoden; es ist sehr genau, dabei einfach auszuführen und weitgehend unabhängig von der Gegenwart anderer reduzierender Substanzen. Drum sei es auch für die Rhodanidbestimmung warm empfohlen, zumal man eine störende Luftoxydation (vgl. bei der Permanganattitration S. 289) dabei nicht zu befürchten braucht.

Hydrazin:

Die jodometrische Hydrazintitration haben wir schon S. 350 kurz berührt. CURTIUS und SCHULZ[4] zeigten, daß eine Hydrazinlösung mit einer alkoholischen Jodlösung nach der Gleichung:

$$N_2H_4 + 2\,J_2 \rightarrow N_2 + 4\,H^{\cdot} + 4\,J'$$

reagiert.

STOLLE[5] titriert auf dieser Grundlage Hydrazinsalz in bicarbonatreicher Lösung mit Jod, gegen Ende zu möglichst langsam, bis die Farbe beim Stehen nicht mehr zurückgeht. Verschiedene Autoren[6] haben STOLLES Methode angewandt; auch ich[7] habe sie geprüft und mit ihr günstige Resultate erreicht. Man

---

[1] RUPP und SCHIED: Ber. Bd. 35, S. 2191. 1902; Arch. d. Pharmaz. Bd. 243, S. 460. 1907.

[2] THIEL: Ber. Bd. 53, S. 2766. 1902.

[3] TREADWELL und MAYR: Zeitschr. f. anorg. allgem. Chem. Bd. 92, S. 127. 1915.

[4] CURTIUS und SCHULZ: Journ. f. prakt. Chem. Bd. 42, S. 539. 1890.

[5] STOLLE: Journ. f. prakt. Chem. Bd. 66, S. 332. 1902.

[6] SOMMER: Zeitschr. f. anorg. allgem. Chem. Bd. 83, S. 119. 1913; OLIVERA MANDELA: Gazz. chim. ital. Bd. 51 II, S. 201. 1921.

[7] KOLTHOFF: Journ. of the Americ. chem. soc. Bd. 46, S. 2009. 1924.

soll jedoch nicht zu viel Bicarbonat zusetzen, weil sonst zu wenig Jod aufgenommen wird und die Titration unnötig lange dauert. 1 g Natriumbicarbonat ist die passende Menge auf 25 ccm 0,1-n-Hydrazinlösung; am schnellsten titriert man ohne Stärke, bis die Gelbfärbung vom Jod wenigstens zwei Minuten bestehen bleibt. Dann nimmt die ganze Bestimmung nicht mehr als 5—7 Minuten in Anspruch. E. RUPP[1] rät, statt Natriumbicarbonat Seignettesalz oder Natriumacetat anzuwenden — was nach meiner Erfahrung durchaus einwandfrei ist —; jedoch wird dann bei der höheren Wasserstoffionenkonzentration in Nähe des Endpunkts Jod wesentlich langsamer vom Hydrazin verbraucht. Bicarbonat ist hier also doch am besten geeignet.

Zur raschen Bestimmung lassen W. C. BRAY und CUY[2] einen Überschuß Jod und Alkali zusetzen, säuern nach zwei Minuten an und titrieren mit Thiosulfat zurück. Die Methode ist sehr brauchbar. Die Hydrazinreaktion mit Jod wird auch zur Phenylhydrazintitration[3] verwertet:

$$C_6H_5NHNH_2 + 2\,J_2 \rightarrow N_2 + C_6H_5J + 3\,H^{\cdot} + 3\,J'.$$

Arsen.

Dreiwertiges Arsen. Die jodometrische Arsentrioxydtitration haben wir schon näher auf S. 342 ausgeführt. Praktisch wird man immer mit Vorteil in stark bicarbonathaltiger Lösung arbeiten. Die Reaktion mit Jod geht dann sehr glatt vonstatten. Die jodometrische Bestimmung der Phenylderivate des dreiwertigen Arsens ist eingehend von P. FLEURY[4] behandelt worden.

Fünfwertiges Arsen: Arsensäure: Wie schon S. 342 dargelegt, ist die Reaktion:

$$H_3AsO_3 + H_2O + J_3' \rightleftharpoons H_3AsO_4 + 2\,H^{\cdot} + 3\,J'$$

umkehrbar.

Die Konstante der Reaktion:

$$K = \frac{[J']^3\,[H^{\cdot}]^2\,[H_3AsO_4]}{[J_3']\,[H_3AsO_3]}$$

[1] RUPP: Journ. f. prakt. Chem. Bd. 67, S. 140. 1903.

[2] BRAY und CUY: Journ. of the Americ. chem. soc. Bd. 46, S. 858. 1924.

[3] MEYER, E. VON: Journ. f. prakt. Chem. Bd. 36, S. 115. 1887; FROMM: Apoth.-Zeit. Bd. 31, S. 156. 1897.

[4] FLEURY, P.: Action de l'iode sur l'acide arsenieux et ses dérivés phenylés. Diss. Paris 1920.

ist nach den Berechnungen von R. Luther[1] bei 0^0 gleich 0,033, bei 25^0 $0,07 \pm 0,01$.

Die Resultate von F. Foerster und H. Pressprich[2] sind damit in guter Übereinstimmung.

Es gelingt daher nur in stark saurer Lösung, Arsenat mit Jodid quantitativ in die dreiwertige Form überzuführen.

a) Nach Rosenthaler[3] ist die Umsetzung in Gegenwart von sehr viel Säure innerhalb 10—15 Minuten beendet, die Salzsäurekonzentration soll dabei wenigstens 12—16% betragen; Erwärmen ist nicht nötig.

Bei einer systematischen Untersuchung des Gegenstandes stellte ich[4] dann immer sehr gute Resultate fest, wenn die Salzsäurekonzentration in der Mischung über 4-n lag und nach 5 Minuten Stehen titriert wurde. In 3-n-Salzsäure findet man um 1% zu niedrige Werte; ebenso, wenn man nach der gleichen Wartezeit vor dem Titrieren stark mit Wasser verdünnt, weil dann ein Teil des Arsentrioxyds zufolge der verringerten Acidität rückwärts von Jod zu Arsensäure oxydiert wird.

Vorschrift: 10 ccm 0,2-n-Arsenatlösung werden mit 20 ccm 25proz. Salzsäure gemischt, durch Bicarbonat wie üblich luftfrei gemacht, mit 1 g Kaliumjodid versetzt und 5 Minuten später unter Umschütteln mit 0,1-n-Thiosulfat titriert.

Bei der Titration einer 0,02-n-Lösung soll die Salzsäurekonzentration wenigstens 4,5-n sein. Sonst gebräuchliche katalytische Zusätze, wie Molybdat, Wolframat, Vanadat, Mangano, Ferro, Uranyl und Chromion haben hier keinen beschleunigenden Einfluß. Nach Rosenmund[5] wirkt in dieser Hinsicht Cuprojodid sehr günstig, was ich jedoch nicht bestätigen kann.

b) Gooch und Morris[6] begegnen Schwierigkeiten bei der Titration stark saurer Jodlösung mit Thiosulfat.

Sie erhitzen daher die Arsenatlösung mit Jodwasserstoff und Schwefelsäure und entfernen das freigesetzte Jod durch Kochen,

---

[1] Luther, R.: Zeitschr. f. Elektrochem. Bd. 13, S. 289. 1907.

[2] Foerster und Pressprich: Zeitschr. f. Elektrochem. Bd. 33, S. 176. 1927.

[3] Rosenthaler: Zeitschr. f. analyt. Chem. Bd. 45, S. 596. 1906.

[4] Kolthoff: Zeitschr. f. analyt. Chem. Bd. 60, S. 399. 1921.

[5] Rosenmund: Apoth.-Zeit. Bd. 41, S. 695. 1926.

[6] Gooch und Morris: Zeitschr. f. anorg. allgem. Chem. Bd. 25, S. 227. 1900.

aber, da sich hierbei Arsenjodid verflüchtigen kann, nicht bis auf die letzten Anteile, sondern reduzieren diese vorsichtig mit schwefliger Säure (Verschwinden der Gelbfärbung!). Dann verdünnen sie mit Wasser, neutralisieren mit Kaliumcarbonat, setzen Bicarbonat zu und titrieren mit Jodlösung. Die Methode ist freilich reichlich umständlich.

Auch FLEURY[1] stößt bei der unter a) beschriebenen Methode auf Unstimmigkeiten. Er stellt darum folgende abgeänderte Vorschrift auf: Das Arsenat wird in so viel Wasser gelöst, daß nicht mehr als 30 ccm Flüssigkeit auf 50 ccm 0,1-n-Jod kommen. Mit Salzsäure wird etwa auf einfache Normalität angesäuert, 5 Minuten auf dem Wasserbade erwärmt und mit so viel Kaliumjodid versetzt, daß dessen Konzentration schließlich 25% beträgt. Man überläßt für 5—10 Minuten das Gemisch auf dem Wasserbade der Umsetzung, kühlt ab und bindet das freie Jod durch Thiosulfat. Alles Arsen ist dann in die dreiwertige Form übergeführt; die Lösung wird mit reichlich Natriumbicarbonat versetzt und mit Jod titriert.

Nach meiner Erfahrung[2] kann man aber auch direkt das freigemachte Jod titrieren, wenn man in folgender Weise verfährt:

Vorschrift: Zu 10 ccm der Arsenatlösung gibt man 2,5 ccm 4-n-Salzsäure, erwärmt 3 Minuten auf dem kochenden Wasserbade, versetzt dann mit 3 g Kaliumjodid und verschließt gleich darauf den Kolben. Nach weiteren 5—10 Minuten Erwärmen auf dem Wasserbade wird schnell abgekühlt und das freie Jod mit Thiosulfat gemessen. Man kann dann noch zur Kontrolle einen Überschuß Bicarbonat zusetzen und das gebildete Arsentrioxyd mit Jod bestimmen. Weil durch das erste Erwärmen der Lösung auf dem Wasserbade die Luft zum größten Teil schon vertrieben wird, ist keine Luftoxydation zu befürchten, und bei richtiger Arbeitsweise werden äquivalente Mengen Jod- wie Thiosulfatlösung verbraucht.

Die jodometrische Arsensäuretitration[3] läßt sich zur Bestimmung von Kationen nutzbar machen, die unlösliche Arsenate

---

[1] FLEURY: Journ. de pharmacie et de chim. Bd. 21, S. 385. 1920.

[2] KOLTHOFF: Pharmaz. weekbl. Bd. 57. 1920.

[3] ORMONT, B.: Zeitschr. f. analyt. Chem. Bd. 67, S. 417. 1925; Bd. 70, S. 310. 1927.; ROSENTHALER, L.: Zeitschr. f. analyt. Chem. Bd. 68,

von konstanter Zusammensetzung liefern. Besonders zur Magnesiumbestimmung[1] ist dies Verfahren vielfach herangezogen worden, auch Zink[2], Mangan[3], Barium[3] und Wismut[3] lassen sich nach Angaben der Literatur als Arsenate bestimmen.

Antimon:

Dreiwertiges Antimon ist genau wie Arsentrioxyd mit Jod in stark bicarbonathaltiger Lösung zu titrieren. Damit das Antimontrioxyd nicht ausfällt, wird es durch Seignettesalz in Lösung gehalten. Nach meiner Erfahrung verläuft die Reaktion gegen Ende hin sehr langsam; man titriert darum am besten ohne Stärke und tropft so lange Jod zu, bis dessen Farbe auch nach 2 Minuten nicht mehr nachläßt. Weil aber dreiwertiges Antimon in salzsaurer Lösung sehr genau mit Bromat auf Methylorange zu bestimmen ist (vgl. S. 443), hat die jodometrische Bestimmungsmethode eigentlich kaum mehr praktische Bedeutung.

Das fünfwertige Antimon läßt sich in stark salzsaurer Lösung genau wie Arsensäure[4] bestimmen.

Diese Methode ist zur jodometrischen Natriumbestimmung benutzt worden. Natrium wird durch Kaliumpyroantimoniat ausgefällt und der Niederschlag jodometrisch titriert; das Verfahren ist allerdings nicht sehr genau.

Zinn:

Zweiwertiges Zinn ist ein starkes Reduktionsmittel und wird auch in saurer Lösung quantitativ durch Jod in die vierwertige Form oxydiert. Der älteren Literatur[5] nach soll man

---

S. 232. 1926; BÖTTGER, K. und W. BÖTTGER: Zeitschr. f. analyt. Chem. Bd. 70, S. 97. 1927, wo besonders eine praktische Vorschrift für die jodometrische Gehaltsbestimmung des Bleiarsenats gegeben wird.

[1] Vgl. auch MEADE: Journ. of the Americ. chem. soc. Bd. 21, S. 353, 746. 1899; FRANKFORTER und COHEN: Journ. of the Americ. chem. soc. Bd. 29, S. 1464. 1907; RUPP: Arch. d. Pharm. Bd. 241, S. 608. 1903; ROSENTHALER: Zeitschr. f. analyt. Chem. Bd. 46, S. 714. 1907.

[2] MEADE: Journ. of the Americ. chem. soc. Bd. 21, S. 353, 746. 1899.

[3] MEADE: Arch. d. Pharmaz. Bd. 241, S. 608. 1903.

[4] Vgl. auch A. TRAVERS und JONOT: Cpt. rend. Bd. 184, S. 605. 1927.

[5] MOHR und LENSSEN: Journ. f. prakt. Chem. Bd. 78, S. 193. 1859; MÜLLER: Bull. soc. chim. Bd. 25, S. 1002. 1876; TOPF: Zeitschr. f. analyt. Chem. Bd. 26, S. 285. 1887.

dabei zu niedrige Werte finden, was Benas[1] einer Luftoxydation der Stannoionen während der Titration zuschreibt. In Übereinstimmung mit Benas erhielten auch Young[2] und Ibbotson und Brearly[3] gute Resultate in saurer Lösung. Die Methode ist selbst in Gegenwart von Jodiden, Bromiden, Ferrosalzen und Antimon brauchbar.

Vierwertiges Zinn muß zuerst in die zweiwertige Stufe verwandelt werden, wozu sich folgende Vorschrift nach Kolthoff[4] bewährt hat:

Vorschrift: Zur Zinnlösung, die etwa 4-n an Salzsäure ist, werden 2 Tropfen 1proz. Antimonchloridlösung und 200 mg „Ferrum reductum" (kein „pulveratum") gegeben. Die Flüssigkeit wird bis zur völligen Auflösung des Eisens gekocht, hierbei wird auf den Kolben ein Trichter oder ein „Contat-Reduktionsventil" aufgesetzt (vgl. S. 302). Nach der Reduktion wird ein Stückchen Marmor in den Kolben eingebracht und schnell abgekühlt. Sodann verdünnt man mit 100 ccm sauerstofffreiem Wasser (zu 100 ccm Leitungswasser fügt man 1 g Bicarbonat und einige Kubikzentimeter 4-n-Salzsäure), spült den Trichter ab und setzt dann unter schnellem Zufließen Jod im Überschuß hinzu. Gleich anschließend kann zurücktitriert werden.

Statt mit Eisen läßt sich die Reduktion auch mit Zink vornehmen, nur muß man dann so lange erwärmen, bis sich das zunächst metallisch abgeschiedene Zinn wieder quantitativ gelöst hat.

Bemerkungen: 1. Bei direkter Jodtitration des gebildeten Stanno findet man zu niedrige Resultate, weil dieses zu gleicher Zeit auch von der Luft oxydiert wird.

Genau wie Borgmann[5] fand ich, daß Kaliumjodid diese Luftoxydation katalytisch unterstützt, nebenher wird die Reaktion zwischen Stanno und Sauerstoff von der Hauptreaktion Stanno-Jod positiv induziert. Diese Fehler umgeht man durch Erzeugung einer Kohlensäureatmosphäre über der Lösung (Marmorstücke!) und rasche Zugabe des Jodüberschusses.

---

[1] Benas: Chem. Zentralbl. 1884, S. 957.

[2] Young: Journ. of the Americ. chem. soc. Bd. 19, S. 809. 1897.

[3] Ibbotson und Brearly: Chem. News Bd. 84, S. 167. 1901.

[4] Kolthoff: Zeitschr. f. analyt. Chem. Bd. 60, S. 452. 1921.

[5] Borgmann: Ned. Tijdschr. Pharmac. Chem. Tox. Bd. 8, S. 140. 1894.

2. Die Reduktion durch „Ferrum reductum" geht auf dem Wasserbade langsam vor sich, bei Kochtemperatur, aber rasch, binnen 5 Minuten. Die Salzsäurekonzentration ist bei der Titration von untergeordneter Bedeutung.

3. Der geringe Antimonzusatz vermindert die Luftoxydation; größere Mengen Antimon sind aber schädlich. Hat man Zinn neben viel Antimon zu bestimmen, wie in Legierungen, so filtriert man die oxydierte Lösung über Watte vom metallischen Antimon ab, reduziert erneut das Filtrat und versetzt es endlich wieder mit 2 Tropfen 1proz. Antimonlösung.

4. Zur Untersuchung zinn- und antimonhaltiger Legierungen löst man das abgewogene Metall heiß in 10 ccm konzentrierter Schwefelsäure auf; Zinn ist dann als Stanni, Antimon aber in der dreiwertigen Form vorhanden. Man verdünnt darauf mit 4-n-Salzsäure und titriert das Antimon mit Bromat (vgl. S. 443). Nunmehr wird das Zinn mit Ferrum reductum reduziert, filtriert und weiter behandelt wie oben. Nach meiner Erfahrung gibt die Methode vorzügliche Resultate.

Phosphor:

Elementarer Phosphor (sowohl roter wie gelber) wird von Kaliumjodat in saurer Lösung in der Wärme zu Phosphorsäure oxydiert. Nach F. T. BUEHRER und O. E. SCHUPP JR.[1] ist der ganze Reaktionsmechanismus sehr verwickelt. Die Oxydation bis zu phosphoriger Säure geht sehr langsam vor sich:

$$5P + 3JO_3' + 3H\cdot + 6H_2O \rightarrow {}^3/_2\,J_2 + 5H_3PO_3.$$

Das entstehende Jod reagiert schnell mit Phosphor weiter zu phosphoriger Säure:

$$2P + 3J_2 + 6H_2O \rightarrow 6H\cdot + 6J' + 2H_3PO_3.$$

Die Oxydation der phosphorigen Säure durch Jod oder Jodsäure verläuft wiederum langsam:

$$5H_3PO_3 + 2JO_3' \rightarrow J_2 + 3H\cdot + 5H_2PO_4' + H_2O_2.$$
$$H_3PO_3 + J_2 + H_2O \rightarrow 3H\cdot + 2J' + H_2PO_4'.$$

Zur quantitativen Phosphorbestimmung muß daher das Phosphor-Jodat-Säuregemisch unbedingt zuerst längere Zeit am Rück-

---

[1] BUEHRER, F. T. und O. E. SCHUPP JR.: Journ. of the Americ. chem. soc. Bd. 49, S. 9. 1927.

flußkühler erhitzt, später die Kühlung unterbrochen, das freie Jod
in einem Unterschuß Thiosulfat aufgefangen und endlich titriert
werden.

BUEHRER und SCHUPP erhitzen etwa 0,1 g Phosphor mit 0,8 g
Kaliumjodat, 10 ccm 4-n-Schwefelsäure, 65 ccm Wasser und 2 ccm
Tetrachlorkohlenstoff (dies, um den Kühler bei der Rückfluß-
erhitzung immer wieder auszuspülen!) in einen Erlenmeyer mit
eingeschliffenem Kühler 3—4 Stunden lang und destillieren dann
das Jod quantitativ über, das titriert wird.   (Betr. Abb. der
Apparatur vgl. Original S. 12.)

Summarisch kann man die Oxydation durch folgende Gleichung darstellen:

$$5P + 5JO_3' + 5H_2O \rightarrow {}^5/_2\, J_2 + 5H_2PO_4'.$$

Chromsäure:

Die Fehlerquellen bei der jodometrischen Chromsäuretitration
haben wir schon eingehend in Zusammenhang mit der Thiosulfateinstellung auf Kaliumdichromat diskutiert (vgl. S. 355).   In
saurer Lösung reagiert Dichromat mit Jodid nach der Gleichung:

$$Cr_2O_7'' + 14H^{\cdot} + 3J' \rightarrow 3J_2 + 2Cr^{\cdots} + 7H_2O.$$

Die Reaktionsgeschwindigkeit hängt stark vom Säuregrad und
nur wenig von der Jodidkonzentration ab.

a) Titration von 0,1-n-Lösungen[1]. Wenn die Salzsäurekonzentration wenigstens 15 ccm 4-n auf 100 ccm entspricht, so
kann man gleich nach Zusatz von Jodid und Säure mit Thiosulfat
titrieren.   Hat man nur 10 ccm 4-n-HCl auf 100 ccm Flüssigkeit
gewählt, so erzielt man nach 5 Minuten Warten schon gute Ergebnisse.

0,01-n-Lösungen: Auf 100 ccm 0,01-n-Chromsäure genügen
3—4 ccm n-Kaliumjodid.   Enthält die Lösung außerdem 30 ccm
4-n-Salzsäure je 100 ccm Flüssigkeit, so darf man gleich nach dem
Mischen titrieren; bei nur 15 ccm 4-n-HCl auf 100 ccm gelangt
man nach 5 Minuten zu guten Resultaten, ebenso nach 15 Minuten
mit 10 ccm 4-n-Salzsäure auf das gleiche Volumen. Noch weniger
Säure wird man lieber nicht verwenden. Falls man erst nach
einer Wartezeit titriert, so soll man die Lösungen inzwischen ins

---

[1] Vgl. KOLTHOFF: Zeitschr. f. analyt. Chem. Bd. 59, S. 401. 1920, wo
weitere Literatur angegeben ist.

Dunkle stellen, weil sonst ein wenig zu viel Jod abgeschieden wird. Besonders gilt das für die Titration von

0,001-n-Lösungen: Wenn die Salzsäurekonzentration wenigstens 20 ccm 4-n auf 100 ccm entspricht, so erhält man gleich nach dem Mischen brauchbare Titrierwerte; bei 5 ccm 4-n-HCl aber erst nach 15 Minuten Verweilen im Dunkeln. Bei der Titration von 0,0001-n-Lösungen soll man wenigstens 10 ccm 4-n-HCl auf 100 ccm rechnen und ebenfalls 15 Minuten abwarten.

Bemerkung: Der Einfluß von Katalysatoren ist hier sehr eigenartig. Ich (l. c.) habe das Verhalten verschiedener Substanzen bei Titration von 0,001-n-Dichromat eingehend untersucht: Zu 25 ccm 0,001-n-Chromsäure wurden 5 ccm 4-n-Salzsäure, 0,5 ccm n-KJ und ein Katalysator zugesetzt und nach 15 Minuten titriert.

Molybdat übt eine doppelte Wirkung aus:

Es setzt einmal die Reaktionsgeschwindigkeit zwischen Chromsäure und Jodwasserstoff herab. Andererseits beschleunigt es eine eigenartige, noch nicht aufgeklärte Reaktion zwischen Chromsäure, Jodwasserstoff und Thiosulfat, wodurch man unter Umständen wohl einen um 80% zu hohen Thiosulfatverbrauch findet, besonders wenn das Reaktionsgemisch direktem Sonnenlicht ausgesetzt wird.

Ferrosalze wirken in stark saurer Lösung positiv katalytisch, in schwach saurer Lösung aber verzögernd.

Zusammenfassend können wir feststellen, daß die jodometrische Chromsäuretitration auch bei sehr großen Verdünnungen noch genaue Ergebnisse zeitigt, sofern man den richtigen Säuregrad einhält.

Die jodometrische Chromsäuretitration kann zur Barium-, Strontium- und Bleibestimmung dienen, da diese Metalle schwer lösliche Chromatfällungen geben. Bei Wismut liefert diese Methode nach meiner Beobachtung falsche Werte. Für schnelle Sulfatbestimmungen kommt die jodometrische Chromsäuretitration auch in Frage, wovon wir unten noch eingehender sprechen werden.

Barium: Über die titrimetrische Bestimmung als Bariumchromat liegt bereits eine umfangreiche Literatur[1] vor. Nach meiner Erfahrung[2] ist folgende Arbeitsweise sehr zu empfehlen:

---

[1] Für die ältere Literatur vgl. FRESENIUS: Zeitschr. f. analyt. Chem. Bd. 29, S. 413. 1890; vgl. auch ROBIN: Cpt. rend. Bd. 137, S. 258. 1903; DE KONINCK: Mineralanalyse 1899, S. 400; SKRABAL und NEUSTADTL: Zeitschr. f. analyt. Chem. Bd. 44, S. 742. 1905; VAN DER HORN-VAN DEN BOS: Chem. weekbl. Bd. 8, S. 5. 1911.

[2] KOLTHOFF: Pharmac. weekbl. Bd. 57, S. 972. 1920.

Vorschrift: Zu einer geeigneten Menge Bariumlösung, welche keine freie Mineralsäure enthalten darf, fügt man in einem Maßkolben im Überschuß 0,1-n-Kaliumdichromat und verdünnt mit Wasser bis zur Marke. Nach 3 stündiger Einwirkung (oder früher) wird durch ein dichtes Filter filtriert (Bariumchromat wird in fein verteilter Form gefällt!), und in einem aliquoten Teil des Filtrats wird der Überschuß Chromat jodometrisch zurückgemessen.

Bemerkungen: 1. Die Fällung kann sowohl bei Zimmertemperatur wie bei 100^0 vorgenommen werden.

2. Ist die Bariumlösung neutral, so kann man gleich nach Fällung und Auffüllung filtrieren und titrieren. Enthält die Flüssigkeit freie Säure, so wird diese mit reichlich Natriumacetat abgestumpft (nicht mehr sauer auf Kongopapier), daraufhin mit Dichromat gefällt und nach 3 Stunden filtriert.

3. Auch größere Mengen Calcium behindern nicht die Bestimmung. Dagegen kann Strontium stören, weil Strontiumchromat teilweise mitgefällt wird und so einen zu hohen Bariumgehalt vortäuscht. Nach Kolthoff (l. c.) läßt sich Barium nach folgender Vorschrift auch neben viel Strontium ermitteln:

Barium neben Strontium: In einem Maßkolben von 100 ccm fügt man zu etwa 10 ccm der Bariumlösung 10 ccm 4-n-Essigsäure, 10 ccm 2-n-Natriumacetat und 20 ccm Wasser. Dann wird ein geringer Überschuß 0,1-n-Kaliumdichromat zugesetzt, mit Wasser bis zur Marke angefüllt und nach 3 Stunden Stehen filtriert. In 50 ccm des Filtrats wird der Überschuß Dichromat jodometrisch zurücktitriert.

Strontium: Nach Kolthoff (l. c.) kann Strontium auf folgende Weise quantitativ bestimmt werden:

Vorschrift: Zu 10 ccm der Strontiumlösung gibt man in einem 100-ccm-Maßkolben 25 ccm 0,1-n-Kaliumdichromat, dann unter fortwährendem Umschütteln so viel Ammoniak, bis die Lösung eben rein gelb geworden ist, und zunächst 15 ccm Wasser, so daß das Volumen etwa 50 ccm beträgt. Darauf werden unter ständigem Umschwenken etwa 45 ccm 96 proz. Alkohol zugesetzt und nach 3—5 Stunden Stehen wird mit starkem Alkohol bis zur Marke angefüllt, filtriert und in 50 ccm Filtrat der Chromatüberschuß zurücktitriert. Man fügt zuerst Kaliumjodid hinzu, säuert dann mit 15 ccm 4-n-Salzsäure an und titriert mit Thiosulfat.

Bemerkungen: 1. Das benutzte Ammoniak muß rein sein, darf jedenfalls keine Pyridinbasen enthalten, welche sonst unkontrollierbare Fehler verursachen.

2. Bei der Rücktitration des Chromats soll man zuerst Jodid zusetzen und erst dann ansäuern, weil sonst ein Teil der Chromsäure durch den Alkohol reduziert werden könnte.

3. Calcium greift eigenartigerweise sehr störend in die Strontiumbestimmung ein. Obgleich Calciumchromat auch in 50proz. Alkohol gut löslich ist, wird es durch Strontiumchromat mitgefällt. Nur wenn der Calciumgehalt unter 10 mg auf 100 ccm liegt, fällt diese Schwierigkeit weg.

4. Größere Acetatkonzentrationen erhöhen die Löslichkeit des Strontiumchromats. Daher kann man Strontium nicht mehr genau im Filtrat des Bariumchromats ermitteln (vgl. S. 397). Sollen Barium und Strontium nebeneinander bestimmt werden, so titriert man am besten das Barium in einer Probe für sich (vgl. S. 397) und in einer anderen beide Erdalkalien nach der für Strontium allein gültigen Vorschrift zusammen.

Blei.

DIEHL[1] fällt Blei als Bleichromat und titriert den Bichromatüberschuß im Filtrat direkt mit Thiosulfat (also nicht jodometrisch!) zurück. Nach DIEHL findet dabei folgende Reaktion statt:

$$8\,H_2CrO_4 + 3\,H_2S_2O_3 + 7\,H_2O \rightarrow 6\,H_2SO_4 + 8\,Cr(OH)_3.$$

LONGI[2] und auch KOLTHOFF finden, daß die Oxydation gar nicht glatt zu Sulfat verläuft. BULL[3] schlägt das Blei zuerst als Sulfat nieder, löst in Ammoniumacetat, fällt dann mit Dichromat und titriert den Überschuß mit Ferrolösung zurück. MEERBURG[4] bestimmt das Blei in Anlehnung an die Angaben des Reichs-Gesundheitsamtes[5] durch jodometrisches Zurückmessen des überschüssigen Dichromats.

[1] DIEHL: Zeitschr. f. analyt. Chem. Bd. 19, S. 306. 1880.
[2] LONGI: Gazz. chim. ital. Bd. 2, S. 119. 1896; Ref. Zeitschr. f. anorg. Chem. Bd. 17, S. 158. 1898.
[3] BULL: Zeitschr. f. analyt. Chem. Bd. 41, S. 653. 1902.
[4] MEERBURG: Verslagen Centraal Lab. 1911, S. 74.
[5] Arbeit. Reichs-Gesundheitsamt. Bd. 33, S. 203. 1910.

Nach meiner Erfahrung[1] kann man entweder das Bleichromat quantitativ sammeln und jodometrisch bestimmen oder bei Verwendung einer bekannten Kaliumdichromatmenge deren unverbrauchten Anteil im Filtrat jodometrisch zurücktitrieren.

a) Titration des Bleichromats: Die neutrale, mit einigen Tropfen 5proz. Aluminiumchlorid beschickte Bleilösung wird bei 30—40° mit Kaliumchromat im Überschuß versetzt und unter Umschütteln zum Sieden erhitzt. Das Bleichromat flockt bald aus und wird auf einem Wattefilter zurückgehalten und mit heißem Wasser ausgewaschen, bis das Filtrat chromatfrei ist (Peroxydreaktion).

Der Trichter mit dem Filter wird auf den Kolben gesetzt, in dem die Fällung vorgenommen worden war, und mit verdünnter Salzsäure übergossen. Mittels eines Glasstäbchens sorgt man dafür, daß alles Bleichromat — auch das an der inneren Kolbenwandung haftende — dabei in Lösung geht. Dann befördert man das Wattefilter aus dem Trichter in den Kolben; der Trichter wird mit Wasser nachgespült.

Die Flüssigkeit wird mit etwa dem doppelten Volumen Wasser verdünnt, mit Kaliumjodid versetzt und mit Thiosulfat titriert. Gegen Ende der Titration rührt man tüchtig mit einem Glasstabe um, damit alles Jod, das etwa von der Watte zurückgehalten wird, auch in die Lösung gelangt. Hat man nur wenig Bleichromat (weniger, als 10 ccm 0,01 molarer Bleilösung entspricht), so gelingt es leicht, den ganzen Niederschlag aus dem Filter mit Salzsäure herauszulösen, so daß man das Filter gar nicht mit in die zu titrierende Lösung hineinzunehmen braucht. Mit einiger Übung läßt sich eine ganze Bleibestimmung dieser Art binnen 10 Minuten durchführen.

1 ccm 0,1-n-Thiosulfat entspricht 1 ccm $^1/_{30}$ molarem Blei $=$ 6,9 mg Pb.

Bemerkungen: 1. Aluminiumchlorid bezweckt bei der Fällung ein leichteres Ausflocken des Bleichromats. Ohne diesen Zusatz würde das Bleichromat, das durch überschüssige Chromationen negativ aufgeladen wird, in kolloider Verteilung bleiben.

2. Bei der Titration des Chromats empfiehlt es sich, gleich nach der Zugabe von KJ mit Thiosulfat zu titrieren. Wartet

---

[1] KOLTHOFF: Pharmac. weekbl. Bd. 57, S. 934. 1910.

man vorher längere Zeit ab, so setzt in stark saurer Lösung die Luftoxydation des Jodwasserstoffs ein, die durch Bleijodid außerdem beschleunigt 'wird[1]. Etwa ausgeschiedenes Bleijodid stört die Erkennung des Umschlags nicht, sobald Stärke als Indikator verwendet wird.

3. Hat man sehr verdünnte Bleilösungen (etwa 20—50 mg Pb im Liter) zu bestimmen, so läßt man zweckmäßig vor dem Filtrieren über Nacht stehen. Dann ist das beschriebene Verfahren sehr zuverlässig; in 100 ccm einer 0,001 molaren Bleilösung gibt es auf 1% genaue Resultate. An 200 ccm einer Lösung von 1 mg Bleigehalt erreicht die Genauigkeit freilich nur 5—6%.

4. Bei der Fällung in einem Essigsäure- und Natriumacetatgemisch sind auch sehr gute Werte zu erhalten. Man läßt auch hier den Niederschlag eine Nacht lang absitzen. So kann auch die Methode zur Bleibestimmung in Bleisulfat dienen: Das quantitativ gesammelte Bleisulfat wird in Natriumacetat mit ein wenig freier Essigsäure gelöst und im Sinne der oben gegebenen Vorschrift weiterbehandelt.

b) Zurücktitration des überschüssigen Dichromats: Die Ausführungsweise ist bereits oben bei Barium beschrieben worden. Zur Analyse stärkerer Bleilösungen ist diese Methode mindestens ebenso geeignet wie die direkte Bestimmung der Bleichromatfällung. Nur für Bleikonzentrationen unter etwa 0,01 molar ist dem Verfahren nach a der Vorrang zu geben.

Die jodometrische Sulfatbestimmung: Die Bestimmung des Sulfats durch eine Suspension von Bariumchromat beruht darauf, daß Sulfat- und Chromation einander aus ihren Bariumverbindungen verdrängen können:

$$BaCrO_4 + SO_4'' \rightleftharpoons BaSO_4 + CrO_4''.$$

Theoretisch besteht der Gleichgewichtszustand, wenn

$$\frac{[SO_4'']}{[CrO_4'']} = \frac{L_{BaSO_4}}{L_{BaCrO_4}} .$$

Ich[2] konnte das genannte Verhältnis bei Zimmertemperatur zu etwa 0,2 berechnen. A priori wäre also zu vermuten, daß die

---

[1] Vgl. auch EDER: Ausführl. Handb. d. Photographie Bd. 4, S. 559; W. GEILMANN und R. HÖLTJE: Zeitschr. f. anorg. allgem. Chem. Bd. 152, S. 159. 1926.

[2] KOLTHOFF, J. M.: Recueils des travaux chim. des Pays-Bas Bd. 40, S. 686. 1921.

Sulfatbestimmung über Bariumchromat überhaupt nie gute Resultate liefern kann. Praktisch hat sich jedoch aus meinen Untersuchungen ergeben, daß gefälltes Bariumsulfat nur äußerst langsam mit Chromation zu Bariumchromat reagiert. Diese Tatsache können wir zur Sulfatbestimmung verwerten. Weil Bariumsulfat in saurer Lösung unlöslich, Bariumchromat dagegen leicht löslich ist, wird man die saure Sulfatlösung mit Bariumchromat versetzen, wobei Bariumsulfat quantitativ ausfällt, und dann neutralisieren. Der übrige vorerst gelöste Bariumanteil wird nunmehr als Bariumchromat niedergeschlagen. Eine dem Sulfat äquivalente Menge Chromation bleibt in Lösung und kann nach dem Abfiltrieren jodometrisch bestimmt werden.

Im Prinzip hat diese Methode WILDENSTEIN[1] schon benutzt, während auf ANDREWS[2] die Verwendung des Bariumchromats zurückgeht. Die von ihm gegebene Vorschrift ist jedoch nicht zu empfehlen[3]. ANDREWS hat schon davor gewarnt, die freie Säure nach der Sulfatfällung mit Natriumacetat abzustumpfen, weil dann zu viel Bariumchromat gelöst bleibt. Dennoch empfiehlt BRUBAKER[4] zu diesem Zweck Natriumacetat, was aber auch nach meiner Erfahrung zu fehlerhaften Resultaten führt[5].

G. BRUHNS[6] hat zuerst mit **Bariumchromatbrei** gearbeitet.

Herstellung des Bariumchromatbreies nach BRUHNS: 29,45 g Kaliumbichromat werden zusammen mit 20,00 g Kaliumbicarbonat in 750 ccm Wasser gelöst, zum Sieden erhitzt, bis die Kohlensäure vollständig ausgetrieben ist, und nach dem Erkalten mit einer Lösung von 48,86 g kristallisiertem Bariumchlorid in 250 ccm Wasser möglichst schnell und gleichmäßig vermischt. Die angegebenen Salzmengen sind auf 10 mg genau abzuwägen, bei der Vermischung dürfen keine Reste der einen oder anderen Flüssigkeit zurückbleiben. Daher sind die Gefäße

---

[1] WILDENSTEIN: Zeitschr. f. analyt. Chem. Bd. 1, S. 323. 1862.

[2] ANDREWS: Amer. Chem. Journ. Bd. 11, S. 567. 1889.

[3] HOLLIGER: Zeitschr. f. analyt. Chem. Bd. 49, S. 84. 1910.

[4] BRUBAKER: Journ. of the Americ. chem. soc. Bd. 34, S. 284. 1912.

[5] KOLTHOFF: Pharmac. weekbl. Bd. 54, S. 1013. 1917.

[6] BRUHNS, G.: Zeitschr. f. analyt. Chem. Bd. 45, S. 573. 1906; vgl. auch KOMAROWSKY: Chemiker-Zeit. Bd. 31, S. 498. 1907; ROMIJN: Pharmac. weekbl. Bd. 45, S. 405. 1908; WINKLER: Zeitschr. f. analyt. Chem. Bd. 40, S. 465. 1901.

am besten mit dem Reaktionsgemisch selbst gut auszuspülen.
Bei genauer Ausführung ist die Flüssigkeit nach Absitzen des
blaßgelben Niederschlags völlig farblos und enthält nur spurenweise noch Barium oder Chromsäure. Man gießt die drüberstehende Lösung möglichst vollständig ab und setzt dann so viel
Wasser hinzu, daß das schlammige Gemisch etwa 500 ccm einnimmt. 5 ccm des Breies enthalten ungefähr 0,5 g Bariumchromat,
ungefähr 200 mg SO_4 entsprechend.

Der weitere Arbeitsgang nach BRUHNS ist nicht zu empfehlen. Nach eingehenden Versuchen bin ich[1] zur folgenden
Vorschrift gelangt:

Zu einer geeigneten Menge Lösung gibt man 5 ccm 4-n-Salz-
säure und erhitzt zum Kochen. Dann fügt man — abhängig
von der Sulfatmenge — 2—5 ccm Bariumchromatbrei hinzu und
läßt weitere 5 Minuten gelinde sieden. Dann wird vorsichtig
bei der Siedehitze mit reinem Ammoniak neutralisiert, bis die
Farbe rein gelb geworden ist (ein geringer Überschuß schadet
nichts), kühlt ab, füllt in einem Maßkolben bis zur Marke auf
und filtriert. Enthält die Lösung weniger als 30 mg SO_4 im
Liter, so wartet man bis zum Filtrieren 3 Stunden ab. In
einem aliquoten Teil des Filtrats wird das Chromat jodometrisch bestimmt (vgl. S. 397). 1 ccm 0,1-n-Thiosulfat entspricht
3,2 mg SO_4.

Bemerkungen: 1. Die Lösung muß nach der Bariumsulfat-
fällung heiß mit Ammoniak neutralisiert werden, weil sonst
merkliche Mengen Chromsäure vom ausfallenden Bariumchromat
mitgerissen werden und die Ergebnisse viel zu niedrig geraten.
Bei Zimmertemperatur wird womöglich mitgeschleppte Chromsäure an die ammoniakalische Lösung selbst nach längerem
Schütteln nur unvollständig abgegeben.

2. Die Löslichkeit des Bariumchromats ist — besonders in
Gegenwart überschüssigen Chromats, wie es bei der Sulfatbestimmung immer der Fall ist — so gering, daß sie vernachlässigt werden darf und keine Korrektur erfordert. Bei einer
Chromatkonzentration von 10^{-3} molar wurde die Löslichkeit des
Bariumchromats zu $5 \cdot 10^{-7}$ molar, bei $[CrO_4''] = 2 \cdot 10^{-4}$ zu
$2{,}5 \cdot 10^{-6}$, bei $[CrO_4''] = 1 \cdot 10^{-4}$ zu $5 \cdot 10^{-6}$ gefunden; der letzt-

---

[1] KOLTHOFF, J. M.: Rec. trav. chim. Bd. 40, S. 686. 1921.

genannte Betrag entspricht 0,15 ccm 0,01-n-Thiosulfat auf 100 ccm Filtrat.

3. Die Genauigkeit der Methode ist sehr befriedigend; in einer an Sulfat 0,001-n-Lösung erreichte sie etwa 1%, wenn von 100 bis 150 ccm Flüssigkeit ausgegangen wurde.

Unterschreitet der Sulfatgehalt 30 mg SO_4'' im Liter, so findet man zu hohe Werte (etwa um 4—5%!). Das Beisein von wenig Calciumchlorid, wie es z. B. in den meisten natürlichen Wässern vorkommt, verbessert die Ergebnisse in sehr verdünnten Lösungen ganz wesentlich (Kompensation von Fehlern vgl. unter 4).

4. Neutralsalze, wie Natriumchlorid, Kaliumchlorid, haben auch in größeren Konzentrationen keinen Einfluß auf die Bestimmung. Begleitende Calciumsalze lassen etwas zu wenig Sulfat ermitteln; der Fehler steigt mit zunehmendem Calciumgehalt, wird aber selten größer als 1—1,5%. Die Ursache des Calciumfehlers liegt darin, daß ein wenig Sulfat gleichzeitig mit Bariumsulfat als Gips abgeschieden wird.

5. Metalle mit schwer löslichen Oxyden, wie Eisen, Aluminium, Zink u. a., sind sehr hinderlich. Die bei der Neutralisation ausfallenden Oxydhydrate haben eine ausgesprochene Neigung, Chromsäure zu adsorbieren, wodurch dann zu wenig Sulfat gefunden wird. So setzte ich einmal bei der Bestimmung von 25 ccm 0,1 molarem Natriumsulfat 100 mg Zink als Chlorid bzw. Aluminum bzw. Ferrieisen hinzu. In allen Fällen betrug der Fehler etwa 10%, ohne diese Metalle aber nur 0,3%.

Vanadat:

Die Reaktion zwischen vierwertigem Vanadium und Jod einerseits und Vanadat und Jodid andererseits ist reversibel. Nach BROWNING[1] wird vierwertiges Vanadium in neutraler (Pufferlösung) oder alkalischer Lösung quantitativ durch Jod oxydiert, während in saurer Lösung Vanadat durch Jodid restlos in die vierwertige Form übergeführt wird. Nach FRIEDHEIM und EULER[2] kann die Reduktion bei großem Säure- und Jodidgehalt sogar weiter zur dreiwertigen Stufe gehen; jedoch ergibt sich aus verschiedenen Untersuchungen (vgl. besonders EDGAR[3]), daß

---

[1] BROWNING: Amer. journ. science (4), Bd. 2, S. 185. 1896.
[2] FRIEDHEIM und EULER: Ber. Bd. 28, S. 2067. 1895.
[3] EDGAR: Journ. of the Americ. chem. soc. Bd. 38, S. 2369. 1916.

über ein weites Konzentrationsgebiet an Jodid und Säure die
Reduktion bei vierwertigem Vanadium haltmacht. Dem Anschein
nach werden bei der Vanadatbestimmung in saurer Lösung gewöhnlich zu hohe Resultate gefunden[1]. Diese Abweichung rührt
vom Luftsauerstoff her, gegen den man sich nach J. B. RAMSAY[2]
unbedingt durch einen indifferenten Gasstrom zu schützen hat.

RAMSAY säuert 10—20 ccm der Vanadatlösung mit 5 ccm
6-n-Schwefelsäure an, verdrängt die Luft beim Erhitzen aus dem
Kolben durch Kohlensäure, läßt auch in Kohlensäure abkühlen
und trägt etwa 2 g festes Kaliumjodid ein. Dann wird nur sehr
langsam Kohlensäure durchgeleitet (sonst Jodverluste!), vorsichtig umgeschüttelt und nach 2 Minuten mit Thiosulfat titriert,
nachdem man die Flüssigkeit mit 300 ccm Wasser verdünnt hat.
(Wahrscheinlich würden zum Luftausschluß die üblichen Natrium-
bicarbonatzusätze genügen. K.)

Eisen.

Die jodometrische Ferrititration: Ferriionen reagieren
mit Jodid nach der Gleichung:

$$2\,\mathrm{Fe}^{\cdots} + 2\,\mathrm{J}' \rightleftharpoons 2\,\mathrm{Fe}^{\cdot\cdot} + \mathrm{J}_2\,.$$

Die Reaktion ist umkehrbar und macht bei einem Gleichgewichtszustande halt. Eingehende Untersuchungen über die
Reaktionsgeschwindigkeit haben SEUBERT und DORRER[3] angestellt;
ihre Resultate hat F. W. KÜSTER[4] auf Grund der Theorie der
elektrolytischen Dissoziation ausgedeutet.

Die Reaktionskonstante K ist:

$$\frac{[\mathrm{Fe}^{\cdot\cdot}]\,[\mathrm{J}_2]^{\frac{1}{2}}}{[\mathrm{Fe}^{\cdots}]\,[\mathrm{J}']} = 21{,}1.^{3}$$

<hr>

[1] PERKINS: Amer. Journ. Science (4) Bd. 29, S. 540. 1910; GOOCH und
CURTIS: Ebendaselbst (4) Bd. 17, S. 41. 1904; HETT und GILBERT: Zeitschr.
f. öffentl. Chem. Bd. 12, S. 265. 1906; MÜLLER, E. und DIEFENTHALER:
Zeitschr. f. analyt. Chem. Bd. 51, S. 21. 1912; WEGELIN: Zeitschr. f. analyt.
Chem. Bd. 53, S. 81. 1914; DITZ und BARDACH: Zeitschr. f. anorg. allgem.
Chem. Bd. 93, S. 97. 1915.

[2] RAMSAY, J. B.: Journ. of the Americ. chem. soc. Bd. 49, S. 1138. 1927.

[3] SEUBERT und DORRER: Zeitschr. f. anorg. allgem. Chem. Bd. 5, S. 334.
1894; Bd. 7, S. 137, 393. 1894; vgl. auch J. HOLLUTA und A. MARTINI:
Zeitschr. f. anorg. allgem. Chem. Bd. 140, S. 206, Bd. 141, S. 23. 1924.

[4] KÜSTER, F. W.: Zeitschr. f. anorg. allgem. Chem. Bd. 11, S. 165. 1896;
SASAKI, N.: Zeitschr. f. anorg. allgem. Chem. Bd. 137, S. 181, 291. 1924.

Durch Wahl geeigneter Bedingungen kann die Reaktion aber so geleitet werden, daß sie quantitativ von links nach rechts verläuft. Dazu muß das Ferrieisen als Salz einer starken Mineralsäure vorliegen, weiter muß die Lösung ziemlich stark sauer sein ([H$^{\cdot}$]) wenigstens 10^{-1}), weil Ferrilösungen stark hydrolytisch gespalten werden und das durch Hydrolyse gebildete Ferrioxydhydrat nicht mehr auf Jodid einwirkt. Weil sich das Hydrolysengleichgewicht des Ferriions nur sehr langsam einstellt, erhält man in ungenügend angesäuerten Lösungen keine guten Resultate mehr. Ferner muß Jodid in großem Überschuß vorhanden sein, um die Gleichgewichtsreaktion nach rechts zu begünstigen.

In der Literatur werden verschiedene Vorschriften zur jodometrischen Eisenbestimmung angegeben.[1] Aus eigenen Untersuchungen[2] ersah ich, daß sich eine allgemeine, für alle Verdünnungen gültige Vorschrift gar nicht aufstellen läßt.

a) Für Bestimmungen bei Zimmertemperatur sind folgende Punkte zu beachten:

In allen Fällen wendet man so viel Salzsäure an, daß deren Konzentration in der Mischung etwa 0,1—0,4-n ist.

Bei einer Ferrikonzentration 0,25 molar rechnet man auf 10 ccm Lösung etwa 2 ccm 4-n-Salzsäure, 1,5 g Kaliumjodid und titriert nach 5 Minuten verschlossenem Stehen. An verdünnteren Lösungen wartet man unter sonst gleicher Arbeitsweise zweckmäßig 15 Minuten ab; bei 3 g KJ-Zusatz genügen bereits 10 Minuten.

Ein Verdünnen mit Wasser vor der Titration hat keinen Einfluß auf das Resultat. Sehr stark verdünnte Lösungen (schwächer als 0,01 molar) beschickt man mit wenigstens 5 ccm n-Kaliumjodid (auf 50 ccm), überläßt das Gemisch für 30 Minuten der Umsetzung, ehe man titriert. Unter den beschriebenen Versuchsbedingungen liefert die jodometrische Ferrititration vorzügliche Resultate.

b) Zur Beschleunigung der Reaktion läßt Mohr[3] schon die Mischung auf 50—60° erwärmen, dann abkühlen und anschließend

---

[1] Brönsted, J. N. und K. Pedersen: Zeitschr. f. physikal. Chem. Bd. 103, S. 107. 1922; vgl. auch C. Wagner: Zeitschr. f. physikal. Chem. Bd. 113 S. 262. 1924; N. Sasaki: Zeitschr. f. anorg. allgem. Chem. Bd. 137, S. 181, 291. 1924.

[2] Kolthoff, J. M.: Pharmac. weekbl. Bd. 58, S. 1510. 1921.

[3] Mohr, Fr.: Ann. d. Chem. Bd. 113, S. 260. 1860.

titrieren. Nach meiner Erfahrung[1] führt auch folgende Arbeitsweise zum Ziel:

Die schwach salzsaure Lösung wird mit etwa 1—2 g Kaliumjodid versetzt und nach 3 Minuten mit Thiosulfat titriert. Nach
Entfärbung der Jodstärke wärmt man schnell auf 50⁰ an und
titriert dann direkt bis zum Endpunkt. Dann kann gar kein
Jod beim raschen Erwärmen verlorengehen, da in Vervollständigung der Umsetzung nur wenig mehr freigemacht wird und in
Gegenwart von reichlich Jodkalium sein Dampfdruck sowieso
nur gering ist.

Auf diesem Wege wird die Ferribestimmung viel rascher
ausgeführt als wie oben beschrieben bei Zimmertemperatur.

e) Bei gewöhnlicher Temperatur mit Cuprojodid als Katalysator. F. L. Hahn und H. Windisch[2] wenden ein wenig
Kupfersalz als Katalysator an. Rosenmund[3] hat die Methode
verbessert und folgende Vorschrift für die Herstellung des
Katalysators ausgearbeitet:

Eine Lösung von 4,8 g Kupfersulfat in 50 ccm Wasser wird
unter Umschwenken zu einer Lösung von 3,5 g KJ im gleichen
Volumen Wasser gegossen und das Gemisch mit etwa n-Natrium-
thiosulfat entfärbt. Man läßt absitzen, gießt die drüberstehende
Lösung ab, dekantiert den Niederschlag und setzt schließlich
100 ccm Wasser zu. Diese Mischung, die vor dem Gebrauch gut
umzuschütteln ist, bewahrt man in einer braunen Flasche auf.
Zu jeder Titration benutzt man 0,5—1 ccm des Katalysators.
In Übereinstimmung mit Rosenmund habe ich beobachtet, daß
Cuprojodid die Reaktion zwischen Ferri und Jodid katalytisch
beschleunigt (die Reaktion Cupri-Jodid verläuft nämlich schneller
als die zwischen Ferri und Jodid), wennschon sie sich in verdünnteren Lösungen nicht momentan vollzieht. Man wählt auf
50 ccm der angesäuerten Lösung etwa 1 g Kaliumjodid und 1 ccm
Katalysator und titriert erst nach 2 Minuten mit Thiosulfat. Sobald die Lösung entfärbt ist, wartet man weitere 5 Minuten ab
und titriert nunmehr zu Ende. Meines Erachtens beeinträchtigt
die ständige Wiederkehr der Jodstärkefarbe nach dem Endpunkt
recht die Bestimmung; das Ferro-Cupro-Jodidgemisch scheint die

---

[1] Vgl. auch C. Blomberg: Dissert. Amsterdam. S. 36.
[2] Hahn, F. L. und H. Windisch: Ber. Bd. 56, S. 598. 1923.
[3] Rosenmund: Apoth.-Zeit. Bd. 41, S. 695. 1926.

Luftoxydation des Jodwasserstoffs stark katalytisch zu begünstigen[1].

Bemerkungen: 1. Es ist vorteilhafter, mit Salzsäure statt mit Schwefelsäure anzusäuern, weil letztere die Reaktion etwas verzögert. Auch größere Mengen neutraler Sulfate üben merklich die gleiche Wirkung aus.

Deshalb vertreibt man in solchen Fällen aus der angesäuerten Flüssigkeit zunächst die Luft durch Natriumbicarbonat, trägt dann Kaliumjodid ein und titriert erst nach Verlauf einer halben oder ganzen Stunde.

2. Anionen, welche mit Ferri Komplexe bilden, wirken sehr hinderlich, vor allem Phosphorsäure, deren Ferrikomplexe bekanntlich sehr stabil sind. Säuert man eine Ferrilösung mit Phosphorsäure an, so reagiert sie überhaupt nicht mehr auf Jodid. Geringe Mengen Phosphat lassen sich durch reichlich Salzsäure unschädlich machen, ebenso Pyrophosphat. Man muß dann jedoch vor dem Titrieren länger stehen lassen. In Gegenwart von viel Phosphat oder Pyrophosphat wird die jodometrische Ferribestimmung aber ganz hinfällig. Zu bemerken bleibt noch, daß auch ein großer Überschuß Salzsäure die Umsetzung stark verzögert, da Ferrichlorid dann teilweise in eine komplexe Ferrichlorwasserstoffsäure übergeführt wird.

3. Von den organischen Säuren ist Essigsäure leicht durch Ansäuern mit Salzsäure unschädlich zu machen, ebenso, wenn auch weniger vollständig, Oxalsäure und Oxysäuren, die Ferriion zu Komplexen binden. Darauf hat man bei Bestimmung des Eisens in komplexen organischen Verbindungen Rücksicht zu nehmen. Man kann die mit Schwefelsäure angesäuerte Lösung solcher Salze so lange mit Permanganat versetzen, bis die rosa Farbe nicht sofort mehr verschwindet[2], wartet die völlige Entfärbung ab, versetzt mit Kaliumjodid, verschließt den Kolben und titriert nach einer Stunde. Die Zerstörung der organischen Substanzen gelingt in der beschriebenen Weise nur unvollkommen; darum würde man sie besser veraschen und den Rückstand

---

[1] Vgl. auch K. BÖTTGER und W. BÖTTGER: Zeitschr. f. analyt. Chem. Bd. 70, S. 221. 1927.

[2] Vgl. ITALLIE, L. VON: Pharmac. weekbl. Bd. 44, S. 743. 1907; RUSTING: Pharmac. weekbl. Bd. 44, S. 1485. 1907; vid. WIELEN: Pharmac. weekbl. Bd. 44, S. 1488. 1908.

(Eisenoxyd) in starker Salzsäure lösen und nach Verdünnung titrieren.

Ferroeisen: Wie schon gesagt, ist die Reaktion zwischen Ferrieisen und Jodid umkehrbar. Behandelt man eine Ferrolösung mit Jod, so wird nur ein geringer Teil zu Ferrieisen oxydiert. Fängt man aber auf dem Wege der Komplexbildung die Ferriionen durch irgendwelche Zusätze ab, so gelingt es auch, Ferro durch Jod quantitativ zu Ferri zu oxydieren. So hat Topf[1] schon versucht, Ferroeisen in warmer essigsaurer Lösung zu bestimmen. Job[2] und auch Romijn[3] wenden Pyrophosphat an und titrieren direkt mit Jod bis zum Endpunkt. Eine praktische Schwierigkeit bereitet der Umstand, daß Ferroion in Begleitung der Komplexbildner intensiv reduzierend wirkt und daher stark der Luftoxydation unterliegt. Die beschriebenen Methoden liefern nach meiner Erfahrung[4] daher zu niedrige Werte; der Fehler kann wohl 5% oder mehr betragen. Bessere Resultate erlangt man nach folgender

Vorschrift: Zur Ferrolösung gibt man 5 ccm 4-n-Schwefelsäure und zweimal 250 mg Natriumbicarbonat, um die Luft zu entfernen. Dann werden 5 g gepulvertes Natriumpyrophosphat zugesetzt und im verschlossenen Kolben unter leichtem Schütteln aufgelöst. Darauf wird die Lösung mit einem geringen Überschuß Jodlösung beschickt und mit Thiosulfat zurücktitriert.

Genauigkeit: höchstens 1—2%. Vielleicht würde man vorteilhafter erst Jod und dann Pyrophosphat zufügen.

In Anbetracht so vieler anderer guter Ferrobestimmungen verdient die jodometrische Titration nur geringes praktisches Interesse.

Ferricyanide: Die jodometrische Titration des Ferricyanids haben wir bei der Einstellung von Thiosulfat auf Kaliumferricyanid schon kurz behandelt (S. 354). Die Reaktion:

$$2\,\mathrm{Fe(CN)}_6''' + 2\,\mathrm{J}' \rightleftarrows 2\,\mathrm{Fe(CN)}_6'''' + \mathrm{J}_2$$

verläuft reversibel. In saurer Lösung oxydiert Ferricyanid Jodid zu Jod, in neutraler Lösung überwiegt der entgegengesetzte Vor-

[1] Topf: Zeitschr. f. analyt. Chem. Bd. 26, S. 300. 1887; vgl. auch E. Rupp: Ber. Bd. 36, S. 164. 1903.

[2] Job: Cpt. rend. Bd. 127, S. 59. 1890.

[3] Romijn: Pharmac. weekbl. Bd. 48, S. 996. 1911.

[4] Kolthoff: Zeitschr. f. analyt. Chem. Bd. 60, S. 453. 1921.

gang. Durch einen Zinksalzzusatz wird Ferrocyanid in Form des schwer löslichen Kaliumzinkferrocyanids dem System entzogen und das Gleichgewicht auch in schwach saurer Lösung quantitativ nach rechts[1] verschoben. Man kann aber die Bestimmung auch in stark saurer Lösung meiner Erfahrung[2] nach ohne Zinksalz vornehmen.

Vorschrift: a) Zu 25 ccm Ferricyanidlösung fügt man 10 ccm n-Kaliumjodid und 5—20 ccm 25proz. Salzsäure und titriert nach einer halben Minute mit Thiosulfat.

b) Mit Zinksalz: Zu 25 ccm Ferricyanidlösung gibt man ein wenig 4-n-Salzsäure, 10 ccm n-Kaliumjodid und eine halbe Minute später 10 ccm 25proz. Zinksulfat. Nach einer weiteren Minute wird langsam mit Thiosulfat titriert. Gegen Ende fügt man Stärke bei und daraufhin so lange noch Thiosulfat, bis die Lösung nicht mehr nachblaut. Bei Benutzung eisenfreier Reagenzien ist die Lösung farblos und der Niederschlag im Endpunkt rein weiß gefärbt. Nach beiden Verfahren erzielt man brauchbare Ergebnisse.

Ferrocyanide: Umgekehrt wird Ferrocyanid in neutraler Lösung durch Jod zu Ferricyanid oxydiert. RUPP[3] (vgl. auch BOLLENBACH[4]) gibt zu 10 ccm 0,5proz. Kaliumferrocyanid 50 ccm Wasser, 5 g Seignettesalz und 25 ccm 0,1-n-Jod und titriert nach einer Stunde zurück. Ich[5] erhielt auf diesem Wege schlechte Resultate, die Anwendung des Seignettesalzes ist sogar schädlich. Aber auch ohne dies fallen die Werte um 2% zu niedrig aus. Nun zeigte sich, daß die Reaktionsgeschwindigkeit mit der Temperatur zunimmt, und davon macht KOLTHOFF[5] durch folgende Vorschrift Gebrauch:

10 ccm 0,1 molarer Ferrocyanidlösung in 100 ccm Wasser erwärmt man auf 40°, setzt 25 ccm 0,1-n-Jod hinzu und titriert gleich darauf mit Thiosulfat zurück.

---

[1] MOHR, FR.: Ann. d. Chem. Bd. 105, S. 60. 1858; vgl. auch E. MÜLLER und DIEFENTHÄLER: Zeitschr. f. anorg. allgem. Chem. Bd. 67, S. 418. 1910.

[2] KOLTHOFF: Zeitschr. f. analyt. Chem. Bd. 60, S. 454. 1921; Pharmac. weekbl. Bd. 59, S. 66. 1922.

[3] RUPP und SCHIEDT: Ber. Bd. 35, S. 2430. 1903; Chemiker-Zeit. Bd. 33, S. 3. 1909.

[4] BOLLENBACH: Zeitschr. f. analyt. Chem. Bd. 47, S. 688. 1908.

[5] KOLTHOFF: Zeitschr. f. analyt. Chem. Bd. 60, S. 455. 1921; auch Chem. weekbl. Bd. 16, S. 1406. 1919.

Weil die jodometrische Ferricyanidbestimmung so genau und einfach vorzunehmen ist, oxydiert R. LANG[1] Ferro- zu Ferricyanid und titriert in der oben beschriebenen Weise:

Vorschrift: Die Ferrocyanidlösung wird mit Salzsäure etwa auf Normalität angesäuert, dann mit 0,1-n-Permanganat bis zur deutlichen Rotfärbung versetzt. Darauf werden 1 g Kaliumbromid und 1 ccm einer 0,3—0,4proz. Hydrazinsulfatlösung eingetragen. Dabei reduziert Hydrazin das freie Brom vollständig zu Bromid, ohne aber bei der hohen Acidität auf Ferricyanid noch auf Jod einzuwirken. Der Permanganatüberschuß läßt sich auch durch Nitrit unschädlich machen und letzteres wieder durch Harnstoff beseitigen.

Kupfer:

Cuprisalz setzt sich mit Jod nach der Gleichung um:

$$2\,Cu^{\cdot\cdot} + 4\,J' \rightleftarrows 2\,CuJ + J_2.$$

DE HAEN[2] wählte 1854 diese Reaktion als Grundlage einer Kupferbestimmung, wobei er das freigewordene Jod mit schwefliger Säure nach BUNSEN titrierte. MOHR ersetzte die schweflige Säure durch Thiosulfat. Die obenstehende Reaktion zwischen Cupri und Jodid ist umkehrbar. Die Konzentration des schwer löslichen Cuprojodids in Berührung mit dem Bodenkörper dürfen wir als konstant annehmen, und damit gelangen wir zu der Beziehung:

$$K = \frac{[Cu^{\cdot\cdot}]\,[J']^2}{\sqrt{[J_2]}}.$$

Nachdem schon J. TRAUBE[3] den reversiblen Charakter der Reaktion erkannt hatte, bestimmten W. C. BRAY und G. M. J. Mc. KAY[4] die Gleichgewichtskonstante und fanden bei 25° für K einen zwischen $1{,}17 \cdot 10^{-4}$ und $1{,}64 \cdot 10^{-4}$ schwankenden Wert. P. P. FETODIEFF[5] ermittelte K bei 20° zu 1,03 bis $1{,}05 \cdot 10^{-4}$. J. M. KOLTHOFF[6] berechnete für K aus den Versuchsdaten von

---

[1] LANG, R.: Zeitschr. f. allgem. anorg. Chem. Bd. 138, S. 271. 1924.

[2] DE HAEN: Ann. d. Chem. Bd. 91, S. 237. 1854.

[3] TRAUBE, J.: Ber. Bd. 17, S. 1064. 1884.

[4] BRAY und Mc. KAY: Journ. of the Americ. chem. soc. Bd. 32, S. 1707. 1910.

[5] FETODIEFF: Zeitschr. f. anorg. allgem. Chem. Bd. 69, S. 22. 1911.

[6] KOLTHOFF: Recueils des travaux chim. des Pays -Bas Bd. 46, S. 153 1926.

P. A. Shaffer und A. F. Hartmann[1] einen Wert von etwa $1,8 \cdot 10^{-4}$.

Die Zahlengröße der Gleichgewichtskonstanten läßt schon theoretisch die Verhältnisse erkennen, unter denen die jodometrische Kupfertitration überhaupt exakt möglich ist. Praktisch haben besonders Moser[2] und Gooch und Heath[3] die Arbeitsbedingungen eingehend studiert[4].

Nach Moser soll die angewandte Kaliumjodidmenge wenigstens 4 mal größer sein als die stöchiometrisch geforderte. In neutraler Lösung findet er niedrigere Ergebnisse als in saurer. Er empfiehlt, mit wenig Schwefelsäure anzusäuern; Salzsäure stört nach Moser insofern, als sie Cuprojodid löst. Diese Erklärung ist jedoch nicht richtig; vielmehr hat man die Fehlerquelle in der Komplexbildung zwischen Chlor- und Cupriionen zu suchen. Übrigens sind meiner Erfahrung zufolge geringe Salzsäurekonzentrationen gar nicht hinderlich. Gooch und Heath[3] untersuchten den Einfluß der Jodidkonzentration, des Säuregrades und der Verdünnung; beide Autoren finden beim Arbeiten in neutraler Lösung die gleichen Resultate wie in saurem Medium, was ganz mit meiner Erfahrung zusammentrifft. Die Jodidkonzentration soll die theoretische Menge um das 40—60fache überwiegen.

Nach Kolthoff[5] beschleunigt ein geringer Säurezusatz ein wenig die Reaktion, ohne aber zu anderem Endergebnis als in neutraler Lösung zu führen.

Vorschrift: Die Kupferlösung wird mit einigen Kubikzentimetern 4-n-Schwefelsäure und 1,5—2 g Kaliumjodid versetzt und gleich darauf mit Thiosulfat titriert.

Bei der Titration sehr verdünnter Kupferlösungen (verdünnter als 0,02 molar) kehrt gegen Ende der Titration die Jodstärkefarbe immer wieder; man muß so lange titrieren, bis die Lösung auch nach 5 Minuten noch farblos bleibt. Da die Reaktions-

---

[1] Shaffer und Hartmann: Journ. of biol. chem. Bd. 45, S. 349. 1920/21.

[2] Moser: Zeitschr. f. analyt. Chem. Bd. 45, S. 597. 1907.

[3] Gooch und Heath: Zeitschr. f. anorg. allgem. Chem. Bd. 55, S. 119. 1907.

[4] Für eine Literaturübersicht vgl. H. Beckurts: Die Methoden der Maßanalyse. S. 370.

[5] Kolthoff: Pharmac. weekbl. Bd. 55, S. 1338. 1918.

geschwindigkeit mit dem Quadrat der Jodionenkonzentration zunimmt, ist auch bei Titration sehr verdünnter Kupferlösungen ein großer Jodidüberschuß anzuwenden (etwa 2 g auf 50 ccm Flüssigkeit).

Kupfertitration mit Rhodanid und Jodid: G. BRUHNS[1] hat ausprobiert, daß man mit wesentlich weniger Kaliumjodid auskommen kann, wenn man neben diesem Kaliumrhodanid als Reagens benutzt. Diese günstige Wirkung des Rhodanids hat ihre Ursache darin, daß Cuprorhodanid etwa zehnmal weniger löslich ist als Cuprojodid. Setzt man daher zu einer Cuprolösung wenig Jodid und viel Rhodanid, so wird das entstehende Cuprokupfer als Cuprorhodanid gefällt; Jod aber wird während der Titration wieder in Jodid übergeführt, wirkt erneut reduzierend und so fort. Bei der minimalen Löslichkeit des Cuprorhodanids bleibt die Cuproionenkonzentration während der Titration viel kleiner als in Gegenwart von Jodid allein, die Reaktion wird also viels chneller quantitativ vollzogen. Ich[2] habe die Methode von BRUHNS genau durchgeprüft. Gibt man zur neutralen Kupferlösung Jodid und Rhodanid und erst dann Säure, so findet man zu wenig Thiosulfat verbraucht, weil ein kleiner Teil des Rhodanids durch Jod zu Cyanwasserstoffsäure und Sulfat oxydiert wird. Trägt man hingegen erst Säure, dann Jodid sowie Rhodanid ein und titriert gleich anschließend, so wird jegliche Oxydation des Rhodanids vermieden. (Man kann gegebenenfalls auch Jodid vor der Säure, muß diese aber vor dem Rhodanid beifügen.)

Vorschrift: Man gießt zur angesäuerten Kupferlösung 1 bis 0,5 ccm n-Kaliumjodid und dann 10 ccm 10proz. Kaliumrhodanidlösung, worauf die Flüssigkeit durch Cuprirhodanid dunkelbraun wird. Nun titriert man mit Thiosulfat; das dunkelbraune Cuprirhodanid verschwindet inzwischen, die Lösung nimmt die braune Farbe einer Jodkaliumlösung an. Gegen Ende der Titration wird nach Zusatz von 10 ccm Stärkelösung weiter bis zum dauernden Übergang des Jodstärkeblaus in Ledergelb oder Schmutzigviolett titriert. Der Endpunkt ist leicht auf einen Tropfen genau zu erkennen.

---

[1] BRUHNS, G.: Zentralbl. Zuckerind. 1917, S. 732; Chemiker-Zeit. Bd. 42, S. 301. 1918.

[2] KOLTHOFF: Pharmac. weekbl. Bd. 55, S. 1338. 1918; Chemiker-Zeit. Bd. 42, S. 151. 1918.

Das Verfahren von Bruhns hat zwei Vorzüge:

a) Man spart Jodid;

b) besonders bei der Titration sehr verdünnter Kupferlösungen wird der Endpunkt viel schneller erreicht als bei Anwendung von Kaliumjodid allein. Bei extremen Verdünnungen fügt man zweckmäßig ein wenig einer Cuprorhodanidsuspension (fertigtitrierte Probe) hinzu, um die Reaktion zu beschleunigen.

Cupri neben Ferri: Moser führt das Ferrieisen durch einen großen Pyrophosphatüberschuß in Komplexgebilde über, die nicht mehr mit Jodid reagieren. Darauf versetzt er mit reichlich Jodid und 10 ccm Eisessig und titriert 15 Minuten später. Ich empfehle (l. c) auf 25 ccm der ferrihaltigen Kupferlösung 5 g Natriumpyrophosphat, 1,5 g Kaliumjodid und 10 ccm 4-n-Schwefelsäure (statt Eisessig) zu geben und dann mit Thiosulfat, wie üblich, zu titrieren.

Auch die vorstehende modifizierte Methode von Bruhns kann hier wieder in Anwendung treten, indem man zuerst Schwefelsäure und daraufhin Jodid und Rhodanid zufügt. Durch die Gegenwart des Eisens wird die Flüssigkeit schließlich schokoladenbraun, doch ist der Umschlag scharf zu erkennen. wenn von Beginn an Stärke benutzt wird[1].

Cupri neben Arsen: Versetzt man eine neutrale Cuprisalzlösung mit überschüssigem Natriumphosphat oder Seignettesalz, ohne aber anzusäuern, so bildet sich eine hellblaue Lösung komplexer Cupriverbindungen, welche Jodionen nicht mehr angreifen. So kann man also in einer gemischten Lösung von Cuprisalz und arseniger Säure nach Zugabe von Natriumpyrophosphat (5 g) das Arsentrioxyd ohne weiteres mit Jod titrieren (Umschlag von Hellblau nach Grünblau). Die grünblaue Farbe darf auch nach einer Minute Stehen nicht mehr zurückgehen. Stärke wird besser nicht zugesetzt.

Nach Oxydation des dreiwertigen Arsens gießt man 10 ccm 4-n-Schwefelsäure und 2 g Kaliumjodid in die Lösung und titriert nach weiteren 10 Minuten mit Thiosulfat bis zur völligen, auch nach 3—5 Minuten noch verbleibenden Entfärbung. Hier muß freilich Stärke hinzugenommen werden.

---

[1] Vgl. auch J. Bodnar und A. Terenyi: Zeitschr. f. analyt. Chem. Bd. 69, S. 260. 1926.

Unter den genannten Arbeitsbedingungen ist die Wasserstoffionenkonzentration nach dem Beschicken mit Schwefelsäure klein
genug, daß das Arsenat noch nicht mit dem Jodid in Reaktion
tritt.

Diese sinnreiche Methode hat KOLTHOFF und C. J. CREMER[1]
zur Analyse des Schweinfurthergrün gedient.

Man kann das dreiwertige Arsen auch in salzsaurer Lösung mit Bromat
auf Methylrot titrieren und darauf jodometrisch den Cuprigehalt.

In Gegenwart von Metallen, wie Fe^{III}, As^V, Sb^V, welche die
jodometrische Kupfertitration beeinträchtigen, fällt R. BERG[2] das
Kupfer aus alkalischer Lösung (sie enthält etwa 5% Natrium-
tartrat und 0,1—0,2-n-Natronlauge) mit einem Überschuß einer
2proz. o-Oxychinolinlösung (vgl. S. 455) aus, erwärmt auf 60^0,
kühlt ab und sammelt den Niederschlag (meiner Erfahrung nach
schnell und bequem auf kleinem Wattefilter). Nach dem Auswaschen wird die Fällung in Säure gelöst und in der gewohnten
Weise jodometrisch titriert.

Die jodometrische Cuprotitration:

Wie schon gezeigt, ist die Reaktion zwischen Cupri und Jodid
umkehrbar. Unter Einhaltung günstiger Bedingungen, indem man
etwa die Cuproionenkonzentration durch Zusatz eines Komplex-
bildners sehr klein hält oder durch genügendes Verdünnen die Jodionenkonzentration nicht zu groß werden läßt, kann man Cuprokupfer quantitativ mit Jod titrieren. Schon LANDER und GEAKE[3]
wiesen nach, daß der Vorgang in Gegenwart von bicarbonatalkalischer Seignettesalzlösung quantitativ verläuft, während ELBS[4]
Cupro jodometrisch im Beisein von Ammoniumoxalat bestimmte.
Eigene Versuche ließen erkennen, daß die Umsetzung in einer
Lösung von Oxalat, Tartrat oder Citrat (mit oder ohne Zusatz
der entsprechenden freien Säure!) vollständig ist. Weil das Cupro-
ion jedoch sehr stark der Luftoxydation unterliegt, muß man den
Luftsauerstoff fernhalten. Besser versetzt man schnell mit überschüssigem Jod und mißt mit Thiosulfat zurück. Diese Methode

---

[1] KOLTHOFF, J. M. und C. J. CREMER: Pharmac. weekbl. Bd. 58, S. 1620.
1921.

[2] BERG, R.: Zeitschr. f. analyt. Chem. Bd. 70, S. 341. 1927.

[3] LANDER und GEAKE: Analyst Bd. 39, S. 116. 1904.

[4] ELBS: Zeitschr. f. Elektrochem. Bd. 23, S. 147. 1917.

kann z. B. zur Kupferbestimmung neben anderen oxydierenden Substanzen wie Dichromat herangezogen werden. Zunächst ermittelt man die Summe aller Oxydantien einschließlich Cupri jodometrisch in saurer Lösung, fügt dann reichlich Kaliumoxalat und einen geringen Überschuß Jod hinzu. Cuprojodid löst sich schnell im Oxalat auf, zumal in Begleitung freien Jods.

R. Lang[1] reduziert Cuprikupfer auf zwei verschiedenen Wegen zu Cupro und titriert letzteres jodometrisch:

Vorschrift nach Lang: a) Die schwach mineralsaure Cuprisalzlösung, die höchstens 0,28 g Kupfer enthalten soll, wird in einem Erlenmeyer-Kolben mit überschüssiger schwefliger Säure und verdünntem (0,1-n) Rhodanammonium versetzt, bis alles Kupfer als Cuprorhodanid ausgefällt ist. Dann kocht man die unverbrauchte schweflige Säure zweckmäßig unter Benutzung von Siedesteinchen fort. Nach dem Erkalten gießt man ein Gemisch von 5 Volumteilen 4,5proz. Ammoniumoxalat- und 7 Volumteilen 12proz. Oxalsäurelösung hinzu und verdünnt mit Wasser auf 400 ccm. Nun läßt man unter Umschwenken des Kolbens 0,1-n-Jod einfließen, bis die Lösung ganz klar geworden ist und nimmt das überschüssige Jod mit Thiosulfat zurück.

b) Die Cuprisalzlösung von höchstens 0,28 g Kupfergehalt wird in einem langhalsigen Kolben ammoniakalisch gemacht und mit 0,5-n-Cyankaliumlösung bis zur Entfärbung beschickt. Nach Zugabe von 1 g Rhodanammonium wird das dauernd gekühlte Reaktionsgemisch mit konzentrierter Oxalsäurelösung (12%) angesäuert, so daß alles Kupfer als Cuprorhodanid ausfällt. Jetzt läßt man in den gut bewegten Kolben 0,1-n-Jod einlaufen, bis der Niederschlag klar in Löung geht, worauf der Jodüberschuß mit Thiosulfat zurückgemessen wird.

Bemerkung: Die unter a) angegebene Methode kann nur in Gegenwart solcher Metalle ausgeführt werden, die von SO_2 nicht reduziert werden. Hingegen ist das Verfahren b) im Beisein aller analytisch häufiger vorkommenden Kationen zulässig, etwa bei Cadmium, Zinn[IV], Molybdän[VI], Nickel, Zink, Chrom[III], Aluminium. Nur wenn gleichzeitig noch Silber, Quecksilber[II], Blei, Wismut, Arsen[V], Antimon[V], Kobalt, Mangan, Eisen, Erd-

---

[1] Lang, R.: Zeitschr. f. anorg. allgem. Chem. Bd. 120, S. 181. 1922.

alkalimetalle vorliegen, machen sich einige Abänderungen nötig, die von LANG (l. c.) genauer mitgeteilt werden.

Die jodometrische Zuckertitration:

Die jodometrische Kupfertitration ist ein wichtiges Hilfsmittel für die Zuckerbestimmung geworden. Kocht man eine reduzierende Zuckersubstanz mit alkalischer Kupferlösung, so reduziert diese Cupri zu Cupro, welches letztere als rotes Cuprooxyd ausfällt. Die Reaktion schließt sich keiner einfachen stöchiometrischen Gleichung an, wie wir schon im ersten Band dieses Buches betont haben. Die gebildete Menge Cuprooxyd hängt besonders von der Alkalität der Kupferlösung, auch von der Erwärmungsweise und -dauer, Konzentration und Natur des Zuckers und bisweilen sogar von begleitenden Fremdstoffen ab. Die Zuckerarten werden alle zu Carbonsäuren oxydiert, die von überschüssigem Alkali gebunden werden. Alkali fördert nicht nur die oxydierende Wirkung der Kupferlösung (oder reduzierende Wirkung des Zuckers), sondern es baut zugleich den Zucker zu verschiedenartigen Verbindungen ab, welche keine reduzierénden Eigenschaften mehr besitzen. Obgleich z. B. Fructose ein stärkeres Reduktionsmittel ist als Glucose, bildet sie doch mit Fehlingscher Lösung weniger Cuprooxyd als die entsprechende Menge Glucose. Eine Ketose wird nämlich von Alkali viel stärker aufgebrochen als eine Aldose. Arbeitet man nicht mit dem stark alkalischen Fehlingschen Gemisch, sondern mit einer nur schwach alkalischen Kupferlösung (LUFF), so nimmt die Aufspaltung durch Alkali einen viel geringeren Umfang an, und Fructose liefert mehr Kupferoxydul als Glucose. Über die jodometrische Zuckerbestimmung hat sich eine sehr eingehende Literatur angesammelt, deren Besprechung den Rahmen dieses Buches überschreiten dürfte. Das Verfahren ist rein empirisch, daher wechseln die Ergebnisse je nach den oben genannten einzelnen Momenten.

In Holland ist allgemein die Methode von LEHMANN[1]-SCHOORL[2] unter Benutzung von Fehlingscher Lösung gebräuchlich. Sie hat sich gut bewährt, was wohl schon daran ersichtlich ist, daß sie

---

[1] LEHMANN: Arch. f. Hygiene Bd. 30, S. 267. 1897.

[2] SCHOORL, N.: Zeitschr. f. angew. Chem. Bd. 12, S. 633. 1899; Zeitschr. f. analyt. Chem. Bd. 56, S. 191. 1917.

von verschiedenen Seiten nahezu unverändert empfohlen wird[1]. Man bestimmt in einem blinden Versuch den Cupri-Kupfergehalt in 10 ccm der Fehlingschen Lösung (vgl. unten); ebenso verfährt man nach dem Kochen mit der Zuckerlösung. Nach SCHOORLS Hinweisen sind nur dann gute Resultate zu erhalten, wenn man nach dem Kochen zunächst Kaliumjodid zum alkalischen Gemisch gibt und erst dann ansäuert. Fügt man gleich Säure hinzu und an zweiter Stelle Jodid, so wird immer ein Teil des Cupro von der Luft oxydiert, und man findet recht schwankende Werte.

Ausführungsweise nach N. SCHOORL: Die alkalische Kupferlösung nach SOXHLET-MEISSL-HERZFELD besteht aus A: einer Lösung von 69,28 g kristallisiertem Kupfersulfat in 1 l; und B: einer von 346 g Seignettesalz und 100 g Ätznatron in 1 l.

Vorschrift: In einen Erlenmeyer-Kolben aus Jenaer Glas von 200—300 ccm Inhalt werden 10 ccm der Lösung A einpipettiert, dann 10 ccm der Lösung B hinzugefügt, die Zuckerlösung, welche im allgemeinen etwas weniger als 100 mg Zucker enthalten darf, zugegeben und mit so viel Wasser vermischt, daß das Gesamtvolumen immer 50 ccm beträgt. Diese Flüssigkeit wird über einer passenden Bunsen-Flamme erhitzt (das Anwärmen der Flüssigkeit soll ungefähr 3 Minuten in Anspruch nehmen) und genau 2 Minuten lang (für alle Arten Zucker, auch Milchzucker reicht diese Kochzeit aus) im Sieden gehalten, wobei der Erlenmeyer-Kolben in einer Asbestplatte mit kreisförmigem Ausschnitt von 6 ccm Durchmesser etwa ruht. Die Flüssigkeit soll nur mäßig kochen, damit sich das Volumen durch Verdampfen nicht merklich ändert (Aufsatz eines Trichters).

Dann wird schnell in kaltem Wasser auf etwa 25° C abgekühlt und, wenn man jodometrisch zurücktitrieren will, 3 g Jodkalium (in höchstens 10 ccm Wasser gelöst) hinzufügt und daraufhin 10 ccm 25proz. Schwefelsäure (aus 1 Volumen konzentrierter Schwefelsäure und 6 Volumen Wasser hergestellt). Es wird nun unmittelbar unter fortwährendem Umschwenken mit 0,1-n-$Na_2S_2O_3$ titriert, bis die Jodfarbe auf Gelb zurückgegangen ist, dann werden 10 ccm Stärkelösung hinzugefügt und langsam

---

[1] Vgl. RUPP und LEHMANN: Apoth.-Zeit. Bd. 24, S. 73. 1909; Arch. d. Pharm. Bd. 247, S. 516. 1910; NORDHOFF: Apoth.-Zeit. Bd. 27, S. 8. 1912; GRIESBACH und STRASZNER: Zeitschr. f. physiol. Chem. Bd. 88, S. 198. 1913; G. BRUHNS: Zentralbl. Zuckerind. Bd. 25, S. 51.

weitertitriert, bis das Blau aus der Flüssigkeit ganz und gar verschwunden ist und nur das Rahmgelb des Cuprojodids übrig und einige Minuten unverändert bleibt.

In einem Vorversuch wird genau in gleicher Weise der empirische Titer der Fehlingschen Lösung eingestellt. Man muß auch hier kochen, weil die alkalische Kupferlösung schon ohne Zucker eine Spur Kupferoxydul liefert. Von einer Vorratlösung darf man ein für allemal den Titer ermitteln und auf alle weiteren Bestimmungen anwenden. Die Kupfer- und die Alkali-Seignettesalzlösung sind getrennt aufzubewahren, weil das Gemisch beider sich mit der Zeit unter Kupferoxydulabscheidung zersetzt. Die Differenz der durch einen Blindversuch ermittelten und der bei einer Analyse gefundenen Verbrauchszahl entspricht dem vom Zucker reduzierten Kupfer.

Die gesuchte Zuckermenge nach Gewichtsteilen wird der Zuckerreduktionstabelle nach SCHOORL entnommen.

Bemerkungen: 1. Die für Saccharose angegebenen Zahlen beziehen sich natürlich auf invertierten Rohrzucker. Am einfachsten invertiert man nach der Vorschrift von v. FELLENBERG[1]: 5 g des Rohrzuckers werden in 50 ccm 0,02-n-Salzsäure gelöst und eine halbe Stunde im siedenden Wasserbad erhitzt. Nach dem Abkühlen wird mit 1 ccm n-Natronlauge (gegen Methylorange) neutralisiert und mit Wasser auf 500 ccm angefüllt.

2. Will man das ausgefällte Kupferoxydul selbst bestimmen, so wird dies auf einem Glasfiltertiegelchen gesammelt, ausgewaschen, in neutralem Ferriammonalaun gelöst und mit Kaliumpermanganat (vgl. S. 309) oder mit Kaliumdichromat in Gegenwart von Phosphorsäure auf Diphenylamin als Indikator (vgl. S. 462) titriert. Aus dem Verbrauch kann man ebenfalls mit Hilfe der Zuckerreduktionstabelle direkt den Zuckergehalt ableiten. Besonders wo nur geringe Mengen Zucker vorliegen, ist diese direkte Titration von Vorteil.

3. Gegenüber größeren Mengen nicht invertierter Saccharose ändern sich die Reduktionswerte der oxydierbaren Zuckerarten ein wenig. Saccharose hat nur ein geringeres Reduktionsvermögen. Näheres vgl. N. SCHOORL[2] und besonders G. BRUHNS[3].

---

[1] FELLENBERG, TH. VON: Mitt. a. d. Geb. d. Lebensmitteluntersuch. u. Hyg. Bd. 11, S. 148. 1920.

[2] SCHOORL, N.: Chem. weekbl. Bd. 9, S. 678. 1912.

[3] BRUHNS, G.: Zentralbl. Zuckerind. 1919, S. 621.

Zuckerreduktionstabelle nach SCHOORL.

Reduziertes Kupfer in ccm 0,1-n-Lösung	Glucose mg $C_6H_{12}O_6$	diff.	Fructose mg $C_6H_{12}O_6$	diff.	Invertzucker mg $C_6H_{12}O_6$	diff.	Saccharose mg $C_{12}H_{22}O_{11}$	diff.	Lactose mg $C_{12}H_{22}O_{11}\,H_2O$	diff.	Maltose mg $C_{12}H_{22}O_{11}$	diff.	Galaktose mg $C_6H_{12}O_6$	diff.	Mannose mg $C_6H_{12}O_6$	diff.	Arabinose mg $C_5H_{10}O_5$	diff.	Xylose mg $C_5H_{10}O_5$	diff.	Rhamnose mg $C_6H_{12}O_5$	diff.
1	3,2		3,2		3,2		3,1		4,6		5,0		3,3		3,1		3,0		3,1		3,2	
2	6,3	3,1	6,4	3,2	6,4	3,2	6,2	3,1	9,2	4,6	10,5	5,5	7,0	3,4	6,3	3,2	6,0	3,0	6,3	3,2	6,5	3,3
3	9,4	3,1	9,7	3,3	9,7	3,3	9,3	3,1	13,9	4,7	16,0	5,5	10,4	3,4	9,5	3,2	9,2	3,1	9,5	3,2	9,9	3,4
4	12,6	3,2	13,0	3,3	13,0	3,3	12,4	3,1	18,6	4,7	21,5	5,5	14,0	3,6	12,8	3,3	12,3	3,3	12,8	3,3	13,3	3,4
5	15,9	3,3	16,4	3,4	16,4	3,4	15,6	3,2	23,3	4,7	27,0	5,5	17,5	3,5	16,1	3,3	15,5	3,2	16,1	3,3	16,8	3,5
6	19,2	3,3	20,0	3,6	19,8	3,4	18,8	3,2	28,1	4,8	32,5	5,5	21,1	3,6	19,4	3,3	18,7	3,2	19,4	3,3	20,2	3,4
7	22,4	3,2	23,7	3,7	23,2	3,4	22,0	3,2	33,0	4,9	38,0	5,5	24,7	3,6	22,8	3,4	21,9	3,2	22,8	3,4	23,7	3,5
8	25,6	3,2	27,4	3,7	26,5	3,3	25,2	3,2	38,0	5,0	43,5	5,5	28,3	3,6	26,2	3,4	25,2	3,3	26,2	3,4	27,2	3,5
9	28,9	3,3	31,1	3,7	29,9	3,4	28,4	3,2	43,0	5,0	49,0	5,5	32,0	3,7	29,6	3,4	28,6	3,4	29,6	3,4	30,8	3,6
10	32,3	3,4	34,9	3,8	33,4	3,5	31,7	3,3	48,0	5,0	55,0	6	35,7	3,7	33,0	3,4	32,0	3,4	33,0	3,4	34,4	3,6
11	35,7	3,4	38,7	3,8	36,8	3,4	35,0	3,3	53,0	5,0	60,5	5,5	39,4	3,7	36,5	3,5	35,4	3,4	36,5	3,5	38,0	3,6
12	39,0	3,3	42,4	3,7	40,3	3,5	38,3	3,3	58,0	5,0	66,0	5,5	43,1	3,7	40,0	3,5	38,8	3,4	40,0	3,5	41,6	3,6
13	42,4	3,4	46,2	3,8	43,8	3,5	41,6	3,3	63,0	5,0	72,0	6	46,8	3,7	43,5	3,5	42,2	3,4	43,5	3,5	45,2	3,6
14	45,8	3,4	50,0	3,8	47,3	3,5	44,9	3,3	68,0	5,0	78,0	6	50,5	3,7	47,0	3,5	45,6	3,4	47,0	3,5	48,8	3,6
15	49,3	3,5	53,7	3,7	50,8	3,5	48,2	3,3	73,0	5,0	83,5	5,5	54,3	3,8	50,6	3,6	49,0	3,4	50,6	3,6	52,4	3,6
16	52,8	3,5	57,5	3,8	54,3	3,5	51,6	3,4	78,0	5,0	89,0	5,5	58,1	3,8	54,2	3,6	52,4	3,4	54,2	3,6	56,0	3,6
17	56,3	3,5	61,2	3,7	58,0	3,7	55,1	3,5	83,0	5,0	95,0	6	61,9	3,8	57,9	3,7	55,8	3,4	57,9	3,7	59,8	3,8
18	59,8	3,5	65,0	3,8	61,8	3,8	58,7	3,6	88,0	5,0	101,0	6	65,7	3,8	62,6	3,7	59,3	3,5	62,6	3,7	63,5	3,7
19	63,3	3,5	68,7	3,7	65,5	3,7	62,3	3,6	93,0	5,0	107,0	6	69,6	3,9	65,3	3,7	62,9	3,6	65,3	3,7	67,3	3,8
20	66,9	3,6	72,4	3,7	69,4	3,9	65,9	3,6	98,0	5,0	112,5	5,5	73,4	3,8	69,2	3,9	66,5	3,6	69,2	3,9	71,0	3,7
21	70,7	3,8	76,2	3,8	73,3	3,9	69,6	3,7	103,0	5,0	118,5	6	77,2	3,8	73,1	3,9	70,2	3,7	73,1	3,9	74,8	3,8
22	74,5	3,8	80,1	3,9	77,2	3,9	73,3	3,7	108,0	5,0	124,5	6	81,2	4,0	77,0	3,9	74,0	3,8	77,0	3,9	78,6	3,8
23	78,5	4,0	84,0	3,9	81,2	4,0	77,1	3,8	113,0	5,0	130,5	6	85,1	3,9	81,0	4,0	77,9	3,9	81,0	4,0	82,4	3,8
24	82,6	4,1	87,8	3,8	85,2	4,0	80,9	3,8	118,0	5,0	136,5	6	89,0	3,9	85,0	4,0	81,8	3,9	85,0	4,0	86,2	3,8
25	86,6	4,0	91,7	3,9	89,2	4,0	84,7	3,8	123,0	5,0	142,5	6	93,0	4,0	89,0	4,0	85,7	3,9	89,0	4,0	90,0	3,8

4. Begleitende Calciumsalze sind der Bestimmung (besonders von Lactose) hinderlich; es wird dann viel zu wenig Kupfer reduziert.

Titration des Kupfers nach BRUHNS: Bei Besprechung der jodometrischen Cuprititration haben wir schon erwähnt, daß man nach G. BRUHNS einen großen Teil Kaliumjodid sparen kann, wenn man zugleich mit viel Rhodankalium arbeitet. Hiervon kann auch bei der Zuckerbestimmung Gebrauch gemacht werden. Nach G. BRUHNS[1] beschickt man die nach der Reduktion abgekühlte Flüssigkeit mit 5 ccm Rhodan-Jodkaliumlösung (0,67 g KCNS und 0,1 g KJ enthaltend) und dann unter Umschwenken schnell mit 10 ccm 6-n-Salzsäure und titriert sofort mit Thiosulfat, bis die anfängliche Braunfärbung zeitweilig in Grau übergeht. Dann setzt man 10 ccm 0,2 proz. Stärkelösung hinzu und führt die Titration zu Ende, bis der Niederschlag ledergelb aussieht, und nach 5 Minuten weder blau noch grau erscheint.

Nach N. SCHOORL und J. M. KOLTHOFF[2] gibt man besser zur abgekühlten Lösung 1 ccm n-KJ. In zwei Maßgläsern hält man 10 ccm 6-n-HCl und 20 ccm 20 proz. KCNS getrennt bereit. In einem Zug schüttet man die Salzsäure ein, schwenkt sehr schnell um und setzt gleich darauf das Rhodanid zu. Dann titriert man mit Thiosulfat.

Der rasch aufeinander folgende Zusatz der Salzsäure- und Rhodanlösung ist sehr wichtig, um der Luftoxydation des Cupro vorzubeugen.

Jodometrische Bestimmung des gebildeten Kupferoxyduls: In der Literatur ist die jodometrische Bestimmung des bei der Zuckerreduktion entstehenden Kupferoxyduls schon verschiedentlich beschrieben worden[3]. Ich habe auch ein Verfahren ausgearbeitet, nach dem man die gesuchte Zuckermenge aus der Reduktionstabelle von SCHOORL herleiten kann[4]. (Da man hier

---

[1] BRUHNS, G.: Zentralbl. Zuckerind. 1919, S. 621.

[2] SCHOORL, N. und J. M. KOLTHOFF: Pharmac. weekbl. Bd. 54, S. 949. 1917; auch Bd. 55, S. 1338. 1918.

[3] SCALES, F. M.: Journ. of biol. chem. Bd. 23, S. 81. 1915; Industr. Engin. Chem. Bd. 11, S. 747. 1919; FELLENBERG, TH. M. v.: Mitt. a. d. Geb. d. Lebensmitteluntersuch. u. Hyg. Bd. 11, S. 129. 1920; SHAFFER, P. A. und A. F. HARTMANN: Journ. of biol. chem. Bd. 45, S. 349. 1920.

[4] KOLTHOFF, J. M.: Archief voor Suikerindustrie 1926. S. 124.

das Cuprooxyd titriert, braucht die Kupferlösung nicht genau
einpipettiert zu werden.)

Vorschrift: Nach dem Kochen und Abkühlen (wie oben;
vgl. S. 418) setzt man 20 ccm etwa molarer Soda, 25 ccm 0,1-n-
Kaliumjodat und dann aus einem Maßzylinder auf einmal 20 ccm
4-n-Salzsäure hinzu. Beim Umschütteln löst sich das Kupferoxydul auf. Darauf werden 4 ccm n-KJ zugegossen und noch
eine Minute später 20 ccm 10proz. Kaliumoxalat. Das Jod wird
mit Thiosulfat titriert, wobei man gegen Ende Stärke zufügt.
Die Verbrauchsdifferenz gegen den Blindversuch bezeichnet die
Menge des entstandenen Kupferoxyduls.

Bemerkungen: 1. Zum Blindversuch wählt man 5 ccm
(statt 4) n-KJ und wartet 2 Minuten bis zum Oxalatzusatz ab.
Einfacher noch kann man im Blindversuch das gebildete Cuprooxyd direkt jodometrisch titrieren. Man gibt dann nach dem
Abkühlen kein Jodat zu, säuert an, versetzt mit Oxalat und
titriert direkt mit Thiosulfat und Stärkelösung. Der Verbrauch
an 0,1-n-Thiosulfat wird später als Korrektur bei der Zuckerbestimmung in Abzug gebracht.

2. Die direkte Titration des Kupferoxyduls nach der Zuckerreduktion gibt angesichts der Luftoxydation keine befriedigenden
Resultate. Deshalb wird auch Sodalösung angewandt, um beim
Ansäuern die Luft aus dem Kolben durch die Kohlensäure zu
verdrängen.

3. Das Salzsäurequantum muß ziemlich genau in einer Mensur
abgemessen werden; es entspricht eben der Alkalität der Fehlingschen Lösung.

4. Nach dem Jodidzusatz läßt man 1—2 Minuten stehen, damit Jodat und Jodid zur quantitativen Umsetzung Gelegenheit
finden.

5. Beim Titrieren mit Thiosulfat ändert sich die bräunliche
Farbe der Lösung gegen Ende mehr nach Grün. Dann fügt man
Stärke hinzu und titriert weiter bis zum Umschlag von Dunkel-
nach Hellblau.

Der Endpunkt ist so äußerst genau zu erkennen,
und vorteilhafterweise kehrt die tiefe Blaufärbung
der Flüssigkeit selbst nach langem Stehen nicht
wieder. Etwas unangenehm ist es bei diesem Verfahren, daß
so vielerlei Reagenzien gebraucht werden.

Polyvalente Alkohole: Eine weitere Anwendung hat die Kupfertitration zur Bestimmung polyvalenter Alkohole gefunden. Diese vermögen in alkalischem Medium Kupferoxyd in Lösung zu halten (Komplexbildung). Hierauf beruht etwa die Glycerinbestimmung von M. WAGENAAR[1]; seine Methode ist von KOLTHOFF und BECKERS[2] verbessert worden. Ein ähnliches Verfahren hat JAN SMIT[3] für Mannit ausgearbeitet. Praktisch haben diese rein empirischen Methoden nur geringe Wichtigkeit. Die gelöste Kupfermenge schwankt stark mit der Alkalität der Lösung und anderen Faktoren.

Quecksilber.

Mercurosalze: Mercurosalze werden von Jod-Jodkaliumlösung in das stark komplexe Kaliumquecksilberjodid übergeführt:

$$2\,HgCl + J_2 + 6\,J' \rightarrow 2\,HgJ_4'' + 2\,Cl'.$$

Auf dieser Grundlage hat schon HEMPEL[4] eine jodometrische Bestimmungsmethode für Kalomel aufgestellt.

Kalomel: In einem Erlenmeyer mit eingeschliffenem Stopfen gibt man zu etwa 240 mg Kalomel 25 ccm 0,1-n-Jod und 1 g Kaliumjodid und schüttelt so lange, bis sich der Niederschlag aufgelöst hat. Darauf wird mit 0,1-n-Thiosulfat zurücktitriert. 1 ccm 0,1-n-Jod entspricht 11,8 mg Quecksilberchlorür.

Bemerkung: Statt von Jodlösung kann man hier auch zweckmäßig von 0,1-n-Kaliumjodat bzw. 0,1-n-Bromat ausgehen und 25 ccm mit Jodid und Säure versetzen.

Mercurisalze: Quecksilber wird in alkalischer Lösung metallisch niedergeschlagen, durch einen Überschuß 0,1-n-Jod oxydiert und das unverbrauchte Jod zurückgemessen.

$$Hg + J_2 + 2\,J' \rightarrow HgJ_4''.$$

Besondere praktische Bedeutung hat diese Methode zur Gehaltsbestimmung von Sublimat erlangt, weil sich in diesem Quecksilber nicht mit Rhodan nach VOLHARD titrieren läßt

---

[1] WAGENAAR, M.: Pharmac. weekbl. Bd. 48, S. 497. 1911.

[2] KOLTHOFF und J. H. M. BECKERS: Pharmac. weekbl. Bd. 55, S. 272. 1918.

[3] SMIT, JAN: Chem. weekbl. Bd. 41, S. 894. 1913.

[4] HEMPEL: Ann. d. Chem. Bd. 110, S. 176. 1859.

(vgl. S. 252). Die folgende Arbeitsweise nach E. Rupp[1] liefert gute Ergebnisse.

Vorschrift: Eine geeignete Menge der Sublimatlösung, die ungefähr 200 mg $HgCl_2$ enthält, wird in einer Glasstöpselflasche mit 1—2 g Jodkalium versetzt, so daß der anfänglich entstehende Niederschlag von Quecksilberjodid wieder in Lösung geht. Alsdann wird mit 10 ccm 4-n-Natronlauge alkalisch gemacht und unter gutem Umschwenken eine Mischung aus etwa 3 ccm reiner etwa 35 proz. Formaldehydlösung und 10 ccm Wasser eingegossen. Nach etwa 2 Minuten Schütteln säuert man mit 10 ccm Eisessig an, rührt nochmals durch und fügt endlich 25 ccm 0,1-n-Jod (oder 0,1-n-Jodat) hinzu. Darauf wird weiter so lange umgeschwenkt, bis auch am Gefäßboden kein ungelöstes Quecksilber mehr haftet, und der Jodüberschuß mit 0,1-n-Thiosulfat zurückgenommen.

1 ccm 0,1-n-Jod entspricht 13,75 mg $HgCl_2$.

Noch andere Verfahren zur jodometrischen Quecksilberbestimmung werden genannt. Ebler[2] reduziert Mercurisalze in ammoniakalischer Lösung durch überschüssiges Hydrazinsulfat und titriert dies nach Stolle zurück (vgl. S. 389). Diese Methode scheint sehr brauchbar zu sein.

Feit[3] reduziert Mercurisalze in alkalischer Lösung mit reichlich Arsentrioxyd zu metallischem Quecksilber und titriert den Überschuß jodometrisch zurück.

§ 2. Die Bestimmung organischer Substanzen.

Die jodometrische Bestimmung der -C$\diagup^{O}_{\diagdown H}$-Gruppe.

Unter geeigneten Bedingungen können Aldehydverbindungen durch Hypojodit quantitativ zu den entsprechenden Carbonsäuren oxydiert werden. Darauf gründen sich verschiedene Bestimmungsmethoden des Formaldehyds, Chloralhydrats und von Aldosen.

Formaldehyd: Ein elegantes und allgemein angewandtes Verfahren zur Gehaltsbestimmung reiner Formaldehydlösungen ist von Romijn[4] ausgearbeitet worden.

---

[1] Rupp, E.: Arch. d. Pharmaz. Bd. 243, S. 300. 1905; Ber. Bd. 39, S. 3702. 1906; Bd. 40, S. 3276. 1907.

[2] Ebler: Zeitschr. f. anorg. allgem. Chem. Bd. 47, S. 377. 1906.

[3] Feit: Zeitschr. f. analyt. Chem. Bd. 28, S. 318. 1889.

[4] Romijn: Zeitschr. f. analyt. Chem. Bd. 36, S. 18. 1897; Bd. 39, S. 60. 1900.

Zu 10 ccm einer wäßrigen Formalinlösung (2—3 g Formalin auf 500 ccm verdünnt) gibt man 25 ccm 0,1-n-Jod und mindestens 2 ccm 4-n-Natronlauge. Nach 5 Minuten wird mit Salzsäure angesäuert und das freie Jod mit 0,1-n-Thiosulfat titriert.

Das Verfahren erlaubt sehr genaue Analysen. Der Überschuß an Jod und auch an Natronlauge braucht nur gering zu sein. Auch an 0,01-n- und verdünnteren Lösungen erhielt ich sehr befriedigende Ergebnisse[1].

1 ccm 0,1-n-Jod entspricht 1,5 mg HCOH.

Äthylalkohol, Aceton und Acetaldehyd sind der Bestimmung im Wege, weil sie selbst Jod verbrauchen, dagegen haben Methylalkohol, Ameisensäure, Essigsäure keinen Einfluß[1]. Sehr eingehend haben die jodometrische Bestimmung von Formaldehyd in Gegenwart von Aceton und Acetaldehyd F. MACH und R. HERRMANN[2] untersucht, aus deren Mitteilung weitere Einzelheiten zu entnehmen sind.

Chloralhydrat: E. RUPP[3] hat eine jodometrische Gehaltsbestimmung des Chloralhydrats angegeben, die sich jedoch bei meiner Nachprüfung nicht bewährte und mich[4] auf folgende genauere Arbeitsvorschrift führte:

Vorschrift: Zu 25 ccm 0,1-n-Jod fügt man 10 ccm 2-n-Sodalösung und darauf 10 ccm 0,1 molare Chloralhydratlösung (Reihenfolge nicht ändern, weil sonst etwas Chloralhydrat zu Chloroform zersetzt wird!). Nach einstündigem Stehen in verschlossenem Gefäß wird mit Salzsäure angesäuert und der Überschuß Jod mit 0,1-n-Thiosulfat zurückgemessen.

1 ccm 0,1-n-Jod entspricht 8,27 mg $CCl_3COH \cdot H_2O$.

$$CCl_3C{\overset{H}{\underset{OH}{\diagup\kern-0.6em\diagdown}}}OH + J_2 \rightarrow CCl_3COOH + 2H^{\cdot} + 2J'.$$

Die jodometrische Aldosenbestimmung:

Weil die jodometrische Aldosenbestimmung einer vielfachen Anwendung zur Analyse von Zuckerarten fähig ist, wollen wir sie etwas

---

[1] Für eine eingehende Literaturübersicht vgl. F. MACH und R. HERRMANN: Zeitschr. f. analyt. Chem. Bd. 62, S. 104. 1923.

[2] MACH, F. und R. HERRMANN: Zeitschr. f. analyt. Chem. Bd. 63, S. 417. 1923.

[3] RUPP, E: Arch. d. Pharmaz. Bd. 241, S. 328. 1903.

[4] KOLTHOFF, J. M.: Pharmac. weekbl. Bd. 60, S. 2. 1923.

genauer betrachten. ROMIJN[1] hat als erster auf die Oxydation der Aldosen durch Hypojodit zu den entsprechenden Carbonsäuren das Augenmerk gerichtet; Jod selbst kann Aldosen noch nicht oxydieren. Man hat die Reaktion in schwach alkalischer Lösung vorzunehmen, weil darin Hypojodit am beständigsten ist und die Aldosen bei schwacher Alkalität weniger der abbauenden Wirkung der Hydroxylionen ausgesetzt sind als in einem stark alkalischen System. Ferner erkannte ROMIJN, daß Fructose (eine Ketose) fast nicht angegriffen wird, dagegen sind Saccharose, Raffinose und Stachyose der Aldosenbestimmung sehr hinderlich. Auch andere organische Stoffe, wie Methylalkohol, Ameisensäure, Glycerin, Mannit, Milchsäure, stören erheblich. Daher kann eine solche jodometrische Analyse nur viel weniger einwandfrei sein als etwa die Zuckerbestimmung mit Hilfe alkalischer Kupferlösung. BOUGAULT[2] hat 20 Jahre später ROMIJNS Befunde bestätigt gefunden und dessen Methode vervollkommnet; wir kommen darauf unten näher zurück.

Lange Zeit hindurch wurde der jodometrischen Aldosenbestimmung keine Beachtung geschenkt, bis im Jahre 1914 BLAND und LLOYD[3] folgende Vorschrift aufstellten: Man vermischt 50 ccm 0,1-n-Lauge mit 50 ccm 0,1-n-Jodlösung. Hierzu gibt man die vorgelegte Zuckerlösung, säuert nach 5 Minuten bis 24 Stunden Stehen an und titriert den Jodüberschuß mit Thiosulfat zurück. Grundsätzlich ist es nicht ratsam, zuerst ein Gemisch von Jod und Lauge zu bereiten, weil dann ein großer Teil des Jods schon in Jodat übergeht. Verbessert wurde das Verfahren durch WILLSTÄTTER und SCHUDEL[4], ohne daß sie die Angaben von BLAND und LLOYD kannten. Sie geben zum Glucose-Jodgemisch so viel Lauge zu, daß die entstehende Gluconsäure zwar gebunden, die Zuckerkette selbst aber noch nicht angegriffen wird. Die hierbei stattfindende Reaktion kann in folgende Gleichung gefaßt werden:

$$RCOH + J_2 + 3NaOH \rightarrow RCOONa + 2NaJ + 2H_2O.$$

WILLSTÄTTER und SCHUDEL versetzen die Zuckerlösung mit etwa der theoretisch doppelten (1,5—4fachen) Menge Jod und

[1] ROMIJN: Zeitschr. f. analyt. Chem. Bd. 36, S. 349. 1897.
[2] BOUGAULT: Journ. de pharmacie et de chim. Bd. 16, S. 97, 313. 1917.
[3] BLAND und LLOYD: Journ. Soc. Chem. Ind. Bd. 32, S. 948. 1914.
[4] WILLSTÄTTER und SCHUDEL: Ber. Bd. 57, S. 780. 1918.

darauf unter Umschütteln bei Zimmertemperatur mit dem
1½fachen der theoretischen Menge Natronlauge. Nach 12 bis
15 Minuten Umsetzung wird mit Schwefelsäure angesäuert und
mit Thiosulfat titriert. 100 mg Glucose verbrauchen 11,11 ccm
0,1-n-Thiosulfatlösung.

H. M. Judd[1] untersuchte die jodometrische Aldosenbestimmung ausführlicher, stellte aber unter keinen Bedingungen deren
quantitative Oxydation zu Carbonsäuren fest. J. L. Baker und
H. F. E. Fulton[2] schlossen sich diesen Befunden an, hielten aber
das Verfahren zu empirischen Vergleichszwecken für sehr brauchbar. J. M. Kolthoff[3] hat diese Aldosentitration sehr genau studiert
und gelangt zur folgenden Vorschrift:

Vorschrift a: 10 ccm der Zuckerlösung, die höchstens 1,1%
Glucose enthalten darf, beschickt man mit 25 ccm 0,1-n-Jod-
lösung und darauf unter Umschwenken mit 30 ccm 0,1-n-Natron-
lauge. Nach 3—10 Minuten Stehen im verschlossenen Gefäß
säuert man mit verdünnter Schwefelsäure oder Salzsäure an und
titriert den Jodüberschuß mit Thiosulfat zurück. Genauigkeit
etwa 0,5%. Auch an einer 10mal verdünnteren Glucoselösung
erzielt man richtige Werte; man versetzt dann mit 25 ccm 0,01-n-
Jod und 5 ccm 0,1-n-NaOH und titriert erst 10 Minuten später
zurück.

Galaktose, Arabinose und Maltose lassen sich genau so
wie Glucose bestimmen. Zwischen Lactose und Hypojodit
vollzieht sich die Reaktion viel langsamer. Man wartet darum
10 Minuten bis zur Rücktitration; auch wirkt hier ein geringer
Laugenüberschuß viel schädlicher als bei Glucose.

Bemerkung: Verschiedene organische Körper, die zwar keine
Aldosen sind, verbrauchen auch etwas Jod (vgl. auch Romijn l. c.).
Nach der genannten Arbeitsweise binden 1 g Fructose 1,2 ccm
0,1-n-J; 1 g Mannit 0,8 ccm 0,1-n-J; 1 g Glycerin 1,4 ccm 0,1-n-J.
1 g Natriumlactat 1,0 ccm 0,1-n-J; 1 g Natriumformiat 0,15 ccm
0,1-n-J; 1 g Harnstoff 0,08 ccm 0,1-n-J; 1 g Dextrin (Kahlbaum)
12 ccm 0,1-n-J.

---

[1] Judd, H. M.: Biochem. journ. Bd. 14, S. 255. 1920.

[2] Baker, J. L. und H. F. E. Fulton: Biochem. journ. Bd. 14, S. 754.
1920.

[3] Kolthoff, J. M.: Zeitschr. f. Untersuch. d. Nahrungs- u. Genußmittel
Bd. 45, S. 131. 1923.

Die Störung durch Saccharose nimmt relativ mit wachsender Konzentration ab. In 5proz. Lösung verbraucht 1 g Saccharose ungefähr 0,6 ccm 0,1-n-J; in 10proz. Lösung 0,5 ccm 0,1-n-J; bei höheren Konzentrationen 0,35 ccm 0,1-n-J pro 1 g.

Enthält die Glucoselösung nicht mehr als die elffache Menge Saccharose (auf Glucose bezogen), so begegnet man keiner wesentlichen Abweichung mehr. Bei einem ungünstigeren Verhältnis beider Stoffe kann man am besten an einem Glucose-Saccharosegemisch von bekannter Zusammensetzung die erforderliche Korrektur ermitteln; sie nimmt stark mit der Temperatur zu (vgl. KOLTHOFF l. c.[1]).

Fructose ist der Bestimmung viel hinderlicher als Saccharose; dies mag wohl mit der bekannten Umlagerung der Fructose zu Glucose und Mannose in schwach alkalischer Lösung zusammenhängen. Bei Invertzucker zieht man 1% vom gefundenen Gehalt auf Kosten der Fructose ab.

Das Sodaverfahren nach BOUGAULT[2]: Unabhängig von ROMIJNS Untersuchungen empfahl BOUGAULT folgendes Verfahren: Zu 25 ccm der 1proz. Aldoselösung gibt man 50 ccm 0,16-n-Jod und 50 ccm 15proz. Sodalösung. Läßt man 30 Minuten stehen, so ist die Aldose quantitativ zur Carbonsäure oxydiert, überdies wird noch etwas mehr Jod gebunden, das nach BOUGAULT substituierend in das Molekül eintritt. Die letztgenannte Reaktion findet auch bei allen Nichtaldehydzuckern statt und muß daher stets durch eine Korrektur berücksichtigt werden. Freilich ist zu bedenken, daß BOUGAULT einen sehr großen Jodüberschuß anwendet; vermindert man diesen, so tritt auch die organisch gebundene Jodmenge zurück und darf meiner Erfahrung nach bei den Aldosen ganz vernachlässigt werden. An Stelle von Soda kann man nach BOUGAULT auch ein Gemisch von Soda und Bicarbonat benutzen, wodurch sich aber die quantitative Oxydation des Zuckers verzögert. H. COLIN und O. LIÉVIN[3] schlagen statt Soda ein Gemisch von sekundärem und tertiärem Natriumphosphat vor und lassen nach einstündigem Stehen den Jod-

---

[1] Vgl. auch E. PAUCHARD: Journ. de pharmacie et de chim. (8), Bd. 3, S. 248. 1926, der die Methode BOUGAULT bei 0° anwendet, so daß die Fructose nicht stören kann. Nach 2¼stündigem Stehen wird zurücktitriert.

[2] BOUGAULT: Journ. de pharmacie et de chim. Bd. 16, S. 97, 313. 1917.

[3] COLIN und LIÉVIN: Bull. soc. chim. (4) Bd. 23, S. 430. 1918.

überschuß zurücktitrieren, womit aber keinerlei Vorteil erzielt wird.

Kolthoff (l. c.) hat auf Grund vieler Versuche die Bougaultsche Bestimmung folgendermaßen abgeändert:

Vorschrift b: Zu 10 ccm der etwa 0,05 molaren Aldoselösung gibt man 25 ccm 0,1-n-Jod und 15 ccm 1-n-Soda, läßt 20—30 Minuten verschlossen stehen, säuert mit Salz- oder Schwefelsäure an und titriert den Jodüberschuß mit 0,1-n-Thiosulfat. Das Verfahren liefert bei Glucose, Galaktose, Maltose, Lactose, Rhamnose, Arabinose gute Resultate.

Bemerkungen: 1. Die Störung durch fremde Stoffe ist hier nicht die gleiche wie beim „Jod-Natronverfahren"; so ist etwa der Einfluß von Saccharose viel geringer. 2 g Saccharose neben 90 mg Glucose bringen noch keinen merklichen Fehler mit sich; erst bei 3 g wurde scheinbar 1% zu viel Glucose gefunden. In Gegenwart von Saccharose ist also dem Sodaverfahren der Vorzug zu geben.

Dasselbe gilt für die Bestimmung von Lactose neben Rohrzucker. Der Fehler durch Fructose ist nach beiden Vorschriften ungefähr der gleiche. Kennt man von vornherein den Fructosegehalt, so läßt sich eine entsprechende Korrektur anbringen.

Dextrin (von Kahlbaum) und Mannit zeigen etwa denselben Reduktionswert wie beim Ätznatronverfahren.

Die Störung durch Glycerin ist beim Sodaverfahren nur halb so groß, während Formiat eigenartigerweise genau 7 mal mehr Jod bindet als bei Benutzung von Natronlauge. Lactat hat in beiden Fällen den gleichen Einfluß.

2. Die beschriebenen Analysenmethoden der Aldosen werden in der Nahrungsmittelchemie verschiedentlich benutzt, wie bei der Lactosebestimmung in Milchserum und Glucosebestimmung in Honig[1] u. a.

Bestimmung der Fructose neben Glucose: Kolthoff[2]

---

[1] Vgl. A. Behre: Zeitschr. f. Untersuch. d. Nahrungs- u. Genußmittel Bd. 41, S. 226. 1921; F. Auerbach und E. Bodländer: Zeitschr. f. angew. Chem. Bd. 36, S. 602. 1923; auch F. Auerbach und G. Borries: Arb. a. d. Reichs-Gesundheitsamt Bd. 57, S. 318. 1926.

[2] Kolthoff, J. M.: Zeitschr. f. Untersuch. d. Nahrungs- u. Genußmittel Bd. 45, S. 141. 1923.

hat vorstehende Oxydationsmethode der Glucose zur Bestimmung von Fructose neben Glucose verwertet.

Vorschrift: Eine geeignete Portion Lösung versetzt man mit einer zur Oxydation der Glucose hinreichenden Menge 0,2-n-Jod und Natronlauge (vgl. S. 427.). Nach 5 Minuten säuert man schwach mit Salzsäure an und entfernt den Jodüberschuß zunächst roh mit einer 10proz. Natriumsulfitlösung und, sobald die Flüssigkeit schwach gelb geworden ist, genau mit einer 1proz. Lösung und neutralisiert gegen Methylorange. Darauf füllt man zu 100 ccm auf und bestimmt in einem aliquoten Teil den Fructosegehalt nach SCHOORL (vgl. S. 417).

Bemerkung: 1. Das überschüssige Jod darf hier nicht mit Thiosulfat reduziert werden, weil das entstehende Tetrathionat später bei der Fructosebestimmung zersetzt wird und dadurch mancherlei Schwierigkeiten verursacht.

2. C. J. KRUISHEER[1] hat die beschriebene Methode eingehend durchgearbeitet und sie zur Fructosebestimmung in „Stärkesirup" verwenden können.

Aceton: In alkalischer Lösung wird Aceton durch Hypojodit in Jodoform übergeführt:

$$CH_3COCH_3 + 3\,KJO \rightarrow CHJ_3 + CH_3COOK + 2\,KOH.$$

1 Millimol Aceton verbraucht also 6 Milliäquivalente Jod. 1 ccm 0,1-n-Jod entspricht 0,967 mg Aceton.

MESSINGER[2] hat auf diesem Vorgang seine bekannte jodometrische Bestimmungsmethode des Acetons aufgebaut. Das Verfahren ist später öfters — besonders von GEELMUYDEN[3, 4] ge-

---

[1] KRUISHEER, C. J.: Chem. weekbl. Bd. 23, S. 431. 1926.

[2] MESSINGER: Ber. Bd. 21, S. 3366. 1888.

[3] GEELMUYDEN: Zeitschr. f. analyt. Chem. Bd. 35, S. 503. 1896; vgl. auch SY: Journ. of the Americ. chem. soc. Bd. 29, S. 786. 1907.

[4] Vgl. auch A. J. FIELD: Ind. Engin. Chem. Bd. 10, S. 552. 1918, der nach MESSINGER keine brauchbaren Werte findet. L. F. GOODWIN: Journ. of the Americ. chem. soc. Bd. 42, S. 39. 1920 hält die MESSINGERsche Methode für vollkommen ausreichend, gut übereinstimmender Resultate fähig, sofern man die von COLLI schon Zeitschr. f. analyt. Chem. Bd. 29, S. 562. 1890 angegebene Arbeitsvorschrift genau einhält. Zur Bestimmung von Aceton in Gemischen mit Äthylalkohol vgl. J. H. BUSHILL: Journ. Soc. chem. industr. Bd. 42, S. 206. 1923; J. RAKSHIT: Analyst Bd. 41, S. 245. 1926; J. H. NORTHROP, L. H. ASHE und J. KUHN: Journ. of biol. chem. Bd. 39, S. 1. 1919.

geprüft worden und erweist sich auch meiner Erfahrung nach als ganz vorzüglich.

Vorschrift: Zu 10 ccm der Acetonlösung (nicht stärker als 0,03 molar) gibt man 5 ccm 4-n- oder wenigstens 25 ccm 1-n-Natronlauge, 25 ccm 0,1-n-Jod, schüttelt durch, säuert nach 10 Minuten mit Salzsäure an und titriert den Überschuß Jod mit 0,1-n-Thiosulfat zurück. Ein Übermaß Salzsäure hat — im Gegensatz zu verschiedenen Behauptungen in der Literatur — nach meiner Feststellung keinerlei Nachteil.

Auch für verdünntere Lösungen ist die vorbeschriebene Arbeitsweise sehr geeignet. Da sich Methylalkohol ganz indifferent verhält, ist die Methode auch zur Bestimmung des Acetongehalts im Holzgeist brauchbar. Acetaldehyd und Äthylalkohol[1] jedoch, auch Aldosen, beeinträchtigen die Analyse. Ist Aceton neben nicht flüchtigen, Hypojodit bindenden Substanzen zu bestimmen, so destilliert man ihn zuvor unter Eiskühlung ab.

Ich habe endlich noch versucht, Aceton in sodaalkalischer Lösung quantitativ in Jodoform umzusetzen, was freilich nicht gelungen ist.

Die Bestimmung der Carbonylgruppe mit Bisulfit: Zwischen der Carbonylgruppe und dem Bisulfition findet bekanntlich folgende Umsetzung statt:

$$R_2C = O + HSO_3' \; \overset{\leftarrow}{\underset{\rightarrow}{}} \; R_2C\underset{SO_3'}{\overset{OH}{<}}.$$

Diese Gleichgewichtsreaktion ist in theoretischer Hinsicht eingehend im ersten Teil (S. 168ff.) diskutiert worden.

Die jodometrische Bestimmungsmethode der Carbonylgruppen durch Bisulfit geht auf RIPPER[2] zurück. Er empfiehlt die Verwendung 0,5proz. möglichst wässeriger Lösungen des Aldehyds; 25 ccm einer solchen läßt er in einem 150-ccm-Kölbchen zu 50 ccm Kaliumbisulfitlösung (mit 12 g $KHSO_3$ im Liter) einfließen und alsdann nach Verschließen des Gefäßes etwa eine Viertelstunde stehen. Unterdessen bestimmt er den Titer der Bisulfitlösung mit 0,1-n-Jod (vgl. S. 383) und mißt endlich die von Aldehyd nicht

---

[1] Vgl. auch HEYKEL: Chemiker-Zeit. Bd. 32, S. 75. 1908; SQUIBB: Journ. of the Americ. chem. soc. Bd. 18, S. 1068. 1896.

[2] RIPPER: Monatsh. f. Chem. Bd. 22. S. 1079. 1900; vgl. auch L. L. LANGEDIJK: Recueils des travaux chim. des Pays-Bas Bd. 46, S. 219. 1927.

verbrauchte schweflige Säure zurück. RIPPER hat die Methode mit gutem Erfolg zur Untersuchung von Acetaldehyd, Formaldehyd, Benzaldehyd und Vanillin verwertet. ROCQUES[1] rät, die Acetaldehydbestimmung in einer zu 50% alkoholischen Lösung vorzunehmen. JOLLES[2] benutzt sie zur Analyse des Furfurols und der Pentosen.

Eine systematische, theoretisch fundierte Untersuchung des Verfahrens steht leider noch aus. Nach meiner Erfahrung werden die Ergebnisse durch die starke Luftoxydation der Bisulfitlösungen erheblich entstellt. Am besten stabilisiert man die benutzte Bisulfitlösung (Kalium oder Natrium) durch Zusatz von 5—10% Alkohol (vgl. Teil I, S. 220). Ein weiterer Fehler unterläuft, gleichfalls durch Wirkung des Luftsauerstoffs, bei der Rücktitration des Bisulfitüberschusses mit Jodlösung (vgl. S. 384). Ich erhielt nur einwandfreie Resultate, wenn die Bisulfit-Aldehydmischung nach der Umsetzung in reichlich Jodlösung gegossen und gleich darauf mit 0,1-n-Thiosulfat titriert wurde. Auf demselben Wege ist der Titer der Bisulfitlösung zu bestimmen.

Vorschrift: Zu einer geeigneten Menge der Aldehydlösung setzt man etwa 30—50% mehr Bisulfitlösung (mit 5% Alkohol) zu, als stöchiometrisch erforderlich sind, und läßt diese 15 bis 30 Minuten einwirken. In einem anderen Kolben pipettiert man 25 ccm 0,1-n-Jod und gießt das Aldehyd-Bisulfitgemisch hinzu, um sofort mit 0,1-n-Thiosulfat zurückzutitrieren. Bei Formaldehyd und Acetaldehyd ist das Verfahren sehr genau; selbst für 0,01-n-Lösungen, wenn man eine halbe Stunde bis zum Titrieren wartet.

Bei Benzaldehyd in 0,1-normalen Lösungen ist mit 1% Fehler zu rechnen; an verdünnteren Lösungen werden die Ergebnisse noch ungenauer. Ein größerer Alkoholzusatz hat praktisch wenig Einfluß mehr.

Benzaldehyd in Bittermandelwasser läßt sich nach dem Bisulfitverfahren nicht bestimmen, dem steht die Cyanwasserstoffsäure im Wege (Benzaldehydcyanhydrinbildung); ebensowenig Aceton, da die Komplexzerfallskonstante seiner Bisulfitverbindung bereits zu groß ist (vgl. Teil I, l. c.).

---

[1] ROCQUES, M.: Cpt. rend. Bd. 127, S. 524. 764. 1898.
[2] JOLLES: Zeitschr. f. analyt. Chem. Bd. 45, S. 196. 1906.

Bei Furfurol ist das Verfahren auf etwa 2% genau, sobald man mit 0,1-n-Lösungen arbeitet und Bisulfit in mindestens dreifachem Überschuß gegenüber der stöchiometrisch geforderten Menge anwendet.

Chinon und Hydrochinon:

Unter geeigneten Bedingungen kann Hydrochinon durch Jod quantitativ zu Chinon oxydiert werden:

$$C_6H_4(OH)_2 + J_2 \rightleftarrows C_6H_4O_2 + 2J' + 2H^{\cdot}$$

oder

$$\text{Hydr.} + J_2 \rightleftarrows \text{Chin.} + 2J' + 2H^{\cdot} \tag{1}$$

Hydr. = Hydrochinon; Chin. = Chinon.

Die Reaktion ist reversibel und vollkommen vergleichbar mit der reversiblen Oxydation des Arsentrioxyds durch Jod- bzw. Reduktion der Arsensäure durch Jodwasserostff.

Aus Gleichung (1) folgt die Beziehung:

$$\frac{[\text{Hydr}]\,[J_2]}{[\text{Chin}]\,[J']^2\,[H^{\cdot}]^2} = K.$$

J. M. KOLTHOFF[1] konnte aus den Normalpotentialen der beiden Systeme:

$$K = 5 \cdot 10^2$$

berechnen.

Weiter hat er theoretisch abgeleitet, daß Hydrochinon durch Jod noch eben quantitativ in Chinon übergeführt wird, wenn die Wasserstoffionenkonzentration beim Endpunkt unter 10^{-5} liegt.

VALEUR[2] hatte schon die direkte Titration von Hydrochinon mit Jod in bicarbonatreicher Lösung empfohlen; Endpunkt: intensive Jodstärkefarbe. S. P. L. SÖRENSEN und K. LINDERSTRÖM-LANG[3] wenden in Bicarbonatlösung einen Jodüberschuß an und titrieren mit Thiosulfat zurück. Prinzipiell ist dies nicht ganz einwandfrei, da unter diesen Verhältnissen bereits ein geringer Teil des Thiosulfats zu Sulfat oxydiert wird (vgl. S. 339). Bei vorsichtigem Jodgebrauch mag der Fehler aber nur sehr klein sein. KOLTHOFF fand bei der direkten Titrationsmethode nach

---

[1] KOLTHOFF, J. M.: Recueils des travaux chim. des Pays-Bas Bd. 45, S. 745. 1926.

[2] VALEUR: Bull. soc. chim. Bd. 23, S. 58. 1900.

[3] SÖRENSEN und LINDERSTRÖM-LANG: Cpt. rend. du Lab. de Carlsberg Bd. 14, Nr. 14. 1921.

VALEUR, daß die Blauviolettfärbung schon vor dem Äquivalenzpunkt auftritt. Man muß darum so lange Jod zusetzen, bis die Farbe auch nach 5 Minuten Stehen nicht mehr zurückgeht. Dadurch beansprucht eine solche Bestimmung ziemlich lange Zeit. Man kann aber nicht wie anderwärts mit organischen Jodlösungsmitteln als Indikator arbeiten, weil davon auch Chinon ausgeschüttelt wird und dann mit freiem Jod eine Additionsverbindung eingeht.

Die besten Ergebnisse, selbst in verdünnteren Lösungen, liefert folgende

Vorschrift: Zu 25 ccm der etwa 0,05 molaren Hydrochinonlösung fügt man 0,1—1 ccm 4-n-Essigsäure, 20 ccm 2-n-Natriumacetat und im Überschuß 0,1-n-Jod, worauf dann mit Thiosulfat zurücktitriert wird. Sogar 0,001-n-Lösungen lassen sich so noch auf 1% genau bestimmen.

Bemerkung: Man hat die kleine Menge Essigsäure vor dem Acetat zuzugeben, andernfalls in der schwach alkalischen Lösung Hydrochinon zu geringem Teil vom Luftsauerstoff zu Chinon oxydiert werden kann.

Chinon: Stark angesäuerte Chinonlösung wird quantitativ von Jodid zu Hydrochinon reduziert, dabei tritt die äquivalente Menge Jod in Freiheit und kann mit Thiosulfat titriert werden. VALEUR[1] hat bereits auf diesem Wege gute Resultate erzielt.

Man löst das Chinon in etwa 5 ccm Alkohol, setzt dann 20 ccm 4-n-Salzsäure und 1,5 g Kaliumjodid hinzu und titriert gleich darauf mit Thiosulfat.

Antipyrin: $C_{11}H_{12}N_2O$. MANSEAU[2] bestimmt Antipyrin, indem er zu einer Lösung von 1 g in 100 ccm Wasser Stärkelösung zusetzt und sie bei 40° etwa mit Jod bis zur Blaufärbung titriert. Der empirische Gebrauchstiter der Jodlösung wird mit reiner Antipyrinlösung in gleicher Weise ermittelt. KIPPENBERGER[3] hat versucht, das Antipyrin quantitativ in Jodantipyrin umzusetzen, erreichte aber dabei keine große Genauigkeit (3—5%). BOUGAULT[4] hat sehr eingehend die jodometrische Antipyrintitration studiert. Ursprünglich arbeitete er mit einer alkoholischen Jod-

<hr>

[1] VALEUR: Cpt. rend. Bd. 129, S. 552. 1899.
[2] MANSEAU: Chem. Zentralbl. 1889 II, S. 561.
[3] KIPPENBERGER: Zeitschr. f. analyt. Chem. Bd. 35, S. 659. 1898.
[4] BOUGAULT: Journ. de pharmacie et de chim. Bd. 7, S. 161. 1898.

lösung; François[1] erhielt auf gleichem Arbeitswege brauchbare Resultate. Später riet Bougault[2] selbst von der Benutzung alkoholischer Jodlösung ab und stellte eine Titriermethode mit der üblichen wäßrigen 0,1-n-Jodlösung auf. Kolthoff[3] hat das Verfahren nach Bougault bei genauer Prüfung für sehr gut befunden, hat jedoch dessen Vorschrift etwas abgeändert:

Vorschrift: Zu 10 ccm der 1proz. Antipyrinlösung gibt man 1,5—2 g Natriumacetat, 20 ccm 0,1-n-Jodlösung und läßt 20 Minuten verschlossen stehen. Darauf werden 20—25 ccm starker Weingeist zugesetzt, und man schüttelt gut um, bis alle Kristalle, selbst die letzten schwarzen Teilchen, gelöst sind, und titriert das unverbrauchte Jod mit Thiosulfat zurück.

Statt mit Weingeist, kann man die Lösung nach 20 Minuten auch mit 10 ccm Chloroform versetzen und unter kräftigem Umschwenken mit Thiosulfat titrieren. Das Antipyrin wird quantitativ nach der Gleichung:

$$C_{11}H_{12}N_2O + J_2 \rightarrow C_{11}H_{11}N_2OJ + H^{\cdot} + J'$$

in Jodantipyrin umgewandelt.

1 ccm 0,1-n-Jod entspricht 9,4 mg Antipyrin.

Bemerkungen: 1. Nach dem Jodzusatz entsteht ein dunkel gefärbter kristallinischer Niederschlag von farblosem Jodantipyrin, das jedoch oberflächlich Jod adsorbiert hält.

2. Begleitendes Salicylat steht der Titration nicht im Wege. Daher eignet sich die beschriebene Methode auch zur Antipyrinbestimmung in Salipyrin.

3. Ebensowenig stören Coffein und Citronensäure (Antipyrinbestimmung in Migraenin!), ferner nicht Acetanylid, Phenacetin und Aspirin, welche in medizinischen Präparaten oft neben Antipyrin enthalten sind. Pyramidon wird hingegen selbst von der Jodlösung angegriffen.

Theobromin: Nach W. O. Emery und G. C. Spencer[4] gibt Theobromin in saurer Lösung mit Jodjodkalium eine Fällung von der Zusammensetzung $C_7H_8N_4O_2HJJ_4$. M. van Breukeleveen[5]

---

[1] François: Journ. de pharmacie et de chim. Bd. 15, S. 97. 1917.

[2] Bougault: Journ. de pharmacie et de chim. Bd. 15, S. 337. 1917.

[3] Kolthoff: Pharmac. Weekbl. Bd. 60, S. 194. 1923.

[4] Emery, W. O. und G. C. Spencer: Ind. Engin. Chem. Bd. 10, S. 605. 1918.

[5] Breukeleveen, M. van: Chem. weekbl. Bd. 24, S. 206. 1927.

empfiehlt folgendes Titrierverfahren: 0,15—0,2 g Theobromin werden in einen 100-ccm-Maßkolben eingebracht und in 4 ccm n-Natronlauge gelöst, darauf mit 50 ccm 0,1-n-Jodlösung versetzt. Nach einer Viertelstunde wird mit 15 ccm 4-n-Salzsäure angesäuert, und anschließend werden 6 g Kochsalz hinzugefügt. Sobald dieses gelöst ist, wird mit Wasser bis zur Marke angefüllt und nach einer halben Stunde filtriert. (Bei Benutzung von Papierfiltern werden die ersten 20 ccm verworfen.) Vom Filtrat wird ein aliquoter Teil mit Thiosulfat titriert. Coffein stört die Bestimmung und muß vorher durch Methylalkohol beseitigt werden.

Alkaloide: Alkaloide bilden mit Jodjodkaliumlösung Perjodide von wechselnder Zusammensetzung. Daher hat die jodometrische Titrationsmethode dieser Pflanzenbasen nur geringen praktischen Wert[1].

Über die Bestimmung der Jodzahl von Ölen und Fetten ist Näheres den Handbüchern der Fettchemie zu entnehmen.

Vierzehntes Kapitel.

Titrationen mit Kaliumjodat.

Kaliumjodat wird durch Umkristallisation aus Wasser leicht rein gewonnen, worauf wir an anderer Stelle bereits hinwiesen. Seine Lösungen sind unbegrenzt haltbar. Zu Titrationen, die mit Jod in saurer Lösung vorgenommen werden, kann man auch Kaliumjodatlösung verwenden, indem man sie mit Jodid und Säure versetzt.

Eine Lösung mit 3,5661 g Kaliumjodat im Liter ($= ^1/_{60}$ molar) entspricht einer 0,1-n-Jodlösung:

$$JO_3' + 5J' + 6H^{\cdot} \rightarrow 3J_2 + 3H_2O.$$

§ 1. Direkte Titrationen mit Kaliumjodat in stark salzsaurer Lösung nach L. W. Andrews[2]. In sehr starker Salzsäure wird Kaliumjodat nach L. W. Andrews[2] quantitativ zu Jodchlorid reduziert. Bei einer solchen Bestimmung entsteht zwischendurch

---

[1] Vgl. Kippenberger: Zeitschr. f. analyt. Chem. Bd. 35, S. 11, 422. 1896; Bd. 39, S. 435. 1899; auch H. Beckurts: Die Methoden der Maßanalyse, S. 443, wo weitere Literatur genannt wird.

[2] Andrews, L. W.: Journ. of the Americ. chem. soc. Bd. 25, S. 756. 1903.

Jod, das aber am Äquivalenzpunkt bei Gegenwart von genügend Chlorwasserstoffsäure vollständig in Jodchlorid übergeführt ist. Man kann daher den Endpunkt in der Art bestimmen, daß man Chloroform (oder meiner Erfahrung nach ebensogut Tetrachlorkohlenstoff) zusetzt und so lange Jodat zulaufen läßt, bis nach kräftigem Schütteln die violette Farbe im organischen Lösungsmittel eben verschwunden ist. Von großer Bedeutung ist dabei eine genügend hohe Salzsäurekonzentration; die Lösung soll beim Endpunkt wenigstens 10—12% HCl enthalten.

Ausführung der Bestimmung: Eine geeignete Portion der zu untersuchenden Lösung wird in einer Glasstöpselflasche oder in einem Erlenmeyer mit eingeschliffenem Stopfen mit 5 ccm Chloroform oder Tetrachlorkohlenstoff und so viel 39proz. Salzsäure (spez. Gew. 1,19) beschickt, daß die HCl-Konzentration beim Endpunkt wenigstens 12% beträgt. Darauf wird mit $^1/_{60}$ molarer Kaliumjodatlösung (oder solcher anderer Konzentration) titriert — in der Nähe des Endpunktes unter kräftigem Schütteln —, und zwar so lange, bis das Chloroform oder der Tetrachlorkohlenstoff eben entfärbt wird.

Auf diese Weise ist der Endpunkt meines Erachtens sehr scharf zu beobachten.

Jodide.

$$2\,KJ + KJO_3 + 6\,HCl \rightarrow KCl + 3\,JCl + 3\,H_2O.$$

Die Reaktion folgt der vorstehenden Gleichung. Schon ANDREWS (l. c.) hat die Methode zur Gehaltsbestimmung von Jodiden empfohlen; sie gibt auch nach meiner Erfahrung gute Resultate.

1 ccm $^1/_{60}$ molares KJO_3 entspricht 1 ccm $^1/_{120}$ molarem Jodid.

Jod.

$$2\,J_2 + KJO_3 + 6\,HCl \rightarrow KCl + 5\,JCl + 3\,H_2O.$$

Hat man Jod und Jodid nebeneinander zu bestimmen, so titriert man das freie Jod allein mit Thiosulfat, und in einer anderen Probe die Summe von Jodid und Jod nach ANDREWS mit Jodat.

Dreiwertiges Arsen und Antimon:

$$As_2O_3 + KJO_3 + 2\,HCl \rightarrow As_2O_5 + JCl + KCl + H_2O,$$
$$Sb_2O_3 + KJO_3 + 2\,HCl \rightarrow Sb_2O_5 + JCl + KCl + H_2O.$$

Nach G. S. JAMIESON[1], der eingehende Untersuchungen über die Verwendbarkeit der ANDREWSSchen Methode angestellt hat, lassen sich dreiwertiges Arsen[2] und Antimon[3] ohne weiteres auf diesem Wege bestimmen. Davon hat JAMIESON zur Antimonbestimmung in Legierungen und Arsenbestimmung von Insektenpulvern Gebrauch gemacht.

Zur Bestimmung von Wasserstoffperoxyd läßt JAMIESON[4] dies auf eine alkalische Arsentrioxydlösung einwirken und titriert den Überschuß nach der angegebenen Methode zurück.

Hydrazin:

$$N_2H_4 + KJO_3 + 2HCl \rightarrow KCl + JCl + N_2 + 3H_2O.$$

Die Hydrazintitration liefert nach JAMIESON[5] und auch nach KOLTHOFF[6] ausgezeichnete Werte.

Zinnmetall und Stanno: Nach JAMIESON[7] schließt sich die Oxydation durch Kaliumjodat folgenden Gleichungen an:

$$KJO_3 + Sn + 6HCl \rightarrow SnCl_4 + KCl + JCl + 3H_2O.$$
$$KJO_3 + 2SnCl_2 + 6HCl \rightarrow 2SnCl_4 + KCl + JCl + 3H_2O.$$

Um die Luftoxydation von Stanno möglichst hintanzuhalten, setzt man im Beginn der Titration das Jodat zur stark salzsauren Zinnlösung sehr schnell zu.

Über die Oxydation von Thallo zu Thalli nach ANDREWS vgl. A. J. BERRY[8].

Schweflige Säure, Thiosulfate, Tetrathionate: Nach JAMIESON[9] spielen sich folgende Oxydationen ab:

$$KJO_3 + 2SO_2 + 2HCl + H_2O \rightarrow 2H_2SO_4 + JCl + KCl,$$
$$2KJO_3 + Na_2S_2O_3 + 2HCl \rightarrow Na_2SO_4 + K_2SO_4 + 2JCl + H_2O.$$
$$7KJO_3 + 2Na_2S_4O_6 + 10HCl \rightarrow 4H_2SO_4 + 2Na_2SO_4 + K_2SO_4$$
$$+ 7JCl + 3KCl.$$

<hr>

[1] Vgl. G. S. JAMIESON: Volumetric Jodate Methods. New York 1926.

[2] JAMIESON: Industr. Engin. Chem. Bd. 10, S. 290. 1918.

[3] JAMIESON: Industr. Engin. Chem. Bd. 3, S. 250. 1911.

[4] JAMIESON: Amer. Journ. Science Bd. 44, S. 150. 1917.

[5] JAMIESON: Amer. Journ. Science Bd. 33, S. 352. 1912.

[6] KOLTHOFF: Journ. of the Americ. chem. soc. Bd. 46, S. 2013. 1924.

[7] JAMIESON, G. S.: Amer. Journ. Science Bd. 38, S. 166. 1912; DEAN, R. S.: Journ. of the Americ. chem. soc. Bd. 37, S. 1134. 1915; HALLER, P.: Journ. Soc. chem. Ind. Bd. 38, S. 52. 1919; JAMIESON: Amer. Journ. Science Bd. 39, S. 639. 1915.

[8] BERRY, A. J.: Analyst Bd. 51, S. 137. 1926.

[9] JAMIESON: Ind. Engin. Chem. Bd. 8, S. 500. 1916.

Näheres über die Ausführungsweise solcher Bestimmungen ist aus der Originalliteratur zu ersehen.

Rhodanide: Rhodanide lassen sich nach der ANDREWSschen Methode sehr genau bestimmen, ohne daß nach R. LANG[1] dabei eine Luftoxydation störend eingreift.

$$3\,KJO_3 + 2\,HCNS + 3\,HCl \rightarrow K_2SO_4 + KHSO_4 + 2\,HCN$$
$$+ 3\,JCl + H_2O.$$

JAMIESON[2] hat die Rhodantitration zur Kupferbestimmung herangezogen; das Kupfer wird zuvor als Cuprorhodanid gefällt.

Quecksilber wird als Mercurizinkrhodanid $HgZn(CNS)_4$ niedergeschlagen und auf Rhodanid titriert[3]. Auf gleichem Wege ist auch Zink[4] zu bestimmen.

§ 2. Direkte Titrationen mit Kaliumjodat in Gegenwart von Cyanwasserstoff nach LANG. „Jodo-Cyanmethode". R. LANG[5] hat über die direkten Titrationen mit Kaliumjodat in Gegenwart von Cyanwasserstoff gründliche Untersuchungen beigebracht, die auch in theoretischer Hinsicht sehr wertvoll sind. Wir müssen uns hier mit einer kurzen Zusammenfassung begnügen; viele interessante Einzelheiten sind in den ausführlichen Veröffentlichungen von LANG[5] nachzulesen.

Jodide werden in Begleitung von Cyanwasserstoff durch starke Oxydationsmittel zu farblosem Jodcyan oxydiert, während ohne Mitwirkung des Cyans elementares Jod entsteht:

$$2\,J' \rightleftharpoons J_2 + 2\,e \quad \text{(ohne HCN)};$$
$$J' \rightleftharpoons J^{\cdot} + 2e \quad \text{(mit HCN)}.$$

Das positive Jodion $J^{\cdot}$ reagiert mit Cyanwasserstoff zu Jodcyan:

$$J^{\cdot} + HCN \rightleftharpoons JCN + H^{\cdot}.$$

Der ganze Reaktionsmechanismus ist ziemlich kompliziert. Während der Titration stellt sich nämlich ein Gleichgewicht

[1] LANG, R.: Zeitschr. f. anorg. allgem. Chem. Bd. 142, S. 290. 1925.

[2] JAMIESON, LEVY und WELLS: Journ. of the Americ. chem. soc. Bd. 30, S. 760. 1908; Chem. met. Engin. Bd. 19, S. 185. 1918.

[3] JAMIESON: Amer. Journ. Science Bd. 33, S. 349. 1912; Ind. Engin. Chem. Bd. 11, S. 296. 1919.

[4] JAMIESON: Journ. of the Americ. chem. soc. Bd. 40, S. 1036. 1918.

[5] LANG, R.: Zeitschr. f. anorg. allgem. Chem. Bd. 122, S. 332. 1922; Bd. 142, S. 229, 279. 1925; Bd. 144, S. 75. 1925.

zwischen Jodcyan, Jodid und Wasserstoffionen auf der einen Seite, Jod und Blausäure andererseits ein:

$$JCN + H^{\cdot} + J' \rightleftarrows J_2 + HCN.$$

Titrieren wir also Jodid mit einem starken Oxydans in Gegenwart von Cyanwasserstoff, so wird auch freies Jod gebildet, das Stärke blau färbt. Gegen Ende der Titration, wenn fast alles Jodid zu Jodcyan oxydiert ist, nimmt auch der Anteil des freien Jods ab; im Äquivalenzpunkt, wenn alles Jod zu Jodcyan gebunden ist, verschwindet die blaue Jodstärkefarbe, und die Lösung wird plötzlich farblos.

In gewissem Sinne sind die Methoden von LANG und ANDREWS ein wenig vergleichbar. Bei der letzteren titriert man in einem sehr stark salzsauren System und führt dadurch alles Jod in das farblose Jodchlorid über; bei der Titration nach LANG nimmt die Cyanwasserstoffsäure eine ähnliche Rolle wie dort die Salzsäure ein; dies hat den Vorteil, daß die Bestimmung bei viel schwächerem Säuregrad der Lösung vorzunehmen ist.

Titration von Jodid (auch Jod):

$$JO_3' + 2\,J' + 3\,HCN + 3\,H^{\cdot} \rightleftarrows 3\,JCN + 3\,H_2O.$$

In Übereinstimmung mit LANG stellte ich den schärfsten Umschlag in salzsaurer Lösung fest; sie soll wenigstens 1—1,2-n an HCl sein (vgl. auch Permanganattitration S. 286).

Vorschrift: Zu 10 ccm etwa 0,1 molarer Jodidlösung gibt man in einen langhalsigen Erlenmeyer mit eingeschliffenem Stöpsel 20 ccm 25 proz. Salzsäure, 4—5 ccm 10 proz. Kaliumcyanidlösung und titriert mit $^1/_{60}$ molarer Jodatlösung. Anfangs wird die Flüssigkeit braun, gegen Ende hin hellgelb. Man fügt dann Stärke zu und titriert auf den Umschlag von Blau nach Farblos, der auf einen Tropfen scharf zu erkennen ist. Genauigkeit: etwa 0,1 %.

Bemerkungen: 1. Die Methode ist auch bei Anwesenheit beliebiger Mengen Bromide brauchbar. In der Nähe des Endpunktes tritt dann die braune Farbe von Jodbrom auf, welche über Rotviolett-Violett schließlich in die rein blaue der Jodstärke übergeht. Auf diese aufeinander folgenden Farbtöne braucht man bei der Titration keine Rücksicht zu nehmen, sondern kann schon weitertitrieren, sobald der rotviolette Ton auftaucht.

2. Sehr verdünnte Jodlösungen erlauben nach meiner Erfahrung 'keine genaue Bestimmung mehr. Der Umschlag nach Farblos tritt dann um so früher auf, je mehr Cyanid in der Flüssigkeit vorhanden ist. Nach KOLTHOFF[1] wendet man unter diesen Verhältnissen statt Stärke Chloroform oder Tetrachlorkohlenstoff als Indikator an und titriert genau bis zum Verschwinden der Violettfärbung (vgl. auch Methode ANDREWS S. 437). Selbst in Begleitung wechselnder Bromidkonzentrationen liefert dies abgeänderte Verfahren bei allen Verdünnungen sehr genaue Werte. 100 ccm einer $^1/_{100000}$ molaren Kaliumjodidlösung ($= 0{,}127$ mg J) konnte ich auf diesem Wege noch auf 1% genau titrieren.

3. Freies Jod läßt sich nach der Methode LANG und bei höheren Verdünnungen in der von mir gegebenen Ausgestaltung ebenso genau wie Jodid bestimmen.

Dreiwertiges Arsen und Antimon: Dreiwertiges Arsen und Antimon sind nach R. LANG[2] genau wie Jodide zu titrieren:

$$JO_3 + 2As^{\cdots} + HCN + 5H^{\cdot} \rightarrow JCN + 2As^{\cdots\cdots} + 3H_2O.$$

Vorschrift vgl. für Jodid.

Der Endpunkt wird hier ausgezeichnet sichtbar. Bei der Titration sehr geringer Arsenmengen stellte LANG eine starke Abhängigkeit der Ergebnisse von der Arsen- und Salzsäurekonzentration fest (und wahrscheinlich auch von der Cyanidkonzentration. K.). Wahrscheinlich ist hier die Verwendung von Chloroform oder Tetrachlorkohlenstoff wieder sehr ratsam.

In schwefelsaurer Lösung wird die Bestimmung nach LANG durch Ferroeisen nicht beeinträchtigt.

Bemerkung: Über den Gebrauch von Jodmonochlorid zu maßanalytischen Zwecken vgl. auch die zitierten Abhandlungen von LANG.

Hydrazin: Auch Hydrazin läßt sich nach LANG[3] ohne weiteres nach dem Jodo-Cyanverfahren wie dreiwertiges Arsen bestimmen:

$$JO_3' + N_2H_4 + HCN + H^{\cdot} \rightarrow JCN + N_2 + 3H_2O.$$

---

[1] KOLTHOFF, J. M.: Pharmac. weekbl. Bd. 62, S. 878. 1925.
[2] LANG, R.: Zeitschr. f. anorg. allgem. Chem. Bd. 142, S. 242. 1925.
[3] LANG, R.: Zeitschr. f. anorg. allgem. Chem. Bd. 142, S. 280. 1925.

Über die Titration bei Anwesenheit von Hydroxylamin vgl. LANG l. c.

§ 3. Anwendung von Kaliumjodat in der organischen Elementaranalyse. Im ersten Teil des Buches S. 208 haben wir schon erwähnt, daß verschiedene organische Substanzen durch Kaliumjodat in stark saurer Lösung quantitativ zu Kohlensäure und Wasser oxydiert werden können.

BÉHAL[1] hat Jodsäure schon zur Ameisensäurebestimmung benutzt, er destilliert das entstehende Jod über und mißt es mit Thiosulfat:

$$5\,HCOOH + 2\,HJO_3 \rightarrow 5\,CO_2 + 6\,H_2O + J_2.$$

Bequemer ist es noch, die überschüssige Jodsäure nach Vertreiben des Jods zurückzutitrieren (vgl. R. STREBINGER[2] und G. VORTMANN[3]).

Fünfzehntes Kapitel.

Titrationen mit Kaliumbromat.

§ 1. Direkte Titrationen mit Kaliumbromatlösung. Kaliumbromat ist durch Umkristallisation aus Wasser leicht rein darzustellen, wie wir schon an früherer Stelle mitgeteilt haben (S. 353). In saurer Lösung wirkt Bromat stark oxydierend, dabei entsteht Bromid, das schließlich mit überschüssigem Bromat zu freiem Brom reagiert. Brom ist schon durch seine gelbe Farbe zu erkennen, viel empfindlicher weist man es aber mit Azoindikatoren wie Methylrot oder Methylorange nach. Freies Brom zerstört die Azofarbstoffe und zeigt somit den ersten Bromatüberschuß an. Diese Oxydation ist eine Zeitreaktion, also nicht reversibel. In stark saurer Lösung und besonders bei höherer Temperatur verläuft sie schnell, doch ist es immer ratsam, gegen Ende der Titration das Bromat tropfenweise unter gutem Umschwenken einlaufen zu lassen, weil sonst der Umschlag etwas zu spät wahrgenommen werden kann (vgl. S. 443). Vor dem Endpunkte beginnt die Farbe des Indikators oft schon ein wenig abzublassen (örtlicher Bromatüberschuß, wodurch freies Brom auftritt). Da-

---

[1] BÉHAL: Cpt. rend. Bd. 130, S. 1636. 1906; für Glycerin vgl. L. CHAUMEIL: Bull. Soc. chim. Bd. 27, S. 629. 1902.

[2] STREBINGER, R.: Zeitschr. f. analyt. Chem. Bd. 58, S. 97. 1919.

[3] VORTMANN, G.: Zeitschr. f. analyt. Chem. Bd. 66, S. 272. 1925.

her wird man bisweilen gegen Ende der Bestimmung erneut Indikator zusetzen müssen.

Statt der genannten Azofarbstoffe kann man auch Indigosulfonsäure benutzen. Durch Brom wird die blaue Lösung entfärbt. Betreffs Einzelheiten vgl. übrigens S. 260.

Dreiwertiges Arsen und Antimon: Schon G. Györy[1] hat dreiwertiges Arsen und Antimon mit Kaliumbromat in salzsaurer Lösung auf Methylorange titriert. Später ist die Methode öfters benutzt und geprüft worden[2]. Nach meiner Erfahrung ist sie sehr brauchbar, wenn man zum Schluß unter lebhaftem Umschütteln Tropfen für Tropfen titriert und von vornherein den Salzsäuregehalt genügend groß wählt. Schneller kann man bei etwa 50—60° arbeiten.

Vorschrift: Die Lösung wird mit reichlich 25proz. Salzsäure angesäuert (20 ccm auf 100 ccm Flüssigkeit im Endpunkt!), mit 1—2 Tropfen Methylorange (0,1 %) oder Methylrot (0,2 %) versetzt und bei Zimmertemperatur oder 60° mit 0,1-n-Kaliumbromat von Rot auf Farblos titriert. Statt der Azoindikatoren ist auch Indigosulfonsäure gut geeignet.

Sogar an 0,01-n-Lösungen liefert das Verfahren genaue Resultate. Bei zu raschem Titrieren in der Nähe des Endpunktes unterlaufen leicht Fehler von 0,5 %. Besonders Antimon^{III} wird am besten bei 60° titriert.

Diese einfache Arsentitration wird zweckmäßig zur Rücktitration unverbrauchter arseniger Säure bei irgendwelchen Reduktionen benutzt (wie bei der Quecksilberbestimmung S. 424; Braunsteinbestimmung S. 381), ferner bei einer neueren Chloratbestimmung. K. Peters und E. Deutschländer[3] reduzieren Chlorat unter geeigneten Verhältnissen mit arseniger Säure und titrieren den Überschuß nach Györy zurück:

$$2\,HClO_3 + 3\,As_2O_3 \rightarrow 3\,As_2O_5 + 2\,HCl.$$

10 ccm etwa 0,05 molare Chloratlösung werden mit 25 ccm 0,1-n-As_2O_3, 10 ccm 4-n-Salzsäure und 50—100 mg Kaliumbromid versetzt und dann 10 Minuten lang in gelindem Sieden erhalten.

---

[1] Györy: Zeitschr. f. analyt. Chem. Bd. 32, S. 415. 1893.
[2] Vgl. Nissenson und Siedler: Chemiker-Zeit. Bd. 27, S. 150. 1903.
[3] Peters, K. und E. Deutschländer: Apoth.-Zeit. 1926, S. 594.

Darauf wird der Überschuß arseniger Säure mit Bromat zurücktitriert.

1 ccm 0,1-n-As_2O_3 entspricht 2,04 mg $KClO_3$.

Weiter dient das Verfahren vielfach bei Bromadditionsreaktionen zur Bestimmung des Bromüberschusses, indem man diesen mit Arsentrioxyd reduziert und die unverbrauchte arsenige Säure mit Bromat zurückmißt.

Stanno: Stanno läßt sich genau wie Arsen und Antimon titrieren. Wegen der störenden Luftoxydation arbeitet man hier am besten unter Kohlensäureatmosphäre. In gleicher Weise wird Thallo[1] zu Thalli und Cupro zu Cupri oxydiert.

G. G. Reissaus[2] verwendet die Cuprotitration mit Bromat zur Wismutbestimmung. Wismutlösung reagiert mit Cupri im Sinne:

$$BiCl_3 + 3\,Cu \rightarrow 3\,CuCl + Bi$$

oder

$$Bi^{\cdots} + 3\,Cu \rightleftarrows 3\,Cu^{\cdot} + Bi.$$

Zur Beseitigung der die Bestimmung störenden Metalle (Arsen, Antimon, Kupfer) wird Wismut zunächst als Oxychlorid gefällt, filtriert und wieder in heißer Salzsäure gelöst (etwa 30 ccm konzentrierte HCl). Die Lösung wird in einen 500-ccm-Erlenmeyer-Kolben übergespült, mit Wasser auf ca. 200 ccm verdünnt, unter Kohlensäure zum Sieden erhitzt, um alle Luft zu verdrängen, und nun endlich mit blanken Elektrolytkupferspänen beschickt. Nach etwa viertelstündigem Sieden überzeugt man sich durch Einwerfen eines frischen Kupferspanes, ob tatsächlich alles Wismut ausgefällt ist — er muß dann nach längerem Kochen noch völlig blank bleiben — und filtriert durch ein großes Faltenfilter oder durch Glaswolle unter Kohlensäure in einen mit Kohlensäure gefüllten oder etwas Bicarbonat enthaltenden Literkolben und wäscht mit heißem, salzsäurehaltigem Wasser nach. Das Gesamtvolumen soll etwa 400—500 ccm betragen. Nunmehr versetzt man mit einigen Tropfen Methylorange und titriert heiß mit 0,1-n-$KBrO_3$. Ein äußerst scharfer Farbumschlag von Zartrosa nach Zartblau zeigt das Ende der Reaktion an.

---

[1] Vgl. Kolthoff, J. M.: Recueil des travaux chim. des Pays-Bas Bd. 41, S. 172. 1922.

[2] Reissaus, G. G.: Zeitschr. f. analyt. Chem. Bd. 70, S. 297. 1927.

Bemerkung: Weil Cuprolösung so empfindlich gegen Luftsauerstoff ist, wäre es vielleicht ratsam, die zu filtrierende Cuprolösung mit überschüssigem Ferrisulfat zu behandeln und das entstehende Ferroeisen mit Dichromat auf Diphenylamin zu titrieren (vgl. S. 462).

Hydrazin: Nach A. KURTENACKER und J. WAGNER[1] läßt sich Hydrazin auch direkt mit Bromat titrieren.

$$3N_2H_4 + 2HBrO_3 \rightarrow 2HBr + 3N_2 + 6H_2O.$$

Nach meiner Erfahrung[2] gibt das Verfahren nur bei genügendem Salzsäuregehalt gute Werte; im übrigen konnte ich die Angaben von KURTENACKER und WAGNER bestätigen. In schwach salzsaurer Lösung werden auch N_3H und NH_3[3] gebildet.

Vorschrift: Die Hydrazinlösung wird mit Salzsäure auf einen ungefähren HCl-Gehalt von 20% abgestimmt. Darauf wird Indigo als Indikator zugesetzt und mit Bromat auf Farblos titriert. Meiner Beobachtung nach werden etwa 0,6% zu viel Bromat verbraucht. Gegenüber Methylrot oder Methylorange tritt der Umschlag noch etwas später auf (Fehler etwa 1%).

Nach A. KURTENACKER und H. KUBINA[4] sind Semicarbazid und Phenylhydrazin genau so wie Hydrazin zu titrieren.

Jodid[5]: Jodide können nach meiner Feststellung auch an Hand des Jodo-Cyanverfahrens (Methode LANG) mit Kaliumbromat als Maßlösung bestimmt werden. Im übrigen ist die Ausführung die gleiche wie mit Kaliumjodat (vgl. S. 439). Die Reaktion entspricht der Gleichung:

$$BrO_3' + 3J' + 3HCN + 3H\cdot \rightarrow 3JCN + 3H_2O + Br'.$$

R. BERG[5] hat eine Methode ausgearbeitet, nach der man Jodid, Bromid und Chlorid nebeneinander mit Kaliumbromat in Gegenwart von Cyanwasserstoffsäure bestimmen kann.

---

[1] KURTENACKER, A. und J. WAGNER: Zeitschr. f. anorg. allgem. Chem. Bd. 120, S. 261. 1922.

[2] KOLTHOFF, J. M.: Journ. of the Americ. chem. soc. Bd. 46, S. 2011. 1924.

[3] Vgl. BROWNE und SHETTERLY: Journ. of the Americ. chem. soc. Bd. 30, S. 53. 1908.

[4] KURTENACKER, A. und H. KUBINA: Zeitschr. f. analyt. Chem. Bd. 64, S. 388. 1924.

[5] BERG, R.: Zeitschr. f. analyt. Chem. Bd. 69, S. 1, 342, 369. 1926.

Das Jodid wird direkt mit Bromat titriert (vgl. die vorstehende Vorschrift).

Dann wird bei erhöhter Säurekonzentration mit einem geringen Bromatüberschuß das Bromid in Bromcyan übergeführt. Das unverbrauchte Bromat wird mit Anilin (oder Phenol) fortgenommen und das Bromcyan jodometrisch titriert:

$$BrCN + 2\,J' \rightarrow J_2 + Br' + CN'.$$

Die Oxydation des Chlorids zu Chlorcyan macht die meisten Schwierigkeiten. Näheres darüber ist der Originalarbeit zu entnehmen.

§ 2. Oxydationen mit Brom im Überschuß. Verschiedene Substanzen, welche nicht direkt mit Bromat zu titrieren sind, lassen sich durch überschüssiges Brom quantitativ oxydieren. Für solche Zwecke kann wohl eine Bromlösung als Maßflüssigkeit dienen, wie sie in den letzten Jahren öfters vorgeschlagen wurde. Infolge der hohen Flüchtigkeit des Broms sind seine wäßrigen Lösungen wenig haltbar, selbst wenn die Bromtension durch gleichzeitig gelöstes Bromid herabgedrückt wird.

Viel bequemer geht man von einer Bromatlösung genau bekannten Gehaltes aus und versetzt ein bestimmtes Quantum von dieser mit Bromid und Säure. Dabei bildet sich quantitativ Brom nach dem Vorgang:

$$BrO_3' + 5\,Br' + 6\,H^{\cdot} \rightarrow 3\,Br_2 + 3\,H_2O.$$

Zu Oxydationen in neutraler oder schwach-alkalischer Lösung verwendet man zweckmäßig Hypobromitlösung, die jedoch auch wenig beständig ist und öfters eingestellt werden muß. Eine ziemlich haltbare Hypobromitlösung wird folgendermaßen bereitet:

Hypobromitlösung: 20 g Brom werden langsam unter gutem Umschütteln zu einer Lösung von 12 g Natriumhydroxyd in 500 ccm Wasser gegeben und dann mit Wasser auf 2 l verdünnt. Die Lösung ist ungefähr 0,12-n und muß im Dunkeln aufbewahrt werden. Oxydationen mit Brom in saurer Lösung nimmt man zweckmäßig in langhalsigen Erlenmeyer-Kolben mit gut eingeschliffenen Stopfen vor. Um Verflüchtigung möglichst zu verhindern, müssen Hals und Stopfen trocken sein, weil sich sonst leicht Flüssigkeitskanäle bilden. Sehr geeignet sind die von F. P. TREADWELL und C. MAYR[1] empfohlenen Flaschen mit eingeschliffenem Hahntrichter, mit denen Bromverluste sicher ver-

---

[1] TREADWELL, F. P. und C. MAYR: Zeitschr. f. anorg. allgem. Chem. Bd. 92, S. 127. 1915.

mieden werden. Nach der erfolgten Oxydation kann der Bromüberschuß jodometrisch oder auch mit arseniger Säure zurückgemessen werden, indem man die unverbrauchten Anteile der
letzteren etwa mit Bromat auf Methylrot bestimmt. Besonders
bei Serienbestimmungen ist dieser Weg mit Rücksicht auf die
Materialkosten zu empfehlen; man arbeitet dann zweckmäßig in
Flaschen nach TREADWELL und MAYR.

Zu Oxydationen in saurer Lösung bewährt sich allgemein
folgende Arbeitsweise: Die zu untersuchende Lösung versetzt man
mit 25 oder 50 ccm 0,1-n-Kaliumbromat, 1—2 g Kaliumbromid
und etwa 10 ccm 4-n-Salzsäure. Nach quantitativer Umsetzung
im verschlossenen Gefäß fügt man schnell 1 g Kaliumjodid zu,
schüttelt gut durch (damit auch das Brom im Dampfraum gebunden wird) und titriert dann mit 0,1-n-Thiosulfat.

Hydroxylamin: Nach E. RUPP und H. MÄDER[1] wird Hydroxylamin in schwach saurer Lösung durch Brom quantitativ zu
Salpetersäure oxydiert:

$$NH_2OH + 3\,Br_2 + 2\,H_2O \rightarrow HNO_3 + 6\,HBr.$$

A. KURTENACKER und J. WAGNER[2] schreiben die Verwendung
von Bromat in stark salzsaurer Lösung ohne Zusatz von Bromid
vor. Man versetzt die Hydroxylaminlösung mit überschüssigem
0,1-n-Kaliumbromat und säuert mit 40 ccm 25proz. Salzsäure an.
Nach 15 Minuten Stehen wird jodometrisch zurücktitriert. Liegen
Hydroxylamin und Hydrazin nebeneinander vor, so bestimmt man
beide gemeinsam durch Oxydation mit Brom. In einer zweiten
Probe mißt man den bei der Oxydation des Hydrazins gebildeten
Stickstoff gasvolumetrisch nach KURTENACKER und WAGNER.

Ammoniak: Hypobromit oxydiert Ammoniak zu freiem
Stickstoff:

$$2\,NH_3 + 3\,NaOBr \rightarrow 3\,NaBr + N_2 + 3\,H_2O.$$

Nach E. RUPP und E. RÖSSLER[3] bzw. P. ARTMANN und
A. SKRABAL[4] versetzt man die neutrale Ammoniumsalzlösung

---

[1] RUPP und MÄDER: Arch. d. Pharmaz. Bd. 251, S. 295. 1913.

[2] KURTENACKER, A. und J. WAGNER: Zeitschr. f. anorg. allgem. Chem.
Bd. 120, S. 261. 1922.

[3] RUPP, E. und E. RÖSSLER: Arch. d. Pharmaz. Bd. 243, S. 104. 1905.

[4] ARTMANN, P. und A. SKRABAL: Zeitschr. f. analyt. Chem. Bd. 46, S. 5.
1907, wo die ältere Literatur eingehend besprochen ist.

mit einem Überschuß Hypobromit und titriert denselben nach 5 Minuten Stehen jodometrisch zurück. RUPP und RÖSSLER säuern erst an und fügen dann Jodid hinzu; ARTMANN und SKRABAL arbeiten in der umgekehrten Reihenfolge. Wie wir unten sehen werden, verursacht dieser Unterschied im Arbeitsverfahren einen erheblichen Einfluß im Resultat. Das Verfahren von ARTMANN und SKRABAL ist besonders von H. H. WILLARD und E. CAKE[1] bzw. M. B. DONALD[2] empfohlen worden. Die ersteren verwenden die Methode zur Stickstoffbestimmung in organischen Substanzen. Sehr eingehend haben J. M. KOLTHOFF und A. LAUB (noch nicht veröffentlicht) die bromometrische Ammoniakbestimmung nachgeprüft. Unter allen Verhältnissen fanden sie, daß die Oxydation nicht nur zu Stickstoff führt, sondern daß auch ein geringer Teil zu Stickoxyden weiter oxydiert wird. Fügt man bei der Rücktitration zuerst KJ und dann Säure hinzu, so wird Nitrit zu NO reduziert. Am Ende der Titration läuft die Farbe wieder schnell zurück, weil das NO vom Luftsauerstoff sofort zu NO_2 oxydiert wird. Dieses reagiert wieder mit Jodwasserstoff usw. Titriert man bis zum ersten Endpunkt, und achtet man nicht auf die Nachbläuung, so sind die Resultate auf $\pm 0,5\%$ genau. Entfernt man die Luft vor der Rücktitration mit Kohlensäure oder Bicarbonat, so findet man nur etwa 1% zu hohe Resultate. Säuert man zuerst an (RUPP und RÖSSLER) und fügt erst dann Kaliumjodid hinzu, so wird das Nitrit zu Nitrat oxydiert. Die Farbe läuft am Ende der Titration nicht mehr zurück, jedoch findet man natürlich zu viel Hypobromit verbraucht. Der Fehler beträgt etwa 2—3%.

Für praktische Zwecke ist die Ausführungsform nach ARTMANN und SKRABAL am meisten zu empfehlen.

Das Verfahren ist zwar nicht ganz genau, jedoch lassen sich nach meiner Erfahrung 0,001-n-Ammonsalzlösungen noch auf 2—3% sicher bestimmen.

Schweflige Säure, Schwefelwasserstoff, Thioschwefelsäure. Diese Säuren werden alle durch viel Brom in saurer Lösung quantitativ zu Sulfat oxydiert:

---

[1] WILLARD, H. H. und W. E. CAKE: Journ. of the Americ. chem. soc. Bd. 42, S. 2646. 1920.
[2] DONALD, M. B.: Analyst Bd. 49, S. 375. 1924.

$$SO_3'' + O \rightarrow SO_4'',$$
$$S'' + 4\,O \rightarrow SO_4'',$$
$$S_2O_3'' + 4\,O \rightarrow 2\,SO_4''$$

Man mischt die zu untersuchenden Lösungen mit reichlich Bromat, fügt 0,5 g Bromid und 10 ccm 4-n-Salzsäure hinzu, und titriert 10 Minuten später zurück. Nach Kolthoff[1] erhält man gute Werte.

Sulfid ist nach H. H. Willard und W. E. Cake[2] auch in alkalischem Medium leicht mit Hypobromit zu Sulfat zu oxydieren. Nach 5 Minuten Stehen wird angesäuert und das überschüssige Reagens jodometrisch zurückgemessen. Sulfit und Thiosulfat lassen sich ebenfalls nach meiner Erfahrung in dieser Weise quantitativ bestimmen.

Phosphite: Phosphorige Säure wird nach Moerk[3] durch Brom quantitativ zu Phosphorsäure oxydiert:

$$H_3PO_3 + O \rightarrow H_3PO_4.$$

Nach W. Manchot und F. Steinhäuser[4] verläuft diese Oxydation sehr glatt in bicarbonatreicher Lösung. Die Autoren arbeiten mit Bromlösung, setzen diese in geringem Überschuß zu und titrieren sie nach der Arsentrioxydmethode 5 Minuten später zurück. Meiner Erfahrung nach kann man auch sehr gut mit Hypobromit arbeiten.

Zu 10 ccm 0,05 molarer Phosphitlösung fügt man in einen Erlenmeyer mit eingeschliffenem Stöpsel 25 ccm 0,1-n-Hypobromit und 1—2 g Natriumbicarbonat. Man läßt eine halbe bis eine Stunde verschlossen stehen und titriert den Überschuß Hypobromit jodometrisch in saurer Lösung zurück.

Hypophosphite: Hypophosphite lassen sich besser in saurer Lösung durch Brom oxydieren. Die Reaktionsgeschwindigkeit ist

---

[1] Kolthoff, J. M.: Zeitschr. f. analyt. Chem. Bd. 60, S. 450. 1921.

[2] Willard, H. H. und Cake: Journ. of the Americ. chem. soc. Bd. 43, S. 1610. 1921.

[3] Moerk: Chem. Zentralbl. 1889 II, S. 553; vgl. auch Wingler: Zeitschr. f. analyt. Chem. Bd. 62, S. 335. 1923.

[4] Manchot und Steinhäuser: Zeitschr. f. anorg. allgem. Chem. Bd. 138, S. 305. 1924.

ziemlich klein. RUPP und KROLL[1] fügen zum Hypophosphit einen Überschuß Bromat-Bromid und titrieren nach einer Stunde jodometrisch zurück. Auf diesem Wege fand ich[2] um 1,5—2% zu niedrige Resultate. Besser läßt man daher der Umsetzung 3 Stunden Zeit. MANCHOT und STEINHAUSER (l. c.) oxydieren mit Brom in Gegenwart von Natriumacetat, sie erwärmen zunächst für eine halbe Stunde auf 60⁰ und lassen dann noch 3 Stunden bei Zimmertemperatur stehen. Das Erwärmen der Bromlösung kann zu Tensionsverlusten führen, daher wird man lieber bei Zimmertemperatur in saurer Lösung arbeiten und die Einwirkungszeit entsprechend hoch bemessen.

$$H_3PO_2 + 2O \rightarrow H_3PO_4.$$

Ferroeisen: Ferro wird durch Brom zu Ferri oxydiert. In phosphorsaurer Lösung kann der Bromüberschuß jodometrisch zurückgemessen werden. KOLTHOFF[3] gibt folgende Vorschrift:

Zu 10 ccm der etwa 0,1 molaren Ferrolösung fügt man 25 ccm 0,1-n-Kaliumbromat und 10 ccm 25proz. Phosphorsäure. Nach 5 Minuten verschlossenem Stehen setzt man 5 ccm n-Kaliumjodid und 2 Tropfen 3proz. Ammoniummolybdat hinzu und titriert nach weiteren 3 Minuten mit Thiosulfat.

Den gleichen Zweck wie Phosphorsäure verrichtet nach MANCHOT und OBERHAUSER[4] Flußsäure; ebensogut läßt sich der Bromüberschuß durch arsenige Säure bestimmen.

Die direkte Titration von Ferroeisen mit Kaliumbromat auf Methylrot oder Indigo als Indikator liefert unter keinen Bedingungen brauchbare Resultate. Der Umschlag tritt immer viel zu früh auf.

Ameisensäure: Wie F. OBERHAUSER und W. HEUSINGER[5] zeigten, wird Formiat in neutraler Lösung durch Brom-Bromkaliumlösung direkt zu Kohlensäure oxydiert:

$$HCOOH + Br_2 \rightarrow CO_2 + 2H^{\cdot} + 2Br^{\cdot}.$$

---

[1] RUPP und KROLL: Arch. d. Pharmaz. Bd. 249, S. 493. 1911.

[2] KOLTHOFF: Pharmac. weekbl. Bd. 53, S. 913. 1916.

[3] KOLTHOFF: Zeitschr. f. analyt. Chem. Bd. 60, S. 454. 1921.

[4] MANCHOT, W. und F. OBERHAUSER: Zeitschr. f. analyt. Chem. Bd. 67, S. 197. 1924.

[5] OBERHAUSER, F. und W. HENSINGER: Zeitschr. f. anorg. allgem. Chem. Bd. 160, S. 366. 1927.

Die freie Mineralsäure, die die Reaktionsgeschwindigkeit stark vermindert, stumpft man durch genügend Natriumacetat oder Natriumbicarbonat ab.

Vorschrift: In eine enghalsige Stöpselflasche trägt man eine geeignete Menge der Substanz ein, darauf 10 ccm einer gesättigten Natriumbicarbonat- oder reiner Natriumacetatlösung und endlich Brom in n-Bromkaliumlösung bis zur lebhaften Gelbfärbung (auch Hypobromitlösung ist zu verwenden), läßt etwa 15 Minuten stehen, gibt dann überschüssige 0,1-n-arsenige Säurelösung hinzu, säuert vorsichtig an und titriert die unverbrauchte As_2O_3 mit Brom (oder Bromat) auf Indigocarmin-Styphninsäure zurück. Auch läßt sich der Brom- oder Hypobromitüberschuß jodometrisch zurückmessen.

Ich erhielt bei der Nachprüfung gute Resultate mit Hypobromit. Die Formiatlösung wird mit einem Überschuß Hypobromit vermischt, dann mit so viel Salz- oder Schwefelsäure versetzt, bis sich die Farbe deutlich nach Braun ändert; nach 5 Minuten Stehen in verschlossenem Gefäß wird in der beschriebenen Weise zurücktitriert.

§ 3. Verwendung von Bromat-Bromidgemischen zu Substitutionsreaktionen. Im theoretischen Teil (S. 197) haben wir die Substitutionsreaktionen mit Brom schon eingehend kennen gelernt. Praktisch kann man zwei Arbeitswege einschlagen:

a) Man titriert die vorgelegte Lösung nach dem Ansäuern mit Bromat-Bromid bis zur bleibenden Gelbfärbung (oder tüpfelt auf Jodkaliumstärkepapier). In dieser Weise läßt sich z. B. Anilin nach REINHARDT[1] in Tribromanilin überführen.

b) Man versetzt die Lösung mit reichlich Bromat-Bromid, säuert an und titriert den Überschuß Brom nach gewisser Zeit jodometrisch — Ausführungsweise vgl. § 2 — oder auch wohl nach der Arsentrioxydmethode zurück. Die Verfahren a und b führen nicht immer zu denselben Werten. Verschiedene Verbindungen, wie viele Naphthylamin- und Naphtholsulfosäuren, nehmen bei direkter Titration nur 1 Atom Brom auf; in Gegenwart überschüssigen Broms geht die Substitution aber weiter. Genauere Angaben hierüber bringt das Buch von W. VAUBEL[2].

---

[1] REINHARDT: Chemiker-Zeit. Bd. 17, S. 413. 1893.

[2] VAUBEL, W.: Die physikalischen und chemischen Methoden der quant. Bestimmung organischer Verbindungen. Bd. 2. S. 166. Berlin 1902.

Bei den Bromsubstitutionsreaktionen begegnen wir nach A. W. Francis und A. J. Hill[1] drei Arten von Schwierigkeiten: 1. Oxydation und Zerstörung des Moleküls; 2. Fällung von unvollständig bromierten Produkten; 3. unerwünschte Bromsubstitution gewisser Gruppen, wie COOH, SO_3H, CHO.

Die erste Schwierigkeit macht sich besonders bei o- und m-Toluidinen, Phenylendiaminen, o- und p-Aminophenolen, p-Phenetidin und Pyrocatechin geltend. Gewöhnlich entsteht eine dunkelgefärbte Flüssigkeit, und ein Endpunkt ist gar nicht zu erkennen. Arbeitet man unter 0^0, so wird die Störung bei Toluidin, p-Phenylendiamin und p-Aminophenol umgangen. Die zweite Komplikation tritt besonders bei Paraverbindungen, etwa p-Nitroanilin und p-Jodanilin, auf und verursacht zu niedrige Resultate; sie kann jedoch durch Zusatz eines geeigneten Lösungsmittels — vorzugsweise Alkohol — beseitigt werden. Die dritte Schwierigkeit läßt zu hohe Werte finden, man kann ihr aber durch Arbeiten bei tiefer Temperatur (0^0) gewöhnlich aus dem Wege gehen. Große Vorsicht ist jedoch bei den Oxybenzoesäuren zu beobachten. Francis und Hill bezeichnen in folgender Tabelle mit T_1 die Temperatur, unterhalb deren die unerwünschten Gruppen noch nicht substituiert werden, mit T_2 dagegen die Temperatur, über der diese Substitution bereits quantitativ stattfindet.

Substitution der Gruppen durch Brom.

	$T_1{}^0$	$T_2{}^0$
o- und p-Oxybenzoesäure	-5	20
o- und p-Aminobenzoesäure	0	40
o- und p-Oxybenzaldehyd	10	40
o- und p-Aminobenzaldehyd	15	45
Sulfanilsäure	0	20

Wenn eine Verbindung zwei Hydroxyl-, zwei Aminogruppen oder je eine von beiden enthält, so liefern die Metaverbindungen Tribromprodukte; die Ortho- und Paraverbindungen binden jedoch kein Brom. Dies trifft u. a. bei Hydrochinon ein und auch bei Pyrocatechin, p-Phenylendiamin und p-Aminophenol, wenn man bei 0^0 arbeitet, um eine Oxydation zu verhindern. Thymol bildet ein Dijodprodukt, Vanillin gibt bei 0^0 ein Monobromderivat.

---

[1] Francis, A. W. und A. J. Hill: Journ. of the Americ. chem. soc. Bd. 46, S. 2498. 1924.

Phoroglucin gibt eine Tribromverbindung, sofern man wenigstens den Bromüberschuß jodometrisch zurücktitriert.

Phenol: Schon LANDOLT[1] erkannte 1871 die Bromierung des Phenols zu Tribromphenol. KOPPESCHAAR[2] gründete darauf die bekannte Titriermethode des Phenols, die auch heute noch allgemein benutzt wird und einwandfreie Resultate liefert:

$$C_6H_5OH + 3\,Br_2 \rightarrow 3\,HBr + C_6H_2Br_3OH.$$

An und für sich führt in einer Phenollösung bei hohem Bromüberschuß die Substitution noch weiter zu Tribromphenolbrom, $C_6H_2Br_3OBr$. Dieses zersetzt sich aber mit Jodkalium wieder in Tribromphenol, und eine entsprechende Menge Jod wird frei.

Vorschrift: Zu etwa 25 ccm $^1/_{100}$ molarer Phenollösung fügt man 25 ccm 0,1-n-Kaliumbromat, 0,5 g Kaliumbromid und 5 bis 10 ccm 4-n-Salz- oder Schwefelsäure. Nach 5—10 Minuten Stehen in verschlossenem Gefäß wird 1 g Kaliumjodid zugesetzt und nach gutem Umschütteln mit Thiosulfat (gegen Ende mit Stärke!) titriert.

1 ccm 0,1-n-Bromat entspricht 1,567 mg Phenol.

Kresole: Der Literatur[3] zufolge sollen auch die Kresole nach der KOPPESCHAARschen Methode zu bestimmen sein. Ich habe eingehende Versuche angestellt und gefunden, daß frisch hergestelltes m-Kresol wie Phenol 3 Atome Brom aufnimmt und sich genau so wie Phenol bestimmen läßt. Das m-Kresol verdirbt jedoch sehr rasch beim Stehen, und man findet auch nach dem Fraktionieren beim richtigen Siedepunkt dann immer weniger als 3 Br verbraucht.

p- und o-Kresol scheinen 2 Atome Brom bei der Substitution aufnehmen zu können. Auch beim Arbeiten mit Präparaten von KAHLBAUM haben wir immer gefunden, daß etwas mehr als 2 Br eingeführt werden. Die aufgenommene Brommenge ist hier stark von der angewandten Brom- und Säurekonzentration und Einwirkungszeit abhängig.

Anilin läßt sich genau so wie Phenol titrieren; es liefert ein analoges Tribromanilin. Das Verfahren ist meiner Erfahrung

---

[1] LANDOLT: Ber. Bd. 4, S. 770. 1871.

[2] KOPPESCHAAR: Zeitschr. f. analyt. Chem. Bd. 15, S. 233. 1876.

[3] Vgl. auch K. K. JÄRVINEN: Zeitschr. f. analyt. Chem. Bd. 71, S. 108. 1927; P. W. DANCKWORTT und G. SIEBLER: Arch. Pharm. Bd. 264, S. 439. 1927.

nach selbst bei hohen Verdünnungen sehr genau. Falls das Tribromanilin bei der Rücktitration mit Thiosulfat Jod zu adsorbieren
scheint (zu erkennen an einer nicht rein weißen Farbe des Niederschlags!), setzt man gegen Ende ein wenig Alkohol oder Chloroform hinzu.

Die direkte Titration von Anilin mit Brom auf Indigocarmin
als Indicator gibt nach A. V. PAMFILOV und V. E. KISSELEVA[1]
ausgezeichnete Resultate.

Weiter kann diese Methode zur Gehaltsbestimmung von
Acetanilid dienen. Eine abgewogene Menge des Acetanilids
wird durch viertelstündiges Kochen in 4-n-Salzsäure in Anilin
und Essigsäure aufgespalten und darauf das Anilin in der beschriebenen Weise titriert.

Wie Anilin lassen sich auch Sulfanilsäure und m-Amino-
benzoesäure titrieren.

Resorcin. $C_6H_4(OH)_2$: Auch für Resorcin eignet sich gut
das KOPPESCHAARsche Verfahren (dabei entsteht wieder ein Tri-
bromsubstitutionsprodukt, 1 ccm 0,1-n-$KBrO_3$ entspricht 1,833 mg
Resorcin) nicht aber für andere zwei- und dreiwertige Phenole.

Salicylsäure: Salicylsäure verhält sich Brom gegenüber einigermaßen ähnlich wie Phenol. Nach FREYER[2] bildet sie mit überschüssigem Brom unter CO_2-Abspaltung Tribromphenolbrom
$C_6H_2Br_3OBr$ (oder chinoid $C_6H_2OBr_4$), das mit Kaliumjodid aber
zu Tribromphenol und freiem Jod reagiert.

1 Mol. Salicylsäure verbraucht also 6 Äquivalente Brom.
FREYER wendet bei der Titration einen Bromüberschuß von
mindestens 50—100% und auf 50—100 ccm Flüssigkeit 20 ccm
verdünnte Salzsäure an. Nach 3—5 Minuten wird zurücktitriert.
FRESENIUS und GRÜNHUT[3] geben folgende Vorschrift: Das Bromat-
Bromidgemisch wird mit Wasser auf 300 ccm verdünnt und mit
30 ccm 20proz. Salzsäure versetzt. In diese Flüssigkeit läßt man
die zu untersuchende Lösung einfließen; es entsteht ein weißer
Niederschlag. Nach 5 Minuten verschlossenem Stehen werden
30—40 ccm 10proz. Kaliumjodid zugesetzt und das freigewordene

---

[1] Zeitschr. f. analyt. Chem. Bd. 72, S. 100. 1927.

[2] FREYER: Chemiker-Zeit. Bd. 20, S. 820. 1896; vgl. auch HOUBEN: Die
Methoden der organ. Chem. Bd. 3, S. 857. Leipzig 1923.

[3] FRESENIUS und GRÜNHUT: Zeitschr. f. analyt. Chem. Bd. 38, S. 298.
1899.

Jod mit Thiosulfat titriert. Erst gegen Ende wendet man Stärke an. Ich habe die Methode in der üblichen Weise benutzt und dabei gute Resultate erhalten, wenn nur die Säurekonzentration im Gemisch nicht zu groß gewählt war[1].

Vorschrift: Zu 25 ccm etwa 0,01 molarer Salicylsäurelösung fügt man in einem Erlenmeyer mit Schliffstopfen 25 ccm 0,1-n-Kaliumbromat, 0,5—1 g Bromid und höchstens 5 ccm 4-n-Salzsäure. 5—10 Minuten später werden 5 ccm n-Kaliumjodid zugegeben und nach 5 Minuten schließlich wird mit 0,1-n-Thiosulfat titriert. Erst gegen Schluß der Bestimmung nimmt man Stärke hinzu, schüttelt vor allem aber kräftig durch, damit auch alles adsorbierte Jod zurück in die Lösung gelangt. Bisweilen ist der Niederschlag im Endpunkt nicht rein weiß, sondern schwach blau gefärbt und kann selbst durch reichlich Thiosulfat nicht entfärbt werden; diese Erscheinung rührt jedenfalls nicht von Jodstärke her.

1 ccm 0,1-n-Bromat entspricht 2,30 mg Salicylsäure.

Bemerkung: 1. Bei größerem Zusatz als 5 ccm 4-n-HCl auf 50 ccm Lösung wird zu wenig Brom verbraucht. Mit 10 ccm 4-n-HCl auf 50 ccm Flüssigkeit fand ich etwa — 8%, mit 15 ccm 4-n-Salzsäure etwa — 14% Fehler.

2. Die angewandte Brommenge spielt bei diesem Verfahren eine nur untergeordnete Rolle.

3. Die Methode eignet sich auch sehr zur Titration recht geringer Salicylsäuremengen, sofern man den richtigen Säuregrad einhält (5 ccm 4-n-HCl auf 50 ccm Flüssigkeit). So konnte ich Einwagen von 2—4 mg Salicylsäure noch auf 1% genau bestimmen.

o - Oxychinolin

Nach R. BERGS[2] Untersuchungen bildet o-Oxychinolin mit Brom ein Dibromsubstitutionsprodukt:

$$+ 2\,Br_2 \rightarrow + 2\,HBr.$$

---

[1] KOLTHOFF: Pharmac. weekbl. Bd. 58, S. 699. 1921.
[2] BERG, R.: Pharmaz. Zeit. Bd. 71, S. 1542. 1926.

1 ccm 0,1-n-Bromat entspricht 3,63 mg o-Oxychinolin (Oxin). Die 8—10 proz. Salzsäure enthaltende Lösung wird nach Berg mit einigen Tropfen 1 proz. Indigocarminlösung versetzt und mit Bromat-Bromidlösung bis zum Farbübergang von Blau über Grün in Gelb titriert. Darauf werden noch einige Kubikzentimeter Bromat in Überschuß zugesetzt, schließlich Kaliumjodid, und mit Thiosulfat auf Stärke zurücktitriert. Nach Zugabe des Jodids entsteht ein schokoladenbrauner Niederschlag eines Jodadditionsproduktes, das aber beim Titrieren mit Thiosulfat sofort zerfällt. Ist von vornherein viel o-Oxychinolin vorhanden, so scheidet sich die bromsubstituierte Verbindung kristallinisch ab. Meiner Erfahrung nach gibt die Methode vorzügliche Resultate, wenn man nicht zu spät nach dem Bromatzusatz zurücktitriert (jedenfalls innerhalb 10 Minuten). Statt der Indigocarminsäure möchte ich aber Methylrot den Vorzug geben. Auch auf diesen Indikator ist eine direkte Titration schwer angängig, weil der Umschlag von Rot nach Gelb nur unscharf ist; doch erkennt man mit ihm leichter den ersten Bromüberschuß. Jedenfalls ist es ratsam, das Bromat langsam zu der mit 0,5 g Kaliumbromid und 1—2 Tropfen 0,2 proz. Methylrot versetzten Lösung zufließen zu lassen, bis die Flüssigkeit rein gelb geworden ist. Die bromometrische Oxychinolinbestimmung ist sehr wertvoll für die Gehaltsbestimmung von Chinosol $(C_9H_7ON)_2H_2SO_4K_2SO_4$ und Superol $(C_9H_7ON)_2H_2SO_4$.

Anwendung des o-Oxychinolins (Oxins) zur quantitativen Metallbestimmung:

Durch Bergs[1] systematische Studien hat sich gezeigt, daß o-Oxychinolin (von Fr. L. Hahn[1] Oxin genannt) mit verschiedenen Metallen schwer lösliche kristallinische Verbindungen vom Typus $(C_9H_6ON)_2Me$ (Me = zweiwertiges Metall) eingeht.

Diese Metallfällungen sind teilweise sehr empfindlich. Weil die qualitativen Befunde auch große Bedeutung für die quanti-

---

[1] Berg, R.: Journ. f. prakt. Chem. Bd. 115, S. 178. 1927; vgl. auch Saul und Crawford: Analyst Bd. 43, S. 348. 1918; N. Schoorl: Pharmac. weekbl. Bd. 56, S. 325. 1919; C. Th. Mörner: Pharm. Zentralbl. Bd. 63, S. 399. 1922; J. M. Kolthoff: Chem. weekbl. 1928 (noch nicht veröffentlicht); F. L. Hahn: Chemiker-Zeit. Bd. 50, S. 754. 1926; Zeitschr. f. angew. Chem. Bd. 39, S. 1198. 1926; Hahn und Vieweg: Zeitschr. f. analyt. Chem. Bd. 71, S. 122. 1927.

tative Analyse haben, geben wir in untenstehender Tabelle einige
Empfindlichkeitsdaten nach Milligrammen pro Liter an. Die Löslichkeit der Niederschläge wechselt mit dem p_H der Lösung. Im
allgemeinen wurden zu 5 ccm Metallösung 6 Tropfen eines 4-n-
Acetat-Essigsäure-Puffers mit einem p_H von 5,5 und einige Tropfen
einer 2 proz. alkoholischen Oxinlösung gegeben, dann wurde zum
Sieden erhitzt und nach 10 Minuten Wartezeit geprüft, ob eine
kristallinische Fällung zu sehen war. Auch wurden Versuche
in ammoniakalischem und natronalkalischem Medium angesetzt
in beiden Fällen eventuell unter Zusatz von Seignettesalz (vgl.
BERG), um die Metalle in Lösung zu halten —.

Empfindlichkeit der Metallfällung mit o-Oxychinolin (Oxin)
in mg pro Liter.

Metall	In Essigsäureacetat	In NH_3 evtl. + Seignettesalz	In NaOH evtl. + Seignettesalz
Silber	sehr unempfindlich	400	keine Reaktion
Mercuro . . .	60	20	schon Ausfällung ohne Reagens
Mercuri . . .	unempfindlich	200	keine Reaktion
Wismut . . .	3	2	unempfindlich
Blei	unempfindlich; 1	30	—
Kupfer . . .	1	1	2
Cadmium . .	10	2	3
Kobalt . . .	1	20	20
Nickel	1	10	20
Aluminium . .	3	—	—
Ferri	0,5	10	—
Mangan . . .	5	1 $(+ NH_4Cl)$	Braunsteinbildung
Zink	1	5	7
Magnesium . .	—	1	5
Clacium . . .	—	10	+

Sowohl zur gewichtsanalytischen wie titrimetrischen Bestimmung verschiedener Metalle haben BERG wie auch HAHN (l. c.)
die Oxinfällung verwertet. Uns interessieren hier nur die maßanalytischen Methoden, und wir wollen diese, soweit sie bis jetzt
aufgestellt und ausprobiert worden sind, etwas eingehender betrachten. Freilich sind diese Untersuchungen noch nicht abgeschlossen, und BERG hat schon weitere Veröffentlichungen in
Aussicht gestellt.

BERG wie auch HAHN und Mitarbeiter filtrieren den Oxinnieder-
schlag in einem Jenaer Glasfiltertiegel von der Porenweite $G\,3 < 7$
ab; meiner Erfahrung nach kann man selbst einen poröseren

verwenden (G 5—7), für die maßanalytische Bestimmung jedoch noch viel einfacher ein Stückchen Watte, das in einen gewöhnlichen Trichter gelegt wird. Das Filtrieren und Auswaschen geht außerordentlich schnell vor sich, gewöhnlich genügen 15 Minuten vollkommen zu einer vollständigen Bestimmung. Man wäscht den Kolben und den Metalloxinniederschlag so lange aus, bis das Waschwasser farblos ist; dann setzt man den Trichter auf den zuvor benutzten Kolben, löst den Niederschlag mit 10—15 ccm kochender 4-n-Salzsäure und wäscht Trichter und Filter mit Wasser nach. Das Filter kann wieder zu einer weiteren Bestimmung dienen.

Die Lösung im Kolben wird abgekühlt, mit Methylrot und etwa 0,5 g Alkalibromid versetzt und mit Bromat titriert, wie S. 456 beschrieben wurde.

Zur Fällung eines Millimols eines zweiwertigen Metalles genügen etwa 7 ccm, eines dreiwertigen Metalles etwa 10 ccm einer 5proz. alkoholischen Oxinlösung. Diese Lösung ist etwa wöchentlich frisch herzustellen und in einer braunen Flasche aufzubewahren. 1 Millimol eines zweiwertigen Metalles entspricht 80 ccm, eines dreiwertigen Metalles 120 ccm 0,1-n-Bromat. Im allgemeinen soll bei der Oxinfällung die Lösung nicht mehr als 100—200 mg Metall auf 100 ccm enthalten.

Zink[1]: Die Lösung wird mit etwa 5 ccm 4-n-Essigsäure und 5 ccm 2-n-Natriumacetat, dann mit einem Überschuß (erkennbar an der Gelbfärbung der Flüssigkeit) Oxinlösung versetzt, zum Sieden erhitzt und nach 2 Minuten Stehen filtriert — längeres Warten ist meiner Erfahrung nach nicht nötig — und im übrigen weiter verfahren, wie oben angegeben. Selbst eine Lösung mit 20 mg Zink im Liter ist noch genau zu bestimmen (Mikrozinkbestimmung; z. B. Zink in Trinkwasser). Größere Mengen Calcium, Magnesium, Alkalimetalle stehen nicht im Wege.

Enthält die Lösung Ferri, Chromi, Aluminium, so kann die Fällung nach BERG aus natronalkalischer (0,2-n) tartrathaltiger (3—5%) Lösung vorgenommen werden. Sind größere Mengen Kobalt, Nickel, Mangan, Blei und Wismut zugegen, so ist eine wiederholte Fällung aus alkalischer Lösung durchzuführen. Quecksilber wird von BERG durch Kaliumcyanid unschädlich gemacht. Die Trennung des Zinks von den Metallen Kupfer und Cadmium gelingt freilich nicht nach den beschriebenen Methoden.

---

[1] BERG, R.: Zeitschr. f. analyt. Chem. Bd. 71, S. 171. 1927.

Magnesium[1]: wird nicht aus saurer Lösung gefällt. Man versetzt 50—100 ccm der Lösung mit 1—2 ccm 2-n-Ammoniumchlorid, 0,5—1 ccm 6-n-Ammoniak, erhitzt zum Sieden, fügt tropfenweise einen Überschuß Oxinlösung hinzu, läßt 5 Minuten stehen und filtriert auf dem Wattefilter. Gibt man die Oxinlösung bereits in der Kälte zu, so werden um etwa 5% zu hohe Werte gefunden. Eine 0,001 molare Magnesiumlösung ist noch auf 1% genau zu bestimmen.

Calcium stört. BERG empfiehlt dann eine wiederholte Fällung nach Auflösen des Niederschlags. F. L. HAHN und E. HARTLEB[2] scheiden das Calcium mit Oxalsäure ab, neutralisieren dann und fällen, ohne vorher zu filtrieren, das Magnesium mit Oxin.

Am besten setzt man zur heißen Lösung die Oxalsäure tropfenweise, in geringem Überschuß zu und neutralisiert diesen durch reichlich Ammoniak; auf diesem Wege erzielte ich recht brauchbare Ergebnisse.

Calcium: In Begleitung von viel Ammoniumsalz kann man Calcium nach Beobachtung des Verf.[3] in ammoniakalischer Lösung quantitativ mit Oxin ausfällen. Man erhitzt die Lösung bis zum Sieden, fügt 1—2 ccm 6-n-Ammoniak und einen Überschuß Oxin hinzu und filtriert 5 Minuten später ab. Bei verdünnteren Lösungen als 0,005 molar an Calcium wartet man bis zum Filtrieren einige Stunden. Barium ist nicht hinderlich, um so mehr Strontium, so daß bei Anwesenheit dieses Metalls wiederholt gefällt werden muß.

Aluminium[4]: Dieses Kation wird in einer Essigsäure-Acetatlösung mit Oxin gefällt. Um der Bildung basischer Salze vorzubeugen, versetzt man die Lösung mit 2—5 ccm 4-n-Essigsäure, erwärmt auf etwa 90°, gibt einen Überschuß Oxin hinzu, erwärmt bis zum Sieden und tropft dann einen Überschuß, etwa 2—10 ccm 2-n-Natrium- oder Ammoniumacetat hinein. Der kristalline Nieder-

---

[1] Vgl. R. BERG: Zeitschr. f. analyt. Chem. Bd. 71, S. 23. 1927; auch F. L. HAHN und K. VIEWEG: Zeitschr. f. analyt. Chem. Bd. 71, S. 122. 1927; J. M. KOLTHOFF: Chem. weekbl. (1928; noch nicht veröffentlicht).

[2] HAHN, F. L. und E. HARTLEB: Zeitschr. f. analyt. Chem. Bd. 71, S. 226. 1927.

[3] KOLTHOFF: Chem. weekbl. 1928 (noch nicht veröffentlicht).

[4] Vgl. J. M. KOLTHOFF: Chem. weekbl. 1928. Gewichtsanalytisch: vgl. auch F. L. HAHN und K. VIEWEG: Zeitschr. f. analyt. Chem. Bd. 71, S. 122. 1927.

schlag wird dann auf dem Wattefilter gesammelt und ausgewaschen. Da er sich in warmer 4-normaler Salzsäure ziemlich schwer löst, bringt man Filter mit Niederschlag nach dem Auswaschen mit Hilfe eines Glasstabes in den Kolben, in dem bereits die Fällung vorgenommen wurde. Trichter und Glasstab werden quantitativ abgespült, 15—20 ccm 4-n-Salzsäure in den Kolben gegeben, zum Sieden erhitzt und abgekühlt, sobald sich der ganze Niederschlag gelöst hat. Dann kommen Methylrot und KBr hinzu, und man titriert mit Bromat. Ist die Lösung verdünnter als 0,001 molar an Al, so wartet man zweckmäßig vor dem Filtrieren eine Viertelstunde. Unterhalb 0,0005 Molarität an Al werden die Resultate unzuverlässig[1].

Neben Calcium, Magnesium und Alkalisalzen läßt sich Aluminium in dieser Weise genau bestimmen.

Wahrscheinlich geben auch andere Metalle mit Oxin schwer lösliche Verbindungen (vgl. Tabelle S. 457) und lassen sich quantitativ auf diesem Wege titrieren.

Sechzehntes Kapitel.
Titrationen mit Kaliumdichromat.

§ 1. Direkte Titrationen mit Kaliumdichromat. Bei der Besprechung der Ursubstanzen für die Jodometrie (S. 355) haben wir schon mitgeteilt, daß Kaliumdichromat durch Umkristallisieren aus Wasser und darauffolgendem Trocknen bei 200° leicht rein zu gewinnen ist.

Als Oxydationsmittel hat Kaliumdichromat ein wirksames Äquivalentgewicht von 49,012.

Eine 0,1-n-Dichromatlösung ist, verschlossen aufbewahrt, unbegrenzt haltbar; selbst angesäuert wird sie beim Kochen nicht zersetzt.

Nachdem J. KNOP[2] im Diphenylamin einen vorzüglichen Indikator zum Nachweis geringer Dichromatanteile erkannt hat, gewinnen die direkten Kaliumdichromattitrationen immer mehr

---

[1] Bemerkung während der Korrektur: Fortgesetzte Untersuchungen haben ergeben, daß man die Fällung besser mit einer essigsauren Oxinlösung (5% in 4-n-Essigsäure) vornimmt. Bei Anwendung einer alkoholischen Lösung findet man etwa 1% zu niedrige Werte, weil der Alkohol lösend auf den Niederschlag wirkt.

[2] KNOP, J.: Journ. of the Americ. chem. soc. Bd. 46, S. 263. 1924.

Bedeutung für die Praxis. Ihr Vorteil gegenüber den Permanganatmethoden liegt einmal in der Titerkonstanz der Maßlösung, zum anderen in der Möglichkeit, auch in salzsaurem Medium ohne Schwierigkeit zu titrieren. Auch zu indirekten Titrationen wird man gern Dichromat (statt Permanganat) wählen, namentlich wenn man mit überschüssigem Oxydationsmittel zukochen hat und mit einer Selbstzersetzung der Permanganatlösung rechnen müßte. Das unverbrauchte Dichromat läßt sich hernach mit Ferrolösung auf auf Diphenylamin (oder jodometrisch) zurücktitrieren (vgl. auch S. 401).

Geeignete Indikatorkonzentration: 0,2 % Diphenylamin in konzentrierter Schwefelsäure (spez. Gew. 1,84) (vgl. S. S. 262).

Ferroeisen: J. Knop[1] hat die Titration von Ferroeisen mit Dichromat auf Diphenylamin eingeführt. Nimmt man die Bestimmung in salzsaurer oder schwefelsaurer Lösung vor, so beginnt der Indikator etwa schon 1—2 % vor dem Äquivalenzpunkt nach Grünlichblau umzuschlagen. Titriert man dann weiter, so wird die Farbe dunkler und im Endpunkt schließlich dunkelblau, um sich beim Stehen noch zu vertiefen. Ideal reversibel ist der Umschlag nicht, vielmehr eine unverkennbare Zeitreaktion. Ganz wesentlich wird die Methode nach Knop durch Zugabe von Phosphorsäure verbessert, welche die Ferriionen — wie bekannt — zum größten Teil komplex bindet und damit deren Oxydationswirkung ausschließt. Während eine salz- oder schwefelsaure Ferrilösung den Indikator bereits blaugrün färbt, bleibt er in Gegenwart von Phosphorsäure nur grünlich, schlägt aber durch eine Spur Dichromat nach Dunkelblau um. Auf folgendem Wege kann man leicht, selbst an sehr verdünnten Ferrolösungen, auf 0,2 % genaue Resultate erhalten:

Vorschrift: Zu 25 ccm der Ferrosalzlösung gibt man 10 ccm 4-n-Schwefelsäure oder Salzsäure, dann 5 ccm 25 proz. Phosphorsäure und 4 Tropfen Indikator und titriert mit 0,1-n-Kaliumdichromat. 0,5 % vor dem Äquivalenzpunkt vertieft sich die Grünfärbung. Man titriert vorsichtig weiter, bis die Lösung plötzlich schön violett-blau ist. Ein Übertitrieren läßt sich dadurch vollkommen vermeiden, daß man zunächst ohne Phosphorsäure auf Dunkelgrün titriert (1,5 % vor dem Endpunkt!),

---

[1] Knop, J.: Journ. of the Americ. chem. soc. Bd. 46, S. 263. 1924.

nunmehr diese beifügt und wie oben die Titration zu Ende führt.

Bemerkungen: 1. im Beisein von Phosphorsärue ist der Umschlag sehr gut reversibel. Man kann daher auch Dichromatlösung mit Ferri und Diphenylamin titrieren, sofern nur das System genügend Phosphorsäure enthält.

2. N. H. Furman[1] verfährt ähnlich bei der Titration der **Vanadinsäure** mit Ferrolösung:

$$VO_4''' + Fe'' + 6H' \rightarrow VO'' + Fe''' + 3H_2O.$$

Auch hier begünstigt Phosphorsäure den sonst undeutlichen und verzögerten Umschlag.

Stanno[2] **und Cupro** lassen sich im Kohlensäurestrom (Schutz vor Luftoxydation) auch sehr gut in salzsaurer Lösung mit Dichromat gegen Diphenylamin bestimmen, ebenso viele andere stark reduzierende Stoffe, etwa nach Someya[3] **Titan** ($Ti^{III} \rightarrow Ti^{IV}$) und **Uran** (Urano zu Uranyl). Wahrscheinlich kann man dies Verfahren weiter auf die Reduktionsstufen von **Molybdän**, **Wolfram** usw. (vgl. die Reduktion mit flüssigen Amalgamen S. 310) übertragen.

Bemerkung: **Stanno** ist nach K. Someya[4] auch mit **Kaliumferricyanid** auf Diphenylamin zu titrieren.

Hydrochinon: Nach Kolthoff[5] wird die Bestimmung mit Vorteil bei 40—50° ausgeführt.

Vorschrift: Zu 25 ccm der Hydrochinonlösung fügt man 15—20 ccm 4-n-Salz- oder Schwefelsäure, 3 Tropfen Indikator, erwärmt auf 40—60° und titriert mit 0,1-n-Dichromat:

$$C_6H_4O_2H_2 + O \rightleftharpoons C_6H_4O_2 + H_2O.$$

Zu Beginn der Titration wird die Lösung durch entstehendes Chinon gelblich gefärbt; gegen Ende geht sie in ein schmutziges Grün über (Mischfarbe von Chromisalz und Chinon). Nahe am

---

[1] Furman, N. H.: Industr. Engin. Chem. Bd. 17, S. 314. 1925.

[2] Vgl. auch E. Saz: Chem. Zentralbl. 1926 I, S. 2725; für Antimon: vgl. Knop: Zeitschr. f. analyt. Chem. Bd. 63, S. 81. 1923.

[3] Someya, K.: Science Reports of the Tohoku Imperial Univ. Bd. 15, S. 400. 1926.

[4] Someya, K.: Ibid. Bd. 15, S. 421. 1926.

[5] Kolthoff, J. M.: Recueil des travaux chim. des Pays-Bas Bd. 45, S. 745. 1926.

Endpunkt tropft man Dichromat ganz langsam zu und wartet jedesmal 10 Sekunden ab, ob die Farbe nach Violett umschlägt, womit dann der Endpunkt erreicht ist.

Unter den angegebenen Bedingungen gelingt die Titration auf 0,2% genau. Selbst 0,01-n-Lösungen lassen sich noch ganz befriedigend bestimmen; nur muß man in Nähe des Endpunktes sehr langsam titrieren, andernfalls leicht zu viel Dichromat verbraucht wird.

Bemerkung: Phenole und Kresol beeinträchtigen die Bestimmung nicht, sie ist daher in vielen Fällen noch brauchbar, wo die jodometrische Methode (S. 433) versagt.

§ 2. Indirekte Titrationen mit Kaliumdichromat. Verwendung zur organischen Elementaranalyse. Viele organische Substanzen werden beim Kochen in stark saurer Lösung mit überschüssigem Dichromat vollständig zu Kohlensäure und Wasser oxydiert. Anschließend kann der Überschuß jodometrisch oder mit Ferrolösung in Gegenwart von Phosphorsäure auf Diphenylamin zurücktitriert werden.

So wird Methylalkohol quantitativ zu Kohlensäure und Wasser abgebaut. Äthylalkohol dagegen nur zu Essigsäure und Wasser. Darauf hat REISCHAUER[1] schon eine Bestimmungsmethode der Alkohole gegründet, welche späterhin von vielen Autoren[2] empfohlen worden ist.

Auch Glycerin läßt sich nach O. HEHNER[3] vollständig oxydieren:

$$C_3H_5(OH)_3 + 8O \rightarrow 3CO_2 + 4H_2O,$$

ebenso Milchsäure nach HANSEN[4]. K. TÄUFEL und C. WAGNER[5] haben neuerdings ein Verfahren zur quantitativen Oxydation der Weinsäure ausgearbeitet.

---

[1] REISCHAUER: Dingl. polytechn. Journ. Bd. 165, S. 451. 1862.

[2] HEHNER: Analyst Bd. 12, S. 25. 1887; ALLAN und CHETTAWAY: Analyst Bd. 16, S. 102. 1891; BENEDIKT und NORRIS: Journ. of the Americ. chem. soc. Bd. 20, S. 293. 1898; COTTE: vgl. Zeitschr. f. analyt. Chem. Bd. 40, S. 417. 1901; MARTIN: Monit. scient. (4) Bd. 17, S. 570. 1903; BLANK und FINKENBEINER: Ber. Bd. 39, S. 1326. 1906.

[3] HEHNER, O.: Analyst Bd. 12, S. 44. 1887; Journ. Soc. chem. Ind. Bd. 8, S. 44. 1889.

[4] HANSEN: Biochem. Zeitschr. Bd. 167, S. 58. 1926.

[5] TÄUFEL, K. und C. WAGNER: Zeitschr. f. analyt. Chem. Bd. 67. S. 16. 1925.

Oftmals gelingt die Oxydation der organischen Substanzen nur unvollkommen, es sei allein an die Komplikationen durch Kohlenmonoxyd oder andere Zwischenprodukte erinnert.

Gründliche und wertvolle Untersuchungen über diesen Gegenstand hat L. J. Simon[1] beigesteuert und u. a. die große Verbesserung getroffen, daß er mit **Silberchromat** oxydiert. Silber begünstigt katalytisch die vollständige Oxydation organischer Substanzen. Wegen Einzelheiten sei auf die Originalabhandlungen verwiesen.

Siebzehntes Kapitel.

Andere Maßflüssigkeiten. Titanometrie.

§ 1. Die Titrationen mit anderen Reagenzien. In den vorhergehenden Kapiteln haben wir die wichtigsten Methoden der Maßanalyse besprochen. Selbstverständlich konnten alle ihre Anwendungen nicht erschöpfend behandelt werden, sonst hätte das Buch vielleicht den zwei- bis dreifachen Umfang angenommen.

Die Anwendungsmöglichkeiten der Maßanalyse sind ungemein vielseitig. Wenn z. B. eine Substanz leicht und genau zu titrieren ist und sie mit einem anderen Stoff in irgendeiner Weise quantitativ reagiert, so ist damit zugleich eine Titriermethode des letzteren vorgezeichnet.

So kann man z. B. von den reduzierenden Eigenschaften einer Ferrolösung Gebrauch machen, um oxydierende Substanzen, wie Chlorate, Peroxyde usw., zu reduzieren. Das unverbrauchte Reagens wird mit Permanganat oder Dichromat zurücktitriert. Umgekehrt haben wir auch schon Methoden genannt, die sich auf das Oxydationsvermögen von Ferrilösungen gründen (z. B. von Cuprokupfer, Hydroxylamin). Dabei wird der entstehende Anteil Ferro zurückgemessen. So kann man auch die oxydierende Wirkung von Kaliumferricyanid, alkalischer Kupfer-, Silber- und Quecksilberlösungen ausnutzen und umgekehrt die reduzierenden Eigenschaften von Zinnchlorür, Hydrazin usw.

Unter dem vielversprechenden Titel: Ersatz der jodometrischen Maßanalyse durch die **Eisenchlorid**-Maß-

---

[1] Simon, L. J. und Mitarbeiter: Cpt. rend. Bd. 170, S. 514, 734. 1920; B. 174, S. 1706. 1922; Bd. 175, S. 167, 525, 768, 1070. 1922; Bd. 178, S. 775, 1816. 1924; Bd. 179, S. 975. 1924; Bd. 180, S. 637, 833, 1405. 1925.

analyse haben K. JELLINEK und L. WINOGRADOFF[1] eine neue Methode veröffentlicht, welche sich die Oxydation von Natrium-thiosulfat durch Ferrisalze zu Tetrathionat zunutze macht:

$$2\,S_2O_3'' + 2\,F''' \rightarrow 2\,Fe'' + S_4O_6''.$$

Die Ferrilösung wird in der Wärme (etwa 50°) mit Thiosulfat unter Verwendung eines Methylenblau-Fuchsinindikators titriert. In der Nähe des Endpunktes wird zum Sieden erhitzt und vorsichtig Thiosulfat zugetropft, bis die Farbe von Blau nach Rot umschlägt. Methylenblau wird nämlich durch überschüssiges Thiosulfat (SO_2) zu einer farblosen Leukobase reduziert.

Angesichts ihrer möglicherweise großen praktischen Bedeutung haben J. M. KOLTHOFF und O. TOMICEK[2] diese Methode eingehend durchgeprüft; jedoch konnten sie auch unter günstigsten Bedingungen keine größere Genauigkeit als 1% erreichen.

Etwas bessere Resultate erhielten sie mit Mekonsäure als Indikator. Diese Säure liefert mit Feriionen das rot gefärbte Ferrimekonat; die rote Farbe verschwindet, sobald alles Ferri zu Ferro reduziert ist.

Vorschrift: Etwa 100 ccm der Ferrilösung, welche nicht mehr als 3 ccm 4-n-Salzsäure enthalten darf, werden mit 1 Tropfen 0,5-n-Kupfersulfat versetzt und auf 60° erwärmt. Dann titriert man mit 0,1-n-Thiosulfat in der Art, daß man jedesmal einige Kubikzentimeter auf einmal zulaufen läßt. Man wartet immer, bis die violettbraune Farbe des Ferrithiosulfats verschwunden ist, und titriert weiter, bis keine Violettfärbung mehr beim Zutritt der Thiosulfatlösung sichtbar wird. Darauf fügt man 1 bis 2 ccm 0,5proz. wässerige Mekonsäurelösung hinzu und erhitzt zum Sieden, kocht nach jedem Tropfen Thiosulfat kurz wieder auf und fährt so fort, bis auch die rote Farbe des Ferrimekonats ganz ausgelöscht ist. Nahe am Äquivalenzpunkt verläuft die Reaktion sehr langsam; die Titration ist umständlich in der Ausführung, dauert ziemlich lange, dabei fällt das Ergebnis doch nicht genauer als auf höchstens 0,5% aus. Das Kupfer verfolgt den Zweck, die Reaktion zwischen Ferri und Thiosulfat zu be-

---

[1] JELLINEK, K. und. L. WINOGRADOFF: Zeitschr. f. anorg. allgem. Chem. Bd. 129, S. 15. 1923.

[2] KOLTHOFF, J. M. und O. TOMICEK: Pharmac. weekbl. Bd. 61, S. 1205. 1924.

schleunigen. In Gegenwart von zu viel Kupfer wird der Umschlag jedoch ganz verschleiert. Für den allgemeinen Gebrauch können wir jedenfalls die Eisenchlorid-Maßanalyse nach JELLINEK nicht empfehlen.

Eine direkte Titration von Stannolösung mit Ferrichlorid gegen Indigocarmin als Indikator hat W. SCHLÜTTIG[1] ausgearbeitet:

$$Sn^{··} + 2\,Fe^{···} \rightleftharpoons Sn^{····} + 2\,Fe^{··}.$$

In stark salzsaurer Lösung (etwa 5-n) ist der Farbumschlag des Indigocarmins von Saftgelb nach Indigoblau sehr scharf. Mitunter läßt der vorletzte Tropfen Eisenchlorid die Lösung flaschengrün erscheinen; ein Zeichen, daß der Endpunkt fast erreicht ist. Erst der nächste Tropfen bewirkt dann den Umschlag nach Blau, der, wenn er bestehen bleibt, als Endpunkt der Bestimmung maßgebend ist.

Wegen der starken Luftempfindlichkeit der Stannolösung wird man in einer Kohlensäureatmosphäre arbeiten. Wegen Einzelheiten vgl. die Originalarbeit.

Arsentrioxyd als Maßflüssigkeit: Bei Besprechung der Ursubstanzen der Jodometrie (S. 348) haben wir schon erwähnt, daß Arsentrioxyd leicht rein darzustellen ist. Durch Lösen in Natronlauge und anschließende Neutralisation kann man sich eine Vorratlösung von definiertem Gehalt bereiten. Dreiwertiges Arsen läßt sich in Bicarbonatlösung genau mit Jod und in salzsaurem Medium mit Bromat (vgl. S. 443) titrieren. Das Reduktionsvermögen der arsenigen Säure kann z. B. zur Quecksilberbestimmung (vgl. S. 424), Brombestimmung (vgl. Braunstein S. 383) verwertet werden.

Hypochlorite lassen sich direkt mit Arsentrioxyd titrieren. Allgemein ist zur Wertbestimmung von Chlorkalk und Hypochloriten die Methode von PENOT[2] gebräuchlich, bei welcher man so lange Arsentrioxyd zusetzt, bis ein nach gutem Rühren entnommener Tropfen auf Jodkaliumstärkepapier keinen blauen Fleck mehr hinterläßt. Chlorate beeinträchtigen nicht die Bestimmung, sie liefert genaue Ergebnisse. KOLTHOFF[3] hat ver-

---

[1] SCHLÜTTIG, W. : Zeitschr. f. analyt. Chem. Bd. 70, S. 55. 1927.
[2] PENOT: Bull. Soc. Ind. de Mulhouse 1852. Nr. 118.
[3] KOLTHOFF: Pharmac. Weekbl. Bd. 55, S. 1289. 1918.

sucht, die Tüpfelmethode durch eine direkte Titration zu ersetzen, indem er Hypochlorit aus einer Bürette zur Arsentrioxydlösung zufließen läßt und Methylrot oder Methylorange als Indikatoren wählt.

10 g des gut durchgemischten Chlorkalks werden in einem Porzellanmörser sorgfältig mit Wasser angerieben, mit einem geringen Sodaüberschuß versetzt, im Literkolben zur Marke mit Wasser aufgefüllt, gut umgeschüttelt und filtriert. Diese Lösung wird in eine Bürette gegeben. Man pipettiert nun 25 ccm 0,1-n-Arsentrioxyd in einen Kolben, fügt 5 ccm 4-n-Essigsäure und 3 Tropfen 0,2proz. Methylrot hinzu und titriert die Lösung auf Farblos.

$$As_2O_3 + 2\,HClO \rightarrow As_2O_5 + 2\,HCl.$$

Chlorat ist nicht hinderlich; dagegen leidet der Umschlag in Gegenwart von Chlorit, welches nämlich nur langsam mit Arsentrioxyd reagiert.

§ 2. Titanochlorid (bzw. Titanosulfat) als Maßflüssigkeit. Titanometrie. Titanosalze sind energische Reduktionsmittel und werden bereits vom Luftsauerstoff stark angegriffen. Daher muß man von Titanotiterlösungen sorgfältig die Luft ausschließen und sie vor allem unter dem Schutz einer indifferenten Atmosphäre aufbewahren. Wegen dieser notwendigen Vorsichtsmaßnahmen eignet sich Titanolösung nicht für gelegentliche Einzelbestimmungen; bei Serienuntersuchungen leistet sie aber vortreffliche Dienste.

Obgleich die reduzierenden Eigenschaften des Titanochlorids schon längst bekannt sind[1], hat es erst KNECHT[2] 1903 in die Maßanalyse eingeführt. Eine besondere Rolle spielt es in der organischen Analyse zur Bestimmung von Farbstoffen und Nitroverbindungen. In der Monographie von E. KNECHT und E. HIBBERT[3] findet man alle Anwendungsmöglichkeiten beschrieben; wir wollen hier nur die praktisch wichtigsten Tatsachen kurz beleuchten.

Das Reduktionspotential einer Titan-III-Lösung wird stark von der Wasserstoffionenkonzentration beeinflußt.

---

[1] Vgl. EBELMAN: Jahresber. 1847/48, S. 402.

[2] KNECHT, E.: Ber. Bd. 33, S. 1550. 1903.

[3] KNECHT, E. und E. HIBBERT: New reduction Methods in Volumetric Analysis. 2. Auflage. London: Longmans and Green 1925.

Nach J. M. Kolthoff[1] gilt bei Zimmertemperatur ungefähr:

$$E_{\mathrm{H}} = +\,0{,}03 + 0{,}058 \log \frac{[\mathrm{Ti^{IV}}]\,[\mathrm{H}^{\cdot}]}{[\mathrm{Ti^{III}}]} \qquad (18^{0}).$$

Je kleiner die Wasserstoffionenkonzentration, um so stärker ist das Reduktionsvermögen. In schwach saurer und besonders in alkalischer Lösung werden selbst Wasserstoffionen, namentlich in der Kochhitze, zu gasförmigem Wasserstoff reduziert:

$$2\,\mathrm{H}^{\cdot} + 2\,\mathrm{Ti^{III}} + \longrightarrow 2\,\mathrm{Ti^{IV}} + \mathrm{H_2}.$$

Dies bedeutet einen großen Nachteil für diejenigen Bestimmungen, wo mit überschüssiger Titerlösung in der Hitze reduziert und nach dem Kochen zurücktitriert werden muß. Durch einen blinden Versuch läßt sich dieser unvermeidliche Fehler nicht genau ermitteln, so daß die Ergebnisse nie einwandfrei sind. Kolthoff und Robinson[2] haben für diese Fälle die Methode dahin verbessert, daß sie reichlich Citrat oder Tartrat zusetzen und bei Zimmertemperatur arbeiten. Durch Zugabe der genannten Puffersubstanzen wird die Wasserstoffionenkonzentration so niedrig gehalten, daß die Reduktion zumeist auch bei Zimmertemperatur schnell vor sich geht (vgl. Bestimmung von Nitrokörpern).

Als Maßflüssigkeit dient in Europa gewöhnlich eine stark salzsaure Lösung von Titantrichlorid, in Amerika vielfach eine solche von Titanosulfat in verdünnter Schwefelsäure.

Das käufliche Titanochlorid kommt als eine dunkelviolette 15—20proz. Lösung in den Handel. Meist enthält diese beträchtliche Mengen Ferroeisen, wie sich durch Kochen mit Salpetersäure an anschließende Rhodanprobe nachweisen läßt. Auf unsere Veranlassung[3] liefert Kahlbaum jetzt auch ein eisenfreies Präparat.

Herstellung der Titerlösung: 50 ccm der etwa 20proz. käuflichen Lösung kocht man 1 Minute mit 100 ccm 25proz. Salzsäure und verdünnt nach dem Abkühlen mit ausgekochtem Wasser auf 2¼ l.

---

[1] Kolthoff, J. M.: Recueil des travaux chim. des Pays-Bas Bd. 43, S. 768. 1924.

[2] Kolthoff, J. M. und C. Robinson: Recueil des travaux chim. des Pays-Bas Bd. 46, S. 169. 1926.

[3] Vgl. Kolthoff und O. Tomicek: Recueil des travaux chim. des Pays-Bas Bd. 43, S. 775. 1924.

Aufbewahrung der Lösung: Die Lösung muß, um ihren Titer zu erhalten, in einer braunen Flasche vor der oxydierenden Wirkung der Luft geschützt aufbewahrt werden. Auch darf sie nicht mit Gummi in Berührung kommen.

Eine sinnvolle Büretteneinrichtung haben E. ZINTL und G. RIENÄCKER[1] beschrieben; sie wird in Abb. 18 abgebildet.

Die Bürette A wird gefüllt durch Ansaugen der in der Vorratflasche C befindlichen Maßlösung durch das Bunsenventil D bei geöffnetem Hahn E und geschlossenen Hähnen F und B. Die Maßflüssigkeit steigt dann im Rohr G unter dem Druck des bei H angeschlossenen Wasserstoffkipps hoch und füllt die Bürette. Hierauf wird E geschlossen und F geöffnet. Bei dieser Anordnung wird vermieden, daß die Lösung vor dem Eintritt in die Bürette einen gefetteten Hahn passiert und dabei durch Hahnfett verunreinigt wird. Zur Säuberung läßt sich die Apparatur an den Gummiverbindungen J und K auseinandernehmen.

Wenn man den Titer der Lösung einige Tage nach der Herstellung feststellt und sie unter den beschriebenen

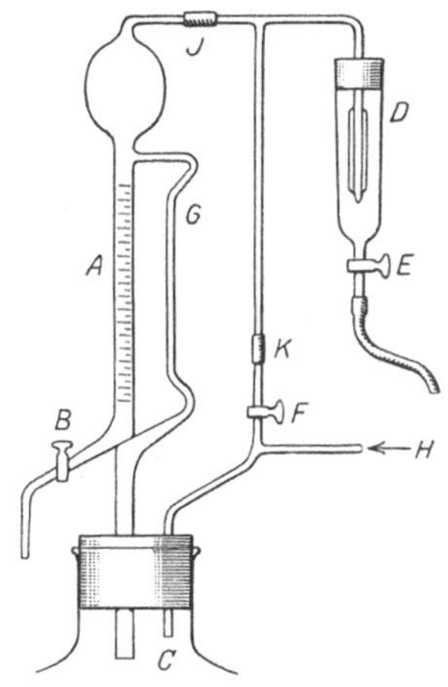
Abb. 18.

Vorkehrungen aufbewahrt, so bleibt er für lange Zeit konstant. Doch empfiehlt es sich bei der Empfindlichkeit der Lösung, ihren Wirkungswert öfters zu kontrollieren. Unreine Lösungen zersetzen sich nach unserer Erfahrung schneller als solche aus reinen Präparaten.

Während der Titration ist die Luft im allgemeinen auch fernzuhalten. Am einfachsten leitet man zu diesem Zweck einen Kohlendioxyd- oder Stickstoffstrom durch das Titriergefäß. Die Gase müssen natürlich selbst luftfrei sein und werden deshalb zweckmäßig zuvor durch Spiralwaschflaschen, die mit einer Mischung von 10proz. Titantrichlorid und Natriumcitrat beschickt sind, und dann durch Wasser gewaschen.

---

[1] ZINTL, E. und G. RIENÄCKER: Zeitschr. f. anorg. allgem. Chem. Bd. 155, S. 84. 1926.

Einstellung der Titantrichloridlösung: Zur Einstellung ist besonders Kaliumdichromat geeignet (Reinheit usw. vgl. S. 355).

Die Titration wird auf Rhodanid als Indikator in Gegenwart von reichlich Ferrosulfat oder Mohrschem Salz (ferrifrei) durchgeführt.

Ausführung: Vgl. bei der Ferrititration. Ganz eisenfreie Lösungen kann man auch direkt auf Diphenylamin titrieren.

Statt Kaliumdichromat ist auch Ferriammoniumsulfat als Ursubstanz brauchbar (vgl. S. 284). Weil dieses Salz aber leicht verwittert, wird man Dichromat immer den Vorzug geben.

Nach K. Someya[1] ist Kaliumferricyanid auch scharf mit Titantrichlorid gegen Diphenylamin zu titrieren. Wahrscheinlich ist Kaliumferricyanid daher auch eine geeignete Ursubstanz (vgl. S. 354), wenigstens wenn man mit eisenfreier Titanochloridlösung arbeitet.

Ferrieisen:

Die Titration von Ferrieisen mit Titantrichlorid ist schon von E. Knecht[2] beschrieben worden:

$$Fe^{\cdots} + Ti^{\cdots} \rightarrow Fe^{\cdot\cdot} + Ti^{\cdots\cdot\cdot}.$$

Die Bestimmung wird auf Rhodanid als Indikator vorgenommen. Sobald alles Ferri reduziert ist, verschwindet die rotbraune Farbe des Ferrirhodanids. W. M. Thornton und J. E. Chapman[3] haben systematische Untersuchungen über diese Titration angestellt und fanden im Beisein von Luft um 1% mehr Titanochlorid verbraucht als unter dem Schutze eines Kohlensäurestroms. Die Verdünnung der Lösung, die Konzentration an Salz- oder Schwefelsäure sind ohne Belang; Salpetersäure bringt Störungen, weil auch sie vom Titanochlorid reduziert wird. Nach Thornton und Chapman arbeitet man am besten unter 30°; 10 ccm 10proz. Kaliumrhodanid sind eine geeignete Indikator-

---

[1] Someya, K.: Science Reports of the Tôhoku Imper. Univ. Bd. 15, S. 425. 1926.

[2] Knecht, E.: Ber. Bd. 33, S. 1550. 1903; Bd. 37, S. 3829. 1907.

[3] Thornton, W. M. und Chapman: Journ. of the Americ. chem. soc. Bd. 43, S. 91. 1921. Vgl. auch W. M. Thornton und H. A. Myers: Ind. Engin. Chem. Bd. 19, S. 150. 1927.

menge. W. A. MONNIER[1] hat Methylenblau als Indikator empfohlen. Sobald alles Ferri reduziert ist, wird das Methylenblau
entfärbt. In schwach saurer Lösung scheint sich zu gleichem
Zweck Natriumwolframat zu bewähren. Wolframatlösung
selbst ist farblos, wird aber durch einen kleinen Überschuß
Titan-III-Chlorid zu einer blauen Wolframverbindung reduziert.

Ich[2] habe auch die titanometrische Eisentitration ausführlich
studiert nnd dabei beobachtet, daß bei Zimmertemperatur
die letzten Mengen Ferri nur langsam reduziert werden.
Titriert man daher in gewöhnlicher Weise auf Entfärbung des
Ferrirhodanids, so wird unvermeidlich zu viel Titano verbraucht (1—2%). Um genau zu gehen, gibt man die Maßlösung — sobald die Farbe des Ferrirhodanid abzuschwächen
beginnt — tropfenweise hinzu. Dicht vor dem Endpunkt muß
man sogar 2 Minuten zwischen je 2 Tropfen abwarten. Die Genauigkeit ist unter diesen Bedingungen sehr groß, jedoch beansprucht die Titration dann längere Zeit. Zweckmäßiger wird
man bei höherer Temperatur arbeiten.

Vorschrift: Zu etwa 50 ccm der Ferrilösung fügt man 5 bis
10 ccm 4-n-Salzsäure oder Schwefelsäure (die genaue Menge
spielt keine Rolle!), erwärmt auf 50—60⁰ und setzt 0,5—1 ccm
10proz. Kaliumrhodanid hinzu und darauf dreimal hintereinander
ein wenig Natriumbicarbonat (etwa je 300 mg), um die Luft zu
entfernen. Gleich darauf wird mit Titantrichlorid titriert. Wenn
die Farbe anfängt abzublassen, wird unter fortwährendem Umschütteln die Maßlösung ganz langsam hinzugetropft, bis die
Flüssigkeit entfärbt ist. Genauigkeit 0,5%.

Um noch größere Genauigkeit zu erreichen, leitet man während
der Titration Kohlensäure durch die Lösung; die Resultate sind
dann auf 0,1—0,2% zuverlässig. Verdünnung und Säurekonzentration haben nur untergeordnete Bedeutung.

Statt Rhodanid kann man auch Methylenblau als Indikator
verwenden. Titriert man bei Zimmertemperatur, so geraten leicht
wieder die Werte um 2% zu hoch, bei 50—70⁰ werden sie einwandfrei.

---

[1] MONNIER, W. A.: Ann. chim. anal. appl. Bd. 21, S. 109. 1916.
[2] KOLTHOFF, J. M.: Recueil des travaux chim. des Pays-Bas Bd. 34,
S. 816. 1924.

Über die Titration des Ferrieisens mit Titanchlorid unter Anwendung der intensiv violetten Chromsäureverbindung des Diphenylkarbohydrazids und Kupfersalz als Katalysate (vgl. L. BRANDT[1])

Ferri neben Kupfer (vgl. unten S. 473).

Cupri-Kupfer: Cuprisalze werden auch quantitativ durch Titantrichlorid reduziert. L. MOSER[2] titriert bis zum Verschwinden der blauen Farbe. An verdünnten Kupferlösungen ist eine solche Methode natürlich bei der relativ geringen Farbstärke der Kupfer-II-ionen sehr ungenau. Man kann leicht Fehler von 10% oder mehr begehen. M. A. MONNIER[3] wählt Safranin oder Indulin als Indikatoren. Nachdem alles Kupfer zu Cupro reduziert ist, verliert der Farbstoff seine Farbe. Ich erhielt auf diesem Wege keine guten Resultate, weil der reduzierte Indikator so außerordentlich stark oxydierbar ist; die geringsten Sauerstoffspuren färben ihn wieder an.

Die besten Ergebnisse[4] liefert die Methode von R. L. RHEAD[5], der ein wenig Ferrosalz und Kaliumrhodanid zusetzt und dann auf Farblos titriert. Während der Bestimmung fällt weißes Cuprorhodanid aus, und die Lösung wird durch Ferrirhodanid rot gefärbt, im Endpunkt erscheint die gut durchgerührte Lösung rein weiß. F. MACH und P. LEDERLE[6] wenden dies Verfahren auch zur Kupferbestimmung in verschiedenen Lösungen an. Nach KOLTHOFF[7] muß gegen Ende der Titration wieder langsam titriert und dicht vor dem Endpunkte nach jedem Tropfen eine Minute gewartet werden. Am besten gibt man zur angesäuerten Kupferlösung ein wenig Ferrosulfat und etwa 3—5 ccm 10proz. Kaliumrhodanid, entfernt den größten Teil der Luft durch Bicarbonat

---

[1] BRANDT, L.: Stahl und Eisen Bd. 69, S. 127. 1926; vgl. Zeitschr. f. analyt. Chem. Bd. 70, S. 405. 1927.

[2] MOSER, L.: Chemiker-Zeit. Bd. 36, S. 1126. 1912.

[3] MONNIER, M. A.: Ann. chim. anal. appl. Bd. 21, S. 109. 1916.

[4] THORNTON, W. M.: Journ. Amer. Chem. Soc. Bd. 44, S. 998. 1922.

[5] RHEAD, R. L.: Journ. Soc. chem. Ind. Bd. 89, S. 1491. 1906.

[6] MACH und LEDERLE: Landwirtschaftl. Versuchs-Stationen Bd. 90, S. 191. 1917; vgl. Zeitschr. f. analyt. Chem. Bd. 56, S. 59. 1917; Bd. 58, S. 375. 1919.

[7] KOLTHOFF: Recueil des travaux chim. des Pays-Bas Bd. 43, S. 820. 1926.

und titriert dann in einer Kohlendioxydatmosphäre mit Titantrichlorid. Genauigkeit etwa 0,5%.

Ferri und Cupri nebeneinander: Nach der beschriebenen Methode werden in Gegenwart von Rhodanid Ferri und Cupri gemeinsam titriert. Will man Eisen allein neben Kupfer bestimmen, so wählt man nach MONNIER (l. c.) Methylenblau als Indikator. Nach meiner Erfahrung wird dieser Farbstoff jedoch erst entfärbt, wenn auch schon eine merkbare Menge Cupri in die Reaktion getreten ist; dies Verfahren gibt daher fehlerhafte Resultate.

Statt Methylenblau ist nach KOLTHOFF (l. c.) Mekonsäure geeigneter. Diese Substanz bildet auch in saurer Lösung mit Ferriionen das rotbraun gefärbte Ferrimekonat. Bei einer Titration mit Titantrichlorid nimmt die Farbtiefe gegen den Endpunkt hin ab, der Ton geht von Orangebraun über Gelbbraun und schließlich nach vollständiger Reduktion aller Ferriionen in ein schwaches Gelb über. Der Umschlag ist nicht so scharf zu erkennen wie an Rhodanid; mit einiger Übung gelingt jedoch leicht seine Feststellung auf 0,03 ccm 0,1-n-Titerlösung.

Im Beisein von Kupfer ändert sich die Farbe über Braun-Gelbbraun-Grün nach Schwachblau. Der Ungeübte verwendet zweckmäßig als Vergleichslösung eine fertig tirierte Probe mit geringem Titanoüberschuß. Auf 50 ccm Lösung rechnet man 0,5 bis 1 ccm 0,5proz. wässerige Mekonsäurelösung. Am besten wird die Titration unter Kohlensäure bei 50—60° ausgeführt. Die Reduktion der letzten Spuren Ferri geht dann viel schneller vor sich. Genauigkeit etwa 0,4%. Nach der Reduktion des Eisens kann man das Cuprikupfer auch sehr gut jodometrisch bestimmen (vgl. S. 415).

Bemerkung: Die meisten Metalle, welche praktisch Eisen und Kupfer begleiten, stören nicht. Fünfwertiges Antimon wird bei Zimmertemperatur nur sehr langsam durch Titan-III-chlorid reduziert. Man kann diese Tatsache zur Bestimmung von Eisen und Kupfer neben Antimon benutzen. Durch Bromwasser oder Bromat-Bromidgemisch werden alle Metalle in saurer Lösung in ihre höchsten Oxydationsstufen übergeführt; man entfernt das unverbrauchte Brom durch Auskochen.

In einem aliquoten Teil der Lösung bestimmt man bei Zimmertemperatur die Summe von Ferri und Cupri gegen Rhodanid.

In einer anderen Probe titriert man Eisen allein auf Mekonsäure. Arsensäure behindert diese Titration nicht.

Mit Hilfe von Titantrichlorid kann man verschiedene andere oxydierende Substanzen, wie Dichromate, Ferricyanide, selenige Säure, Salpetersäure, Nitrite, Hydroxylamin, Persalze, Wasserstoffsuperoxyd, Chlorate, Antimoniate, Gold usw. reduzieren. In den meisten Fällen muß man Titantrichlorid im Überschuß verwenden und dann geschützt gegen die Luft mit einer eingestellten Ferrilösung auf Rhodanid zurücktitrieren. Betreffs Einzelheiten vgl. E. KNECHT und E. HIBBERT: New Reduction Methods in Volumetric Analysis 1925. Diese Methoden haben nur geringes praktisches Interesse.

Nitroverbindungen:

Zur Bestimmung der Nitrogruppen in aromatischen Verbindungen kocht man diese gewöhnlich in salzsaurer Lösung mit reichlich Titantrichlorid und nimmt dieses später mit Ferrilösung zurück. Wie schon zu Beginn dieses Paragraphen hervorgehoben (S. 467), kann diese Methode infolge der Wasserstoffentwicklung nie genaue Resultate liefern[1]. Nach eingehenden Untersuchungen von C. F. VAN DUYN[2] können wir bei solcher Arbeitsweise mit beträchtlichen Fehlern rechnen, die sich auch durch Blindversuche und entsprechende Korrekturen wegen der nicht in beiden Fällen übereinstimmenden Konzentrationsverhältnisse kaum ausgleichen lassen. Nebenher tritt nach T. CALLAN und J. A. RUSSELL HENDERSON[3] ein großer Fehler durch die Chlorierung der vorliegenden organischen Substanz auf und gibt sich durch zu niedrige Resultate zu erkennen. Daher benutzen diese Autoren statt Titantrichlorid in solchen Fällen richtiger Titanosulfat in schwefelsaurer Lösung, was auch wir als zweckmäßig erkannten.

KOLTHOFF[4] hat gezeigt, daß die reduzierende Wirkung einer Titantrichloridlösung stark mit sinkender Wasserstoffionenkon-

---

[1] Vgl. auch B. DIETHELM und F. FOERSTER: Zeitschr. f. physikal. Chem. Bd. 63, S. 138. 1908.

[2] DUYN, C. F. VAN: Chem. weekbl. Bd. 16, S. 1111. 1919.

[3] CALLAN, T. und J. A. RUSSELL: Journ. Soc. chem. Ind. Bd. 39, Nr. 7, 86 T.; Bd. 41, Nr. 10, 157 T.

[4] KOLTHOFF: Recueil des travaux chim. des Pays-Bas Bd. 44, S. 268. 1924.

zentration zunimmt (vgl. S. 468). KOLTHOFF und C. ROBINSON[1] haben darauf eine Methode zur einfachen Bestimmung der Nitrokörper gegründet. Um die Acidität niedrig zu halten, wenden sie reichlich Natriumcitrat an. (Mit Seignettesalz wird Kaliumbitartrat gefällt, welches im übrigen aber nicht stört.)

Ausführung der Bestimmung: Zur Lösung der zu bestimmenden Substanz fügt man 30 ccm einer 20proz. tertiären Natriumcitratlösung, dann ein wenig festes Natriumbicarbonat (etwa 0,25 g, um die Luft zu verdrängen). Darauf wird Kohlendioxyd (über Titantrichlorid und Citrat) gewaschen (vgl. S. 469), eingeleitet und nach 3—5 Minuten die Titantrichloridlösung langsam aus der Bürette zugegeben, bis die Mischung dunkelviolett gefärbt erscheint; dann ist Titanosalz nur in geringem Überschuß (1—3 ccm 0,1-n) vorhanden. Unter weiterem Durchströmen von Kohlensäure säuert man nach 2 Minuten mit 20 ccm konzentrierter Salzsäure (spez. Gew. 1,18) an, trägt 5 ccm 10proz. Kalium- oder Ammoniumrhodanid ein und titriert das unverbrauchte Titanochlorid langsam mit einer eingestellten Ferrilösung zurück, bis die schwach rotbraune Farbe auch nach 2 Minuten nicht mehr nachläßt. Man soll das Rhodanid erst nach dem Ansäuern zugeben, andernfalls es selbst vom Titantrichlorid reduziert wird:

$$RNO_2 + 6\,TiCl_3 + 6\,HCl \rightarrow RNH_2 + 6\,TiCl_4 + 3\,H_2O.$$

1 Millimol eines Mononitrokörpers verbraucht also 6 Äquivalente Titantrichlorid. Daher lassen sich auch sehr geringe Mengen (einige Milligramm) auf diesem Wege ziemlich sicher bestimmen.

Aus unseren Versuchen ergab sich, daß Natriumcitrat bei der angegebenen Arbeitsweise auch ein wenig Titanotrichlorid verbrauchte, obgleich es zuvor zweimal umkristallisiert worden war, und zwar 0,1 ccm 0,1-n-Titano auf 30 ccm der 20proz. Lösung. Darum ist es ratsam, die Einstellung der Titantrichloridlösung unter gleichen Verhältnissen wie die eigentliche Bestimmung vorzunehmen. Eine sehr geeignete Ursubstanz ist zu diesem Zweck das Para-Nitranilin $C_6H_4NO_2NH_2$, das durch Umkristallisieren leicht rein erhalten wird.

Bemerkungen: 1. Wir haben die abgeänderte Methode zur Bestimmung von o-, m- und p-Nitroanilin, Pikrinsäure und Nitro-

---

[1] KOLTHOFF und C. ROBINSON: Recueil des Travaux chim. des Pays-Bas Bd. 46, S. 169. 1926.

naphthalin, p- und o-Nitrophenol und Nitrobenzol benutzt und dabei auf mindestens 1% genaue Werte erhalten. Ein Fehler durch die Chlorierung (vgl. CALLAN und RUSSELL) tritt unter den vorbeschriebenen Bedingungen nicht zutage. Auf die Luftempfindlichkeit des Titantrichlorids im Beisein von Citrat ist ganz besondere Rücksicht zu nehmen.

2. Um sehr flüchtige Nitroverbindungen zu titrieren, verfährt man am besten in der Weise, daß man in einem Kolben 30 ccm 20proz. Natriumcitrat durch Einleiten von Kohlensäure luftfrei macht, dann einen Überschuß Titantrichlorid zusetzt und gleich darauf in Lösung eine geeignete Menge der zu bestimmenden Substanz. Im übrigen wird wie sonst weitergearbeitet.

3. Da Alkohol selbst keinen Einfluß auf die Bestimmung hat, kann man schwer lösliche Nitrokörper zuvor in Alkohol lösen.

Neutralsalze sind keineswegs hinderlich.

4. Offenbar lassen sich auch Nitrosokörper und Azoverbindungen nach dieser Methode titrieren:

$$RNO + 3\,TiCl_3 + 3\,HCl \rightarrow RNH_2 + 3\,TiCl_4 + 3\,H_2O.$$
$$RN = NR' + 4\,TiCl_3 + 4\,HCl \rightarrow RNH_2 + R'NH_2 + 4\,TiCl_4.$$

Chinone: Chinone werden auch in saurer Lösung direkt durch Titantrichlorid zu den entsprechenden Hydrochinonen reduziert:

$$C_6H_4O_2 + 2\,Ti^{\cdots} + 2\,H^{\cdot} \rightarrow C_6H_4O_2H_2 + 2\,Ti^{\cdots\cdot}.$$

Dabei eignet sich Methylenblau als Indikator.

Farbstoffe, welche ungefärbte Leukoverbindungen bilden, können direkt mit Titantrichlorid auf Entfärbung titriert werden, etwa Methylenblau, Indigosulfonate, Säure-Fuchsin, Magenta, Eosin (bei Anwesenheit von 50proz. Alkohol), Malachitgrün, Rhodamine, Anilinblau, Safranin (bei Anwesenheit von Natriumbitartrat) und andere. Gewöhnlich werden die besten Ergebnisse erhalten, wenn man reichlich Seignettesalz oder Natriumcitrat zusetzt (3—5 g) und dann erst mit Titanolösung reduziert.

Methylenblau:

$$C_{16}H_{18}N_3SCl + H_2 \rightarrow C_{16}H_{20}N_3SCl.$$

Farblose Leukoverbindung.

Auch hierüber wird Näheres in dem zitierten Buch von E. KNECHT und E. HIBBERT mitgeteilt.

A. Tabellen.

Tabelle 1.

Atomgewichte.

Neben den internationalen Atomgewichten, die sich auf den luftleeren Raum beziehen, sind die rationellen Atomgewichte nach N. SCHOORL (vgl. S. 37) aufgeführt; sie sind bei genauen Analysen zu berücksichtigen.

Die letzte Reihe verzeichnet die auf 0,1% abgerundeten Atomgewichte. Zur Berechnung der meisten Analysen reichen diese abgerundeten Atomgewichte aus.

Element	Symbol	Internationales Atomgewicht 1925	Rationelles Atomgewicht	Atomgewicht abger. auf 0,1%
Silber.	Ag	107,88	107,88	107,9
Aluminium	Al	26,97	26,96	27,0
Arsenicum.	As	74,96	74,95	75,0
Gold	Au	197,2	197,22	197,2
Bor.	B	10,82	10,81	10,8
Barium	Ba	137,37	137,37	137,4
Wismut	Bi	209,0	209,01	209,0
Brom	Br	79,916	79,90	79,9
Kohlenstoff	C	12,000	12,00	12,00
Calcium.	Ca	40,07	40,06	40,1
Cadmium	Cd	112,41	112,41	112,4
Chlor.	Cl	35,457	35,44	35,44
Kobalt	Co	58,94	58,94	58,9
Chrom	Cr	52,0	52,0	52,0
Kupfer	Cu	63,57	63,57	63,6
Fluor.	F	19,0	18,99	19,0
Eisen.	Fe	55,84	55,84	55,8
Wasserstoff	H	1,008	1,001	1,00
Quecksilber	Hg	200,61	200,61	200,6
Jod	J	126,932	126,912	127
Kalium.	K	39,096	39,075	39,1
Lithium.	Li	6,94	6,94	6,94
Magnesium	Mg	24,32	24,32	24,3
Mangan.	Mn	54,93	54,93	54,9
Molybdan	Mo	96,0	96,0	96,0
Stickstoff	N	14,008	14,00	14,0
Ammonium	NH_4	18,040	18,02	18,0
Natrium	Na	22,997	22,99	23,0
Nickel	Ni	58,69	58,69	58,7
Sauerstoff.	O	16,00	15,995	16,0
Phosphor	P	31,027	31,015	31,0
Blei	Pb	207,20	207,21	207,2

Tabelle 1 (Fortsetzung).

Element	Symbol	Internationales Atomgewicht 1925	Rationelles Atomgewicht	Atomgewicht abger. auf 0,1 %
Platin	Pt	195,23	195,24	195,2
Schwefel	S	32,064	32,049	32,05
Antimon	Sb	121,77	121,765	121,8
Selen	Se	79,2	79,2	79,2
Silicium	Si	28,06	28,05	28,05
Zinn	Sn	118,7	118,7	118,7
Strontium	Sr	87,63	87,62	87,6
Tellur	Te	127,5	127,5	127,5
Titan	Ti	48,1	48,1	48,1
Thallium	Tl	204,4	204,4	204,4
Uran	U	238,2	238,2	238
Vanadium	V	51,0	51,0	51,0
Wolfram	W	184,0	184,0	184,0
Zink	Zn	65,38	65,38	65,4

Tabelle 2.

Rationelle Äquivalentgewichte verschiedener Ursubstanzen.

Die erste Spalte gibt den Namen der Substanz an, die zweite die chemische Formel, die dritte den Bruchteil eines Grammoleküls, der einem Grammäquivalent entspricht, die vierte das rationelle Äquivalentgewicht (also bei Wägungen in der Luft), die fünfte den entsprechenden Logarithmus, die sechste verweist auf die Seite im Buch, wo die Substanz besprochen ist.

Ursubstanz	Chemische Formel	$\frac{\text{Äq.-Gewicht}}{\text{Molgewicht}}$	Rationelles Äquivalentgewicht	Logarithmus	Seite
		Acidimetrie			
Natriumoxalat . .	$Na_2C_2O_4$	½	66,98	82595	47, 79.
Natriumcarbonat .	Na_2CO_3	½	52,98	72411	35, 86, 91.
Kaliumbicarbonat . .	$KHCO_3$	1	100,07	00030	90.
Borax	$Na_2B_4O_7 \cdot 10\,H_2O$	½	190,61	28014	45, 92, 109.
Kaliumjodat . . .	KJO_3	⅙	35,66	55218	34, 46, 95.
Quecksilberoxyd . .	HgO	½	108,30	03463	97.
Diphenylguanidin . .	$(C_6H_5NH)_2CNH$	1	211,17	32463	100.
		Alkalimetrie			
Krist. Oxalsäure .	$H_2C_2O_4 \cdot 2\,H_2O$	½	62,99	79927	44, 100.
Kaliumbijodat . . .	$KH(JO_3)_2$	1	389,85	59090	40, 106.
Borax	$Na_2B_4O_7 \cdot 10\,H_2O$	½	190,61	28014	45, 92, 109.
Hydrazinsulfat . . .	$N_2H_4H_2SO_4$	½	65,018	81302	109.
Benzoesäure	C_6H_5COOH	1	122,00	08636	108.
Kaliumbiphthalat . .	$C_6H_4COOHCOOK$	1	204,06	30976	43, 109.

Ursubstanz	Chemische Formel	Äq.-Gewicht Molgewicht	Rationelles Äquivalent- gewicht	Log- arith- mus	Seite
Argento- und Rhodanometrie					
Natriumchlorid .	$NaCl$	1	58,44	76671	210.
Kaliumchlorid . .	KCl	·1	74,53	87233	211.
Kaliumbromid . . .	KBr	1	118,98	07548	211.
Silbernitrat . . .	$AgNO_3$	1	169,87	23012	213, 214.
Silber.	Ag	1	107,88	03294	215.
Quecksilberoxyd . .	HgO	$\frac{1}{2}$	108,30	03463	97.
Quecksilber . . .	Hg	$\frac{1}{2}$	100,30	00130	254.
Permanganometrie					
Natriumoxalat . .	$Na_2C_2O_4$	$\frac{1}{2}$	66,98	82595	47, 79.
Krist. Oxalsäure .	$H_2C_2O_4 \cdot 2\,H_2O$	$\frac{1}{2}$	62,99	79927	44, 100.
Arsentrioxyd. . .	As_2O_3	$\frac{1}{4}$	49,47	69434	275.·
Kaliumferrocyanid .	$K_4Fe(CN)_6 \cdot 3\,H_2O$	1	422,15	62547	276.
Kaliumjodid	KJ	$\frac{1}{2}$	82,99	91903	277.
Kaliumjodat	KJO_3	$\frac{1}{2}$	106,99	02934	279.
Mohrsches Salz. .	$FeSO_4(NH_4)_2SO_4$ $\cdot 6\,H_2O$	1	391,90	59318	281, 283.
Silber	Ag	1	107,88	03294	285.
Jodometrie					
Arsentrioxyd. . .	As_2O_3	$\frac{1}{4}$	49,47	69434	350.
Hydrazinsulfat . . .	$N_2H_4H_2SO_4$	$\frac{1}{4}$	32,509	51201	350.
Natriumthiosulfat . .	$Na_2S_2O_3 \cdot 5\,H_2O$	1	248,05	39454	351.
Jod.	J	1	126,91	10377	351.
Jodcyan	JCN	$\frac{1}{2}$	76,450	88338	352.
Krist. Oxalsäure . .	$C_2H_2O_4 \cdot 2\,H_2O$	$\frac{1}{2}$	62,99	79927	375.
Kaliumjodat . . .	KJO_3	$\frac{1}{6}$	35,661	55219	353.
Kaliumbijodat . . .	$KH(JO_3)_2$	$\frac{1}{12}$	32,490	51175	353.
Kaliumbromat . . .	$KBrO_3$	$\frac{1}{6}$	27,828	44448	353.
Kaliumferricyanid. .	$K_3Fe(CN)_6$	1	329,1	51733	354.
Kaliumdichromat . .	$K_2Cr_2O_7$	$\frac{1}{6}$	49,012	69030	355.

B. Nachträge

während der Drucklegung.

Vorratlaugen.

Zu S. 75. Beim Aufbewahren stark alkalischer Lösungen in gewöhnlichem Glas werden diese infolge Auflösung von Kieselsäure durch Silicat verunreinigt. Auf die Titerstellung hat das Silicat nur wenig Einfluß; um so mehr stört es jedoch bei einer Kohlensäurebestimmung. Gleichzeitig mit Bariumcarbonat fällt auch Bariumsilicat aus, und das Resultat wird entsprechend erhöht[1].

Bestimmung von Carbonat in Laugen nach CL. WINKLER.

Zu S. 114. Bemerkung: Zu bedenken ist, daß in Gegenwart von Silicat in der Lauge diese zu großem Teil als Bariumsilicat mit dem Bariumcarbonat ausgefällt wird. Man findet dann also zu hohe Werte[2].

---

[1] Vgl. J. LINDNER: Zeitschr. f. anal. Chem. Bd. 72, S. 125. 1917.
[2] Vgl. J. LINDNER: Zeitschr. f. anal. Chem. Bd. 72, S. 835 1927.

Namenverzeichnis.

Sachverzeichnis.

Sachverzeichnis.